科学家带我去探索丛书

解密绿色档案

JIEMI LÜSE DANG'AN

——植物分类学家带我去探索

星河 著

人民教育出版社
PEOPLE'S EDUCATION PRESS

图书在版编目（CIP）数据

解密绿色档案：植物分类学家带我去探索/星河著. —北京：人民教育出版社，2012.4（2020.12 重印）
（科学家带我去探索丛书）
ISBN 978-7-107-23134-6

Ⅰ. ①解… Ⅱ. ①星… Ⅲ. ①植物分类学 Ⅳ. ①Q949

中国版本图书馆 CIP 数据核字（2012）第 041057 号

科学家带我去探索丛书　解密绿色档案——植物分类学家带我去探索

出版发行　人民教育出版社
（北京市海淀区中关村南大街 17 号院 1 号楼　邮编：100081）
网　　址　http://www.pep.com.cn
经　　销　全国新华书店
印　　刷　人民教育出版社印刷厂
版　　次　2012 年 4 月第 1 版
印　　次　2020 年 12 月第 8 次印刷
开　　本　787 毫米×1 092 毫米　1/16
印　　张　10.75
字　　数　167 千字
定　　价　31.90 元

丛书顾问：牛灵江　韦志榕　赵占良
丛书主编：黄海旺
执行主编：张军霞　王　佳
作　　者：星　河
摄　　影：刘全儒　王　辰　李　敏　刘　冰　林秦文　柴西勤
刘华杰　马炜梁　徐克学　王军峰　刘　演　苏　云
黄凤云　鲍平秋　于胜祥　陈又生　陈炳辉　张志翔
管延英　赵　晴　冯虎元　徐晔春
责任编辑：柴西勤
美术编辑：王　喆
封面设计：王　艾
审　　稿：杨　斧　黄海旺
插图绘制：北京全心合文化有限公司

特约审稿　刘全儒

序言

《全民科学素质行动计划纲要(2006—2010—2020年)》展现了我国提高全民科学素质的宏伟蓝图和坚强决心。“纲要”中指出，公民的基本科学素质包括：“了解必要的科学技术知识，掌握基本的科学方法，树立科学思想，崇尚科学精神，并具有一定的应用它们处理实际问题、参与公共事务的能力。”《科学家带我去探索丛书》涉及生命科学、物质科学、地球与空间科学三大科学领域的内容。在这套丛书中，每一册书有一个具体的研究主题，叙述了一位或一组在某一科学研究领域内有成就的科学家围绕研究任务展开的科学考察或科学研究活动，揭示了一个科学问题的真实探究过程。书中以事件发生的先后顺序为线索，依次介绍科学考察或科学研究活动的科学设想、前期准备、考察或研究过程、分析方法、研究成果等，使读者了解科学研究选题是如何提出的、科学家怎样做准备、在考察或研究中如何做记录、怎样分析资料形成研究成果。

本丛书首次全部从中国现代科学家中取材，特别是选择一批有成就的中青年科学家，使读者能够看到我们身边的、活生生的科学家与科学团队。本套丛书一方面使读者能够理解，在现代中国，科学研究是一个通过努力人人都可以从事的职业；同时，也向公众展现了积极进取、勇于奉献、以苦为乐的现代中国科学家形象。读者从中认识到科学并不神秘，科学探究是每个人都可以做的，从而使读者理解科学的本质。

在每本书中虚拟了两名学生，从学生的视角展开叙述，让读者从一个特定的视角去观察、体验。比如，书中的这些学生通过参加科学夏令营活动，对一位科学家或一个科学工作小组的研究工作产生了浓厚的兴趣，之后跟随科学家进行科学探究活动。在探究过程中不断产生疑问并努力解决问题，遇到困难并勇敢地战胜困难。这样，使科学考察或研究方法、科学知识更加通俗易懂。

书中呈现大量真实而有价值的照片和图解说明，其中包含丰富的信息，如科学研究方法、科学仪器的使用、拓展的科学知识等等，也使读者既如临其境，又便于理解。每册书最后有科学家寄语。科学家或研究小组借助寄语表达他们对青少年读者的期望与鼓励。

本套丛书可以配合学校科学课程，成为科学教学中有极大参考价值的课程资源。这一特点体现为：

●丛书的内容选自三个科学领域，这与我国现行的科学课程标准相对应；

●丛书以科学家进行探究的过程为线索，具有探究性，符合现行科学课程标准强调的探究式学习理念；

●丛书展现了科学研究是一项需要与人合作、需要多方支持的事业。有利于学生理解现行科学课程标准中所倡导的合作学习的理念。

相信青少年读者通过阅读本套丛书，能够受到科学的熏陶，产生对科学研究的兴趣，甚至产生从事科学研究的美好理想。

中国科协科普资源共建共享办公室主任
中国青少年科技辅导员协会常务副理事长
牛灵江

目 录

1 学一学植物分类学 P1~6

2 被拉丁名所覆盖的城市 P7~70

人物介绍

刘全儒

北京师范大学教授、植物分类学家，人称“华北植物通”。

星 河

植物爱好者，梦想识遍天下植物。在研读了一些植物分类学书籍后，决心拜师学艺，从“纸上谈兵”转向系统学习。

王 松

植物分类专业学生。风趣幽默，阅读广泛，喜欢弹吉他、踢足球。

刘 梅

植物分类专业学生。思维活跃，观察细致，喜欢动漫、登山，希望将来能成为植物学家。

植物精灵

植物是一个既庞大又有趣的家族，让我们一起来认识它们吧。

1 学一学植物分类学

当生物学的研究刚刚进入分子层面时，有人开始轻视传统生物学的研究方法，认为它缺乏科技含量。传统的生物学源自博物学，它对生物的研究主要基于形态结构和用途，因而十分重视分类。植物分类就是生物分类的一个重要方面。

植物分类学主要是研究植物的形态结构、生活习性等，发现植物的典型特征，并且根据植物之间相同点的多少分门别类。在分子生物学的冲击下，植物分类学逐渐失去了原有的光环，一些心高气傲的分子生物学研究者甚至认为，植物分类学就是辨认不同的植物而已，其研究顶多是收集植物标本，将它们罗列出来，就像收集邮票一样。他们的格言是：让那些博物学家去收集邮票吧！

1.1 有用的植物分类学

植物分类学真的失去了存在的意义吗？读一读下面的小故事，你可以体会到，那些分子生物学家的观点是多么有失偏颇啊。

一名学成归来的分子生物学专业研究生，骄傲地对他的农民父亲说：“用您那落后的栽培方式与管理方法，这棵树连 10 千克苹果都收不了！”

“你说的没错，孩子。它确实连 1 千克苹果都收不了。”父亲平静地告诉儿子，“因为那不是**苹果**树，而是**白梨**树。”

苹果

Malus pumila

蔷薇科 苹果属

乔木。叶椭圆形，先端急尖，基部宽楔形或圆形，下面有短柔毛；叶柄有短柔毛。伞房花序，有花3～7朵，集生于短枝顶端；萼筒外密生绒毛；花蕾期花瓣粉红色；雄蕊约20枚；花柱5，下部合生在一起。果实扁球形，形状和大小随品种不同而不同，果梗粗短；萼片宿存。

原产于欧洲及亚洲中部。栽培历史悠久，面积广，全球温带地区均有。我国栽培的品种很多，有红玉、国光、锦红和元帅等。

白梨

Pyrus bretschneideri

蔷薇科 梨属

乔木。小枝紫褐色。叶卵形，基部圆形，边缘有尖锐锯齿，齿尖有长芒刺。伞形总状花序，有花7～10朵；花瓣白色；花柱5或4，分离。果实近球形，大小随品种不同有很大差异，黄色，有细密斑点。

为华北地区主要栽培果树之一。品种很多，如河北产的鸭梨、雪花梨、秋白梨等。

1.2 拜师学艺

关于植物分类学，我过去学过一点，知道界、门、纲、目、科、属、种的阶元划分，对林奈的“双名法”也略知一二。正因为如此，曾经有一段时间我很想自学植物分类学的知识，以便多认识周围的植物，有机会的话还可以在朋友面前炫耀一下。可是，我找来了一堆参考资料，认真研究了好几天，最后只记住一种植物，那就是**银杏**。

银杏在植物分类学上属于裸子植物门，再细分依次属于银杏纲、银杏目、银杏科、银杏属。有意思的是，这个属里只有银杏一个种，就像动物界中的熊猫！

如今，这个“活化石”已普遍栽培，而且它的特征很明显！

为了钻研植物分类学，我决定拜北京师范大学生命科学学院副教授、被誉为“华北植物通”的刘全儒先生为师。

“拜师学艺”以后我才知道，拿着一堆资料死记硬背是没有意义的；所有的植物都有自己独特的特征，重要的是，你要去观察，去研究，才能区分出它们间看似非常微小、其实十分明显的差异；有关植物分类学的所有的记忆，都是在理解基础上的记忆。

一见到瘦瘦高高的刘老师，我脑海中不由得冒出“禾本科”这个词来，因为禾本科植物大都是细细高高的。

显然，刘老师对已参加工作的人来跟他学习植物分类学很得意，兴奋地向身边的学生介绍：“这是星河，他想补习一下植物分类学的知识，这学期跟你们一起上课。你们植物分类学专业的学生可要认真钻研呀，别连植物爱好者都不如！”

一名女生在旁边捂着嘴偷笑。一名男生走过来，友好而又骄傲地拍拍我的肩膀说：“我叫王松，她叫刘梅。欢迎你啊，旁听生！”

知识链接

禾本科

禾本科约有10 000种植物，是被子植物中的第4大科。本科包含有多种粮食作物，如小麦、水稻、玉米、大麦、高粱等。此外，牛、马、羊等家畜多以草为饲料，这些草基本上也是禾本科的。竹子是禾本科中最高大的一类，有些种类可以用来建造房屋。

▲ 银杏

Ginkgo biloba

银杏科 银杏属

落叶乔木。叶扇形，先端2裂，有时再裂，基部楔形；叶脉二叉分。雌雄异株，球花生于短枝叶腋；雄球花柔荑花序状；雌球花有长梗，顶端有盘状珠座。种子核果状，呈卵球形；外种皮肉质，成熟时黄色或橙色；中种皮骨质，白色。

原产我国。

银杏又叫白果树。除栽培于庭院及街道旁供观赏外，木材可供建筑、家具制造等用。种子可食，但多食会中毒，也可入药。

2 被拉丁名所覆盖的城市

2.1 荆条原来不长刺

第一次跟刘全儒老师上课，是在北京师范大学那美丽的校园里辨认植物。这是植物分类学课程的一个重要组成部分。

“这是**李树**。”北师大生命科学学院有一个自己的生物园，里面种满了花草树木。刘老师用他特有的山西口音一一介绍着这些植物，“李，它的果实就是我们平常所吃的李子。所谓‘瓜田不纳履，李下不正冠’——瓜田李下嘛，指的就是这个李。这个李子不能吃多。**桃**养人，**杏**伤人——”

“李子树下睡死人。”王松笑着接道，“偏巧这 3 种植物都是蔷薇科李属的。”

“这是**山茱萸**。遥知兄弟登高处，遍插茱萸少一人。”刘老师引用古诗中的词句，“山茱萸科的植物，弧形脉很明显，伞形花序，子房下位。”

“‘遍插茱萸’插的是山茱萸吗？”王松突然问道。

“这个我就不知道了。”刘老师摇摇头，对自己所不了解的东西也勇于承认，“单是带‘茱萸’的植物就有很多，有山茱萸，有**吴茱萸**，还有一个科干脆就叫茶茱萸科。”

原来古诗中的一个“茱萸”，也能挖出如此多的内容来。

“这个呢，是**三裂绣线菊**，叶通常具有明显的 3 裂。”顺着刘老师指的方向看去，我们果然看到了叶上那明显的 3 裂，“这个是**臭椿**，它的果实是单翅果。臭椿和**苦木**是一个科的，叫做苦木科。”

“好像衣服很久没洗过的味道。”刘梅凑近闻了闻，然后皱着眉头说道。

“这个是**山桃**吧？”王松抚摸着一棵果树说道，“树皮可真光滑。”

“这棵山桃比较大。”刘老师很熟悉这里的一草一木，“树皮本来就光滑，加上人们老是来蹭它，就变得非常光滑了。”

“树大招风啊。”王松调侃道。

“这是**海州常山**，马鞭草科的。”刘老师又在介绍新的植物，“你们揉一揉它，应该有一股特殊的气味。”

“好臭！”刘梅连忙捂起鼻子，“真是比臭虫还要臭！”

刘老师看了看她，笑了起来：“臭味和臭虫都不是最可怕的，可怕的是这里的毒蚊子。你要是夏天来这里，是不能穿短袖的，否则毒蚊子可就盯上你了！”

刘梅吓得伸了伸舌头。

“这是**荆条**。在那个‘负荆请罪’的故事里，廉颇背的‘荆’就是这种植物。”说完，刘老师又指着另一棵树补充了一句，“如果他背的是**皂荚**，感觉就不一样了。”

我们听了之后，回味了一会儿才明白过来，不禁会心而笑——被荆条鞭打只有表皮之痛，如果使用满是尖刺的皂荚，那些尖刺就会刺进肉里了。

“这是**曼陀罗**。”刘老师突然指着一株植物说，“据说，《水浒传》里提到的蒙汗药，其主要成分就来自曼陀罗。”

看到大家在摸曼陀罗带刺的果实，刘老师缓缓补充道：“明朝的李时珍在他的《本草纲目》中就记载有用曼陀罗和**大麻**的花配制麻醉药。”

跟随刘老师学习植物分类学就是这样，总能在获得专业知识的同时，获得一些相关方面的知识。真是眼界大开呀！

“**紫露草**，鸭跖草科。这个时候它不开花。不过，到了开花的季节也是早晚开，阳光一强就闭上了。”

“**灰绿藜**，藜科。叶子这一面是绿的，下面却是灰的。”

“**土麦冬**，百合科。它的商品名叫‘丹麦草’。不过它不是来自丹麦，而是产于我国南方的山上，‘丹麦草’是咱们自己起的商品名。”

“**雪里蕻**，十字花科。咱们吃的就是莲座状叶这一部分，抽薹的就不能吃了。”

“**文冠果**，无患子科。它看起来有点像**核桃**。不但咱们的生物园里有文冠果，陶然亭等一些公园里也有。它与同是无患子科的**栾树**略有不同，栾树叶子的裂是不规则的，它却是整齐的锯齿。说起栾树，它是咱们北京长安街的两种行道树之一：一种是**玉兰**，另一种就是栾树，两种树相间排列。”

李

Prunus salicina

蔷薇科 李属

落叶乔木。枝条红褐色。叶倒卵形，边缘有齿。花常3朵簇生在一起，白色；雄蕊在10枚以上。核果，卵圆形或近圆形，有绿色、黄色、浅红色和深红色等；果核有不同程度的凹凸。

分布于我国东北、华北、华东和西南等地。果园和庭院中常栽培。

果可食用，核仁入药。

桃

Prunus persica

蔷薇科 李属

落叶乔木。叶披针形，边缘有较密的锯齿；叶柄上有腺点。花常单生，粉红色，先叶开放；花梗很短；花托杯状；雄蕊在10枚以上。核果，近球形或卵圆形，表面有绒毛，有1条明显的缝线。

栽培普遍，为我国著名水果之一。常见的变种有油桃、蟠桃、白碧桃、红碧桃。

果实可以鲜食，也可以加工成果汁、果酱和果脯等。桃仁可食，也供药用。

杏

Prunus armeniaca

蔷薇科 李属

落叶乔木。小枝褐色或红紫色，有光泽。叶卵圆形或近于圆形，边缘有锯齿。花单生，白色或浅粉红色，先叶开放；没有花梗或有很短的梗；萼筒紫红色或绿色；雄蕊多数。核果球形，黄白色至红黄色，常具红晕，果核光滑。

原产亚洲西部。世界各国普遍栽培。我国除华南地区外，也普遍栽培。

用于观赏。果实可食用。杏仁可食用或药用。

山茱萸

Macrocarpium officinalis

山茱萸科 山茱萸属

落叶乔木或灌木。叶对生；叶片纸质，披针形至卵形；弧形脉明显。伞形花序；花黄色，先叶开放；花瓣4枚，向外反卷；雄蕊4枚；子房下位。核果长圆形，成熟时为红色。

分布于我国华中、华东、西南及山西、陕西、甘肃等省区。

山茱萸果实可入药，称为山萸肉。

吴茱萸

Euodia rutaecarpa

芸香科 吴茱萸属

小乔木或灌木。全株各部都有特殊的腥臭气味。奇数羽状复叶，对生；叶片纸质，全缘或近全缘，上面有大且多的油点，两面有长柔毛。伞房或聚伞状圆锥花序，生于枝的顶端；花多为单性花，雌雄异株；萼片和花瓣多为5枚，花瓣比萼片长3～4倍。蓇葖果4～5枚，暗紫红色，有大的油点。

产于我国秦岭以南各地，但海南未见有自然分布，曾引种栽培，但都生长不良。日本也有分布。

嫩果经炮制晾干后就是传统中药吴茱萸，是苦味健胃药和镇痛药，也为驱蛔虫药。

三裂绣线菊

Spiraea trilobata

蔷薇科 绣线菊属

灌木。小枝常呈“之”字形弯曲。叶片近圆形，前端3裂，上下两面无毛，下面灰绿色；基部具3～5脉。伞形花序；花瓣白色；雄蕊10枚以上，比花瓣短；花柱短于雄蕊；萼片、花瓣和雄蕊愈合形成浅托杯。聚合蓇葖果。

分布于我国东北、内蒙古、河北、山西、河南、陕西、甘肃和安徽等省区。

栽培较广，一般用作园林绿化，供观赏。

臭椿

Ailanthus altissima

苦木科 臭椿属

落叶乔木。奇数羽状复叶，互生；小叶对生或近对生，具腺体，揉搓后有臭味。圆锥花序；花杂性；花瓣5枚，淡绿色；雄蕊10枚，花丝基部有硬粗毛。单翅果，矩圆状椭圆形。

分布于我国南北各省区；世界各地多见，栽培或野生。

臭椿树皮入药，可清热止痢。也是常见的行道树。

苦木

Picrasma quassioides

苦木科 苦木属

灌木或小乔木。树皮紫褐色，有苦味。具裸芽。羽状复叶，小叶 7 ~ 15 枚；叶片卵形，边缘有齿；叶柄极短。聚伞花序；花杂性，雌雄异株，黄绿色。核果，倒卵状球形，常 3 ~ 4 个并生，蓝色至红色。

分布于我国黄河流域各省区。

苦木又叫苦楝树。木材可用于制作器具。根皮入药，能泻湿热、杀虫，又用作农业杀虫剂。

山桃

Prunus davidiana

蔷薇科 李属

落叶乔木。叶宽披针形，边缘有细的锯齿，基部有腺体。花先叶开放，单生，淡粉色或白色；托杯呈杯状；雄蕊多于 10 枚；单雌蕊。核果近球形，果核有凹沟。

分布于我国东北、华北、西北和西南等地区。

公园和庭院中多有栽培，用于观赏。幼苗可以作为嫁接桃的砧木。

海州常山

Clerodendron trichotomum

马鞭草科 大青属

落叶灌木或小乔木。老枝有皮孔。叶卵状椭圆形，对生。聚伞花序，呈伞房状；花萼在花蕾期呈绿白色，后变成紫红色，基部合生，顶端5裂，宿存；花冠白色或带粉红色，有香气，下部合生成细管，顶端5裂。核果近球形，成熟时蓝紫色。

分布于我国华北、中南、西南及辽宁、甘肃、陕西等省区。

海州常山又叫臭梧桐，可供观赏。

荆条

Vitex negundo

马鞭草科 牡荆属

落叶灌木。小枝四棱形，上面有毛。掌状复叶，对生；叶片边缘有缺刻状齿，浅裂至深裂，背面有灰白色绒毛。圆锥花序，顶生；唇形花冠，淡蓝紫色；二强雄蕊，伸出花冠管外。核果近球形。

分布于我国华北、西北、华中、西南及辽宁等省区。

荆条为优良的蜜源植物。茎、叶和种子均可入药。

皂荚

Gleditsia sinensis

豆科 皂荚属

落叶乔木。树皮暗灰色，有很多圆锥形枝刺。羽状复叶，小叶 6～14 枚。花杂性，组成细长的总状花序；花瓣 4 枚，黄白色；雄蕊 6～8 枚。荚果挺直，黑棕色。

分布于我国东北、华北、华东、华南及四川、贵州等省区。常有栽培。

木材可用于制作车辆、家具。果实煎汁可以代替肥皂。果瓣和种子为药材，有祛痰通窍、消肿的功效。

曼陀罗

Datura stramonium

茄科 曼陀罗属

一年生草本。茎直立，高 1～2 米。单叶互生；叶片宽卵形，边缘有不规则波状浅裂。花单生于枝分杈处或叶腋；花冠漏斗状，长 6～10 厘米，上部白色或紫色，5 裂。蒴果直立，卵球形，长 3～4 厘米，表面生有坚硬的针刺，成熟后 4 瓣裂。种子黑色。

广布于世界热带和温带地区；我国各地均有分布。

全株含生物碱，对人、家畜、鱼类和鸟类有剧毒。叶、花和种子入药，有镇静、镇痛和麻醉功能。

大麻

Cannabis sativa

桑科 大麻属

一年生直立草本。叶互生，或下部叶对生；叶片掌状全裂，裂片 3 ~ 9 枚，披针形，边缘有粗锯齿。花单性，雌雄异株；雄花排列为聚伞状圆锥花序，花被片 5 枚，雄蕊 5 枚；雌花无柄，排列成穗状，花被退化，膜质。瘦果扁卵形，质硬。

原产于亚洲。在我国，麻类植物的栽培历史可以追溯到 4 500 年以前。现全国各地均有栽培，并逸为野生。

为重要的纤维植物。纤维强韧，可制绳索和麻袋。某些地区出产的大麻含有一定量的麻醉及致幻物质，滥用会严重损害人体健康，因此大麻与罂粟、古柯并称为三大毒品植物。

紫露草

Tradescantia reflexa

鸭跖草科 紫露草属

多年生直立草本。茎簇生。叶线形，淡绿色，基部有叶鞘。花多朵簇生于枝顶，呈扇形；萼片 3 枚，绿色，卵形，顶端有一束毛；花瓣 3 枚，蓝紫色；花丝有蓝紫色念珠状长毛。子房无柄。

原产北美。

可供观赏。

▲ 灰绿藜

Chenopodium glaucum

藜科 藜属

一年生草本。茎平卧或斜生，有条棱或紫红色条纹。叶互生；叶片披针形，边缘有缺刻状锯齿，上面绿色，下面有灰白色粉。花于叶腋或枝顶组成穗状花序；花被浅绿色；柱头2，极短。果皮膜质，黄白色。种子扁球形，暗红色或红褐色，有细点纹。

分布于我国东北、华北、西北、华中和西藏。

土麦冬

Liriope spicata

百合科 山麦冬属

多年生草本。常有小块根。叶基生，线形。总状花序，花莛从叶丛中伸出；花被片6枚，淡紫色或白色。果实浆果状，蓝黑色。

除东北、青海、西藏、新疆和内蒙古外，全国其余省区均有分布。

土麦冬又称山麦冬，为常见的栽培地被植物，供观赏。

雪里蕻

Brassica juncea

十字花科 芸苔属

一年生草本。基生叶倒披针形或长圆状倒披针形，不裂或稍有缺刻，有不整齐的锯齿或重锯齿；抽薹后，上部及顶部茎生叶小，长圆形，全缘，皱缩。

分布于我国南北各省。

雪里蕻是芥菜的一个变种。主要是盐腌供食用。

文冠果

Xanthoceras sorbifolia

无患子科 文冠果属

落叶灌木或小乔木。奇数羽状复叶，小叶常互生。总状花序，花杂性；花瓣5枚，白色，基部红色或黄色，有爪；花盘5裂，有橙色角状附属物。蒴果，球形。

分布于我国东北、华北及甘肃、宁夏。

文冠果种子含油。常栽培供观赏。

核桃

Juglans regia

胡桃科 胡桃属

落叶乔木。树皮老时灰白色，浅纵裂。枝有片状髓，小枝常有盾状着生的腺体。奇数羽状复叶，小叶常5～9枚；叶片椭圆形，全缘，无毛。雄花组成柔荑花序，下垂；雌花常2朵生一起。果实近球状，内果皮骨质，具2条纵棱和不规则浅刻纹。

我国南北各省均有栽培，以西北和华北为主。

核桃又称胡桃。核桃仁营养价值很高，可生食，也可榨油食用。木材坚实，光滑美观，不翘不裂，是良好的硬木材料。树皮和外果皮可提取单宁，内果皮可制活性炭。

栾树

Koelreuteria paniculata

无患子科 栾树属

落叶乔木。羽状复叶或2回羽状复叶，互生，小叶互生或对生。圆锥花序，花杂性；花瓣4枚，淡黄色，基部常橙红色至紫色，开时向外翻折；雄蕊8枚。蒴果，囊状。

分布于我国东北、华北、华中、华东、西南及陕西、甘肃等地。

栾树常栽培作为行道树或观赏树种。木材可制作家具。

玉兰

Magnolia denudata

木兰科 木兰属

落叶乔木。小枝上有环状托叶痕。冬芽密生长绒毛。叶互生；叶片倒卵形至倒卵状矩圆形，全缘。花单生枝顶，先叶开放，直径12～15厘米；花被片9，白色。聚合蓇葖果。

原产我国中部；各地栽培，供观赏。

2.2 “胡”字其实有讲究

生物园里的植物只是校园植物的一小部分。我们在校园里随便转上一圈，居然发现了上百种不同的植物。

“这是**洋白蜡**，与国产的**大叶白蜡**有明显的共同点。”刘老师继续讲述，“羽状复叶，对生。单翅果。”

“这是花吗？”王松指着树枝上的一团淡褐色物问道。

“这是花序，而且是雄株的花序。”学生的问题让刘老师想起一段往事。当年《中国植物志》编委会请一位老学者撰写梣属的条目，他没敢接下来，因为他清楚其中的难处。其实难就难在梣属的花单性异株，找到雄株却可能找不到雌株，不知道果实是什么模样，就很难准确定种。

随后，刘老师进一步分析道：“大叶白蜡的花长在新枝上，而洋白蜡的花长在老枝上；大叶白蜡和洋白蜡没有花瓣，而**小叶白蜡**有花瓣。这 3 种植物都属于木犀科。木犀科的特征是木本，叶对生，冠生 2 枚雄蕊。校园里木犀科的植物很多，除了大叶白蜡之外，还有**连翘**、**迎春**、**女贞**、**丁香**以及**北京丁香**等。”

知识链接

木犀科

木犀科中的植物丰富多彩。有花很香的桂花、茉莉花，行道树白蜡树，奇特的雪柳和流苏树，以及早春开花的迎春、连翘、丁香，等等。

其实，树木和花卉并不是植物分类学所关注的全部，那些伏地而生的杂草，也都有自己的名字。像**朝天委陵菜**、**附地菜**、**夏至草**等杂草，校园里面十分常见。遇到这些杂草，刘老师也要一一介绍。

“这是**野牛草**，属于禾本科。单性花，雌雄异株或同株。”刘老师指着野牛草的各个部分详细介绍道，“它的雌穗和雄穗是不一样的。这是雌穗，紫色的是它的柱头。”

“这是**诸葛菜**，又称二月兰，十字花科。农历二月前后开花，老人们喜欢采摘它的嫩叶子，炒来吃。”

“这个草坪上的主要植物是**草地早熟禾**。”

与刘老师一起走在校园里，感觉那些平素常见的不起眼的植物突然间都有了明显的特点。

“**独行菜**，属于十字花科。这个科的特点是具有十字形的花冠，但这个独行菜是十字花科里没有花瓣的一种植物，只有 4 个萼片。”

“一个个像小房子一样。”刘梅注视着形状奇特的独行菜说。

“**黄刺玫**，蔷薇科蔷薇属的植物。”刘老师指着一株植物介绍说，“复叶，托叶在叶柄基部结合。”

“像两个小耳朵一样！”刘梅仔细观察着，“真可爱！”

“奇数羽状复叶，果实为蔷薇果。”刘老师继续介绍黄刺玫，“蔷薇属是蔷薇科的模式属，校园里有玫瑰、月季、黄刺玫等。”

当大家来到几棵高大的乔木前时，刘老师介绍道：“这是**法国梧桐**，又叫‘二球悬铃木’，果实通常是两个一串；这边这棵才是真正的**梧桐**，因为树皮是青绿色的，所以又叫青桐。”

“那有‘一球悬铃木’吗？”我问。

“有。在图书馆的后面。”刘老师对校园里的植物了如指掌，“那叫**美国梧桐**。它的树皮片状剥落，不光滑。”

“关于梧桐树，好像有很多描写啊。”王松插话道。

“家有梧桐树，引得凤凰来。”刘老师随口道来，“梧桐一叶落，天下尽知秋。这是因为梧桐的叶子对秋天特别敏感。”

平凡的“梧桐”二字，竟有如此多的不平凡含义。

“这是核桃，也称胡桃。它的原产地在阿富汗一带，以及我国的新疆等地。如今在新疆，仍能找到野生的核桃。”在介绍一些常见植物时，刘老师总能引出很多新鲜的东西来，“所谓的‘胡’，一般是指来自西域，比如**胡杨**。”

“那**胡萝卜**是不是也来自那里？”我突然想到这样一个问题。

“应该也有关系。”刘老师想了想回答道，“胡萝卜原产欧洲，可能也是通过西域传过来的。”

就这样，我们随着刘老师行走在北师大美丽的校园里。时间不知不觉地过去了，天边的晚霞逐渐映红了天际。

洋白蜡

Fraxinus pennsylvanica

木犀科 梣属

落叶乔木。奇数羽状复叶，对生，小叶通常7枚；叶片披针形或披针状卵形至长圆形、椭圆形，下面无乳头状突起；小叶柄短，长仅3～6毫米。雌雄异株；圆锥花序由无叶的侧芽生出，长在老枝上；冠生雄蕊2枚。翅果，果翅下延达果体的1/2以上。

洋白蜡又叫青梣。原产于美国。

可用作行道树或庭院绿化树种。

大叶白蜡

Fraxinus rhynchophylla

木犀科 梣属

落叶乔木。小枝灰褐色。奇数羽状复叶，小叶多为5枚，顶部1枚较大；叶片宽卵形或倒卵形，边缘有齿。圆锥花序，顶生或侧生于新枝上；萼4裂；无花冠；雄蕊2枚。翅果倒披针形，先端钝，短尖或凹入。

分布于我国东北、华北。

木材坚硬且富有弹性，可制车辆、农具及铁器柄等。

小叶白蜡

Fraxinus bungeana

木犀科 梣属

落叶小乔木或灌木。奇数羽状复叶，对生，小叶5～7枚。圆锥花序，顶生；花冠白色至淡黄色，裂片线形；冠生2枚雄蕊。翅果，狭长椭圆形。

分布于我国华北及安徽、辽宁等省区。

小叶白蜡又叫苦枥、秦皮，《淮南子》中称之为梣。树皮入药，称为秦皮。

连翘

Forsythia suspensa

木犀科 连翘属

落叶灌木。小枝中空。单叶对生，有时当年生枝条上的叶3裂或三出复叶。花先叶开放，1～5朵多生于叶腋；花冠钟状，黄色，4深裂；冠生2枚雄蕊。蒴果，长卵球形。

原产于我国中部及北部。现除华南外，其他各地均有栽培。

连翘又叫黄寿丹，果皮药用。为公园及绿化带中常见的观赏植物。

迎春

Jasminum nudiflorum

木犀科 茉莉属

落叶灌木。小枝光滑无毛。小叶3枚，卵形，边缘有细毛。花单生，外有很长的绿色苞片，先叶开放；萼裂片6，线形，绿色；花冠黄色，裂片倒卵形，通常6裂；冠生2枚雄蕊。一般不结果。

原产我国北部及中部。由于花早春开放，公园普遍栽培，用于观赏。

▲ **女贞**

Ligustrum lucidum

木犀科 女贞属

常绿小乔木。单叶对生，革质，卵状长圆形。圆锥花序，顶生；花白色，下部合生成花冠管，上部4裂，裂片反折；冠生2枚雄蕊。核果长圆形，蓝黑色。

原产于我国长江以南各省。

女贞可作为园林绿化树种，也可放养白蜡虫。木材可制作细木家具。果入药称女贞子。

丁香

Syringa oblata

木犀科 丁香属

又称紫丁香。落叶灌木，高 2～4 米。枝二叉状。叶对生；叶片阔卵形，基部心形，无毛。圆锥花序，顶生；花紫色，花冠管细长，长 10～12 毫米，上部 4 裂。蒴果，2 裂。

原产我国。各地公园及庭院普遍栽培，供观赏。

北京丁香

Syringa pekinensis

木犀科 丁香属

大灌木或小乔木。树皮褐色，纵裂。叶对生；叶片卵形，纸质，上下两面无毛。圆锥花序，顶生；花序轴上散生着皮孔；萼片边缘有不规则牙齿或截形；花冠白色，呈辐射状，花冠管约与花萼等长；冠生 2 枚雄蕊；花柱 2 裂。蒴果，长椭圆形，每室有 2 粒带翅的种子。

产于我国内蒙古、河北、山西、河南和陕西等省区。

北京丁香枝叶茂盛，北京公园广为栽培，用于观赏。

朝天委陵菜

Potentilla supina

蔷薇科 委陵菜属

一年生或两年生草本。茎平铺或斜生。羽状复叶，小叶7～13枚。花单生于叶腋，有副萼；花瓣5枚，黄色；雄蕊多数。聚合瘦果。

分布于我国各地。

附地菜

Trigonotis peduncularis

紫草科 附地菜属

一年生或两年生草本。茎常丛生，基部分枝，密集，铺散。叶匙形，互生，两面有毛。螺状聚伞花序；花冠蓝色，下部合生，上部5裂，喉部黄色，有5个鳞片状附属物。小坚果，四面体形，4枚。

分布于我国东北、华北、西北及福建、江西、云南、西藏、广西等省区。

附地菜全草可入药。嫩叶可食用。

夏至草

Lagopsis supina

唇形科 夏至草属

多年生草本。茎四棱形，有沟槽，上面密生微柔毛。叶对生，3深裂。轮伞花序，有稀疏的花；小苞片弯曲，刺状；花冠白色，二唇形，上唇全缘，下唇3裂。小坚果，长卵形。

分布于我国东北、华北、华中、西南、西北等地区。

夏至草全草可入药。

野牛草

Buchloë dactyloides

禾本科 野牛草属

多年生草本。有匍匐枝。叶鞘紧密裹茎；叶片细线形，粗糙，两面有少量白色柔毛。雌雄异株；雄花序总状，草黄色，雄小穗有2花；雌花序头状，雌小穗有1花，柱头紫色。

原产于美洲，我国引种。

为草皮植物，生长快，容易繁殖。

诸葛菜

Orychophragmus violaceus

十字花科 诸葛菜属

一年或两年生草本。茎直立。叶形变化大，基生叶和茎下部叶大头羽状分裂，有柄；茎上部叶长圆形或窄卵形，基部耳状，抱茎。花紫色或白色；花萼筒状，紫色；花瓣展开，有细脉纹。长角果，线形，有4棱。

分布于我国辽宁、河北、陕西、江苏和湖北等省。

诸葛菜又叫二月兰，为早春开花植物。

草地早熟禾

Poa pratensis

禾本科 早熟禾属

多年生草本。有长而明显的匍匐根状茎。叶鞘有纵条纹；叶舌先端截形。圆锥花序，每节有分枝3～5个，有二次分枝，小枝上生2～4个小穗；小穗卵圆形，绿色，成熟后草黄色；第一颖有1脉；外稃基部有蛛丝状毛。颖果，纺锤形。

分布于我国东北以及内蒙古、河北、山西、甘肃、四川、山东等省区。

草地早熟禾耐寒、耐旱、耐踩踏，再生力强，营养价值高，是很好的饲用植物。因生长很快，常用作飞机场、运动场和公园的草皮植物。

▲ 独行菜

Lepidium apetalum

十字花科 独行菜属

一年或两年生草本。基生叶倒披针形，羽状裂，有柄；茎生叶披针形，基部宽，无柄，呈耳状抱茎，边缘有疏齿；最上部叶线形，全缘。总状花序顶生；花极小，无花瓣或退化成丝状。短角果，近圆形。

分布于我国东北、华北、西北和西南等地区。

种子入药称为葶苈子。

黄刺玫

Rosa xanthina

蔷薇科 蔷薇属

落叶灌木。茎直立；小枝紫褐色，有散生硬皮刺。羽状复叶，小叶 7 ~ 13 枚；叶片宽卵形，较小；托叶披针形，全缘。花单生，黄色，重瓣或近重瓣；花梗无毛；花柱离生，有短柔毛。蔷薇果，近球形，红褐色；萼片宿存。

原产于我国北部。分布于辽宁、河北、山西、陕西、甘肃、青海和山东等省。

在公园及绿化带普遍栽培，是观赏植物。

法国梧桐

Platanus acerifolia

悬铃木科 悬铃木属

落叶乔木。树皮成片状剥落。叶阔卵形，3 ~ 5 裂至中部；叶柄密生黄褐色毛；托叶基部鞘状，上部开裂。单性同株；雄花花瓣长圆形，长为萼片的 2 倍，盾形药隔有毛；雌花心皮 6，离生。小坚果，果序球形，通常 2 个，下垂。

原产于欧洲。我国各地均有栽培。

法国梧桐又叫二球悬铃木，为庭院绿化树种和行道树。

梧桐

Firmiana platanifolia

梧桐科 梧桐属

落叶乔木。树皮青绿色。叶心形，互生，掌状3～5裂。圆锥花序；花萼钟形，5深裂，花瓣状，淡黄绿色；无花瓣；雄蕊多数，连合成柱状。蓇葖果，叶状，5枚。

分布于我国华北、华中、华东、西南和华南等地区。

梧桐又名青桐，可作为行道树。木材可制作乐器；刨片浸出的黏液有润发功效。

美国梧桐

Platanus occidentalis

悬铃木科 悬铃木属

落叶乔木。树皮乳白色，小片状剥落。叶大，阔卵形，通常3～5浅裂，长比宽略短，基部截形；托叶较大。花单性，组成球形头状花序；药隔盾状，无毛。球形果序，通常单生；花柱宿存，极短。

原产于北美。我国引种栽培。

美国梧桐又叫一球悬铃木，为良好的园林树种和行道树。

胡杨

Populus euphratica

杨柳科 杨属

乔木。树皮下部条裂。叶形多变化，卵圆形、披针形、三角状卵圆形或肾形，先端有粗齿，基部楔形或圆形，有2腺点。雄花序轴有短绒毛，花药紫红色；雌花柱头3，2浅裂，鲜红色或淡黄绿色。蒴果，长卵圆形，2～3瓣裂，无毛。

分布于我国内蒙古西部、甘肃、青海和新疆等省区。

胡杨是大陆性干旱气候条件下的树种，喜光，抗热、抗干旱、抗盐碱和抗风沙能力很强，是绿化西北干旱、盐碱地带的优良树种。木材可供建筑及制作家具等用。木纤维是很好的造纸原料。

胡萝卜

Daucus carota

伞形科 胡萝卜属

两年生草本。根圆锥状，橙黄色或橙红色，肥厚肉质。茎直立，有硬毛。基生叶长圆形，有长叶柄，2～3回羽状全裂；茎生叶叶柄的一部分或全部成叶鞘。复伞形花序，有粗糙硬毛；总苞片羽状分裂；小总苞片线形，边缘有睫毛；花瓣白色或淡紫红色。双悬果，椭圆形。

原产于亚洲西南部及欧洲。我国各地广泛栽培。

根为蔬菜和多汁饲料，含胡萝卜素，营养价值高。也可入药，有助消化和健胃的功效。

2.3 不知道研究的植物叫什么

认完植物，大家兴高采烈地回到教室，准备上课。这时，刘老师却被一名以前教过的女生叫住。

“刘老师，我的论文已经快写完了。”这名女生我见过，她是生化专业的，正在准备毕业答辩，“可现在我遇上一个麻烦。”

“化学分析方面的麻烦？”

“不是。”女生摇头说道，“化学分析我都做完了，做得还行，导师也满意……”

“这不是很好吗？”

“好什么好啊！”那女生突然一脸沮丧，“整个分析都做完了，可我突然发现，还不知道自己做的这种植物叫什么！”

天呀！我在心里叫了一声。这可是真麻烦了。

“你先别着急。”好心的刘老师安慰道，“你重新采一份标本来，我帮你鉴定一下。”

“现在重新采已经来不及了。它是以前在云南采到的！”

天！我心里又叫了一声。这下麻烦可大了。

“现在怎么办？”刘老师对植物分类学再内行，也是巧妇难为无米之炊。

“我把它的碎片拿来了，您看看能不能帮忙鉴定一下。”

那女生说着摸出来一个小纸包，然后小心翼翼地把它打开。我探头看了一下，里面有一堆不成形的碎

块，仿佛是煮过的中药药渣，只能隐约看出是茎、花、果实的部分。

“你过几天再来吧。”看得出来，刘老师也颇头疼，但他还是把那个小纸包接了过来。

女生道谢后便走了。

“就凭这些，您能辨别出来吗？”我不禁有些担心。

“勉强吧。”刘老师指了指那根比较长的短茎说道，“从这个四棱形的短茎来看，基本上可以判断是唇形科的。此外，从花和花序来分析，可以进一步推断它所在的属。不过要想准确鉴定到种，还是需要完整的标本。这个我要仔细查看，现在咱们先上课。”

后来我要随刘老师到野外去考察，临行前再次见到了那名女生，她正在与刘老师交谈。后来才知道她是特地来为我们送行的。

“上次您可真是帮了我的大忙！”女生向刘老师表示感谢。

“我也只能是大体判断。”刘老师十分谦虚，“目前基本上可以推断是**牛至**。不过最多有 80% 的把握，因为从碎片上很难看出完整的花序和叶片。”

“对我来说这已经足够了。”那女生又一次道谢，随后便离开了。

我们上车之后，刘老师对我苦笑了一下：“这标本不完整还真是比较麻烦，做研究一定要保留凭证标本！”

我一下想起了那个苹果树与梨树的故事。

▲ 牛至

Origanum vulgare

唇形科 牛至属

多年生草本或半灌木。芳香。植株各部多带有紫色。茎四棱形，上面有短柔毛。叶对生；叶片卵圆形，上下两面都有柔毛和凹陷的腺点。伞房状圆锥花序，由多个小假穗状花序密集形成；花冠唇形，紫红、淡红至白色；雄性花冠筒显著超出花萼，雌性花冠筒短于花萼。小坚果，卵圆形，褐色。

产于我国华中、华东、西北、西南和华南等地区；欧洲、亚洲及北非也有。北美有引种。

全草均可入药，可预防流感，能治疗中暑、感冒等。

2.4 最基本的仪器长在我们身上

“研究植物分类学，就要学会对植物进行观察的方法，这里有三点比较重要。”刘老师在讲台上侃侃而谈，“首先要注意植物的习性与生活环境之间的关系，其次要了解观察植物的基本程序，再次一定要学会花的解剖与观察。”

同学们在下面认真地记笔记。

“谈到植物的习性和生活环境之间的关系，主要包括以下这些内容——”刘老师进一步予以分析，“首先注意观察是草本还是木本。如果是草本，再看是一年生草本、两年生草本还是多年生草本；如果是木本，要看是乔木、灌木还是亚灌木。其次对于藤本，要区分草质藤本与木质藤本。当然，这里边还要分清楚直立草质藤本与攀缘草质藤本，以及直立木本与木质藤本。此外还有很多需要注意的，如是否是肉质植物，是自养植物还是寄生、附生或腐生植物，是陆生、湿生还是水生植物，是阳生还是阴生植物，是常绿植物还是落叶植物，等等。”

在教室前面的投影屏幕上，显示出了多种不同的植物形态。

“对植物进行观察的基本程序也非常重要，当然这些观察常常需要仪器。”刘老师说着突然问道，“我们最基本的仪器或者感觉器官是什么？”

“眼睛？”我试着答道。

“对！首先是我们的眼睛等，随后才是科学仪器。这些仪器依次是放大镜、解剖镜、显微镜和扫描电镜。”刘老师点头认可了我的回答，接着提出了另外一个问题，“那么对植物进行观察的一般顺序呢？”

“首先自然是习性——”王松有点犹豫不定，“然后依次是根、茎、叶、花序、花、果实和种子。”

“说到植物的这些器官，那就更具体了。”刘老师对这一回答表示赞许，“比如说根，要区分是直根系还是须根系，是否具有地下的变态根。如果有，要弄清是块根还是圆锥根、气生根还是寄生根。所以咱们在采标本的时候，一定要把根留住！”

待同学们的笑声渐消之后，我向刘老师道出自己的困惑：“刘老师，这直根系和须根系比较直观，我还能明白，块根和圆锥根之类的变态根也勉强明白，可这气生根和寄生根就不太明白了……”

“怎么说呢？”刘老师踌躇道，“这个是植物形态学的问题，而不是植物分类学的问题。但是要做植物分类学研究，必须具备植物形态学和解剖学的基础知识。”

为补充这些知识，课余我着实花了些时间，认真研读了一通植物形态解剖学，大致搞清了**根、茎、叶、花和果实的主要形态**。

“搞植物分类学研究，还必须出野外。”刘老师没理会我的知识缺口，继续向下讲去，“当然历史上也有靠标本来研究植物分类学的，但这容易出问题，难免会片面。”

刘老师的这番话，让我

想起了过去读过的一个故事。

曾经有一位非常著名的植物分类学家，他的知识和经验都相当丰富，但他一辈子不出野外，完全凭植物标本进行相关研究，结果在一个细节上出了问题，致使混淆了小刺儿菜（也称**刺儿菜**）和**大刺儿菜**。

大刺儿菜和小刺儿菜虽说都叫“刺儿菜”，但在许多方面都有不小的区别。

首先，它们的幼苗有不同：大刺儿菜的叶背面常具蛛丝状毛，而小刺儿菜的叶背面较为光滑。其次，它们的花序不同：大刺儿菜的头状花序多数，而小刺儿菜的头状花序仅有1至几朵。再次，它们的植株高度也不同：小刺儿菜的株高一般在50厘米以下，而大刺儿菜有的可高达1米！此外，它们在花期上也有一定差别。

在野外，大刺儿菜和小刺儿菜的区别十分明显，当地老乡都能一眼看出。但假如不出野外，只根据标本来研究，就无法得知这些区别，所以才出现这种问题。

“事实上，任何单一的性状都不能解决植物分类学的问题。”最后刘老师作出了总结，“必须进行全方位的考察。”

根、茎、叶、花和果实的主要形态

根

直根系 有明显主根和侧根之分的根系。大多数双子叶植物和一般裸子植物的根系都是直根系，如棉、蒲公英。

须根系 所有的根的粗细相近，没有明显的主根的根系。大多数单子叶植物的根系都是须根系，如葱、小麦。

直根系

须根系

茎

缠绕茎 植物的茎螺旋状缠绕在其他物体上向上生长，如牵牛、紫藤等。

平卧茎 茎平卧在地上生长，但茎节处不生根，如地锦草、白薯。

攀缘茎 茎细长柔软不能直立，需借一些变态器官如卷须、吸盘等攀缘于其他物体上，才能向上生长，如丝瓜、南瓜等。

匍匐茎 有些植物的茎是平贴在地面上，向四周蔓延生长的。这种茎的节间长，节上生有不定根，如草莓。

缠绕茎

平卧茎

攀缘茎

匍匐茎

叶

掌状复叶 在总叶柄的顶端着生许多具柄的小叶，小叶展开如手掌，如七叶树。

羽状复叶 小叶都着生在叶轴的两侧，呈羽毛状排列，如臭椿、月季。

三出复叶 由3个具柄的小叶组成，如三叶草、酢浆草等。

掌状复叶

羽状复叶

三出复叶

叶序

互生 茎的每一节上只生有1枚叶，上下相邻的叶交互而生，呈螺旋状排列在茎上，如白桦。

对生 茎的每一节上生有2枚叶，2叶相对排列，如丁香。

轮生 茎的每一节上生3枚或3枚以上的叶，这些叶呈辐射状排列，如夹竹桃。

互生

对生

轮生

花

十字花冠　花瓣4枚，有爪，排列成十字形（瓣爪直立，檐部平展成十字形）。是十字花科植物典型的花冠类型，如二月兰。

唇形花冠　花冠呈对称的二唇形，即上面2裂片合生为上唇，下面3裂片多少结合而构成下唇，如一串红、夏至草。

十字花冠

唇形花冠

花序

伞形花序　花轴缩短，大多数小花着生在花轴的顶端，每朵小花的花柄基本等长，因而小花在花轴顶端排列成伞形，如葱。

穗状花序　花序轴细长直立，上面着生许多无柄或有短柄的小花，似果穗状，如小麦、车前。

头状花序　花轴基部的苞叶密集成总苞，花轴极度缩短、膨大成扁平状，很多无梗的小花生于其上，形成状如头的花序。绝大部分的菊科植物都是头状花序，如蒲公英。

伞形花序

穗状花序

头状花序

果实

核果 一般由单心皮的雌蕊发育形成，内有1枚种子。成熟核果的果皮可分为三层：外果皮膜质，中果皮肉质多汁，内果皮木质化、坚硬，如桃、杏的果实。

荚果 由单心皮雌蕊发育形成。成熟的果实多数开裂，其开裂方式是沿心皮的背缝与腹缝同时进行，如大豆。

核果

荚果

刺儿菜

Cirsium setosum

菊科 蓟属

多年生草本。茎直立，高20～60厘米。叶互生；叶片全缘或具波状齿裂，齿端有硬刺。雌雄异株；头状花序单生，或少数几个生于枝端；雌株头状花序的总苞长约23毫米，内层总苞片有刺；花冠紫红色。瘦果，冠毛羽毛状，果期冠毛与花冠近等长。

分布于全国各地。

刺儿菜又称小蓟。全草均可入药。

▲ 大刺儿菜

Cirsium setosum

菊科 蓟属

多年生草本。茎直立，高 50 ~ 100 厘米。叶互生；叶片背面有少量蛛丝状毛，幼小时多，具缺刻状粗锯齿或羽状浅裂。雌雄异株；头状花序多数，集生于茎顶组成伞房状；雌株头状花序的总苞长 16 ~ 20 毫米。果期冠毛较花冠长。

2.5 是玫瑰还是月季

这次见到刘全儒老师，是在北京城南的陶然亭公园。我赶到的时候，同学们正在向刘老师提问题。

“刘老师，您看这个到底是**玫瑰**还是**月季**啊？”刘梅比较着两种不同的花朵，“或者是**多花蔷薇**？”

“这些观赏性的玫瑰，很难说清它们的名字。玫瑰、月季和蔷薇，在英文里都叫 rose。”刘老师摇了摇头，表示自己也无能为力，“由于长期的杂交、自交和回交，使它们变成了‘你中有我，我中有你’，所以很难说清楚它们的具体种类。一般来说，如果它是直立的，羽状复叶中小叶的数目为 3 ~ 5 枚，大致上表明它含月季的成分要多一些，就可以定名为‘月季’。其实光是月季就有 3 000 多个品种，所以区别起来很难，这基本是园艺学上的事了。”

“园艺学上一般怎么命名呢？”我接着问道。

“园艺学的命名过去就是在拉丁学名后面加个 cv.，再加品种名。现在是在拉丁学名后面直接加品种名，再用单引号将品种名括起来。”

“好像有一种可以吃的玫瑰？”刘梅再次问道。

> **知识链接**
>
> **玫瑰、月季和蔷薇**
>
> 玫瑰小叶的上面有皱纹；小枝密生绒毛，有皮刺和刺毛；花单生。月季小叶的上面光洁，无皱纹；花常单生，或少数几朵聚成伞房状。蔷薇的小叶有柔毛；花多，常组成圆锥状花序。

"那属于食用玫瑰，主要生长在房山区。"刘老师马上回答说，"这些种在公园里的玫瑰一般是用于观赏的，观赏玫瑰的花瓣也可以吃，但种在公园里的最好还是不要吃。因为这里经常打药。就算把上面的药洗干净了，也不知道它和野生玫瑰哪一个营养更多。"

刘老师带领大家在室外认植物的时候，一个最重要的特点是，不是认完就完了，最后一定还要总结。他说："只有及时总结，同学们才能记住这些科属的基本特征。"

"榆科有这样几个属：榆属，特点是羽状脉，周翅果；朴属，这里看到的是**小叶朴**，叶基偏斜，三出脉，核果单生于叶腋；青檀属，三出脉，周翅果，它和榆区别就在叶脉不一样；榉属，羽状脉，核果歪斜。"

同学们飞快地做着记录，有些女生还把种名和科属名细心地写在叶子的背面。

"椴树科有2个属，至少4个种。"刘老师望着大家，启发道，"另外再加上一个什么？"

"**孩儿拳头！**"王松马上补充道。这种植物的种名很有意思，所以大家一下就记住了。孩儿拳头果实的形状酷似小孩拳头，故而得名。

"对！一共是5个种。"刘老师点点头，"椴树科的主要特征是通常有星状毛，叶基一般歪斜，和榆科有一些相似之处。"

接着，刘老师又详细列举出椴树科不同属和种的区别：

第一，孩儿拳头没有舌状苞片，具舌状苞片的是椴树属；孩儿拳头是三出脉，核果4裂，雄蕊多数，花柱异常；

第二，椴树的主要特征是聚伞花序的基部有舌状苞片；

第三，**紫椴**的叶边缘锯齿是整齐的，花不具退化雄蕊；

第四，**小叶椴**的叶边缘可以看到2个到数个较大的锯齿，叶背面有粗毛，最外侧的雄蕊退化；

第五，**大叶椴**又叫糠椴，叶背面有灰白色的星状毛；

第六，**南京椴**的叶基极为偏斜，叶边缘有芒状锯齿，形成齿芒，齿芒的顶端膨大。

“最后是蔷薇科、栒子属，有 2 个种——”

“一个是**多花栒子**，另一个是**平枝栒子**。”同学们异口同声地回答道。这两种植物的名字，很像日本人的名字，所以十分好记。

“好。那么木瓜属有什么种？”

“**贴梗海棠**。”有同学马上答道。

“那苹果属呢？”

“有苹果、**海棠**、**垂丝海棠**，还有**海棠果**！”它们的果实大家经常吃到，所以记忆起来也比较容易。

“这些种并不是很好区分，必须靠观察果实的大小来确定。”刘老师最后提醒道，“另外绣线菊属在这里也有 2 个种，它们是三裂绣线菊和**麻叶绣线菊**。”

玫瑰

Rosa rugosa

蔷薇科 蔷薇属

落叶灌木。小枝密生绒毛，有针刺状皮刺。羽状复叶，小叶 5 ~ 9 枚；叶片表面皱，背面有柔毛和腺体。花单生叶腋或数朵簇生；花瓣紫红色或白色。蔷薇果，扁球形，成熟时为砖红色。

分布于我国华北地区，各地均有栽培。

鲜花可提取芳香油，供食用及制作化妆品。干制后可泡茶。花蕾可入药。

月季

Rosa chinensis

蔷薇科 蔷薇属

常绿或半落叶灌木。小枝有钩状且基部膨大的皮刺，无毛。羽状复叶，小叶3～5枚；叶片卵形，两面无毛。花单生，或数朵聚生成伞房状；花梗常有腺毛；花重瓣，各色，先端常外卷；花柱离生，长约为雄蕊的一半。蔷薇果，卵圆形，红色；萼片宿存。

原产于我国，世界各地广泛栽培。

品种极多，花姿各异，十分美丽。常连续开花，为室内花卉中的珍品。

多花蔷薇

Rose multiflora

蔷薇科 蔷薇属

落叶灌木。枝上升或蔓生，有钩状皮刺。羽状复叶，小叶5～7枚；叶片卵形，两面常有少量柔毛。圆锥花序，顶生，有花10朵以上；花梗细，有柔毛或绒毛；苞片边缘羽裂；花芳香；花瓣白色或粉红色，5枚或重瓣，倒卵形；雄蕊多数；花柱合生，无毛，与雄蕊近等长。蔷薇果，球形至卵形，红褐色，熟时萼片脱落。

原产于日本，品种极多。

供观赏或用作绿篱植物，为著名的观赏植物。

◀ 小叶朴

Celtis bungeana

榆科 朴属

落叶乔木。叶互生；叶片卵状椭圆形，叶基稍偏斜。花杂性，雌雄同株；雄花簇生，聚伞状；两性花或雌花单生。核果近球形，单生于叶腋，成熟时为紫黑色，果柄长。

分布于我国华北、西北、华中、华东、西南及辽宁等省区。

小叶朴又称黑弹木，木材供建筑等用。

▼ 孩儿拳头

Grewia biloba

椴树科 扁担杆属

落叶灌木。小枝或叶柄密生黄褐色毛。叶互生；叶片菱状卵形，边缘有重锯齿，两面均有星状短柔毛。聚伞花序，与叶对生；花瓣5枚，淡黄色；雄蕊多数。核果，球形，成熟时红色。

分布于我国东北、华北、华东、华中、西南和华南等地区。

孩儿拳头又称扁担木。

紫椴

Tilia amurensis

椴树科 椴树属

乔木。小枝无毛。叶宽卵形，基部心形，边缘有整齐的粗锯齿，一般没有3浅裂。聚伞花序；苞片长圆形；花瓣5，黄白色，无毛；雄蕊多数，没有退化雄蕊。果实球形，上面有褐色毛。

分布于我国东北；朝鲜、俄罗斯也有分布。

小叶椴

Tilia mongolica

椴树科 椴树属

落叶小乔木。叶互生；叶片卵圆形，常3浅裂，基部偏斜。聚伞花序；花序柄与舌状大苞片合生；花有香气；花瓣5枚，黄色；雄蕊多数，合生成5束。核果，近球形，外面有绒毛。

分布于我国华北、华中及辽宁、陕西等省区。

小叶椴又叫蒙椴，是良好的建筑用材。

大叶椴

Tilia mandschurica

椴树科 椴树属

落叶乔木。叶互生；叶片卵形，基部偏斜，背面密生灰白色星状毛。聚伞花序，下垂；花序柄与舌状大苞片合生；花有香气；花瓣5枚，黄色；雄蕊多数，合生成5束。核果球形，外面密生黄褐色绒毛。

分布于我国东北、华北及华东部分地区。

大叶椴又叫糠椴。

南京椴

Tilia miqueliana

椴树科 椴树属

乔木。树皮灰白色。顶芽有黄褐色绒毛。叶卵圆形，基部心形，背面有灰色星状绒毛，边缘有整齐锯齿。聚伞花序，有花3～12朵；花序柄有灰色绒毛；苞片两面有星状绒毛，下部与花序柄合生；退化雄蕊花瓣状；子房有毛。果球形，有星状柔毛，有小突起。

分布于我国江苏、浙江、安徽、江西和广东等省；日本也有分布。

多花栒子

Cotoneaster multiflorus

蔷薇科 栒子属

落叶灌木。小枝红褐色。叶卵形，基部宽楔形。聚伞花序疏散，有花5～20朵；总梗及花梗无毛；萼筒钟状，无毛；花瓣白色；雄蕊约20枚；花柱常2枚，离生。果近球形，红色，通常有2小核。

分布于我国东北、华中、西北、西南，及河北、内蒙古等省区；俄罗斯及亚洲中部也有分布。

多花栒子又称水栒子。

平枝栒子

Cotoneaster horizontalis

蔷薇科 栒子属

落叶或半常绿匍匐灌木。枝水平开展，呈整齐的二列状。叶近圆形，全缘。萼筒钟形；雄蕊约12枚，短于花瓣；花柱常3枚。果近球形，成熟时鲜红色，常有3个小核。

分布于我国华东、华中、西南和西北等地区。

▲ 贴梗海棠

Chaenomeles speciosa

蔷薇科 木瓜属

落叶灌木。枝干丛生，有刺。叶椭圆形，边缘有不规则锐齿；托叶大，肾形至半圆形。花簇生，先叶开放或与叶同放，常为猩红色、橘红色；花梗短。梨果，卵形。

分布于我国西北、西南及华南部分地区，各地均有栽培。

贴梗海棠又称皱皮木瓜。枝密多刺，可用作绿篱植物。果实干制后可以入药。

海棠

Malus spectabilis

蔷薇科 苹果属

乔木。叶椭圆形，基部宽楔形或近圆形，边缘有密锯齿，老时两面都无毛；叶柄、花梗都有短柔毛。花序近伞形，有花4～6朵；萼片外几乎无毛，内密生白色绒毛；花瓣白色，花蕾时淡粉红色。果实近球形，黄色；萼片宿存；果梗细长。

分布于我国山东、河北、江苏和浙江等省。

公园和街道两旁有栽培，为著名的观赏树木。花与叶同时展开，极为美丽。果实较小，品质不佳，可蜜制成果脯。

垂丝海棠

Malus halliana

蔷薇科 苹果属

乔木。小枝细弱，紫色。叶卵形，基部楔形至近圆形，边缘有圆钝的细锯齿，上面深绿色，常带紫晕；托叶小。伞房花序下垂；花梗紫色；花瓣倒卵形，基部有短爪，粉红色；花丝长短不齐；花柱4或5，基部有长绒毛。果实梨形，略带紫色。

分布于我国江苏、浙江、安徽、陕西、四川和云南等省。

嫩枝、嫩叶均带紫红色，花粉红色，下垂，早春开花，各地常栽培供观赏。有重瓣、白花等变种。

海棠果

Malus prunifolia

蔷薇科 苹果属

小乔木。叶卵形，先端尖，基部宽楔形，边缘有细的尖锐锯齿，背面有稀疏柔毛。伞形花序，有花4～10朵；花梗上有短柔毛；萼片披针形，两面有毛；花瓣白色，花蕾时粉红色。果实卵形，红色；萼片宿存；果梗细长。

分布于我国辽宁、内蒙古、山东、河北、山西、河南、陕西和甘肃等省区。

又名楸子。品种很多，果实形状、大小都有差异。味酸甜，可生吃或蜜制。幼苗可用作苹果的砧木。

麻叶绣线菊

Spiraea cantoniensis

蔷薇科 绣线菊属

灌木。小枝呈拱形弯曲。叶菱状长圆形，先端急尖，是明显的羽状叶脉，上面绿色，下面灰蓝色，两面无毛。伞形花序；花瓣近圆形，白色；雄蕊多数；花柱短于雄蕊。蓇葖果，直立开张；花柱顶生，萼裂片直立开展。

原产于我国广东和福建。

花序密集，花色洁白，早春开放。盛开时若积雪，为庭园和花坛中常见的观赏植物。

2.6 “二裂”的“金果”

休息的时候，我找到刘老师，向他请教植物分类学中有关双名法的原则。

“您刚才几次谈到有关植物命名的原则，能不能再给我详细介绍一下？我那节课正好有事没来。”

“双名法是瑞典植物学家林奈创立的，以拉丁文表示，通常用斜体字或下划线以示区别。这些你都应该知道了。”看到我点头，刘老师才继续讲下去，“植物的拉丁学名具体是这样组成的——”说着刘老师顺手在地上写了一行字：

属名 + 种加词 + 命名人

“比如说银杏，它的拉丁学名就是 *Ginkgo biloba* L.。”刘老师谈起植物的拉丁学名如数家珍，“属名是单数名词或处理成名词的词，主格，首字母要大写。这个 Ginkgo 来自闽南话‘金果’的意思。当年的植物分类学家在采集记录的时候，问当地人这种植物叫什么名字，当地人告诉他叫‘金果’，于是他就将‘金果’音译成了‘Ginkgo’，后来林奈直接用它作属名。”

“原来是这样。”我这才知道植物分类学的命名中还有这么多的故事。

“然后是种加词。它大多为形容词，其性、数、格与属名是一致的；当然也有少数是名词。”刘老师继续讲解，“这个 biloba，就是‘二裂’的意思，描述了银杏的特征。”

“这个 L. 就是林奈的意思。”旁边的王松抢先说道，“Linnaeus 的缩写。很多物种不是他发现的，却是他首先整理命名的。”

“对。是 Linnaeus 的缩写。很多物种不一定是他发现的，却是他首先整理命名的。”刘老师继续补充道：“也只有林奈有这个特权，可以用大写的 L 加一点来表示，有时也缩写为 Linn.。其他以 L 开头的命名者都必须缩写至两个音节，或使用全名——当然，这一项有时也会省略。”

说实话，我还是第一次知道植物分类学中的命名有这些特点。

在刘老师的介绍下，我知道了**龙葵**（*Solanum nigrum* L.）的种加词 nigrum 的意思是“黑色的”，知道了胡萝卜（*Daucus carota* L.）和**洋葱**（*Allium cepa* L.）的种加词 carota 和 cepa 的意思分别是名词词性的“胡萝卜”和“洋葱”；还知道了**甘蔗**（*Saccharum officinarum* L.）的种加词 officinarum 的意思是“工厂的”“作坊的”，当初甘蔗可是制糖业的重要原料！

刘老师还介绍了拉丁学名中一些术语和缩写的含义。在很多学名中，都有对以前文献的简短引述。“分类学论文的引用率比较低，是因为我们有很多参考文献直接列在了学名后面，就不必再列于论文的后面了。”刘老师半认真半无奈地说。

关于国际上植物命名的法规，刘老师也简要向我介绍。

首先是学名的唯一性，即只需要有一个正确名称（correct name）。每种植物只能有一个正确的拉丁学名，如果有两个或两个以上的拉丁学名，应该以最早发表的合法名称为正确名称，其他名称只能作为异名或废弃。这就是所谓的“优先律”。

其次是发表的合法性，也叫合法名称（Legitimate name）。所谓合法发表，第一是指“有效发表”，就是说必须在公开出版物上发表；第二是指“合格发表”，应该具有如下特征：有效的拉丁文描述；对科或科以下的各级新分类群，必须指明其模式以及隶属等级，即科的模式是属，属的模式是种，种的模式是标本。必须遵守名称形成的有关规则。

▲ 龙葵

Solanum nigrum

茄科 茄属

一年生直立草本。叶卵形，互生。短蝎尾状花序，腋外生；花冠白色，5深裂；花药顶孔开裂。浆果，球形，成熟时黑色。

我国各地均有分布。

龙葵全株可以入药，具有散瘀消肿、清热解毒的功效。

洋葱

Allium cepa

百合科 葱属

多年生草本。鳞茎近球形至扁球形，外皮紫红色、褐红色、黄色至淡黄色；鳞片叶肥厚，肉质。叶中空，圆筒状。花莛粗壮，下部有叶鞘；伞形花序，球形，花多而密；花粉白色；雄蕊6，花丝基部合生。蒴果，近球形。

原产于亚洲西部，我国和世界各地广泛栽培。

洋葱的鳞茎为主要蔬菜之一。

甘蔗

Saccharum officinarum

禾本科 甘蔗属

多年生高大实心草本。根状茎粗壮发达；秆有20～40节，下部节间短而粗大，有白色粉末。叶鞘长于节间；叶片长达1米，边缘有粗糙锯齿。大型圆锥花序；总状花序多数轮生；基盘有长于小穗2～3倍的丝状柔毛。

分布于我国台湾、福建、广东、海南、广西、云南等南部热带地区。

甘蔗茎秆为重要的制糖原料，蔗渣为造纸原料。秆梢和叶片可入药，也可制造酒精或用作建筑材料。

2.7 入侵者随处可见

这节课是在中国科学院植物研究所北京植物园上的。那天我去晚了，到达时刘老师已经开始露天授课了。

“那是**荇菜**。”刘老师指着一大片水生植物介绍道，“《诗经·周南》云：参差荇菜，左右流之。”

“窈窕淑女，寤寐求之。”我笑着接道。

“叶对生，花黄色。”刘老师笑了笑，继续补充荇菜的特征。

“您怎么能看出它是叶对生呢？”我们远在岸边，其实是看不清水里的具体情形的。

“那得把它捞出来。”原来刘老师的判断来源于他头脑里的记忆。

即便是在休息的时候，刘老师也没有停止对知识的传授。

“这个是葛藤，也叫**葛**，豆科。这边这一排都是。”

“它好像是三出复叶？”我试着作出判断。

“对。不过它这个叶子很独特。”刘老师同意我的判断，马上又进行补充，“大家看，把两片侧面的叶子沿中脉折起来之后，与顶端小叶的形状是完全一样的。”

“这是中国产的吗？”我想起以前看过的一份材料，“我好像在美国的杂志上见过这种植物……”

“它原产于中国，后来由中国引种到日本。20 世纪 40 年代，有美国人到日本去开一个什么会议，觉得这种植物长得不错，尤其是花，就采回去用作垂直绿化植物了。”

听罢刘老师的讲述，我恍然大悟。

“不过这个故事还没有完。”刘老师笑着继续讲述，“结果引种到美国以后，它不断蔓延，甚至有点失控了，目前已经成为美国一个重要的入侵物种。现在他们每年都因为这个东西感到头疼，因为消灭起来十分困难。**加拿大一枝黄花**也是引种的。"

听到这里，我不禁有些担心了。

"生物入侵的问题确实比较麻烦，其实咱们也有不少来自美国的入侵物种。"刘老师不无忧虑地引申和发挥道，"比如说**柳枝稷**，就是原产于北美的外来物种，当初我国引进它主要是为了整治荒漠。没想到一遇到比较肥沃的耕地，它就疯长起来了。就拿咱们北师大生物园这块宝地来说，不管种什么，都会长得相当茂盛。"

"禾本科的？"我问道，"黍属？"

"对。"刘老师点点头，"它是纤维植物，引种它有很多目的。一方面是能用来造纸，另一方面也考虑用作能源物质。大概可以加工成类似蜂窝煤的东西。"

"但也不可避免地承担着一个风险——"王松在旁边补充道，"会造成生物入侵。"

"这个是**迎红杜鹃**，俗称蓝荆子。"刘老师指着一株植物的叶子说道，"叶上面好像有些不干净，有很多垢斑。"

我看不真切，伸手去摘叶子，想要看个究竟，但刘老师马上拦住了我。

"小心！杜鹃花科的植物多半是有毒的，像**照山白**的毒性还相当强呢。"

"那个植物好奇怪啊——"刘梅好奇地望着远处的一丛植物，"它的花好像叶子啊。"

"那就是它的叶子，而不是花。这叫**苋**。"刘老师走近指点道，"苋科植物的花不明显，这红色的叶子经常让蝴蝶上当受骗。"

"蝴蝶？"刘梅不解。

"绿绿红红似晚霞，**牡丹**颜色不如他。空劳蝴蝶飞千遍，此种原来不是花。"刘老师吟出《阅微草堂笔记》中的诗句。

"看来我也和蝴蝶一样傻。"刘梅自嘲道。

荇菜

Nymphoides peltatum

龙胆科 莕菜属

多年生水生草本。茎圆柱形，多分枝，沉水中，具不定根。叶漂浮，圆形，近革质，叶基心形。花常多数，簇生于节上；花冠辐射状，金黄色，裂片5枚，喉部有长毛。蒴果，椭圆形。

分布于我国南北各地。

荇菜又称莕菜。全草均可入药。也可作为水生观赏植物栽培。

葛

Pueraria lobata

豆科 葛属

多年生藤本。全株有黄褐色硬毛，具肥厚块根。三出羽状复叶，顶生小叶有时3裂；托叶卵状长椭圆形，盾状着生。总状花序，腋生；花冠紫红色。荚果线形，密生硬毛。

分布于我国除新疆、西藏以外的各省区。

根可制葛粉，供食用、酿酒和入药。花也可以入药。葛藤在地表蔓延生长，是良好的水土保持植物。叶为家畜饲草。茎皮纤维为造纸原料。

加拿大一枝黄花

Solidago canadensis

菊科 一枝黄花属

多年生草本，高0.3～2.5米。叶互生；叶片披针形或线状披针形，边缘具锐齿。头状花序小，长4～6毫米，再组成大型的圆锥花序；花黄色，边缘舌状花雌性，中央管状花两性。瘦果，具白色冠毛。

分布于浙江、安徽、湖北、江苏和江西等省。

栽培用于观赏或切花。现已成为一些地区的有害杂草，花粉量大，可导致花粉过敏。

柳枝稷

Panicum virgatum

禾本科 黍属

多年生草本。叶线形。圆锥花序开展，疏生小枝、小穗；小穗绿色或带紫色。

原产北美。我国引种栽培，用作牧草。

迎红杜鹃

Rhododendron mucronulatum

杜鹃花科 杜鹃花属

落叶灌木。叶散生，椭圆形，质薄，背面有鳞片。花淡紫色，先叶开放；花冠漏斗状；雄蕊10枚，不等长，花药孔裂。蒴果，圆柱形。

分布于我国东北、华北及山东、江苏北部。

迎红杜鹃又叫蓝荆子。植株矮小，花美丽，可以作为园林绿化树种。

照山白

Rhododendron micranthum

杜鹃花科 杜鹃花属

半常绿灌木。叶密集生于枝顶，革质，背面有鳞片，干时呈铁锈色。总状花序，顶生；花小，乳白色；花冠钟状，5裂；雄蕊10枚，花药孔裂；花柱比雄蕊短。蒴果，长圆形。

分布于我国东北、华北、西北以及湖南、湖北、四川等省区。

照山白全株有剧毒，幼叶毒性更强。

苋

Amaranthus tricolor

苋科 苋属

一年生草本。茎常分枝，绿色或红色。叶卵状椭圆形至披针形，绿色、红色、紫色、黄色或夹杂其他颜色。花密集成簇，花簇圆球形，腋生，或于茎顶集成断续的穗状花序，下垂；雄花雌花混生；花被片绿色或黄绿色。胞果卵圆形，环状开裂。

原产于印度。我国各地均有栽培。

苋又名雁来红。嫩茎、叶为蔬菜。叶夹杂各种颜色，可供观赏。

牡丹

Paeonia suffruticosa

毛茛科 芍药属

小灌木，株高 1 ~ 2 米。老茎灰褐色，当年生枝黄褐色。叶互生；2 回三出羽状复叶，顶端小叶 3 裂。花单生茎顶，直径 10 ~ 30 厘米，有白、黄、粉、红、紫等色及复色，花瓣有单瓣及重瓣。蓇葖果，一般 5 枚。

原产陕西等省。我国各地栽培。

为著名观赏花卉。根皮称丹皮，供药用。

2.8 需要走过20张桌子的考试

一学期的植物分类学课程学下来，我感到自己着实掌握了不少知识。对于我来说，这只不过是旁听而已；而对于我的同学来说，却要面临过考试拿成绩修学分的问题。

期末考试的那天傍晚，天空突然乌云密布，接着下起了倾盆大雨。原本明亮的天空瞬间变得漆黑，就像被涂上了一层浓墨。很多汽车都停在了路边，因为 5 米之外一片模糊。路上的行人纷纷躲了起来，因为雨伞和雨衣根本遮挡不了密集的雨点。就算能够遮住也难以行走，路上的积水已经没过小腿。

考试不得不推迟一段时间。

一个小时之后，雨渐渐变小，同学们陆续来到教室。那些被暴雨拦在半路的同学，到教室的时候浑身都湿透了。

稍稍休息后，刘老师宣布开始考试。所有的同学被请出教室，刘老师独自留下布置“考场”。

这场考试别开生面。刘老师选出了 20 种植物的标本，编上号后，把它们按顺序摆在桌上。这样的“试题”有两套，每套选用的植物完全相同。看到刘老师来回走动摆放标本十分麻烦，我主动进去帮忙。

当植物标本全部摆放完毕，刘老师开始叫同学们进入。第一次进来两名同学，各自完成一套试题。答题的方法就是把植物的名称一一写下来，包括科名与种名。

当先进来的两名同学答到一定程度后，刘老师就招呼后面的两名同学，过一段时间再招呼两名同学……考试就这样按部就班地进行，进展很快。

考试环境十分宽松。有些同学边答题边小声说几句题外话。这时刘老师便半开玩笑地制止道：“大家要独立完成考试啊，不要交谈。今天咱们可有现代化的设备在监控呢。”

其实，为了保存相关资料，我正在讲台上全程录像呢！

当同学们考得差不多时，刘老师才开始一一查看那些植物，制作出一份标准答案来。

我忙里偷闲，看了几眼“试题”，发现它们基本上都是在校园里见过的植物：

——草本植物；圆柱形穗状花序；叶基生，上面还有弧出平行脉……这是车前科的；既然下面长有须根，应该是**大车前**；

——绿色的果实呈明显的 4 瓣，常数个排成聚伞形……没错，这是北师大“四合院”里那棵**白杜卫矛**上的！属于卫矛科；

——叶片边缘有一些透明的油点；很多红色的小果子聚在一起，上面还有瘤状的小点……这不是我们经常吃的**花椒**吗？要是凑近闻一闻，一定能闻到一股花椒香味！芸香科的；

——至于这个嘛——淡蓝色的小花排成圆锥形，仔细一看是唇形花；叶对生，叶脉整齐而明显，边缘还有一些浅裂……这肯定是廉颇当年背的荆条！马鞭草科的；

——那个长有扁平而带翅的嫩黄色果实的植物，应该是**杜仲**……这时我看见一名女生正在撕它的叶子，果然拉出一些丝来。它就是杜仲！杜仲科的。

考完的同学走出教室，互相交流着，都感觉考试并不算难。这些植物大多是校园里常见的，只要平时认真听刘老师讲课，坚持跟着刘老师在校园里进行观察，回去再稍加巩固，完全能够准确识别出来。

大车前

Plantago major

车前科 车前属

多年生草本。须根多数。叶基生；叶片卵形或宽卵形、长椭圆形，两面有柔毛或近无毛，弧出平行脉。穗状花序；苞片、萼片上有绿色龙骨状突起；花冠呈干膜质，3～4浅裂；雄蕊外露；子房上位。蒴果圆锥形，盖裂。种子棕黑色。

分布于我国南北各省区；欧洲也有。

全株入药，有利尿作用。种子具有镇咳、祛痰和止泻的功效。

白杜卫矛

Evonymus maackii

卫矛科 卫矛属

落叶灌木或小乔木。叶对生，卵状椭圆形。二歧聚伞花序，1～2分枝；花冠淡绿色，花瓣4枚，花盘肥大；雄蕊4枚，花药紫色。蒴果倒圆锥形，上部4裂，成熟时粉红色。种子有红色的肉质假种皮。

分布于我国东北、华北、西北、华中和华东等地区。

白杜卫矛又叫明开夜合、丝棉木。可供观赏。

花椒

Zanthoxylum bungeanum

芸香科 花椒属

灌木或小乔木。有香气。茎干上常具皮刺。奇数羽状复叶，互生；小叶5～9枚，对生；叶片卵形或卵状披针形，边缘有细齿，齿缝处有粗大的透明油点；叶柄基部有1对扁平的皮刺，叶轴两侧有窄翅。聚伞状圆锥花序，顶生；花单性，雄蕊与花瓣同数；子房上位，花盘发达。蓇葖果球形，红色或紫红色，密生瘤状的腺体。

原产于我国。

果皮为调味料，可提取芳香油；入药，有散寒祛湿、杀虫之效。种子可榨油。

杜仲

Eucommia ulmoides

杜仲科 杜仲属

落叶乔木。枝、叶和果折断后有白色的橡胶丝。枝中有片状髓。单叶，互生；叶片卵状椭圆形或长圆状椭圆形，边缘有锯齿。花单性，雌雄异株，常先叶开放，没有花被；雄花有雄蕊4～10枚，花丝极短；雌花单生，子房狭长，顶端有二叉状花柱。小坚果，有翅。

分布于我国长江流域各省。

树皮供药用。也可栽培作为行道树。

杜仲科仅此1种，为我国特有。

3 山野林间搜集散落的档案

3.1 走了一天才到达草甸

为了了解华北亚高山植被的群落组成和物种多样性，我们一行 9 人乘坐长途车来到河北省的第一高峰——小五台山。

小五台山位于河北省涿鹿县与蔚县的交界处，属于恒山余脉。它由东、西、南、北和中 5 座山峰组成，但高度低于山西的五台山，故称小五台山。其中以东台最高，海拔 2 882 米。从北京到这里需要 6 个多小时。

“上次我们来的时候是 4 月中旬，山上还结着冰呢。”刘老师今年已经是第二次来了，他介绍说，“我们请了一位当地的向导，凌晨 5 点动身，徒步上山下山。一路上路边的沟里全是冰，不过两侧的树叶都绿了。下午 3 点返回，傍晚 7 点到山下，回到北京已是第二天凌晨 4 点了。长途车是卧铺车，但我们没订到铺位，所以连坐的地方都没有，只好蜷在角落里。”

像上一次一样，我们也是从那个叫赤崖堡的村子出发。

这次我们要在山里住好些天，所以准备了帐篷、食品及饮用水，加上野外调查用的工具，每个人要背 20 多千克的物品。

从赤崖堡到山脚下大约有 3 000 米，我们借老乡的一辆牛车把所有的物品拉到那里，然后每人背上分配的物品，开始“长途”跋涉。

事实上，我们走的路还不能算路，因为那是村民走多了形成的羊肠小道。

走过一片灌木丛，然后是几千米连绵不断的阔叶林。由于负重较多，一路上谁都没有说话。走着走着，一片树干独特的树林出现在我们的面前。

这时大家都累了，纷纷放下背包开始休息。刘老师打破沉默，指着刚看到的乔木说道：“那是一种桦树——**红桦**，树皮呈红褐色。”

“树皮成片状剥落。”一名同学接着说。

“景观效果倒是不错嘛。”我评价道。

“红桦分布的海拔相对较高。出了红桦林，我们就快到草甸了。”刘老师继续说道。

“上一次我们还看到一些早春开花的植物，比如**一叶毛茛**。”刘老师回忆道，“不过现在都凋谢了。”

“这个没谢！”刘梅发现了一个特例，非常兴奋。

“这个是常绿植物，叫做**鹿蹄草**。”刘老师解释说，“我们 4 月份来的时候它还没有长出来。”

我们继续赶路。果然没走多远就走出森林，进入了草甸。不久，我们就到达目的地了。

“草甸景观的确很漂亮，看看有没有什么特别的植物。”卸下背包之后，刘梅开始注意脚下的植物了。

“你看到了什么植物？在草甸地带，主要是各种苔草。”刘老师俯身拔出一根草，“比如说**丝柄苔草**，当然还有一些美丽的山花。”

“**蒿草**也比较多。”王松补充道，“要是足球场铺成这样就好了。”

“美死你！”刘梅笑道。

“这些山花看起来不错。”到底还是女生，更注意细节，更有爱美的天性，“好像是**胭脂花**吧？”

“对。还有很多风毛菊属的植物。”刘老师帮刘梅辨认，“这个是**大头风毛菊**，旁边的这棵是**紫苞风毛菊**。”

“这里有两种灌木，叶几乎一样，但一种开黄花，另一种开白花。”王松叫道。

“这分别是**金露梅**和**银露梅**，都是亚高山地区常见的灌木。”刘老师走过来看了看说。

看着大家都忙着关注植物，刘老师提醒说：“我们需要尽快布置营地，搭起帐篷，还要为明天的调查做准备。”

这次出野外主要是搞样方调查，同时也采集一些标本。我们一早出发，走了整整一天，等营地收拾好已经筋疲力尽了。其实所谓的营地，也就是放羊人临时居住的小篷子。随后，大家把背上来的馒头和咸菜一一摆好，就地开饭。晚餐并不丰富，但也别具风味。

▲ 红桦

Betula albo-sinensis

桦木科　桦木属

落叶乔木。树皮红褐色或紫红色，纸质，成薄片状剥落。叶卵圆形，边缘有不规则重锯齿，上面深绿色，下面淡绿色，密生腺点。果序圆柱形，单生或 2 ～ 4 枚排成总状；小坚果卵圆形，上面有膜质翅，宽为果的 1/2 或较果窄。

分布于我国西南及河南、河北、山西、陕西、甘肃、青海等省区。

红桦又称纸皮桦。其木材坚硬，花纹美观，可用于制作各种器具。

一叶毛茛

Ranunculus monophyllus

毛茛科　毛茛属

多年生草本。基生叶通常1枚，叶片圆肾形，边缘具深锯齿或缺刻；茎生叶1～2枚，无柄，3～7掌状全裂或深裂。花常单生，花瓣5，黄色或上面变白色；雄蕊和心皮多数。聚合瘦果，上面布满短毛。

分布于我国东北及内蒙古、河北、山西等省区。

鹿蹄草

Pyrola calliantha

鹿蹄草科　鹿蹄草属

多年生常绿草本。叶椭圆形，基生，革质。总状花序；花瓣5枚，白色或稍带淡红色；花柱单生，伸出花冠。蒴果扁圆形，下垂。

分布于我国华北、华东和西南。

鹿蹄草也叫鹿安茶或鹿衔草。全株可供药用。

丝柄苔草

Carex capillaris

莎草科　苔草属

多年生草本。根状茎短。秆三棱形，紧密丛生。叶基生，纤细。穗状花序，下垂，雄花在上，雌花在下；柱头3。小坚果，三棱形。

分布于我国东北和华北。

嵩草

Kobresia myosuroides

莎草科　嵩草属

多年生草本。具根状茎，密丛状。秆钝三棱形，基部有褐色的宿存叶鞘。叶细长，呈丝状。穗状花序顶生，线形；鳞片边缘膜质，白色，较宽。小坚果，倒卵形或三棱形，暗灰褐色。

分布于我国河北、山西和四川等省。

可用作饲料。

胭脂花

Primula maximowiczii

报春花科　报春花属

多年生草本。全株光滑无毛。叶全为基生。1～3轮伞形花序；花莛粗壮；花冠暗红色，5裂，下部合生，裂片常反卷。蒴果，圆柱形。

分布于我国东北、华北及西北部分地区。

胭脂花花色艳丽，可引种栽培用于观赏。

大头风毛菊

Saussurea baicalensis

菊科　风毛菊属

多年生草本。茎直立，粗壮。叶无柄，长圆状披针形，边缘具密的尖齿。头状花序在茎顶排成总状；总苞直径约2厘米。

分布于河北、山西。

▲ 紫苞风毛菊

Saussurea iodostegia

菊科 风毛菊属

多年生草本。茎直立，具纵沟和棱，被白色长柔毛。基生叶线状长圆形；茎生叶无柄，边缘有细锯齿；最上部叶椭圆形，苞叶状，紫色，全缘。头状花序，4～6个在茎顶密集成伞房状。

分布于东北、华北及甘肃、陕西、四川等省区。

金露梅

Potentilla fruticosa

蔷薇科　委陵菜属

落叶灌木。奇数羽状复叶，小叶 3 ～ 7 枚。花单生或数朵排成伞房状；有副萼；花瓣 5 枚，黄色；雄蕊多数。聚合瘦果。

分布于我国东北、华北、西北、西南及华中等。

可栽培供观赏，也可用作绿篱。

银露梅

Potentilla glabra

蔷薇科　委陵菜属

落叶小灌木。奇数羽状复叶，小叶 3 ～ 5 枚；叶片椭圆形，上面绿色，下面灰绿色。花单生；花梗有长柔毛；副萼条形；花瓣白色，倒卵形，长为萼片的两倍。瘦果，有毛。

分布于我国河北、山西、内蒙古、陕西、甘肃、青海及西南等省区。

3.2 睡梦中听见牛的喘息声

晚餐之后，同学们陆续开始休息。刘老师这会儿没闲着，他从附近的山坡上捡回许多干枯的树干和枝条。

“您这是？”我问道。

“要用这些树枝做个围栏。”

“山里有野兽吗？”女生们开始紧张地四下观望。

“不是防野兽。”刘老师笑道，“而是防那些牛。”

“有这个必要吗？”我有些怀疑，“牛不是很温顺吗？”

“到了晚上你就知道有没有必要了。”

到了夜里，我们的睡梦中果然出现了牛的喘气声。尽管有围栏阻挡，有些牛还是使劲挤了进来，把它们的头伸向帐篷。

“它们要干什么？”我有些惊慌。

“它们口淡，需要盐分。”刘老师安慰大家，“咱们走了一天山路，全身都是汗。”

“那怎么办？”

“赶吧。”

刘老师披衣出去轰赶那些牛。结果整整一夜，我们的耳边都回荡着牛的喘息声，一直处于半睡半醒的状态。尽管如此，我心里还很庆幸：幸好夜间气温低，没有蚊子，也没有其他的小虫子，否则更别想睡踏实了。

接下来的几天，每晚的情形都差不多。除了牛的骚扰，还有温差的困扰。白天的气温还可以，一到夜晚就变得相当冷。山里就是这样：太阳一落山，气温立马下降，大概降 13 ~ 14 ℃，同时还伴有山风。要是赶上下雨天，就更冷了，一定要穿上毛衣。

每晚的节目也一成不变，吃过晚饭围着火堆闲聊一会儿，等到柴火烧尽，大家就钻进帐篷睡觉。这也是为了节省蜡烛和手电电池。

第二天天刚刚亮，我们就起“床”了。出“门”一看，刘老师已经在工作了。他先检查了昨天的样方表，然

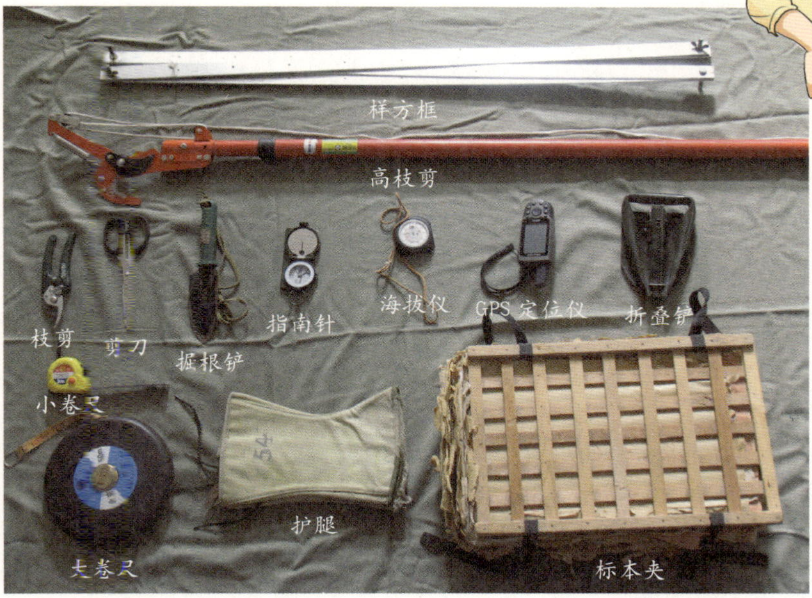

后把采回来的标本夹到标本夹里，还升着了火，开始准备早餐。

迎着朝阳，呼吸着清新的空气，我们听到了刘老师的新指令：“两名男生去打水，其他同学捡柴火。”

“到哪里打啊？”负责打水的男生问道。

“自然是去找泉水了。”我笑着对他说，“你以为这里会有自来水？”

水烧开了，大家将自己的水壶灌满。吃完了早饭后，我们就背上馒

头、火腿和咸菜开拔了——中午那顿饭，只能吃凉的了。

各个小组分开活动。山上接收不到手机信号，而且地形比较复杂，所以大家不敢离得太远，行进中也尽量保持一定的距离。各组能相互看到，也好有个照应。

一天的科考开始了。

我们在这里的考察持续了 3 个星期。返回之前，还在不同的海拔处放置了药品，主要是葡萄糖与福尔马林的混合物。刘老师说，9 月份回来收集这些药品。药品在阳光的照射下会发生化学反应，取回后根据所剩下的物质的量，可以计算出阳光照射量以及温度变化等相关指标。

“那时候大多数树叶都会变黄，很多草也开始枯萎。”刘老师根据经验讲述着，“不过，在这个季节我们看到了两种不同的忍冬和两种不同的花楸。”

刘老师介绍说：“在两种忍冬中，一种是结红色果子的，植物体上到处都有刚毛，称为**刚毛忍冬**；一种是结蓝色果子的，可以当染料，称为**蓝果忍冬**。而两种花楸，一种为**花楸**，果实多为红色；另一种是**北京花楸**，果实白色或淡黄色。”

刚毛忍冬

Lonicera hispida

忍冬科　忍冬属

落叶灌木。叶椭圆形至长圆形，对生，上面有刚毛和睫毛。叶腋并生2朵花；花冠漏斗状，白色或淡黄色，外面有短柔毛；雄蕊5枚，与花冠裂片等长。浆果椭圆形，红色，有光泽。

分布于我国西北、西南及山西、河北等省区。

可供观赏。花蕾入药，能清热解毒。

蓝果忍冬

Lonicera caerulea

忍冬科　忍冬属

落叶灌木。小枝紫褐色。叶长圆形或披针形，全缘，下面有密集的柔毛。叶腋并生2朵花；苞片条形，比萼筒长2～3倍；花冠黄白色，外面有短柔毛。浆果球形或椭圆形，深蓝黑色。

分布于我国东北、华北等地区。

果实可食用或用于酿酒。也为固沙、固坡和园林绿化树种。

花楸

Sorbus pauhuashanensis

蔷薇科 花楸属

落叶乔木。奇数羽状复叶，小叶5～7对；叶片卵状披针形至长披针形；托叶宿存，有粗齿。复伞房花序，花较密集；花梗及花序梗密被白色绒毛；花白色；雄蕊20枚。果近球形，红色或橘红色。

分布于东北、华北、山东及甘肃。

栽培可供观赏，秋季叶变为红色，红色的果实也缀满树。

北京花楸

Sorbus discolor

蔷薇科 花楸属

落叶乔木。奇数羽状复叶，小叶5～7对；叶片长圆形、长圆状椭圆形或长圆状披针形；托叶宿存，有粗齿。复伞房花序较疏散，无毛；花白色；雄蕊15～20枚。果卵圆形，白色或淡黄色。

分布于华北、西北及华中。

栽培可供观赏。

3.3 华北屋青吃斋饭

继小五台山考察之后，我们又去了山西省的五台山。这一次是先乘火车，然后坐汽车直达山顶——五台山的北台。但到达目的地后才发现我们没有地方住。

没有办法，只好住在寺庙里。

“大家都出家做和尚吗？”刘梅大概觉得这很好玩。

“寺庙里有专门给男女香客准备的房间。”刘老师解释道。

“你就是出家了，也不是和尚，顶多是尼姑。”我逗道。

“在寺庙里，是不是要按寺庙里的作息时间进餐就寝？”王松问道。

“真要按他们的作息时间表，咱们只能吃一顿饭了。”刘老师笑道。

原来寺庙里的僧人每日仅吃一餐，就是10点多的那一餐。事实上，为了照顾香客的习惯，寺庙还是每日开三餐：早餐6点多；晚餐18点；中午那餐，只有就着僧人的那一餐了。

吃饭的时候，我们真正体会到寺庙里规矩的严格。

师父端饭上来的时候，绝对不能出声；吃饭的时候，一点饭都不能撒出来。否则的话，会受到师父们的训斥。

“我实在吃不了这么多啊。”刘梅看着碗里的剩饭发愁。

“那也不能剩下。”同去的女老师悄悄把刘梅的剩饭拨到了自己的碗里。

在庙里，我们看到了一位老僧人，他每天都要采一种花插到菩萨像前的净瓶里。老僧人称它为莲花，但又觉得不像莲花。一天他来找刘老师辨认。

刘老师仔细看了看，解释说："这是菊科的植物，叫**黄毛橐吾**……"

第二天出去考察的时候，大家的话题还是离不开寺庙。

见到一种植物，刘老师介绍说："这个是嵩草。"

"哪个 sōng？"刘梅问道。

"嵩山少林寺的嵩。"刘老师顺口答道。

"还是没离开寺庙啊。"刘梅故意夸张地叹了一口气。

"五台山嘛，本来就到处与佛教有关。"王松笑道，"比如说这个，就叫**五台虎耳草**。"

"那么这个，叫五台蚤缀。"刘梅不甘示弱。

"错了！"刘老师马上纠正，"这是**小五台蚤缀**。"

"我说刘老师啊，咱们可是在大五台啊。"刘梅大叫起来。

“谁说大五台的植物就一定得叫大五台？”刘老师笑了起来，“这里还有**兴安繁缕**呢——东北的兴安岭离这里有1 000多千米呢！”

“原来是这样子啊。”刘梅若有所思，“那这个呢？”

“这是**中华风毛菊**。”

“还好，至少中国和这里还是有关系的。”刘梅喃喃自语。

“这都什么乱七八糟的！”我觉得这女生很有意思。

“刘老师啊，为什么每种植物你都认识？”刘梅的思维好像有些跳跃。

“因为每次我都走在队伍的最前面——”刘老师今天兴致很高，特别爱开玩笑，“然后把我不认识的植物都先踩死。”

这玩笑实在太诱人了，气氛一下活跃了不少。

“这个名字你一定喜欢。”刘老师指着一株植物对刘梅说，“**勿忘草**。”

“嗯，这名字确实不错。它应该也叫‘勿忘我’吧。”刘梅顿时欢快起来，“它让我想起中科院植物园里的一种植物——**落新妇**。”

“不错，那个等你将来嫁人的时候应该用得着。”刘老师笑道。

“我也是这么想的。不过刘老师——”刘梅突然很严肃地说道，“这个我还用得着，您可就没希望了。”

听罢这话，刘老师哭笑不得，大家则捧腹大笑。愉快的笑声回荡在整个山谷里，很久之后依旧从远方传回……

黄毛橐吾

Ligularia xanthotricha

菊科 橐吾属

多年生草本，高 40 ~ 80 厘米。全株密被黄色短柔毛。叶互生；叶片宽卵形或肾形，边缘有尖齿；茎生叶的叶柄基部扩大成鞘状。头状花序，多数在枝端排成伞房状，全为管状花。瘦果长圆形，冠毛白色。

分布于山西、河北。

五台虎耳草

Saxifraga unguiculata

虎耳草科 虎耳草属

一年生草本，高 4 ~ 10 厘米。茎单一，中部以上有腺毛。基生叶多数丛生，匙状倒披针形，稍肉质，全缘；茎生叶边缘密生短腺毛。聚伞花序，具 1 ~ 3 花；花瓣黄色，基部具爪；萼片边缘通常有腺睫毛。

分布于河北小五台山、山西五台山和宁夏贺兰山等山区。

小五台蚤缀

Arenaria formosa

石竹科　蚤缀属

多年生小草本。垫状丛生，有腺毛。基生叶钻状线形，微带肉质，边缘常内卷；茎生叶短小，线形，干膜质。聚伞花序，排成伞房状；花梗有腺毛；花瓣5枚，白色，全缘；子房卵形。

分布于我国河北。

小五台蚤缀又叫小蚤缀。

兴安繁缕

Stellaria cherleriae

石竹科　繁缕属

多年生草本。有卷曲的短柔毛。茎基部常木质化；叶腋生不育短枝。叶线形，几无柄，边缘下半部有睫毛。聚伞花序顶生，着生少数花；苞片草质，披针形，边缘膜质；花瓣白色，2深裂，裂片线形。蒴果倒卵形，长为宿存萼的1/2。

分布于我国吉林、内蒙古、河北和山西等省区。

▲ 中华风毛菊

Saussurea chinensis

菊科　风毛菊属

多年生草本。茎直立，不分枝。基生叶花期脱落；茎下部叶无柄，叶片长椭圆形；中部叶长椭圆状披针形；上部叶线状披针形，全缘，上面绿色、无毛，下面白色、密生绒毛。头状花序，排成伞房状；小花淡紫色。瘦果褐色；冠毛淡黄色。

分布于河北小五台山。

勿忘草

Myosotis sylvatica

紫草科　勿忘草属

多年生草本。茎上有开展的糙毛或卷毛。叶披针形　互生，两面有毛。蝎尾状聚伞花序；花冠蓝色，高脚杯状，下部合生，上部5裂。裂片旋转状排列，喉部具5枚鳞片状附属物。小坚果卵形，平滑，有光泽。

分布于我国东北、华北、西北及四川、云南、江苏等地区。

落新妇

Astilbe chinensis

虎耳草科　红升麻属

多年生草本。茎与叶柄上散生棕褐色长毛。基生叶2～3回三出羽状复叶，小叶边缘有重锯齿；茎生叶2～3枚，较小，托叶膜质。圆锥花序，顶生；总花梗密生棕色卷曲长柔毛；花小，密集，几无梗；花萼5深裂；花瓣5枚，紫色或紫红色；雄蕊10枚。蓇葖果2枚。

分布于我国东北、华北、华南、西南和西北。

落新妇又叫红升麻。根茎可入药。

3.4 来到舜王故里

第二年的夏季，我们先后两次到中条山进行考察。中条山位于山西省的西南部，因居太行山与华山之间，山势狭长而得名。它北起汾运盆地的南缘，南至山西和河南边界的沁河平原，主峰为舜王坪，海拔 2 322 米。到中条山是搞生态方面的考察，也属于国家自然科学基金项目。

我们乘火车到太行山东段的一个车站下车，从那里就可以看到我们的目的地——中条山。

我们从中条山西麓上山，一路上看到了许多植物。除了熟悉的红桦和**白桦**，有**葛萝槭**、**蒙古栎**、**鹅耳枥**、**千金榆**、**六道木**、**毛萼山梅花**以及两种绣线菊——三裂绣线菊和**土庄绣线菊**，还有**榛**和**毛榛**。各种小花更是满山遍野，其间也有一些低海拔植物。

“这是**构树**，结橘红色的球形聚花果；这是**脱皮榆**……”刘老师一一为我们介绍。

“这个真漂亮！”刘梅惊叫起来。

“这叫**大火草**。”刘老师马上认出了这株漂亮的植物，“据说它的根还可以入药，是很名贵的中药。”

我们沿着西坡一直往上走，沿途看到了多种落叶乔木。**平基槭**的数量真多，一株接一株，还有漆树科的植物。漆树科的特点十分明显：有乳汁；奇数或偶数羽状复叶；果实是核果，稍压扁。

“今天我们看到了漆树科的两个属。一个是漆树属，常见的有**漆树**和**野漆树**两个种，都是有乳汁的，大型的圆锥花序生于枝的顶端。”刘老师适时地予以总结，“另一个是黄连木属，它的模式种是**黄连木**。黄连木属的特点是叶常为偶数羽状复叶，而漆树属为奇数羽状复叶。它们共同的特点是核果压扁。”

“它为什么叫黄连木？”一名男生不解。

“大家仔细来看树干。”刘老师剖开一小块树皮，让大家凑近查看，“剖开的树皮是发黄的，有点像小檗，咱们见过的**细叶小檗**和**日本小檗**都有这个特点。”

“‘哑巴吃黄连’就是吃的这个吗？”那名男生继续问道。

“‘哑巴吃黄连’里的‘**黄连**’不是这个，而是毛茛科的草本植物。”刘老师边走边说，“大家来看，这一片针叶树就是**华山松**。”

“原来华山松也不只长在华山啊。”刘梅感叹道。

“校园里还有洋白蜡呢。”我接着说，“也不能说咱们北师大就是洋学堂啊。”

“在当年，像京师大学堂这样的新式大学，就被人称为洋学堂。”刘梅不再理我。她转头发现一棵巨大的**青杆**，‘这棵青杆可真大！”

刘老师过去用皮尺大致量了一下，发现这棵青杆的胸径至少有1米，“是相当大了。”

“这是什么？”我指着一株植物问道。

“**连香树**，国家级保护植物。”刘老师说罢有些感慨，“现在数量已经很少了。”

“连香树是什么科的？”

“就是连香树科的。”刘老师回答道，“这是双子叶植物纲金缕梅亚纲的一个科。它只有连香树属1个属，包括2个种，分布于中国和日本。”

翻过山去，眼前突然一片豁亮。

“这是**膀胱果**。”刘老师指着刚刚看到的一种植物说，“因为果实的样子像膀胱而得名。”

“这名字真形象啊。”王松仿佛想起了什么，“好像还有一个以形象命

知识链接

国家级保护植物

进入20世纪以来，随着人口剧增和工业高速发展，人类索取的自然资源越来越多，导致了空前的环境危机，包括环境污染、植被破坏等。据估计，至少有3 000种高等植物的生存因此而受到威胁，甚至濒临灭绝。植物是生态系统中最基本、最有活力的成分，是人类社会发展的基石。因此，保护植物及其多样性，尤其是珍稀濒危植物，受到了人们的重视。我国于1984年首次公布了保护植物名录。银杉、水杉、金钱松、野大豆、连香树、坡垒、望天树等均在国家级保护植物之列。

名的植物，叫什么来着？”

“你是不是说**马褂木**？”刘梅笑着接道，“它的叶子像马褂一样。”

“没错，咱们在陶然亭见过。”我说。

“那个是**栓皮栎**，而这个呢，是**麻栎**。”刘老师帮助我们识别，“栎属是壳斗科的。”

“壳斗科还有一个栗属，你知道吗？”刚才被我说过的刘梅好像要报复。

“别考我啊，我当然知道——”我马上接道，“这个是‘木乐栎’，那个是‘西木栗’，完全不同的。”

“完全不同？”她似乎就在等我这句话，“那你知道**槲树**和**槲栎**的区别吗？”

“这个……”这下还真把我给难住了。

▲ 白桦

Betula platyphylla

桦木科 桦木属

落叶乔木。树皮灰白色，层层剥裂。叶互生；叶片三角状卵形，侧脉整齐，近平行。花单性，雌雄同株；雌柔荑花序常下垂。小坚果卵形，两侧的膜质翅比果宽；果苞鳞片状。

分布于我国东北、华北、西北及四川、云南、西藏等省区。

树皮可用于制作多种器具，也为园林绿化树种。

葛萝槭

Acer grosseri

槭树科 槭属

落叶小乔木。小枝绿色至紫绿色。叶对生；叶片卵形，5浅裂。花单性，雌雄异株；总状花序，下垂；花瓣5枚，黄绿色；雄蕊8枚，生于花盘边缘；子房紫色。双翅果，幼时淡紫色，成熟后黄褐色，两翅呈钝角或近于水平。

分布于我国河北、河南、陕西、山西、甘肃、安徽、湖北和湖南等省。

蒙古栎

Quercus mongolica

壳斗科 栎属

落叶乔木。叶互生；叶片倒卵形，边缘有波状齿。花单性，雌雄同株；雄花序为柔荑花序，下垂；雌花1～3朵杂生于枝梢。坚果卵形；壳斗杯形，包坚果的1/3～1/2，外壁有瘤状突起。

分布于我国东北、华北等地区。

蒙古栎木材优良。也可用于饲养柞蚕。

鹅耳枥

Carpinus turczaninowii

桦木科 鹅耳枥属

落叶乔木。树皮灰褐色，浅纵裂。叶互生；叶片宽卵形，边缘有重锯齿，叶基楔形。花单性，雌雄同株；雄花序为柔荑花序，雄花没有花被；雌花基部有1枚苞片和2枚小苞片，果期扩大成叶状果苞。小坚果，卵圆形。

分布于我国东北、华北和西北等地区。

鹅耳枥又称北鹅耳枥。

千金榆

Carpinus cordata

桦木科 鹅耳枥属

乔木。树皮灰色。小枝棕色，具沟槽。叶厚纸质，上有刺尖，叶基心形。果苞内侧的基部有1枚矩圆形内折的裂片，全部遮盖矩圆形小坚果。

产于我国东北、华北及河南、陕西、甘肃等省区；朝鲜、日本也有。

六道木

Abelia biflora

忍冬科 六道木属

落叶灌木。茎和枝均具6条纵沟。单叶对生，叶缘具缺刻状锯齿。顶生2朵花，无总梗；花冠管状；子房下位。果弯曲，瘦果状。

分布于我国东北、华北等地区。

六道木又叫降龙木，供观赏。茎、枝可用作拐杖。

毛萼山梅花

Philadelphus dasycalyx

虎耳草科 山梅花属

灌木。两年生枝栗褐色。树皮成片状剥落。叶对生；叶片卵形，下面灰绿色，近无毛或有少许毛。总状花序，花白色；花萼外有密集的灰白色柔毛，花萼、花瓣裂片均为4枚；雄蕊多数；子房半下位，花柱上部4裂。蒴果倒卵形，密被柔毛。

分布于我国河南、山西等省。

为观赏植物。

▲ 土庄绣线菊

Spiraea pubescens

蔷薇科 绣线菊属

灌木。小枝褐黄色。叶菱状卵形至椭圆形，下面有短柔毛。伞形花序，有15～20朵，白色；雄蕊多数，约与花瓣等长；花柱短于雄蕊，子房上位。蓇葖果，开张。

分布于我国东北、华北、陕西、甘肃、安徽和湖北等省区。

榛

Corylus heterophylla

桦木科 榛属

落叶灌木或小乔木。树皮灰褐色。叶长圆形或宽倒卵形，边缘有三角状裂片。雄花序单生或2～3个簇生，圆柱状，雄蕊8；雌花2～6个簇生于枝端，花柱丝状。坚果近球形，1～4簇生；总苞叶状，上面生有密集的刺状腺体。

分布于我国东北及山西、河北、陕西等省区。

榛又称平榛。果仁可食，也可榨油。树皮、叶和总苞可提取栲胶。

毛榛

Corylus mandshurica

桦木科 榛属

落叶灌木。叶互生；叶片长圆形，边缘具重锯齿，顶端骤尖或尾尖。花单性，雌雄同株；雄花序下垂，雄花无花被；雌花序为头状，花柱2枚。坚果球形，外有管状总苞；总苞顶端浅裂，有毛。

分布于我国东北、华北、西北及四川等省区。

毛榛的种子可食用。

构树

Broussonetia papyrifera

桑科 构树属

落叶乔木。有乳汁。叶互生；叶片卵形，常不规则3～5裂，表面粗糙，背面有柔毛。花单性，雌雄异株；雄花序为柔荑花序，花被片、雄蕊均为4枚，对生；雌花序为头状花序，花被管状。聚花果球形，肉质，橘红色。

分布于我国南北各省区。

构树的聚花果入药称楮实子，可补肾利尿、强筋骨。茎皮纤维可造纸。

脱皮榆

Ulmus lamellosa

榆科 榆属

落叶乔木。树皮灰褐色，常成不规则的鳞片状脱落。叶互生；叶片椭圆形或卵形，基部偏斜。花簇生于当年生枝的叶腋；花萼4深裂；柱头2裂，向外反曲。翅果椭圆形，长2.5～3.5厘米。

主要分布于我国河北、河南和山西等省。

木材坚硬，可制作家具、车辆。茎皮纤维为造纸原料。树皮入药有利尿、祛痰等功效。

▲ **大火草**

Anemone tomentosa

毛茛科 银莲花属

多年生草本。三出复叶，基生，有长柄；小叶3裂，下面有白色绒毛。聚伞花序；总苞片叶状，3枚；萼片花瓣状，白色或带粉红色；雄蕊多数；心皮极多。聚合瘦果。

分布于我国河北、山西、河南、陕西、甘肃和四川等省。

平基槭

Acer truncatum

槭树科 槭属

落叶乔木。树皮深纵裂。叶对生，掌状5裂。伞房花序，雄花与两性花同株；花瓣5枚，黄绿色；雄蕊8枚，着生在花盘内侧的边缘。双翅果。

分布于我国东北、华北及山东、江苏、河南、甘肃、陕西等省区。

平基槭又称元宝枫、元宝槭。木材可供建筑用。也可作为行道树或观赏树种。

漆树

Toxicodendron vernicifluum

漆树科 漆树属

落叶乔木。有乳汁。树皮有不规则的纵裂。小枝上有心形叶痕，有毛。奇数羽状复叶，互生，小叶9～15枚；叶片卵形。圆锥花序，腋生，与复叶等长；花杂性或雌雄异株；花密而小，黄绿色。果序下垂；核果扁球形或肾形，棕黄色。

分布于除新疆之外的国内各省区。

树干韧皮部可割取生漆。种子油可制油墨、肥皂。果皮可取蜡。叶可提取栲胶。木材供建筑用。

野漆树

Toxicodendron succedaneum

漆树科 漆树属

落叶乔木或灌木。有乳汁。树皮暗褐色。小枝无毛。奇数羽状复叶，互生，小叶7～15枚；叶片披针形，下面有白粉。圆锥花序，腋生，长为复叶的1/2或更短；花小，杂性，黄绿色；花瓣与萼片同数。核果，斜菱状圆形，淡黄色。

分布于我国华东、华南、西南及河北等省区。

根、叶和果实入药，有解毒、止血和散瘀消肿的功效。

黄连木

Pistacia chinensis

漆树科 黄连木属

落叶乔木。树皮暗褐色，鳞片状剥落后，树干呈黄色。偶数羽状复叶，互生；小叶对生。圆锥花序；花单性，雌雄异株；雄花萼片2～4枚，雄蕊3～5枚；雌花萼片6～9枚，柱头3枚。核果，卵球形。

分布于我国华北、华中、华东和西南等地区。

黄连木产木材。也可提取栲胶。

细叶小檗

Berberis poiretii

小檗科 小檗属

落叶小灌木。内皮层和木质部为黄色。叶刺小，常单一，稀三分叉。叶倒披针形至狭倒披针形，簇生于叶腋，边缘有不明显的锯齿。总状花序，下垂，有花8～15朵；萼片花瓣状，排成2轮；花瓣6枚，黄色，近基部有1对腺体；花药瓣裂。浆果，鲜红色。

分布于我国东北及华北等地区。根皮和茎皮供药用。

日本小檗

Berberis thunbergii

小檗科 小檗属

灌木。幼枝淡红色带绿色，老枝暗红色，有条棱；刺通常不分叉。内皮层和木质部为黄色。叶倒卵形，基部下延成短柄，全缘，上面黄绿色，下面灰白色。花单生或2～3朵组成伞形花序；小苞片带红色；花瓣黄色；子房无柄。浆果椭圆形，红色。

原产于日本，是小檗属中栽培最广泛的种之一。我国大部分地区，特别是各大城市常栽培。

常用于庭院或路旁绿化，或用作绿篱。根和茎可提取小檗碱。

黄连

Coptis chinensis

毛茛科 黄连属

草本。根状茎黄色，有多数须根。叶稍带革质，掌状3全裂，再3或5对羽状深裂，侧裂片有短柄。二歧或多歧聚伞花序；花莛1～2条；苞片3或5羽状深裂；花瓣线形；雄蕊约20枚。

分布于我国四川、贵州、湖南、湖北和陕西南部。

黄连始载于《神农本草经》，被列为上品。其根状茎为著名中药"黄连"，可治急性结膜炎、急性细菌性痢疾等症。

华山松

Pinus armandii

松科 松属

常绿乔木。树皮灰色。一年生枝条光滑，绿色。叶5针一束，叶鞘脱落。球果圆锥状卵球形，成熟后下垂。种子倒卵形，无翅有棱。

分布于我国山西、河南、陕西、四川、贵州、云南西北部及西藏东部和南部，栽培广泛。

常用作观赏植物。其木材材质优良，为建筑用材。树干可取树脂。树皮可提取栲胶。针叶能提炼芳香油。种子可食，也可榨油。

青杆

Picea wilsonii

松科 云杉属

常绿乔木。树皮灰色，成不规则小块片脱落。一年生小枝淡黄色或黄绿色，基部宿存的芽鳞不反卷。叶钻形，白色气孔带不明显。球果卵球形。

分布于我国华北、西北（不包括新疆）及湖北西北部、四川东北部。

青杆又叫魏氏云杉，为观赏树种。木材供建筑及制作电杆、家具等用。

连香树

Cercidiphyllum japonicum

连香树科 连香树属

落叶大乔木。树皮灰色。短枝在长枝上对生。短枝上的叶近圆形，长枝上的叶椭圆形或三角形，前端有腺体，下面灰绿色且带粉。雄花常4朵丛生；膜质苞片在花期为红色。蓇葖果荚果状，褐色或黑色；花柱宿存。种子先端有透明翅。

分布于我国山西西南部、华中、华东及四川等省区；日本也有分布。

连香树树形高大，寿命长，可供观赏。树支及叶均含鞣质，可提取栲胶。

膀胱果

Staphylea holocarpa

省沽油科 省沽油属

落叶灌木或小乔木。3小叶；叶片近革质，长圆状披针形，上面淡白色；侧生小叶几乎无柄，顶生小叶有长柄。伞房花序，花白色或粉红色，在叶后开放。蒴果，梨状膨大，3裂，形似膀胱。

分布于我国陕西、甘肃、湖北、湖南、广东、广西、贵州、四川和西藏东部。

变种有玫红省沽油，特点是花玫瑰粉红色，可供观赏。

马褂木

Liriodendron chinense

木兰科 鹅掌楸属

落叶大乔木。小枝灰色或灰褐色。叶片马褂状，近基部每边各具1枚裂片，老叶下面有乳头状的白色粉点。花杯状；花被片9枚，长3～4厘米，绿色，上面有黄色纵条纹；花丝长5～6毫米，雄蕊群超出花被之上。聚合果，具翅。

分布于我国华中、华东、华南和西南，台湾有栽培；越南北部也有分布。

马褂木又叫鹅掌楸。其木材淡红褐色，纹理直结构细，轻软，是建筑、造船和家具制造的优良用材。叶和树皮入药。马褂木树干挺直，树冠伞形，叶形奇特，为世界珍贵树种。

▲ **栓皮栎**

Quercus variabilis

壳斗科 栎属

落叶乔木。树皮黑褐色，条状纵裂。木栓层发达。叶椭圆形或长圆状披针形，叶缘有刺芒状的锯齿，下面有灰白色星状毛。雄花组成下垂的柔荑花序。坚果近球形或卵圆形；壳斗杯状，包围坚果2/3以上；苞片锥形，向外反曲。

分布于我国河北、山东、山西和陕西等省。

木材为建筑材料。木栓层可制软木塞。壳斗含鞣质。果实可酿酒或榨油。

▲ **麻栎**

Quercus acutissima

壳斗科 栎属

落叶乔木。树皮暗灰色，不规则深裂。叶卵状披针形，边缘有刺芒状的锯齿。雄花组成柔荑花序，下垂，集生于新枝叶腋；雌花 1 ~ 3 朵集生于老枝叶腋。坚果卵状球形，淡褐色；壳斗杯状，包坚果约 1/2；苞片反曲，有灰白色毛。

分布于我国辽宁、河北及华中、华东、华南、西南等省区。

种子含淀粉。壳斗含鞣质。木材用作建筑材料。

槲树

Quercus dentata

壳斗科 栎属

落叶乔木。树皮上有深沟。小枝上有灰黄色星状毛。叶倒卵形，几乎无柄，边缘有波形齿，两面有毛。花单性，雌雄同株；雄花序为下垂的柔荑花序，生于新枝基部；雌花数朵生于枝梢。坚果卵圆形；总苞片披针形，红褐色，向外反曲。

分布于我国东北及河北、山东、陕西、湖北、四川等省区。

槲树又称柞栎。木材坚硬，可用作建筑材料。叶可饲养柞蚕。种子含淀粉，可酿酒。

槲栎

Quercus aliena

壳斗科 栎属

落叶乔木。树皮呈狭条状纵裂。小枝光滑。叶倒卵状椭圆形，边缘有波形齿，表面光滑，背面多少有毛；叶柄长 1 ~ 2.5 厘米。花单性，雌雄同株；雄花序为下垂的柔荑花序；雌花 1 ~ 2 朵生于叶腋。坚果球形；总苞片卵状披针形。

分布于我国河北、江苏、浙江、湖北、湖南、陕西、甘肃、四川和云南等省。

木材可用作建筑材料。叶可饲养柞蚕。树皮可提取鞣质。种子含淀粉。

3.5 挺进原始森林

走着走着，眼前豁然开朗，出现了一片开阔地。放眼望去，远处有一片茂密的树林。

“前面的混沟有一片原始森林。”看来刘老师对这里颇为了解，“那是相当值得一看的。”

听到刘老师的介绍，我们都跃跃欲试。但刘老师有些担心，因为去那里不仅路途遥远，而且路况复杂，“要先坐船，到了对岸之后再爬山，估计咱们的时间来不及。”

即便如此，我们还是希望一试。

按照刘老师的计划，我们于下午2点赶到了混沟边上。刘老师看了看时间说：“我们不能再往前走了，如果真的进了原始森林，晚上很有可能出不来。那就太危险了。”

我们只好就地进行考察。大家开始围着那些植物，仔细进行观察。

“这是**山白树**，国家级保护植物，金缕梅科的。”

“这些脱皮榆可真大。”

“嘿，这里到处都是**野核桃**。”

“这儿以前应该有人住过……”王松小心地查看着眼前的残垣断壁，“这些果树好像是人工栽培的。”

“这里肯定有人住过。”刘老师马上赞同了王松的推断，“比如说这个核桃，在北方地区，应该没有野生的，显然是人工栽培的。”

“这**柿**树呢？”有同学提出异

议，“咱们校园里也有啊。”

“校园里的柿树也是人工栽培的。”刘老师耐心地解释道，“有一点可以肯定，凡是在北方生长的柿树，一定是嫁接的！”

我们顺着刘老师所指的方向，仔细查看那棵柿树的下部，果然发现一圈深色的嫁接痕迹。

“记住，在北方只要看到柿树，其树干的下部一定有嫁接的痕迹。”刘老师说得十分肯定，“一般来说，下面是**黑枣**树，上面是柿树。柿树原产南方，而黑枣树是北方土生土长的，嫁接后柿树就可以正常生长，长得比南方的还要大。”

返程的时候，为减轻重量，我们把没用的东西都丢弃了，包括水瓶。没想到一路上仍旧是大汗淋漓，让人口渴难忍。这才想起刘老师关于“水很宝贵不能丢弃”的忠告。可惜为时已晚！就在这时，刘老师像变魔术一样，拿出好几瓶水来。对我们来说，这无异于一场及时雨！

就这样，经过大约2个小时的考察，我们于下午4点动身返回。即便如此，回到出发地已接近晚上8点了。

这一路我们走得十分辛苦。

山白树

Sinowilsonia henryi

金缕梅科 山白树属

落叶灌木或小乔木。有星状绒毛。叶倒卵形，纸质或膜质，上面绿色，下面有柔毛，边缘有小齿突。雄花组成总状花序，萼筒极短，雄蕊近于无柄；雌花组成穗状花序，萼筒壶形，花柱突出于萼筒外。蒴果卵圆形，无柄，上面有灰黄色长丝毛；宿存萼筒上有褐色星状绒毛。

分布于我国湖北、四川、河南、陕西及甘肃等省。

野核桃

Juglans cathayensis

胡桃科 胡桃属

落叶乔木。树皮灰褐色，浅纵裂。枝有片状髓。奇数羽状复叶，小叶常9～17枚；叶片边缘有细锯齿，下面有短柔毛和星状毛。雄性柔荑花序，雄花有纤毛，雄蕊常13枚；雌性穗状花序，直立，生于当年生枝的顶端。果实卵形。

原产于我国西南、西北和华中。

用途同核桃。种仁含油率为65.25%。也可作为嫁接核桃的砧木。

柿

Diospyros kaki

柿树科 柿树属

落叶乔木。树皮黑灰色，方块状裂。叶卵状椭圆形，上面绿色，发亮，下面淡绿色。花单性；花萼4裂，果熟时增大；花冠黄白色，4裂；子房上位。浆果扁球形，橘黄色或黄色。

我国栽培柿树的历史悠久，东北、华北、西北、华中、华南和西南等均有，以华北最多。

果实可鲜食或制柿饼。柿霜、柿蒂入药，有祛痰镇咳、降气止呃等功效。

黑枣

Diospyros lotus

柿树科 柿树属

落叶乔木。树皮暗灰色，老时呈小方块状裂。雌雄异株或杂性。雄花于叶腋簇生，花萼钟形，4裂，有毛，花冠红色或淡黄色，常4裂；雌花单生，淡绿色或带红色。浆果近球形，熟后变黑色。

分布于我国华北、中南及西南各地，辽宁、陕西也有分布。

果实富含糖类物质和维生素C，可食用，也可供药用。

3.6 美味的蘑菇汤

有一年的夏天我们因故在吕梁山的主峰关帝山逗留了5天。关帝山海拔2 831米，那里气候凉爽，但夜间的气温比较低。我们到的那天刚好是雨后初晴，空气分外清新，满山遍野都是绿油油的。

"哇，好多蘑菇啊！"刘梅兴奋地大叫起来，欢呼着要去采摘。

放眼望去，山坡上果然有很多新长出来的蘑菇！

"别乱采，我来！"刘老师马上制止了刘梅的采摘行动，"你能分清哪个有毒哪个没毒吗？"

大家不禁哑然，只得看着刘老师采摘。

刘老师一边采蘑菇，一边告诉大家："这是**蘑菇**，可以食用，它有一些明显的特点，如有菌环，没有菌托，菌褶肉红色。这是**口蘑**，味道非常鲜美；这个**白毒伞**可别碰它，有剧毒；这是**豹斑毒伞**，也是有毒的……"

"这些蘑菇是怎么分类的？"我问道，"它们都属于哪个科哪个属？"

"一般把蘑菇划到真菌界，与植物和动物一起放在真核总界里面。"刘老师解释说，"以前的分类学家把真菌归到植物界，1973年以后才把它们与酵母菌等单划为一界。"

刘老师介绍说："这类生物既不像植物那样含有叶绿素，能够自制养料，又不像动物那样靠活动摄取食物，它们基本上是从其他生物、生物遗体或排泄物中摄取营养，营寄生或腐生生活。所以与植物自然有区别。"

当天晚上，刘老师熬了一大锅极为鲜美的蘑菇汤，大家喝得十分痛快。

"长这么大，还是头一次喝这么香的蘑菇汤！"率先发现蘑菇的

刘梅感慨道。

刚躺在床铺上大家还在谈论蘑菇汤，但是很快就没了声响，不久，轻微的鼾声陆续传出。我四下望去，发现同学们已进入梦乡。这蘑菇汤实在太香，今天也实在太累了！

在野外考察，吃得饱，睡得香，是最重要的两点。这个晚上，这两点我们算是满足了。不过，半夜里出了一点小“问题”。

当晚大家都住在窑洞里。这窑洞以前是部队通讯兵的临时住处，已废弃多年，后来成了当地的旅游资源，经过简单装修之后对外开放。刘老师事先联系过，选它作为我们野外实习的临时宿舍。

说实话，这里的气候不错，白天十分舒服。唯一不好的是潮气重，窑洞的墙壁上居然到处是水珠；雨后往往伴有大雾，连对面的人都看不见，潮气就更重。糟糕的是，下雨往往让人想上厕所。在这里，起夜是件令人头疼的事情。

不过，这还不是所谓的“问题”。

我们住的床铺，与其说是“床”，实际上就是用砖头垫起的一张张旧木板，很像大通铺。野外考察非常艰苦，大家只能将就。

男女同学本来分住在两个窑洞里，可半夜里女生们跑过来说，她们实在太冷了，要求挤在一起住。刘老师没办法，只好临时拉起一个布帘，把布帘的下端钉在床上，还将一对恋人安排在中间作为“分界线”。就这样，大家挤着住了一夜。

很久之后，当我再遇到这些同学时，发现他们还都记得这一夜，都觉得“回想起来非常有意思”。

蘑菇

Agaricus campestris

蘑菇科 蘑菇属

子实体单生或群生。菌盖直径3～13厘米，菌肉白色。菌褶开始肉红色，后变褐色至黑褐色。菌柄圆柱形，有时弯曲，有单层菌环。孢子褐色。

分布于全国大部分地区。

为优质食用菌。

口蘑

Tricholoma sp.

白蘑科 口蘑属

子实体群生或散生。菌盖肉质肥厚，幼小时边缘向内卷曲。菌褶凹生。菌柄圆柱形，中生，有单层菌环。孢子无色。

常见种有：蒙古口蘑（*T. mongolicum* Imai），主产内蒙古和河北，为优良的食用菌；杨树口蘑（*T. populinum* J. Lange，见左图），产于内蒙古、河北、山西等，味道鲜美。

白毒伞

Amanita verna

毒伞科 毒伞属

子实体散生。菌盖幼小时钟形，老后平展，纯白色，表面光滑。菌褶白色，离生。菌柄白色，上部有白色菌环，基部有白色菌托。孢子无色。

分布于吉林、河北、江苏、安徽、江西、河南、四川、广西和福建等省区。

极毒，绝不可采食。

豹斑毒伞

Amanita pantherina

毒伞科 毒伞属

子实体单生或群生。菌盖幼小时半球形，后平展，褐色或棕褐色，表面附着白色块状或角状鳞片。菌褶白色，离生。菌柄白色，中上部有白色菌环，基部有白色菌托。孢子无色。

分布于黑龙江、吉林、河北、河南、江苏、安徽、青海、四川、云南、广东、广西、福建和海南等省区。

极毒，绝不可采食。

3.7 路漫漫其修远兮

长途汽车在太行山脉曲折的道路上蜿蜒而行。从太行山最南端的中条山，我们乘车一直到吕梁山最北段芦芽山的主峰荷叶坪——这里的海拔在2 784米！

“这一趟咱们可够辛苦的。”我不禁有些感慨，“您每次出来都这样吗？”

“大致相同吧。”刘老师笑笑说，“今年是我最辛苦的一年。”

辛苦往往与病痛相伴。我们一大早出发，直到晚上才抵达山顶。刚到山顶不久刘老师就生病了。开始时只有一些感冒症状，他还撑着出去考察。三四天之后刘老师便发烧、咳嗽，几乎不能动了。

“还是送医院吧。”有同学建议道。

于是，我们把刘老师送到县医院去打点滴。这点滴一打就是一整夜。

接下来的两天，刘老师不得不卧床休息。他在山顶上的住处就成了我们的临时指挥所。每天刘老师给大家分派任务，然后自己在“家”里整理调查记录，核准植物名称，给压制的植物标本换纸——这些平时早晚干的活，现在白天干了。

当我们考察返回时，刘老师总是坐在门口迎接我们。

“老师，我今天发现了几种以前没有见到过的植物……”刘梅大声地嚷嚷。她一边嚷嚷，一边从采集袋中拿出一份标本给刘老师看。

“是豆科的植物，它的荚果有点鼓胀。”

“这是**黄耆**，它的根是著名的中药。”刘老师说。

“这一种植物的花很好看，花上还有一个距。”刘梅拿出了另一份标本。

“这是**曲花紫堇**，罂粟科的。中条山也有。”刘老师说。

“您看这个，叶子很特殊……”她又拿出一份较小的标本。

“这是**楔裂美花草**，王文采先生在编写中国植物志时未看到花的标本，曾将其鉴定为川甘美花草。”刘老师接着说道，“还有什么，全拿出来吧！”

“这是**山地虎耳草**，一般分布在海拔 2 800 米以上。这个是**纤细羽衣草**，也是高山地区才有的物种，很像委陵菜属的植物。大家注意看这种植物，它的花的上唇特化成一弯曲的喙，就像大象的鼻子，故称**大拟鼻花马先蒿**。这是**东方草莓**，果实可以吃……”刘老师似乎对每一种植物都能讲出一些道理来。

渐渐地，刘老师的身体有所恢复。我与刘老师住在一个房间里，晚上睡觉前常常闲聊。一天我们又在漫无边际地聊着，我感慨道：“你们的野外考察可真苦啊。”

“这并不算苦。”刘老师随意地笑笑，“小的时候家里条件不好，比这可要苦多了。”

在漫漫的长夜里，刘老师开始讲述他坎坷曲折的成长经历。

“小时候在农村喂羊喂驴，基本上能够识别田边、荒坡上的那些杂草树木，也算是对植物最朴素最直观的认识。”

刘老师是山西人，老家在农村。家里兄妹5个，有4个在上学读书，因此家境非常差，有时连几块钱的学费都不能按时交上。

高考时，考虑到家里的实际困难，他选择了读师范学校，这样只用两年就可以赚钱养家了。就这样不到18岁，他便开始了工作生涯。

一开始教的是小学，接下来是初中、高中、大学和研究生。

工作当中他一直没放下读书和学习，因此当知识积累到一定程度时自然就上一个新台阶。

刘老师在谈到他的成长过程时一再强调，自强和机会是一个方面，老师及时和正确的引导也是非常重要的。

他还谈起了对他人生有重要帮助的老师，比如李宗英、傅鸣实，鼓励他报考研究生；上官铁梁，引导他迈入植物分类学的门槛；贺士元、尹组棠和马金双，使他成为真正的植物分类学工作者。

从刘老师身上，我看到了一种精神。正是这种精神，让我们的民族生生不息；正是这种精神，让我们的文明向前迈进。

▲ **黄耆**

Astragalus membranaceus

豆科 黄耆属

多年生直立草本。分枝多，枝上有细棱和毛。奇数羽状复叶，小叶13～31枚；叶片卵形，下面有毛；托叶条状披针形。总状花序生于上部叶腋；花序梗比复叶长或近等长；蝶形花冠，黄色或淡黄色。荚果半椭圆形，果皮膜质，有毛。

分布于我国东北、华北及甘肃、四川、西藏等省区。

黄耆又名膜荚黄耆。中药里一般称“黄芪”，是一种较名贵的中药材，以根入药。

曲花紫堇

Corydalis curviflora

罂粟科 紫堇属

多年生草本。植株无毛。茎不分枝。基生叶少数，叶片圆形至肾形，3全裂，裂片再2～3深裂，或五出掌状全裂；茎生叶无柄，掌状全裂。总状花序顶生；花冠蓝色至紫红色，距圆筒形。蒴果，条状长圆形。

分布于河南、山西、陕西、甘肃、青海、四川和云南等省。

楔裂美花草

Callianthemum cuneilobum

毛茛科 美花草属

多年生草本。叶基生或近基生，2～3回羽状复叶。花小，直径1～1.5厘米，单生茎顶或分枝顶；萼片5，灰绿色；花瓣5，淡黄或橙黄色。聚合瘦果，直径6～8毫米。

仅分布于山西宁武、介休、交城和南部的历山。

▲ 山地虎耳草

Saxifraga montana

虎耳草科 虎耳草属

多年生草本。茎丛生，有锈色长柔毛。基生叶匙形至倒披针形，全缘；茎生叶无柄，披针形。花序有花3～6朵；花瓣5，黄色；花柱2。

分布于山西、陕西、甘肃、青海、四川和云南等省。

纤细羽衣草

Alchemilla gracilis

蔷薇科 羽衣草属

多年生草本。基生叶叶片圆肾形，边缘有7～9个波状浅裂和细锐锯齿，两面均被稀疏长柔毛；托叶膜质；茎生叶向上逐渐变小，叶柄短或近于无柄。聚伞花序伞房状；副萼片比萼片短一半以上；花黄色。瘦果，卵形。

分布于山西、陕西、甘肃、新疆和四川等省区。

大拟鼻花马先蒿

Pedicularis rhinanthoides

玄参科 马先蒿属

多年生草本。茎不分枝。基生叶丛生，有长柄；叶片线状长圆形，羽状全裂。总状花序顶生，近头状；花冠玫瑰色，上唇具弯曲长喙，下唇3裂。瘦果，披针状卵形。

分布于我国山西、陕西、甘肃、青海、四川、云南和西藏等省区。

▲ 东方草莓

Fragaria orientalis

蔷薇科 草莓属

多年生草本。匍匐茎细长。掌状三出复叶，基生，小叶近无柄；叶片宽卵形或菱状卵形，边缘中上部有齿状锯齿；托叶膜质；叶柄密被长柔毛。聚伞花序，有少数花；花白色，直径1.5～2厘米；副萼片5，萼片5，花瓣5，近圆形；雄蕊、雌蕊均为多数。瘦果卵形，多数聚生于肉质花托上。

分布于我国东北、华北和西北；朝鲜、蒙古、俄罗斯也有。

3.8 八股样方绳救人

5 月里的一天，按照计划我们先乘火车，后乘租来的汽车，辗转数天终于到达内蒙古的大青山。这次我们要做一个生态评价项目，涉及到土地资源利用以及植被调查等方面。

大青山为阴山山脉主体，位于内蒙古中西部，最高峰海拔 2 338 米。这里的森林、灌丛和草原镶嵌景观，是阴山山地生物多样性最集中的区域。

在海拔 1 900 米以下，垂直带并不十分明显。这里有松科松属的**油松**，有**虎榛子**、榛和**山杨**，还有很像**榆叶梅**的**长柄扁桃**。

考察进行得比较顺利，大家情绪高涨。谁料中途出了点麻烦。

与我们同行的师生里，有几位是做 GPS 定位的，需要在一些具有明显特征的地方进行定位。每当他们做定位的时候，搞植物分类学的一行人则坐在车上紧随其后，并每隔一段距离放一组人下去调查。一天，我们正在进行调查的时候，突然看到做定位的学生在远处拼命招手，我们以为他们是在提醒我们小心，因为当地人经常开山放炮，连忙找地方躲了起来。可等了半天，没听见炮响，却看见两位男生狼狈地跑了过来。

原来，这次他们做定位的地方十分陡峭，至少有 3.5 米高。俗话说“上山容易下山难”。等他们做完定位后，才发现下来的路非常险峻，好像悬在半空似中。

折腾了好半天，两名男生勉强下来了，可他们的女老师下不来了。

“老师已经半蹲着坚持 20 分钟了，估计再坚持很困难了。”两位男生十分担心，“我们已经打 110 求救了。”

“也许还有别的办法。”刘老师说完，便带着男生从侧面绕到女老师上方的位置。

“看见了吗，可以从这里把人拉上来。”

“可是没这么结实的绳子啊。”一男生发现刘老师注视着样方绳，不禁连连摇头，“这样方绳不行，强度肯定不够！”

刘老师没说话，而是把一根样方绳折成 4 股拧起来。样方绳是布里包钢丝，只有鼠标线那么粗。刘老师试着拉了拉，不放心，又拧上 4 股。就这样，用 8 股样方绳拧出了一根“救生绳”。

刘老师把自制的救生绳放下去，经过一番努力，女老师终于被拉上来。

人刚被拉上来，我们就看到远处有汽车驶来。那是武警派来救人的吉普车，人家带来了长达 150 米的专业用绳。武警们临走的时候对我们说：“要是再拖 1 小时，我们就要派消防车了。”

尽管没有真正用上武警，刘老师还是安排我们给有关部门写了感谢信，并且送了一面锦旗。

油松

Pinus tabulaeformis

松科 松属

常绿乔木。树皮灰褐色，裂成不规则的鳞状块片。叶2针一束，较粗；叶鞘宿存。雄球花圆柱形，聚生成穗状。球果卵形，熟时淡黄褐色。

分布于我国东北、华北、西北及四川等省区。

油松为常见的造林及园林观赏树种。产木材。也可供药用。

虎榛子

Ostryopsis davidiana

桦木科 虎榛子属

灌木。树皮浅灰色；枝条上生有皮孔。叶卵形，边缘锯齿状，下面有少量的短柔毛和褐色腺点。雄性柔荑花序单生于小枝叶腋，下垂。小坚果近球形，褐色，排成总状，下垂，位于新枝；果苞厚纸质，下半部紧包果实，外面有短柔毛，绿色带紫红色，顶端4浅裂，裂片近果苞的1/3。

分布于我国辽宁西部、内蒙古、河北、山西、陕西、甘肃及四川北部。

树皮及叶可提取栲胶。种子含油，供食用和制肥皂。枝条可编农具，经久耐用。

山杨

Populus davidiana

杨柳科 杨属

落叶乔木。树冠圆形。冬芽有多枚鳞片。树皮灰绿色或灰白色，光滑。叶圆形，具细尖头，边缘有整齐的粗齿，下面有毛。柔荑花序；雄花序长4～7厘米，苞片边缘有白色长毛，雄蕊4～12枚，花药暗红紫色。蒴果圆锥形，2瓣裂。

分布于我国东北、华北、西北及四川等省区。

木材较软，心材与边材区别较明显，可用于造纸、制火柴杆及民用建筑等。树皮入药有凉血解毒、清热止咳、驱虫等功效。

榆叶梅

Amygdalus triloba

蔷薇科 李属

落叶灌木。单叶互生；叶片常3裂，边缘有不规则的重锯齿；叶柄上有腺体。花粉红色，1～2朵腋生，先叶开放；几乎没有花柄。核果，近球形。

分布于我国东北、华北、华中、华东及西北等地区。

国内公园及街道旁常栽培其变种及变型，用于观赏。

长柄扁桃

Amygdalus pedunculata

蔷薇科 李属

灌木。短枝数量多，上面的冬芽常3个并生。一年生枝上的叶互生；叶片椭圆形，上面深绿色，下面浅绿色，有少量短柔毛，边缘有不整齐锯齿。花单生，先叶开放；花瓣粉红色。果实近球形，有短柔毛，暗紫红色，成熟时开裂。

分布于我国内蒙古、宁夏；蒙古和西伯利亚也有。

此种为中旱生灌木，耐寒，可供观赏。种仁可代“郁李仁”入药。

本种与榆叶梅相似，但它的叶片先端常不分裂，边缘有粗锯齿；果核宽卵形，顶端有小突尖，可以区分。

3.9 当了一回骡子

7月中旬我们"转战"到宁夏回族自治区的贺兰山。

贺兰山自然保护区为国家级保护区，这里的植被垂直带变化明显，有高山灌丛草甸、落叶阔叶林以及针阔叶混交林等。因为是自然保护区，所以车不能开进去。到达保护区的工作站之后，行李就被卸下来了，有食品、帐篷、睡袋、标本夹等，全加起来重量可不轻。为减轻负担，刘老师租了几匹骡子。

一路上看到的植物依旧很多，像蒙古栎、鹅耳枥之类的已经不新鲜了。但有些植物值得一提，比如**杜松**、**灰榆**和**沙柳**等。

"这是**银杉**。"刘老师指着一棵大树介绍道。

"杉和松到底有什么区别啊？"我问了一个在心底里藏了很久的问题，"在我的印象里松科里有云杉属和冷杉属，包括这个**青海云杉**。杉科里有**水松**和**金松**。而柏科里有刚刚看到的杜松。为什么有这么多交叉？"

"松科、杉科和柏科都是裸子植物中比较典型的科……"刘老师如同回到了课堂上。

"老师我来说吧。"王松自告奋勇，"松科的主要特征是：多为常绿乔木。叶多为针形、线形、条形或钻形。小孢子叶含2个花粉囊。球果的种鳞与苞鳞离生，种鳞具2枚种子。"

"比较有代表性的应该是松属。"旁边的一名男生补充道，"常绿，叶针形，2、3或5针一束，生于极退化的短枝顶端，基部包以叶鞘。球果次年成熟。种鳞宿存。"

"而杉科的主要特征呢——"

知识链接

松科、杉科和柏科的区别

有人说松科的叶针形，其实它也有条形叶、钻形叶。这3科的主要区别表现在球果和叶上。松科的种鳞和苞鳞离生，种鳞有2枚种子，叶基部不下延。

杉科的种鳞和苞鳞半合生，顶端离生，也有完全合生的；有时种鳞小，有时苞鳞退化；种鳞有2～9枚种子；叶基部常下延。

柏科的种鳞和苞鳞完全合生；种鳞有1至多枚种子；叶基部常下延（刺柏属例外）。

王松继续介绍，“它的叶多为披针形、钻形或条形等。小孢子叶含2 ~ 9个花粉囊。叶基部常下延。叶和种鳞螺旋状着生。球果的种鳞与苞鳞半合生，每种鳞有2 ~ 9枚种子。”

“代表性植物应该是**杉木**。”我马上接道，“这些我也知道。可我还是不明白，为什么松科里有叫杉的，而杉科里有叫松的？”

两名男生也有些茫然，求助似地看着刘老师。

“是这样。在我国古代，喜欢直观地把长叶的称为松，而短叶的称为杉。”刘老师进一步解释道，“而如今，我们要用现代植物分类学的角度重新划分。”

学问是搞清楚了，别的问题又出现了。我们上山时租的几个“脚夫”——骡子们好吃懒做，上山的时候还算尽力，下山的时候却动了“歪心眼”——它们刚送下去一趟行李，就自己跑回家去，再也不肯上山了。

没办法，我们只好自己充当“骡子”，“驮”着行李下山。

杜松

Juniperus rigida

柏科 刺柏属

常绿灌木或乔木。树冠尖塔形或圆柱形。叶条状披针形，3枚轮生，先端锐尖成刺，上面凹成沟槽，槽内有一条白色气孔带，下面有纵脊。球果卵球形，熟时变黑褐色或蓝黑色，有白粉。种子卵球形。

原产于我国东北、华北、西北各省区。

为园林观赏树种。木材坚硬，纹理致密，可用于雕刻工艺品、制作家具等。球果入药，有利尿、发汗和驱风等效用。

灰榆

Ulmus glaucescens

榆科 榆属

落叶乔木或灌木。树皮浅纵裂。叶卵形，两面光滑无毛，边缘有锯齿，叶基偏斜，羽状脉。花散生于新枝基部，或3～5朵在去年生枝上簇生。翅果椭圆形，顶端柱头面上有毛；宿存的花被钟形；果梗上有短毛。

分布于我国辽宁、河北、山东、河南、山西、内蒙古、陕西、甘肃及宁夏等省区。

木材坚实耐用，可用于制作器具、农具和家具等。本种耐干旱和寒冷，是西北地区荒山造林及防护林树种。

沙柳

Salix cheilophila

杨柳科 柳属

落叶灌木或小乔木。冬芽有1枚鳞片。叶条状披针形，上面绿色，下面灰白色，有柔毛，叶脉显著突起，边缘外卷。花序与叶同时开放；雄花序花密集，雄蕊2；雌花子房卵圆形，上面有短毛。蒴果2裂。

分布于我国山西、陕西、内蒙古、甘肃、四川及青海等省区。

沙柳可用作护堤固沟的树种。其木材轻软，可用作薪炭材。

银杉

Cathaya argyrophylla

松科 银杉属

乔木。树皮暗灰色，老时裂成不规则薄片。叶条形，螺旋状着生，辐射伸展，在枝节上端排列密集，背面有2条白色气孔带。雄球花开放后为穗状圆柱形，无鳞盾，雄蕊黄色；雌球花基部无苞片。球果成熟前绿色，成熟时由栗色变暗褐色；种鳞背面密生微透明的短柔毛。

为我国特产的稀有树种，分布于广西、贵州、重庆、湖南等省区。

木材可供建筑、家具制造等用。现存数量很少，为我国一级保护植物。

▲ 青海云杉

Picea crassifolia

松科 云杉属

乔木。冬芽圆锥形，宿存的芽鳞常开展或反曲。叶四棱状条形，前端钝。球果圆柱形，下垂；苞鳞呈三角状匙形。种子斜倒卵圆形，淡褐色，带有倒卵状的翅。

为我国特有树种，产于青海、甘肃、宁夏及内蒙古大青山。

木材与云杉相似，可供建筑、器具制作及木纤维工业等使用。本种耐旱，为当地的优良造林树种。

水松

Glyptostrobus pensilis

杉科 水松属

乔木。生于湿生环境者，常有突出地面的呼吸根。树皮纵裂成不规则的长条片。两型叶；鳞形叶螺旋状着生于有冬芽的小枝上，有白色气孔点；条形叶排成2列，冬季与侧生短枝一同脱落。球果倒卵圆形；种鳞木质。

为我国特有树种，主要分布于珠江三角洲和福建中部等地区。

木材可用于建筑、家具制造。根系发达，为常见的固堤护岸和防风树种。树形优美，可作为园林观赏树种。

金松

Sciadopitys verticillata

杉科 金松属

乔木。枝近轮生，树冠尖塔形。树皮淡红褐色或灰褐色，裂成条片脱落。鳞状叶三角形，基部绿色，上部红褐色；合生叶条形，由2个条形叶合生而成，上面亮绿色，下面淡绿色，两侧各有1条白色气孔带。雄球花卵圆形。球果卵状矩圆形；种鳞扇形。

原产于日本。我国青岛、庐山、南京、上海和杭州等地有栽培。

为园林绿化树种。木材可供建筑、造船等用。

▲ 杉木

Cunninghamia lanceolata

杉科 杉木属

常绿乔木。叶在侧枝上排成2裂，条状披针形。雄球花圆锥状，簇生枝顶；雌球花1～4个集生，绿色。球果近球形。

分布于我国秦岭以南、长江流域及其以南各省区。

杉木又称沙木、沙树。产木材，也可入药。

3.10 荒漠被困

为了研究荒漠中的植被，我们还去了内蒙古的阿拉善。

“这次我们主要是考察**梭梭林**。”在火车上的时候，刘老师就指着窗外对我们说，“但现在看到的是**柽柳**。”

下了火车，我们租车向阿拉善腹地进发。荒漠植被景观与想象的完全不同！戈壁滩一望无际，基本上看不到乔木，即便有灌木，它们的地表覆盖度也是很低的，而且比较矮小。在这些灌丛中，除了我们要调查的梭梭外，藜科的植物比较多。例如，有一种叶子是肉质的，叫**细枝盐爪爪**；还有常见的**珍珠猪毛菜**。这里常见的灌木有蓼科的**沙拐枣**、蒺藜科的**白刺**和**霸王**、柽柳科的**红沙**等。

“这里的植物跟华北山地和北京城里的完全不一样。”王松说道。

“当然，除了柽柳。在华北山地常见的**青杨**、**小叶杨**、**旱柳**在这里根本看不到。”我说。

“草本植物也不一样。”刘梅接着说。

许多诸如**虎尾草**和**狗尾草**之类的伴人植物，在这里很难见到。所谓伴人植物，是指借助人类活动传播和扩大分布区的植物。伴人植物的分布，有些是人类有意识引入后野生化造成的，有些则是人类活动无意识扩大了它们的传播。此外，草原上常见的**羊草**在这里也失去了踪影，所看到的大多是**骆驼蒿**、**苦豆子**和**石生霸王**。

曾经是河岸的地方，草本植物相对较多，但主要是**芦苇**。

这天我们本来打算中午返回的，所以没有准备食物。不幸的是，在走了大约 40 千米之后，9 点多的时候汽车抛锚了，我们只好下车等司机修车。这一等就等到了下午 4 点多。这个地方荒无人烟，手机也没有信号。我们与外界失去了联络！不能再这样等下去了，我们要尽快找到附近的人家。在走了大约 5 千米时，我们终于找到一家牧民。在牧民家，刘老师给当地的森林防护机构打了个电话，希望他们派车来接。

“他们很快能到吗？”刘梅担心地问道。

“估计得等一段时间。”刘老师思忖着。

“我已经饿得不行了。”刘梅哪里经受过这样的饥饿，“能问牧民要点吃的吗？”

于是我们向那位牧民讨要食物。牧民十分热情，马上拿出了烤馒头。看来他们平时就吃这个。

“模样看着像面包。”我打量着烤馒头。

“这——”刘梅把馒头掰开一看，里面全是白毛，“刘老师，这能吃吗？”

“这是根霉。”刘老师审查了一下，把馒头递给刘梅，“影响不大。”

“你饿吗？饿了就吃。”我掰一块放到嘴里。其实我还是挺能扛饿的，这只是为了给刘梅起表率作用，“吃吧，我的大小姐，过了这村，连这馒头都没得吃呢。”

刘梅只好闭着眼睛咽下了混着根霉的烤馒头。

“咱们想象一下——”看着刘梅很勉强的样子，我劝慰道，“闭着眼睛回想一下咱们在学校吃**雪莲果**的情形。”

这个故事发生在学校里。当时学校的超市里突然出现一种水果，像**白薯**一样，名字写的却是“雪莲果”。刘老师根据它的外形推断是菊科的植物，还专门掏钱让我们买来尝尝。说实话，雪莲果的味道我已经忘记，但那份热闹让人回味无穷。

刘梅马上来了精神，手里的烤馒头仿佛变成了美味佳肴。

直到夜晚 11 点，我们才回到营地。

梭梭

Haloxylon ammodendron

藜科 梭梭属

小乔木。树皮灰白色。枝对生，具关节。叶鳞片状，对生。花生于两年生枝的侧生短枝上；小苞片舟状；花萼上有翅，包围果实。胞果，黄褐色。

分布于我国宁夏西北部、甘肃西部、青海北部、新疆和内蒙古；中亚和西伯利亚也有分布。

常于沙漠地区形成大面积纯林，有固定沙丘作用。木材可用作燃料。

柽柳

Tamarix chinensis

柽柳科 柽柳属

落叶灌木或小乔木。老枝紫红色。叶鳞片状披针形，互生，淡蓝绿色；基部有鞘抱茎。总状花序，常多个组成圆锥状；花瓣5枚，粉红色。蒴果，圆锥形。

分布于我国华北、西北、华中、华东、华南和西南等地区。

为优良的防风固沙树种。

细枝盐爪爪

Kalidium gracile

藜科 盐爪爪属

小灌木。茎直立，多分枝；小枝纤细，黄绿色。叶不发达，绿色，肉质，瘤状。穗状花序，圆柱状；每1朵花生于1鳞状苞片内；花被合生，上部扁平呈盾状，周围有狭窄的刺状边缘。种子直立，近圆形，有小突起。

分布于我国内蒙古、陕西、甘肃、宁夏、青海及新疆等省区。

珍珠猪毛菜

Salsola passerina

藜科 猪毛菜属

半灌木。全株密生“丁”字形毛。老枝木质，小枝草质，短枝缩短成球形。叶片锥形。穗状花序，生于枝条上部；花被片长卵形，背部近肉质，边缘膜质，果期从背面长出黄褐色或淡紫红色膜质翅；花药附属物披针形；柱头丝状。

分布于我国甘肃、宁夏、青海及内蒙古等省区。

▲ 沙拐枣

Calligonum mongolicum

蓼科 沙拐枣属

灌木。老枝灰白色，分枝呈“之”字形弯曲。叶线形。花白色或淡红色，常2～3朵簇生于叶腋；花梗下部有关节；花被片卵圆形。瘦果条形；果肋上有2～3行刺；刺与果等宽或宽于果，易折断，中部有分叉。

分布于我国内蒙古中西部、甘肃西部及新疆东部。

白刺

Nitraria tangutorum

蒺藜科 白刺属

灌木。多分枝，匍匐。不孕枝先端刺针状，小枝灰白色。叶在嫩枝上2～3枚簇生，宽倒披针形，全缘。蝎尾状聚伞花序，顶生；花瓣黄白色。核果，卵形，熟时深红色；果汁玫瑰色。

分布于我国陕西北部、内蒙古西部、宁夏、甘肃河西、青海、新疆及西藏东北部。

为沙漠和盐碱地重要的耐盐固沙植物。

霸王

Zygophyllum xanthoxylom

蒺藜科 霸王属

灌木。枝疏展，淡灰色；小枝先端刺状。叶在老枝上簇生，在新枝上对生；小叶2枚，椭圆状条形或长圆形。花1～2朵腋生；花瓣4枚，黄白色。蒴果，通常具3宽翅。

分布于我国西北部。

红沙

Reaumuria soongorica

柽柳科 红沙属

小灌木。多分枝。叶肉质，圆柱形，常3～5枚簇生。花单生叶腋，或在小枝上集为穗状；花小，粉红色或淡白色；花瓣5。蒴果，长圆形，3瓣开裂。

分布于我国东北及陕西、甘肃、青海、新疆、内蒙古等省区；蒙古、俄罗斯等也有。

常成片生于山间盆地、盐碱地、戈壁、砂砾山坡。

青杨

Populus cathayana

杨柳科 杨属

落叶乔木。树冠宽卵形。树皮灰绿色。冬芽有多枚鳞片。短枝上的叶卵形，边缘有钝锯齿，下面灰白色；长枝上的叶心形，无毛。雄花为柔荑花序，苞片呈条状，雄蕊30～35枚；雌花柱头2～4裂。蒴果，2～4裂。

分布于我国东北、华北、西北及四川、云南等省区。

木材纹理细致，材质轻软，纤维含量高，用途较广。树冠美丽，常作为行道树栽培。

▲ 小叶杨

Populus simonii

杨柳科 杨属

落叶乔木。树冠长圆形。树皮灰绿色，深纵裂。冬芽有多枚鳞片。小枝具棱角。萌发枝上的叶倒卵形，果枝上的叶菱状倒卵形；叶柄常红色。雄花为柔荑花序；雌花柱头2裂。蒴果2～3裂。

分布于我国东北、华北、西北和华中等地区。

木材纹理细，易加工，是重要的木材树种。

旱柳

Salix matsudana

杨柳科 柳属

落叶乔木。树皮粗糙，暗灰黑色，深裂。冬芽有1枚鳞片。叶披针形，边缘有明显的细锯齿，上面绿色，下面灰白色。柔荑花序直立；雌花序轴具柔毛，柱头2裂。蒴果，2瓣裂。种子极小，暗褐色，具极细的丝状毛。

原产于我国。分布于我国东北、华北、西北、西南、华中和华东等广大地区。

旱柳又称柳树。木材黄白色，韧性强，耐湿，可用于家具制造、建筑等方面。花期长，是春季重要的蜜源植物。

虎尾草

Chloris virgata

禾本科 虎尾草属

一年生草本。丛生，秆直立，光滑无毛。叶鞘光滑无毛，最上部的叶鞘膨胀成棒槌状。穗状花序顶生；小穗排列于穗轴一侧，常带紫色；颖膜质；内稃稍短于外稃。颖果。

我国南北各地均有分布。

为常见牧草。

狗尾草

Setaria viridis

禾本科 狗尾草属

一年生草本。野生。圆锥花序，圆柱状，刚毛绿色或紫色；小穗3至数个簇生于花序主轴上，椭圆形；第二颖与谷粒等长；第一外稃与小穗等长，上面有5～7脉。颖果，谷粒上有细点状皱纹。

广泛分布于我国南北各省区。

狗尾草又称谷莠子，为田间主要杂草之一。幼嫩时是家畜的优良饲料。

羊草

Leymus chinensis

禾本科 赖草属

多年生直立草本。根状茎横走或下伸。秆无毛。叶片灰绿色，厚而硬。穗状花序顶生；穗轴边缘有纤毛，小穗轴节间光滑，每节有1～2个小穗；外稃和基盘光滑；颖锥形，上有1脉；内外稃等长。颖果。

分布于我国东北及河北、山西、陕西、新疆、内蒙古等省区。

本种耐寒耐旱耐踩踏。适口性好，是优良牧草，家畜喜欢食用。

骆驼蒿

Peganum nigellastrum

蒺藜科 骆驼蓬属

多年生草本。茎多分枝，密生短硬毛。叶互生，肉质；叶片2～3回羽状全裂，裂片条形。花单生，与叶对生；花瓣5枚，黄色或白色；雄蕊15枚；花柱3枚。蒴果，近球形。

分布于我国西北及西藏、内蒙古等省区。

骆驼蒿全草入药，但有毒。多生于干旱地区。也为牧草。

苦豆子

Sophora alopecuroides

豆科 槐属

多年生草本，灰绿色。分枝多呈扫帚状，被灰色平贴绢毛。羽状复叶，长可达15厘米，小叶11～25枚；叶片椭圆状披针形或椭圆形。总状花序顶生，花密集；花冠黄色。荚果串珠状，被绢毛。

分布于内蒙古、河北、河南、山西、陕西、甘肃、新疆和西藏等省区。

▲ 石生霸王

Zygophyllum rosovii

蒺藜科 霸王属

多年生草本。茎多分枝，无毛。复叶，小叶1对；叶片近圆形或长圆形，偏斜；托叶离生，膜质。花通常1～2朵腋生；花瓣上部带白色，下部橙黄色。蒴果，具5棱，常弯曲如镰刀状。

分布于我国东北、内蒙古、青海和西藏；蒙古、俄罗斯也有。

芦苇

Phragmites australis

禾本科 芦苇属

多年生草本。有发达的匍匐根状茎；茎秆直立，高1～3米，节下常生白粉。叶鞘圆筒形；叶片长披针形，排成2列。圆锥花序，分枝稠密；小穗有花4～7朵；第二外稃的基盘有长丝状柔毛。

广布于全国各地。

雪莲果

Smallanthus sonchifolius

菊科 菊薯属

多年生草本。根膨大成块状。茎直立，中空，紫红色。单叶对生；叶片顶端卵状三角形，边缘有不规则锯齿。头状花序顶生；舌状花黄色。瘦果。

原产于南美洲。我国南方各省均有种植。

雪莲果又叫菊薯。根可食用，属于低能量食品，适用于糖尿病患者；也为减肥食品。

▲ 白薯

Ipomoea batatas

旋花科 番薯属

一年生草本。地下部分有圆形或椭圆形、纺锤形的块根。匍匐茎。叶片形状和颜色因品种不同而异，叶基常心形。聚伞花序，腋生；苞片2枚，披针形；花冠钟形，白色或粉红色、淡紫色；雄蕊5枚，不等长。蒴果，卵形。

原产于南美洲。我国大多数地区有栽培。

白薯又叫番薯、甘薯、红薯等。块根可以食用，也可以加工成淀粉和酒精。根、茎和叶是优良的饲料。

3.11 地震叫醒服务

2007 年和 2008 年的夏季，我们先后两次前往秦岭进行植物考察。

秦岭是横贯我国中部东西走向的巨大山脉，其南北自然景观各异。北坡是暖温带针阔叶混交林和落叶阔叶林，南坡是含常绿阔叶树种的落叶阔叶混交林。2007 年到秦岭是做“温带和亚热带植被分界”课题。像以往一样，我们先乘火车后租车来到秦岭。抵达后从南坡开始，在宁陕、商洛、山阳、柞水和镇安，做了将近一个月的考察。

一路上观察到了很多不同的植物。有樟科山胡椒属的**山胡椒**、樟科木姜子属的**木姜子**，以及**白檀**、**五裂槭**、**领春木**和**马桑**等。这里也有其他地方常见的、用于嫁接苹果的**山荆子**，但印象最深刻是**猕猴桃**。

2008 年的行程与 2007 年不同，主要经太白、留坝、凤县、汉中、勉县、洋县和佛坪，最后再返回太白。

后面的这次考察，是在“五一二”汶川大地震之后不久。一天我们住在留坝。留坝靠近四川省，也算地震重灾区，因此大家不免有些担心。

“千万别赶上地震。”看着电视里四川灾区的救援场面，王松心有余悸。

“你别乌鸦嘴好不好！”刘梅马上阻止他。

“别那么迷信。”我嘴上这么说，心里也有些担心。

没想到这个乌鸦嘴真的说中了。夜间，睡得正香的我被明显的震动惊醒，赶紧跳下床去，正要喊人，发现几名同学已经下地。大家先后跑出房间，却发现刘老师没有出来。

“刘老师！”我们连忙冲了回去，发现刘老师似乎刚被我们的喊叫声惊醒。

“怎么了？”刘老师对刚刚发生的地震浑然不觉。

“地震了！”几名同学二话不说，架起刘老师就走。

一场惊慌过后，大家慢慢平静下来。房屋似乎没受什么影响。

“您就一点感觉都没有？”到了安全地带，我问刘老师。说实话，我还有些后怕。

刘老师摇摇头，似乎还没有完全清醒过来，“一点感觉都没有。”

后来我们才知道，那是来自陕西宁强与四川青川交界处所发生的 6.0 级地震，震中距留坝有 100 多千米呢。

有惊无险，一场虚惊。

“怎么样，还敢出来做野外调查吗？”看到同学们有些惊恐的面孔，刘老师说笑道。

“当然敢！”男生们回答。

“当然——敢。”女生们也不示弱。

“什么时候还有项目？”王松问道。

“明年夏天。可能有一个‘华北山地森林调查’的项目。”刘老师想了想说，“这是有关我国外来入侵种的项目，要编写一个图鉴。”

“到时候可别忘了叫上我！”我马上向刘老师提出申请。

“没问题。”刘老师一口答应。

山胡椒

Lindera glauca

樟科 山胡椒属

落叶灌木或小乔木。树皮光滑，灰色。芽鳞裸露部分为红色。叶互生；叶片宽椭圆形，纸质，上面深绿色，下面淡绿色，有白色柔毛，羽状脉。伞形花序，腋生，黄色；雄花梗上有白色柔毛；雌花柱头三盘状。

产于我国华中、华东、华南和西南等地区；印度、越南、朝鲜和日本等国也有分布。

木材可用于制作家具。叶、果实、根和枝都能入药。种仁油可以制作肥皂和润滑油。

木姜子

Litsea pungens

樟科 木姜子属

落叶小乔木。树皮灰白色。叶互生，聚生于枝顶；叶片长卵形至披针形，膜质，有明显的羽状脉。伞形花序，腋生，黄色；雄花先叶开放；花梗上有丝状柔毛。果球形，蓝黑色。

分布于我国华中、华南、西南、华东部分地区和甘肃。

木姜子又叫兰香树。果实含芳香油，可用于制香精。种子含油丰富，可供制造工业用肥皂。

▲ **白檀**

Symplocos paniculata

山矾科　山矾属

落叶灌木或小乔木。树皮条裂或小片状剥落。小枝灰绿色，冬芽叠生。叶互生；叶片卵状椭圆形或倒卵状圆形，边缘有细锯齿。圆锥花序，生于新枝顶端或叶腋；花白色；雄蕊多数，花丝基部合生；子房无毛。核果，成熟时蓝黑色；萼宿存。

北自辽宁，南至四川、云南、福建、台湾均有分布。

木材供细木工及建筑用。种子油用于制造肥皂及油漆。

五裂槭

Acer oliverianum

槭树科 槭属

落叶小乔木。树皮常有蜡粉。叶纸质，5深裂，深达叶片的1/3～1/2，裂片边缘有很细的锯齿，上面深绿色，下面淡绿色。花杂性，伞房花序；萼片紫绿色；花瓣淡白色；雌花花柱2裂，柱头反卷。双翅果，翅呈镰刀形；果序下垂。

分布于我国河南南部、陕西南部、甘肃南部、湖北西部、湖南、四川、贵州、广西和云南等省区。

领春木

Euptelea pleiospermum

领春木科 领春木属

落叶灌木或小乔木。树皮紫黑色。叶卵形，纸质，有尖尾。花丛生；花药红色，比花丝长；子房歪形，柱头面斧形，有微小的黏质突起。翅果，棕色。

分布于河北武安、山西阳城、河南伏牛山、陕西秦岭、甘肃、浙江和湖北等省区。

▲ 马桑

Coriaria nepalensis

马桑科 马桑属

灌木。幼枝有棱或成4狭翅。叶对生；叶片椭圆形至宽椭圆形，全缘，基出3脉。总状花序，生于两年生枝上；雄花先叶开放，花密集；雌花序与叶同出，花瓣肉质。果球形，成熟时由红色变为黑紫色。

分布于甘肃、陕西、山西、河南、湖北、湖南、四川、贵州、广西、云南和台湾等省区。

全株有毒，尤以嫩叶及未成熟的果实毒性大。

山荆子

Malus baccata

蔷薇科 苹果属

落叶乔木。叶片椭圆形或卵形，边缘有细的锐利锯齿；托叶早落。花序近伞形，花白色；雄蕊15～20枚；子房下位，花柱5或4枚，基部合生。梨果近球形，红色或黄色。

分布于我国东北、华北、西北、西南及华南等地区。

常用作苹果和花红的砧木。

猕猴桃

Actinidia chinensis

猕猴桃科 猕猴桃属

落叶木质藤本。枝褐色，髓白色，片状。叶近圆形或宽倒卵形，顶端钝圆或微凹，边缘有芒状齿，背面密生灰白色星状绒毛。花开时乳白色，后变黄色，单生或数朵生于叶腋；花瓣5～6枚。浆果，卵形或长圆形，密被黄褐色长柔毛。

分布于湖南、河南、安徽、江苏、浙江、江西、福建、广东和广西等省区。

果实为著名水果，富含营养。

4 寄语

——学好植物分类知识，为保护野生植物资源贡献力量

亲爱的小朋友们，你们好！

植物是自然界生态系统的基础，人类的生存离不开植物，植物为人类和地球上的其他生物提供了氧气、食物和栖息环境。但是随着人类社会的快速发展，人类对大自然过度索取，乱砍滥伐，致使许多野生植被遭到破坏，一些珍稀野生植物濒临灭绝。

我国是世界上植物多样性最为丰富的国家之一。据统计，我国现有高等植物 470 科，3 700 余属，30 000 余种，约占全世界高等植物的 1/10。其中，有许多是在北半球早已绝迹的古老孑遗植物，也有不少属于我国的特有植物。在这些丰富的植物资源中，许多种类有着非常重要的经济价值，目前我国已发现的药用植物在 5 000 种以上，香料植物在 350 种以上，而且随着科学研究的深入，一些具有潜在经济价值的植物会被不断地发现。

植物分类学是野生植物资源保护的基础。只有我们学好了植物分类的知识，才能够到大自然中进行实地调查，了解哪些植物受到了威胁，哪些植物需要保护，可以为当地政府提供一些保护野生植物资源的建议，真正成为保护野生植物资源的宣传者和实践者。

我们在多次的野外调查研究中，也领略了原始植被所营造出的美景：

青青的山、碧蓝的天、茂密的森林……让人一辈子难以忘怀。同时也看到了许多不和谐的成分，如森林砍伐后的树桩、挖掉一半的山体，等等。

亲爱的小朋友们，你们学习植物分类就从认识身边的花草、树木开始吧，积少成多，逐渐扩展到认识自然界的野生植物。你们不妨常到自然界去观察植物，看看它们的叶、花、果形态的差异；若有机会还可以开展一些走访调查，认识当地植物与百姓之间的依存关系，你就会深深体会到保护大自然、保护野生植物的重要意义。

亲爱的小朋友们，在人类社会高度发展的今天，生存环境显得越来越重要。野生植物资源并不是取之不尽用之不竭的，需要人类自身有效地保护和合理利用。你们是世界的未来，祖国的希望，希望你们学好科学知识，热爱大自然，爱护环境，为保护野生植物资源贡献力量！

北京师范大学 刘全儒

高等院校公共管理系列教材

GAODENG YUANXIAO GONGGONG GUANLI XILIE JIAOCAI

城市管理学

主编 / 王佃利　曹现强　副主编 / 张莉苹　高原

首都经济贸易大学出版社
Capital University of Economics and Business Press
· 北 京 ·

前言

伴随着全球化、信息化的迅猛发展，城市正呈现出新的发展形态。城市问题数量激增、管理难度不断加大，现代城市政府所面临的城市公共管理的问题日益突出。对于我国而言，我们既面临着城市化进程加快所带来的外延发展的问题，也面临着转型期经济、社会变革所带来的内涵式发展的问题。因此，我们迫切需要对城市管理中所面临的新的、突出的问题有一种清醒的认识，努力探求有效的城市管理体制，建立良好的城市治理模式。

作为一种实践活动，如何管理城市一直受到人们的重视，但是作为一门学科，城市管理学的研究还处于发展的初期，有着广阔的发展前景。从20世纪90年代开始，随着公共管理研究的兴起，尤其是随着我国公共管理硕士（MPA）专业学位的设立和高校公共管理本科专业的大量开设，我国的城市管理研究有了长足的进步，在众多专家和学者的努力下，出版了一批市政学、城市管理学的教材，在相互吸收、融合的过程中，共同促进了我国城市管理学研究和教学的发展。

2006年初，我们应首都经济贸易大学出版社之邀，开始编写这本《城市管理学》。本书是我们近些年来教学与科研成果的总结，既秉持了我们对城市管理的基本认识，又融合了城市管理中的新理念和新实践，旨在体现城市管理学研究与实践的新进展以及我们对城市管理新的思考。具体来说，本书的特点主要体现在以下几个方面。

首先，强调在城市管理中坚持公共管理的意识。本书将城市管理学定位于公共管理学科之下，从公共管理的角度来研究城市问题。强调将城市作为公共管理的一个领域，关注城市中的各种组织在面对相关的公共问题时，所具有的立场、所采取的手段；关注城市政府的职能定位、治理方式的变化以及城市政策工具的选择等问题。这是本书的一个鲜明特色。

其次，紧跟城市管理领域中最新的研究成果和动态，在以往研究的基础上体现出当前城市管理中出现的新理念和新实践。本书一方面将城市管理中所出现的城市治理、社区治理、城市竞争力等新理念纳入到学科体系中；另一方面，强调科学的研究必须建立在不断变化发展的社会实践基础之上，突出理论与现实相结合，对现代城市管理中政府和公众关注的难点和热点问题，如城市管理体制的改革、城市社区建设与管理、城市土地与房产管理、城市基础设施管理、城市公共安全管理、数字城市、城市文化等进行了分析与探讨。

再次，力求研究的深入，避免简单介绍和泛泛而谈。城市管理的教材虽然不像专著那样强调深入分析，但也应有对当前城市管理的利弊评价、对策分析、前景预测等内容，启发学生思考。本书在写作上力求做到以下三个方面：一是努力建构一个城市管理模式的框架，并以此作为对具体问题分析的理论支撑；二是紧密结合我国城乡二元结构和城市化进程加快的现实背景，强调在借鉴国外制度创新时不脱离国情；三是强化数据资料支撑，做到来源权威、表述准确，使论点具有说服力。

最后，注重教学互动和教学相长，方便教与学。教材的编写必须遵循便于教和学的原则，要科学合理地安排体例。本书在写作过程中积极吸收借鉴国内外教材编写的经验，努力实现体例的创新。一方面，全书在整体上共分为三篇，即城市管理概论、城市管理分论、城市管理展望，三部分之间有总有分，有远有近，相互结合，共同构成对城市管理阐释和论述的框架；另一方面，从细节上实现合理的体例安排，每一章都安排了学习重点、小结、思考题、案例分析以及拓展阅读等内容，方便学生通过自学来扩充知识和不断地深入思考。

山东大学政治学与公共管理学院一直注重公共管理、公共政策、城市管理的教学研究，曾出版了《公共管理学概论》、《公共决策导论》、《现代市政学》等教材，并一直将这些课程作为行政管理专业本科生和研究生的核心课程。城市管理与公共政策是山东大学政治学与公共管理学院重点发展的研究领域，我们成立了公共政策研究中心，并承担了城乡一体化进程中的政府治理与公共政策研究、山东省城乡一体化进程中的政府治理研究、城市治理与半岛城市群公共管理体制创新、我国城市治理运行机制研究、城乡公用事业市场化中的风险防范与控制、济南市城市公用事业改革与监管等多项研究课题，积累了较为丰富的实践经验和研究成果。本书作为城市发展与公共政策研究丛书之一，得到了山东大学985工程二期的资助。

本书在写作过程中得到了许多专家的支持，北京大学的陈庆云教授、北京师范大学的朱光明教授、中国行政管理杂志社社长兼主编鲍静女士、青岛大学的朴贞子教授在我们写作过程中给予了大力支持和无私的帮助，在此一并表示感谢。

本书是集体智慧的结晶，我们延续了集体合作、共同成就的团队传统，以山东大学公共政策研究中心的研究人员为主，联合了山东大学、青岛大学、山东农业大学、山东科技大学的相关研究人员共同合作完成。全书由王佃利、曹现强任主编，负责设计总体框架并负责最后审校、定稿工作，张莉萍、高原任副主编。本书各章的分工是：王佃利、曹现强撰写第一章、第二章；原光、王佃利撰写第三章；陈磊、王学伦撰写第四章；李凌汉撰写第五章；陈盛伟撰写第六章；黄春蕾、成丕德撰写第七章、第八章；张莉萍、王涛撰写第九章、第十章；匡小慧、王学伦撰写第十一章；陈磊、于骞撰写第十二章、第十三章；王学伦、高原撰写第十四章；高原、王桂玲撰写第十五章、第十六章；高原、陈磊撰写第十七章。

本书在撰写过程中参考并引用了许多学者的观点和资料，我们都尽量注明，但难免会有遗漏，敬请见谅。由于我们学识与能力有限，书中难免存在错误和不妥之处，敬请专家学者和广大读者不吝赐教，以便我们更好地改进。

目录

CONTENTS

第一编　城市管理概论

第二编　城市管理分论

第一编

城市管理概论

第一章

城市和城市发展概论

城市是当今世界上最重要的社会结构形态之一。形成对城市的认知,把握城市的发展脉络,这是学习城市管理学的起点。我们对于城市的理解,不能仅把它看成是一种外在的地理景观与经济网络,更重要的是将它当做社会管理的一种组织形态。城市的出现既是社会分工的产物,同时,也必须依赖各种自然条件。在世界范围内,城市的发展可以分为城市产生及早期发展阶段、中世纪阶段、工业化阶段和当代城市阶段等四个阶段,对于中国的城市发展来说,同样也交织着辉煌灿烂的成就与黯淡无彩的挫折。

通过本章的学习,要形成一种对于城市发展的历史性解读的视野,掌握城市研究中的一些术语的基本含义以及城市的设置标准、性质和分类,了解世界城市发展的重要阶段和基本特征,认识中国古代城市发展的历史与成就,了解中国近代城市管理体制的创立过程。

第一节　城市管理学概述

城市产生以后,就有了各种对城市公共事务进行管理的活动。城市管理学就是探求城市管理活动规律的具体应用学科。随着城市的发展及其在社会当中重要性的增加,城市管理学的研究内容不断丰富,出现了越来越多的研究方法,受到了更多更广泛的关注。为此,我们需要对城市管理的含义有一个基本的理解。

一、城市管理的概念

由于城市事务的复杂性和城市管理主体的多元性，城市管理成为一个内涵颇为丰富而又难以界定的概念。城市政治学、城市社会学、城市规划学等不同的学科都有自己的关注点，本书主要从公共管理学的角度对城市管理进行分析。对城市管理概念的把握，首先应该明确城市管理的基本范围，也就是城市管理主体和城市管理客体的基本内容。

（一）城市管理主体是一个多元体系

从纵向的角度来看，由于城市管理影响着一个国家的正常运行，是国家公共管理的重要组成部分。因此，首先在国家层面上，中央政府要制定有关全国整体的城市发展、城市建设和城市管理的宏观方针和政策；其次，地方各级政府制定的政策和对政策的具体执行，都会对城市发展和城市内部问题的解决产生直接的影响。

从横向的角度来看，城市政府内部的公共权力系统也是由多个主体构成的。在我国，这些主体主要包括三类：一是城市中的政党组织，包括中国共产党的市委及其下属机构，以及行使参政议政职能的各民主党派组织；二是城市政府，包括城市中的立法、行政、司法机关，主要是指市人民代表大会及其常委会、市人民政府及其下属职能机构、市人民法院和市人民检察院等；三是各种社会团体。尽管在日常城市事务管理中，城市行政机关是最主要的主体，但是其他组织也是城市管理主体体系中不可或缺的组成部分。随着公共管理理念的传播和市民社会的发展，城市中的各种非营利组织、社区组织、私人部门以及广大市民在城市管理中发挥着越来越大的作用。

（二）城市管理客体具有复杂性

在整个国家层面上，城市管理会涉及整个国家的城市化战略和方针，此外还涉及城市之间的行政层级和同一层级政府之间的相互关系，这些宏观的、跨区域性的事务构成了城市管理的宏观层面。

城市管理的主要对象是在城市范围之内，是对城市公共事务的管理活动。城市管理所涉及的对象，包括了城市公共行政和公共管理的所有领域。具体来说，一个城市中的政治、经济、文化以及社会发展等各项公共事务，为市民的物质、精神生活所应该提供的各种公共服务，都应该是城市管理的客体。从管理的内容来看，包括城市的政治管理、经济管理、社会管理、环境管理、科学教育和文化卫生管理等各项专门管理活动，这些内容构成了城市管理的微观层面。

现代的城市都强调城市的综合协调发展，这就应该对城市管理的客体进行一种全面的理解，既包括国家城市化方针、战略的选择，也包括对城市中各种公共事务和公共服务的管理，此外，还应该看到城市中行政机关的管理活动是城市管理活动中最主要的组成部分。

（三）城市管理的定义

城市管理主体和城市管理客体是相互依存不可分割的。城市管理就是城市管理主体作用于城市管理客体的过程。根据对城市管理的一般理解和我国的实际，我们可以对我国的城市管理定义如下：所谓城市管理，是指各种公共权力机关为了促进城市发展、解决城市问题、有效地管理城市公共事务、实现城市公共利益而进行的各种形式的公共政策的制定、执行、监督、评估的过程，以及城市公民、利益群体等对公共政策的制定和执行所产生的各种影响活动。这个定义所揭示的城市管理的内涵包括如下几点。

1. 城市管理的核心主体是公共权力机关

在多元的城市管理主体中，执掌城市公共权力的机关是各种管理主体的核心，它不仅包括城市政权机关，还包括执政党组织，其对城市公共问题的解决和城市公共政策的制定起着决定性的作用。坚持、加强和完善中国共产党的领导，是中国政治制度的一大特点和优势，研究当代中国城市管理，必须考虑和重视共产党市委这个处于领导地位的城市管理主体，研究其是如何发挥领导作用的。

2. 城市管理的主要手段和形式是各种公共政策

公共政策是公共权力机关进行管理活动的主要手段和形式，是公共权力机关权力意志的体现，它表明了公共权力机关想干什么、为什么干、怎样干、不想干什么、为什么不想干。在我国，它既包括专门适用于城市的宏观政策、法律和法规，也包括城市各公共权力主体制定或发布的地方性法规、地方性行政规章、行政命令、行政决定等。

3. 城市管理的目的是为了解决城市问题，实现城市中的公共利益

处理各种城市问题、维护城市公共秩序是城市建设和发展的需要，是城市管理的基本职能。城市问题的出现是城市环境对城市管理主体提出的挑战以及城市政治系统自身的维持的需要，而解决问题的轻重缓急的次序和认定则取决于城市管理主体对各种城市管理过程所作的考虑。城市管理目标的设定标志着城市管理是一种有明确方向的活动，谋求公共利益的实现是城市管理的灵魂和目的。

4. 城市管理是一个动态的发展过程

为解决城市管理中的公共问题，城市管理主体所进行的政策制定、政策执行、政策监督和政策评估都是连续性的活动。随着城市问题的发展变化，城市管理的内容、手段也都在不断变化。同时，城市管理过程也是城市管理主体之间、城市管理主体与客体之间相互影响的一个互动过程，例如，公共权力机关在制定有关公共政策时，总是要受到有关市民、利益群体、大众传媒的影响。

二、城市管理的特征

城市管理的特征是对城市管理含义更深层次的理解，主要包括以下几个方面。

（一）城市管理是政治性、管理性与服务性的统一

从城市管理的社会属性来讲，城市管理是政治性、管理性与服务性的统一。

1. 城市管理表现出政治性的特征

城市管理的多元主体从政治层面上看就是一个复杂的政治系统，管理手段也包括法律、法规、行政等政治手段，而城市管理的客体是城市的公共事务和公共服务，因此，城市管理表现为城市政治的一部分，也是国家政治的重要组成部分。这就要求在城市管理中必须要有政治原则和政治方向。

2. 城市管理表现出管理性的特征

城市管理表现为一个管理过程，并且在其中存在着技术性和方法性很强的管理手段。这就要求在城市管理中要遵循现代管理活动的规律，运用各种管理手段，有效地解决城市中的各种问题，实现城市管理的目的。

3. 城市管理表现出服务性的特征

城市管理的服务性特征突出表现在城市管理的目的取向上。城市管理的目的就是要实现城市的公共利益，利益的实现更多地体现在公共服务的提供和保障上。这就要求城市管理应该服务于城市发展，服务于城市市民。

城市管理是政治性、管理性与服务性的统一，因此，在城市管理中存在着多目标、多手段的状况，如何有效地对这些目标和手段进行选择是合理地进行城市管理的关键，这也是我们进行城市管理研究的重要内容。

（二）城市管理是综合性与整体性的统一

从城市管理的内容组成来看，城市管理是综合性与整体性的统一。

首先，城市管理表现出综合性的特征，这主要是体现在城市管理的客体上。城市管理的客体是城市的公共事务和公共服务，其中包括着大量的具体内容，但是，这些内容并不是孤立的，而是相互联系相互影响，具有综合性的特征。这就要求城市管理必须要坚持综合性的管理思路。城市的发展不仅仅表现在经济发展上，还应该表现在包括城市环境水平、城市公共安全水平、市民生活质量等在内的综合体系中。

其次，城市管理表现出整体性的特点，城市管理是一个由多系统、多要素组成的有机整体。城市管理是一个大系统，包括了许多子系统，如城市管理的职能系统、城市管理的组织系统、城市管理的体制系统等；这些系统又由多要素构成，如组织要素、人员要素、物质要素等。这些要素和系统之间相互作用、相互依存，形成有序的系统结构，发挥出城市管理的整体功能。

（三）城市管理是静态性和动态性的统一

从城市管理的过程来看，城市管理是静态性和动态性的统一。

首先，城市管理表现为组织、体制、政策等方面的静态架构。这些静态要素构成

了城市管理运行的基本制度框架,是各种城市管理行为有序进行的保证,对于提高城市管理的科学性有着重要的作用。

其次,城市管理的过程包括政策的制定、执行、监督、评估等环节,呈现出动态性的特征。城市管理的这些环节是有序的,各个环节紧密相连、互为条件、相互制约,并且这些环节的划分也是基于各个环节的特征而进行的。这就要求针对各个环节的特殊规律开展有针对性的管理活动。

(四)城市管理体现出全国性和区域性统一的特点

从城市管理的作用范围来看,城市管理体现出全国性和区域性统一的特点。

在我国,城市管理既要坚决贯彻执行中央的大政方针,保证政令统一,坚决维护中央的权威;又要从各城市的实际情况出发,决定和实施辖区内的方针政策,维护城市的正当权益,代表或反映市民利益。因此,城市管理要力求将国家整体利益和城市局部利益协调一致。

三、城市管理学的研究对象

随着城市管理科学化、民主化和法治化的推进,城市发展呈现出新的趋势,而其发展的动力来自科技进步和科学管理。城市的科学管理又取决于城市的管理科学,这就是城市管理学,它也因此被称为城市现代化的"金钥匙"。

城市管理学是研究城市管理规律的科学。城市管理学是一个多学科交叉和相互渗透的跨学科知识体系。其中,有关城市管理体制和城市管理职能的研究,与政治学和行政学具有密切关系;有关城市规划的研究,与城市规划学和区域经济学的联系比较密切;有关城市人口和社会管理的研究,与城市社会学具有密切联系;有关城市公共经济和公共事业管理的研究,与城市公共经济学和财政学具有密切联系。这充分说明了城市管理学所研究的多领域和多角度。但是,城市管理学在发展过程中,逐渐明确了自己的研究范围,具有鲜明的学科特色。

首先,城市管理学不同于城市政治学。后者是研究城市社会政治现象及其规律的科学,属于政治学的分支学科;城市管理学则把城市政治和城市的行政结合起来研究,其着眼点在于提高城市国家行政机关管理的有效性,保证行政管理活动的正确方向。

其次,城市管理学也不同于城市政府学。后者是研究城市国家权力机关、行政机关、司法机关等地方国家政权机关活动及其规律的学科;城市管理学则把广义的城市政府与城市行政机关的管理活动结合起来研究,并以城市行政为主,其落脚点在于促进城市行政机关对有关城市公共事务管理的高效化,更强调对于具体问题的分析及相应的对策。

最后,城市管理学也不同于一般的市政管理学。后者仅针对城市活动中的各种问题提出管理和解决的对策;城市管理学不仅要提出解决城市问题的对策、原则、方法，而且还要研究实施这些对策、原则、方法的主体——城市国家政权组织自身的组织体制的科学性。把主体和客体结合起来研究，以便在更大程度上提高城市管理的效率，这是城市管理学的特色。

综上所述，我们认为，城市管理学就是研究城市公共权力机构，特别是城市国家行政机关对城市有关公共事务进行有效管理的规律的科学，其着眼点在于对城市公共问题的分析以及提出相应的政策措施。

根据我们对城市管理的含义及城市管理学的定义的理解，我们认为城市管理学的研究对象主要包括以下三个方面的内容：

首先，城市管理学首先要研究城市管理主体。在我国，城市中的中国共产党组织，作为国家权力机关的市人民代表大会及其常务委员会，作为国家行政机关的市人民政府，以及作为国家司法机关的市人民法院和市人民检察院，都是城市管理主体。其中起主要作用的是城市的国家行政机关。随着政府机构改革的进行和社会的发展成熟，各种非营利组织和广大市民也会加入到城市管理中，也成为城市管理学研究的对象。城市管理学不仅要研究这些城市管理主体的组织体系、权限职责、管理内容及活动方式等，也要研究这些城市管理主体之间的相互关系以及它们在城市管理过程中的地位和作用。

其次，城市管理学要研究城市管理客体，即城市管理的内容。城市管理学主要研究城市管理主体对城市公共事业、公共事务的管理，具体包括：城市规划的制定和实施、城市各项基础设施的建设与管理、城市土地与房产管理、城市环境管理、城市公共安全管理、城市财政税收的管理、城市各类公共事业的管理等。根据我国的实际情况，我国的城市管理学主要从解决城市公共问题的角度出发，研究相关政策制定、政策变迁的情况。

最后，城市管理学要研究和探索城市管理对策和规律。城市管理学并不是孤立地研究城市管理主体或城市管理客体，而是将这两者有机地结合在一起，研究城市管理主体如何实现对城市管理客体的有效管理，并探索这种管理的内在规律。这是城市管理学研究的出发点和落脚点，它包括探索各类权力配置的规律、管理运行过程的规律、解决各类城市问题（如交通、住房、环境污染等）的对策等。城市管理学研究的目的，就在于探索和运用城市管理规律，促进城市管理的科学化和城市发展现代化，促进城市的各种功能得到最佳发挥。

由此可见，城市管理学的研究对象是包含城市管理主体、城市管理客体在内的各种城市管理现象。这是社会现象领域中一种特殊的现象，有其自身的特点和活动过程。作为一门学科，它不能停留在对某种现象和过程的一般描述上，而是要探究这种现象和过程的内在的本质联系，即客观规律。

由于城市管理的复杂性和艰巨性，城市管理学也难以形成统一的理论架构模式。应该说，城市的快速发展为城市管理学提供了巨大的研究空间，但是在当前，还没有公认的知识体系和理论架构，这说明城市管理学还处于发展阶段，还没有形成成熟的学科体系。

资料拓展

我国城市管理学的学科名称

当前，我国学者在城市管理学的课程和教材建设上，有市政学、市政管理学和城市管理学等三种不同名称。这三个概念之间具有联系性，同时也存在一定的差异性。

市政管理学和城市管理学均起源于市政学，三者的根本区别在于对城市公共事务的管理主体的理解不同。

市政学是个古老的术语，它建立在政府（公共领域）与市场（私人领域）二分法的基础之上，强调市政当局对城市公共事务具有垄断性和排他性的管制权。

市政管理学引入了工商企业组织的管理理念，倡导将市场机制和企业管理的理念和方法引入城市公共管理之中，以提升城市公共管理的效率和效益，提高城市竞争力和促进城市可持续发展。

城市管理学反映了公共管理的新视野，认为城市公共管理是多中心的自主治理过程，除城市政府之外，公共事业部门、第三部门、志愿组织、营利性企业以及市民个人都是城市治理的重要参与主体。

资料来源：杨宏山：《市政管理学》，中国人民大学出版社，2005 年版，第 5 页。

第二节　城市形态与城市设置

城市是人类社会发展进程中的一种客观形态，但是对于城市的描述，却由于人们的研究角度和方法的不同而呈现出很大的差别，形成了关于城市的不同认识。城市的形态是一种外在的客观呈现，城市的设置是社会管理的一种组织形态。如何把握城市的客观形态和组织管理属性，对于奠定城市管理学的学习基础至关重要。

一、对城市的理解

（一）“城”、“市”与城市

不同学科基于其研究目的和方法的差异，在相应的历史发展时期都对城市做出了各自不同的阐释，例如：社会学认为城市作为一个特定的区域，是由大多数从事工商业或其他非农产业的一定规模的人口组成的生活共同体；城市地理学则认为城市是相对于乡村而言的一种相对永久性的大型聚落，是包括自然环境而又以人造物和人文景观为主的一种地理环境；此外还有城市经济学、城市政治学等诸方面的解释。这些表述虽不尽相同，但都从城市研究的某些侧面或领域，揭示了城市的内在性质和固有属性。

要形成对城市的全面理解，应该首先对城市的起源和功能进行梳理。作为人类社会发展到特定阶段的产物，城市的出现和发展标志着社会的进步和人类文明程度的提升。下面，我们从中文词义上对“城市”进行简单的分析。

在中文的语境中，“城”和“市”分别具有不同的含义。“城”，原本是指用夯土筑成的高大墙体，展开一线称长城，围成一圈就是城。“城”最基本的功能就是防御，如《墨子 · 七患》所说：“城者，所以自守也。”作为一种大规模永久性防御设施，“城”主要用于防御野兽侵袭，后来演变为防御敌方侵袭。最早的“城”并不完全具备宗庙、宫室、商业市场、手工业工场等一般城市所应该具备的物质要素。

最早的“市”仅仅是货物交换的地方，最初交换的形式是物物交换，货币产生后就出现专门买卖的场所，即市场。《易 · 系辞》中说：“日中为市，致天下之民，聚天下之货，交易而退，各得其所。”但是这种“市”与“城”并没有关系，同样也不具备城市的基本形态。

中国古代的“城”和“市”兴起较早，在原始社会后期都已出现。但当时功能各异，前者为了防御，后者为了交易，两者毫不相干。随着商品经济的发展，为了经营上的方便，“市”逐渐转移到人口集中、又是贵族居住的“城”中或其附近，并有了固定的位置，真正意义上的“城市”才产生。在中国，这个时期应该是西周，因为夏商的都城是否设市，既无文献上的依据，也没有考古上的证明，只有西周的都城丰镐设市，有《周礼 · 考工记》为证。①

随着社会的发展，城市的防御功能逐渐减弱，而交易功能逐渐加强。城市并不一定有城，但必须有市，才能成为经济活动的中心。所以城市往往又被简称为“市”。尤其是在近现代国家行政管理体系中，“市”成为国家为了管理上的需要而人为设置的一种地方行政建制。我国在清朝以前没有市的建制，直到清朝末年才仿效西方国家的政治制度，实行城乡分治，建立了市建制。

如今，城市作为反映特殊地理实体的概念，其基本要求就是既有众多定居的人口，又有交易市场的地理区域。从形态上来看，城市就是泛指那些人口稠密集中，工商业发达，居民以非农业人口为主，在政治、经济、文化等方面处于某一层级的中心地位的地理区域。

（二）“镇”、“市”与城镇

在中国，城镇是一个经常被等同于城市、使用率很高的概念，但在词义上并没有

---

① 马正林：《中国城市历史地理》，山东教育出版社，1998 年版，第 19 页。

严格的界定。我们也先从其历史发展来看其含义的变化。

在中国的城市发展进程中,“镇”与“市”原本有严格的区别,“有商贾贸易者谓之市,设官防者谓之镇”,“镇”作为行政设置,更多地与边防、驻军联系在一起。到宋代,“镇”才摆脱了军事色彩,以贸易场所的形式出现于经济领域,成为县治和农村集市之间的一级商业中心。近现代,“镇”成为一级行政单元,成为起联系城乡经济纽带作用的较低级的居民点。现在,“城镇”和“城”与“市”一样,都成为与乡村相对立的反义词并作为城市的简称。

从形态来看,“镇”是一种正在从乡村社会变为多种产业并存的、向着城市转变中的过渡性社区,①在人口、产业、基础设施等方面都已经初步具有了城市的特征,但同时也还保留着许多乡村的特色和痕迹。正是因为城镇概念的加入,我们对城市的理解可以区分为广义和狭义两个层面。

从广义的层面来说,城市可以理解为乡村以外的一切城市型聚落,代表城镇居民点的合称,包括镇在内。例如,我国《城市规划法》所称的城市就包括国家按行政建制设立的直辖市、市、镇。在此,“市”或者“镇”都按照产业形态差异紧密联系在一起。从事农业活动的居民点一般是乡村型的居民点;以非农业活动为主的人口集中点是城镇型的居民点,统称城镇。

从城市管理的角度看,城市(市)和城镇(镇)这两个概念有严格的区分。只有那些经国家批准设有市建制的城镇才称为城市,不够设市条件的建制镇才称为镇,市和镇的总称才叫城镇。在此,“市”或者“镇”都与国家的行政建制紧密联系在一起。在我国的人口统计中,与之相对应的有市人口、镇人口和城镇人口之分是最明显的例子,这时的城市作狭义理解。

(三)城市的特征

首先,城市是与乡村相区别的一种客观的形态。在产业构成上,城市是以从事非农业活动的人口为主的居民点;在人口规模上,城市一般聚居有较多的人口;在地理景观上,城市的人口密度和建筑密度比乡村要大得多;在物质设施上,城市具有较为完善的基础设施和文化设施;在职能上,城市一般是工业、商业、交通、文教的集中地,是一定地域的政治、经济、文化的中心。其次,城市又是政府行政建制的一种组织形式。从政府行政管理的角度来看,城市地位要由政府根据有关标准进行认定,城市往往是国家行政管理网络的联结点和中心。此外,还可以从生活方式、价值观念、人口素质等许多方面寻找城乡间的差异。上述几点虽不十分严密,却无疑是城市与乡村最基本的差别。

对城市的认识应该从系统的角度出发,史密斯(Wallance F. Smith)认为对城市比较全面的定义至少包括如下 7 个方面:①一定的人口规模下限;②必要的政治地

① 任世英、邵爱云:《试谈中国小城镇规划发展中的特色》,《城市规划》,1999 年第 2 期。

位；③较高的人口密度；④非自然资源提取性职业；⑤机械加工而成的基础设施；⑥财富的象征；⑦特有的生活方式。[①] 这样的一个定义可以包括我们所讲的城市的客观形态和管理地位两个角度。

基于以上的分析，我们把城市的特征简单归纳为以下几点。

1. 城市要素的聚集性

人口与物资、设施的高度聚集是城市区别于乡村的最显著的特征之一。不仅城市的人口聚集规模大、密度高，而且城市中物资设施高度集中，各项城市设施构成了城市的物质实体，它是城市的人工构成，也是人们开展各种活动的基础。还有就是城市中文化现象高度集中，这不仅表现在城市中人才资源、智力资源十分集中，而且许多城市本身就凝结着人类文化的精华，是科学文化传播的中心。

2. 城市运行的复杂性

现代城市是一个多要素、多层次、多功能和多过程的纷繁复杂的复合系统，不仅其构成要素十分繁复，而且城市内部的关系和矛盾也交错纵横。城市运行必然涉及复杂的人员构成、人际关系和权力关系；城市经济系统、资源系统、生态环境系统等的运作会引起各种关于人、财、物的复杂的矛盾冲突。城市的经济、社会、文化、功能交织在一起，形成了城市功能的多元化和综合化。

3. 城市系统的开放性

城市的活力来自于开放。城市的开放性是双向的过程，它既包括城市向外界的功能辐射，也包括城市对外界的功能吸引。城市发展需要从外界输入物质、能量、资金、技术和劳动力，同时向外界进行各种产品、知识、物质的输出。随着经济全球化的发展，城市的开放性对于确保城市的竞争力和持续发展都具有重要意义。

4. 城市文化构成的异质性

城市与乡村相比，其人口在职业、文化背景、生活经验、价值观念、风俗习惯以及语言与交往方式的构成、宗教信仰、道德观念等诸多方面存在着不同程度的差异。城市人口以其职业为中心来进行纷繁多样的活动，并利用城市中的机构、设施开展各种个体或社会活动，从而使城市人口的生活方式更加丰富。城市是多元文化互相交汇、碰撞的场所，同时也是各种文化彼此吸纳、融合的场所。

5. 城市管理职能的区域中心性

城市是一定区域的经济、政治、社会和文化中心，它对于周边的乡村区域具有极强的辐射和带动作用，正是以此为基础，才构建了城市政府或经济组织对乡村经济的控制力，也使得社会政治权力总是集中于城市而作用于乡村。近代以来的乡村社

① Wallance F. Smith: Urban Development: The Process and The Problems. Berkeley. Los Angeles and London. University of California Press. 1975. 3 ~ 5.

会,其社会性事务的形成与增长多是城市活动外延的结果。

二、城市的设置

(一)不同的城市设置标准

如果单纯从外在的客观形态来看,区分城市景观和乡村景观还是比较容易的,但是从行政管理的角度来看,城市管理所面临的对象却非常复杂。这是因为,目前世界上还没有一个统一的城市设置标准。自20世纪50年代以来,联合国一直在试图建立一个便于国际比较的测量城市的标准,但是这一努力并没有明显的成效。

世界各国各地区根据各自社会经济发展的特点,制定了不同的城市设置标准。概括起来,这些标准主要有以下几种:一是根据人口密度划分;二是根据人口规模划分;三是职业界定,即以规定从事非农业生产的人口比重作为划分城市和乡村的标准;四是基础设施,即以规定基础设施建设达到一定的数量为标准;五是行政划分法,即根据城市的历史文化、政治地位等因素,通过政府立法和行政规定来确定某些区域为城市。这些标准主要是依据以上对于城市特征的认识而制定的,所不同的是有些国家的标准侧重于强调某一个特征或几个特征;有的有明确的数量指标,而有的只有定性指标;而且实践中大多采用几个标准结合在一起的复合标准。

由此可见,世界各国确定城市的标准差异非常悬殊。因此,对不同国家之间城镇的对比研究要注意到这种情况,标准的完全可比是不可能的,修正也很困难。

阅读拓展

部分国家或地区对城市的定义

澳大利亚	具有城市特征的、代表1 000人或更多人口的一个或更多的人口普查单位,以及虽然人口不足1 000人但包含250个或更多的住所的已知的度假胜地,在普查当夜这些住所中至少100个应当有人居住
加拿大	至少集中1 000人而且在上一次人口普查中人口密度至少达到每平方公里400人的区域
丹麦	省会城市和首都
法国	包含2 000人以上居住的社区,这些居民居住在彼此临近的房子中或房子间的距离不超过200米;以及具有这种特征的大部分人口属于多社区聚结地的社区
德国	居民达到或超过2 000人的社区
英国	英格兰和威尔士:由不间断的有建筑物的城市土地构成的城市区域,以及各个城区部分都已得到认定的成块的最大城市区域

续表

美国	人口达到或超过 2 500 人的地方以及城市化的地区
巴西	在城市法规所规定的城镇边界之内的区域
南非	具有城市性质的所有的人口聚集地,不论边界和地位如何
印度	镇;以及所有人口达到或超过 5 000 人,密度不低于每平方英里 1 000 人或每平方公里 390 人,具有明显的城市特征并且至少有 3/4 的成年男性在农业以外的行业就业的地方
日本	城市(市)应有 5 000 人或更多的居民,其中 60% 或更多的房屋位于主要的建成地区,而且 60% 或更多的人口从事制造、贸易或其他类型的城市经济业务。或者说,一个具备县规则所规定的城市设施和条件的市被视为城市
韩国	各种规模城市的居民为城市人口

资料来源:转引自爱德华·李孟、张如飞著,邹立文等译:《应对城市化:中国城市管理与财政的战略选择》,中国财政经济出版社,2003 年版,第 10 ~ 11 页。

(二)我国城市的设置标准

我国有着悠久的城市发展历史,但是作为近代意义的城市行政区——市,则是近代地方政治制度的产物。在清代以前没有“市”的建制,直到清朝末年才仿效西方国家的政治制度,实行城乡分治,把“市”作为一种地方行政建制。新中国成立后,我国的市、镇建制标准经历过几次变动,标准也逐渐向复合型标准转变。

新中国成立初期,中共中央规定凡人口 5 万人以上的城镇可以设市,到 1949 年年底共设市 135 个。其中直辖市 12 个,省辖市 55 个,专区辖市 68 个。1951 底政务院提高了设市标准,规定“凡人口在 9 万人以下,一般不设市”。但在实施中标准并不明确,各地设市的条件也是宽严不一。

1955 年国务院发布了《关于设置市、镇建制的决定》,这是新中国成立后第一部关于城市设置的正式法律文件。这个标准基本上规定聚居人口 10 万人以上的城镇可以设市。若聚居人口不足 10 万人,必须是重要工矿基地、省级地方国家机关所在地、规模较大的物资集散地或边远地区的重要城镇,确有必要时,也可设市。规定县级或者县级以上地方国家机关所在地或常住人口 2 000 人以上、居民 50% 以上为非农业人口的居民区可以设置镇的建制,少数民族地区标准从宽。当时还把常住人口不足 2 000 人,但在 1 000 人以上,非农业人口超过 75% 的地区以及休疗养人数超过当地常住人口 50% 的疗养区列为城镇型居民区。

1963 年,国务院对上述标准做了较大修改。设镇的下限标准提高到聚居人口 3 000人以上,非农业人口 70% 以上或聚居人口 2 500 ~ 3 000 人,非农业人口 85% 以上。设市的基本标准虽然没有变,但基于“大跃进”期间城镇人口增加过猛,市镇建制增加过多,城市郊区偏大的倾向,对设市标准从严掌握。经逐个审查,撤销了一批市建制,并且缩小了城市郊区范围,规定城市人口中农业人口所占比重一般不应超过 20%。

现行的设镇标准是 1984 年正式颁布的。这一年撤销了人民公社,恢复乡作为县以下的乡村基层行政单位。规定 20 000 人以下的乡,假如乡政府驻地非农业人口超过 2 000 人的,可以撤乡建镇;总人口在 20 000 人以上的乡,乡政府驻地非农业人口占全乡人口 10% 以上的,也可以撤乡建镇。县政府所在地均应设镇的建制。少数民族地区、人口稀少的边远地区、山区和小型工矿区、小港口、风景旅游区、边境口岸等地,非农业人口虽不足 2 000 人,如确有必要,也可设镇。

1986 年,国务院对设市标准也做了较大调整,规定非农业人口 6 万人以上,年国民生产总值 2 亿元以上,已成为该地经济中心的镇,可以设置市的建制。虽不足此标准,但确有必要的地方,也可设市。总人口 50 万人以下的县,县人民政府驻地所在镇的非农业人口 10 万人以上,常住人口中农业人口不超过 40%,年国民生产总值 3 亿元以上;或者总人口 50 万以上的县,县人民政府驻地所在镇的非农业人口一般在 12 万人以上,年国民生产总值 4 亿元以上,可以撤县设市。市区非农业人口 25 万人以上,市年国民生产总值 10 亿元以上的中等城市,可以实行市领导县的体制。

1993 年,国务院对 1986 年的设市标准又做了调整,调整的要点是采取了分类指导的原则和增加了考察的指标(见表 1－1)。

表 1－1 我国现行的设市标准

指标		县级市			地级市
		原来县的人口密度(人/平方公里)			
		>400	100～400	<100	
人口	县城镇人口中 非农产业人口 非农户口人口	≥12 万人 ≥8 万人	≥10 万人 ≥7 万人	≥8 万人 ≥6 万人	市政府驻地 非农户口人口 >20 万人
	县总人口中 非农产业人口 占县总人口	≥15 万人 ≥30%	≥12 万人 ≥25%	10 万人 ≥20%	市区人口中 非农产业人口 >25 万人
经济	全县乡镇以上 工业产值 占工农业总产值	≥15 亿元 ≥80%	≥12 亿元 ≥70%	8 亿元 ≥60%	市区 工农业总产值 >25 亿元 工业产值占总产值 >80%
	全县 GDP	≥10 亿元	≥8 亿元	≥6 亿元	市区 GDP >25 亿元
	全县第三产业占 GDP	>20%	>20%	>20%	第三产业占 GDP >35%
	地方预算内财政收入	≥100 元/人 ≥6 000 万元	≥80 元/人 ≥5 000 万元	≥60 元/人 ≥4 000 万元	地方预算内财政收入 >2 亿元
基础设施	自来水普及率	≥65%	≥60%	≥55%	
	道路铺装率	≥65%	≥55%	50%	
	排水系统	较好	较好	较好	

从上面的分析可以看出，我国城市的设置属于复合标准，不同时期的差异比较明显，反映了不同社会经济背景下城市发展政策的倾向。1955 年的标准奠定了我国城镇设置的复合标准和分地区对待的基础和惯例；20 世纪 60 年代，因为当时严峻的社会经济背景而提高了设置标准；20 世纪 80 年代，在市场经济改革的导向下，放松了市镇设置标准，拓展了设置标准的内涵和外延，不仅有人口规模、产业比重和行政标准，还增加了国民生产总值的经济标准；1993 年的调整建立了县级市和地级市的设市标准体系，意味着我国城市设置标准逐步走向完善。

在历次的城市标准调整中，我国没有形成恰当而稳定的城乡地域划分标准，其主要原因是我国一直以城市的行政界线作为城乡划分的基础，没有建立城镇的实体地域概念。由于市镇标准变化较多，各次变动不能衔接，使得标准日趋复杂化，特别是引入了产值指标和在地域上整县设市、整乡设镇，使中国的城乡划分同其他国家明显不同：我国城市的行政管辖范围都大于其景观上的实体范围，包括了相当一部分的乡村地域和农业人口。

（三）城乡界线及相关概念

城市呈现出来的是完全不同于乡村景观的聚落的实体——有着密集的人口和由各种人工建筑物和设施组成的建成区。在实践中，城镇的实体范围和行政辖区范围多是不一致的，主要有两种情况：一是城市的行政管辖范围比实体范围大，包括了一定的乡村地域；另一种是城市的实体范围已经超出了城市的行政管辖范围。显然，这两类城市的辖区界线都不反映城乡界线。

在城市和乡村之间划出严格的界线绝非易事。古代筑有城墙的城市，城墙以内尽管也常常有大片农田，但城墙毕竟还可以作为城乡的明显界线。工业革命以后，城市突破城墙而膨胀起来，城墙一类的明显界线不复存在，但每个城市毕竟还是相对集中。进入现代，由于交通通信技术的发展和城市郊区化，城市变成了中心城市和包括外围若干城镇在内的城郊的复合体。城市到乡村之间具有渐变性和复杂交错的特点，已经很难找到一个城市消失和乡村开始的明显的标志点，大城市尤其如此。

因此，为了更好地认识城市，人们提出了城市化地区、大都市区、大城市群等概念来理解城乡之间的复杂关系。

城市化地区，又称城市建成区，反映了城市作为人口和各种非农业活动高度密集的地域而区别于乡村，代表城市的景观地域。这是城市研究中最基本的城市地域概念。可是这样的城市地域边界易于变动，随着城市发展中的离心扩散过程，商业、教育、就业、娱乐、医疗等城市功能所波及的范围已经超出城市建成区。城市社会越发达，城市与周围地域之间的社会经济联系越频繁，城乡之间的分界也越模糊，这就要求建立一种城市的功能地域概念来适应这种变化。

大都市区（Metropolitan Area）是国外最常用的城市功能地域概念。它是一个大的人口核心区以及与这个核心区具有高度的社会经济一体化倾向的邻近社区的组合,一般以县作为基本单元。美国早在 1910 年就提出了大都市地区的概念,1949 年正式建立了具体的统计标准用于国情普查,现在称大都市统计区(MSA)。每一个 MSA 必须至少包括一个 5 万人以上的中心城市或者包括一个至少 5 万人的城市化地区,并且,满足大都市区的总人口至少达到 10 万人。

大都市区和城市化地区之间的不同和联系就在于,有城市化地区才可能有大都市区,大都市区一定包括一个或几个城市化地区。中心城市和城市化地区构成大都市区的核心,大都市区一般比它们的核心要大,包括了连续建成区外缘以外的不连续的城镇、城郊发展区甚至一部分乡村地域,而城市化地区是不包括乡村地域的。

大城市群,又称大都市带,是指由连成一体的许多都市区组成,在经济、社会、文化等各方面活动上存在着密切的交互作用的巨大的城市地域复合体。这一概念是法国地理学家戈特曼(Jean Gottmann)在研究了美国东北部大西洋沿岸的城市群以后,于 1957 年首先提出来的。大都市带的地域组织有这样几个特点:①多核心。区域内有若干个高人口密度的大城市核心,每个大城市核心及其周围郊区县之间,以通勤流形成紧密的社会经济联系,组成一连串的大都市区。②交通走廊。这些大城市核心及大都市区沿高效率的交通走廊而发展,开始是铁路,进而是高速公路,它们构成大都市带空间结构的骨架,把各个大都市区联结起来,没有间隔。③密集的交互作用。不仅都市区内部、中心城市与周围郊区之间有密集的交互作用,都市区之间也有着密切的社会经济联系。④规模特别庞大。戈特曼以 2 500 万人口作为大都市带的规模标准。⑤国家的核心区域。它集外贸门户职能、现代化工业职能、商业金融职能、文化先导职能于一身,成为国家社会经济最发达、经济效益最高的地区,甚至具有国际交往枢纽的作用。

三、城市功能与城市类型

(一)城市功能和城市性质

城市功能是指城市对城市以及城市对其以外的地区所起的政治、经济和文化等方面的作用。它是由城市的各种结构性因素决定的城市的机能或能力。

最初出现的城市,由于社会生产力水平低下,职能比较单一。随着社会生产力的发展,社会劳动分工越来越细,城市功能也渐趋于复杂。现代城市的功能是多方面的:在政治上,它担负着区域的行政管理功能;在经济上,表现为工业、商业、金融、信息、交通运输等功能;在文化上,城市又具有科研、文教、旅游、娱乐等功能。

一个城市的功能,是由其所在地区以及周围的客观环境条件决定的。正是由于各个城市的这些客观条件的不同,使其各项功能并不等量,而是表现为有的功能很突出,在总体功能中占据优势地位,有些功能较次要,是由主要功能派生出来的。这种功能的组合状况就是功能结构。

城市性质是反映城市主要功能的概念，是一个城市区别于其他城市的本质特点。在城市的众多功能中，主要功能反映了城市个性的不同。现代城市都有许多功能，但是一个城市在国家和区域中所担负的众多功能中必有其主导功能，这个主导功能就是决定城市性质的依据。

明确城市性质，不仅可以明确城市的发展方向，充分发挥城市的优势，而且有利于保持城市多种功能的合理布局，促进协调发展。城市的主导功能一般来说是相对稳定的，因此，城市性质具有稳定性，但它不是永恒不变的，往往因资源的减少、新兴产业的发展、行政区划或行政地位的变更等而发生改变。

（二）我国城市类型的划分

城市的性质、行政隶属关系、规模等级都可以作为城市分类的标准。标准不同，则对城市类型的划分也会有所不同。总的来看，常用的城市分类方法有以下几种。

1. 按城市的规模划分

我们所说的城市规模，一般是指城市的人口规模和用地规模，目前人们普遍采用的是以城市的人口规模来划分城市的等级。照此标准，我国城市可以分为特大城市、大城市、中等城市和小城市。在我国，划分这四类城市的标准如下：

- 特大城市：非农业人口达到100万人以上的城市。
- 大城市：非农业人口在50万～100万人之间的城市。
- 中等城市：非农业人口在20万～50万人之间的城市。
- 小城市：非农业人口在20万人以下的城市。

2. 按城市的性质划分

按城市的性质划分主要是指依照城市在国家或地区中所发挥的政治、经济或文化作用来划分，它反映了城市的个性和特点。在我国，具体可以分为以下几类。

（1）综合性城市。这类城市往往集多种功能于一身，经常既是政治中心，又是工业生产、交通运输、商品流通、科学技术、文化教育以及金融、信息中心，对某一地区甚至全国社会经济的发展有较大影响。

（2）工业城市。这类城市是以工业生产为主，工业在城市的经济、用地等方面占有很大的比重。工业城市根据其主导产业的不同又可具体分为钢铁工业城市、轻纺工业城市和机械制造工业城市等。

（3）交通港口城市。这类城市往往地处交通枢纽，地理位置优越，随着交通运输的发展而发展。根据交通具体情况的不同，又可分为海港城市、铁路枢纽城市、内河港埠城市等。

（4）风景旅游城市。这类城市往往以其优越的地理位置、奇特的自然风光和名胜古迹而著称，旅游业在城市的产业结构中占有很大比重。

（5）商业金融城市。这类城市一般依托优越的交通运输条件历史或其他因素的影响，成为商品的集散地和资金流通的中心。

3. 按城市的行政地位划分

按城市的行政地位划分是依据城市行政地位的不同所进行的分类。在我国，这类划分方法具有重要的意义。依据这一标准，当前我国内地城市主要分为以下四种。

（1）直辖市。直辖市是同省平级的行政单位，受中央政府的直接领导和管辖。目前，我国的直辖市有北京、上海、天津和重庆。

（2）副省级市。副省级市是改革开放后我国城市行政等级中出现的一种新行政层级的建制市，原型为国务院规定的所谓较大城市，后来又称为计划单列市，1994 年后正式确立为副省级市。副省级市仍属省辖市，由省政府领导，但是其经济和社会发展的各项计划全部单列，直接纳入国家计划综合平衡，并在制定和执行计划、管理经济上具有相当于省一级的权限。目前我国共有 15 个副省级市：广州、武汉、哈尔滨、长春、沈阳、成都、南京、西安、济南、杭州、大连、青岛、深圳、厦门、宁波。

（3）地级市。我国宪法和法律上称“设区的市”，这类城市的法律地位在省与县之间，隶属省、自治区领导，以前被称为省辖市，多由原来的地区撤销演变而来。如苏州、烟台、保定等。

（4）县级市。我国法律上称为“不设区的市”。是与县、民族自治县相平行的城市行政区。

此外，我国的香港和澳门属于特别行政区，实行高度自治，中央不得干预按照《中华人民共和国香港特别行政区基本法》和《中华人民共和国澳门特别行政区基本法》规定属于特别行政区自治权范围内的事务，特别行政区所享有的行政管理权、立法权、独立的司法权和终审权，以及范围极其广泛的经济自主权，都是内地城市无法享有或无法比拟的。

除了上述这几种分类方法之外，根据城市所处的地理位置不同、城市可以分为沿海城市、内地城市、边境城市等。按城市的结构划分，可以将城市分为单中心城市和多中心城市、封闭式城市和开放式城市、集中式城市和分散式城市；按城市辐射范围的广度和辐射力的强度，可以分为国际性城市、全国性城市和地区性城市；按照城市发展历史的长短，可以分为古老城市和新兴城市；等等。

第三节　城市发展与城市管理

城市的发展史就是人类文明的演进史。从城市的形成到城市化的大规模推进，城市在社会经济生活中所占有的位置越来越重要。当代社会的发展变化对城市的形态和发展趋势产生了重要的影响。中国城市发展受到特有的社会形态、文化传统的深刻影响，既创造了辉煌的城市文明，也遭受了外来因素的冲击和影响。纵观城市的发展历程，我们可以从中掌握城市管理发展的基本历程，对城市管理进行一种历史性的透视。

一、世界城市的发展历程

关于城市的成因,学术界有不同的观点,如社会大分工、私有制产生、城市防御、宗教文化需要等都被认为是城市产生的主要原因。从历史发展来看,世界城市的发展史大致可分为四个阶段:城市产生及早期发展阶段;中世纪阶段,即前工业化社会阶段;工业化阶段;当代或称后工业化社会阶段。分析这一发展进程,我们可以观察到王权、商业贸易、工业化和信息化在不同时期对于城市发展所产生的巨大推动力。

(一)城市产生及早期城市

公元前3000~公元前1500年是世界上城市产生的主要时期。先是在尼罗河流域,然后是两河流域,出现了人类历史上最早的一批城市。印度河流域和中国也是世界城市文明的发源地,这些地方都出现了一些早期的城市的雏形。从此,在亚欧非大陆上,城市文明蓬勃地发展起来。这个时期的城市规模较小、数量较少,城市居民的活动分散,许多居民还从事一定的农业生产活动。城市的政治统治功能突出,而作为经济中心的功能则相对较弱,往往成为一国或某一地区的行政、军事和宗教中心。

对于城市产生的原因,马克思主义强调城市是社会生产力发展的产物,认为三次社会大分工推动了城市的产生。澳大利亚著名史学家蔡尔德(V. G. Childe)称城市的出现是人类史上的一次革命,他强调冲积平原上的灌溉活动与广泛贸易活动的兴起对城市产生的重要性。但美国著名城市学家芒福德(L. Mumford)却认为:"在从分散的村落经济向高度组织化的城市经济进化过程中,最重要的参变因素是国王,或者说是王权制度。"①从埃及、中国等地城市兴起的原因看,王权制度确实起到了重要作用,但在希腊等地城市兴起的因素中,商业的作用更大一些。因此,各个地方城市起源的主要因素有所不同。

从公元前1000年以后至公元5世纪罗马帝国衰亡,欧洲产生了光辉灿烂的古代希腊、罗马文明,这些文明的出现是与城市的发展息息相关的。与此同时,亚欧大陆另一端的中国,产生了可以与之媲美的春秋战国及秦汉文明,同样是以城市的发展为主要标志。

古希腊城市是早期城市的典型,其特点主要有:大都有城墙环绕;宗教在城市布局和社会生活方面占主导地位;大都有中心广场,广场四周是宗教和政府的建筑物;从中心广场放射出宽阔的街道,不同的人住在城市的不同区域;商人和工匠住在他们工作的地方,这里称为市;城市统治其周围的农业土地,从农民那里取得粮食,作

① 刘易斯·芒福德著,宋俊岭、倪文彦译:《城市发展史——起源、演变和前景》,中国建筑工业出版社,2005年版,第38页。

为回报,城市保护农民不受侵犯。当希腊文明逐渐衰弱之时,罗马的城市建设取得了很高的成就,建筑宏伟,各种公用设施完善,修建了环绕整个城市的长达数百英里的排水道,以及高达35米的建筑物。至今,罗马城还保存着规模巨大的浴池、斗兽场、宫殿、寺庙的遗迹。但是,在罗马城市建设极其富丽堂皇的另一面是城市生活的极其奢侈糜烂。罗马是一个寄生城市,后来又发展为一个病态城市。芒福德形象地称古希腊文化是讲求体魄强壮而又精神健康,而古罗马文化基本上是讲求四肢发达头脑简单,讲求满足物欲,靠自己的权势过着寄生生活。公元5世纪,随着罗马帝国的灭亡,曾经辉煌一时的罗马城市文明也归于沉寂。

(二)中世纪城市的发展

自公元476年西罗马帝国灭亡到1640年英国资产阶级革命的爆发,欧洲进入了封建社会,并经历了宗教神学占统治地位的漫长的中世纪,时间达1 000多年。传统观点认为,中世纪是欧洲的黑暗时期,城市文明几乎消失殆尽。确实,罗马帝国的消亡使很多城市遭到严重破坏,而南下的日耳曼人以农业耕作为主,对城市的依赖程度低,加上频繁的战争使商路断绝,手工业、商业萧条,社会生活重心转入乡村,这些因素使欧洲很多城市衰落,如罗马城的人口由近百万人减至4万人。

9世纪时,随着查理曼帝国的建立,城市生活方式在欧洲重新复苏。查理曼大帝重新组织了欧洲的政治结构,还通过威尼斯、那不勒斯、热那亚等城市,重新开辟了贸易渠道。10世纪末期,欧洲的封建人身依附关系相对松弛,农奴、手工业者成批逃离封建领主的庄园,到便于销售产品的关隘、渡口、交通要道、寺庙附近及罗马旧城等地方去,其聚集地就逐渐形成了城市。一些封建领主给予前来城市的工匠与商人以永久定居的各种特权和利益,从而保护了新兴的商人阶级,因此,中世纪城市便成为一个竞争力很强的地域,它从农村向自己身边吸引了大批更有开拓精神和技能的人口。随着商人阶级的兴起和商业的繁荣,一些城市"市"的色彩日益增强,这是中世纪城市与早期城市的一个显著差别。

从总体上说,中世纪欧洲城市的人口规模仍较小。据估计,在1400年,巴黎的人口仅达到27.5万人,伦敦、罗马等城市的人口只有4万~5万人。与西欧城市规模相比,当时土耳其的伊斯坦布尔、中国的北京人口达70万人,日本的大阪、东京、京都和埃及的开罗的人口都达30万~40万人,显示了更高的城市发展水平。

(三)工业社会中的城市

近代城市发展的背景是资本主义社会。从15世纪到17世纪初,随着当时欧洲新航线的开辟,资本主义的发展中心从意大利转移到北海沿岸的尼德兰、英国等国,在那里逐步兴起很多新兴工商业城市。17世纪后期,欧洲开始了现代国家的产生过程,资本主义君主制的建立对城市的发展具有深远的影响,这些国家中的主要城市很快就达到中世纪从未达到的规模。17世纪初,伦敦、那不勒斯、米兰、巴黎的人口达到20万人。

18 世纪中叶开始的工业革命，带来了城市发展史上一个崭新的时期。在工业革命的浪潮中，城市发展之快、变化之巨，超过了以往任何时期。工业革命结束了城市中工场手工业的生产形式，代之以机器大生产的生产形式，使城市中经济活动的社会化、生产的专业化向着更广的范围发展。总之，工业化带动城市化，是近代城市发展中的一个重要特点。

最早开始工业革命的英国也是世界上最早开始近代城市化的国家。在公元2 世纪还只有 3 万人的伦敦，随着工业革命的发展，其人口猛增至 100 万人；从 1760 年开始到 1851 年的 90 年间，英国城市人口超过了其总人口的 50%，而当时世界的平均水平是城市人口只占总人口的 6.5%。到 1921 年，英国城市化水平已达 77.2%。自 19 世纪起，法、德、美、荷兰、比利时等国也相继开始工业革命，城市化的进程在西方国家大幅度展开，村镇向城镇发展，小城镇向城市发展，城市人口迅速增长。由于经济发展水平和工业化的发展过程各不相同，形成发达国家之间城市化发展时间不一致的现象。

当西欧城市化进程发展了很长时间后，美国还是一个乡村国家。在 1860 ~ 1920 年间，美国城市化进程发展迅速，实现了其高度城市化。1860 年，其城市人口还不到总人口的 20%，而到了 1920 年，其城市人口已达到了全国的一半以上。

在进行工业革命的同时，资本主义国家开始向海外实行殖民主义扩张，亚洲、非洲的众多的沿海城市和内地部分区域中心城市在殖民主义的刺激下，开始畸形繁荣起来。由于这些城市的兴起，亚非广大国家也开始近代城市化的进程，一元的封建城市体系向封建城市与近代城市并存的二元结构转化。这是近代世界城市化的又一特点。

随着资本主义国家的扩张，世界政治经济体系开始建立起来，世界城市体系也逐步形成。由于资本主义国家在世界政治经济体系中的中心地位，使它们的城市在世界城市体系中也处于垄断中心的地位。1900 年，伦敦、巴黎、纽约、柏林、阿姆斯特丹是国际商业、金融业的中心，也是世界政治经济决策的中心，世界城市体系的出现成为近代世界城市化的第三个特点。

这一阶段城市的数量迅速扩张，规模急剧膨胀；城市功能多样化，城市布局结构出现巨变，渐趋合理，出现了工业区、商业区和居住区等的划分；城市中社会意识形态以及各类文化冲突日益加剧；同时，城市中社会问题与环境问题逐渐突出。

（四）当代城市发展趋势

进入 20 世纪后，城市进入一个快速发展的阶段。在 20 世纪上半叶，快速城市化仅仅是先进工业国家的发展倾向，1900 年时，城镇人口超过乡村人口的国家只有英、奥、德三国，到 1940 年增加到十几个，大部分为发达的工业国。但是在第二次世界大战后，城市化开始形成世界规模，城市发展出现了一个空前的高峰期。城市人口迅猛增长、经济实力大大增强，出现了一些特大城市和大都市。

具体说来，当代世界城市发展有以下几个特点。

1. 城市出现新的空间组织形式

大城市化趋势明显，其结果不仅使人口和财富进一步向大城市集中，大城市数量急剧增加，而且出现了超级城市（人口超过400万）、巨城市（人口超过800万）、城市集聚区（City Agglomeration）和城市群（Megalopolis）等新的城市空间组织形式。大城市以惊人的速度在成长和扩张，交通工具的变革起到了至关重要的作用。例如，伦敦的城市规模随着不同历史阶段的运输工具的发展而呈辐射状地向郊区扩散。1850年以前，伦敦的发展限于步行距离内（半径4.8公里）；1850～1914年间，通勤火车（早期是蒸汽火车）开始带动市区的扩展；1914年～1939年间，电力火车、地铁和巴士的发展把伦敦塑造成一个半径20～25公里的圆形城市，其规模比从前扩大了4～5倍。

2. 城市发展过程中出现郊区城市化、逆城市化和再城市化

二战后，若干发达国家中从乡村到城市的人口迁移逐渐退居次要地位，一个全新的规模庞大的城乡人口流动的逆过程开始出现，即郊区城市化，简称郊区化（suburbanization），即人口、就业岗位和服务业从大城市中心向郊区迁移的一种分散化过程。“郊区”是中心城市行政边界以外的邻接地域，主要是城市化地区核心以外的城市边缘。郊区城市化加速的主要原因是由于特大城市人口激增、市区地价不断上涨，加上生活水平改善，人们追求低密度的独立住宅，汽车的广泛使用，交通网络设施的现代化等。

逆城市化（counter-urbanization）指的是人口从大城市和主要的大都市区向小的都市区甚至非都市区迁移的一种分散化过程。逆城市化首先出现在英国。1961～1971年间，大伦敦地区人口减少0.8%，1971～1981年间，它的人口又减少了10.1%。美国出现逆城市化的时间稍晚。根据美国30个最大的标准大都市统计区（SMSA）的人口统计，20世纪70年代，有9个SMSA的人口出现下降，表明它们进入逆城市化时期，其中大多数为东北部的老城市，这些城市人口下降固然同中产阶级向郊区迁移有关，但更重要的是经济结构老化造成人口向其他城市的迁移。

面对经济结构老化、人口减少，美国东北部一些城市在20世纪80年代积极调整产业结构，发展高科技产业和第三产业，积极开发城市中心衰落区，以吸引年轻的专业人员回城居住，加上国内外移民的影响，1980～1984年间，就有纽约、波士顿、费城、芝加哥等7个城市在市域内实现人口增长，出现了所谓再城市化（Reurbanization）。与此类似，英国大伦敦地区的人口在连续30多年下降后，于1985年起开始微弱增长，也出现了再城市化现象。

根据发达国家中一些城市人口增长的周期变动情况，一些学者提出了城市化进程的空间周期理论，即由城市化、郊区城市化、逆城市化、再城市化四个连续的演变阶段构成大都市区的生命周期。

3. 发展中国家的城市化仍以乡村向城市移民为主

由于农村经济增长赶不上农村人口增长，导致大量农村劳动力失业，甚至遭遇

生存危机，这一切推动大量失业农民进城，希望寻找工作机会和较佳的生存条件。这种乡村人口向城市集中的现象被人们称之为生计城市化（Subsistence Urbanization）。这些人移入城市后，一部分进入城内贫民窟区，一部分居住在城市外缘。在生活方式上具有二重性，即他们一方面有限地发展了城市性格；另一方面，继续维持了相当部分的农村规范和社群关系。当前，发展中国家不仅出现城市人口增长过快的趋势，而且由于大城市，特别是首位城市的吸引力，导致大城市数激增，首位城市人口膨胀，出现所谓过度城市化的现象。

二、中国古代城市的发展与管理

根据中国不同时期城市发展的主要特征，在 1949 年新中国成立以前，中国城市的发展历程大致可分为以下几个时期。

（一）古城城市的初期发展

根据现有文献史料和考古实物证明，中国早期城市产生于原始社会末期向奴隶社会过渡的时期。具体地说，起源于传说时代的三皇五帝之时（约公元前 26 世纪初），初形于夏，成形于商代末期。古籍中关于建城的记载，有认定夏鲧为筑城的创始人，也有筑城始于禹说，河南偃师市二里头村古城遗址是我国夏朝后期城形成的标志。筑城的目的，《吴越春秋》中“筑城以卫君，造郭以守民”之说已成共识，这也说明了王权是中国城市起源的关键因素。

考古发掘资料表明，商代末期的中国早期城市，尽管数量不多、职能单一，但是已经具备了城市构成的基本要素——城市永久性大型建筑、城市商业和城市手工业场所、一定的基础设施、较密集的居民居住区等。目前已发掘的商朝城市遗址主要有河南偃师尸乡沟商城、郑州商城、安阳殷墟、湖北黄陂盘龙城等。

周朝出现了我国城市发展史上的两次城市建设高潮。第一次是西周初年推行分封制，结果是这些诸侯国的统治中心——首邑城市得到了普遍的发展。在城市数量增多的同时，西周的城市也形成了等级分明的三级城邑网。第一级为“王城”，即周天子的首都；第二级为“诸侯城”，即诸侯封国的国都；第三级为“都”，即宗室和卿大夫的采邑。这三级城邑的建制既是一个统一的整体，又层次分明。按照宗法与政治相结合的统治原则，以三级城邑为据点，自上而下组成了一个遍布全国的统治网。

在春秋战国时期，随着周王朝统治的衰落，各诸侯国也不断增建新城，这就形成了我国城市发展史上的第二次城市建设高潮。这次大规模的城市建设活动，实际上是打破了“先王之制”的束缚，改造旧城，营建新城。城市功能发生了巨大的变化，由单一的“王公营垒”的政治军事统治中心，逐渐转化为区域的政治经济中心，从而出现了许多集政治、军事、经济功能三位一体的都城及诸侯首邑。这时期的临淄、咸阳、郢、邯郸、大梁等城市不仅是诸侯国的政治中心，同时又是一个地区工商业集中的经济中心。

中国早期的城市发展,奠定了城市管理中以政治为中心、注重等级规模关系发展的基调。西周城市作为宗法分封政体和礼制社会组织的一部分,形成了我国早期政治型城市的一种典范。一套营国制度对许久以来营都建邑的经验做了阶段性的总结,制定了各级城邑严谨而规范的模式。从《礼记·王制》等文献看,西周对市场已经有了全面的组织管理,概括起来有如下措施:限制参与流通的商品;贵族不得直接参加交易;规定市的类型与各种人等交易的时限,市外不准交易;设置专职来掌管市场秩序,进行稽查、验证、税收等;商品以种类价格按肆排列,加强对市门的管理。

战国时的城市,成为兼具统治中心和经济中心双重功能的空间实体。这时的城市管理已经初具雏形。

第一,实行"城郭"之构,强调城市功能分区。各国都城大都采用"城"、"郭"毗连结合或"城"、"郭"相套的布局方式,城集中了宫殿官署,是为宫城。郭则为一般官员和民众的居住区,还有相当规模的市和手工业作坊,是经济活动集中的地方。宫城的营建推行体现至高无上的君王权势的礼制。郭的规划要旨则在于保证生产经营活动的良好运作和治安秩序。

第二,实行分区制,以职业身份组织居住。《管子·大匡篇》明确规定:"凡仕者近宫,不仕与耕者近门,工商近市"。

第三,封闭里制和市场,维护社会治安。里是民众居住的街区,《管子·八观篇》说:"里域横通则攘夺、窃盗者不止",因此,应封闭各个居住区之间的联系。同时,战国时代开始出现有封闭结构的市区,并出台了整套的市场管理制度,开了中国古代集中封闭市制的先河。里市制在一定阶段有利于城市商业的发展,战国时期众多繁荣的商业城市的出现就说明了这点。但必须看到,这种集中封闭的市制的建立本意不在于促进商业的发展,而是出于安全的考虑,当然也有为经济利益方面的目的而实施的管理手段。

阅读拓展

西周时期的营国制度

西周为适应宗法分封的政治要求而制定的"营国制度",是我国历史上第一个城镇规划建设制度。所谓营国制度,就是城市规划和营建制度,"国"就是城,也特指王城。按照王城规制"九数"为尊,"降杀以两"而各以七、五级数规划建设的诸侯之城和卿大夫的都邑,构成了体现礼制尊卑等级的三级城邑制度,也被作为建国制度的重要组成而载于《周礼·考工记》。

有关的具体内容,《考工记·匠人》中有集中记述。就城市的规模来说,"匠人营国，方九里，旁三门。国中九经九纬，经涂九轨"，意思是：建筑师营建的城市（主要指都城）平面是对称布局之正方形，每边长九里（周制，现在约为3.1公里），每边各开三门；城市有九条直街，九条横街（也可能是三条南北向、三条东西向的主要干道，每条干道由三条并列的道路组成），道路的宽度为车轨的9倍。

纵横交错的道路，确立了城市的布局："左祖右社，面朝后市，市朝一夫。"城市中央为天子所居的宫城，宫前左置祖庙，右建社稷。周王面南临朝而背北为市肆。王宫与市场的占地各为100亩（夫为古代计量单位，约合现代100亩）。上述布局反映了"王者居中"、"为数崇九"等王权思想和严谨对称的规划原则。

营国制度还对城市等级进行了明确规定。规定王城的城楼高九丈，诸侯城的城楼高七丈，而卿大夫城的城楼只能高五丈。《考工记》还记载："经涂九轨，环涂七轨，野涂五轨"，说明了道路宽度有不同的等级，市内宽、环城窄，城郊更窄。还规定："环涂以为诸侯经涂，野涂以为都经涂"，即诸侯的经涂宽度只相当于王城的环涂宽度，而卿大夫采邑的经涂宽度再降一等，仅相当于王城野涂的宽度。这说明按照封建等级，都城有大小，其中道路的宽度也不相同，三级城邑经纬涂宽度是：王城九轨，诸侯城七轨，卿大夫城五轨。

《考工记》中的叙述，尽管简略，却历来被学术界普遍认可为中国古代城市规划最早的体系性载述。营国制度规划思想和方法，在后来的发展中，对中国古代城市规划的实践与理论研究曾产生了深远的影响，甚至被奉为经典性的制度予以诠释和贯彻实施，其典型如北魏洛阳、隋大兴城和唐长安城，以及元大都和明清北京等。图1-1为《三礼图》中的周王城图。

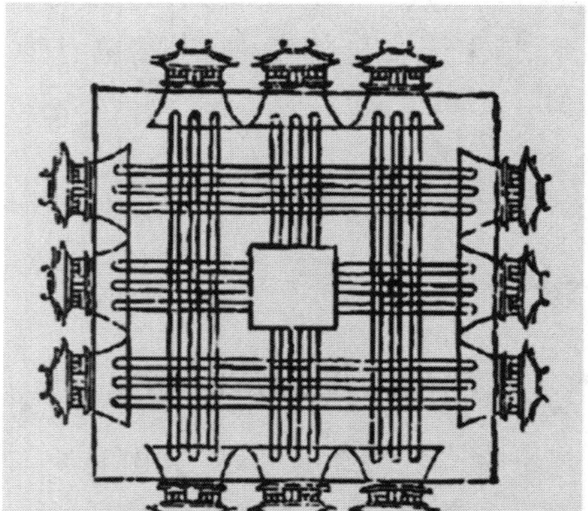

图1-1 《三礼图》中的周王城图

资料来源：庄林德、张京祥：《中国城市发展与建设史》，东南大学出版社，2002年版，第16~17页。

顾朝林：《中国城镇体系——历史·现状·展望》，商务印书馆，1992年版。

(二)古代城市体系的形成

秦汉两代是我国中央集权的统一和国家的形成与定形时期,也是我国城市发展较快的时期。主要的特点如下。

1. 城市数量增加,行政性城市得到迅速发展

秦汉两代,国家政治上实行中央集权和郡县制度;在行政上,郡下设县,县下设乡、亭、里等,构成了全国自上而下的行政中心体系网络。这使以行政中心为主的城市开始占绝对优势。秦始皇二十六年(公元前221年)灭六国初,设36郡,设县数不详。西汉时实行郡、国并行制,设郡15,封诸侯国10。据记载,至西汉末,"讫于孝平,凡郡国103,县邑1 314,道32,侯国241",可见当时以行政中心为主的城市已构成城市的主体。这些行政统治中心,在其后朝代中绝大多数被延续下来,表现为规模不等的行政中心城市。这类城市中的大多数,其政治组织又进一步带动了城市的经济职能,表现为行政中心层次越高,商业和手工业等经济职能越发达的特点。

2. 我国城市体系自上而下的等级系列开始形成

秦时全国即已形成三级城市等级系列:首都——郡城——县城;到了汉代,为了强化地方统治,又增设了若干司隶部、刺史部统领各郡、县,形成了四等级系列:首都——司隶部、州刺史部驻所——郡、国(王国)、属国都尉都城——县、邑、道、公国、侯国治所驻地。这个时期以小城市(县城)为主体,城市层级分明,在城市等级系列中,除都城统领12个刺史部外,平均1个刺史部约统领9个郡级城市,1个郡级城市又统领9个县城。

3. 城市经济区的形成是这一时期城市发展的重要体现

国家统一、交通发展、经济发展促进了众多商业城市的出现。例如,汉代长安既是最大的政治中心,也是最大的商业中心;洛阳、邯郸、临淄、宛、成都是全国性的大地区一级商业中心,此外还有众多的地方经济都会,这些城市"富冠海内,皆天下之名都"(《盐铁论》)。全国还形成了关中、三河、燕赵、齐鲁等8个以经济城市为核心的经济区域。

4. 在城市建设方面,都城规模宏大,城中居民区开始按照闾里制修建

秦汉时期的首位城市规模宏大,例如,秦"咸阳其旁二百里内,宫观二百七十"(《元和郡县图志》),可见是个规模很大、绵延地域很广的城市,以至于"烧秦宫室,火三月不灭"(《史记·项羽本纪》);西汉长安的长乐宫、未央宫、建章宫等都是庞大的宫殿群,其中较小的建章宫大小宫殿就有26座,号称"千门万户",宫周长达到30里;东汉洛阳同样建有多个规模宏大的宫殿。由于宫殿占据了城市很大空间,所以平民只能居住在靠近城门的地区,并且划分闾里,长安的居住区共有160个闾里。

秦汉时期,形成的城市体系还存在发展的相对封闭性等局限。如城市地区发展不平衡,城市主要偏集北方(黄、淮、海河流域地区);城乡联系松散,商品交换以大、中城市为主;城市间的联系偏重于行政上的上下级联系,百里不贩樵,千里不贩粮,"男耕女织"形式的小农经济和家庭手工业仍然牢固地结合在一起。

(三)古代城市的繁荣时期

魏晋至隋唐是我国历史上经分裂到大一统的封建帝国形成时期,五代到两宋,在分裂与统一的轮回中封建帝国持续发展。在这个长期的历史过程中,中国整体的城市格局基本形成,城市管理也在传承之中进行变革。具体说来,这一时期的特点基本如下。

1. 城市发展和分布重心发生根本改变

在城市发展上承"南升北降"的态势,分布重心由黄河流域转移到长江流域。从三国时期以后,南方成为我国主要的城市发展地区,南方的城市发展水平逐渐赶上并超过北方。沿着长江和大运河的水运通道形成了新的城市发展轴线,如扬州、南京等。东南沿海逐步形成了繁荣的对外贸易海港,如泉州、广州等。

2. 城市规模上大小差距加大,首位城市规模迅速扩大

城市规模向上、向下两级都有扩展,下级是县城以下的小城镇开始出现;中间等级上,府、州即地区中心一级的城市数量明显增多;最有代表性的是上级出现了若干百万人口以上的特大城市。南朝都城建康(今南京)在梁武帝时(公元 502 ~ 549 年)总人口逾百万,成为我国第一个人口超过百万的特大城市。隋唐都城长安和洛阳、宋朝的汴梁人口规模也达到百万之众。作为当时世界城市发展的代表,中国的首位城市也是世界上最大的城市。

3. 行政区划方式变化大,城市行政等级体系趋于稳定

我国地方的城市体系向来与行政区划并行。隋代与秦汉大致相当,仍施行郡、县两级制;而至唐代,易郡为府、州作为一级行政区,县为二级行政区,并设置道为监察区域,形成了由都城——道级驻所城市——府、州级驻所城市——县城四级城市网络。宋代行政建制改变了隋唐传统,设路于府、州之上,相当于唐代道制,县仍为基层行政单位。此外,由于这一时期商业、手工业的发展,还在坑冶、牧马、铸钱、产盐等处所设置监制,在军事要冲设置军制。这样,地方城市自上而下形成了路城——府、州城(监、军城)——县城,大体上仍然为三级城市体系(不包括县下镇一级区划单位)。

4. 传统的坊市制度走向解体,城市形成开放性的内部空间

唐代以前,封闭的坊里和市场都是严格分开布置,整个城市由方格状道路系统划分为若干的封闭的小区和特定的商业市场。坊和市都由墙围起来,设有门,由专人看守,开闭有时。这种管理制度在唐朝达到顶峰,长安城共有 108 坊,大多四面各

开一门，少数只有两门；两个市（东市和西市）四面各开两门。到了宋代，坊里制度被打破，变成以街道划分的街巷制，坊里只作为地名标志，没有坊墙和坊门。宋代开始设立“厢”一级的管理机构，每一厢由若干厢吏进行管理。同时商业活动不再集中设市，可以临街开店，营业时间也不再受到限制。宋代开始的坊、市制度的崩溃，在我国城市发展史上具有转折性的意义，它标志着我国城市的内部空间由封闭走向开放，有学者将此称为“中世纪的城市革命”。

阅读拓展

中国的“中世纪城市革命”

“中世纪城市革命”一词，是由美国著名汉学家施坚雅（G. W. Skinner）在研究中国古代城市发展中的关键性变革时提出来的。他在其主编的关于中国城市的巨著《中华帝国晚期的城市》一书中，有以“中世纪城市革命”命名的专篇。文中描述“中世纪期间中国所发生的一些关键性的制度变革，始于8世纪下半叶，至北宋而达于顶点。”

在此期间实现了“市场结构和城市化上的革命”。这个革命的鲜明特点是：①放松了每县一市，市须设在县城的限制；②官市组织衰替，终至瓦解；③坊市分隔制度消灭，而代之以自由得多的街道规划，可在城内或四郊各处进行买卖交易；④有的城市在迅速扩大，城外商业郊区蓬勃发展；⑤出现具有重要经济职能的大批中小市镇。伴随着这些制度而来的是：“赋税和贸易日益钱币化了；商人的人数、财富和力量增长了；社会和官府轻视商业和商人阶级的态度缓和了”。在当时，发展最快的城市是那些蓬勃兴起，成为地区重要经济中心的城市。

从历史发展来看，宋是一个蓄贫积弱、苟且偷安的朝代。但由于它统一了当时中国人口最多、经济最发达的东部地区，使社会与经济的发展水平仍超过了唐代。北宋在中国城市发展史上，是继春秋战国之后的第二个高峰时期。这次“城市革命”实际上体现了市场力量对于专制力量的突破。

首先，城市商业空前发展，传统的坊市制被打破。战国时期的城市产生了封闭的市场和坊里，经汉代的推广，封闭的坊市制度在全国沿用下来，迄隋唐之际发展到完备，城市商业活动及居民日常行为均受到其严格的管束。传统的封闭市制是指在城市规划中，市场被置于宫城之后的一个特殊地域，设立市官，定时交易，超过特定的时间和空间的交易都是不允许的。随着封建统治的加强，城市居住区也开始模仿市场管理制度，里变为坊，四周环绕围墙，设置管理人员，定时出入。唐长安、洛阳两城的兴建，将上述坊市制度发展到顶峰。长安城居住区有108坊，其中市场仅分二市，各占两坊之地。尽管市场内拥挤不堪，营业范围却不能任意扩大。

但是，商品经济的发展终究要突破坊市制的桎梏。唐代晚期，军阀割据，中央政令不行，在扬州、成都等商业发达的城市中开始出现夜市。五代时期，夜市进一步发展，致使宋太祖即位后不久正式下诏不得禁止夜市，于是，传统的市场模式的时间限制被消除了。北宋中期，又出现了破墙开店的现象，封闭的坊开始瓦解。这样，坊市制度就全面崩溃了。坊市制度的崩溃具有革命性的意义，它标志着中国商业由定时限地的古代型商业向全天的、不受地点限制的近代型商业转化，封闭的城市开始向开放型的城市转化。

其次，新型的城市型聚落——镇、草市开始出现。这一时期，边防军事重镇和大城市外围草市的兴起，成为中国小城镇发展的伊始。军镇设置始于北魏，掌管一个地区的军事，也逐渐发展成为当时有别于行政中心城市的军事重镇。作为我国小城镇前身的草市，兴起于南北朝时期，其起源为城市城门外供农民出售草料(饲料、燃料)等农产品的场所，但是设置有着严格的规定，“诸非州县之所，不得置市”，即使州、县以上治所，其置废也仍一秉于政府。唐以后，工商业市镇出现较多，到宋代则达到一个高潮。北宋神宗时全国有近 1 800 个镇，约 1 300 多个镇分布在南方。

宋王朝对镇实行统一管理，公元 962 年，取消镇将，设置镇监，不仅掌巡逻、盗窃及火警等事，而且还负责征税。宋王朝规定：民聚不成县而有税者，则为镇。由此可见，宋代设镇的标准主要有两条：一是有相当数量人口聚集；二是工商业较繁盛，能够征收商税。小城镇的兴起和发展是商品经济的纽带，使大城市的辐射能力向纵深处延伸，完善了我国的城市等级体系。

(四)古代城市发展的停滞

从元代开始，中国作为一个统一的国家就再也没有分裂过。元、明、清三代的统一局势，造就了我国城市发展史上最为雄伟、辉煌的都城——北京。但是，从总体上看，随着封建社会开始走下坡路，元、明、清时期城市的发展未能在宋代的基础上取得全面突破，在某些方面甚至有所倒退。如明清时的海禁政策，就阻碍了港口城市的发展。这一时期的主要特点如下。

1. 城市数量和类型增多

明代大中城市数量比宋代明显增多，明代府级城市有 140 个，而宋代只有 30 个。明代城市类型也比前代增多，政治性城市、工商业城市、对外贸易港口城市、边防军镇都得到了很大发展。清代无论是城市数量和类型都又超过了明代。从表 1－2 可以看出，除了秦朝以外，其余各朝城市数量大体是浮动在1 200～1 700 个之间，清代超过 2 000 个，其数量之多在世界上是独一无二的。

表1－2　我国历代郡、县设置数目

朝代	郡	县	合计	备　注
秦	47	400多	500左右	郡中包括内史1
西汉	103	1 587	1 690	郡中包括国20，县包括道、侯国
东汉	105	1 180	1 285	郡中包括国24，县包括道、侯
隋	190	1 255	1 445	
唐	328	1 573	1 601	郡为府、州数
北宋	351	1 234	1 585	府州中包括京府4，府30，州254，监63
元	392	1 127	1 519	郡为州、府数，另有路185，军4，安抚司15未计入
明	399	1 144	1 543	府州中包括羁縻府19，羁縻州47，县中包括羁縻县6
清	551	1 525	2 076	郡尉府州厅书，县包括旗172

资料来源：庄林德、张京祥：《中国城市发展与建设史》，东南大学出版社，2002年版，第161页。

2. 以省会为中心的省级城市体系开始形成

元朝统一中国后，推行行省制度，开创了我国以省作为地方最高行政区划单位的先例，并延续至今。元代行政区划比较复杂，但以省统路或府，路、府统州或县，这三级城市划分最为普遍。明、清两代继承了元体制，明设布政使司，清置省（均相当于元代中书省制），下设府（州）、县、镇等四级。无论在内地还是在边远地区，这种政治上的高度中央集权和政令统一的全国行政中心城市网已经基本形成。与之相对应，全国首都——省城——府（州）城——县城——镇五级行政中心城市网也更加完善。

3. 地域空间结构主要表现为江南市镇蓬勃兴起

明清时期城市发展中的最显著特征是在一些商品经济较发达地区工商业市镇的大量涌现。我国今天农村地区众多的城镇，大多兴于明而盛于清。它们不同于以往由封建统治者出于统治目的而设的州府县城，而是商品经济的产物。按职能类型，这些市镇可分为手工业型和商业型两大类，尤其是江南地区的小城镇蓬勃发展成为我国最初的处于雏形的城市化地区。从城市的分布看，明清时期的大中城市大部分集中于东南沿海一带，江浙两省差不多占了全国的1/3，而整个北方仅占1/4。越偏北方和越到内地，城市的发展就越见落后。

4. 沿海大中港口城市发展停滞与衰落

由于倭寇之患和欧洲殖民主义者东来，明政府于1523年封闭了全部通商口岸。自此至鸦片战争爆发，明、清政府都采取闭关锁国、厉行海禁的政策，致使沿海大中港口城市停滞不前，有的就此衰落下去。

此外，明清时期一些工商业城镇中已出现资本主义萌芽。但是，由于多种原因，这些资本主义萌芽却未能像同期的西欧城市那样导致资本主义的产生。这就注定了中国城市要从领先于世界的先进水平之上逐渐落伍。以首位城市的规模为例，19世纪初北京仍是世界上唯一的百万人口城市，估计人口为110万人，伦敦居其次，为95.9万人。然而到1850年，伦敦人口已达230万人，大大超过北京（估计为165万人）。

综上所述，中国古代城市经历了一个从形成、发展、繁荣到停滞的发展历程。政治、军事因素是早期城市产生的主要原因，后期城市工商业的发展促进了城市转向以政治功能为主的多功能城市发展，但是这种自发的转换是缓慢而不彻底的。中国古代城市虽然多次出现辉煌的发展，但是都不能持久，尤其是在每一个王朝的末期，城市都会面临毁灭性的灾难，陷入一个发展——衰落——破坏——恢复——发展——衰落——破坏的循环中，呈现出波浪式的曲折前进历程。受政治文化传统和地理条件的限制，中国古代的城市基本是在一个封闭的地域和社会文化环境中发展演化的，因此，古代的城市能够反映出中国历史上社会经济发展历程和文化内涵。

三、中国近代城市的发展与市政体制的确立

中国近代城市是在帝国主义列强入侵、中国沦为半殖民地半封建社会的历史条件下发展起来的，中国传统的城市发展模式发生了改变。随着工业新技术和大机器生产的浪潮波及我国，我国城市的发展速度超过以往任何时期。但是，我国城市化进程与发达资本主义国家相比，又是十分缓慢的。据美国学者斯金纳的研究，1843年中国的城市化水平约为5.1%（不包括边远地区）。到了1949年，中国的城市化水平上升至10.6%，仅增加了5.5个百分点，同期世界城市化水平却增加了22.8个百分点。

（一）近代城市发展的变化

帝国主义列强的入侵，不仅使中国的社会制度发生了根本的变化，也对我国的城市发展产生了深刻的影响。这些变化主要表现在以下几个方面。

1. 从城市性质来看，出现了一批殖民地、半殖民地性质的城市

第一种类型是受列强直接控制的城市，包括香港、澳门以及甲午战争后割给日本的台湾等割让地，青岛、威海、旅顺及大连等租借地，以及俄国和日本先后占领的中东铁路和南满铁路沿线城市，这些城市被按照侵略者的意图通过规划进行改造，带有明显的殖民地色彩。第二种类型是列强强迫中国在某些口岸或城市划出租界的城市，典型的租界城市如上海、天津、汉口和广州等，计有12个城市30个租界，不仅租界与旧城之间对比强烈，而且各租界之间也是差异巨大，整个城市形成极不协调的画面。第三类是列强通过不平等条约强开商埠城市，列强通过各种不平等条约强迫清政府开放沿海、沿江的口岸城市，总计被迫开放城市达到70余处。殖民地与半殖民地城市虽然促进了城市的开放，但更重要的是列强通过这些城市源源不断地掠夺中国的资源。在城市建设上形成片面繁荣的同时，割断了与城市其他部分的有

机联系。

2. 从城市职能来看,形成了政治与经济双重发展的职能结构

传统的中国城市体系是以政治(行政)中心城市为基础的,尽管已经形成了一些商业城市和手工业城市,但其基本职能仍具有政治上统治农村、经济上剥削农村的封建城市特征。在洋务运动的推动下,我国出现了一批近代工业城市和工矿城市,随着铁路和公路的建设,也出现了一些交通型的城市。这样就促进了近代城市职能转变为行政、经济职能并重,也使我国城市向多元化方向发展。虽然是近代城市,但是在城市建设方面仍然缺乏现代化的城市设施,保留了旧封建城市的特征。

3. 从城市规模来看,出现了大城市和小城镇两极分化的状况

这个时期新兴城市人口规模急剧扩大,有些城市甚至在很短的时间内,即由原来的蕞尔小村一跃而为大中型城市。殖民地半殖民地城市如香港、大连、哈尔滨等,在 30 年左右的时间内,城市人口规模均由原来的数百数千人上升为 50 万人口以上;新兴工矿城市如唐山、抚顺、本溪、焦作等,人口规模也迅速增加到 20 万 ~30 万人;新兴铁路枢纽性城市,如蚌埠市原来仅是一个 500 户人家的渔村,在 1908 年津浦铁路通车后不到 20 年,人口规模就达到 20 万人以上;石家庄 1900 年时也是一个仅有 800 余人的小村庄,自京汉、石太铁路建成后,便一跃而成为我国北方重要的铁路枢纽,到 1949 年更达到 28 万人。至 1936 年抗战前,我国有 5 个百万以上人口城市(上海、北平、天津、广州和南京),在 10 个 50 万人口以上城市中,除了北平、南京、广州和杭州 4 个原有的大城市外,其余 6 个都是近代新发展起来的,其中尤以上海、天津、青岛发展最为迅速。与此同时,由于商品流通的增大和农产品商品化,大大地促进了我国小城镇的普遍发展,据 1933 ~1936 年全国城镇人口资料统计,人口在 5 万 ~20 万人的小城市不仅占城市总数的 85.2%,而且人口占城市总人口的 45.9%。

4. 从城市地域分布来看,区域差异明显,沿海与内地发展不平衡

新兴工矿业城市多位于东北及华北地区,这样,自魏晋南北朝以来我国城市主要在南方发展的趋势发生了逆转,北方再次成为城市的主要发展区,其中东北成为我国近现代城市化速度最快的地区。由于东北的资源极为丰富,沙俄和日本在东北广泛筑路开矿设厂,形成了以辽中为核心、哈大铁路为纵轴、滨绥铁路和沿海港口城市为两翼的,以重工业为主体,兼及部分轻工业为特点的东北地区工业一城市密集带。资本主义在南方的发展主要是在条件较好的长江中下游地区和珠江三角洲等地,形成沿海城市带和沿江城市带的发展。但是,在很多交通不便,又没有什么特殊资源和外来经济条件刺激的地区,城市发展不快,甚至有所衰落,与内地偏远地区城镇的情况相似。广大西部地区是近现代城市化进程中发展最落后的,绝大多数城市的发展处于停滞状态,从城市职能到空间结构基本保持前工业社会城市的特征。

5. 从城市空间结构来看,城市向开放型转变,形成了"多区拼贴"的结构特征

我国城市空间结构从宋代坊市制度解体后就开始向开放型转变,但由于社会制度和生产力水平的限制,转变并不彻底。近代工业交通产业的出现才改变了这一格局。近代工业区的出现,改变了过去生产、生活空间合一的状况;近代交通的出现,使城市在传统的方格网上增加了放射性道路,增强了城市的辐射能力;延续几千年的封闭的城墙陆续被拆除,改为城市道路。由于近代城市受到封建传统势力、军阀割据势力、民族资产阶级势力以及外来多国殖民势力的多重因素影响,不同势力对城市空间结构形成了不同的影响,就形成了城市"多区拼贴"的特征,即城市可以分为老城区和关厢区、商埠区或租界区、自发形成工业居住混合区、有规划的新区等不同的地区,它们各有特点,又相互组成,构成了近代城市特殊的城市空间结构。

总之,近百年来的近代城市发展,是我国城市由传统城市向近现代城市转型的时期,在城市的性质、功能、规模、地区分布、空间结构等方面都发生了深刻变化。但是,这一变化是社会生产力发展的结果,也是由于帝国主义入侵造成的。城市尽管有发展和进步,部分城市的物质内容和城市面貌发生了一定改进,但仍旧是殖民地、半殖民地性质的变化,并不是帝国主义主观愿望上要帮助中国实现城市近代化。①

(二)近代城市管理体制的创立

中国的城市发展虽然历史悠久,但是市的含义在古代与近代是不一样的。古代的"市"是指市场,"市令"或"市长"是指管理市场的官吏。随着城中坊市制度的瓦解,市场活动突破市垣分散到街坊之中,"市制"最终失去了它的效用。唐朝开始裁减市司官吏,五代以后市司机构再也没有恢复。真正产生具有近代意义的城市行政区,在法律上承认市、镇是一种独立的地方行政建制是从清朝末年才开始的。

最早的城市行政区首先出现在上海的租界内。1854 年,英、美、法三国在上海租界内成立了具有地方政府性质的机构——工部局。1862 年,法国从工部局中分出,单独成立了性质相似的机构——工董局。工部局和工董局实质上是列强在上海租界的代理机构,但是它也体现出城市管理上的先进性,为中国城市管理的改进提供了样板。

到了 1900 年,上海闸北地区绅商得到批准,组建了"闸北工程总局",这是一个自治性的、以开发建设闸北地区为主要目的的官吏机构,虽然因财政困难于 1906 年宣告结束,但意义重大。1905 年,上海南市地方绅商在地方政府支持下成立了"上海城厢内外工程总局",该局作为上海城区的自治机构一直存在到 1909 年。上述机构开创了中国人自己管理近代城市的先河。②

---

① 庄林德、张京祥:《中国城市发展与建设史》,东南大学出版社,2002 年版,第 201 ~ 202 页。

② 靳润成:《中国城市化之路》,学林出版社,1999 年版,第 76 页。

20世纪初,清政府推行新政,内容之一就是进行包括城市和城镇建制在内的改革。1909年1月,清政府颁布了《城镇乡地方自治章程》。章程规定:城指府厅州县治之城厢,其余市镇村庄人口满5万以上者为镇,不满者为乡。城与镇可以单独设置自治机构,其级别与乡一样,是下级自治机关,要受到所在地地方官的监督,地方官还有权解散自治机构。城镇自治机构设立议事会和董事会,办公处称为自治公所,其职能涉及教育、卫生、救济、市政工程、工商业管理和其他城市公共事业。尽管这份章程用现代城市管理的标准来看还很不标准,但是这是中国历史上首次在城的范围内设立正式建制,在法律上确认了城乡分治的行政区划新格局,城市单独进行管理也有了法律依据。由于清朝随后迅速灭亡,该章程的实际影响并不大。

北洋政府于1921年先后颁布《市自治》和《市自治施行细则》,规定人口达到1万人的地方即可设市;市分为特别市和普通市,前者地位相当于县,受省管辖,后者则受县管辖。1922年公布了京都(北京)和青岛为特别市。

国民革命政府1921年在广州时就建立了完整的市政制度,颁布了《广州市暂行条例》,对选举程序、功能分布、机构设置等相关问题做了规定,设立的市政厅已经成为独立的一级行政权力机关,并形成了自己内部的行政官吏体系。北伐后,为了统一标准和加强对城市的管理,南京国民政府于1928年颁布了《特别市组织法》和《市组织法》,规定城市分为特别市和普通市两种:特别市直辖于国民政府,包括京都和百万人口之上的城市;普通市直辖于省政府,人口满20万人即可。这样就对设市条件做出统一而明确的规定,是对城市型行政区模式的第一次有效规范。

1930年,南京国民政府重新颁布《市组织法》取代以前的法律,不再划分特别市和普通市,只按行政地区和隶属关系来划分市的类别,即“直隶于行政院”和“隶属于省政府”两种。对设市标准做了新的规定,院辖市的条件没有变化,省辖市的条件更加严格:人口在30万以上;或者20万人以上且相关税收占该地收入一半以上。标准的提高导致原来的许多普通市被撤销市建制。《市组织法》在全国范围内的推广,对中国市制的形成起了重要推动作用。

抗战爆发后许多城市逐渐沦陷,因此1942年国民政府又修订了《市组织法》,降低设市标准,取消了省会不设院辖市的规定,省辖市的标准改为:人口在20万以上;或人口在10万以上而定位重要者;或省政府所在地。对市内行政体制也做了改变,废除了旧有的区、坊、闾、邻等层级,采用保甲制度,市下设镇,镇下设保甲。抗战胜利后,国民党统治区的市制变化不大,到1947年市建制共达到69个,基本上近代新型工商业城市、地区中心城市都成为市一级行政区划和县以上一级地方政权,中国近代市建制基本形成。

本章小结

中国古代的“城”和“市”功能各异，前者为了防御，后者为了交易，当二者结合在一起时，真正意义上的城市才产生。从城市管理的角度看，只有那些经国家批准设有市建制的城镇才称为城市，不够设市条件的建制镇才称为镇，市和镇的总称叫做城镇。城市首先是与乡村相区别的一种客观的形态，其次又是政府行政建制的一种组织形式。解放后，我国的市、镇建制标准经历过几次变动，标准也逐渐向复合型标准转变。人们提出了城市化地区、大都市区、大城市群等概念来理解城乡之间的复杂关系。城市的性质、行政隶属关系、规模等级都可以作为城市分类的标准。

从历史发展看，世界城市的发展史可分为四个阶段：城市产生及早期发展阶段；中世纪阶段，即前工业化社会时期；工业化时期；当代或后工业化社会时期。王权、商业贸易、工业化和信息化在不同时期对于城市产生了的巨大推动作用。中国古代城市的发展历程大致可分为三个时期：城市形成和初期发展时期；封建社会时期，包括前、中、后三个时期；近现代时期。中国古代城市虽然多次出现辉煌的发展，但是都不能持久，呈现出波浪式的曲折前进的态势。近代城市发展，是我国城市由传统城市向近现代城市转型的时期，在城市的性质、功能、规模、地区分布、空间结构等方面都发生了深刻变化。真正产生具有近代意义的城市行政区，在法律上承认市、镇是一种独立的地方行政建制则是从清朝末年才开始的。

思考题

1. 如何理解城市的特征？
2. 城市设置的标准有哪些？
3. 如何认识城市化地区、大都市区、大城市群等概念之间的关系？
4. 谈谈对城市功能和城市性质的理解。
5. 简述城市类型的划分标准。
6. 简要描述当代城市的发展趋势。
7. 简要分析我国城市的起源和古代城市建设制度？
8. 为什么说我国宋代出现了一次“城市革命”？
9. 怎样认识我国近代城市的主要类型和发展原因？
10. 简要分析我国近代城市管理体制的形成过程。

案例分析

古代北京的坊里制和保甲制

就城市发展来说,尽管北京很早就出现了与乡村居民点相异的特征,但在相当长的时间里,并没有独立的行政地位。在国家管理者的视野中,城市与乡村是等同的。如明朝定都北京后,设顺天府,为北京地区最高行政机关,辖大兴、宛平等22个县。其中大兴、宛平两县以城区中轴线为界,分享对北京城的管理权,称为京县。清朝时期,依然由这两个县负责北京的市政管理。直到1914年京都市政公所成立,北京才初现市政府的雏形。

同我国古代其他城市一样,北京市早期的基层管理体制实行的是坊里制。坊里是城市建筑布局单位和基层行政管理单位的统称。“坊”,初称“里”,“坊”乃“里”之俗称。所谓坊里是指将城市中的居民区划分为若干个正方形或长方形的块状区域,周围用墙围起来,设1~4个大门,定时开启或关闭。每坊以十字形街巷为界,一分为四。居民住宅位于街巷两侧。据记载,辽代北京(燕京)“城中二十六坊,坊有门楼,大署其额,有罽宾、肃慎、卢龙等坊,并唐时旧名”。作为城市建筑布局单位的坊里将“市”与居民区从物理范围上分离开来,便于社会治安管理和对居民的控制。元代及明初的北京依然沿用坊里制,元改北京为大都后,将全城居民划分为50个坊进行管理,后来随人口增长又陆续有所增加。但随着“市”与居民区的融合及居民活动空间的增大,元明以后的坊里制与辽代以前相比已经发生了很大的变化。最明显的就是作为城市布局单位的功能越来越弱化,作为基层社会管理单位的功能则日益凸现。

坊里制是与乡村的乡里制相对应的一种城市基层管理体制,其首要功能是维护社会治安,严密控制居民活动。一般坊里设有坊正(或里正),主要职责是“掌坊门管钥,督察奸非”。坊之上设厢,若干坊组成一厢,设厢官。坊之下有铺,相当于现在的街道。明代,“见行城内各坊,随居民多少,分为若干铺,每铺立铺头火夫三五人,统之以总甲”。坊正及总甲的主要职能都是协助政府管理户口、征税及维护社会治安,此外,还要承担大量的公共服务工作,如调处民间纠纷、传达官府政令、反映民情民意等。政府各部门大都以坊为基本单位行使社会管理权。比如明代的巡城御史衙门在各坊都设有司坊官,负责本坊的社会治安。

保甲组织出现于宋代,最初专为维护社会治安而设,主要在乡村使用。明后期因城市社会治安恶化,统治者开始在城市利用保甲维护社会秩序。保甲遂逐步与坊铺融合成新的城市基层管理组织。1621年,负责北京治安的余懋衡上书朝廷,建议在北京编查保甲。皇帝采纳了他的建议,遂“逐户编排,十家一甲,十甲一保,互相稽查。”这是北京保甲制的初始，只是编排范围较小，可以说是作为坊里制的补充存在的，城市管理的重心在坊不在甲。清朝不仅沿用了保甲制度，而且使保甲制的功能更为完善。1708年康熙下诏：“凡州县乡城，十户立一牌头，十牌立一甲头，十甲立一保长。”虽然在相当长的时间里，建立于坊里制基础之上的清代保甲并没有完全取代坊里制，但逐步演变为城市基层管理体制主体的趋势越来越明显。清朝中后期，随着社会发展和各民族的大融合，不仅北京的旗人编查了保甲，而且保甲制成为政府统计户口和推行户籍管理的基础，在城市基层管理中的地位日益重要。保甲制推行后，由于政府各部门在管理城市时都直接与保长发生关系，坊里制事实上也就失去了城市基层管理的职能。

从坊里制演变为保甲制，是北京城市基层管理体制上的一个重大变化。它反映了政府行政触角随机构之膨胀逐步向基层延伸的趋势，是科层制管理结构日益完善的重要体现。坊里制以地域为基础，每坊里的户数和人数都较多，保甲制则打破了区域的概念，形成以户为单位的网络化组织。由于保甲的职责非常宽泛，“其管内税粮完欠、田宅争辩、词讼曲直、盗贼发生、命案审理，一切皆与有责”，已经成为城市基层管理的重心所在。

资料来源：杨荣：《论北京市基层管理体制的历史变迁》，《北京社会科学》，2004年第1期。

案例思考题：

1. 怎样认识坊里制和保甲制的作用？这些城市管理功能在现代城市中是怎样实现的？

2. 从坊里制和保甲制的演变历程，谈谈对城市基层管理体制变革的认识。

第二章

城市化与城市管理模式

城市化进程有着自己特有的内涵和发展规律,把握城市化的具体形态和发展规律,对于认识中国城市化的发展状况具有指导意义。不同的制度安排决定了中国的城市化进程和具体形态。中国已经进入了城市化快速发展的阶段,因此,必须明确城市化发展方针以应对各种挑战。城市的发展要求更高的城市管理水平,传统的城市管理模式已经不能适应当前城市发展的需要,城市治理成为城市管理的新模式。

通过本章的学习,应当掌握城市化的基本含义和形态、中国城市化的基本进程和发展趋势,了解改革开放前后不同制度安排的差别、城市化的方针和面临的挑战,掌握现代城市治理的理念和城市管理模式的变革。

第一节　中国城市化进程的制度安排

城市化是工业革命后城市发展的新态势,它推动了人类社会迅速进入城市社会。新中国成立后经历了曲折的城市化历程,这与社会经济发展和制度安排紧密联系在一起。对于城市化发展规律和中国城市化进程的认识,有助于我们更好地理解城市发展模式和具体方针的作用。

一、城市化的内涵与动力

(一)城市化的涵义

城市化是一个与城市存在密切联系而又有着显著不同的概念,城市的起源并不意味着城市化的发端。一般认为,城市化作为一种社会经济发展过程中的结构变迁或转换,是在18世纪随着工业革命的出现而出现的。工业革命开启了人类社会从农业社会向工业社会、从乡村生活向城市生活变迁的进程。

城市化(urbanization)的内涵在不同学科中有着不同的体现。人口学所说的城市化是指人口城市化,即农村人口逐渐转变为城市人口的现象,如城市数量的增加、城市人口的增加。经济学则认为,城市化是各种非农产业的经济要素向城市集聚的过程,包括农村劳动力向城市第二、第三产业的转移,还包括非农产业投资及其技术、生产能力在城市的集聚。地理学认为,城市化是居民聚落和经济布局的空间区位再分布,并呈现出日益集中化的过程。社会学则指出,城市化是一个城市性的生活方式的发展过程,它不仅意味着人们不断被吸引到城市中,并被纳入城市的生活组织中去,而且还意味着城市特有的生活方式被不断强化。

综合各学科的界定,对城市化的含义进行系统分析后,我们认为,城市化是农村人口和非农活动在不同规模的城市环境中的地理集中过程和城市价值观、城市生活方式在农村的地理扩散过程。具体来说,它包括两个方面的含义:一是物化了的城市化,即物质上和形态上的城市化,主要反映在人口的集中、空间形态的改变和社会经济结构的变化等方面;二是无形的城市化,即精神上的、意识上的城市化,生活方式上的城市化。前者是直观的、有形的城市化过程,后者是抽象的、无形的城市化过程。

城市化是一个动态的转变过程,这表现在农业人口转化为非农业人口、农村地域转化为城市地域、农业活动转化为非农业活动、农村价值观念转化为城市价值观念、农村生活方式转化为城市生活方式的多层面的综合转化过程。这种转化既可以使农村因素向城市聚集,也可以使城市因素向农村扩散。城市化主要是通过原有城市的扩大、非城市区向城市区的转化以及新建城市三条途径来实现。

总之,城市化是近代工业化城市形成、发展,并取代乡村成为经济与社会中心的过程,它标志着人类生产和生活在环境、内容和形式方面发生了根本性的变化,集中、紧张、高节奏的城市生活代替了分散、悠闲、慢节奏的乡村牧歌式的生活。

从理论上看,城市化内涵的复杂性决定了应建立一种复合型的城市化衡量指标。但在实际中,至今并未形成能反映城市化丰富内涵,并具有时空可比性,被普遍接受的衡量指标。人口学上的定义最为简单,也最能为人们所接受,因此,衡量一个国家或地区城市化水平最常用的指标是城市人口占总人口的比重。具体来说有以下几种指标:

第一,城市化水平指标。城市化水平可以通过城市人口占总人口的比重、城市劳动力的构成、城市三类产业的产值构成以及城市人口收入水平、消费水平和教育水平等方面反映出来。其中,城市人口占总人口的比重是目前世界性组织及大多数国家最经常采用的指标。

第二,城市化速度指标。这一指标主要是通过人口向城市迁移、集中的速度和城市数量增长的速度体现出来。其中人口向城市集中、迁移的速度是主要方面,因为城市数量增长的速度必然会反映在人口向城市集中、迁移的速度上。

第三,城市化质量指标。城市化质量的衡量,一般包括经济、社会、文化、环境等几个方面。在中国,比较有代表性的是城市发展状况的综合评价方法,此方法包括城市生态、经济、居民生活、医疗卫生、文化教育、文化生活、娱乐、交通等指标。

此外,城市文明向农村的扩散及其所带来的乡村在生活方式、价值观念等方面向城市的趋近,也可以作为衡量城市化范畴的主要指标之一。

阅读拓展

城市化水平到底是多高?

城市化水平是指一个国家或地区总人口中居住在“城市地区”人口的比例。记者留意到,关于广东的城市化水平,目前有三个数字:31%,36%和55%。到底哪个数字才能真正反映广东省城市化的真实水平?

据了解,上述三个指标之所以差异较大,主要是由于统计口径的不同。国内城市化水平的统计口径曾历经三次变动。以非农业户籍人口占总户籍人口的比重统计,是20世纪50年代实施户籍管理制度以来城市化水平的重要衡量标准,按此口径,2000年底广东城市化水平为31%;以城镇建成区的市辖区、街道及居委会的户籍人口比重统计,是1990年“四普”(第四次全国人口普查)及一般城市规划采用的口径,按此口径,2000年广东城镇化水平为36%;根据国家统计局1999年制定的《关于统计上划分城乡的规定(试行)》的划分标准和方法,超过1 500人/平方千米以上的地域的常住人口(包括外来人口)均统计为城镇人口。按此口径,2000年广东城镇化水平为55%,珠江三角洲地区城镇化水平高达72.7%。

专家认为,以“第一口径”统计,低估了广东省实际存在的大量暂住人口的作用;“第三口径”则存在一定水分。

广东省社科院人口学与社会学所所长郑梓桢认为,城镇社会养老保险覆盖面的实际覆盖与人口基数(应参保人口数)的差距,不论是什么原因,其实质是城市无能力兑现最基本的“城市人”待遇,表明城市化的质量存在缺损和不到位,城市人口并非实际和完全意义上的“城市人”。经他测算,到2002年,广东全省应参保人数约2 490.7万人,实际参保人数只有1 211.9万人,覆盖程度仅有48.7%。究其原因,主要是因为广东55%的城市化率内含了大量的外来工和“城中村”人口,而这个群体恰恰是社保和人口城市化最不稳定的部分。正是从这个意义上说,目前广东城市化的质量还不算高。

资料来源:中国财经信息网,2004年6月2日,http://www.cfi.net.cn。

(二)城市化的阶段与形态

根据发达国家的城市化经验,美国地理学家诺瑟姆把城市化的进程分为三个阶段:低于30%的初期阶段、30%~70%的中期阶段、高于70%的后期阶段。三个阶段的演进在发展速度上呈现出由慢到快、再由快到慢的"S"形曲线状态。

城市化初期阶段是城市化的起步阶段。在此阶段,较低的生产力水平导致第一产业不能提供丰富的生产资料以及劳动力转移,第二、第三产业所需要的资本、人力、技术都不充足,城市发展速度很慢,经历时间很长。城市人口占区域人口比重较低,区域处于传统农业社会状态。

城市化中期阶段,又称为城市化腾飞阶段。科学技术的进步,使第一产业可以提供丰富的农业产品和剩余劳动力,国民经济和社会资本的增长,使工业化规模扩大,第二、第三产业可以吸纳更多的资本,城市可提供更多的就业机会。农村人口大量涌入城市,城市人口快速增加,城市数量增多,规模增大,城市化水平在短期内可以得到很快的提升,城市在经济社会的各个方面都发挥着重要作用。

城市化的后期,是城市化的成熟阶段。经过腾飞阶段的快速增长后,城市化的速度开始放慢,原因是可转移的农村剩余劳动力已经基本被城市吸收,城市的发展主要靠其自身的增长。

由于研究者角度的不同,以及不同的国家和地区之间存在经济形态和社会制度的差异,因而对城市化的形态可以从不同的角度和标准进行分析。

1. 集中型城市化和扩散型城市化

集中型城市化和扩散型城市化是最常见、最重要的一种划分方法,是从城市空间结构的演变进行考察的结果。集中型城市化的实质是城市的基本性质包括其密集性、经济性、社会性在城市地区的进一步提高,表现为人口向城市集中、城市人口密度加大和城市分工的进一步深化以及生活方式的多样化。扩散型城市化就是城市的基本性质向非城市地区扩展,因为随着城市规模的进一步扩大,城市中的问题必然会凸显出来,这就促使中心地区人口和企业不断向城市郊外扩展或者向更远的地区扩展,发展成以中心城市为核心,周围布满小城镇的大城市区。这是目前发达国家城市化的主要形态。前者更多地表现出城市对周围农村的吸引力,后者更多地显示出城市对周围农村的辐射力。

2. 积极型的城市化和消极型的城市化

从城市化的实际进程与经济发展的协调关系考察,积极型的城市化表现为城市化的进程与经济发展同步协调、相互促进,城市的数量和规模适度增长,城市化的速度和质量同步上升。

消极型城市化则表现为城市化进程与经济发展脱节,消极型城市化又可分为以下两种:一是过度城市化,主要表现为城市化速度远远超过工业化速度,乡村人口过量向城市转移,造成城乡发展失调、城市化水平和经济发展脱节,城市化速度超过了城市的承受能力。这种城市化特别容易造成城市和经济发展的双重困境,而且会出现种种城市社会问题。二是低度城市化,指城市人口的实际增长速度低于城市工业发展所需要的人口增长速度,这主要是国家政策选择的结果,如经济增长过程中的投资政策和社会管理领域的人口限制政策等。这不仅会延缓城市化进程,而且会造成城乡社会的分离。

3. 向心型城市化和离心型城市化

从城市为中心的人口流动方向看,向心型城市化指人口向城市中心聚集的状态,一般是城市发展初期的基本方式,因此被称为城市化的初级阶段。离心型城市化指人口从城市中心向外扩散和经济活动从城市中心向外扩展的状态,一般是城市化发展中后期出现的方式,可称为城市化的中级阶段。离心型城市化根据其发展阶段的不同,又可进一步分为郊区城市化和逆城市化。

郊区城市化表现为城市中心区的人口外迁、工业外迁和服务业外迁,它在促进大都市区形成的同时,也容易造成城市中心区的空洞化等问题,如今许多发达国家通过实施"城市更新"计划来推动城市中心区的复兴。逆城市化表现为人口向小城镇和乡村迁移,这主要是由于乡村在交通通信发达的情况下所具有的低廉的费用、优美的环境等优势因素所致,它是城市生活方式的扩散和城市文明普及的表现。

(三)城市化的动力机制

城市化的动力机制是指推动城市化发生与发展所必需的动力的产生机理。现代城市发展是农业现代化、工业化和市场化多种动力共同作用的结果。多种动力共同推动了城市化的进程,构成城市化的动力机制。

1. 农业现代化是城市化的初始动力

将农业发展作为城市化的初始动力,是因为农业所具有的基础性作用,工业革命后,农业成为城市化的现实动力。只有农业的发展和农业现代化的实现,才有可能为城市提供富余的生产要素(如劳动力、粮食和工业原料)。在中国这样人口众多的农业大国中,城市化的发展必须立足于农业能够提供充足的农业剩余。现代农业中的农业商品化极大地推动了农业分工和专业化,加速农业劳动力的非农转化;农业资源的开发和集约化经营,对于节约劳动力和增加农业剩余至关重要。因此,现代农业的开发程度就成为城市化的重要制约因素。

2. 工业化是城市化的根本动力

无论是在近代还是在现代,工业化导致了人口大规模向城市集聚,伴随着这一集聚过程的是产业的空间集聚和产业的结构转换。工业化的基本特征是生产的集中性、连续性和产品的商品性,因此也就要求经济过程在空间上实现集聚,这才促成了资金、人力、资源和技术等生产要素在有限的空间上高度组合,从而促进了城市的形成和发展。同时,工业化所带来的产业结构演进对于城市形态和规模也有重要影响,例如:工业化初期的劳动密集型产业所带动的城市规模还比较小,城市进程相对缓慢;工业化中期占主导地位的资本密集型产业带动了空间集聚范围的迅速扩大,引起城市化过程加快;如今技术密集型产业的迅速崛起,生产效率的提高导致城市的地域范围进一步扩大,城市化也发展到一个新的层次。

3. 市场化是城市化的直接动力

无论是农业现代化对城市化的初始推动作用,还是工业化对城市化的根本推动作用,其作用的发挥都有赖于市场化进程的不断推进。农业现代化和工业化是城市化的物质条件,而市场化则为城市化提供了运行的基础制度。就市场化的作用来看,主要表现在劳动力市场化使人口向城市迁移得以实现,土地资源市场化使城市空间规模的扩大和新城镇的建设得以实现,产品市场化使城市化在更广阔地域的展开得以实现。新中国建立后的前 30 年内,城市化之所以滞后于工业化,一个重要原因就是缺乏相应的市场体系的支撑。

总之,在农业现代化、工业化、市场化的共同推动下,产业结构向非农化转换过程、各种经济要素的流动与集聚过程就成为城市化的实现过程,其中最主要的表现就是人口特别是乡村人口向城市的流动,这成为城市化的实现机制。因为城市人口的形成,除了城市原有人口的自然增长外,很大一部分是依靠农村剩余劳动力向城市产业部门的流动而形成的。

二、中国城市化的发展历程

鸦片战争之后,中国出现了一些有资本主义性质的工商业城市,这标志着中国城市化进程的开启。但由于各种原因,直到新中国成立后,中国的城市化进程才得以真正起步。根据城市化发展的状况,可以以 1978 年的改革开放政策的确立为界,划分为前后两个时期。

(一)改革开放前的起伏波动

新中国成立后,城市化发展呈现出起伏波动的特点。建国之初,优先、快速发展重工业成为国家建设的战略重点,中国城市化进程也开始有计划地迅速展开。城市人口的总规模有了很大的发展,城市数量迅速增长,城市化水平大幅度提升。在这个过程中,城市化发展也呈现出反复性和曲折性的特点。按其特点可以分成以下四个阶段。

1. 1949 ~ 1957 年城市化快速发展阶段

经过 3 年恢复时期,战争期间外流的人员陆续返城和农村人口不断迁入,城市人口迅速增长,1951 ~ 1953 年平均每年人口净迁入率为 33.1‰。随后,中国进入了“一五”计划大规模的工业化建设时期,同时也是真正进入一个有计划地进行城市建设的时期。中国的工业化以 156 个重点建设项目为中心,这些项目不仅使一批新兴工业城市诞生,也使一些项目所在地的老城得到了发展。按照“重点建设、稳步前进”的城市发展方针,新建了6个城市,大规模扩建了20个城市,一般扩建了74个城市。由于重视按科学规律办事,各项比例关系比较协调,城市化与经济发展同步,城市化呈健康发展的态势。在此8年间,全国平均每年增加城市人口523万人,年均增长率7%,城市化水平由10.64%上升到15.39%,建制城市数量增加到176个。

1954年,国家召开的第一次全国城市建设会议确定了城市要为国家工业化、为生产、为劳动人民服务的方针。在集中力量确保重点项目所在的工业城市的发展的同时,也对城市进行了卓有成效的改造和建设,许多城市相继编制出具体的城市规划。这一阶段的工作,一方面,为中国长远的工业化和城市化发展奠定了良好的基础;但另一方面,快速发展重工业是以牺牲农业、轻工业和城市建设为代价的,城乡分割、城市化与工业化脱轨趋势已有苗头。

2.1958~1960年的过度城市化

1958年,全国开始实施“大跃进”计划,提出全民大办工业的总路线,城市发展也表现出急躁冒进的问题,出现超高工业化和城市化进程。三年大跃进,重工业产值以年均增长49%、轻工业以年均增长14%的高速度上升,农业劳动力向非农产业和城市转移的规模和速度迅速扩大。3年间,全国城市劳动力增加了2 914万人,城市化水平从1957年的15.39%猛增到1960年的19.75%。新城市迅速增长,1961年底建制城市数量达到208个,4年增加新设城市32个。这期间的城市化增长,主要原因是由于工业冒进造成非常规增长而产生的对劳动力的“虚假需求”,所谓的经济发展是虚假的超速发展,已经具有过度城市化的特征。它既不是经济正常发展的需要,也不是当时经济发展水平所能承受的。

3.1961~1965年的城市化调整阶段

城市劳动力的不正常过度增长,造成城市中设施和商品供应紧张,而且农村由于劳动力锐减造成农业生产严重损失。再加上三年自然灾害的雪上加霜、工作中的人为失误和中苏关系恶化等因素,1960年后国民经济进入了困难时期。从1961年起不得不对国民经济进行调整,国家通过行政手段压缩城市人口规模,精简大批职工返回农村,实行人口的“逆向转移”。仅到1963年6月,全国共减少职工1 887万人,共减少城市人口2 600万人,形成中国城市人口第一次大规模倒流,这一人口下降的趋势到1965年才停住。同时,国家又调整了市镇建制,缩小郊区范围,撤销了40个城市。这一系列措施使城镇人口比重从1960年19.75%的高峰跌到1963年的16.84%。

在当时的历史条件下,采取这样果断、有计划的调整措施是完全必要的,对于加强农业生产,减少工资开支和城市粮食供应量,缓和城市各项设施的压力,争取财政经济状况的好转,起了很大作用。但是客观地说,这一次有计划的调整却起因于无计划或计划失误的“跃进”。在调整阶段中逐渐形成起来的户口管制、限制人口流动、知识青年上山下乡、以分散为特征的三线建设、取消城市规划等政策措施影响深远,为后来很长一段时间的城市化确定了基调。1958～1965年全国设市城市的数量详见表2－1。

表2－1　1958～1965年中国设市统计表

年份	直辖市	地级市	县级市	合计	城市化水平
1958	2	68	114	184	16.25%
1959	2	75	102	179	18.41%
1960	2	88	109	199	19.75%
1961	2	80	126	208	19.29%
1962	2	81	111	194	17.33%
1963	2	78	97	177	16.84%
1964	2	75	90	167	18.36%
1965	2	76	90	168	17.98%

资料来源:靳润成:《中国城市化之路》,学林出版社,1999年版,第172页。
《中国统计年鉴》1986年。

4.1966～1978年城市化停滞阶段

在“十年动乱”期间,城市化进程基本停滞。对城市化进程影响较大的事件是:“动乱”初期大批知识分子和干部下放劳动;1 752万名知识青年上山下乡(包括1962年以后);1970～1972年还出现过一面城市知青大量下乡,一面又从农村大量招工的双向流动;由于对国际形势的严峻估计,在保持高积累率的同时,大小三线建设进入高峰期,工厂进山、入洞、不建城市;控制大城市规模、发展小城镇的思想被广为推行,因当时小城镇发展缺乏必要的政策,农民被禁锢在耕地上,小城镇的发展实际上缺乏动力;城镇建制的工作基本停顿,新设市极少,建制镇减少;城市建设投资的比例,比调整时期还有所下降,城市问题逐渐积重难返;城市中的计划生育工作已经初见成效,出生率大幅度下降。

城市人口比重在1965年后继续下降,1972年达到最低点17.13%[①],这以后多年徘徊在17.5%左右。包括前两个阶段在内的城市人口的几次大进大出中,结果是以出为主,合起来可以看作是中国长达20年之久的城市化不正常发展阶段。

① 由于中国城市化统计口径的变化,同一年份的城市化水平在不同时间的统计中会有出入,本部分关于中国城市化水平的数据是根据《中国统计年鉴》1986年版整理。参见肖金成等:《打造中心城市——完善区域性中心城市功能》,中国水利水电出版社,2004年版,第38～39页。

(二)改革开放后的持续发展

1978年底,我国确定了"以经济建设为中心"的指导方针,开始进入改革开放的新时期,我国的城市化也进入一个崭新的时期,大体上可以分为以下三个阶段。

1. 1979~1988年城市化恢复发展阶段

从1979年开始,国家在政策上进行了一系列重大调整,允许知青和下放干部返城,城市青年"上山下乡"运动宣告结束,1 000多万名下乡青年陆续返回城市。改革之初实行的农村家庭联产承包责任制,极大地解放了农村生产力,大量农业劳动生产力向非农产业和城市转移,为城市化的发展奠定了坚实的基础。1978年农业劳动力占全社会劳动力的比例为70.5%,到1988年就下降到了59.3%,这表明大量的农业劳动力转向了非农产业。这次转移是建立在农业发展和乡镇企业的巨大需求之上的,有力地促进了城市化的发展,中国城市化进程从1978年的17.92%上升到1988年的25.81%,年均增长7.9%。在城市建制方面,1984年降低了城镇设置标准,1978~1988年新设城市241个,平均每年24个。中国城市化终于走出倒退和停滞的低谷,进入了复苏的新阶段。

2. 1989~1991年城市化调整发展阶段

受经济周期波动的影响,中国经济在1989~1991年进入治理整顿的新阶段。这个时期农村非农产业劳动力转化缓慢,部分乡镇企业的调整甚至使部分已经转移的劳动力又回到了农业生产上,1991年后才开始进入回升阶段。建制镇的发展速度放慢 ,人口城市化从1988年的25.81%上升到1991年的26.37%,3年仅增长了0.56个百分点。

3. 1992年后的城市化健康快速发展阶段

1992年,中国确立了建立社会主义市场经济体制的基本目标,它极大地拓展了工业化和城市化的发展空间。1992年以后,由于中国经济出现了持续高速增长,也带动了农村剩余劳动力向非农产业和城市转移。同时,由于城市收入差距和地区发展不平衡,农村剩余劳动力形成了跨地区流动的"民工潮",规模越来越大,并且在迁入的城市相对稳定下来。例如,1992年和1993年,农村剩余劳动力转移到城镇就业的规模分别为698万人和1 544万人,到1997年约为3 000万人。同时,由于小城镇的发展,形成了农村工业化和农村城镇化同步发展的局面。

在社会主义市场经济的制度框架下,城市作为区域经济中心,其地位和作用受到前所未有的重视,城市化和城市发展速度大大加速。到1999年底,全国建制城市数量达到668个,在经历了小的调整后,2004年,全国建制城市达到661个,其中直辖市4个,副省级市15个,地级市268个,县级市374个。[①] 城市化水平不断攀升,

① 《中国统计年鉴》,2005年。

1992年为27.36%,2001年达到了37.66%。根据国家统计局的抽样调查报告,2005年全国人口中,居住在城镇的人口为56 157万人,占总人口的42.99%,即城市化率达到42.99%;与第五次全国人口普查相比,城镇人口占总人口的比重上升了6.77个百分点。[①] 其中上海市城市化程度最高,已经达到了89.09%[②]。

三、中国城市化进程中的制度安排

(一)改革开放前自上而下的强制性制度安排

城市化的进程不仅受到经济发展水平和社会文化条件的限制,更直接受制于各种具体的制度安排。从新制度经济学的视野来看,城市化进程中的城市是由农村演变而来又不同于农村的一种人口聚居及其活动方式的制度安排。城市是在商品经济条件下,以非农产业为基本产业、以组织性的集体劳动为主要劳动形式、以业缘关系为纽带的开放而集中的聚居制度,城市化实质上是一种制度变迁过程,是从农村式的聚居制度向城市式的聚居制度变迁的过程。[③] 合理而有效的制度安排,不仅可以促进农业发展和工业进步,而且还可以通过市场机制促进各种要素的流动,满足城市进步与增长的需要,促进城市化快速而健康地发展。中国的城市化过程是与相关城市化的制度安排紧密联系在一起的。

20世纪50年代,中国的城市化发展选择了以计划经济为基础,以国家为主导,以工业化推进为前提,以重点建设城市为突破口的城市化道路。这种发展途径的实现是以高度集权的计划体制和城乡二元分离为背景,形成了一系列政府自上而下强制性的制度安排。

第一,在产业安排上,以牺牲第一、第三产业为代价优先发展工业。"一五"期间国家发展城市的原因在于促进城市工业的发展,片面强调工业的发展,城市发展是为工业发展服务的。在城市中采取"先生产后生活"的方针,忽视第三产业的发展;在农村中通过人民公社制度安排,强调农业对工业的支持作用。

第二,在劳动力配置上,劳动力的就业由国家劳动部门进行有计划的调配。自1951年以来,实行城镇复员转业军人及毕业生由国家统一安排就业的政策。1955年后国家进一步明文规定由劳动部门对城镇劳动力进行有计划的统一分配和调配。

第三,在城乡人口流动上,城市中形成了严格的"准入限制"制度。1958年颁布的《中华人民共和国户口登记条例》规定:农村人口只有持有城市劳动部门的录用证明、学校的录取证明或户口管理机构准予迁入的证明,才能迁入城市。1964年,国务

① 国家统计局:《2005年全国1%人口抽样调查主要数据公报》,2006年3月16日,http://www.stats.gov.cn/tjgb/rkpcgb/qgrkpcgb/t20060316_402310923.htm。

② 上海市统计局:《2005年上海市1%人口抽样调查主要数据公报》,2006年3月17日,http://www.stats.gov.cn/tjgb/rkpcgb/dfrkpcgb/t20060320_402311562.htm。

③ 刘传江、郑凌云:《城镇化与城乡可持续发展》,科学出版社,2004年版,第4~6页。

院批转了公安部《关于户口迁移政策的规定》,再次强调严格控制人口的政策。此外,还通过粮油定向供应、城镇就业通包、城市福利定向等制度来限制农村人口向城市的转移。

第四,在城镇设置方面,城镇的设置标准和行政建制都具有明显的层级性。1955年第一次颁布城镇设置标准,城镇设置必须遵照标准,经上级机关审批。其后虽然根据社会经济的发展,对城镇设置标准先后做了修订,但城镇设立要经过层层审批的规定没有变。大跃进期间违背客观规律人为地盲目增设新的城市,造成了对生产力的严重破坏,后来又不得不提高城镇设置标准,城镇的设置与否受到了行政力量的操控。

第五,在城市建设投入与实施方面,城市化的资金积累由政府保障并付诸实施。城市政府既是城市建设的组织主体,又是城市发展的投资主体。在城市化初始阶段,资金积累主要不是来自工业积累而是来自农业积累。政府通过农产品统购统销制度安排,在政策上确立工农业产品价格的"剪刀差"来实现城市化资金的积累。政府根据城市建设的需要和财力的可能,编制五年计划和年度计划,然后根据年度计划列入的项目由政府进行财政拨款,交由项目所在地政府或部门组织实施,凡是未列入计划的项目则没有财政经费拨付。这是一种典型的自上而下性质的城市化。

第六,在社会结构方面,规定了一系列"城市偏向"的制度设计。例如:国家向城市居民提供福利性基本住房;城市居民享受低价供应的粮油和副食品;城市职工享受公费医疗和退休保险;国家投资城市中小学;在婚姻和子女问题上,城乡居民极少通婚,即使通婚,若女方是农民,则女方和所生子女也不能进入城市定居;等等。这些制度造成了一个城乡隔离的二元社会结构。

总之,这种自上而下的城市化发展道路是以政府强制性的制度安排为保障的;反过来,城市化的方向、速度、规模、水平和形式的选择也都服从和服务于政府各项目标的需要,政府是影响和控制城市化水平的最重要的变量。这种自上而下的制度安排,虽然可以运用国家力量在较短的时间内推进城市化进程,但也容易受到各种因素的影响而导致城市化进程发展的大起大落。同时,这种强制性的制度安排是以"抑农保工"和"城市剥夺农村"为背景的,不可避免地要损害社会公平目标和牺牲农业的发展效率。这主要表现在农村人口因转移无门而加剧了农村人地关系的高度紧张,农业规模经营难以实现,城市化水平也难以得到较快发展。与此同时,城乡二元社会长期隔离而导致城乡社会经济差距日益扩大,城乡利益冲突不断激化。整个社会经济由于城市化的进程被强行压抑而出现重重弊端。①

(二)改革开放后自下而上的多元化制度安排

进入20世纪80年代以后,中国对原有的城市化方针进行了重大调整,选择了重点发展小城镇,发挥市场机制,发展多种经济形式以及乡镇企业、城市第三产业的多

① 刘传江、郑凌云:《城镇化与城乡可持续发展》,科学出版社,2004年版,第32页。

元化的自上而下式的城市化发展道路。与此相适应,形成了许多新的制度安排。主要表现在以下几个方面。

第一,市场化改革推动了城市化主体由一元向多元转变。在市场经济体制建立的过程中,国家作为城市化各项制度安排唯一主体的地位受到动摇,出现了私营经济、集体经济、外资经济以及它们之间相互组合的多种类型的推动主体。多元的城市化主体为中国大、中、小城市和小城镇的发展提供了多种机遇,突破了过去只有国家投资项目的地方,城市化才能得以发展的模式,各种民间力量可以通过购置房产、投资办厂、求职经商等形式成为城市化的多元投资主体。例如,浙江龙港就是由农民投资发展起来的,深圳从改革开放前的小渔村一跃发展成为拥有500万人口的特大城市,就是多种主体推动的结果。

第二,分权化改革充分调动了地方政府的积极性。分权化改革后地方政府的独立利益倾向日益增强,尤其是1994年中国实行分税制改革后,财政收入最大化成为地方政府的主要目标。在城市化发展上,地方政府热衷于按地方需求推进本地城市化发展,鼓励农民工进城打工和大力推动小城镇建设。

第三,在城市设置模式上,中国城市化的行政机制也发生了变化。1986年国务院公布了新的设市标准,同时也全面推行了"整县设市"和"市管县"的体制。这样就从行政建制方面打破了以往城乡分离而形成的城乡一体的领导体制,有利于促进城乡人口合理组合流动,从而加速中国城市化发展。

第四,在城市人口流动方面,国家一些制度向市场化转变。例如,在户籍方面,从1984年,国家允许农民自理口粮到县城以下的集镇落户务工经商;各地也在实验推行符合一定条件的农村人口可以进入城镇和城市的户籍制度改革。

第五,在城市土地和住房制度方面,从20世纪80年代中期开始,中国对城市土地实行有偿使用制度的改革,城市土地使用权可以出租、转让,逐步形成了土地市场,改变了以前城市土地实行国家所有、行政划拨、无偿使用的制度。同时对城市土地进行分等定级,地价的不同导致城市土地功能的空间置换,从而深刻地改变并优化了城市内部空间结构。从20世纪90年代中期开始,中国对城市居民住房制度实行了改革,取消了以往福利分房制度,将住房推向市场,从而大大推进了城市房地产业和第三产业的发展。

总之,改革开放后以市场为导向的改革,开创了中国农村剩余劳动力向非农产业、向城市转移的具体途径和广阔前景。相比自上而下的行政主导性的城市化制度安排,这种自下而上的市场主导性的城市化发展途径,是推动中国城市化健康发展的更好选择。

第二节　中国城市化发展的政策选择

在城市化进入快速发展时期，我们必须根据城市化的内涵和实际国情选择适合中国城市的发展道路，促进城市化稳步推进和平衡发展，不仅要促进大、中、小城市全面的发展，并保证质量和数量，还要保持我国城市区域发展的合理布局，实现区域、城乡社会的和谐发展。

一、中国城市化的发展趋势

中国城市已经步入了健康发展的轨道，根据城市化的发展规律，当前我国城市化呈现出以下几个发展趋势。

（一）中国进入了城市化加速发展期

根据世界各国城市化发展经验，城市化水平达到30%时，城市化进程将进入加速发展时期。我国在1996年城市化水平已经达到30.48%，已经跨过拐点进入了加速发展期。数字的衡量是次要的，关键在于我国已经形成了良性的城市化动力机制。农业现代化和经济发展已经结束了我国的短缺经济状态，城市经济结构的调整已经为城市化奠定了良好的物质基础；市场经济体制的建立已经为市场机制提供了良好的运行条件，市场机制成为城市化的基础制度；工业化进程会促使第三产业迅猛发展，也会促使城市化发展到一个新的层次。原来估计，到2020年，我国的城市化水平将达到50%，2050年将达到70%，现在看来，这一进程会大大加快。

（二）城市化区域分布将趋于平衡

由于自然条件的限制，我国的城市化进程呈现出明显的地域差异，主要是东部沿海地区发展速度明显快于中部和西部地区。[①] 虽然20世纪六七十年代的“三线”建设对于中部、西部城市化起到了促进作用，但那仅仅是用行政手段强行推进，所以在改革开放后发展一直相对缓慢，而东部却得到较快发展。如今在东部地区已经具备了相当高的城市化水平之后，中部和西部地区开始进入一个新的发展阶段。随着中国小城镇的发展和国家实施西部大开发的战略，在未来的半个世纪里，西部城市数量和城市等级都会有较大的提升。中小城市将成为西部地区城市化的主要角色，中部地区也会在城市集群方面有大的发展，从而促进中国城市化的均衡发展。

---

① 东部地区包括辽宁、北京、天津、上海、河北、山东、江苏、浙江、福建、广东、海南、广西等12省区市（未包括台湾、香港和澳门三个地区）；中部地区包括黑龙江、吉林、内蒙古、山西、安徽、江西、河南、湖北、湖南等9省区；西部地区包括陕西、甘肃、宁夏、青海、新疆、四川、重庆、云南、贵州、西藏等10省区市。

（三）城市区域化步伐加快，城市群成为城市化发展重点

在城市化基础较好的地区，城市数量多，规模不断扩大，城乡一体化发展较好，就会出现区域城市化，许多城镇建成区连成一片，城乡差别、城市之间的界限会逐渐消失。中国的长江三角洲、珠江三角洲、京津唐、山东半岛等城市化起步较早的地区，现在正在向城市区域化转变。城市区域化从表征上看就是出现以城市群、城市带为特征的城市一体化格局，我国不仅东部沿海地区从南到北出现了珠三角城市群、闽东南沿海城市群、长三角城市群、山东半岛城市群、京津唐城市群、辽中南城市群六大城市群迅猛发展的态势，而且，中部地区也正在大力发展武汉城市群、郑州城市群、长沙城市群，这些都能促进我国城市化水平的进一步提升。

（四）城乡二元结构逐渐向城乡一体化转变

城乡一体化是指城乡之间通过资源和生产要素的自由流动，相互协作，优势互补，实现城乡经济、社会、文化持续协调发展的过程，主要包括城乡职能一体化和空间一体化等内容。城乡一体化的目标不是消灭城乡差别，而是实现城乡资源的优化配置和城乡持续协调发展，是城市化过程中的高级阶段。当今中国，许多经济发达地区已经出现了城乡之间经济协作、空间融合的一体化态势，在各项政策的强势推动下，这样一个进程将会更加明显地呈现出来。

（五）许多城市正逐步走向国际化

国际化城市是指辐射力和影响力超越了国家的界限，并在国际交往中具有某种综合的突出功能的城市。国际化城市有不同的层级和类型，有世界级的综合性国际大都市，也有洲际或区域性的国际化城市，还有在政治、经济、文化等某一方面有重要影响力的国际化城市。随着我国城市的发展和与世界联系的增多，我国的一些大城市已经进入国际城市的行列，许多城市进入某些单一性质的国际性城市行列。据不完全统计，我国已经有100多个城市提出了建设国际化都市的发展目标，可能这样的定位超出了城市的实际，但所反映的国际化趋势却是不争的事实。随着全球化和信息化的发展，城市进入一个全球城市网络时代，在新的全球城市网络系统中，必须找准自己的定位。城市发展的国际化定位必须立足于此。

（六）部分资源型城市出现衰退，亟待实现发展转型和再城市化

资源型城市是指依托资源开发而形成或发展起来的城市。中国资源型城市众多，大多是随着中国工业特别是重工业发展而逐步发展起来的，它们的发展具有明显的阶段性，会随着主体资源衰减和替代资源的出现而走向衰落。例如，云南重要的铜矿产地东川，1958年设为地级市，但进入20世纪90年代以后，由于资源枯竭，所属铜矿全部破产，东川市的行政建制也被取消，成为中国第一个“矿竭城衰”的城市。据统计，目前全国有近50座城市已经处于衰退状态，如果不能成功地实现城市转型，将

会给该城市、该区域带来一系列严重的经济社会问题。我们在推进城市化的同时，必须高度重视资源型城市的转型问题，促进城市的转型和更新，实现再城市化。

二、中国城市化发展面临的政策选择

（一）中国城市化发展方针的选择

根据我国的实际情况，从长远来看，我国城市化的发展方针应该是：按照市场规律和规模经济的要求，适应产业升级和国民经济发展的进程，积极、有序、全面、协调地发展各类城市。合理发展大城市，大力发展中等城市，积极稳妥地发展小城镇，使城市化与工业化、市场化、国际化建立起符合其自身发展规律的内在联系，为社会公众提供更好的就业条件和更加优良的生活空间。因此，中国城市化的发展方针主要体现在以下几点。

1. 发挥大城市优势，形成区域发展的龙头

相对于中小城市来讲，大城市有其难以替代的优势，主要体现在：大城市能够节约成本带来较高的经济效益；大城市能够带来较高的社会和环境效益；大城市的发展可以加强对周边地区的辐射和带动作用；少数特大城市向现代化国际中心城市的发展，有利于中国在全球竞争中加强区域优势。

2. 强化中等城市的功能，发挥其在城市体系中的中介优势

中国中等城市在城市层级体系中处于中介地位。从城市发育来看，中等城市是小城市向大城市发展的中介环节；从城市化发展来看，中等城市是农村和小城镇转移人口的中转地，是大城市承受外来人口压力的缓冲地。中等城市的发展主要是其中介性功能的完善和强化。中等城市的优势主要体现在：有利于以中间带两头，推动城市体系的协调发展；有利于加强城乡联系，有利于内涵式与外延式两种城市化方式的协调。

3. 合理发展小城市，促进农村城市化

小城市是城市序列的最末一位，是农村区域转化为城市区域的初始阶段。它对中国农村城市化具有积极的作用，这主要表现在：有利于农业剩余人口的转移，小城市的发展能缓解大量农业剩余劳动力给社会造成的冲击；有利于农村的社会转型，中国社会正处在从传统的、农业为主的社会向现代化的、工业主导的城市社会的转变过程中，其中农村的产业结构、经营模式、生活方式等要素的转变具有极为重要的意义。这些要素的转变，关键在于小城市的发展。小城市的发展有利于地方性城市网络的形成，中国的城市体系包括全国性、区域性和地方性三级城市网络，其中地方性城市网络的结点就是小城市。

（二）中国城市化的区域发展

考虑到我国东部和中西部地区在经济、社会发展、城市化现状等方面的差异，我

国城市化道路的选择，必须根据各地区的实际情况，构建起与各地区经济发展水平相协调的多元城市化道路。

东部地区的特点是经济发达，城市密度大，大城市和特大城市集中，小城镇分布广泛，城市体系较完善。但人地矛盾、城乡矛盾、“大城市病”突出。这决定了该地区城市化的重点应在城市化内涵上下工夫，逐步缩小城乡差距，促进城市化水平向更高层次发展。其中，大城市要进一步完善城市基础设施，促进第三产业的发展，进一步调整产业结构，创造尽可能多的就业机会，不断改善城市环境质量。小城镇要从注重城市化量的增长转向质的提高，加强基础设施建设，重点建设有发展潜力的小城镇，为将来的城市升级创造条件。广大农村地区提倡农村工业向小城镇或工业园集中，加快改变农村工业过于分散的格局。

西部地区地域辽阔，自然资源丰富，经济发展水平低，人口和城市密度小，城市布局松散，基本不成体系。因此，要在巩固现有大城市的基础上，重点发展中小城市，特别是在广大农村地区，扶持一批有潜力的小城镇作为生长点。重视小城镇基础设施建设，扩大人口规模，带动农村服务业的发展，增强其对农村剩余劳动力的吸引力。

中部地区无论在区位上还是在发展水平上，既没有东部地区的大城市问题，也较西部地区城市发展条件优越，这里城市化的发展潜力最大。该地区的大城市多是老工业基地，应由土地外延扩张转为人口外延扩张，重视基础设施建设，增强城市的辐射能力，使之成为吸纳农村剩余劳动力的主要阵地。

可见，多元城市化道路包含区域多元化、形式多元化两个含义，即东部地区以内涵式城市化和网络式城市化为主，走大中小城市并举的区域城镇体系发展模式；西部地区实行以外延式城市化和据点式城市化为主；中部地区则选择内涵式城市化与外延式城市化相结合、据点式与网络式相结合的道路。

三、中国城市化策略与问题

（一）中国推进城市化发展的策略

在城市化进程快速发展的同时，大量的问题也在逐渐地呈现。因此必须选择恰当的城市化发展策略，具体说来，中国推进城市化发展的策略主要有以下几点。

1. 城市化与产业升级密切结合

产业升级和产业结构水平的提高是推进城市化的基础，应该使城市化与经济结构的战略性调整升级有机结合起来，形成相互促进、共同发展的关系。通过产业升级和结构水平的提高，特别是第三产业的发展，为劳动力创造就业机会；通过城市化进程的推进为产业升级和经济结构水平的提高创造必要的空间和环境。

2. 以市场调节为主，注意发挥好政府的引导和协调作用

当前中国社会的社会主义市场经济体制正处在加速完善的时期，市场在社会资

源配置中的作用比以往任何时候都要突出。因此，必须坚持市场机制对城市化过程的基础性作用。从各国城市化的经验来看，这也是最有效率的城市化方式。与此同时，必须注意政府在城市建设和城市化进程中的重要职责，特别是在城市规划和城市基础设施建设中的主导性作用。

3. 坚持提高城市竞争力

城市化发展战略的一个重要目的是培养和提高城市的竞争力。这方面主要包括形成稳定的经济发展环境、雄厚的市政资源、较高的开放程度、完善规范的规则和秩序以及较高的市政管理水平、较强的城市建设融资能力和一体化的城市土地综合利用体系、交通体系，等等。此外，作为城市发展环境的一个重要方面，还应包括安全的自然和社会环境、完善的产业和服务发展网络等。

4. 坚持城市发展以人为本

城市是人类聚居的较高级形式，居民是城市的主人，城市的各项功能都是直接或间接为城市居民服务的。在推进中国城市化进程的过程中，要始终明确城市化是最终为人服务的目的。在城市建设的各项规划中，应该处处考虑到人的发展之需要，特别是在生活环境和生活质量方面；同时也应该考虑到农村劳动力转移的需要，按照以人为本的原则建设城市、发展城市经济。

（二）目前中国城市化发展的挑战与对策

目前中国城市化已经进入了快速发展时期，人口大量涌入城市，城市问题日益突出，对中国城市化发展提出了新的挑战。中国正处于全球第三次城市化浪潮中，面临着以下八个方面的挑战①。

1. 宜居土地和水资源稀缺，人地矛盾尖锐

中国是以占全球7%的耕地和7%的淡水资源来支撑全球21%人口的城市化，中国的一类宜居土地不多，主要分布在海岸线附近，并且与优质农田高度重合。如何解决宜居土地和水资源稀缺、人地矛盾尖锐这一挑战是全社会需重点解决的问题。主要对策如下：

- 优先支持西部、中部城镇基础设施建设，改善人居环境，保持人口分布均匀。
- 在城市规划中划定禁建区、控制区，强化保护基本农田和生态用地。
- 坚持紧凑式的城市发展模式，避免出现发达国家的城市蔓延情况。
- 推行促进土地集约使用的住房调控政策。

2. 候鸟式农民工流动规模巨大，流向分布失调

以2004年为例，根据国家统计局在全国32个省（自治区、直辖市）对6.8万个农村住户和7 100多个行政村抽样调查，推算出当年外出就业的农民工约为1.18亿

① 刘云佳：《仇保兴：积极应对中国城市化八大挑战》，《建设科技》，2006年第12期。

人，占农村劳动力的23.8%。农民工大规模的流动，造成每逢春节前后“全国性的交通拥堵”现象，大城市也面临着人口急剧膨胀的危险性。对此，主要对策如下：

- 推行农村的人居环境整治，均衡城市化压力，避免出现非洲式的贫困城市化。
- 促进“城中村”改造与解决农民工住房问题相结合。
- 推行“一村一品”，即一个村子创一种品牌，鼓励农民自主创业。

3. 能源存量结构失衡，建筑能耗过快增长

中国人均石油、天然气储量仅占全球平均水平的11%和4%，煤炭储量也只有全球人均煤炭储量的45%。同时，由于中国的气候特点，它与世界同纬度的地区相比，气温冬季偏低5～15℃，夏季偏高1.3～2.5℃。这意味着中国需要消耗更多能源来维持适宜、舒适的温度。“节能”是当务之急。对此，主要对策如下：

- 推行建筑节能目标和模式的“双跨越”。
- 在城市、农村鼓励可再生能源的开发利用，包括沼气、风能、地热等。
- 在北方地区限期推行供热体制改革，解决节能不节钱的问题。
- 推行绿色城市基础设施设计与建设。

4. 机动化与城市化同步发生，蔓延趋势初显

当前，中国大城市的交通拥堵情况越来越严重，2020年中国民用汽车保有量将超过1亿辆。同时，中国郊区化、城市人口密度下降的趋势正在发生。对此，主要对策如下：

- 实施“公交优先”战略。私人可以拥有汽车，但大部分出行要依靠公共交通。
- 倡导城市土地混合开发，实现自行车和步行道的便利通达。
- 推行TOD的开发模式，即以公共交通为导向的城市发展模式，保持紧凑的开发模式，有序地发展大城市新区和卫星城。
- 在大城市中心实施“交通需求”管理。
- 加快城际铁路建设，逐步取代高速公路。

5. 城市化推动力失调，污染排放失控

中国在城市化初期主要依靠工业化来推动城市化，服务业发展相对滞后。治污设施建设滞后，形象工程过多，工业城市污染物排放剧增，突发性污染事件造成的城市安全问题也越来越多。水质性缺水越来越严重，迫使江南水乡需要远距离调水。对此，主要解决对策如下：

- 引导各地利用科学发展观进行城市规划、建设。
- 加快产业化进程，严格政府监督，促进城市污染物的防治。
- 以信息化带动工业化，倡导循环经济，尽快转变“先污染后治理”的发展模式。
- 加速发展服务业，促进大城市尤其是老工业城市产业转型升级。

6. 自然和历史文化遗产受到破坏，城市风貌类同

现在的城市规划、建设十分缺乏地方特色，造成大江南北各城市面貌基本类同，

难以继承文化脉络。与此同时,城市自然遗产、文化遗产受到毁坏,大批优秀古建筑被拆除,而国家风景名胜区、自然保护区亦面临着管理困难等问题。对此,主要解决对策如下:

- 健全历史文化名城、名镇、名村和风景区保护法规,完善文化遗产保护制度。
- 设立“遗产日”,调动社会各界保护各类不可再生资源的积极性。
- 建立遥感监测体系和派驻规划督察员制度,强化对资源的保护和监督的落实。

7. 城乡居民收入差距日益扩大,社会矛盾增加

1986 年时,城乡居民收入只有 1 倍之差,但到 2005 年,城乡之间收入差距系数已达 0.4,逼近国际公认的 0.5 的危险线。对此,我们必须要未雨绸缪,主要对策如下:

- 坚持推行新农村建设,有针对性地解决三农问题,有效调控城市化进程与解决农民收入低的问题。
- 加快廉租房与经济适用房建设,确保低收入者的居住权。
- 保障城市产业集群的发展,为自下而上的城市化创造条件。城市化不能自上而下,中小城市、广大农村也都必须为产业的转型来贡献自己的力量。
- 加快社会保障体系建设。
- 以“五个统筹”构建和谐社会,以“八荣八耻”重建道德体系。

8. 城市区域化加速来临,城市间恶性竞争加剧

经济发达地区由于区域城市化加速,造成了区域城市群之间恶性竞争、重复建设问题突出,大量投资无端浪费。对此,主要对策如下:

- 编制和落实城镇体系、城市群协调发展规划,统筹基础设施共建,实现资源共享、生态共保、污染共治。
- 建立城市群协调机制,促使区域城镇布局、城乡经济发展、社会财富分配三方面逐步趋向均衡和公平。
- 促进企业集群发展,形成城乡协调、产业互补、功能优化、竞争力提升的城市群。

第三节　现代城市管理与城市治理

20 世纪 80 年代,对于城市发展而言是一个重要的分水岭。城市化和全球化的快速发展,给城市管理带来了新的挑战和冲击:首先,全球化促进了跨国及跨区域城市之间的联系及互动,也造成了这些城市之间的竞争加剧,城市政府如何提升自身的治理能力成为塑造竞争优势的重要内容;其次,在城市本身的经营管理上,现代城

市市民对城市生活质量的要求日益升高，管理者面临着如何在既定的财政资源条件下改革服务模式、提高服务效能的难题。这时候，治理理论提出了一种新的管理思考模式，为城市管理带来新的发展机会，为城市发展提供了新的契机。因此，本节主要从管理模式变革的角度，探讨如何顺应全球治理的形势，强化城市治理能力。

一、现代城市管理的特征与理念

（一）现代城市管理的主要特征

城市的现代化过程，既是城市自身形态发展变化的过程，也是城市管理理念和手段更新的过程。所谓现代化，是指在科学技术革命冲击下，传统社会在各个层面上向现代社会转变的进程。在经济方面，表现为生产效率的巨大提高、生产方式的改进、产业结构的调整；在社会领域，表现为社会结构的改变；在思想文化领域，表现为价值观念的改变；在政治领域，表现为政治民主化、制度创新、管理体制的变革等。

现代城市管理就是为适应城市现代化和管理现代化的需要而进行的管理理念、管理方法和管理技术的变革。现代城市管理是城市政府与其他城市利益相关者，通过一定的城市管理制度安排和体现现代先进水平的科技手段，互动合作，整合城市各种资源，实现城市高效协调运行和各项功能正常发挥，促进城市社会、经济和文化全面发展的活动。现代城市管理作为一个复杂的系统工程，一般会包括城市空间管理、城市经济管理、城市社会管理和城市环境管理等具体内容。从管理过程来看，包括规划、建设和管理等不同的环节。

在城市形态和管理理念变革的前提下，现代城市管理呈现出一些新的特征。

1. 管理主体多元化

传统城市管理理念认为政府是城市唯一的管理主体，担负着城市的建设和管理职能。从狭义的角度看，城市管理主体是享有法定权力、制定城市公共政策并担负着城市管理职责的机关或组织。现代城市管理强调各利益主体的广泛参与，城市政府仍然居于主导地位，而其他与城市公共事务有着利益关联的主体，都可以参加到城市管理中来。例如，社区居民自发组织起来实行社区自治，企业参与城市基础设施和公用事业建设和运营，非营利组织的志愿活动和慈善捐赠，等等。当前中国的非政府组织力量还很弱，但是其承接由政府转移的社会管理事务是一个发展趋势。

2. 管理手段多样化

传统的城市管理，面对着较为单一的管理对象和简单的管理事务，城市政府为实现管理目标，主要运用行政方式。而现代城市具有高度聚集性、复杂性、系统性的特征，城市的利益主体日益多元化，利益要求日益多样化。因此，为了进行有效管理，在管理方法上，需要运用行政、经济、法律等多种手段，实现城市的科学管理。在管理技术上，运筹学、系统分析法和决策科学等科学方法也应大量应用到城市管理中。在管理工具上，计算机技术、网络技术、GPS 系统开始在城市规划、国土资源管理中应用，电子政务信息系统已经在许多城市建成并使用。

3. 管理过程规范化

城市管理的规范化，是指城市管理通过形成一整套完整、周密、科学的城市治理制度和运行机制来实现制度治市，消除城市管理中的人治现象和因领导者谋求个人政绩的短期行为而导致城市发展中的波动性。现代城市管理适应政治民主化的要求，推进市政过程的公开化、民主化，保障市民行使知情权、监督权，同时为加强城市管理的民主参与提供制度化的途径，使市民有机会参与城市管理和决策过程，表达集体利益的要求。在履行管理职能上，尽管城市政府可以运用多种手段，但都必须在法制的框架下进行，城市政府行使管理职能必须依法行政。

4. 管理目标持续化

现代城市是一个由经济系统、社会系统、环境系统等组成的复杂系统，城市发展的目标不仅是单纯追求速度和数量，更是追求持续性和发展质量。经济增长要为社会发展和自然和谐提供充分的物质基础，同时要采取对社会有利和环境友好的发展方式。社会发展要强调公平性，不仅要注意城市各区域间的平衡，还要注意发展进程中的代际公平。同时，要追求维护和促进城市生态环境的价值，协调城市经济社会发展和保护环境之间的关系，建设生态城市，实现可持续发展。

现代城市管理的这些新特点，不断提高人们关于城市管理的认识。联合国人居署[①] 21 世纪初在全球范围内发起了一个"健全的城市管理全球运动"，强调在日趋城市化的世界中提高城市管理的水平，明确城市发展的可持续性目标。为此，联合国人居署提出了关于城市管理的新的界定、目标和衡量标准。

联合国人居署认为，所谓城市管理，就是个人和公私机构用以规划和管理城市公共事务的众多方法的总和。这是一个调和各种相互冲突或彼此不同的利益以及可以采取合作行动的连续过程。它包括正式的体制，也包括非正式的安排和市民的社会资本。

城市管理发展的目标是与全体市民的福利紧紧连在一起的。健全的城市管理，必须确保每个人都能平等分享到城市生活的利益。基于城市公民资格原则上的健全的城市管理，强调任何人，无论男女老幼，均不得被剥夺取得城市生活必要条件的机会，包括适当的住房、安全的饮水、卫生清洁的环境、保健、教育、营养、就业、公共安全和流动性等。通过健全的城市管理，使市民们得到发表意见的机会，充分发挥其才智，以便改善其社会和经济状况。为此，城市管理的基本原则就是：城市发展可持续性、权力下放、公平、效率、透明度和责任制、市民参与和市民作用、安全保障，这些原则既相互依存，又是相辅相成的。在这里，联合国人居署提出了现代城市管理

---

① 即 The United Nations Human Settlements Programme，联合国人类住区规划署，简称为联合国人居署，也被翻译为联合国人类住区中心。

的新理念,也就是我们即将展开讨论的城市治理的理念。

(二)城市治理的理念与特征

20 世纪 90 年代以来,随着全球化和信息化的发展,城市之间的竞争越来越激烈,城市内部的各种问题也日渐突出。城市政府在行政学理论变革的影响下,正在进行相应的管理变革,城市治理理论已经成为城市理论研究中的热点。

在实际应用过程中,治理这一概念的内涵和外延在不断地发生着变化,在不同的语境和不同的领域中其具体的含义也处于变动当中。因此要具体理解治理的含义,需要形成一种综合性的界定,格里·斯托克(Gerry Stoker)通过总结各种不同的概念,从五个方面阐述了治理的特征:第一,治理是出自政府组织但又不限于政府的一套社会公共机构和行为者,即治理主体范围大于政府组织体系;第二,治理明确指出在为社会和经济问题寻求解答的过程中存在的界限和责任方面的模糊之点;第三,治理明确肯定涉及集体行动的各个社会公共机构之间存在的权力依赖;第四,治理指行为者网络的自主自治;第五,治理认定,办好事情的能力并不在于政府的权力,不在于政府下命令或运用其权威,政府可以运用新的工具和技术来控制和指引,而政府的能力和责任均在于此。[①] 斯托克的分析比较全面地总结了治理概念的特征。

随着全球化和城市化的迅猛发展,城市内部管理也面临越来越多的利益冲突,将治理理论应用于城市问题的处理,为城市中的不同的利益相关者进行处理利益冲突、进行利益整合提供了思路。在城市的背景下,治理的概念受到更多关注的原因在于,因为治理所表现出来的多元、分散、网络性的理念在城市中能够找到更确切的表现形态和实现途径。在城市中,从统治到治理概念的转变往往被理解为资源分配、利益整合方式的转变,治理在本质上就是通过多个利益主体的对话、协调、合作以达到最大限度动员资源、实现利益关系双赢的利益调节机制和过程。

综合中外学者的观点,我们认为,可以从广义和狭义两个角度来理解城市治理的内涵。

从广义的角度来看,城市治理是一种城市地域空间治理的概念,为了谋求城市中经济、社会、生态等方面的可持续发展,把城市中的资金、土地、劳动力、技术、信息、知识等生产要素都包括在内的整体地域治理概念。

狭义的城市治理是指城市范围内政府、私营部门、非营利组织作为三种主要的组织形态组成相互依赖的多主体治理网络,在平等的基础上按照参与、沟通、协商、合作的治理机制,在解决城市公共问题、提供城市公共服务、增进城市公共利益的过程中相互合作的利益整合过程。

广义上的城市治理主要涉及城市定位、城市规划、城市可持续发展等问题,主要

---

① 格里·斯托克:《作为理论的治理:五个论点》,《国际社会科学》,1999 年第 1 期。

是处理城市发展的各种要素;狭义上的城市治理主要涉及治理主体的组织形式、利益冲突、利益整合,着眼于城市公共服务的提供。

城市治理首先是个多主体参与的过程,除了政府以外,私营部门、非营利组织都会按照其自身的利益运行机制参与到这个过程中,但是城市政府作为形成治理体系的引导者和维护者,具有其他行为主体难以替代的核心作用。治理概念尽管存在着许多的差异和分歧,但人们对于其特征都逐渐形成了共识,并认可某些共同的原则。这些特征和共同点表现如下:

第一,来自不同领域、不同层级的行为主体形成了彼此依赖的多主体的网络治理结构。城市中政府地位的转变、私营部门的参与、志愿部门的兴起成为这一网络的主要特征。这样的网络结构涉及多样化的治理主体,不仅包括各个层级政府、公共组织与私营组织,还包括各种公民组织,各主体之间形成了复杂的纵向和横向关系。

第二,在平等的基础上形成了参与、沟通、协商、合作的各主体之间的互动治理机制。治理所依赖的不是传统上政府单一的自上而下的权威统治过程,而是作为多中心之一与其他主体在平等的基础上进行沟通交流、对话合作、谈判协商以达成共同的目标。各主体在治理结构中形成了不同的权力结构和责任机制,在参与、沟通、协商、合作的过程中促进治理的发展,寻求有效的制度安排。

第三,在利益整合的基础上形成了以问题为导向、追求共同利益、解决公共物品有效提供的综合社会过程。这是一个政策过程,治理所要谋求解决的是公共物品和公共服务的有效提供问题。治理主体作为治理结构中基于不同利益的利益相关者,在参与公共政策制定和执行的过程中通过彼此之间的合作,在满足各参与主体利益的同时,最终实现社会发展和公共利益最大化。

治理特别强调治理主体用于分配权力、管理公共资源以及形成和执行政策的方法,此外,还包括机制、过程。由此,不同的主体可以对利益进行协调,运用他们的合法权利,履行自己的责任和义务,解决彼此之间的分歧。从学理上分析,治理观点对理论研究的贡献并不在于因果关系分析这个层次,也非提供了一种新的规范理论,它的价值在于提供一种分析框架对管理过程进行分析。治理的出现表明了一种新的管理方式,其本质特点在于治理并不完全依靠政府的权威或制裁,在承认公私部门之间以及公私部门各自的内部的界限区域模糊的前提下,创造依靠多种行为主体及其互相发生的影响来实现治理的目的。

二、城市管理模式与政府定位

城市管理模式的变化都是与政府的定位和作用紧密相连的。城市治理的实现是现代公共行政发展的必然趋势。在现代公共行政的理论发展中,政府的定位经历了三个阶段,即官僚政府、企业化政府和服务型政府三个阶段;与此相对应的是，城市治理的模式也经历了三个阶段，即城市管制模式、城市经营模式和城市治理模式。

（一）官僚政府与城市管制模式

传统官僚型模式形成于19世纪末20世纪初，作为一种公共部门管理模式，它代表着一种传统，这种传统在大多数国家公共部门管理中一直牢牢占据着统治地位。在这种管理模式下，城市政府单独承担了城市公共服务的供应，其管制的手段主要是通过政府的行政命令来得以实现。

按照传统的公共行政模式，城市政府通过建立组织机构行使对城市政府的管理。政府的构造基本上是按照科层制的模式进行构建，城市公共服务的提供模式也比较单一，城市政府作为城市唯一的管理主体，所有城市事务都由城市政府按照指令式的方式进行管理。

随着时间的推移，城市政府部门官僚色彩日益严重，逐渐暴露出管理僵化、机构臃肿、资源浪费和效率低下等弊端。传统官僚型模式以行政权力集中化、行政组织等级化、行政职能专门化、行政行为程式化等为特点。其组织形态大部分都是中央纵向控制，组织内部层级森严，各功能部门之间缺乏横向联系与合作，制度规定日趋复杂。

随着科技与经济全球化的迅猛发展，各个城市面临着全方位、激烈的竞争，而这些竞争又主要体现为全球范围内大都市区之间的竞争，城市政府管理的事务更加综合化、复杂化和多样化；同时，公众也要求政府提供个性化的服务。传统行政管理显然难以适应新时代的需求，对传统的行政模式提出改革的呼声越来越高。

中国的城市管理一开始就表现为中央高度集权的、以审批制度为主的城市管制模式。这是一种高度中央集权的管理模式，社会管理和经济发展权力都集中在政府，地方政府管理权集中在中央政府。通过审批制度，城市发展目标和策略的决策权掌握在中央政府手中，城市政府缺乏自主权，只是机械地执行中央的计划和政策。就城市政府的结构来说，政府管制的触角涉及城市的各个方面，几乎垄断了城市事务的各项领域，管理职能过于宽泛，但一些基本的职能却又履行不好。政府机构过于庞大和权威，抑制了社会其他主体的发展。就城市管理的运行过程来说，过去中国的城市管理建立在计划经济体制下，以政府作为唯一的城市管理中心，产生了许多问题，出现了“管不了”、“管不好”、“管错了”等政府失灵的现象。

阅读拓展

中国城市管理中的政府失灵现象

城市管理中的政府失灵,使得政府在决策、执行、监督、检查等过程中发生失误或偏离公共利益目标的现象,产生不同程度的消极后果,中国城市管理的失灵现象大致包括了以下三种情况:

“管不了”,这是指政府的管理跟不上城市的发展速度,繁杂的城市事务超出了政府的管理范围和能力。城市在自身的发展中出现了大量的经济、社会、环境问题,这需要城市政府及时有效地处理;同时,城市的发展还处于外部的经济网络和政治网络中,需要对外部环境的改变做出积极的反应。在传统城市管理模式下,城市政府作为单一的城市事务管理主体,对这些事务都具有义不容辞的责任,但是官僚制政府在处理新问题时往往跟不上时代的变化,政府职能的转变滞后于城市化提速、城市质量提升的要求,进而形成了“管不了”的局面。

“管不好”,这是指城市管理虽然达到了预期目标,但是投入与产出的比例失衡,管理成本高,造成资源浪费和管理效率低下。一方面,是公共资源的稀缺,城市政府财政困顿;另一方面,是高昂的管理成本、公共资源的浪费。在中国许多城市中,由于计划体制所形成的部门分割造成了许多弊端,如管理多头、信息分割、资源浪费,影响了效果和效率。例如,城市中的一条河道就涉及水利、环保、环卫、交通等多个管理部门,产生九龙治水,各自为政的局面。

“管错了”,这是指政府管了不应该管的事情。城市政府的管理职能过于庞大是中国城市管理中存在的关键问题。长期以来计划经济的操作模式导致了城市政府管理权限的膨胀;同时,由于政府职能设置的不科学,职能重叠的公共部门甚至为了各自的部门利益会出现争权夺利的现象,导致政府的错位。由于政府也不是毫无自身利益的纯组织,市场经济要求政府从许多领域中退出,但这一过程不是单纯减少职能的过程,同时还极有可能会减少政府相应的客观或隐含利益。政府在其管辖范围内还存在着寻租牟利的可能,所以政府不愿意放弃与自己职能无关的领域。

资料来源:诸大建:《管理城市发展:探讨可持续发展的城市管理模式》,同济大学出版社,2004 年版,第40 ~ 41 页。

(二)企业化政府与经营城市模式

自 20 世纪 80 年代以来,推行行政体制改革和管理方式革新已成为时代风潮,所采用的手段也各有差异,新公共管理就成为这种错综复杂的改革运动的一个标签。政府再造正是新公共管理的主要代表,其中深深蕴涵着“企业化政府的精神”,再造政府的理论成为新公共管理诸观点中的代表，与此相适应的城市管理模式就是经营城市。

按照奥斯本的定义，所谓再造，是指对公共体制和公共组织进行根本性的转型，以大幅度地提高组织效能、效率、适应性以及创新的能力，并通过变革组织目标、组织激励、责任机制、权力结构以及组织文化等来完成这种转型过程。实质上，政府再造就是创造具有内在改进动力和企业家式思维的公共部门，即创立一种"企业型政府"。具体说来，企业型政府就是指政府必须在市场导向的指导下，引进竞争机制，运用创新策略，有效运用资源，实现高绩效的政府职能。其基本特征体现在重视成本效益关系、强调顾客导向、强调市场机制、裁量权的扩大等几个方面。企业化政府反映了在传统公共行政模式受到冲击时，政府所主动采取的变革措施，政府从行政导向转变为企业导向，服务对象从公民转变为顾客，组织结构从集权走向分权。

在企业化政府理论的引导下，中国城市管理中出现了新的管理模式——经营城市。就经营城市的具体内容来说，中国的城市管理在实际中主要集中在三个方面：盘活土地存量，实现自然资本的增值；引进竞争机制，实现公用事业多元化经营；做好城市延伸资本的开发，树立城市良好形象。①

经营城市，其中主要是对作为公共资产的土地进行经营，按照资本运营的方式来实现土地的价值。土地的重要性及其资源的稀缺性，决定了城市政府必须对土地的一级市场实施垄断，把土地收益真正集中到政府手中。政府垄断了土地一级市场之后，对规划用地先行投资，通过完善基础设施优化开发环境，将"生"地养成"熟"地，优化开发环境，提高土地的价值，最后以拍卖的方式出让该地段的使用权。还可以优化城市建成区土地资源的配置，利用土地的级差地租，采用土地置换和结构调整等方式使土地增值。

经营城市可以用市场化机制运作资本，把公共设施由公共产品变成"城市商品"，凡是可以由市场来解决的，都可以发挥市场机制的作用，充分调动城市中多元主体的积极性。除了一些纯公益性设施外，对于自身能直接带来效益，并且能够进行投入产出良性循环的项目，可以用市场化手段进行经营。就市政公用事业而言，当务之急是引进竞争机制，实行多元化经营。对城市基础设施使用权、经营权采取出让、拍卖、抵押、转让以及授予特许权等方式，让企业可根据自己的具体情况参与竞争。

城市延伸资本是指城市发展的软环境，主要包括城市知名度、城市文化等。在城市延伸资本方面采取市场经营的方式，如对于文物古迹名称使用权、街道命名权、城市桥梁冠名权等可以出让，为树立城市良好形象进行的各种策划、广告、宣传等活

① 王佃利：《经营城市的新理念及其风险回避》，《中国行政管理》，2003 年第 2 期。

动。城市管理者可以通过这些方式塑造城市形象，增加收益。

简单来说，城市经营就是新公共管理理论在中国的实践，其基本取向就是强调企业化理念的应用。从企业化政府模式中，我们可以看到经营城市理念的基本思路和原则。

(三)服务型政府与城市治理模式

新公共管理过于注重企业管理技术和方法的做法也招致许多批评，其中被指斥最多的是公共责任和民主精神的缺乏。这一点表现在城市经营模式出现了许多政府缺位于公民基本服务、越位于经济管理的现象。于是一种替代新公共管理理论的新的理论范式出现，这就是新公共服务理论。它在新公共管理理论的基础上进行了深化，把公民权利和公共行政的精神作为公共管理的首要精神，强调治理理论的民主取向，与此相适应的就是主张城市治理的城市管理模式。

城市治理是城市政府与企业、非营利组织以及公民相互合作来促进城市发展的过程。它一方面强调政府职能的稀释和政府组织的精干，要求城市政府转变其职能定位和管理方式；另一方面，它强调城市利益相关者对城市发展的广泛参与，以合力来促进城市的发展和城市竞争力的提高。在城市治理中，城市公共服务实际上成为一系列复杂的相互作用的博弈过程的后果，公共服务的提供涉及城市治理的多个主体，成为多种主体和多重利益的混合物。这时政府如何定位和发挥其作用，是城市发展能够实现治理目标的关键。

随着全球化和城市化的发展，传统行政模式下的城市政府控制机制已经不再具有可行性，利益的分化必然导致更多的参与和互动。在城市管制模式下，城市政府定位为整个城市的管制者，由政府作为公共服务的承担者，从而导致了公共服务质量不足和质量低下等问题。在城市经营模式下，城市政府定位为企业家，它与私营组织一起都成为公共服务的提供者，在提高了效率的同时却也导致了不公正和不公平等问题。在城市治理模式下，政府的作用在于与私营组织及非营利组织一起，为城市所面临的各种问题寻求解决办法。其角色从控制者转变为议程安排者，使各方坐到一起，为促进公共问题的协商提供便利。城市治理的发展不仅增强了城市政府的效率、有效性、责任性、透明性和回应性，而且提高了市民对城市发展的主动参与程度，形成了城市政府、非政府组织与市民共同关注、参与、促进城市发展的新机制。

在社会主义市场经济体制下，中国城市治理的首要内容就是要转变政府职能、明确政府角色、规范政府行为。如今许多城市提出构建服务型城市政府，正是反映了这方面的需求。构建服务型城市政府，是深化城市行政管理体制改革的重要内容和根本要求。

从广义的角度来看，服务型城市政府基本的内容包括以人为本的服务理念、依法行政的服务准则、顾客导向的服务模式、绩效评估的服务考核、过错追究的服务责任等。建设服务型城市政府的举措主要有以下几点：

第一，规范政府行为，全面推进依法行政。主要是规范政府的审批行为、收费行为和行政处罚行为，推进政府依法行政的水平。

第二，优化办事流程，完善政府服务体系。明确各部门的工作程序和具体职位，从方便公众的角度出发，制定规范化服务细则和办事流程导引图，作为各部门和工作人员进行规范化服务的执行标准和公众进行监督、评议的依据。

第三，要完善决策机制，推进民主科学决策。建立和完善决策科学程序，政府决策必须按照决策的规则和程序进行，在相应的权限内依照相应的程序进行具体的决策。建立和完善专家咨询制度，通过吸收专家参与政府决策，为公共决策提供智力支持，提高决策的民主性和科学性。

第四，推进政务公开，实行阳光行政。建立健全信息公开制度，明确政府信息公开的时间、地点、方式，明确规定公民获得政府信息的方法。

第五，加强公众参与，完善绩效评估体系。建立重大行政决策事项公示和听证办法，提高行政决策的公民参与度；建立科学的绩效考核体系，吸纳专家学者、社会公众参与评议和考核；建立和完善激励约束机制，奖优罚劣，促进政府绩效的提高，调动公务员的积极性。

第六，完善监督机制，建立责任追究制度。建立和完善投诉举报制度，使服务对象投诉有门，促进问题的有效解决。加强政府系统内部的层级监督，全面推行行政执法责任制，建立责任政府。

城市政府的正确定位确立了城市治理的基础，正是在城市政府职能明确、行为规范的基础上，城市政府才能更好地建立协调机制，吸引企业、非营利组织和公民的积极参与，共同促进城市的发展。

本章小结

城市化是农村人口和非农活动在不同规模的城市环境的地理集中过程和城市价值观、城市生活方式在农村的地理扩散过程。衡量城市化水平最常用的指标是城市人口占总人口的比重。对城市化的形态从不同的角度进行分析，可以分为集中型城市化和扩散型城市化、积极型城市化和消极型城市化、向心型城市化和离心型城市化。现代城市发展是农业现代化、工业化和市场化多种动力共同作用的结果。

新中国成立后，城市化发展经历了长达20年之久的城市化不正常发展阶段，改革开放后才进入健康发展的轨道。20世纪50年代，中国的城市化形成了一系列政府自上而下强制性的制度安排，进入20世纪80年代以后，形成了多元化的自上而下式的城市化发展道路。

中国城市化道路模式确定的依据，要从城市化的内涵和中国的国情出发，构建起与各地区经济发展水平相协调的多元城市化道路模式。

目前，中国城市化已经进入了快速发展时期，人口大量涌入城市，城市问题日益突出，对中国城市化发展提出了新的挑战。现代化的城市管理要求更新管理理念，城市治理的实现是现代公共行政发展的必然趋势。政府自身关于官僚政府、企业化政府和服务型政府的定位，形成了城市管制模式、城市经营模式和城市治理模式。

思考题

1. 城市化的内涵是什么？怎样认识城市化的表现形式？
2. 如何理解农业现代化、工业化和市场化在城市化发展中的作用？
3. 简述改革开放前中国城市化的发展历程。
4. 结合中国城市化的制度安排，谈谈对中国城乡二元社会结构的认识。
5. 当前中国城市化的发展呈现出什么样的特点？
6. 谈谈对中国未来城市化模式的认识。
7. 联系实际，谈谈对中国城市化中出现的问题的认识。
8. 现代城市管理的特征有哪些？
9. 什么是城市治理？提出这样的理念对于城市管理有什么意义？
10. 谈谈对政府角色定位和城市管理模式的认识。
11. 城市服务型政府的主要内容是什么？

案例分析

服务型政府建设迈开坚实步伐

21世纪初以来，中国地方政府相继提出“建设服务型政府”的目标，他们以不同的方式践行这一愿景，其中的先行者为我们提供了较为成熟的经验：

成都——规范化服务型政府

2001年，成都市委、市政府参照公共管理理论和国外发达国家政府再造的实践，结合成都实际，提出了在全市建设“规范化服务型政府”的目标。同年底，成都市工商局、公安局、市政公用局成为试点部门。改革的主要思路：一是着力于行政管理理念创新。要求公务员树立“以民为本，依法行政”的政府服务理念。二是着力于行政管理体制创新。进行了以审批制度改优、投资体制改活、行政机构改精、财政体制改顺为目标的改革。三是着力于行政运行机制创新。改进公共决策机制,建立公共决策的调查制度、公示制度和专家咨询论证制度。改进绩效考评机制,完善行政问责制度。四是着力于行政服务方式创新。引进全面质量管理的理念,优化了管理服务流程、提供集中便民服务、推进政务公开及电子政务建设。2003年,规范化服务型政府建设在全市推广并取得积极成效。

上海——社区服务超市

上海市于2001年率先提出建立服务型政府的目标。其突出特点是:将服务的重点放在亲民、便民的社区服务上,形成了独具特色的社区服务超市和社区“一门式”服务。所谓“社区服务超市”,是以“超市服务”为理念,以社区服务中心为依托,通过“政府购买”形式向社会提供服务的一种尝试。它打破了传统社区服务内容单一、管理松散、各自为政的低层次经营模式。所谓“一门式”服务,就是市、区政府有关职能部门依法在街镇设立的各类受理事项和出证事项由原来部门分门受理,归并到社区事务受理服务中心一门受理,并由街道乡镇实行内部综合管理。它是国内首创的政府为投资者提供高效服务的工作模式。全市现欲建200余个社区事务“一门式”服务受理中心,实现全市街道、乡镇全覆盖的要求。

珠海——“万人评政府”

“万人评政府”活动是珠海市建设服务型政府的突破口。自1999年开始,每年由测评团向社会发放万份测评问卷。“万人评政府”的结果与年度目标任务考核相结合,对连续两年考核结果为“差”的单位一把手免职。近年来,全市处理不称职干部100余人次。

珠海市建设服务型政府,注重加强制度保障和机制约束,强化政务公开,推行“首问责任制”、“目标责任制”、“办事限时制”、“过错追究责任制”等一系列制度措施。此外,还创新政府管理模式,从机制上对公共权力形成了有力监督。

南京——“六大发展战略”

2002年年初,南京市提出“建设服务型政府”的目标,提出了“开放型”、“学习型”政府发展战略和“企业化”、“市场化”、“电子化”、“标准化”政府发展战略等六大发展战略。其突出的特点:一是统筹行政体制改革与政治体制改革。如健全规范公共决策机制、强化行政监督、全面推行“问责制”。二是深化推进城市综合配套改革。如完善公共财政体系、政府公共服务市场化改革、改善投资软环境。三是提高行政效能,成立市行政效能投诉中心。公开政府办事制度,免费向市民赠阅《南京政报》;开办“网上政务大厅”。四是开展“市民论坛”活动。“市民论坛”由专家主持、市民参与、市委和市政府领导参加,其选题由媒体公布,论坛上的真知灼见成为政策制定的参考之一。“市民论坛”活动在南京各级政府中普遍开展。

重庆——创新社会治理模式

重庆市服务型政府建设注重创新服务方式,实现共同治理。2002年,大足县率先试行"为民办事全程代理制",即村代办员将村民申请材料直接送至乡镇受理室,或办或退,需要到上一级部门办理的事情再由乡镇代办员到县行政服务中心办理,承办人为申请人提供的是无偿免费服务。2003 年,重庆市政府出台《重庆市人民政府关于建设服务型政府的工作意见》,表明重庆市正式提出全面建设服务型政府的目标。

深圳——没有围墙的政府

深圳建设服务型政府的突出特点:一是在全国最早引进了听证制,就关系民生的工程与项目向专家与多方市民代表开展咨询,由此公民的参与意识和民主监督意识得到加强。二是在全市机关事业单位正式施行"政府雇员制",目的是提高政府机关人员长期遭受诟病的服务效率。三是在 2004 年年底,建成全国第一个"行政许可电子监督系统",可以对办理项目受理、承办、批准和办结出证等各个环节进行全程监督。四是 2006 年"深圳市政府办公厅公共关系处"成立并开始运作,这在内地城市中尚属首次,开创了政府强调"服务"的风气之先。

资料来源:魏爱云、王慧:《人民论坛》,2006 年 第 6 期。

案例思考题:

1. 服务型政府为什么会成为各地城市政府改革的主要目标?怎样理解服务型政府?

2. 为什么说政府改革是城市管理模式变革的核心因素?如何实现城市治理的目标?

第三章

城市管理体制

城市管理体制是城市管理活动所涉及的各个组织以及部门之间关系的制度化的表现形式，是城市管理的基础。城市管理体制构成了城市管理活动的制度平台，是城市管理主体进行管理的基本依据。只有深入理解了城市管理体制的作用，才能最终理解城市管理的运行体系与运行过程。

通过本章的学习，我们应掌握城市管理体制的概念、城市中的政党组织与国家机构的关系、西方城市管理体制的主要特点、西方城市管理体制的主要形式以及我国城市管理体制的改革等内容。

第一节　城市管理体制概述

体制一般是指组织中各层级、各部门之间关系的制度化的表现形式。体制在组织中处于核心地位，是组织构成的基本框架，也是组织运作的基本条件与基本规则，因此，体制完善与否，对组织目标的实现起着决定性作用。完善的体制必然使组织的发展处于有规律的良性运行状态，而管理过程中出现的诸多问题往往与体制不健全有关。没有一种好的体制，组织中各种关系就难以理顺，机构的作用、工作人员的能力与积极性就得不到充分的发挥，进而严重影响组织的发展与工作效率的提高。因此，重视体制作用，研究体制构成，发展和完善体制是管理实践中必须注重的问题。

一、城市管理体制的含义

城市管理体制的含义有广义与狭义之分。

广义的城市管理体制是指城市管理所涉及的内外部关系的制度化的表现形式，除了城市中的各阶层、各组织的内部关系之外，还包括城市与外部之间的纵向和横向关系。其中纵向关系主要是指城市与上级机关之间的关系；横向关系则主要是指城市与平行行政主体之间的关系。

狭义的城市管理体制仅仅是指城市管理所涉及的内部关系的制度化表现形式，是处理城市中的各阶层之间的关系，规范和调整城市内部的政党组织与国家机构之间、城市的国家机构纵向上下级之间以及横向代议机构、行政机构和司法机构之间关系的各种法律、规章和制度的总称。狭义的城市管理体制同时也包含了各个管理机构内部的分工、协作与管辖关系。

城市管理体制主要规范和调整城市中的国家机构之间、政党组织与国家机构之间以及国家机构上下级之间的关系。其中最核心的关系就是权力关系，即城市中的国家权力在政党组织与国家机构之间的分配与制约关系。权力的分配与制约主要表现为公共决策权、执行权以及行政领导权与监督权在城市的国家机构、政党组织之间的分配与制衡。例如，在美国实行市长议会制的城市中，在决定和执行公共政策方面，市长与议会之间就存在着相互制约的关系。除此之外，西方城市中还普遍存在着形形色色的民间组织与利益集团，这些组织与集团的存在对政府的公共政策的制定和执行有着巨大影响力。这种影响力，虽然不属于国家权力的范畴，但同样会对城市的运行产生重大的影响，甚至在某些情况下还会成为决定性力量，所以同样属于城市权力的重要组成部分。由此可见，城市中的国家权力与民间权力共同构成了城市中的公共权力。因此，体制中的权力关系，主要是指城市中公共权力的构成与分配，而不是仅限于政府系统内部的权力构成与分配。

二、城市管理体制的内部关系

（一）城市管理体制的内部关系构成

城市管理体制的内部关系主要是指城市的政党组织与国家机构之间，城市内代议机构、行政机构和司法机构之间以及城市的国家机构上下级之间的关系。因此，城市管理体制的内部关系主要包括以下三个方面的内容。

1. 城市中的政党组织与国家机构、社会团体之间的关系

首先，政党总是代表着某一阶级、阶层或是某些利益集团的利益，政党的目的就是通过掌握、分享或影响国家政权的方式来表达或实现所代表群体的利益，而城市的国家机构无非是这些政党或个人表达和实现其所代表的利益的工具。所以，无论中西，国家机构一般都会受到政党的领导与影响，虽然这种领导与影响的途径与方式在内容和形式上有所不同，但其作用往往是非常重要的，甚至是决定性的。

其次，在现代民主形式下，市民表达利益的愿望日益强烈，表达方式日益广泛。市民表达利益的方式主要有两种：一是通过参加各种社会团体参与城市的公共决策

和公共事务的管理，监督城市国家机构的工作。对于大多数市民来讲，他们或者直接通过社会团体向国家机构进行利益表达，或者先通过社会团体向政党组织进行利益表达，然后再经政党传递给国家机构。二是通过更为直接的方式，即通过政治选举来表达自己的利益。随着市民政治参与意识的提高，政党能否通过竞选在城市的代议机构中获得更多席位，在很大程度上取决于能否争取到更多市民和社会团体的支持。因此，市民和社会团体对城市的国家机构的组成与决策将会产生越来越重要的影响，发挥越来越重要的作用；国家机构、政党对由市民组成的社会团体的依存度将会进一步提高，市民的地位与影响力也会进一步提升。

实践证明，随着时代的发展，城市中的国家机构与政党组织、社会团体的互动关系将会得到进一步加强，民主程度越高，社会越进步，三者的关系就会越密切，下层对上层、社会对国家、个人对政府的影响力就会越强。

2. 城市内的代议机构、行政机构和司法机构之间的关系

城市的代议机构、行政机构、司法机构之间的关系，是立法、行政、司法三大权力的分工合作关系。西方国家的城市立法机构在法律规定的事权范围内，一般都有制定地方性法规的权力。我国内地的直辖市、省会城市、副省级市及经国务院批准的较大的市的人民代表大会及其常委会也具有制定地方性法规的权力；其他地级市和县级市的人民代表大会及其常委会虽没有立法权，但具有为执行法律和地方性法规而制定和通过决议的权力。城市的行政机关担负着执行立法机关的法规与政策，管理社会公共事务，为社会的发展与人民生活水平的提高提供服务与保障的责任。城市的司法机关则负责通过监督、审判国家机构、社会团体、企事业单位和公民的违法行为，保障法律的权威性，维护正常的社会秩序。三者相互联系，相互依存，又有相对的独立性，存在着一定的制约关系。

3. 城市政府与其下级政府之间的关系

国外的城市一般不管辖区县，只有少量大城市才设区，如美国的纽约、法国的巴黎、日本的东京这样的大城市才设市辖区。而在设区的市，市区政府之间也是分工协作关系，管理控制的成分较少。例如，巴黎市市议员和区议员是由市民分别选举产生，区议会由本区选出的市议员和区议员组成。区议会主席兼任区长，其由区议会选举一位本区的市议员担任，区长既要执行区议会的决议，又必须办理国家和城市政府交办的事务。对于本区的重大事务，区议会须向市长报请并提出书面意见，如市长不答复，则由市议会审议。市议会的议案涉及区的利益时，如城市规划、占用土地等必须事先征求区议会的意见。

我国城市根据行政级别划分为直辖市、副省级市、地级市和县级市等不同的级别。地级以上的城市一般都管辖区，市与区之间存在着严格的行政隶属关系。此外，我国的地级以上城市一般都管辖县，实行市管县制度，彼此之间也存在着严格的行政隶属关系。城市之所以辖区主要是因为我国的城市规模相对较大，管理层次过

少就会导致管理幅度过大，不利于实现有效管理。因此，在市级政府下设置市辖区政府，增加必要的管理层次，从而缩小管理幅度，同时也有利于因地制宜，降低管理成本，提高管理绩效。城市辖县可以发挥城市的中心作用，带动农村经济的发展，因此，我国目前实行市领导县的城市管理体制。

辖区的市与其下辖的区县的关系，主要是市委、行政机构领导区县委、行政机构的关系。市所辖区县的管理方式和特点与市的管理大致相似，只是拥有的权力与管理的范围更小。

（二）城市管理体制的内部关系的地位与作用

一般来讲，在城市管理体制中，城市的政党组织与国家机构、城市的代议机构与行政机构的关系是两对基本关系，决定着城市管理体制中的其他关系。

在我国，中共市委与城市国家机构的关系是城市管理体制的首要关系，决定着城市管理体制的其他关系。中共市委是城市政权的权力中心，拥有对城市所有国家机构的领导权，这不仅直接决定了它与城市的国家机构的关系，而且还间接影响着城市中的代议机构、行政机构、司法机构之间的关系。社会团体向城市的国家机构进行利益表达，有时也是通过中共市委转变为国家政策或行为。而城市的国家机构的重大决策，一般也由市委制定或提出大体方案框架，再由相关国家机构制定或执行。

其次的关系是市人大与市政府的关系，这两者对城市管理体制的其他关系也具有重要的影响与制约作用。城市的具体管理主要由市人大和市政府承担，市人大负责决策，而市政府负责执行，市人大对市政府进行监督，市政府对市人大负责。市人大将城市管理中的问题和市民的利益表达转变为权力机构的决策，市政府再将决策予以实施。

在西方国家中，市议员、市长和市政府的其他主要政务官也往往具有政党背景，政党的纲领和政策方针也同样会影响和指导城市的立法和行政活动，只不过西方的大多数政党与中国政党相比在组织的严密性、行动的统一性上存在着较大差距，其权力与影响力相对较小，一般也不直接参与政权领导。

在西方国家中，大多数城市并不辖区，只有少数大城市才辖区，区议会和政府必须执行市议会的决议，服从市政府的领导，这一点与我国颇为相似。

三、城市管理体制的外部关系

城市与外部之间的关系也有纵向与横向之分。其中纵向关系主要是指城市与上级机关之间的关系，即与中央机关、省级机关等的关系；横向关系则主要是指城市与平行行政主体的关系。

（一）纵向关系

纵向关系主要是指城市与上级机关的关系，主要体现为包括中央机关和省级机关在内的上级机关对城市政府的控制。

上级机关对城市机关进行控制的手段主要分为两类:一类是运用国家权力对城市实施控制,主要包括立法控制、行政控制和财政控制等手段;另一类是通过非国家权力对地方政府进行控制,如通过政党组织和其他方式对城市机关进行控制。

在单一制国家中,由于市政府与上级政府之间有行政隶属关系,因此主要采取行政控制的方式。这种方式一般通过以下途径实现:首先是由上级政府成立垂直的专门的主管城市事务的管理机构,以加强上级政府对城市的控制;其次是通过制定各种行政性条例、规章的方式来规范市政府的行为,必要时还会采取直接干预的形式;最后是通过决定地方人事行政的方式来影响市政府的活动,达到加强中央集权的目的。

在联邦制国家中,上级政府对市政府的控制主要通过立法控制和财政控制两种方式。[①] 立法控制分为两个方面:一是通过法律确定市政府的行政权限,并对市政府的越权行为进行严格监督和控制;二是上级政府监督市政府的立法活动,如出现不当行为,上级政府有权要求市政府进行修改或废止。财政控制是指上级政府通过财政手段对市政府施加影响,主要包括:划定税收范围、补助和控制地方财务行为。划定税收范围是财政控制的基本手段,包括划定市政府的征收税种,确定税率。补助分为一般性补助和专项补助,前者不指定用途,后者则指定用途。市财政在收支不平衡的情况下,如需要借款,必须征得上级政府的同意,上级政府通过规定借款条件、限额及用途等方式,达到控制地方政府行为的目的。

阅读拓展

省管县体制改革实践

随着我国经济的快速发展,我国的政府结构特别是政府的层级结构越来越无法适应经济发展的要求,要求减少政府层级的呼声越来越高,正是在这样的背景下,省管县的改革实践应运而生。2002 年 8 月 17 日,浙江省省委办公厅下发“浙委办(2002)40 号”文件,将 313 项审批权下放给绍兴、温岭等 20 个县(县级市、区)。这份文件后来被浙江省有关部门简称为“40 号文件”。浙江省把地区一级的经济管理权限直接下放给包括绍兴县在内的 20 个县(县级市、区),经济上近似于“省管县”,所下放的审批权涵盖了计划、经贸、外经贸、国土资源、交通、建设等 12 大类,几乎囊括了省市两级政府经济管理权限的所有方面。这种“直管”还扩展到社会管理职能,如出入境管理、户籍管理、车辆管理等,重点是县财政直接对省负责。这种改革模式

① 参见:曹沛霖:《西方政治制度》,高等教育出版社,2000 年版,第 340 页。

成效显著,全省县域经济得到快速发展,成为全国的排头兵。在第五届全国县域经济基本竞争力评价中,浙江省有27个县(县级市)进入全国经济百强县(县级市)行列,居全国之首。

2003年6月,湖北省决定对大冶、汉川、宜都、京山、恩施等20个县(县级市)“扩权”。以前由市州一级政府掌握的大部分经济管理权限和社会管理权限被下放到县,近似于“省管县”。从2004年1月起改革现行省管市、市管县(县级市)的财政体制,在全省实行省管县(县级市)的财政管理体制。这项改革内容涉及五个方面:预算管理体制、转移支付及专项资金补贴、财政结算、资金报解及调度、债务偿还等。此外,山东、河南、安徽、黑龙江、辽宁等省份都进行了一些“省管县”体制改革的实践探索,并取得了一定成绩。

从以上省管县的改革实践中,我们可以总结出省管县改革的主要思路。

1. 强县扩权。对县域经济实力比较强的县(县级市),进行强县扩权。某些县域的经济实力较为强大,具有独当一面的能力和影响力,在这种情况下可以给县级政府扩权,赋予县级政府更大的人事权、更多的财权、更大的资源支配权和经济社会发展的决策权,这是现阶段实现“省管县”体制改革的首要内容之一。

2. 地市虚拟化。将市对县的管理还原为早期的虚拟化管理。在一省或省内一地区,将经济、社会、人事等权力直接下放到县,将地市层级虚化,待条件成熟后再过渡到“省管县”。

3. 逐步放开。“省管县”体制改革难度很大,不可能一步到位,因此一般先在财政管理领域展开,首先在财政制度上对县(县级市)进行直接管理,实施“省管县”。当然,财政体制的改革只是“省管县”的一个步骤,最终目标是把行政权力逐步还给县域。

(二)横向关系

横向关系主要表现为城市与平行行政主体之间的关系。这种关系主要体现为相互合作与影响 。横向关系可以分为两类:一类是城市之间的关系;另一类是城市与其周边没有行政隶属关系的县、乡(镇)之间的关系。

1. 城市之间的关系

随着城市管理事务的日益复杂和管理难度的增加,城市之间加强联系和合作的要求越来越迫切,特别是对一些涉及范围较广的社会事务,比如环保、公共安全等事务,只有在平行政府的共同努力之下才可能办好。

城市间合作的方式主要是政府间的交往,主要包括行政的和财政的。这些属于城市之间的直接交往方式。

除了政府间的直接交往之外,还有其他的合作方式,包括上级代议机关中的地方代表、非官方的地方政府联合组织以及其他非正式组织。

上级代议机关中的地方代表往往是沟通不同城市政府之间关系的重要桥梁。

他们通过自己与其他城市代表的交往活动，可以在一定程度上影响两地代议机关和政府的决策，从而为城市之间的合作奠定良好基础。

非官方的城市政府联合组织形式在西方国家较为常见，它们的组成成员一般为已退休的地方政府的官员。这些地方政府官员经常就共同关心的问题进行研究磋商，并提出相应的建议，这些建议往往会被本地政府所采纳。这些退休官员也就成为了联系城市间关系的纽带。

非正式组织主要是指民间团体。它们是民间交往的主要力量，通过民间的交往可以加强政府间的合作。同时它们又是社会舆论的重要组成部分，可以通过特定的渠道影响各级政府的决策，在一定程度上影响和促进政府之间的合作。

2. 城市与其周边没有行政隶属关系的县、乡、镇之间的关系

在西方，大多数的城市与其周边的县、乡（镇）是没有隶属关系的平行主体。西方国家的城市一般不辖区县，市政府与周围的乡镇政府也没有统属关系。这种体制有利于实行地方自治，能够因地制宜地处理本地区的问题。但是这种市、县、乡（镇）相互分割的管理体制也存在着某些缺陷，比如，城市的大部分基础设施和公用事业必须形成规模才会产生经济效益，地域越大效果越好，反之就越不经济；某些公共行政事务如社会治安等需要市、县、乡（镇）政府合作处理才会收到良好效果；市、县、乡（镇）还面临一些涉及面更广的问题，如环境保护等，这不是单个市、县、乡（镇）所能独立解决的，要解决这些问题需要对原有的体制进行改革。于是各种形式的分工合作、行政联合方式出现了，其主要形式如下。

首先，是城市对周边县、乡（镇）的部分性管理。城市对县、乡（镇）的部分性管理主要是通过如下方式实现的：

第一，地区兼并。这种兼并多发生在新开发地区，通过兼并，不仅壮大了城市实力与规模，而且也带动了周边地区经济的发展。郊区的乡镇政府仍保留了原有的大部分自治权力，仅把更适合规模经营的事务交给城市。城市也获得相应的税收和行政权力。

第二，机构合并。县的政权机构可以并入市的政权机构，也可以保留部分职能和人员。原来县内的乡镇可以自主决定是否并入市的行政区域。市政府根据所提供服务的多少，决定征税的多少。

第三，功能合并。根据协议，乡镇政府的部分功能并入城市，由城市政府统一管理。对于并入的部分，乡镇政府必须接受城市政府的领导，但在其他方面，仍保留其自治权力。

其次，是城市政府与县乡镇在某些方面开展不同形式的合作。在西方，多数县乡镇的居民并不愿意所在地区并入城市，而是支持县乡镇政府与城市政府在适合统一管理和提供服务的领域内进行合作。县乡镇居民之所以不愿意成为城市的市民，主要是因为：城市的公共支出较高，因而大城市市民的税收负担也高于县乡镇居民；

并入城市以后，县、乡（镇）会丧失许多自治权力，不能灵活自主地处理地方事务；政府管理的范围越大，其效率越低，越难以保证服务的质量。但随着社会的发展，有相当一部分公共事务县、乡（镇）政府难以很好地处理，因此，也有必要与城市政府进行合作，其合作形式主要表现以下几个方面。

第一，职能合作协议。包括非正式协议和正式协议：非正式的协议如在特大火灾时消防部门相互支援的约定；正式的协议是市与县、乡（镇）的政府之间签订的合作合同，如县、乡（镇）购买市政府提供的服务、共同管理边界地区、共同办理某项事务等。

第二，职能转移。指的是上级政府在征求双方意见的基础上，通过立法，把县、乡（镇）的某些职能转移给市，或把市的某种职能转移给县、乡（镇），双方都有义务为对方提供便利。

第三，政府联合会。这是一种协商和咨询性组织。由市、县、乡（镇）的行政首长、议长或其他的政府代表组成，就共同面临的问题定期开会讨论，并有常设的规划机构协调日常事务。联合会没有强制权力，只能依靠成员的自觉，但对于加强平行主体之间的合作有重要意义。

第二节　西方国家的城市管理体制

城市管理体制没有固定的模式与统一的规范，也不能片面地、抽象地比较各种城市管理体制的优劣。一种城市管理体制是否合理主要看这种体制能否适应该城市发展的要求，能否取得良好的管理效果。这才是评判城市管理体制优劣的唯一标准。通过对西方国家城市管理体制的学习，有助于我们总结经验，发现问题，取长补短。当然，由于我国与西方各国在政治体制和历史文化上有较大的差别，所以我们只能借鉴，不能简单地照搬照抄其具体形式，只有结合我国的国情吸取其成功经验，才能进一步地完善我国的城市管理体制。

一、西方国家城市管理体制的特点

西方国家城市管理体制与我国的城市管理体制有很大不同，这种不同主要是由包括国体、政体在内的具体国情决定的。尽管西方各国的城市管理体制也受具体国情影响而各具特色，但是由于西方发达国家在经济发展程度、民主发展程度上比较接近，所以各国城市管理体制也存在许多相似之处。

（一）城市管理体制具体形式的灵活多样性

受经济发展、政治制度、文化历史传统、国民素质等多种因素的影响，虽然西方发达国家城市管理体制的构成比较接近，但在具体表现形式上，却体现出一定的灵活性。在有些国家内部,不同的城市可以采取不同的管理方式。例如,美国的城市管理体制就有市长议会制、市委员会制和市经理制等多种形式。出现这种情况主要是由两个方面的因素决定的:一是政治体制的影响。像美国这样的联邦制国家,州政府拥有领导地方政府的权力,联邦政府无权干预,各州有权通过州的宪法和法律规定各自具体的城市管理体制,各州因此有了不同形式的城市管理体制。二是自治程度较高。西方发达国家多实行地方自治,地方权力较大,在其自治权限内各城市可以较为自主地确定其具体的城市管理方式,这也促成了城市管理体制具体形式的多样性。

(二)竞选是各党派取得执政权或参政权的主要方式

在西方,与中央政府相似,各党派取得城市的执政权或参政权的主要方式也是通过竞选。各党派选派候选人参加市长和市议员的竞选,通过竞选的成功取得相应职位,以达到掌握行政权和立法权的目的。因此,西方国家的大多数市长和市议员都属于某一党派,并代表该党执政。他们的言行、决策也必然受到所在政党的影响和约束,并不能完全按照自己或公众的意志处理公共事务。

(三)市长和市议员一般由市民选举产生

西方城市的市长与议员一般由选民直接选举产生,直接对选民负责而不相互负责,这样就形成了双方的制约关系。议会与市政府可能掌握在两个政党或政党联盟手中,彼此之间易于形成监督和制约。

(四)市法官也由民选产生,保持"司法独立"

西方国家城市的法官多数也由市民选举产生,体现了"司法独立"的原则。司法机关的独立对于加强监督与审判机构的独立性,以及实现有效的监督与控制有重要的意义,可以有效地控制和降低腐败的发生几率。西方国家腐败现象的严重程度之所以低于发展中国家,与其司法的高度独立性有很大关系。

(五)存在大量利益集团

西方国家普遍允许利益集团存在,这些利益集团有权对市议会和市政府进行游说。大量利益集团的存在使得城市管理体制更加复杂。虽然其形式多样,但是本质上都是企图通过某种方式来影响政党与国家机构,以达到维护和获取自身利益的目的。利益集团的产生与存在的原因是复杂的,作用也有好有坏,至今人们仍对利益集团褒贬不一。利益集团的作用主要在于:进行利益表达;参加政治选举;引导和组织有关人员支持或反对国家机构的决定等。

(六)多数城市不辖区,实行市县分离

在西方,除了极少数大城市辖区外,绝大多数城市都不辖区和县。这主要是因为西方国家的大多数城市的人口规模不大,一般在几万至几十万人之间,规模相当于我国的县级市,市区面积也有限,因此没有必要设立市辖区。少数规模较大的城

市，为了减轻城市容纳的压力，一般会采取各种措施促使市区人口向郊区迁移，在大城市周围设立卫星城镇，当卫星城镇达到一定规模之后，就会与大城市脱离。另外，因为西方有地方自治的传统，而且县仍然主要代表农村居民的利益，往往不愿因受市管辖而缩小原有的地方自治权限。一般来说，城市规模越大，生活成本与管理成本越高，这是农村居民不愿加入大城市的主要原因。

二、西方国家城市管理体制的主要形式

如上所述，受各国具体国情的影响，西方国家的城市管理体制表现为不同的形式，较为典型的有以下几种。

（一）强市长制

强市长制，也叫市长议会制，即在城市中分别设有独立的市政府与市议会，分别行使行政权与议决权，市长与市政府的地位高于市议会的地位。美国的多数大城市与法国的大多数城市都采取这种形式，相比之下，美国的强市长制更为典型。其基本特征如下：

(1)市长和市议会都由市民选举产生，市长和市政府职能部门的长官不得兼任市议员。

(2)职能部门的长官由市长任免并对市长负责。

(3)市长拥有地方性法规的立法权。对市议会已经通过的地方性法规，市长有否决权，但如果该议案在市议会以2/3多数再次通过，市长必须接受。

(4)部分城市的市长有准司法权。对触犯地方性法规的人拥有一定的赦免权。

(5)部分大城市为加强管理权力，市长可以任命一位专业人士担任首席行政官，由他根据市长的授权，处理市政府的日常行政事务并对市长负责。首席行政官的职责主要是处理一般性行政事务、协调各部门的工作、监督重要的行政事务、编制预算等。在这种体制下，市长可以集中精力考虑大政方针、处理重要问题、协调各种关系。如此，既能改善管理，又能处理好各种复杂关系，对于提高大城市的管理水平有重要意义。

强市长制的优点在于市长拥有较大的权力，有利于统一指挥，提高行政效率。其缺点在于市长权力较大，市议会往往缺乏足够的制约能力，容易导致市长专权；市长与议会之间的关系较难处理，两者之间容易产生矛盾。

（二）议会市长制

议会市长制，也称为弱市长制，主要特征是市的议决机构和行政机构分别设立，市议会的地位高于市长。日本各城市一般采取这种形式。其基本特征如下：

(1)市长和市议员分别由市民选举产生，市长不得兼任市议员。

(2)市议会可依职权向市长和市政府提出建议，建议分为强制性与非强制性两类。市议会就议决权限范围内的事项提出的建议具有强制性，市长和市政府必须执

行;市议会对市长和市政府执行中央和上级政府的决定提出的建议具有参谋性,应市长和市政府的要求提出的建议具有咨询性,都属于非强制性建议。

(3)市议会可以自主通过预算、地方性法规和决议,市长反对无效。这些文件通过后,市长若有不同意见,可以要求复议,但市议会如果以2/3多数重新通过,市长必须接受。

(4)市议会对市长和市政府的工作有准司法性的调查权。市议会在调查中,市长和市政府有关部门的人员必须配合与服从,否则市议会可以向法院起诉,由法院做出裁定。

(5)市议会可以通过不信任案要求市长辞职。市长可以在限期内解散市议会,但如果新选举的市议会再次通过不信任案,市长就必须辞职。

(6)涉及市民切身利益与责任重大的行政机构对市长和市议会双重负责。这些机关的职能与市民生活关系密切,必须加强监督控制。其长官由市长任免,但必须经市议会表决同意。

议会市长制的优点在于市议会对市政府形成较强的制约,防止了市长专断,也可以提高决策的合理性和科学性。其缺点是在工作中有可能形成市议会与市政府的相互掣肘,不利于行政效率的提高。

(三)市议会制

市议会制的主要特征是市议会就是市政府,市议会兼行议决权和行政权。英国的城市多采取这种城市管理体制,加拿大多数城市也采用这种体制。其基本特征如下:

(1)市议会由市民直接选举的市议员组成。市议会行使立法权、议决权、人事任免权、城市预算权,以及监督行政权等。

(2)从市议员中选举一名市议会议长,即市长。但市长只有一些礼仪性的职权,而没有实权。市长在市议会表决时,一般不投票,但在票数相等时,可以投决定性的一票。

(3)市议会的委员会兼行市政府工作部门的部分职能。它既行使一般的市议会委员会的职权,如审议议案、调查问题、召开听证会等,又行使行政决策权。委员会的法律地位较高,对于某些事项,市议会必须征得相关委员会的同意,否则难以议决。

(4)市议会拥有行政部门的人事任用权。行政部门与委员会对口设置,共同处理行政事务。由于市议会的委员会主要由市议员组成,事务较多,往往没有充足精力处理城市管理的日常事务,所以这些事务一般由行政部门负责,部门长官对市议会负责。

市议会制的优点是:有利于提高市议会的权威性,加强市议会对城市管理的监督与控制;有利于减少议决机构与行政机构的矛盾,降低内耗。市议会制的主要缺点是:缺乏一个统一调度的行政首长,各部门的工作难以协调,不利于统筹兼顾,在机构设置与职能上容易出现重复与冲突。

（四）市委员会制

市委员会制的主要特征是市委员会既是市议会，又是市政府，兼行城市的议决权和行政权。美国许多中型城市实行这种城市管理体制。其基本特征如下：

(1)市委员由民选产生并对选民负责。

(2)市委员会推选一位委员担任主席，主持日常会议，也是名义上的该市市长。主席（即市长）一般由市委员轮流担任，只有一些礼仪性的职权，没有领导市委员会工作的实权，其地位与其他委员平等，当市委员会表决时，只有一票表决权。

(3)市委员既是市议员，又主管一个或几个职能部门的工作，对本部门的工作有独立的领导权，就本部门的工作对市委员会负责。

(4)市委员会拥有对行政部门长官的任免权，市委员拥有本部门的行政官员和职员的任免权。

市委员会制的优点是：有利于议决权和行政权的统一，从而提高行政效率；有利于精简机构和人员；有利于提高管理的专业化水平。其主要缺点是：没有行政核心，不利于统一指挥、统筹兼顾；市委员地位平等，有时关系难以协调。

（五）市经理制

市经理制是模仿企业组织方式而形成的一种城市管理体制。其主要特征是：由市议会聘任一位专业人士担任市经理，专门行使行政权，但并不是市长。美国部分中小城市比较喜欢实行这种城市管理体制。[①] 其基本特征如下：

(1)市议会由市民选举的市议员组成，市议会行使议决权。

(2)市经理由市议会公开招聘，并对市议会负责，必须执行市议会通过的地方性法规和决议。市经理是市政府的行政首长，拥有领导市政府工作所必需的全部权力，例如：拥有对城市政府各部门负责人的任免权，各部门的负责人只对市经理负责；统一指挥和协调城市政府各部门的工作；编制预算草案并负责执行；向市议会提交地方性法规和决议的议案；等等。市议员无权对市经理发号施令，也不得越权干预市政府工作部门的具体事务。

(3)市经理并非市长。市议会议长兼任市长，但市长只有一些礼仪性的职权，无实际行政权。

市经理制的优点是：有利于引入竞争机制，扩大了选择范围，有利于招聘到更多优秀人才；有利于提高城市管理的专业化水平，改善管理效果；市经理专门处理专业和技术性行政问题，市议会负责处理政治矛盾，协调各种关系，有利于把政治矛盾与城市管理分开。其缺点是：政治问题与管理问题往往难以彻底分开，市经理与市议

---

① 周民锋：《西方国家政治制度比较》，华东理工大学出版社，2001 年版，第 237 页。

会的分离反而会加大处理这些问题的难度；对于某些问题，市议会从政治角度出发，市经理从管理角度出发，往往会产生矛盾与分歧。

第三节　中国的城市管理体制

城市管理体制是一个国家政治体制的延续或缩影，受国家经济水平、历史文化传统、国民资源等基本国情的影响。中西方国家在政治体制上存在许多的不同，我国与西方国家的城市管理体制也存在着相当大的差异。伴随着改革开放的深入，我国的城市管理体制也在不断地进行改革。

一、中国城市管理体制的基本特点

我国的城市管理体制是根据我国的历史文化传承、具体的国情建立起来的，是适合我国城市管理现状的、不同于西方的管理体制。我国的城市管理体制的主要特点如下。

（一）等级建制，权限不一

根据宪法和地方组织法的规定，我国地方各级政府都是国务院统一领导下的国家行政机关，都服从国务院的统一领导。各级地方机关之间具有隶属关系。每级人民政府都是上一级国家行政机关的下级机关，必须对其负责，接受其领导；同时还必须领导下级人民政府的工作。我国城市按照行政地位，分为直辖市、副省级市、地级市和县级市，不同等级的城市享有不同的职权。例如，直辖市直接隶属于中央政府，行政地位相当于省和自治区一级，有权制定地方性法规，而县级市则没有这种权力。直辖市、副省级市、地级市都可以设区辖县，市与所辖区、县的关系是完全的上下级关系。

（二）同级建制，相同体制

我国城市数量众多，但全国各地城市的管理体制却大体一致，不存在西方国家那种多样化的城市管理体制形式。城市无论大小，只要级别相同，城市管理体制就基本相同。每一级的权力分配、机构设置和管理职能都极为相似。这主要是因为以下几个原因：

首先，集中统一管理的需要。我国现行的城市管理体制是为满足建国初期的政治经济需要建立的，改革开放以来虽有了一定的发展，但其总体形式没有发生太大的变化，其集权的特征依然明显。

其次，便于对口管理。我国的城市管理体制是中央政治体制的延伸，条块管理特征非常明显，有利于提高管理的针对性，但同时也导致了机构的重复设置和人浮于事。

最后，地方自治权力有限。我国是单一制国家，城市管理体制由中央确定，地方没有自主决定的权力。

(三)中国共产党的领导核心地位

共产党是中国的执政党,是中国的领导核心,中国的国家机构都是围绕着这一核心运转的。在城市中,中共市委虽然不是城市国家机构的组成部分,但它却拥有对所有国家机构的绝对领导权。

中共市委的核心地位主要表现在:①城市国家机构工作中的重大问题一般都由中共市委及其常委会讨论决定;②市的政府、法院和检察院的领导干部候选人由中共市委向市人大及其常委会推荐;③中共市委通过设在各部门的党组织,控制、领导城市国家机构的日常工作;④市长一般兼任市委副书记,处于市委的领导下,从组织上保证市政府贯彻执行市委的决定;⑤法院、检察院、公安局和司法局等司法机构接受中共市委的政法委员会的领导;⑥中共市委通过在城市国家机构中工作的大量中共党员,保证和带动国家机构及其工作人员与市委保持一致。

(四)城市管理职能从全能转向有限

由于推行“市管县”和“撤县建市”体制,我国城市的行政区域中包括大片农村地区,城市管辖人口中农业人口比例较高,因此,我国城市政府的管理职能十分广泛,城市政府不仅要管理城区的各行各业,而且还要管理郊县和乡村的农林牧副渔业生产。同时,在传统的计划经济体制下,政府过多地参与和干预了经济的运行,导致了政府管理职能的全面扩张。在市场经济体制下,政府应该是有限政府,随着我国社会主义市场经济体制的不断完善,政府开始从大量具体的经济经营事务中摆脱出来,集中精力做好城市规划、城市公共服务等工作。

二、中国城市管理主体的构成与权限

所谓城市管理主体,是指参与城市管理活动的各种组织,它是城市管理活动的载体。在我国,城市管理主体大体分为两大类:一是国家机关;二是各党派、群众组织和社会团体。下面简单介绍一下这两大类城市管理主体,如表 3 –1 所示。

表 3 –1　城市管理主体的构成

城市管理主体						
国家机关的城市管理主体				非国家机关的城市管理主体		
市行政机关	市人民代表大会	市人民法院	市人民检察院	中国共产党的政党组织	各民主党派	市人民政治协商会议

(一)国家机关的城市管理主体

1. 城市行政机关的构成及体制

城市行政机关即市人民政府,是最主要的城市管理主体,是城市管理活动的最主要承担者。根据地方政府组织法的规定,直辖市和设区的市的人民政府分别由市长、副市长、秘书长、局长、委员会主任等组成。直辖市设市长1人、副市长6~7人、秘书长1人;设区的市的副市长较少,为3~5人,秘书长1人;不设区的市设副市长2~4人,不设秘书长。市、市辖区的人民政府每届的任期一般为5年。

市人民政府的职能部门是指在市人民政府的统一领导下,负责管理城市某一方面或某些方面行政事务的职能机构,如教育局、公安局等。由于我国的城市分为直辖市、副省级市、地级市和县级市四种层次,不同层次的城市人民政府的管理范围和职责权限不同,因此所设的工作部门也有差别。如直辖市和副省级市的局、委下设处,而地级市的局、委下设科,县级市局、委下设科(股)。尽管如此,在城市管理体制上这四种层次的城市还是有相通之处的,主要体现在市、区政府机构设置的类别上。我国市、区政府的职能部门主要分为以下几类:

- 综合管理机构。负责宏观的管理或综合协调工作,如市人事局、市财政局等。
- 专业管理机构。负责某一方面的具体事务,如市建委、市交通局等。
- 监督管理机构。负责对政府以及社会事务进行监督管理,如市监察局、市物价局、市质量技术监督局、市审计局、市统计局等。
- 社会管理机构。负责对社会事务进行管理,如市民政局、市计划生育委员会等。
- 公共安全管理机构。负责维护社会治安,保卫国家安全,如市公安局、市国家安全局等。
- 内部事务管理机构。负责行政机关自身事务的管理,如办公厅(室)、机关事务管理局以及机构内部的人事、财务等机构。

阅读拓展

深圳行政部门实行分权制

20世纪80年代以来,创新公共行政体制的活动在发达国家十分盛行,其重点和主要内容是立足政府职能重新定位、组织结构与机制(决策机制与运作机制)创新,实现政府决策、执行与监督相分离的公共管理模式。政府职能的重新定位主要体现在:从无限型转为有限型;从管制型转向服务型;从"部门型"转向"公共型";从制定政策与提供服务不分转向二者相对分离;从政府单一治理转向政府与社会共同治理。

深圳作为全国首个深化行政体制改革、创新公共行政体制的试点城市,吸收了英国、美国、新加坡、中国香港等国家和地区的成熟经验,进行了"行政三分制"改革,实行决策、执行与监督相分离的管理模式。改革后,深圳出现了若干决策局、执行局和一个监察局。决策机构与执行机构的相互独立,决策局只有决策权而没有执行权,而执行局只有执行权没有决策权,打破传统的行政层级隶属关系,两者的关系通过合约的形式加以确定;监察局和审计局作为监督部门直属市长管辖。这就彻底改变了政府职能部门自定规则、自己执行、自我监督的“球员、裁判、比赛监督”为一体的行政模式。

目前,深圳已初步形成大行业、大系统归口管理的机构设置。比如,除计划局外,将原有的主要经济管理部门统一整合为两个局,一个管内经贸,一个管外经贸。同时按大交通、大文化、大系统的要求,设置了相应的机构。深圳的一些局的职权范围与其他城市的数个政府部门相当。

资料来源:谢孝国:《行政部门实行“三权分立”》,http://www.sina.com.cn,有删改。

2. 市人民代表大会

市人民代表大会是宪法规定的市的国家权力机关,代表广大市民行使国家权力。市人民代表大会在整个城市国家机关中处于重要地位,城市行政机关、司法机关都通过它产生,并对其负责,接受其监督,向其报告工作。市人民代表大会主要行使决定权、任免权、监督权和地方立法权四大权力。

市人民代表大会根据民主集中制的原则,通过召开会议的方式集体行使上述职权。市人民代表大会每年都要召开一次全体会议,如有必要,经1/5以上的代表提议可以临时召开会议。市人民代表大会会议由市人民代表大会常委会负责召集。预备会议选举本次市人民代表大会会议的主席团和秘书长,通过本次市人民代表大会会议的议程和其他准备事项的决定,预备会议由市人民代表大会常务委员会主持。市人民代表大会主席团负责主持本次市人民代表大会会议,并决定若干人为本次市人民代表大会会议的副秘书长,协助秘书长的工作。市人民代表大会举行会议时,主席团、常委会、各专门委员会、市政府以及10名以上联名的人大代表,可以向市人民代表大会提出人民代表大会职权范围内的议案,由主席团决定提交人民代表大会审议,或者先交由有关的专门委员会审议、提出报告,再由主席团审议决定提交大会表决。市人民代表大会会议进行选举和通过决议,以全体代表的过半数同意为通过。

3. 市人民法院

市人民法院是市的审判机关,依法行使审判权,即依法审理和判决刑事案件、民事案件、经济案件、行政案件等。市人民法院的主要组成人员由市人民代表大会及其常务委员会选举产生,受市人民代表大会及其常务委员会监督,对市人民代表大会及其常务委员会负责。同时,市人民法院接受上级人民法院的监督。

直辖市设置高级人民法院、中级人民法院;设区的市设置中级人民法院、基层人民法院,不设区的市和市辖区设基层人民法院。市各级人民法院由院长、副院长、庭长、副庭长和审判员组成,并由上述人员组成审判委员会。市各级人民法院设立刑事审判庭、民事审判庭、经济审判庭、行政审判庭、执行庭和其他审判庭等专业法庭,配备助理审判员、书记员、执行员、法医、法警等工作人员。其中,院长、副院长、庭长、副庭长和审判员、助理审判员为法官。

4. 市人民检察院

市人民检察院是市的国家法律监督机关,代表国家行使检察权。市人民检察院向市人民代表大会及其常委会负责并报告工作,接受市人民代表大会及其常委会的监督。同时,市人民检察院接受上级人民检察院的领导。

直辖市人民检察院检察长和人民检察院分院院长由直辖市人民代表大会选举和罢免,副检察长、检察委员会委员和检察员由直辖市人民检察院检察长报请直辖市人民代表大会常委会任免。直辖市人民检察院检察长的任免,须报最高人民检察院检察长提请全国人民代表大会常务委员会批准。设区的市、不设区的市、市辖区人民检察院检察长由本级人民代表大会选举和罢免,副检察长、检察委员会委员和检察员由本级人民检察院检察长提请本级人民代表大会常委会任免。设区的市、不设区的市、市辖区人民检察院检察长的任免,须报上级人民检察院检察长提请该级人民代表大会常委会批准。助理检察员、书记员由市各级人民检察院检察长任免。市各级人民检察院检察长的任期,与本级人民代表大会每届任期相同。直辖市人民代表大会常委会根据本级人民检察院检察长的建议,可以撤换下级人民检察院检察长、副检察长和检察委员会委员。

(二)非国家机关的城市管理主体

1. 中国共产党组织

中国共产党是中国的执政党,在城市组织内部,中国共产党依据民主集中制原则,形成了较为严密和完善的各级党组织,这些党组织在城市管理体系中居于重要地位,发挥着重要作用。

中国共产党的城市党组织主要由以下几部分组成:

(1)市党员代表大会。市党员代表大会(以下简称“党代会”)是市级党的最高领导机关,由选举产生的党员代表所组成,选举每5年举行一次。其职权是:听取和审议市委员会、市纪律检查委员会的报告;研究讨论本市的重大问题并做出决议;选举组成市委员会、市纪律检查委员会并选举参加上级党代会的代表。

(2)市委员会。市委员会是市党代会闭会期间党的常设领导机关。由党代会选举产生,每届任期5年。市委员会由委员和候补委员组成,当选者都必须具有5年以上的党龄。在市党代会闭会期间,市委员会代表党代会执行中央和上级党组织的指示以及执行市党代会的决议,全权领导本市工作,定期向上级党的委员会报告工作。

(3)市常委会。常委会是中共市委常务委员会的简称,主持市委员会的日常工作,是市委员会的核心机构。常委会由市委员会全体会议选举产生,其组成成员包括书记、副书记和常务委员。市常委会在市委员会全体会议闭会期间,行使委员会职权,贯彻委员会全体会议的决议。

(4)市纪律检查委员会。市纪律检查委员会是中国共产党在城市中专门设立的党的纪律检查与监督机关,负责对党员干部的违法乱纪行为进行监督、调查和处理。

此外,市辖区还设立区党员代表大会、区委会、区委常委会、区纪律检查委员会,其职责与党的市级组织机构大致相同。除此之外,党章规定,城市中的基层单位,无论是国家机关与否,凡是有正式党员3人以上的,都需成立党的基层组织即党支部。

2. 各民主党派

中国实行的是中国共产党领导下的多党合作制,民主党派是中国的参政党。目前,中国共有8个民主党派,即中国民主同盟、中国民主建国会、中国民主促进会、中国农工民主党、中国致公党、九三学社、中国国民党革命委员会、台湾民主自治同盟。

各民主党派在城市和市辖区设有党的代表大会和委员会。此外,还在基层设立了党小组、支部委员会和总支部委员会。直辖市、市、市辖区的党代会由同级委员会召集,一般每5年举行一次。

城市民主党派组织在城市社会政治生活中具有较重要的地位和作用,主要体现在参政议政,发挥民主监督作用,带动和领导各自代表的一部分市民进行现代化建设,维护国家统一和社会的安定团结。

3. 市人民政治协商会议

市人民政治协商会议简称市政协,是城市中最主要的爱国统一战线组织,是中国共产党领导下的多党合作和政治协商机构,主要发挥政治协商和民主监督作用。

市政协是一个较为松散的政治联盟组织,其决议也没有强制力,但是市政协与市的国家权力机关和行政机关的关系较为密切。一般来说,国家机关在做出重大决策之前,应向市政协征求意见。市政协委员可列席有关重要会议,与有关机关共同研究讨论城市中的重大问题,并可对有关机关进行监督。

政协市委员会全体会议每年至少举行一次,主要是对城市中的重要事务与重要问题进行讨论研究,并提出批评和建议。

三、中国城市管理层级的设置

我国城市的管理层级结构主要分为两大类:一类是市、区和街道三级型,如直辖市和多数的地级市;另一类是市和街道两级型,如县级市。

在第一种类型中,从市与区的关系看,中共市委与中共区委、市政府与区政府、市检察院与区检察院之间是领导与被领导的关系,市人大与区人大之间是指导与被指导的关系,市法院与区法院之间是监督与被监督的关系;从区与街道的关系看,中共区委与中共街道党委、区政府与街道办事处之间是领导与被领导的关系。

在第二种类型中,中共市委与中共街道党委、市政府与街道办事处之间是领导与被领导的关系。街道办事处并不是一级政府而是区政府或县级市政府的派出机构,代表区政府或县级市政府管理城市事务。

（一）区、街道办事处的设置标准

根据我国宪法和有关的行政法规规定，设置市辖区的标准是：①直辖市、副省级市、人口在20万人以上的地级市可设区；②县级市不设区，人口在20万人以下的地级市一般也不设市辖区；③在经济上与市联系密切，规模较小、人口不多，在市的附近的工矿基地，可划为市辖区。设置市辖区的权限是：直辖市政府设置市辖区的申请直接报请国务院批准；地级市政府设置市辖区的申请经省级政府审批后，报请国务院批准。

根据《城市街道办事处组织条例》的规定，设置街道办事处的标准是：①10万人口以上的市辖区和不设区的市，应当设立街道办事处；②10万人口以下5万人口以上的市辖区和不设区的市，根据工作需要，也可以设立街道办事处；③5万人口以下的市辖区和不设区的市，一般不设立街道办事处，如确实需要，须经上级政府审批。而从实际情况来看，设置街道办事处的权限是：市辖区或不设区的市的政府关于设置街道办事处的决定，须经上一级政府批准。

市辖区政府和街道办事处的性质有很大不同：市辖区政府是直辖市和地级市在市区的基层政府，属于一级国家行政机构；街道办事处是市辖区和不设区的市的政府的派出机构，不属于一级政府。除此之外，两者在机构设置、职权来源和财政地位等方面也存在很大区别。因为市辖区政府是一级政府，而街道办事处是政府的派出机构，所以，市辖区设置中共区委、区人大、区政府、区法院和区检察院，而街道作为区委派出机关只设街道党委和街道办事处；区级国家机构的职权，是法律授予的权力，而街道办事处的职权，是区政府依法委托街道办事处代为行使的权力；市辖区有一级财政权，街道只有市级或区级的财政授予的相应的财政自主权。

（二）市区管理的改革与发展

改革开放以来，我国的市区管理体制为适应经济政治体制改革的需要，也进行了相应的改革，取得了一定的成果。具体变化如下。

1. 行政权力的下放

随着社会的发展，市、区政府所要管理的城市事务日趋繁重，街道办事处处于基层，需要处理和解决的问题也越来越多，权力不下放就无法充分发挥作用，因此，市政府向区政府，市、区的政府向街道办事处下放权力势在必行。

2. 适当减少市辖区和街道办事处

由于一些历史原因，许多城市存在市辖区和街道办事处数量过多、规模过小的问题，既增加了行政机构与行政人员，也不利于实现规模效益。所以，不少城市进行了市辖区和街道办事处的合并，减少数量，扩大规模。推动市辖区和街道办事处合并的原因主要有：适当扩大市辖区和街道的规模，有利于降低管理成本、提高管理效益；有利于精简机构和人员，提高行政效率；有利于缩小上级政府的管理幅度，便于上级对下级的监控。但是,由于同期我国又有一些新的地级市、县级市陆续建立,市辖区和街道办事处的绝对数量并没有明显减少。

3. 社区自治的推行

社区自治是近年来我国市区管理体制最大的变化。通过对社区的建设与管理,在一定程度上降低了管理成本,提升了管理效果,提高了社区居民的自治意识,促进了民主治理的发展,大大推进了我国城市管理体制的改革与创新。虽然,现在我国的社区建设与管理尚处于起步阶段,但无疑已成为近年来城市管理体制改革的最大亮点,前景广阔。对于这方面的内容,我们将在第四章中做更深入的分析。

四、中国城市管理体制的转变

(一)传统城市管理体制的特点

改革开放之前,中国的城市处于传统城市管理体制下,是一种典型的计划经济管理体制。这种管理体制的特点如下。

首先,从城市地位来看,按照计划体制的管理模式,在缩小"三大差别"(即城乡差别、工农差别、体力劳动与脑力劳动差别)的政策主导下,中国城市的定位仅仅是作为工业基地的一个空间存在,不仅城市化水平低,而且还人为地限制城市的辐射力和吸引力。在全国一盘棋的统一管理体制下,城市和农村一样是全国棋局中的一个棋子,与其他地区一样受中央政府的直接控制和管理,城市政府也只是作为一个中央政府的派出机构执行中央政府的指令。

其次,从政府和企业的关系来看,城市政府及其各个经济管理部门成为中央政府派出的对企业的直接管理者,政府成为企业业务的主管。政府职能严重"错位"和"越位",一方面,造成政府应履行的社会职能的严重"缺位",使中国城市管理长期处于低水平的状态;另一方面,企业在政府的呵护下对政府形成了严重依赖,缺乏自我发展能力。

最后,从政府自身的管理体制来看,在当时的情况下,传统行政体制及政府管理的弊端主要表现在以下四个方面:

一是纵向权力结构高度集中。主要表现是权力过分集中于中央,地方政府、企事业单位和社会团体没有自主发展权;中央控制着绝大部分财力资源、人力资源和社会资源的分配权;整个社会缺乏应有的活力和发展动力。

二是政府组织结构不合理。由于建国后长期实行计划经济体制,因此,各级政府的机构设置完全按照计划经济体制管理的需要进行设置,造成部门林立、机构臃肿、职能交叉、人浮于事,形成了行政效率长期低下的局面。

三是国家财政负担沉重。其表现是国民收入的很大部分被庞大的行政人员"吃"掉,国家财政变成了"吃饭财政",导致国家无力将资金用于急需的经济建设和社会事业发展方面。

四是行政管理干部队伍整体素质不高。其主要表现是行政人员年龄老化，缺乏必要的专业知识，加上领导职务的终身制、官僚主义作风以及干部人事制度的僵化等，导致整个行政管理队伍缺乏活力，严重影响着人们积极性的发挥。

在中国单一制的国家体制下，传统行政体制的弊端在城市政府中同样存在，并且表现得更为明显。这样，在中央集权体制下，城市实质上是作为上一级或中央政府的派出机构，仅仅是计划经济中的一个生产单位（可以称之为“生产队式”城市），城市发展的口号是变消费城市为生产城市，而生产活动是由中央政府决定的。在高度集权体制下不仅未形成城市发展的有效激励，而且限制了城市的积极性和创造力。

（二）改革开放以来的城市管理体制改革

改革开放以后，中国城市政府的职能发生了重要的转变。这种转变主要表现在：社会经济发展的背景由计划经济体制转变为市场经济体制；政府管理的内容由过去的管理企业转变为公共物品的提供；随着中央宏观调控职能的形成和中央计划的推出，城市政府对市场机制的推动作用日渐明显。

中国行政改革的重要特征就是放权让利。中央放权的对象有两个：一个是企业，一个是地方政府。对企业的放权让利主要表现为各类体制外企业的成长及国有企业的改革；对地方政府的放权让利主要表现为将地方经济发展的一系列管理权限下放给地方政府，从而形成地方政府职能的创新，并通过财税制度的改革给予地方政府以相应的财力来执行其职能。

从整体上看，改革开放以来体制转轨实际上就是中央政府放权、地方政府扩权的过程。大体上可以分为两个阶段：1978～1994 年为第一阶段；1994 年财税、计划、外贸等 5 项改革政策出台以后为第二阶段。[①]

在第一阶段，改革的中心以下放权力为主。具体内容主要包括：在经济方面，扩大了地方政府的投资审批权，强化了地方政府作为单独投资主体的地位，同时扩大了企业的经营自主权；在财政方面，对传统的财政统包统配制度进行了改革并以财政包干（分灶吃饭）制取而代之，赋予地方政府必要的税收豁免权和贸易经营自主权，在企业中则重点推行了“利”改“税”的改革；在政治方面，完善了地方人大的组织体制并赋予地方人大指导和批准地方性法规的权力，实行经济特区制度和开放城市制度并赋予这些地方政府更多的优惠政策和自主权。

在这样的改革过程中，分权化取得的成就是比较显著的。权力高度集中的中央与地方的格局被打破，企业对政府的依赖程度有所下降。地方政府不再是一个被控客体和传导中央指令的中介，而变为一个具有相对独立职责的控制主体，并拥有越来越多的自主权，决定和处理本行政区内的政治、经济和社会事务。企业也逐步与政府分离，开始迈出政企分开的第一步。

① 汪玉凯：《公共管理与非政府公共组织》，中共中央党校出版社，2003 年版，第 36～37 页。

第二阶段从1994年开始，标志就是从1994年起，陆续出台了一系列有关财税、金融、外贸等方面的改革措施，其中最重要的就是分税制。分税制改革的主要内容是在收入方面，把所有税种划分为中央税、地方税和共享税，并同时确立了中央政府对地方政府的转移支付制度；在支出方面，规定地方财政主要承担本地区政府机关运转所需要的支出以及本地区经济、社会发展所需支出等。金融体制改革主要是初步建立起直接调控和间接调控相结合的金融调控体系，同时还进行了投融资体制改革。

在体制转轨的整个过程中，中国城市的定位也发生了转变，逐渐成为地方经济和社会发展的核心和主导力量。从1980年开始，城市政府管理体制的改革就一直在持续进行，在政府组织机构、政府职能、行政审批制度、公务员制度等方面都进行了很大力度的改革。1982年的改革的主要内容是：确立直辖市、地级市、县级市4套班子的领导人数，规定各市党政职能部门的数量，确立精简人员的比例等。1993年城市政府改革的主要内容是：确立各市4套班子的人数，规定党政职能部门的数量与必设机构，确定精简人员比例等。1998年的新一轮改革规定：直辖市的行政编制减少50%，市/县党政群总体编制精简20%。对市/县的机构设置数目，省级政府按分类设定严格上限。这些改革的主要成果就是理顺城市内部的管理体制。

除了城市政府组织自身方面的改革之外，在城市管理方面还发生了许多新的变化，一些城市不断探索城市政府、区政府、街道办事处等之间的管理体制的改革。例如：上海就出现了两级政府三级管理的模式；许多城市在社区管理体制方面进行了创新，社区自治得到了蓬勃的发展；在经济方面出现了许多特殊经济区，如经济特区、经济技术开发区、保税区、高新技术产业园区、边境贸易区等，进行政府管理组织结构和管理方式的创新，积极探索城市发展的不同方式。另外，随着各地城市政府自主性的增强，探索符合城市自身发展特色的城市发展模式也已经开始。

这种分权改革促使城市政府职能发生了巨大的转变，并对城市政府的行为产生了深远影响，主要表现在以下几点。①

第一，从单一体制到体制转轨过程中的双重经济职能。在传统体制下，城市政府仅仅是中央政府计划和政策的具体执行者，城市政府没有自身独立的经济利益目标。随着改革中各种“包干制”的推行，城市政府的权限得以扩大，追求区域利益最大化成为城市政府的管理目标之一。

第二，在地方与中央的关系上从“听命”转向“博弈”。经济职能的双重化使城市政府一改以往的听命状态，特别是渐进式改革模式下的有限政策供给，使城市政府变“坐而待命”为“主动请命”。城市政府作为区域经济主体的代言人不断与中央政府进行“博弈”，城市政府的博弈能力成为一个城市经济发展能力的重要前提。

---

① 王晶：《城市财政管理》，经济科学出版社，2002年版，第25～26页。

第三，从对企业的被动管理到主动管理。城市政府要尽量增加自己的财政收入。企业的发展成为城市政府财力的保障，因此政府就积极为企业保驾护航，必要的时候由政府出面代表企业参与市场竞争，甚至为企业贷款、开拓市场就成为过渡时期城市政府经济职能的主要内容。

第四，从政治型政府到市场型政府。传统体制下政府的主要任务是在政治方面，城市社会经济的发展由中央政府计划和企业执行，与居民福利相关的社会职能由单位和企业提供。随着改革的进行，企业逐步将以往承担的社会福利负担如就业、养老、生活保障等推向社会，在社会保障体制不完善的情况下，这些事情只能由政府承担。只有城市经济发展和市场化水平的提升才能为政府提供足够的财政能力解决这些问题，因此城市政府必然要介入市场运行，担负起推动本地经济发展的任务。

第五，从经济职能到社会服务职能的扩展。改革以来，城市政府面临着比其他地方政府更为复杂的城市问题，如城市公共物品的短缺、各种社会保障问题、城市空间扩展的问题，城市政府几乎承担了包括社会保障职能在内的全部社会服务职能。

可见，随着市场化改革的深入推进和社会利益格局的明显分化，城市政府作为一种客观存在的利益主体，彼此间利益结构的分化也呈现出不断加剧的趋势。在中央与地方的关系上，就是地方政府加强了与中央政府的“讨价还价”行为，中央政府在制定政策时需要更多地倾听地方政府的利益需求；地方政府也改变了过去被动接受中央指令的局面，转而更为积极主动地进行利益表达。在地方与地方的关系上，则是地方政府间竞争加剧，地方间的政策攀比和利益矛盾更趋明显。这种地方利益结构的分化有其合理的一面，就是地方政府获得了较为广泛的权力，变成了相对独立的行为主体。地方政府经济和财政权力的增加，利益自主空间的扩展，创造了地方政府积极主动地推动地方经济发展的强有力的动力机制。

本章小结

本章主要对城市管理体制的相关问题进行了较为全面的探讨。广义的城市管理体制是城市管理所涉及的内外部关系的制度化的表现形式。狭义的城市管理体制仅仅是指城市管理所涉及的内部关系的制度化表现形式。城市管理体制的内部关系主要是指城市的政党组织与国家机构之间，城市内代议机构、行政机构和司法机构之间以及城市的国家机构上下级之间的关系。城市与外部之间的关系也有纵向与横向之分。

西方国家城市管理体制与我国的城市管理体制有很大不同，主要有强市长制、议会市长制、市议会制、市委员会制、市经理制等城市管理体制。这种不同是由于包括国体、政体在内的具体国情决定的。

从总体上看,中国改革开放以前是计划经济条件下的政府主导型的城市管理模式。改革开放以后,中国城市政府的职能发生了重要的转变。这种转变主要表现在:社会经济发展的背景由计划经济体制转变为市场经济体制;政府管理的内容由过去的管理企业转变为公共物品的提供;随着中央宏观调控职能的形成和中央计划的推出,城市政府对市场机制的推动作用日渐明显。

思考题

1. 何为城市管理体制?简述城市管理体制的主要内容。
2. 如何看待城市中的政党组织与国家机构的关系?
3. 如何处理城市中的代议机构、行政机构与司法机构的关系?
4. 城市行政管理部门如何协调内部关系?
5. 简述西方城市管理体制的主要特点。
6. 西方城市管理体制的主要形式包括哪些?
7. 试对我国与西方的城市管理体制进行比较。
8. 就目前我国"省管县"的改革探索谈一下你的看法。
9. 如何认识我国传统城市管理体制的特点。
10. 改革开放以来城市政府的行为发生了什么样的变化?为什么?

案例分析

武义——一个曾戴"贫困帽"的浙南山区小县,继2004年工业产值突破100亿元后,2005年又创下新的高峰,全年完成工业总产值135亿元,完成财政总收入7.2亿元。"从1995年的8 043万元增长到今天的数目,10年间武义县财政总收入增长了9倍。"县财政打"翻身仗"靠的就是省管县财政体制中的一项重要内容,即针对贫困地区的"两保两挂"政策。

这个被称为"四两拨千斤"的办法是:在确保中央"两税"完成和县财政收支平衡的前提下,实行省补助、奖励与地方收入挂钩的办法,地方收入增长越多,省财政的补助奖励也就越多。

政策实行初期,省财政给武义县的机动财力补助为500万元,到2004年,这类补助已增加为6 600万元。"以前是'会哭的孩子有奶吃',每当年终发不出工资时,去省里‘讨钱’是时任县长们的‘必修课’。有的县一年到头就琢磨着怎么想名目、打报告,找省里要钱。”新体制让转移支付变得公开透明了,用足用活政策成为基层政府考虑的“头等大事”。随后几年,当地的经济思路不断明确,在财力分配导向上大力向基础设施建设倾斜,并压缩办公经费,以安排资金用于技改、中小企业孵化、发展外向型经济等。

就在1994年,浙江省还有17个贫困县及欠发达县。据省财政提供的数字,1994年浙江省财政对17个贫困和次贫困县的补助总数为5 500万元,换来的却是赤字1.2亿元。

1995年,“两保两挂”开始实施。当年对这17个县的补助额度是5 095万元。由于补助和财政的增收挂钩,增得越多补得越多,大大调动了这些县自我创收的积极性,17个县居然当年全部收支平衡。到1997年,省对17个县的转移支付补助比1994年增加了近1.4亿元,17个县的财政收入增长达4.52亿元。到2001年年底,原先的贫困县已有14个进入了财政“亿元县”行列。

与“两保两挂”同时推出的还有“亿元县上台阶”奖励政策。这是一项针对经济强县的激励政策。1997年又推出“两保两联”办法,目的在于促进经济较发达县增收节支,保持财政平衡;1999年又推出“两保两挂”的技改贴息补助政策……

可喜的是县级财政也学会了类似的巧用杠杆办法:一些县财政用贴息的办法扶持急需帮助的企业。武义县经贸局的一名负责人对那一过程印象深刻:1999年武义县出台政策,对每出口1美元补贴3分钱,当年财政支出6.6万元,外贸出口的税收增长却达55万元,这一下就更加坚定了县里的决心,全县工业也开始进入快速上升的轨道。

用有限的省级财政补助来激发市县增收的积极性,而市县政府在组织收入、做大“蛋糕”的同时,也必须调整支出结构,合理安排财政支出,强化预算约束机制,严格控制财政支出,确保地方财政收支平衡。因此,某些省份出现的贫困县不愿脱掉“穷帽子”做法,在浙江完全不存在。

此外,省与县市还实行增量“二八”分成,增收带来的大部分收入留归市县。这样,地方财政实力明显增强。到2004年年末,全省财政总收入上亿元县达57个(含宁波);地方财政收入上亿元的县有55个(含宁波),占全部县(县级市)的94.8%。各市、县(县级市)自我积累、自保平衡、自求发展的意识和能力都大大增强。

资料来源:《“省管县”引发新一轮制度探索》,《瞭望》,2006年3月。

案例思考题:

1. 此项改革将对其他下辖县的城市政府产生哪些影响?

2. 讨论:在目前其他方面管理体制变动不大的情况下,从财政管理体制改革出发的“省管县”能充分发挥作用的空间有多大?

第四章

城市社区管理

城市社区作为城市中的基层组织,是由一定地域范围内的人所组成的社会共同体。随着城市管理的民主化趋势和城市公民社会的兴起,城市社区管理在城市管理中的作用越来越重要。我国的城市社区管理现在正处于探索和发展阶段,理清城市社区管理思路对于城市管理具有重要意义。

通过本章的学习,应把握社区、城市社区、城市社区管理的基本概念和特征;了解城市基层组织管理体制存在的三种形态:单位制、街居制和社区制;认识城市社区管理的三种发展趋势:社区服务、社区参与和社区自治。

第一节　城市社区管理概述

城市社区管理作为城市基层管理的重要形式,是城市管理的重要组成部分,在促进城市发展的过程中发挥着重要的作用。我国的城市社区管理是国家经济、政治体制改革的产物,它作为弥补改革中出现的管理缺位的重要方法,从其诞生之日起,就受到政府、理论界以及公众的高度关注。本节主要对社区的构成要素、城市社区的特征以及城市社区管理的基本内容进行介绍。

一、社区的含义与构成要素

(一)社区的概念

社区是社会学的一个基本概念,最早是德国社会学家滕尼斯在 1881 年将社区一词用于社会学,继而在其1887年出版的《社区与社会》一书中进一步将社区与社会进行对比分析:社区是基于亲族血缘关系而结成的社会联合,而社会是基于人们的契约关系和理性的意志所形成的社会联合。在对比的基础上,滕尼斯认为社区是由若干具有共同习俗和价值观念的同质人口所形成的社会联合体。

社区一词最早被引进中国是在20世纪30年代,以费孝通为代表的社会学家,将英语中的community翻译为社区。多年来,人们对于社区的确切含义有着不同的解释,在《民政部关于在全国推进城市社区建设的意见》中的解释是:社区是指聚居在一定地域范围内的人们所组成的社会生活共同体。目前城市社区的范围,一般是指经过社区体制改革后做了规模调整的居民委员会辖区。

(二)社区的构成要素

社区是人类生活的共同体,是一个复杂的系统,由诸多的因素所构成。社区的构成要素主要有地域、人口、物质、结构、制度和社会心理六个方面。①

1. 地域要素

地域是社区存在和发展的最基本要素,包括社区的范围、方位、形状、环境、自然资源等,是人们从事各种社会活动和社会生活的场所,是人们基本的生存空间。每一个社区都是一定地域内的社会共同体,都有一定的地域范围。

2. 人口要素

人口是社区活动的主体,社区内的人口是指按照一定生产关系和社会关系聚居的人口群体。社区内的人口从数量和质量两个方面对社区的发展产生重要的影响。人口的数量是人口要素最外在的表现,社区的发展必须要有与之相适应的人口数量。人口质量对社区的影响更为深远,人口质量包括人口的结构、分布、受教育程度等,高质量的人群对于社区发展来说是不可或缺的要素。

3. 物质要素

社区是人们参与社会生活的基本场所,人们在社区中从事各种活动,需要依赖一定的物质要素。这些物质要素主要包括:社区成员进行生产经营活动的厂房、能源、道路、仓库和生产资料等要素;社区成员进行日常生活的房屋、交通工具、商店等要素;社区成员进行文化、教育、医疗卫生活动所需要的要素;社区成员参加社区管理活动所需的要素等。社区物质要素的数量和质量是衡量社区发展水平的一个重要因素。

4. 结构要素

社区结构是指社区内的各种社会群体和组织之间的相互关系。社区中的社会群体和组织主要包括:家庭、邻里、企业组织、事业组织、党政机关、社区居民自治组

① 参见:蔡禾:《社区概论》,高等教育出版社,2005年版。

织等，研究社区结构就是研究它们之间的相互关系。

5. 制度要素

社区的制度要素是指社区内的规章制度、行为规范等。例如，在社区的环境卫生、治安管理、社会公德等各个方面，都存在着约束本社区群体、组织和成员的规范和准则。

6. 社会心理要素

社会心理要素主要包括两个方面：一方面，社区成员在社区中的生活受到社区地域、人口、结构、物质、制度等要素的影响，不同的社区在这些要素上表现出不同的特征，这对社区成员的心理和行为会产生实质性的影响；另一方面，社区成员在社区中的长期生活会使得他们对社区产生归属感和认同感。

二、城市社区的特征

城市社区是指在城市的特定区域内，由从事非农业生产劳动的密集人口所组成的，具有综合性社会功能的社会生活共同体。

与农村社区相比，城市社区具有以下几个显著特征。

（一）城市社区的构成要素具有高密度、高聚集性

首先，在城市中人口的高度集中和大规模聚集是城市社区的基本特征之一，高密度、大规模的人口为人类群体活动的扩大提供了条件；其次，在城市中物质要素的高聚集性也是城市社区的基本特征之一，相对于农村社区而言，城市社区在生产要素、生活要素、公共服务设施等方面相对齐全，为城市社区的发展提供了更有利的条件。

（二）城市社区成员的异质化程度高

城市社区成员的异质性主要表现在：①城市社区成员在文化素质上的差异比较大，受教育程度不同；②城市社区成员的职业构成比较复杂，社区成员从事不同种类的职业，并且在同一种类的职业中，也形成了不同特征的岗位等；③城市社区成员的生活方式的差异性比较大，城市中比较齐全的消费、服务和娱乐设施为人们的生活提供了选择的条件，又由于在收入、职业、教育水平等方面的差异，人们在生活方式的选择上表现出很大的差异性；④城市社区成员的来源表现出一定的差异性，在现代的城市社区中，存在着大量的流动人口，这使得城市社区中的成员来自诸多地区。

（三）城市社区人际关系以业缘联系为主

城市社区人口众多，成员之间的联系广泛，多是以业缘为主，而不是像农村社区一样，以血缘关系为主。人们在各自的职业上与其他人存在着各种联系，这构成了城市社区人际关系的主要部分，也使得城市社区中的人际关系的感情色彩不是很浓，在人际交往中，人们更多的是从职业的要求和规则出发，而不是从感情出发，人

们更多地注重理性而轻感情。

（四）城市社区的开放性、流动性比较高

城市社区是一个开放的系统，城市社区内外部各种要素之间的流动性非常高。城市社区的存在和发展依赖社区内外部各种要素之间的相互协调和配合。城市社区只有具备开放性的结构，才能不断地从社区内外部吸收信息、物质、人才等资源，加强人口、信息、能量和价值的交流和交换，促进城市社区的发展；并且，现代化的交通和通信手段又为社区的开放和流动提供了重要的物质条件。

城市社区与农村社区的诸多差异，详见表 4－1。

表 4－1　城市社区与农村社区的特点比较

项目	城市社区	农村社区
社区大小	相当大	相当小
人口密度	比较高	比较低
人口组合	多为异质的（即比较复杂）	多为同质的（即比较单纯）
工作环境	户内	户外
职业	非农职业，差异很大	农业，差异很小
技能	很专门化	普遍而有殊异
家庭人口	比较少	比较多
家庭与工作场所	相距较远	接近
社会接触	机会很多且多是间接的	机会很少且多是直接的
社会阶层	很多	少
社会地位	不稳定，多为“赢得的”	稳定，多为“规定的”
社会流动性	高	低
生活水平	高	低
机构团体	多而庞大复杂	少而简单
教育娱乐机会	多	少
社会心理	思想较自由，易变	思想较保守
社会病态	多	少
社会控制	法律	民俗、民德

资料来源：龙冠海：《社会学》，香港三民书局股份有限公司，1983 年版，第 252 页（有删改）。

三、城市社区管理

城市社区管理就是指在城市的社区内，为了促进社区各项事业的和谐发展，满足社区成员的物质和文化生活需要，全面提升社区成员的生活水平，在城市政府的指导下，以社区自治组织为主体，以社区成员为依托，管理城市社区内的公共事务，

为城市社区提供公共服务的管理活动。

(一)城市社区管理的特征

1. 城市社区管理的区域性

城市社区管理需要以城市社区的区域性为出发点。城市社区内的各种资源、物质要素是城市社区管理的基本的物质条件,城市社区内的各种精神和文化要素是城市社区管理的精神条件。城市社区管理既要基于这些区域性的条件进行,并且还应该对这些条件进行有针对性的调整和完善,提升城市社区的综合水平。

2. 城市社区管理的复杂性

城市社区是一个浓缩的社会,城市社区的管理活动非常复杂。一方面,城市社区管理的主体是复杂的,牵扯到政府、政党、居民自治组织、企业组织、非营利组织等多种类型的主体,并且这些主体之间的关系也是十分复杂的;另一方面,城市社区管理的对象也是复杂的,城市社区管理是对城市社区内的公共事务进行管理,而这些公共事务牵扯到诸多的方面,如社区服务、社区卫生、社区文化、社区环境、社区治安、社区教育等。

3. 城市社区管理的服务性

服务性是城市社区管理的基本特征之一,这主要表现在:一方面,城市社区管理的一项重要内容是社区服务,其范围涉及社区内的所有成员;另一方面,服务是城市社区管理的重要手段,现在的城市社区管理已经由单一的行政手段逐渐转化成了政治、经济、行政、社会、市场等多种手段并存的局面,服务是这一转变中的重要价值选择。

4. 城市社区管理的动态性

城市社区本身就是动态发展的,城市社区管理也应该从城市社区的动态性出发。一方面,要针对不同的问题进行有针对性的管理活动;另一方面,应该坚持创新的理念,不断改进管理方法,促进城市社区管理水平的提升。

5. 城市社区管理的开放性

城市社区管理要注重城市社区之间的联系,要注重城市社区与城市之间的联系,在联系中要突破城市社区的地理区域性,实现城市社区管理的开放性,在开放中实现城市社区管理水平的提升。

(二)城市社区管理的功能

城市社区管理的功能主要表现在以下几个方面。

1. 整合功能

城市社区管理可以协调与调整城市社区内的各方利益,有利于实现社会整合,促使个体或社会群体结合成为人类社会生活共同体。一方面,城市社区管理能够满足社区成员的需要,解决社区中存在的各种问题;另一方面,城市社区管理有助于形成融洽和谐的社区人际关系。

2. 保障功能

城市社区管理具有保障功能。一方面,国家的社会保障制度和政策通过社区管理来落实具体事务;另一方面,城市社区可以通过各种管理活动,挖掘城市社区的各种资源,实现对社区弱势群体的保障。

3. 稳定功能

城市社区管理具有稳定功能。一方面,城市社区管理能够解决城市社区中存在的各种社会问题及隐患,有助于消除社会不稳定因素,实现社会的稳定;另一方面,城市社区管理有利于协调城市社区内各类群体之间的关系和矛盾,实现城市社区的稳定。

4. 价值引导功能

城市社区管理的价值引导功能表现在两个方面:一方面,城市社区管理的内容具有价值引导作用,体现了社会发展的理念和价值追求;另一方面,城市社区管理的形式具有价值引导作用。

(三)城市社区管理的主体

城市社区管理一般来讲涉及多个主体:市、区、街道办事处、居民委员会、业主委员会、物业公司、居民区党支部等。其中市、区都属于一级政府,在第三章中都已提及,在此就不再做解释,这里只对其他主体进行说明。

1. 街道办事处

街道办事处是区政府的派出机构,代表政府对街道辖区进行管理,负责处理市、市辖区人民政府交办的有关事宜,指导居民委员会的工作,反映基层市民的利益与要求。街道办事处是我国基层政权组织,连接着政府和城市社区,在城市建设及管理中发挥着重要的作用,是保持城市社会稳定的基础。近年来,街道办事处的职责和任务有了很大的变化,已经从法律规定的单一民政型的政府派出机构变成了具有综合性、社会性、群众性、公益性等功能的政府组织。其职能几乎涵盖了一级政府所具有的所有行政管理职能,包括民政、司法、治安、交通、卫生、计划生育、劳动管理、文教、街道经济、社区服务等区域性、综合性、社会性的工作。

2. 居民委员会(简称居委会)

根据1990年开始实施的《中华人民共和国城市居民委员会组织法》的规定,居委会是居民自我管理、自我教育、自我服务的基层群众性自治组织。政府或它的派出机关对居委会的工作给予指导、支持和帮助,居委会协助其开展工作。居委会的功能和职责主要是办理与居民利益密切相关的公共事务,例如:调解民间纠纷,协助维护社会治安,搞好公共卫生、计划生育、优抚救济等。

3. 业主委员会(简称业委会)

业主委员会是在一个物业区域内代表一定社区内的全体业主对物业实施自治

管理的组织，财产权利是其产生的基础。业委会成员由相关的业主选举或提名产生。作为业主的群众自治组织，其工作重心是维护业主利益，其职责主要是向业主提供房屋维修和周围物质环境建设方面的服务，它的权利相对于居民的权利来说只是其中一部分。

4. 物业公司

物业公司是接受业主或者业委会的聘任，根据物业服务合同进行专业管理服务的企业。业委会有权根据业主对所在小区物业管理质量的意见选择或更换物业公司；同时，物业公司还要受到政府房地产管理部门和其他相关部门的监督与服务质量管理。物业公司直接对业委会负责，它们之间的关系是雇佣关系。物业公司的产生来源主要有两种途径：一是原国有房产部门（即房管所）直接转制而来；二是一些开发单位或其他企业组建的物业管理公司。物业公司通过为所辖区内的业主提供房屋维修服务和维护社区环境来获取经济利益，是单纯的按照市场化运作的经济单位。

5. 居民区党支部

居民区党支部的主要职能是根据《中国共产党党章》的规定，宣传党的方针、路线和政策，联系群众，教育党员，监督党员的行为等。它的工作对象主要是基层社区中的党员群体；其工作平台是以党员的行为及其影响作用为基础；其工作目标是为居委会在动员居民参与社区建设与发展的活动中提供必要的支持。

（四）城市社区管理的内容

城市社区管理的内容十分丰富，主要包括以下几方面。

1. 社区卫生管理

社区卫生管理是指相关卫生主管部门（主要是指卫生行政部门和医疗卫生部门）及社区卫生机构向社区居民提供的基本医疗救助、健康教育、医疗康复服务等综合性的卫生保健活动的总称。社区卫生管理的内容主要涉及五个方面：一是社区疾病预防特别是突发性、流行性疾病的预防；二是社区医疗和护理；三是社区保健；四是社区康复及康复教育；五是社区计划生育服务。

2. 社区治安管理

社区治安管理是指在一定区域内对社会治安问题进行管理，具体是指社区党政机关以及群众自治组织依靠社区群众，协同公安机关、司法机关，对涉及社区社会秩序以及人民群众生命财产安全的问题依法进行管理的公务活动。其目的是维护社区政治、经济和社会秩序的稳定。其主要的内容包括：社区秩序管理、民用危险物品管理、特种行业管理、交通道路管理、消防管理、户籍管理、突发危机事件管理，等等。

3. 社区环境管理

社区环境有广义和狭义两种理解。广义上的社区环境是指社区管理赖以存在和发展的基本条件,包括政治、经济、社会等多个方面。狭义上的社区环境特指社区的市容市貌、社区园林绿化等。在此,我们所指的社区环境是狭义上的,社会环境管理就是指对社区市容市貌、社区环境保护、社区园林绿化等的管理。其具体的管理内容包括:搞好社区环境规划;理顺社区环境管理机制;明确社区环境整治责任;加强执法和服务队伍建设;以社区可持续发展为导向,发展环境教育。

4. 社区文化管理

社区文化可以分为三个层次,宏观社区文化、中观社区文化、微观社区文化。宏观社区文化是指居住在社区的居民在长期的实践过程中创造出来的物质文化和精神文化的总和;中观社区文化是指社区内除了物质文化以外的其他社区文化的总和,主要包括社区居民的群体意识、价值观念、行为模式和生活方式等;微观社区文化是指社区内居住人群的精神现象,具体表现为社区居民文化娱乐、社区教育、社区体育等活动。在此,我们所指的社区文化管理特指微观层次社区文化的管理。其具体内容包括:社区党组织对社区文化活动的组织领导;社区居委会对社区文化活动的组织实施;社区文化事业单位和文化经营单位对文化活动的经营与管理;社区单位内部文化活动的协调管理;社区文教部门和学校对社会教育的管理实施;社区文化、公安部门对社区内的文化活动的监管等①。

第二节　中国城市基层管理体制的沿革

新中国成立之初,我国在城市基层社会管理上逐步建立了以“单位制”为主、“街居制”为辅的管理体制。“单位制”将城市中的在岗职工通过单位进行管理;“街居制”将城市社会闲散人员通过街居进行管理。这种体制在我国特定时期对于维护和促进城市的稳定和发展发挥了重要的作用,但是在改革开放以后,随着社会经济要素的不断发展和交流,我国的城市基层管理体制也发生了一系列的变化,我国城市基层管理体制经历了从单位制、街居制到社区制的转变。

一、单位制的变迁

单位是新中国建国以来我国各种社会组织所普遍采取的一种特殊的组织形式,是中国政治、经济和社会体制的基础,在城市管理中,单位具有特殊的意义。

单位制在我国的出现和发展有着一定的必然性。首先,单位制反映了现实的要求。在新中国成立之初,由于党和政府的工作重点还是在军事上,一些政治、社会、经济职能还没有形成,甚至行政组织体制都无法在短期内得到建立和完善。在这种

① 秦甫:《现代城市管理》,东华大学出版社,2004 年版,第 310 页。

情形下，以单位为基础组织形式来进行社会管理，是一种现实有效的选择。其次，单位制反映了我党对所长期积累的军事工作经验的沿用。我党在长期的革命斗争中积累了很多的工作经验，但是在城市管理方面却缺乏相应的管理经验，因此将过去的军事组织经验照搬到城市管理中去，成了当时党和政府的必然选择。最后，单位制符合当时工作的重点。新中国成立之初，各项事业百废待兴，党和政府需要具有很强的控制能力和组织能力，对社会资源能够做出强有力的调整，而单位制正是能够实现这种管理的有效方式。

在计划经济的背景下，党和政府通过单位制的形式对城市基层进行管理，单位具有政治、经济和社会三位一体的功能。首先，单位实现着社会生产的功能，为社会和国家提供各种必需的生产资料和生活资料。其次，在城市中，每个单位都被赋予了一定的政治地位和政治管理职能。所有在单位工作的人都被纳入一定的单位管理系统，隶属于一个单位，单位通过设立党组织系统和行政权力系统等实现政治管理职能。最后，单位办社会的特征明显。国家通过单位来实现对社会资源的分配与再分配，单位通过劳保福利、分配住房、子女入学等制度，实现了整个社会生活的高度组织化。

随着我国社会主义改造和建设的进行，单位制在我国的发展经历了以下几个阶段：①

1949 ~ 1953 年，单位制酝酿探索阶段。对单位制进行了探索，建立了以党为领导核心的国家—社会一体化的结构体制以及统一的功能工资制度、普遍就业制度等。

1953 ~ 1956 年，单位制形成阶段。随着高度集中的计划经济体制的基本定型，单位制也基本上确立了起来。

1957 ~ 1978 年，单位制的扩张阶段。城市“完全单位化”的步伐在快速进行，通过街办企业等形式，公营企事业单位以外的职工家属和其他城市闲散人员陆续被纳入到单位体系中来，游离于单位体系以外的人员越来越少，城市基层管理事务几乎完全由单位履行。

1978 年至今，单位制一统天下的局面被打破，其在社会管理方面的职能逐渐减弱。单位制逐渐走向消失。

单位制的城市基层管理体制在带来积极作用的同时，也形成了一些影响城市发展的障碍。首先，从整体上来讲，单位制造成了社会生活政治化，政治、经济、社会不分，国家与个人不分，严重违背了社会发展规律；其次，对于单位来讲，所要履行的职能远远超出了自己的职能范围，单位的负担越来越重，这势必会影响单位的效率；最后，对于个人来讲，个人的各种福利和保障均由单位提供，使其对单位产生了很强的

① 参见田毅鹏、漆思：《“单位社会”的终结——东北老工业基地“典型单位制”背景下的社区建设》，社会科学文献出版社，2005 年版。

依赖性,个人的积极性和自主性被压抑。

1978 年以后,随着改革开放的深入,单位制社会正在逐渐走向消失,从根本上讲,这是市场经济发展的必然。一方面,单位的性质发生了改变,在改革开放以后,产生了诸多类型的单位,打破了完全公有制的状况,并且在原有单位中出现了很多的成员外流、单位改制等情况;另一方面,社会的不断发展,人们的自治性不断提高,社会力量不断壮大,单位的职能逐渐向社会转移。

二、街居制的发展

在新中国成立以后,在城市基层管理体制中,除了占主体的“单位制”管理体制以外,还存在着“街居制”管理体制。所谓街居制管理,就是依托城市中的街道办事处和居民委员会对城市基层进行管理。街居制管理是对单位制管理的重要补充。在管理对象上,街居制对单位以外的人员进行管理;在管理职能上,街居制对城市基层的单位以外的诸多事务进行管理。

在我国,街居制的发展大体经历了以下四个主要阶段。①

(一)创立阶段

1949 年新中国成立以后,为了加强对城市基层的管理,全国很多城市都出现了街道和居委会组织,在 1954 年,第一届全国人大四次会议通过了《城市街道办事处组织条例》和《城市居民委员会组织条例》。《城市街道办事处组织条例》规定:市辖区、不设区的市的人民委员会可以按照工作需要设立街道办事处,作为它的派出机关。街道办事处的主要职能是:办理市、市辖区的人民委员会有关居民工作的交办事项;指导居民委员会的工作;反映居民的意见和要求。《城市居民委员会组织条例》首次以国家法律的形式确认了城市居民委员会的名称和性质:其名称正式定为“城市居民委员会”;其性质是“群众自治性居民组织”。居民委员会的主要职能是:办理居民的公共福利事项;向当地人民委员会或者它的派出机关反映居民的意见和要求;动员居民响应政府号召并遵守法律;领导群众性的治安保卫工作;调解居民间的纠纷。

(二)膨胀阶段

在 1958 年兴起的“大跃进”、人民公社运动,使街道的机构和职能迅速膨胀。此时,城市街道实行党、政、社高度合一,权力达到前所未有的高度集中。

(三)曲折阶段

1966 ~ 1976 年的十年动乱对街居制的管理体制产生了严重的冲击,有些城市街

① 参见何海兵:《我国城市基层社会管理体制的变迁:从单位制、街居制到社区制》,《管理世界》,2003 年第 6 期。

道办事处和居民委员会的性质发生了变化，其职能变为了以阶级斗争为主，背离了法律的规定。

（四）恢复和发展阶段

1979年党的十一届三中全会以后，全国各项事业都在一定程度上进行了拨乱反正。街居管理体制也得到恢复和快速发展。1980年，全国人大常委会重新公布了《城市街道办事处条例》和《居民委员会组织条例》，1989年，全国人大常委会通过并颁布了《城市居民委员会组织法》，有力地促进了街居管理体制在城市基层管理体制中的发展。

改革开放以后，经济的发展和社会的进步向城市基层管理体制提出了新的挑战，其中也包括对街居制的挑战。

首先，街居制的基础主要是我国的户籍制度，但是随着经济的发展，我国的户籍制度已经不能适应现代社会发展的要求，虽然现在户籍制度还没有进行根本性的变革，但是在某些方面，户籍制度的作用已经很微弱，这使得街居制已难以发挥作用。

其次，街居制的被动地位。法律规定，街道办事处是政府的派出机构，城市居民委员会是群众自治组织，但是在实际工作中，街道办事处和城市居民委员会承担了过多的政府职能，特别是一些政治职能，而与之相对应的是街道办事处和居民委员会的力量的不足，这使得街居制无法满足社会的需要，特别是面对城市群众日益增长的对城市社会管理职能的需要，如对养老、卫生等方面的要求。

最后，街居制的管理不能适应城市基层管理问题增多的现状。随着城市的不断发展和进步，城市基层管理中的新问题也层出不穷，例如，城市中的流动人口管理问题就在严重困扰着街居制的管理体制，并且街居制的管理一贯采取被动式的管理，这也使得城市基层管理无法满足社会的需要。

三、社区制的探索

随着我国改革开放的不断深入和城市化进程的加速，城市社区的地位和作用变得日益重要，并且随着单位制和街居制陷入困境，社区制的管理体制开始受到人们的广泛关注。自20世纪90年代中后期开始，我国的大城市掀起了社区建设的热潮，民政部也选取了北京、上海、天津、沈阳、武汉、青岛等城市设立了26个“全国社区建设试验区”。在不断地实践和探索中，逐渐形成了下面几种有代表性的社区管理模式。

（一）行政主导型模式：以哈尔滨市为例

哈尔滨市在改革中所建立的社区组织是以加强党委、政府的统一领导为核心，以强化民政部门的主管职能为重点，以增强各部门的协调和社会各界的参与为基础的行政主导型模式。①

哈尔滨市社区组织管理体制分为区、街道、居委会三级。在区一级，成立了社区建设指导委员会，区委书记任指导委员会主任。该委员会是社区建设的领导机构，全面负责社区建设的统筹规划、统一部署、综合协调和督促检查。社区建设指导委员会下设“社区建设办公室”和“社区建设指导中心”。社区建设办公室为协调机构，协调社区建设指导中心的工作和其他相关工作；社区建设指导中心为日常工作机构，由民政局长兼任中心领导。在指导中心内部，根据社区建设的内容，由相关的委、办、局组成7个工作指导部，其业务工作、人员编制和工作经费分别由相关的政府部门负责；同时，这一管理工作系统自上而下延伸到居委会一级，以实现政府部门对社区工作强有力的领导和管理。

行政主导型的社区管理模式最突出的特点是：政府发挥主导作用。首先，政府没有摆脱社区管理主体的地位。虽然从法律形式上看，居民委员会是群众的自治组织，但是在实际的管理中，政府的管理主体作用十分强大，群众的自治组织无法发挥实质性的自治作用。其次，这种管理模式在社区的建设过程中，往往会带来高效率，但是在以后的运行过程中，还是需要更多地发挥群众的自治组织作用，只有这样，才能更好地满足城市社会发展的需要。

（二）半行政半自治模式：以上海市为例

上海的社区管理模式是在“两级政府、三级管理”的改革过程中建立起来的，将社区定位于街道的范围，政府权力职能重心下移，构成了上海市的街道社区管理体制的主要内容。

1.街道办事处和城区管理委员会构成街道社区管理的领导系统

根据权力下放与属地管理的原则，街道办事处依据法律、法规和区政府的授权，对全街道范围的社区行使领导、协调、监督等职权，对地区性、群众性、社会性的工作承担全面责任。与此同时，为了有效地克服地域分割的问题，建立了由街道办事处牵头，派出所、房管所、环卫所、工商所、街道医院、房管办、市容监察分队等单位参加的城区管理委员会。城区管理委员会定期召开例会，商量、协调、督查城区管理和社区建设的各种事项，制定社区发展规划。不仅如此，城区管理委员会作为条与块之间的中介，发挥着重要的行政协调功能。

2.四个工作委员会构成街道社区管理的主要执行系统

为了适应社区建设的需要，街道办事处按照“两级政府、三级管理”的要求，设立市政管理委员会、社区发展委员会、社区治安综合治理委员会和财政经济委员会四个工作委员会。其中，市政管理委员会对辖区内市政市容工作进行综合管理；社区

---

① 参见张立荣：《当代中国城市社区组织管理体制：模式分析与改革探索》，《华中师范大学学报》（人文社会科学版），2001年第3期。

发展委员会对辖区内社会发展与建设工作进行管理与协调；社会治安综合治理委员会主要是协助街道党工委、办事处领导辖区内的社会治安综合治理工作；财政经济委员会对辖区内街道财政进行预决算，对有关企事业单位、个体工商户等实行工商、物价、税收等方面的行政管理，对街道企业进行综合管理。

3. 辖区内企事业单位、社会团体、居民群众及其自治性组织构成街道社区管理的支持系统

社区内的单位社团和群众通过一定的组织形式，如社区事务咨询会、协调委员会、居民委员会等，主要负责议事、协调、监督和咨询，相当于社区内的议事机构。居民委员会是社区建设的最基本的组织单位，近几年，上海市在抓好居民委员会干部队伍建设的基础上，进一步强化了基层群众性自治组织的管理、教育、服务等功能。

在半行政半自治的社区管理模式中，政府的地位和作用有所弱化，社区成员的自治组织的作用得到了强化；社区管理的主体范围扩大，由政府组织扩展到社区的自治组织，各类性质的组织相互合作，共同促进社区的发展。另外，在这类模式中，社区成员受到进一步的重视，其需求和愿望更容易得到满足，有利于其积极性和主动性的发挥。但是，在这类模式中，政府和自治组织之间职能的界定和关系的处理又成为了难点，特别是在受“官本位”等传统思想严重影响下的我国，政府的作用往往会被放大，而相反，社区自治组织的作用往往会被缩小。

（三）自治型模式：以沈阳市为例

1999 年上半年，沈阳市沈河区以居住地为主体，以居民认同感为纽带，以便于社区成员自我教育、自我服务、自我管理、自我约束为标准，将全区 396 个居民委员会调整成为 164 个居民委员会辖区共同体，平均每个居委会辖区共同体拥有居民 1 200 多户。

在此基础上，按照“社区自治，议行分设”的原则，在各居委会辖区共同体组建了“一个大会，两个机构”。由社区成员选举社区居民和驻区单位代表组成社区成员代表大会，行使社区成员民主议事、民主决策的最高权力。由社区成员代表大会推举驻社区的单位代表、人大代表、政协委员等社区德高望重者组成了社区议事协商委员会，其主任一般由社区党组织负责人兼任，作为社区成员代表大会闭会期间的常设的义务的工作机构，行使社区民主议事、民主监督的职能。

与此同时，按照“公开招贤、定岗竞争、择优入围、依法选举”的原则和办法，按照每 300 人配置 1 人的标准，由社区成员代表大会选举出享受政府补贴的管委会成员（亦称居民委员会成员），并吸收驻社区民警和物业公司经理组成了社区委员会，作为社区成员代表大会的办事机构，行使社区管理、服务、教育和约束的四项职能。

在此基础上，还建立了以社区议事会、社区管委会为主导，以居民组长和社区成员代表大会代表为骨干的社区自治工作网，形成了全区自上而下各司其职、各负其责的管理体系。

在自治型的社区管理模式中,社区的管理主体是社区自治组织,政府在其中只是起到一定的监督、建议、协调等作用,社区组织成为城市社区公共事务管理与决策的自治性组织。在这种模式中,社区成员的自治性得到最大限度的发挥,非常有利于促进社区成员参与社区管理。但是,这种模式的有效实行有赖于社区成员民主参与意识的提高。

综合以上对城市社区管理三种模式的分析,在进行社区管理的时候要处理好以下几个方面的关系。

第一,处理好城市社区管理模式和城市社区现状的关系。在城市社区管理的具体实践中,产生了多种模式,上面仅仅是列举了三类比较有代表性的模式。每一个城市需要从城市社区现状出发,制定适合城市社区实际情况的管理模式。制定城市社区管理模式主要依据的因素有:城市社区的经济发展状况、城市社区的民主参与意识、城市社区的文化程度、城市社区的历史背景等。

第二,处理好政府和社会的关系。在不同的城市管理模式中,其最大的区别就是政府和社会之间的关系。按照社区发展的长期趋势,社会主导社区管理是最终的选择,但是对于不同的城市社区,是否选择一步到位的制度安排,这需要城市社区根据实际情况进行合理的制度安排。但是无论如何,都应该处理好政府和社会的关系。在政府占主导地位的管理模式中,政府也应该充分考虑社会的因素;在社会占主导的管理模式中,社会也应该注重政府的支持。

第三,处理好政府内部的关系。在城市社区管理模式的制度设计中,必须要处理好政府内部的关系,这集中表现在对街道办事处职能的界定。街道办事处是政府的派出机构,如何界定它的职能,关系到政府任务能否顺利完成。比如过去街道办事处常常存在的“千线一针”的职能设定,就极大地束缚了街道办事处作用的有效发挥。

第四,处理好单位制、街居制、社区制之间的关系。单位制、街居制、社区制是我国城市基层管理体制发展过程中出现的三种类型。单位制在逐渐的消融,单位制的职能在逐步地社会化,街居制在不断地调整和改革,社区制在不断地探索发展。因此,在我国目前阶段,应该正确处理好三者之间的关系:以社区制为城市基层管理的目标选择,积极稳妥地推动单位制和街居制的转型。

第三节　中国城市社区管理的发展趋势

随着我国政治经济体制改革的不断深入,政府的职能不断转变,政府定位也趋于明确。政府不再是包管一切的全能型政府,它只负责宏观调控、市场监管、社会管理和公共服务,其他更多的事务要由社会进行自我管理。社区作为整个社会的重要组成单元,它的管理水平直接体现了整个社会的管理水平,它的管理效果直接影响到整个社会的稳定与发展。从公共管理的角度探讨在新的历史条件下我国社区管理的发展趋势,正是本节要讨论的内容。

一、社区服务发展的策略

(一)社区服务概念的界定

对于社区服务概念的界定,目前学术界仍有争议,有的学者从广义上去界定,有的从狭义上去界定。持广义界定的学者认为社区服务不仅包括社区福利性、公益性服务,而且应该包括商业性和"准商业性"服务。持狭义界定的学者则认为社区服务只包括社区福利性和公益性服务。在此,我们仅从狭义上的界定去理解社区服务。所谓社区服务是指在党和政府的倡导和支持下,以自助—互助的广泛的群众参与为基础,动员社区力量,整合社区资源,为社区成员提供福利性、公益性服务,以满足社区成员的多种需求的服务提供过程。

(二)社区服务的必要性

1. 有助于适应社会结构的变化,促进社会整合

中国社会正处于传统型向现代型转变的过渡时期,在此时期中,社会的基本结构发生了巨大的变化。政府在不断地调整结构、转变职能,向"小政府、大服务、大社会"的方向发展。政府的这种转变使政府管理的社会领域不断缩小,大量的社会事务留待社会自身去管理。企业作为独立的经营主体,不再是包办一切的全能型企业。它原先所承担的社会事务被大量剥离,成为真正的自负盈亏的经营主体。这样,大量的社会事务由谁去承担?被政府和企业裁减掉的人员由谁去整合?社区无疑将在这些方面发挥重要的作用,而社区发挥作用的最主要的手段就是社区服务。社区服务不仅可以承担起政府和企业转型所剥离掉的职能,而且可以整合政府和企业让渡的资源,更好地服务于社会。

2. 有助于建立社会保障体系和服务网络,维护社会稳定,促进社会公平

随着国有企业改革的深化和经营机制转换以及政府机构改革和职能的转变,许多原来由企业和政府承担的社会职能、服务职能,逐渐转向社会由社区来承担。同时,大量的社会保障事务将由社区承担。民政部提出的我国新世纪社会福利制度的架构体系为"一项制度,三大支撑体系、两种供给方式、三项保障措施①"。社区服务应该是社会福利服务体系中的子系统。政府转移出来的社会职能、服务职能和企业剥离的社会职能,大部分要由城市社区来承接。建立一个独立于企事业单位之外的

---

① 三大支撑体系是指社会保障体系、社会救助体系和社会福利服务体系;两种供给方式是指资金保障、服务供给;三项保障措施是指政策扶持、财政支持、社区落实。

社会保障体系和社会服务网络，也需要城市社区发挥作用。此外，社区还将承担社会保障的大量事务，例如，政府确定城镇居民基本生活保障线、失业人员救助标准线、对下岗人员的生活状况进行调查核实以及社会基本生活保障金和救助金的发放等，都是通过社区组织贯彻落实的。

（三）促进我国社区服务发展的策略

社区服务作为新世纪促进社会整合、维护社会稳定、满足社区居民需求的一种重要方式，具有重要的社会意义。如何发展我国的社区服务，应该坚持怎样的原则，采取怎样的策略是我们必须考虑的问题。

1. 拓展社区服务的内容，强化社区服务的功能

在社会转型、社区发展和人们对社区服务产生大量新需求的背景下，未来社区服务除须基本具备满足社区成员生活需求、安全需求、吸纳就业、照顾弱势群体等功能外，尚需强化下列功能：社区养老功能、社区整合功能、社区人际交往功能和社区服务信息化功能。

2. 拓宽社区服务建设的投资渠道

当前城市社区服务建设主要靠政府财政投入，但是，城市的长远发展需要探索在市场经济条件下社区服务建设社会化和市场化的道路，拓宽社区服务建设的投资渠道。首先，通过政府财税政策加强对社区服务建设投资；其次，鼓励个人及私营企业加大对社区服务建设的投资；再次，增强非营利组织以及志愿组织的融资和投资能力；最后，通过筹集社区福利发展基金的形式投资社区服务建设。只有通过政府、社会经济组织、社团、个人等多主体、多渠道的投资，通过“谁投资谁得益”机制，建立社区服务建设的多元投入体制，解决社区服务投资不足问题。

3. 加强社区服务队伍的建设

社区服务队伍是开展社区服务的先决条件，没有社区服务队伍，社区服务就会成为无源之水、无本之木。首先，要提高社区服务从业人员的专业化水平。通过与高校、科研院所、培训机构的交流与合作，提高现有人员的专业化水平，同时通过不断的交流引进高素质的人才。其次，建立起完善的社区服务后备力量。这主要是指建立起一支专、精、足的社区服务兼职人员和志愿者队伍，平时要加强对这支队伍的专业技能培训，使之在需要时“拿得出用得上”。最后，增强社区居民的参与意识。社区居民不仅是社区服务的目标对象，更应该是社区服务的积极参与者和提供者，增强他们的社区服务意识，鼓励其参与社区服务是社区服务队伍建设的重要内容。

4. 建立良好的社区服务运行机制

传统的社区服务往往由政府包办，区政府、街道办事处、居委会几乎垄断了社区服务规划、建设、管理的全过程，缺乏社区其他利益相关者的参与。在新的时代条件下，这种政府包办一切的社区服务运行机制必须改变，必须发展多元主体之间的互

助合作,以更好地适应社区发展的要求,满足社区成员的需求。为此,必须明确政府、社会团体、企业在社区服务建设、管理上的不同职责和功能,充分发挥政府、企业、社会团体在社区服务中的作用。政府应逐步从对社区设施的直接建设和日常管理中退出来,通过制定政策和法律促进规范化管理;同时,探索社会团体参与社区服务的成功模式,促进居民群众对公共设施的自我管理;鼓励竞争,利用市场机制推动专业化机构开展社区服务,提高资源组织效率。

二、社区参与

(一)社区参与概念的界定

根据参与主体的不同,社区参与的概念可以分为广义和狭义两种。狭义上的社区参与其主体是社区居民;广义上的社区参与其主体除居民外,还包括政府、非营利组织甚至企业。在此,我们所指的社区参与是狭义上的。所谓社区参与就是指社区居民作为社区管理的客体,更作为社区管理的主体自觉自愿地参与社区事务管理的过程。这一概念具有四个方面的内涵:①社区参与的主体是全体社区居民;②参与的客体是社区的各种事务;③参与的心理动机是公共参与精神;④参与的目标取向是社区发展和人的全面发展。

(二)我国社区参与的现状

随着我国社区建设逐步深入,社区参与的理念渐渐深入人心,城市社区参与的领域、形式和内容都有新的发展,但其中也存在不容忽视的问题。这些问题主要表现为以下几个方面。

1. 社区参与意识淡薄,整体参与水平低

浙江大学2002年的一项实际调查表明:在调查范围内,有50%左右的社区居民一年来没有参与过所在社区的任何事务;有近24%的居民一年来偶尔参与所在社区的事务;只有约26%的居民经常性地参与所在社区的事务,而且这26%的居民中有42%的人是在街道、居委会的硬性要求或单位的组织下参与的,自觉自愿参与的比例很低。[①] 就参与主体的分布而言,在这些参与的人群中,老人、青少年参与多,妇女与中青年参与少;就参与的具体内容而言,在大多数情况下只是参与社区具体事务的运作,尤其是社区内所出现的临时性活动和文化娱乐性活动,很少参与社区事务的决策和管理。

2. 社区参与不均衡现象严重

社区参与不均衡现象主要表现在两个方面:首先是地区参与不均衡,东西部地区差距较大。东部少数发达地区社区建设起步早,效果好,社区居民参与热情高,参

---

① 朱显仁:《进一步发展社区自治的思考》,《科学社会主义》,2003年第3期。

与形式多种多样，内容丰富，已经形成一套比较完善的社区参与运行机制和社会氛围。相比较，西部欠发达地区的城市社区相对落后，改革进展缓慢，成效不大。其次，不同群体参与不均衡。正如前面提到的老年人和青少年的参与热情要比中青年高，同时实际的参与活动也多。此外，党员、社会活动积极分子要比一般群众的参与程度高。

3. 被动式参与为主，行政动员色彩比较重

现在的参与很多并不是社区居民自愿主动的参与，而是在政府和社区工作人员的动员说服下进行的被动式参与。其形式主要表现为参加居委会组织的各类文体活动，开会听取街道以及更高一级政府的部署等，这种方式不能充分调动社区成员的主动性和能动性。况且，参与的人员也具有局部性和特定性，主要以社区党员、街道办事处和居委会的部分工作人员、社区志愿者为主，难以适应现代城市社区发展和日益增长的居民需要。

4. 社区参与渠道不通畅，制度不健全，机制不完善

目前，很多城市社区管理机构对社区成员的意愿和要求给予了一定重视，但是，还未形成全面健全的社区参与制度。社区成员参与社区事务还是以被动执行式为主；社区居民委员会作为群众自治组织的功能还未实现；业主委员会尽管自治意识和维权意识很强，但发育不成熟，其法律地位还得不到充分的保障；社区志愿者队伍和各种群众团体在社区服务中发挥了积极作用，但仍不具规模；社区内的人大代表、政协委员所起的作用还不够大。①

（三）促进我国社区参与的策略选择

针对我国城市社区参与中存在的问题，我们认为，可以从以下几个方面进行改革以便促进我国城市社区参与的发展。

1. 增强居民的社区意识和归属感，以提高其社区参与意识

居民社区意识淡薄是造成社区参与整体水平低的关键因素，为此必须增强居民的社区归属感，提高其社区参与的意识。具体可以采用以下几种方式：一是坚持需求本位。注重用共同需求、共同利益来调动社区居民参与社区管理的积极性。二是加强宣传。发挥我们党的宣传优势，运用多种媒体如网络、板报、发传单等方式让居民了解社区的基本状况以及社区建设的意义。通过宣传教育，增强居民对社区的认知和认同。三是加强沟通，注重反馈。在社区事务的决策和管理过程中加强与社区居民的沟通，及时向社区居民通报进展情况和效果，使其了解社区真实的运行状况。同时，注重听取社区居民的反馈，建立和完善听取社区居民反馈的制度。

① 刘朱红：《我国社区参与的现实分析》，《岭南学刊》，2002 年第 4 期。

2. 明确政府在社区参与中的定位，为其他主体的参与创造条件

政府在社区建设和发展中发挥主导作用已经是世界各国的共识，也已经为国外成功的社区实践所证明。但是，政府的主导作用并不意味着政府主导一切，而应该在政府的倡导和支持下充分发挥其他主体的作用。我国传统上的社区参与是一种行政主导式的参与方式，即党和政府在决策做出以后动员社区居民去执行的参与。在新的时代条件下，社区居民这种被动式的社区参与方式必须改变，为此政府必须明确自己的定位。政府在社区参与的过程中主要的职能为：作为社区参与的发起者，发挥启动的作用；作为社区参与的组织、协调者，发挥组织和协调作用；作为社区参与的宏观调控者，不直接干涉基层和有关各方的活动。

3. 拓宽居民参与渠道，完善参与机制

目前我国社区居民的参与渠道还比较少，参与的形式也比较单一。为此，我们必须拓宽社区参与的渠道，使社区居民更好地实现自己参与的权利。总结我国社区参与的实践，可以从以下几方面进行：完善听证会制度、健全人民联络员制度、开展居民小组自治、举办居民论坛、创建居民协调会、实行居民全体公决。除了拓宽居民参与渠道外，还必须完善参与机制。首先，要尽快研究制定实现社区资源共享的地方性法规，将社区适度开放的科技、教育、文化、卫生、体育等方面的设施纳入共享范围，建立“我为大家，大家为我”的社区资源共享机制。其次，引入市场机制，开展多层次、多方位的社区有偿服务。积极扶持符合国家法律法规、群众欢迎、有利于社区发展的社会中介组织，坚持社区服务社会化、产业化的发展方向。最后，建立有效的激励机制，引导社区利益相关者主动参与社区事务。

三、社区自治

（一）社区自治概念的界定

社区自治是指不需要外部力量的强制性干预，社区各种利益相关者习惯于通过民主协商来合作处理社区公共事务，并使社区进入自我教育、自我管理、自我服务、自我约束的过程。[①]

（二）我国城市社区自治的发展现状

新中国成立后，在社会国家化的背景下，我国城市形成了以“单位制”为基础的治理体制。其特点是政府是唯一的治理主体，权力以金字塔的形式垂直分布，政府控制单位，单位控制个人，形成了层层的依附关系。20 世纪 80 年代开始的市场化改革使政府和企业随之转型，政府由全能型转向精简型，企业则转变为营利性的主体，“单位制”随之解体。在这样的背景下，国家民政部在倡导社区服务的基础上，启动

① 陈伟东：《社区自治》，中国社会科学出版社，2004 年版，第 156 页。

了以“社区自治”为主要内容的社区建设。经过多年的实践，社区自治成绩斐然。例如，有的社区在原有群众大会的基础上，创造出了居民听证会等行之有效的自主治理方法；社区居民的参与意识得到提高；社区事务的管理更加民主等。但是，在社区自治的过程中，还存在许多不容忽视的问题，主要表现在以下几方面。

1. 居民的社区意识淡薄

社区意识是开展社区自治工作的思想基础，也是社区居民参与社区工作的原动力，目前我国社区居民的社区意识还很淡薄。这主要是由于我国的历史传统造成的。自秦统一全国到清朝的灭亡，数千年来我国一直处于君主专制的统治之下，人民对政府的依附心理比较强，缺乏自治的基础。新中国成立后，在城市实行了“单位制”的管理体制。政府控制了政治、经济、社会等各方面的权力，是城市事务唯一的治理主体，实行自上而下的垂直式分布。政府通过单位对居民进行管理，单位包揽了居民的生老病死，只有被排除在单位之外的无业人员、闲散人员才纳入社区管理的范围。正是在这种体制下，人们形成了对单位的依赖，单位意识浓厚，社区意识淡薄。

2. 社区自治组织“准行政化”

社区居委会是社区自治的主要载体，我国《城市居民委员会组织法》规定：“居民委员会是基层群众自治性组织，它的主要任务是搞好居民的自我管理、自我教育、自我服务、自我监督”。但是，在实践当中居委会的自治性质并没有体现出来，相反却体现出其准行政性。具体体现为：①人员编制行政化。很多居委会的工作人员参照公务员进行管理，实行行政事业编制。②工作内容行政化。理论上居委会的工作重点应该是“自我管理、自我教育、自我服务、自我监督”。但是，实践中居委会的很多工作却是区政府和街道办事处委派的。③经费来源行政化。居委会人员的工资、补贴、福利等收入都是由政府财政支付的，同时，居委会的很多活动经费也是由政府提供的。

3. 社区自治组织能力不足

在此我们主要从两个方面谈社区自治组织自治能力问题：①社区自治组织权威性受到质疑。在传统体制下，城市居民委员会在城市基层的管理地位自然为居民所认可。但随着改革开放的不断深入，我国的社会经济结构发生了巨大转变，在城市住宅小区中出现了业主委员会，这也是一个社区群众自治组织，它所代表的是本社区全体业主的利益。居民委员会与业主委员会之间的矛盾和摩擦在所难免，事实上，在不少地方，业主委员会与居民委员会的关系相当紧张。②社区自治组织缺乏必要的物质保障。由于社区并非一级完整的地方政府，没有自己的财政，导致社区活动经费严重匮乏，使得社区自治举步维艰。这就逼迫社区干部不得不花费大量的时间和精力搞创收。即便如此，社区建设的经费也常常是捉襟见肘，难以进行正常的活动。社区建设的经费投入困难，社区自治缺乏必要的物质基础，社区自治就失去了物质的保障。

(三)促进我国社区自治的对策选择

1. 培育社区自治意识

要搞好社区自治,浓厚的社区自治意识至关重要,而这正是我国社区居民所欠缺的。为增强居民的社区自治意识,必须大力发展社区服务。加强社区的各项服务工作,通过社区服务为社区居民办实事,为社区居民创造良好的环境。只有这样,才能使社区居民形成对社区的认同意识,形成与社区共同的利益倾向,从而积极参与到社区自治中来。

2. 转变政府职能,明确政府与社区自治组织的职责范围

我国城市社区自治是在经济体制改革的背景下兴起的,其最初目的就是为了应对政府职能和企业角色转变的挑战,承担政府职能和企业角色转变后留下的职能真空。它是国家和社会之间关系重构的结果,客观上反映了新的时代形势下政府和社会分权的客观要求。城市社区自治要健康发展,就必须克服传统行政管理体制的思想禁锢,进一步解放思想、更新观念,尽快转变政府职能,明确政府与社区自治组织之间的权责划分。政府的主要职责是协调、监督、指导,而不是事无巨细地干涉自治组织的活动。社区自治组织要真正扮演好自己"自我管理、自我服务、自我教育"的角色。

3. 提高社区自治组织的能力

现阶段,我国城市社区自治组织主要有四种形式:居民委员会、业主委员会、志愿者协会、文化体育类社团。但是,我国宪法仅仅确立了居民委员会的自治地位。因此,此处我们主要是讨论提高居民委员会的自治能力问题。要提高居民委员会的自治能力,可以从两方面着手:①提高居民委员会的权威。首先,健全社区自治组织框架,树立居民委员会的自治形象。在原来城市居民委员会的基础上,建立"社区居民代表会议——社区居民委员会(社区代表会议常设执行机构)——社区居民监督委员会(社区居民代表会议常设监督机构)——社区工作办公室"整套组织框架,[①]从而明确居民委员会的自治组织地位。其次,以全心全意为社区居民服务为宗旨,用自己的实际行动去获取社区居民的认同。②提高居民委员会的物质保障水平,主要是建立稳定的社区经费保障机制。首先,国家通过法律、法规的形式将居委会纳入年度财政预算,每年拨给一定的经费,从而保障社区自治的运行。其次,社区居委会可以通过服务收费的办法筹集经费,另外还可以通过社会捐赠的方式筹集一些经费。只有具备充足的经费,社区自治才能够顺利运行。

---

① 李国祥:《社会转型时期城市社区自治的若干问题与思考》,《学术论坛》,2006 年第 3 期。

本章小结

社区制是我国城市基层管理体制的新选择，是适应市场经济发展和社会和谐发展的新变化，是城市管理的重要组成部分，在促进城市发展的过程中发挥着重要的作用。我国社区管理是国家经济、政治体制改革的产物。它作为弥补改革中出现的管理缺位，从其诞生之日起，就受到政府、理论界以及社会的高度关注。

新中国成立之初，我国在城市基层社会管理上逐步建立起以“单位制”为主、“街居制”为辅的管理体制。“单位制”将城市中的在岗职工通过单位进行管理；“街居制”将城市中的社会闲散人员通过街居进行管理。这种体制在特定时期对于我国城市的稳定和发展发挥了重要的作用。在改革开放以后，随着社会经济要素的不断发展和交流，我国城市基层管理经历了从单位制、街居制到社区制的转变。

随着我国政治经济体制改革的不断深入，政府的职能不断转变，政府定位趋于明确。社区作为整个社会的重要组成单元，它的管理水平直接体现了整个社会的管理水平，它的管理效果直接影响到整个社会的稳定与发展。要改进社区管理，就要大力推进社区服务、社区参与和社区自治的发展。

思考题

1. 如何理解社区的概念和构成要素？
2. 如何理解城市社区的特征？
3. 简述城市社区管理的含义。
4. 简述城市社区管理的特征。
5. 简述城市社区管理的功能。
6. 简述城市社区管理的主体和管理内容。
7. 简述单位制在我国的发展历程和状况分析。
8. 简述街居制的发展历程和状况分析。
9. 如何理解三种社区管理模式之间的差异？对你有什么启示？
10. 社区服务对我们有什么意义？如何促进我国社区服务的发展？
11. 我国社区参与的现状是怎样的？
12. 针对社区参与中存在的问题，我们可以从哪些方面进行改进？
14. 简述我国社区自治存在的问题以及促进我国社区自治发展的对策。

案例分析

街道居委会直接选举

——以上海市卢湾区瑞金街道居委会为例

瑞金街道居委会概况

上海市卢湾区瑞金街道地处上海中心城区，辖区面积约 1.98 平方公里，现有人口为 9.3 万人，人口居住密集，居民区连片分布规模很大。该辖区的主要特点是：商业繁华，文化发达，人口流动性不强。2000 年完成将 30 个居委会调整为 12 个社区的工作。同时，瑞金二路街道是市级文明社区，各居委会也已纷纷步入市、区级文明小区的行列，干部队伍、硬件环境和设施配置均已具有较好的基础，具备直接选举的相应条件。从卢湾区瑞金街道党工委办事处编印的《社区管理新体制探索》中，我们获知瑞金街道的社区结构图如图 4 – 1 所示。

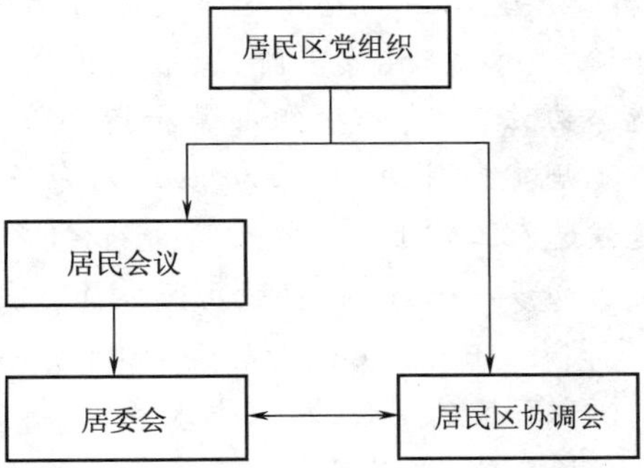

图 4 – 1　瑞金街道社区结构图

同时，卢湾区瑞金街道党工委和办事处的相关文件规定：①以居民区管理体制改革为契机，构筑以社区党支部为领导核心，以社区居民委员会为工作主体，以社区工作者、社区内各类企事业单位、业主委员会、群众文化团体为工作支柱的区域性管理新格局。②居民区党支部是居民区各种组织和各项工作的领导核心，要充分发挥居民区党支部的核心领导作用，保证党和政府的各项方针政策在居民区得以贯彻执行。③居民会议每年定期召开两次，居民会议由居民委员会主持，审议居民委员会工作报告，讨论涉及全体居民利益的重大问题。④居民委员会行使议事、决策、协调、服务和监督职能。⑤居民区协调会是由居民代表、企事业单位代表、街道监察队代表以及社区民警、物业管理部门、社区内医院医生等组成，在居民区党支部领导下，定期召开工作会议，商讨共同关心的问题。

瑞金街道居委会直接选举的做法和经验

所谓直接选举居委会，就是由居民直接推选居委会候选人，由居民直接投票选举居委会成员、主任，而不是先由居民推选居民代表，再由居民代表进行选举。从实际的运作情况看，瑞金街道居委会直接选举主要有下列做法和经验。

1. 建章立制，成立直接选举组织机构。为了使选举工作有章可循，瑞金街道进行了大量的调查研究工作，并在初步试点的基础上，制定了一系列符合本地区实际情况、便于操作的规章制度，如《居民会议制度》、《居民委员会直接选举办法》、《居民委员会选举工作流程图》等。根据《居民委员会直接选举办法》组建居民选举委员会，规定居民委员会的选举由居民选举委员会主持，居民选举委员会由5～7人组成，其成员由居民委员会提出建议名单，居民会议确定。此外，还对居民选举委员会的职责法定化：①依法拟订选举工作方案，提请居民会议通过，确定选举日期并予以公布；②开展选举的宣传发动工作；③确定和培训选举工作人员；④组织选民登记；⑤组织推选居民委员会成员候选人；⑥主持投票选举；⑦做好有关选举的其他工作。制度和组织机构的建立为直接选举工作的开展提供了保障。

2. 直接选举工作公开、透明、有序。整个选举过程分为宣传发动、选民登记、推选候选人、直接选举四个阶段。在宣传发动阶段，瑞金街道成立了选举工作领导小组，制定了居委会直接选举办法，由工作小组部署和指导居委会选举工作。在选民登记阶段，选举委员会根据规定条件，以户籍为基础，对每一位居民进行了登记，以确定其选民资格，在推选候选人工作上分几个步骤进行：①公布候选人资格、名额和推选办法，由居民直接提出初步人选，12个社区居民委员会成员的候选人，全部由本居住地区有选举权的居民代表10人以上或者居民小组代表5人以上联合提名；②张榜公布初步候选人名单，听取居民的反映，征求本人意见，排除本人不愿意接受提名的人；③分居民小组召开居民会议，根据正式候选人数额推选候选人；④选举委员会对候选人进行资格审查；⑤召开居民代表会议，确定正式候选人。在选举阶段，将候选人情况做必要的介绍后，组织候选人与选民见面，选举采取无记名投票的方法由全体有选举权的居民一次投票选出主任、副主任和委员。整个运作透明而富有效率，广大居民真正地直接行使自己的选举权。

3. 直接选举充分发挥党支部的领导核心作用。居民区党支部是一座桥梁，一头连着千家万户，一头连着党和政府。党支部从实际出发，在直接选举工作中逐步建立起一套行之有效的工作方法：①党支部每周分析社区居民情况，了解居民对直接选举工作的想法；②通过摸底调查，对所有住户和居民的情况登记造册，并及时核对调整，做到人员情况清楚，在此基础上掌握需要特别“关心”的对象；③建立热线电话，对居民进行家访，随时与居民保持密切的联系。通过了解民情、体察民意，一切以居民的利益为重就一定能够调动广大居民参与社区选举的积极性。

4. 直接选举使居民委员会结构优化，自治能力更强。从新当选居委会委员的构成可以说明：①这些新委员在居民中具有较高的威信，他们平时都热心参与社区工作，被广大居民所认同，许多委员认为积极参与社区建设和管理也是一种自身价值的体现。②委员中党员比例高，说明了党员在社区生活中起到了先锋模范作用，这也是社区党支部在社区发挥领导核心作用的重要体现。③委员文化层次高。选出的委员60%都是大专以上学历。这些委员由于有一定的文化素养，参政、议政能力较强，能够在社区建设和管理中起到重要作用。④委员们的男女比例协调，他(她)们的平均年龄整体下降，绝大多数在45岁左右，保证了当选委员具有为社区居民服务的必要精力。

资料来源：1. 杜文俊：《瑞金街道委员会直接选举的调查》，《政治与法律》，2001年第3期。

2. 陈伟东：《社区自治 自组织网络与制度设置》，中国社会科学出版社，2004年版，第191页。

3. 范文库：《社区自治进程中街道组织变迁》，www. fanwenku. com，2006－4－18。

案例思考题：

1. 结合本章内容分析案例中瑞金社区组织结构图的特点以及这种结构的优点。

2. 结合瑞金街道居委会的选举过程和经验谈一谈我国社区直接选举的路径选择。

第二编

城市管理分论

第五章

城市规划管理

城市规划管理是城市管理工作的重要环节，它直接关系到城市未来的发展方向、战略定位和城市现有社会经济环境资源潜力的有效发挥。本章首先对城市规划进行了概述；然后论述了城市规划理论的发展和主要观点，分析了城市规划编制与管理的主要环节；最后分析了我国城市规划管理的现状及发展趋势。

通过本章的学习，应该能理解城市规划的含义、特点及城市规划在现实中的重要作用；掌握现代城市规划的理论；理解城市规划编制的基本原则；掌握城市规划管理的基本内容。

第一节　城市规划概述

城市的发展需要进行设计和规划，在新的社会和经济背景下，我们更要对城市规划与管理展开认真研究，运用最先进的理论指导我国城市规划管理的实践工作，使我国的城市进入一个更完善的发展阶段。

一、城市规划的含义

城市是由人、建筑、环境所组成的一个社会综合体。做好城市工作，首先要搞好城市规划。城市规划是城市建设和发展的蓝本，是建设和管理城市的基本依据。

所谓城市规划（Urban Planning），是指为了实现一定时期内城市的经济和社会发展目标，确定城市的性质、规模和发展方向，合理地利用城市土地，协调城市空间的布局和各项建设事业而进行的一种综合部署。也可以说,城市规划是以城市的自然、地理和社会情况为基础,在区域规划的总体指导下,使城市的空间布局结构与城市经济、社会、环境和艺术结构完美结合,彼此构成一个有机体,充分发挥城市的生产、居住、休憩、交通四大功能,使之空间化、时序化、艺术化。所以,城市规划是指导城市发展的总蓝图,是保证城市土地合理利用,实现城市经济、社会、环境协调发展的必要条件,也是搞好城市建设和城市管理的依据。

城市规划不是城市本身孤立的活动,还需要考虑城市与其所在地区和国家的整体发展规划,以及与其辐射区域范围内的城镇体系之间保持相互协调。因此,城市规划必须在国土资源规划、区域规划和城镇体系规划的指导下,进行有针对性的综合区域分析,明确该城市在区域城镇体系中的地位和功能,弄清楚影响城市发展的各种制约因素,从而来确定城市的性质、规模和发展方向;通过拟定城市工业、商业、居住、仓储、交通运输、公共建筑、园林绿化以及城市基础设施的建设规模和标准,实现城市土地的合理利用;统筹安排城市系统的各种物质要素,使之布局合理;协调人与环境之间的关系,以及经济建设、城市建设与社会各项事业之间的关系,促进城市经济效益、社会效益、环境效益的和谐一致,最终实现城市总体效益的最优化。另外,城市规划还必须考虑国家在全国城市规划上的总体安排。

总之,城市规划就是要通过城市设计者和管理者的共同努力,对城市各种要素做合理的、科学的综合部署,正确地把握和反映城市发展的趋势,在促进城市文明与进步的同时,为市民的工作、学习、生活和娱乐提供一个优美的场所,使整个城市在井然有序中和谐运转。

二、城市规划的特点

(一)城市规划的科学性

城市规划是一项复杂的科学工作,它要通过处理城市中各种复杂的要素和关系,使城市成为一个开放的、有活力的有机整体。这种科学性主要表现在以下两点。

1. 城市规划需要运用多种科学知识

城市规划不仅需要运用自然科学的知识,而且还需要运用社会科学和人文科学的知识。这些科学知识主要包括:经济学、社会学、地理学、心理学、地质学、气象学、建筑学、美学、环境科学等。所以,一个理想的城市规划设计者不仅需要具备诸如土木工程学、建筑学、统计学、控制论、系统论等科学知识,而且应当具备经济学、社会学、心理学、地理学和生态学的知识。

2. 城市规划需要定性和定量两种分析方法

城市规划不仅需要进行定性的分析,对城市的发展演变过程和人文环境进行宏观考察,更需要进行定量的分析。制定城市规划要准确地掌握许多有关城市的基础资料,需要对城市的历史和现状进行周密而系统的调查,需要对城市发展的条件和制约因素进行科学的分析。因此，在制定城市规划的过程中，一方面，要注意研究和运用符合城市规划特点的新技术，如系统工程、电子计算机、航空遥感等；另一方面，要注意学习和吸收国外的整体规划等先进的城市规划方法，树立区域、综合、生态的观念，使城市规划更加科学和切实可行。

（二）城市规划的综合性

城市作为一个复杂的有机整体，本身就具有综合性的特征。因此，城市规划必须高瞻远瞩、统观全局、顾及各方，其综合性具体表现在如下几个方面。

1. 城市规划要综合地考虑城市系统中的各种要素

在城市规划过程中，要正确地处理城市与其辐射区域之间、生产与生活之间、局部与整体之间、近期建设与远期发展之间的关系，做到统筹兼顾、突出重点。

2. 城市规划要重视城市的发展历史

城市规划需要站在历史的高度来确定城市的性质、规模和发展方向。既要考虑到城市的过去，又要考虑到城市的现状和眼前的实际需要，还要考虑到城市未来发展的要求，并要通过城市建设来反映历史进程、民族风貌和时代特征。

3. 城市规划要以人为本

城市规划要以人为中心，注意满足市民生活多层次的需要，综合考虑市政设施、交通运输、商业网点、园林绿化、公共活动场所的合理布局和容量；做到既有利于生产、方便生活、促进经济的繁荣与发展，又有利于增强人们的身心健康，促进人的个性的发展，提高人的素质。

（三）城市规划的动态性

城市是一个动态的大系统，存在着大量的随机现象和不确定因素，如大量的人流、车流、物资流、信息流等。所以，如果仅仅进行一般的静态分析，很难掌握其活动和发展的规律。同时，城市会随着社会和经济的发展而不断地变化，随时出现许多新的情况和新的问题。特别是在改革开放的今天，市场经济的发展，使得城市中各种商业流通性质的用地需求增加，对内对外交往愈加频繁，旅游事业蓬勃发展，城市的流动人口日益增多，城市居民的活动范围不断扩大，城市的内在联系和制约其发展的各种因素更加纷繁复杂，从而对于城市的功能、空间结构、生态环境、基础设施提出了一系列新的要求。我们应不断地研究这些新情况和新问题，采取新的对策，对城市规划及时加以修订，使城市规划不断地注入新的内容，提高城市规划的科学性，使其更好地适应社会、经济发展的要求。

（四）城市规划的特异性

城市所处区域不同，每个城市的自然条件、历史状况、人文景观、建筑风貌等都各不相同，在整个国民经济中所处的地位和所发挥的作用也有很大的差别，从而使每个城市规划的内容、任务和方法都存在着较大的差异。这种差异性主要表现在如下几个方面。

1. 城市规划要传承并塑造城市特色

城市规划要特别注意那些历史文化名城的规划，既要注意保留和体现其名城的风貌，又要注意紧跟城市发展步伐，使其富有时代气息。在规划布局上，要做到点、线、面相结合，对于一些重要的建筑、重要的街道、名胜古迹较集中的区域，要在保持城市原有特色的基础上，进行整顿复新，并注意新建筑和原有建筑在气氛、型式、色彩上的协调与衔接。

2. 城市规划要充分考虑所处的自然条件

要充分考虑地理环境，通过城市规划使改造后的自然环境和人工创造的城市环境互相结合，把自然美和人工美融为一体，相得益彰。

总之，城市规划应根据城市现有的自然条件、历史状况，充分利用城市原有的景观，采取灵活多变的方式，使之更具特色。

（五）城市规划的政策性

任何一个城市的规划和建设，都必须紧跟和服从国家总体规划。城市规划是贯彻落实国家建设计划的一个重要步骤，涉及国民经济的每一个部门。规划中的许多重大问题，诸如城市的性质、规模、发展方向、居住区的用地指标、居住面积和公共建筑面积的建设标准等，都不只是一个技术和经济的问题，而是一个关系到整个社会生产力的发展水平、城乡关系、消费与积累的比例的问题。因此，城市规划要努力贯彻一定时期内国家的有关方针政策，特别是要做好城市社会经济发展的预测。要实现城市规划工作与国家城市发展政策相匹配，就需要城市规划部门积极参与城市社会经济发展计划的编制工作，对于该城市的发展计划要有详细的了解，并有权对于城市建设项目的选址、建设规模、建筑设计等提出意见。城市计划部门也要参与城市规划的编制，使计划与规划相互衔接，互为依据，避免由于城市规划布局不合理而造成的重大失误。

三、城市规划的作用

科学的城市规划是建设好和管理好城市的基本前提，它使城市建设和城市管理在较长时期内有章可循。城市规划对于城市的各项工作起着一种综合指导、合理协调和宏观控制的作用。

（一）城市规划对城市建设具有重要指导作用

城市建设是城市规划的一个重要组成部分，所包括的内容十分广泛。城市建设既涉及物质文明建设，又涉及精神文明建设；既有地面各类建筑的建设，又有地下各种设施的建设；既受到自然规律的影响，又要受到社会经济规律的影响。因此，要正确处理好城市建设中的各种错综复杂的关系，达到合理布局、协调发展的整体效应，必须要有一个科学的、统一的、具有权威性的城市规划来加以指导。优化城市规划，不仅能促进生产，而且可以美化人们的生活，陶冶情操。因为布局合理，城市的现代化建筑、雕塑、园林绿化融为一体，使自然、社会和艺术美和谐、协调有序地发展，体现了延续性、民族性、整体性、观赏性、功能性和艺术性的统一。从某种意义上来说，城市规划的编制正是为了保证城市各项建设事业有秩序、协调地发展，以获得最佳的综合效益。

我们可以以美国的首都华盛顿为例，来说明城市规划对城市建设的重要作用。美国的首都华盛顿是严格按照法国工程师皮埃尔·朗方在1791年所作的规划进行建设的。该规划以国会大厦和白宫为中心，主要街道宽广，街道网是格子形的，两旁绿树成荫，各种建筑井然有序，且都不超过国会大厦的高度，绿地和公园众多，环境优美；并且从建都一开始就明确是政治中心，限制经济事业的发展，因而布局合理。建都200年以来，城市规模仍不大，是按照合理的城市规划建设城市的一个较成功的例子。①

（二）城市规划可以保障城市各项事业协调发展

就一定意义而言，城市规划确定了城市管理的目标和方向，城市管理是落实和实施城市规划的手段和保证，两者相辅相成，缺一不可。城市规划既是城市管理的依据，又是城市管理的一个主要内容。城市规划区内的各项建设活动都必须按照城市规划所确定的用地性质、用地规模、建筑高度、建筑密度等各项指标要求来进行。城市规划的各种指标体系是实施城市管理的蓝本，也是提高城市管理水平的基础，没有科学的城市规划，城市管理将成为一句空话。从另一个角度看，编制城市规划本身就是政府管理城市的一项有力措施，所以，任何政府都需要通过制定出科学的城市规划来协调城市管理。

（三）良好的城市规划可以有效加快城市发展的步伐

城市规划通过综合分析城市的各种要素，科学地确定城市的性质、规模和发展方向，特别是通过城市土地的合理利用和开发，能够充分发挥城市所具有的那种集聚效益和整体效益，发挥城市的经济中心、政治中心、文化中心、社会生活中心的主导作用。

第二节 城市规划理论的发展

由于城市规划包含了人类对理想的居住空间和生活的选择，所以，城市的发展、

① 陈雪明：《美国城市规划的历史沿革及趋势》，《国外城市规划》，2003年第4期。

技术的进步、人类对新生产方式和生活方式的不断选择，城市规划理论和规划思想也在不断发展。

一、城市规划理论的产生

在城市发展的早期阶段，尽管城市的规模很小，但是也形成了一定的功能分区，已经有了规划意识的萌芽。早在奴隶社会，很多城市的布局、建设和发展已经具有一定的规划意图，如埃及的卡洪城，西亚的巴比伦城，希腊的米利都城，古罗马城，以及我国商、周的都城等。

追溯历史，世界上最早提出城市功能分区思想的是古希腊的建筑师希波丹姆，他主张把城市分为公共活动区、住宅区和圣地。后来，古罗马的维特鲁威出版了《建筑十书》一书，被认为是世界上最早的城市规划著作之一。在这部著作中，他阐述了城市选址、地段划分和广场规模等城市规划问题。

在西欧进入封建社会的最初几个世纪，由于遭到战争的破坏，商旅断绝，城市手工业和商业萧条，生活重心转入乡村，曾经出现了一个城市衰落的时期。11 世纪以后，随着欧洲大陆逐渐恢复文明，地中海城市的贸易日渐恢复，一大批新建城市纷纷兴起。这些城市有些是以封建主的城堡为中心向四周逐渐发展，有些则是在交通枢纽及罗马营塞城的基础上发展起来的。封建时代西欧大多数城市分为城堡和市区两部分，城堡中居住的是贵族地主，也是政治中心，城堡以外聚居着手工业者和商人。15 世纪，文艺复兴时期的意大利人菲拉雷特在他的著作《理想的城市》一书中，把市中心设计为六角形广场，道路采用放射状，用三条环路进行连接。他的这种设计思想影响深远，后来欧洲许多城市的设计都是沿着他的思想发展而来。在中世纪时期，与封建时期的中央集权、皇权至上的政治思想相适应，城市规划的主要特点是突出皇宫和广场等公共场所的堂皇与壮观。

二、近代城市规划思想

（一）“带状城市”理论

1882 年，西班牙工程师索里亚提出了“带状城市”理论。这一理论的主导思想是城市化应当走发展“城市带”的道路，即要沿着交通干线发展城市化地区。沿着交通干线发展城市有许多优越之处。首先，因城市可以以铁路和公路干线为界限，将工业区和生活居住区分隔开来，彼此互不干扰；其次，生活区与工作区相互毗邻，居民日常上班下班横向往来于该线两侧，最大限度地节约了时间，同时减少了交通拥挤；再次，由于带状城市横向宽度比较有限，因此城市居民与周围的广大乡村地区十分接近，这种状态更有利于人类的身体健康；最后，不同的城市沿交通干线建立并发展，孤立的城市被相互连接起来，形成了新型的城市网络。“带状城市”理论在世界各国推进城市化过程中，对各国城市化发展道路的选择以及城市规划策略的制定产生了较大影响。

（二）“田园城市”理论

1898年，英国新闻记者埃比尼泽·霍华德在他的《明日的花园城市》一书中详细地阐述了“田园城市”理论。他强调城市形态建设，注重建筑艺术，认为城市要与乡村相结合。霍华德的思想主要体现在以下几点：首先，城市应该具有开放的乡村特点，呈现低建筑密度的田园城市景象；其次，为了维持城市生态平衡，城市中永远要保留相当大面积的绿化带；再次，合理利用土地资源，控制用地规模；最后，积极倡导城市规划，加强对城市规划的实施和监督，严格管理市政规划。他认为，城市人口过于集中是由于城市具有相当大的吸引力造成的，如果把这种吸引力进行有意识的控制，城市就不会盲目膨胀。

霍华德的“田园城市”理论特别强调了从生态的角度建构规模适度的城市，它使城市建设具有了生态意义，“田园城市”理论可以说是现代城市生态规划理论的渊源之一。

（三）“卫星城市”理论

1922年，英国大伦敦区规划委员会总顾问恩文受“田园城市”理论的启发，提出了“卫星城市”理论。该理论提出用绿地把大城市包围起来，用以限制大城市无限度地向外扩张发展，在绿地之外建立“卧城”、半独立的卫星城和完全独立的卫星城。所谓“卧城”，主要是指城市除了居住建筑和基本的生活福利机构外，居民的正常工作及文化生活需要依靠母城来解决。除了居住建筑外，还设有一定数量的工业企业和服务设施，一部分居民就地工作，另一部分居民仍回母城工作，这种模式被称为半独立的卫星城镇。独立的卫星城镇可以称作第三代卫星城镇，城中有一定的工业区，居民的工作、生活基本可以就地解决。这样，一方面，有利于克服大城市市区过分拥挤、结构老化和环境恶化等弊端；另一方面，有利于城市郊区和农村的发展。“卫星城市”理论期望用这种规划模式达到疏散城市人口、控制城市规模的良好愿望。

“卫星城市”理论提出后，在法国、英国等西欧国家被付诸实施。“卫星城市”这一规划理论对世界各国解决大城市问题，产生了广泛而深远的影响，现在已经成为许多国家城市规划的指导思想。

（四）“邻里单元”理论

20世纪20年代，美国规划设计师佩里首先提出了“邻里单元”的理论，主张以城市干道所包围的区域作为邻里单元。20世纪30年代，“邻里单元”居住区规划理论开始在美国流行，不久又在欧洲流行。“邻里单元”理论摒弃了过去的将住宅规划从属于道路划分的居住区规划思想，而将城市规划的原则更新为：居住区用地规模以小学生上学不穿越交通干道为标准；邻里单元内配置各类居民生活必需的服务设施；道路要有功能区分，邻里单元内采用尽端式道路系统（尽端式道路系统主要是指车行道以枝状或环状尽端道路形式伸入住区或各个居位组团内部，在尽端设置停车场或回车场，没有在住区内形成环路与外部连通。这种道路系统的好处是易于避免穿越性交通，能保证住区、组团内的宁静与安全，形成强烈的领域感，在人车分行的住区道路系统中应用较广泛）防止外部车辆穿越邻里单元；居住房屋的布局追求最佳朝向和合理间距。“邻里单元”理论提出在较大的范围内统一规划居住区，把每一个邻里单元当作居住区的基本细胞，把居住的安静、朝向、卫生、安全放在重要的位置，它对以后的居住区规划影响很大。

（五）“小区规划”理论

第二次世界大战以后，在英国等西方国家广泛运用“邻里单元”理论被广泛运用于规划新城居住区的实践中，“邻里单元”理论得到了进一步的推广与应用，并将这一理论发展成为“小区规划”理论。“小区规划”理论把小区作为构成一个居住区的基本细胞，同时将居住区的规模进一步扩大，不以一般的城市道路来划分或者以一个小学的辐射范围作为用地控制标准，而以交通主干道或者其他天然、人工界限（如铁路、河流等）来划分。在这个范围内，把居住建筑、公共设施、绿地等进行综合安排，使小区内部道路系统与周围城市干道明显划分；小区公共设施的项目及规模不仅仅局限于日常必需品的提供，一般的生活服务也可以在小区内解决。

（六）“中心地”理论

1933 年，德国地理学家克里斯泰勒提出“中心地”理论，论证了城市体系对城市规划的影响。这里“中心”指的是在一个城市体系中，大、中、小城市都有各自的经济中心作用，较大城市的经济中心作用包含着较小城市的经济中心作用。每个城市的规划，既要考虑到本城市的经济中心作用，又要考虑到与其他城市的分工协作关系。“中心地”理论揭示出区域经济关系是决定城市性质、确定城市产业布局的重要影响要素。这对于在城市化的进程中从整体上规划区域内城市的布局，设置产业结构，充分发挥中心城市的辐射作用，实现资源共享和优势互补有重要的启发意义。

（七）《雅典宪章》的规划思想

1933 年 8 月，国际现代建筑协会在希腊雅典召开会议，会上提出了《雅典宪章》。其主旨包括：第一，大纲第一次明确“居住、工作、游憩与交通四大活动是研究及分析现代城市设计时最基本的分类”，城市规划首先要以满足城市居民这四方面的需求为目的；第二，大纲认为，“每个城市都应该有一个城市计划方案，与区域计划、国家计划整体配合起来”，并且“必须制定必要的法律以保证其实现”；第三，大纲认为，城市应按居住、工作、游憩进行分区，三者之间应作平衡布置，同时建立一个联系三者的交通网。

《雅典宪章》对于城市规划的功能分区进行了具体的阐述，认为“居住是城市的第一活动”,所以“住宅区应该占用最好的地区”,“应该计划成安全舒适方便的邻里单位”;关于工作,大纲认为工业应按其性质分类,布置在不同的地带里,工作地点与居住地点之间的距离应该在最少时间内可以到达,工业区与居住区应以绿色地带或缓冲地带来隔离;在游憩方面,提出在新建区预留空地,在旧区清除毁坏建筑,以腾出空地来作为绿化与活动场地,并保留市郊的风景带;关于交通,大纲认为“需要一个新的街道系统以适应现代交通工具的需要”,“各种街道应根据不同的功能分成交通要道、住宅区街道、商业区街道、工业区街道等”。大纲还提出了保护有历史价值的古建筑和地区的建议,并指出城市规划是一个三维空间的规划,应考虑立体空间。

《雅典宪章》从城市居民的基本需求出发来规划城市的建设与发展,把城市社会成员的公共利益放在了城市规划的首位,这是城市规划的一大进步,是现代社会“以人为本”思想在城市规划中的具体体现。《雅典宪章》是城市规划史上的一个里程碑,直至今天,《雅典宪章》中所阐述的城市规划思想仍然指导着各国的城市规划工作。

三、现代城市规划理论的深化

第二次世界大战结束以后,世界进入了一个相对和平的稳定发展时期。这几十年中,全球城市化的步伐大大加快,发达国家在20世纪70年代相继完成了城市化,有超过70%的人口居住在城市中,步入了后城市化阶段。发展中国家也纷纷加快了本国城市化的步伐,从城市的数量到城市的规模都不断增长,由此对城市规划提出了更高的要求。

系统论、控制论和信息论理论对城市规划理论的发展产生了重要影响。现代城市规划趋向于把城市规划放在区域甚至更广的范围内进行考虑,而非独立的某个城市的未来发展蓝图设计;倾向于把城市规划作为城市开发与建设的管理与控制手段,而非一般的规划方案。

(一)“增长极核”理论

1995年,法国经济学家帕鲁提出了“增长极核”理论。该理论认为,大城市本身的优势会使资金、人才、技术流向中心城市,它们往往是经济、文化的发达地区。中心城市创造了众多的就业机会,吸纳了大量的劳动力,形成了经济的聚集效应。“增长极核”就是指大城市这种较高的经济聚合能力会吸引更多的企业,产生经济活动的“极化效应”,导致城市的进一步扩张。这种“极化效应”同时可以带动极核周围地区经济的发展,产生一种“扩散效应”。他主张,城镇布局和经济体系规划应该以区域经济的发展为转移,而区域经济的发展受增长极核的带动和影响。大城市的这种经济聚集性,必然会影响和带动周边地区经济的发展,使周边地区成为大城市最便捷的原料来源和劳动力来源。通过为大城市提供各种配套服务,周边地区获得了更多的经济发展机会。

"增长极核"理论主张,城市规划要从区域的角度进行系统思考,要以大城市的增长极核为中心,规划设计区域城市体系。"增长极核"理论追求的是大城市的"极化效应"和"扩散效应",主张在经济发展落后地区注重对"极核"的培养,在中心城市周围扶持新城镇的建设和发展,认为这是一种有效而经济的城镇发展模式。"增长极核"理论对建设和发展中心城市、促进区域经济的发展起到了积极的作用,但是这种理论的副作用是,中心城市的规模过分膨胀,从而会引发大城市问题。

(二)《威尼斯宪章》

1964 年 5 月,国际文物建筑和历史遗产工作者会议在威尼斯召开,会议通过了《威尼斯宪章》。该宪章从定义、保护、修复、历史遗产、发掘、出版等六个方面详细规定了文物建筑及历史地段的性质、保护及修复的原则。

关于文物建筑的概念,《威尼斯宪章》不仅扩展了原有的内涵,而且作出了更加全面、科学的论述:"历史文化建筑的概念,不仅包含个别的建筑作品,而且包含能够见证某种文明、某种有意义的发展或某种历史事件的城市或乡村环境,这不仅适用于伟大的艺术品,也适用于由于时光流逝而获得文化意义的、在过去比较不重要的作品。"在此基础上,该宪章更将注意点扩展到范围更大的"环境"上,它规定:"保护一座文物建筑,意味着要适当地保护一个环境。任何地方,凡传统的环境还存在,就必须保护。""一座文物建筑不可以从它所见证的历史和它所从中产生的环境里分离出来。"

《威尼斯宪章》扩大了文物保护的范围,呼吁在城市规划和建设中把文物和城市文化遗产的保护纳入其中,这对城市规划中如何处理开发建设和文化遗产保护的关系提供了指导和借鉴。

(三)《马丘比丘宪章》

1977 年 12 月,一些世界知名的城市规划设计师聚集于秘鲁首都利马,以《雅典宪章》为出发点进行了讨论,与会人员在马丘比丘山的古文化遗址签署了新宪章《马丘比丘宪章》。这个宪章涵盖了《雅典宪章》所包含的各项概念,又增加了对诸如城市增长、自然资源与环境污染、工业技术、设计与实践等问题的分析与论述。

《马丘比丘宪章》在对《雅典宪章》给予基本肯定的前提下,面对日益加剧的城市化浪潮,把城市规划放在了一个更为广阔的空间加以认识。它把城市规划作为一个开放的系统,提出了如何协调城市与周边地区的关系,以及如何更好地规划设计人类居住环境,使之不仅与周围的自然环境相协调,而且能够满足人们不断发展的新需要。《马丘比丘宪章》使城市规划具有了人类生态学的意义,它是城市规划发展史上的又一个里程碑。

(四)技术学派

受系统论、控制论和信息论的影响,20 世纪 80 年代,现代科学技术被广泛应用到城市规划中。技术学派是这一思想的主要倡导者,它主张把城市规划看作一个动态的过程，在规划中要注意新技术理论和手段的应用，实施对城市规划的连续控制和监督。

（五）环境学派

从20世纪90年代起，城市环境问题越来越突出，城市规划理论也更加注重解决环境问题。环境学派主张，城市规划要最大限度地满足居民对居住环境的需求，保护和改善环境质量应该成为城市规划的首要目标。环境规划和治理应当贯穿于城市规划的各个部分，并与整体规划、城市设计、建筑设计、产业布局相协调统一。环境学派顺应了日益高涨的环境保护和治理的大趋势，其城市规划理念也被人们所广泛接受。

现代城市规划理论秉承了近代城市规划理论的优秀思想精华，并且广泛吸收现代经济学、环境学、生态学、控制论等各学科先进的思想理论和方法，在新的经济条件和社会环境下使城市规划理论获得了深化。现代城市规划理论以它丰富的思想对现代城市建设和发展作出了重要贡献。

第三节　城市规划编制与管理

城市规划编制与管理是实施城市规划的重要手段。城市规划管理贯穿于城市规划编制和规划实施的全过程，它是城市规划编制与实施的主要保证。

一、城市规划编制的基本原则

（一）统筹兼顾的原则

城市是一个系统，是由不同层次、不同类型、不同性质的诸多子系统组成的复杂的有机体。城市具有的整体性特征，这要求城市规划要着眼于系统要素之间的排列组合的有序性，因而城市规划活动所追求的不是某个系统要素的局部制胜，而是系统的整体效益。按照整体性原则的要求，在城市规划中应当立足整体，统筹全局，科学地协调各局部的关系，借以保证整体的最优化。

（二）维护公共利益的原则

城市政府与城市公众是一种委托—代理关系。城市规划是城市政府依法管理社会公共事务的一种具体职能，它所涉及的内容直接关乎城市每一位社会成员的切身利益。面对城市社会成员多元化的需求，城市政府显然不能以自己的价值判断作为管理标准，而必须以维护城市公共利益为基本指向，平衡各种具体的社会需求，遵从城市社会的普遍性需求和愿望，也就是城市社会的公共利益，形成接受程度最高的、建立在城市社会价值观基础上的城市发展目标。

（三）注重效益的原则

由于城市建设所需的各种资源都是稀缺的，所以在进行城市规划时必须注重效益，以有利于生产、方便生活、促进流通、繁荣经济、促进科学技术和文化教育事业的进步为目标，以经济效益、环境效益、社会效益为指向，规划城市的现在和未来，坚决摒弃攀比追风和唯美主义的倾向。城市规划应该是效率优先，自然资源、环境资源、经济实力是制定城市规划的基本依据。依据现有资源条件，在使城市居民生活和城市发展的基本需要得到满足的前提下，才考虑用好的空间和形式来解决这些问题，这才是合乎逻辑和正确的。

（四）可持续性发展原则

城市规划是城市发展的基本依据，它要解决的就是城市如何发展的基本问题。可持续发展作为一种全新的发展观，已经在全世界范围内得到了普遍的共识，而且已经在各国城市发展规划当中被广泛采纳。可持续发展有两个基本特征：一是坚持发展的可持续性，也就是发展不仅要能够满足当代人的需求，还要考虑到未来人的需求，实现现在和未来的统一；二是要追求发展的协调性，即在实现经济与社会发展的同时，必须考虑到资源与环境的承载能力，追求社会、经济与资源环境的协调发展。城市规划的目的和任务决定它必须坚持可持续性发展的原则，追求合理地利用自身资源，友好地使用这些资源，注重使用的效率。一个坚持可持续性发展原则的城市规划，应该在规划中追求城市的现在与未来、城市的发展与环境保护、自然与社会的共生平衡。可持续性发展原则是城市规划的根本原则，它贯穿于其他原则之中。可持续性发展是城市发展的必由之路。

（五）因地制宜、突出特色的原则

城市具有普遍性和特殊性两方面的属性。所谓普遍性即城市的共性，它反映的是城市区别于乡村的根本属性；城市的特殊性即城市的个性，它反映的是一个城市区别于其他城市的根本属性。城市规划的一项重要任务就是确定城市性质。城市规划可以塑造城市的个性特征，不同的城市规划会使城市有着不同的定位，因而也使城市表现出完全不同的个性特征。一个有独特风格的城市，其形成在于其所特有的历史渊源、特殊的地理环境和自然条件；其创造则在于科学的城市规划，亦即根据城市的客观条件和发展前景，对其城市规划进行定位，使其形成独特的风格。因此，城市规划必须因地制宜，坚持突出城市特色，为建设具有自身特色的城市提供指导和依据。

（六）注重美学价值的原则

城市规划不仅是城市发展建设的指导和依据，同时它也是一门艺术。城市的建设和发展在以最少的投入满足人们生存和发展需求以及生态环境保护的前提下，还要追求美学的价值和意义。城市规划注重建筑样式、风格选择、密度设置、自然景观与人文景观、现代与传统的和谐一致。城市的总体空间布局,不仅是适用的、经济的、环保的,还应该是可以给人美感的愉悦的,这也是城市魅力的一种表现形式。

二、城市规划的基本内容

在《中华人民共和国城市规划法》(以下简称《城市规划法》)和《城市规划编制办法》中规定,我国的城市规划分为三个层次:城市总体规划、城市分区规划和城市详细规划。

(一)城市总体规划

城市总体规划是城市规划的纲领性文件,是城市政府进行城市规划管理的法律依据。总体规划主要是确定城市发展总的原则问题,应当包括:城市的性质、发展目标和发展规模;城市主要建设标准和定额指标;城市建设用地布局、功能分区和各项建设的总体部署;城市综合交通体系和河湖、绿地系统;各项专业规划;近期建设规划;等等。城市总体规划的期限一般较长,我国城市总体规划的期限一般为20年,城镇的总体规划年限一般为10~20年。

(二)分区规划

大城市、中等城市为了进一步控制和确定不同地段的土地用途、范围和容量,协调各项基础设施和公共设施的建设,在总体规划基础上,可以编制分区规划,用以实现与详细规划的良好衔接。分区规划主要包括以下内容:规定利用分区内土地的使用形式、建筑和用地的容量控制指标,以及居住人口的分布;安排市、区、居住区各级公共设施的分布及其用地分类;规定城市主、次干道的位置、支路的走向和宽度,主要交叉路口、广场和停车场的位置;划定绿地系统、河湖水面、供电高压线走廊、对外交通设施、风景名胜的用地界限和文物古迹、传统街区的保护范围,提出空间形态的保护要求;确定工程管线的走向和服务范围以及主要工程设施的位置。

(三)详细规划

城市的详细规划是指在城市总体规划的基础上,进行局部地区的建设规划。主要是规定建设用地的各项控制指标,直接对局部地区的建设作出安排的具体规划。详细规划分为控制性详细规划和修建性详细规划两类。

控制性详细规划主要包括:详细规定规划范围内各类不同使用性质用地的界限,规定各类用地适建、不适建或者有条件地允许建设的建筑类型;规定各地块的建筑高度、建筑密度、建筑体量、体型、色彩、建筑容积率、绿地率等控制指标;规定交通出入口方向、停车泊位、建筑后退红线距离、建筑间距等要求;制定相应的土地使用与监督管理的规定。

修建性详细规划主要包括:建设条件分析及综合技术经济论证;作出建筑、道路、绿地等的空间布局和景观规划设计,布置总平面图;道路交通规划设计;绿地系统规划设计;工程管线规划设计;竖向规划设计①;估算工程量、拆迁量和总造价,分析投资效益。

三、城市规划编制的基本程序

城市规划在城市管理中所处的重要地位,决定了城市规划必须依从一定的程序进行。我国的《城市规划法》规定了城市规划的编制权限。国务院城市规划行政主管部门和省、自治区、直辖市人民政府应当分别组织编制全国和省、自治区、直辖市的城镇体系规划,用以指导相应管辖范围内城市规划的编制。城市人民政府负责组织编制城市规划。县级人民政府所在镇的城市规划,由县级人民政府负责组织编制。

编制城市规划一般分总体规划和详细规划两个阶段进行。大城市、中等城市为了进一步控制和确定不同地段的土地用途、范围和容量,协调各项基础设施和公共设施的建设,在总体规划基础上,可以编制分区规划。

(一)城市总体规划的编制程序

第一步,调查与资料收集。《城市规划法》规定:编制城市规划应当具备勘察、测量以及其他必要的基础资料。城市规划的编制必须是在掌握大量、准确的资料的基础上进行。

第二步,起草城市总体规划。在取得充分资料的基础之上,要对资料进行核实、统计汇总和分析,并依据这些资料进行城市总体规划的编制。根据城市的具体需要,在编制城市总体规划之前,可以先由市政府负责组织编制城市规划总体纲要。

第三步,征询意见。城市规划是关系到所辖区域内所有居民的事情,所以城市规划的编制应该广泛征求社会各界和公众的意见。由市政府组织编制的全市总体规划草案在送交市规划委员会审议之前,应将草案内容向社会公众进行一定时间的公示,并由市规划委员会负责反馈意见的全面收集和审议。

第四步,审查与立法确认。城市总体规划草案在广泛征询意见的基础之上进行必要的修改后,提交市政府全体会议讨论、通过,再由市政府向市人大提交关于城市总体规划的议案,提请市人大审议和通过。《城市规划法》明确规定:城市人民政府和县级人民政府在向上级人民政府报请审批城市总体规划前,须经同级人民代表大会或者常务委员会审查同意。城市总体规划经过城市权力机关的审议、通过之后报请国务院或省级政府批准或备案,然后在所辖区域之内实施,从而赋予了城市总体规划权威性与合法性。

① 一种城市建设规划的新思路,是指各类建筑设施随地貌、地势而高低错落。

（二）城市详细规划的编制程序

城市详细规划是指在城市总体规划的基础上所进行的局部地区的建设规划，可以将它看作是城市总体规划的深化和具体化。城市详细规划的核心内容是确定建设用地性质。《城市规划法》规定，城市详细规划的主要任务是“规划地段各项建设具体用地范围、建筑密度和高度等控制指标，总平面布置、工程管线综合规划和竖向规划”。

城市的详细规划由市政府的城市规划部门负责组织编制，县政府所在地镇的详细规划由县政府的城市规划部门负责组织编制，其他建制镇的详细规划由镇政府负责组织编制。城市详细规划一般分为生活小区规划、中心商业区规划、新区建设规划、旧城区改造规划、文化遗产保护规划等。

在编制城市详细规划时，可以设计多种方案，依据城市的自身情况和发展需要进行比较和论证，然后选择实施方案。编制城市总体规划和编制城市详细规划并没有严格的时间顺序，往往是同时进行、相互补充，但是城市详细规划必须与城市总体规划相一致，并遵从总体规划的基本要求。

四、城市规划的审批

我国对城市规划实行分级审批制度。直辖市的城市总体规划由直辖市人民政府报国务院审批。省和自治区人民政府所在地城市、人口在100万人以上的城市以及国务院规定的其他城市的总体规划，由省、自治区人民政府审查同意后报国务院审批。其他设市城市和县级人民政府所在地镇的总体规划报市人民政府审批。

市管县的县级政府所在地镇的总体规划报市政府审批。其他建制镇的总体规划报县级人民政府批准。城市详细规划由城市人民政府审批；编制分区规划的城市详细规划，除重要的详细规划由城市人民政府审批外，由城市人民政府城市规划行政主管部门审批。城市分区规划由城市人民政府审批。

市政府可以根据城市经济社会发展需要，对城市总体规划进行局部调整，报同级人大常委会和原批准机关备案；但涉及城市性质、规模、发展方向和总体布局等的重大变更，须经同级人大或者其常委会审查同意后，报原批准机关审批。

五、城市规划的管理

（一）城市规划管理的主管部门

科学合理的、经批准实施的城市规划是城市建设的依据，是城市发展的蓝图。城市规划经批准后，城市人民政府应当向社会公布。任何单位和个人都有遵守城市规划的义务，并有权对违反城市规划的行为进行检举和控告。在我国，国务院城市规划行政主管部门主管全国的城市规划工作，县级以上地方人民政府城市规划行政主管部门主管本行政区域内的城市规划工作。实行统一的规划管理，遵循统一的行为规范,加强规划行政执法,才能保证城市规划的顺利实施。

(二)城市规划管理的基本内容

依据我国的《城市规划法》,城市规划管理主要包括以下内容:①城市规划区内的土地利用和各项建设必须符合城市规划,服从规划管理;②在城市规划区内进行建设需要申请用地的,必须持国家批准建设项目的有关文件,向城市规划行政主管部门申请,由城市规划行政主管部门核定其用地位置和界限,提供规划设计条件,核发建设用地规划许可证;③在城市规划区内新建、扩建和改建建筑物、构筑物、道路、管线和其他工程设施,必须持有关批准文件向城市规划行政主管部门提出申请,由城市规划行政主管部门根据城市规划提出的规划设计要求,核发建设工程规划许可证;④在城市规划区内进行临时建设,必须在批准的使用期限内拆除;⑤任何单位和个人必须服从城市人民政府根据规划作出的调整用地决定;⑥任何单位和个人不得占用道路、广场、绿地、高压供电走廊和压占地下管线进行建设;⑦在城市规划区内进行挖取砂石、土方等活动,须经有关主管部门批准,不得破坏城市环境,影响城市规划的实施;⑧城市规划行政主管部门有权对城市规划区内的建设工程是否符合规划要求进行检查,被检查者应当如实提供情况和必要的资料,检查者有责任为被检查者保守技术秘密和业务秘密;⑨城市规划行政主管部门可以参加城市规划区内重要建设工程的竣工验收,城市规划区内的建设工程,建设单位应当在竣工验收后六个月内向城市规划行政主管部门报送有关竣工资料。

(三)违反城市规划法规的法律责任

对于违反城市规划有关法规的行为,城市规划行政部门要依据有关法规采取措施加以制止和纠正,情节严重构成犯罪的,依法追究相关责任者的刑事责任。

第一,在城市规划区内,未取得建设用地规划许可证而取得建设用地批准文件占用土地的,批准文件无效,占用的土地由县级以上人民政府责令退回。

第二,在城市规划区内,未取得建设工程规划许可证件或者违反建设工程规划许可证的规定进行建设,严重影响城市规划的,由县级以上人民政府城市规划行政主管部门责令停止建设,限期拆除或者没收违法建筑物、构筑物或者其他设施;影响城市规划,尚可采取措施改正的,由县级以上地方人民政府城市规划行政主管部门责令限期改正,并处罚款。

阅读拓展

城市规划的法律依据

城市规划的法律依据主要包括:《城市规划法》及相关法律文件,如《中华人民共和国土地管理法》、《中华人民共和国环境保护法》、《中华人民共和国建筑法》、《中华人民共和国城市房地产管理法》、《中华人民共和国水法》等；国务院颁布的《城市规划法实施条例》；建设部单独或与其他部门联合发布的一些法规，如《建设项目选址规划管理办法》、《城市规划编制办法》等；各省、自治区、直辖市颁布的有关城市规划法实施办法，地方各级人大和政府在自己权限范围内根据国家法定文件所制定的适合于本地条件的地方法规、地方规章和其他批准的管理文件；城市规划行政主管部门核发的各种建设活动许可证，包括选址意见书、建设用地规划许可证、建设工程规划许可证；城市政府、规划行政主管部门对违法用地、建设的处理决定。

第三，对未取得建设工程规划许可证件或者违反建设工程规划许可证件的规定进行建设的单位的有关责任人员，可以由其所在单位或者上级主管机关给予行政处分。

第四，当事人对行政处罚决定不服的，可以在接到处罚通知之日起 15 日内，向作出处罚决定的机关的上一级机关申请复议；对复议决定不服的，可以在接到复议决定之日起 15 日内，向人民法院起诉。当事人逾期不申请复议、也不向人民法院起诉、又不履行处罚决定的，由作出处罚决定的机关向人民法院申请强制执行。

第五，城市规划行政主管部门工作人员玩忽职守、滥用职权、徇私舞弊的，由其所在单位或者上级主管机关给予行政处分；构成犯罪的，依法追究刑事责任。

城市政府在市政管理活动中，要严格规划管理，切实维护规划的严肃性，保证规划的完整性。要加大《城市规划法》的宣传，提高市民的规划法律意识，特别是要提高各级领导和职能部门的规划法律意识，切实维护规划的权威性；规划的执行要做到持之以恒，不能朝令夕改，要切实保证规划的连续性；要严格规划审批程序，加大规划执法力度，严格依法查处违法建设行为。

第四节　中国城市规划管理的现状及发展趋势

随着城市化进程的加快，城市发展对城市规划提出了更多、更高的要求。我国城市规划管理在经历了一个曲折的发展历程之后，开始步入正规的发展道路。在 21 世纪，城市的发展不仅面临着国内其他城市的竞争，而且还将遇到经济实力强劲的国外城市的挑战。如何从城市规划角度奠定城市发展基础，创造城市发展条件，提高城市效益和竞争力，保证城市可持续发展，具有十分重大的意义。

一、建国以来城市规划的发展历程

新中国成立以来，我国城市规划工作取得了一定的成绩，但也走过了一段曲折

的道路。按照时间发展历程,我们可将其分为以下几个时期:

20 世纪 50 年代是城市规划工作从起步走向健康发展的时期。在第一个五年计划期间,我国的城市规划工作开展得还比较顺利,共编制了 150 多个城市的总体规划,使这些城市的规划工作和其他建设项目得到了合理的安排,对于经济和文化的发展起到了积极的推动作用。

20 世纪 60 年代是城市规划工作的停滞时期。自 20 世纪 50 年代末期开始,由于受"左"倾思想的影响,对城市规划的重要性和科学性认识不足,致使城市规划工作开始出现波折,有些规划流于形式,有些则干脆被取消,使许多城市的规划工作陷入停顿状态。

20 世纪 70 年代是城市规划工作遭受严重摧残的时期。十年动乱期间,城市建设基本上是处于一种无规划的混乱状态,城市规划机构被撤销,队伍被解散,资料被销毁,城市规划工作实际上被废弛。由此而造成的后果当然是十分严重的:大城市规模失去控制,小城镇没有得到应有的发展;许多城市布局不合理,建设资金和土地浪费严重;乱占乱建成风,市容杂乱无章;交通拥挤,服务设施严重不足;环境污染严重,生态平衡受到破坏;各种文物古迹没有得到应有的保护。所有这些不仅影响了人民生活的改善,而且影响了生产的发展。

20 世纪 80 年代是城市规划工作的复兴时期。党的十一届三中全会以来,城市规划工作重新受到重视,得到了恢复,并有了较大的发展。1978 年党中央召开了第三次城市工作会议,明确提出了恢复和开展城市规划工作。1980 年又召开了全国城市规划工作会议,使我国的城市进入了一个有规划并基本上按规划进行建设的阶段。这个时期的工作具体说来包括:第一,提高了认识,端正了指导思想,明确地看到搞好城市规划是城市政府的主要职责之一。同时全面开展了城市规划的编制审批工作,从根本上改变了长期以来我国大多数城镇的建设缺乏规划指导的那种落后局面。第二,认真组织城市规划的实施,加快了城市改造和开发建设的步伐。城市的布局,大量基础设施、公共服务网点的建设,大批工业项目的建设,生活居住区的建设,以及环境的整治和市容美化,都能按照总体规划的要求进行,从而提高了城市建设的综合效益。第三,加强了法制建设,城市规划工作开始走上了法治的轨道。1980 年国家基本建设委员会颁布了《城市规划编制审批暂行办法》和《城市规划定额指标暂行规定》两个文件,1984 年国务院颁布了《城市规划条例》,这是建国以来第一部关于城市规划和管理的法规。在此基础上,1989 年 12 月第七届全国人民代表大会常务委员会第十一次会议通过了《中华人民共和国城市规划法》,1990 年 4 月 1 日,《中华人民共和国城市规划法》(以下简称《城市规划法》)正式实施,它标志着我国的城市规划工作发展到了一个崭新的阶段。

回顾这段历史,我们可以看到,自改革开放以来,我国城市规划工作为我国城市的快速健康发展作出了巨大贡献。在长期大规模城市建设、城市快速发展、体制转轨、法制不健全、人们思想观念急剧转变的背景下,中国城市20几年来的发展基本有序,城市规划功不可没。

二、当前城市规划与管理中存在的问题

改革开放以来,我国经济一直保持持续快速增长,作为经济活动中心的城市更是以空前的速度蓬勃发展,但在实践中也暴露出不少问题。对这些问题进行认真梳理和系统总结,对处于发展加速期和结构转型期的我国城市而言,无疑具有重要的理论和现实意义。

(一)城市规划管理机构设置方面的问题

1. 管理机构不统一

目前,全国各设市城市虽然都设置有规划管理机构,但由于归属部门不同,导致其行政级别、人员编制、职责范围、管理权限等差别很大,例如:有的属建委领导,有的与建委平行;有的设直属分局,有的设非直属分局。规划主管部门的名称也不统一,有规划局、城乡规划管理局、城乡规划环境保护局、规划国土局、规划国土房产局、规划建设局,等等,以至于有些城市出现外商找不到规划主管部门的现象。

2. 规划评审机构不明确

一般意义上的城市规划评审主要包括方案的评价、审查和批准三个环节。就规划方案评价而言,目前我国的很多城市还没有一个属于政府序列的正规化的常设机构,独立行使对规划方案的评价权。就规划方案的审查和批准而言,各级人民政府的审查和批准程序都是相对模糊的,行为主体划分并不明确,导致规划编制过程中和编制完成后,汇报审议周期长,直接影响了规划作业和审批进度。

3. 规划监督机构监督效能低下

《城市规划法》规定:城市规划主管部门有权对城市规划区内的建设工程是否符合规划要求进行监督与检查。这说明规划的监督检查也是规划主管部门的重要职责。然而在现行的行政运作体制下,限于人力、财力和行政权力的制约,城市规划主管部门难以对“面广量大”的城市建设行为实施有效监督。

(二)城市规划管理编制体系方面的问题

1. 城市规划编制时序协调性不强

一般而言,规划的上一层次应适度超前,用以指导下一层次的规划。但在我国城市规划的编制中,由于城市总体规划编制和审批周期过长,难以及时指导分区规划的编制;分区规划又不能在短期内覆盖全市,使得城市分区规划范围内经常存在不少“规划盲区”,往往造成控制性详细规划编制缺乏具体的依据和目标。

2. 对城市规划实施细则重视不够

现行的《城市规划编制办法》和一系列技术规范,主要是规范城市规划内部的技

术行为，是城市规划编制过程中具有普遍意义的技术依据。受这些技术依据的约束，城市规划编制人员考虑更多的是如何使规划编制符合技术规范要求，而对规划实施的可行性很少顾及。但在城市规划的实施过程中，来自政治制度、社会经济、历史文化、价值观念等方面的非技术性因素，都将对规划产生直接影响，这些往往是影响规划能否顺利实施的重要因素。

3. 城市规划总结流于形式

城市发展的动态性要求城市规划必须具有很强的连续性，每次规划调整之前应对上一版规划的实施情况进行全面的调查和客观的评价，以便改革当前城市规划的工作方法、技术路线、作业程序，不断提高城市规划的水平。但是，目前这种规划总结工作大部分流于形式，没有起到应有的作用。

（三）城市规划管理政策法规方面的问题

1. 各级主管部门职责不清

由于我国行政体制职责不清的弊病，导致城市规划管理权在实际运作中处于责权不清、相互扯皮、分权争权的“权耗”之中，严重扰乱了规划管理秩序，违法审批、越权审批、法人违法、集体违法现象屡禁不止。由此造成规划管理的混乱，使得城市的规划、建设和管理失去了整体性和统一性。

2. 公众参与缺乏法律保障

要使城市规划科学合理，必须要有公众的参与。但在我国现行的《城市规划法》中，对公众参与规划决策没有明确规定，尽管在实际操作中不少城市也制定了总体规划成果的展示、重大项目意见征询等地方性规定，但对公众以何种方式参与规划决策，以及建设性意见的反馈渠道和采纳程序等并没有明确规定。

3. 对城市违章建设难以进行有效约束

我国《城市规划法》明确规定，对城市发展有重大影响的项目必须作环境影响评价和可行性研究，但赋予城市规划主管部门的，仅是在这些项目选址上有一定的发言权，所以很难对一些不合理的建设工程设施形成强有力的约束。更为严重的是，明知有些项目是违规或违法的，一旦建成将造成对土地的不断蚕食和对环境的严重破坏，但由于没有赋予规划强制执行权，往往难以将其制止在萌芽状态。同时，现行城市规划由扮演多重角色的地方政府来管理，在市场经济条件下，地方政府也是许多建设项目的代言人，这种体制成为滋生地方保护主义的温床。

（四）城市规划管理运行机制方面的问题

1. 规划与管理相互脱节

“三分规划，七分管理”形象地说明了城市规划和城市管理彼此间的关系。城市规划要在千变万化的动态发展过程中得到正确实施，唯有不断强化规划的分级管理、垂直管理和综合管理，三者相互依存，不可偏废。但在现实中，无论是从微观的综合管理还是从宏观的土地使用制度建设方面来看，城市规划与管理都存在着严重的脱节现象。

2. 城市规划管理运行机制仍为单向模式

目前的规划运行机制，仍然是编制—审批—实施的单向线形模式，缺乏监督—反馈—调整—实施的反馈回路。这种运行机制相对适合于计划经济体制下的静态规划模式，但在市场经济体制下，这一模式已经难以适应投资主体多元化带来的城市发展的不确定性和动态性要求。

3. 城市规划决策与执行尚未分离

在现代城市规模越来越大、发展速度越来越快的背景下，规划的科学决策显得越发重要。科学决策是一个十分复杂的过程，需要决策者冷静地分析系统各要素之间的内在关系，如果决策者又是执行者，过多地卷入一般性的执行过程，无疑会影响决策的独立性及科学性。因此，决策与执行分离是现代管理学的一般原则。目前，我国一些城市虽然成立了城市规划委员会，但由于并非常设机构，对城市规划和管理的决策工作一般仅限于某些重大问题。而且，由于规划委员会的成员大多为与城市建设相关的业务部门的主管领导，社会人士和技术人员比例过低，因此，从严格意义上讲，我国城市规划的决策和执行事实上都集于规划主管部门一身，因此，不可避免地会影响城市规划决策的质量。

4. 公众参与程度远远不够

在城市规划的市民参与方面，虽然在各个层面上均有涉及，但参与程度还相当低，某种程度上仅限于规划成果的展览。尽管在城市总体布局、城市重点地段规划中，很多城市也进行一些民意调查，深入基层，召开座谈会，听取各方面的意见和建议，并取得了良好成效；但由于组织机构缺失，也没有明确的法律法规保障，尚不能说已制度化和规范化。总之，与先进国家和地区相比，我国城市规划的公众参与程度还远远不够，规划决策的透明度和广泛性亟待提高。

三、城市规划与管理的发展趋势

进入21世纪，世界经济趋于全球化，世界范围的城市与城市之间的竞争日益加剧，城市的发展不仅面临国内其他城市的竞争，而且还将遇到经济实力强劲的国外城市的挑战。探讨如何从城市规划角度奠定城市发展基础，创造城市发展条件，提高城市效益和竞争力，保证城市可持续发展，具有十分重大的意义。

（一）加强城市规划的整合功能

城市规划的编制必须具有战略眼光，面向未来，面向世界。要根据城市未来的产业结构、产业规模、人口规模、地理位置、自然条件以及历史人文环境，对城市的基础设施，包括海港、空港、公路、铁路、通信、供水、供电等方面的发展，以及教育、科技、文化、卫生、体育等各项社会事业的发展，做出科学的预测和规划。每个城市必须以自己的优势为依托，走发展特色经济之路，塑造城市鲜明的个性和形象，以避免城市之间的重复建设，减少城市之间的无序竞争。城市规划往往要通过建筑语言来表达，为此，要充分发挥人的智慧，发挥建筑师的丰富想象力和创造力，使自然、环境、建筑、文化等融为一体，形成城市的独特风格。

（二）加强城市规划中的城市生态建设

随着城市化进程的加快，城市环境日益恶化，生态体系遭到破坏，这种状况正在严重威胁着城镇居民的身心健康和城市的可持续发展。因此，城市不仅需要气势磅礴的高楼大厦、纵横交错的立交桥、五彩缤纷的霓虹灯，还需要碧水、蓝天、绿树、鲜花。

建设园林城市、生态城市，是改善城市生态环境，完善城市基础设施，提高城市整体形象的重要途径，也是现代化城市中经济社会发展的重要内容。工业化和城市化的推进，给人类带来了生态环境危机，这一严峻的现实，迫使人们主动保护自然生态环境和人工仿造自然环境，以谋求优良的生存环境。

要创建城市良好的生态环境，就必须注意和提高城市建设的质量和文化含量。各城市在创建过程中，应根据自身的历史、地域、民族、政治、经济、文化等诸多因素，确立各自的文化定位，形成不同的风格和特色。目前我国城市生态建设较好的城市，如大连、青岛、上海等，都风格迥异，各具特色。他们在创建城市规划中都特别注重突出自己的特色、风格和品位，依托自然和人文景观，挖掘文化内涵，源于自然而又高于自然；承接传统又求新意，传统风格与时代气息并重；园林规划、建设、管理三者并驾齐驱；巧用造园造景艺术手法，以绿为主，以美取胜。

（三）完善城—镇—村建设规划体系

在进行城市规划时，要把城乡作为一个有机整体，制定综合的城市发展政策。农村与城市的发展，不论从空间上还是在产业上都是连续的。作为一个区域的两个共同的组成部分，两者的发展是相辅相成的。要从区域整体和长远发展的目标出发，使城乡建设不断融合，使城—镇—村建设规划体系不断完善。为此，应加强城乡环境一体化建设，搞好城市群体规划和村镇规划。

当前，我国正处于一个新的历史发展时期，工业化带动了城市化的加速。在城市化的过程中，应注意城市自身的可持续发展和城市周围环境的可持续发展。城市发展不能以掠夺周围资源为基础，城郊地区应是城市的花园而不是垃圾站。小城镇建设是城市体系建设的重要环节，小城镇上连城市、下接农村，是城乡之间的纽带和桥梁。发展小城镇是加快农村工业化和城市化的重要途径，也是提高全市城市化水平的重要环节。要以中心镇建设为重点，加快小城镇建设的步伐，发挥其农村地域性经济、文化中心的作用，把小城镇建设成为带动农村工业化的基地和集聚农村人口的重要场所，促进远郊地区工业化和城市化水平的提高。

（四）城市规划中多学科、新技术的特征将更加明显

城市规划是一项综合的系统工程，涉及自然、社会、经济、历史、文化等各个方面。搞好城市规划，需要各种学科和新技术的综合运用。当代社会科技的发展，为城市规划提供了充分的空间。要更好地运用高科技、数字技术，学习国外先进经验，吸收人类一切优秀科技成果，追随时代潮流，开拓创新，使城市规划提高到一个新水平。

目前，城市规划多学科、新技术的应用主要是利用3S技术（遥感，Remote Sensing；地理信息系统，Geographical Information System；全球定位系统，Global Position System）、CAD（Computer－Aided Design，即计算机辅助设计）等技术辅助设计规划全过程。

3S技术在城市规划中的运用主要是利用地理信息技术将城市系统中地理环境的组成要素及其相互关系映射到信息空间，建立城市现实地理环境的空间信息模型，构造一个与现实城市相对应的虚拟“数字城市”，为城市规划提供信息服务。其主要是为土地使用的日常管理服务，最基本的功能是把批准的用地与建筑许可资料记录到图形、属性数据库里，并以数字化的地形图为背景，可随时查询、统计，给用地管理、规划部门最核心的工作带来便利。

CAD系统在城市规划中的运用：一是规划信息的存储和查询系统，例如土质数据库系统、地域信息系统、地理信息系统、城市政策信息系统等，这一类系统多采用数据库系统的形式；二是规划的辅助表现集成系统，例如景观表现系统，交通规划系统等。目前，景观表现系统主要是二维的图片，如果能够让用户产生一种身临其境的感觉，则景观的规划将更加科学合理，而这种身临其境的感觉，正是虚拟现实技术要解决的问题。

本章小结

城市规划是一项全局性、综合性、战略性的工作，涉及政治、经济、文化和社会生活的各个领域。城市规划的理论发展大体经历了三个阶段，很多理论在当代仍然指导着世界各国城市的发展。

城市规划的编制和管理是本章的核心内容。城市规划的编制，须遵循可持续性发展原则、整体性原则、个性化原则、效益原则、维护公共利益原则和美学原则。城市规划的基本内容包括城市总体规划、分区规划和详细规划三个层面。为了使城市规划科学合理，在编制规划过程中还必须注重程序问题。

城市规划管理是指按照批准的城市规划，对城市的各项建设活动进行统一的安排和控制，调控城市的各项建设活动依据规划有序协调地发展。本章分别就城市规划管理的主管部门、城市规划管理的基本内容、违反城市规划法规的法律责任几个方面做了探讨。

改革开放以来，在科学的城市规划思想的指引下，我国的城市建设取得了骄人的成绩。但由于主客观原因，还存在诸如城市规划管理机构设置混乱等问题。

在新时期，城市规划管理工作呈现出以下发展趋势：更加重视城市规划的整合性功能、更重视在城市规划中突出生态环境建设、进一步探索并完善城—镇—村建设规划体系、城市规划中多学科和新技术应用的特征将更加明显。

思考题

1. 城市规划的特点有哪些？
2. 城市规划的作用是什么？
3. 近代的城市规划思想主要有哪些？
4. 城市规划编制的基本原则是什么？
5. 城市规划的管理部门主要有哪些？它们各自的职责是什么？
6. 城市规划管理的基本内容有哪些？
7. 我国的城市规划与管理中存在的主要问题是什么？请思考如何有效解决这些问题。
8. 我国的城市规划与管理表现出哪些发展趋势？

案例分析

看温哥华如何引导公众参与

西方发达国家在实行公众参与城市规划的制度中走过了漫长曲折的道路，其中有些经验值得我们借鉴。我们可以从以下加拿大温哥华市规划发展局主席毕思利的介绍中获得启迪。

为鼓励正面的开发行为，加拿大温哥华市政府制定的分区规划法中明确了不少相关的奖励措施。在法律框架与奖励制度当中，公共咨询与社区规划会出现在哪个阶段？答案是无所不在的。在城市开发的过程中，一般民众在所有阶段都有参与，任何开发项目都有民众的声音。凡是重大的开发决定，都会征询众多市民的意见，并将每个人的观点仔细记录，民众的意见对最后的决策结果有很大的影响力。至于一般的政策与开发计划，市政府会寻求一般市民与利益团体的看法。土地分区规划立法也不例外。尤其在需要修改分区规划法规时，市政府一定会举行公听会后才交付市议会讨论决定，所有议会过程都邀请民众旁听。有关开发许可证的申请也是在公开的会议上决定批准与否，无法旁听的民众，必须有一定的渠道向市政府表达他们的意见。如果民众对市政府的决定不满，他们可以向有关的调解委员会或不列颠哥伦比亚省最高法院上诉。但是市政府在核发建筑许可证时不需要听取一般民众的意见，因为这类许可处理完全是涉及建筑技术的专业问题。不过，若是民众仍不满意市政府的决定，亦可向建筑调解委员会投诉。由此看来，城市开发的过程必须使用各种不同的公共咨询技巧。尽管加拿大的制度以民众监督与审视为依据，但若是公共咨询技巧使用不当，也可能使得开发过程变得繁琐复杂，耽误了好的开发计划。开发过程的关键是维系巧妙的平衡；复杂的公共咨询技巧能导引公众抒发他们的观点与感受，但同时也促使决策机制稳步向前发展。类似温哥华市中心新社区的大型社区规划，通常涉及大规模的城市设计。这类设计往往是从头开始创造出崭新的城市景观。这类的规划通常将重点放在与一两个开发商之间的密集沟通协商上面，同时频繁地同社区协商检验设计过程。这种情形往往形成一个新的土地使用政策，进而产生一条新的分区规划法规。温哥华市对于开发中的建设项目与市民的生活质量给予高度的重视，对城市变化的精心管理、有限资源的仔细分配，以及谨慎持续的公共咨询，这一切对塑造一个有魅力的城市都是一个非常必要的手段。

资料来源：文洋：《看温哥华如何引导公众参与［让公众参与城市规划系列谈（之五）］》，《城市中国经济导报》，2003 年 2 月 22 日。

案例思考题：

1. 结合案例谈谈对公众参与城市规划意义的认识。

2. 从实际出发，分析我国在城市规划中应如何推动公众参与。

第六章

城市土地与房产管理

城市土地和房产都属于不动产，城市土地是城市形成和发展的前提，城市房产是居民赖以生存的基本条件。城市土地管理是城市政府依据国家有关城市土地管理的法律法规，对城市土地的占有、分配、使用进行的规划、组织、控制和监督等一系列活动。城市房产管理包括对房产规划、建设、流通、分配和消费等全过程的管理。为了改善城市居民的居住条件，实现“居者有其屋”，城市政府需要加强住房管理，善于运用经济、法律和行政手段，保障城市住房的有效供给。

通过本章的学习，主要了解城市土地的特性和城市土地经济理论的基本观点；掌握城市土地管理的基本内容和我国城市土地管理的基本措施；明确我国城市房产管理的主要内容、管理措施和政策走向。

第一节　城市土地管理

一般意义上，如果把土地界定为资产而不是资源，城市土地与房产管理就是房地产管理。在实际运作中，城市房地产是实物、区位、权益三者的综合体。房地产实物是指房地产中看得见、摸得着的部分；房地产区位是指房地产的空间位置；房地产权益是指房地产中无形的、不可触摸的部分，包括权利、利益和收益。为体现城市房地产在实物、区位、权益上的不同特征，本章分别论述城市土地管理与城市房产管理。

城市土地管理是城市政府依据国家有关城市土地管理的法律法规，对城市土地的占有、分配、使用进行的规划、组织、控制和监督等一系列活动。城市土地管理作为协调人地关系，合理组织土地利用的国家措施，在整个城市建设中占据着极其重要的地位。

一、城市土地的概念与特性

（一）土地资源与资产

自古至今，国内外有很多种关于土地概念的表述。同时，基于不同研究目的、不同学科视角如地质学、经济学、生态学等，土地概念的内涵和外延还表现出了学科上的区别。一般所说的土地是指地球表面的陆地部分，而海洋、江河、湖泊等水域不属于土地的范畴，地球上部的空气层及附着于地上或地下的各种物质与能量更不能算作土地的组成部分，这是对土地的狭义理解。

对土地应该有一个更为广义的理解，正如我国古代政治家管仲所认为的："地者，万物之本源，诸生之根苑也。"英国经济学家马歇尔认为："土地是大自然无偿赠予人类的，以陆地、水、光、热、空气形式存在的物质和力量"。澳大利亚学者克里斯汀（C. S. Chrestin）等人在其所著的《综合考察方法论》中指出："土地是地表上的一个立体垂直剖面，从空中环境直到地下的地质层，并包括动植物群体以及过去和现在与土地相联系的人类活动"。美国人伊利·莫尔豪斯在其《土地经济学原理》一书中认为："土地指的是自然的各种力量或自然资源。"1972年，在荷兰的瓦格宁根（Wageningen）召开的为农村进行土地评价的专家会议上，会议拟定的《土地与景观的概念及定义》一文提出："土地包含地球特定地域表面及其以上和以下的大气、土壤及基础地质、水文和植物。它还包含这一地域范围内过去和目前的人类活动的种种结果，以及动物就它们对目前和未来人类利用土地所施加的重要影响。"这个定义以后写进了联合国粮农组织1976年编写的《土地评价纲要》，影响最为广泛。①

土地具有自然和社会经济双重属性。土地的自然特性包括位置固定性、面积有限性、质量差异性和利用的永续性。土地的经济特性包括土地供给的稀缺性、土地报酬递减的可能性、土地保值增值性、土地的区价性、土地权属的可转移性和土地利用方向变更的困难性，等等。

从土地的社会经济属性看，土地具有资源和资产两个特征。土地资源是指在一定技术条件和一定时间内可为人类利用的资源。认识土地的资源属性主要是强调土地的使用价值和效用特性。土地同时还是一项重要的社会财产，具有资产特性，又称地产。

（二）城市土地及其特性

把握城市土地特性是研究城市土地问题的基础。集众家之说，城市土地有多种

---

① 何芳：《城市土地经济与利用》，同济大学出版社，2004年版，第2页。

特性,例如,城市土地总量的可变性、供给的稀缺性、土地利用方式的稳定性和多样性、土地用途改变的困难性和高机会成本性以及城市土地的垄断性、城市土地的替代性、城市土地的区位重要性、城市土地空间承载性、城市土地空间利用多维性、城市土地的生态敏感性、城市土地的聚集性和结节性、土地保值增值性,等等。这里主要阐述以下几种特性。

1. 城市土地的区位性

区位对城市土地非常重要,城市土地的质量主要取决于城市土地的位置及该位置下的区位条件,如繁华(集聚)程度、交通条件、设施状况和环境质量等。这一点同农业用地质量主要由土地肥力决定,而受位置影响小的特点截然不同。

2. 城市土地供应的稀缺性

城市土地供应在总量上虽然具有扩张的可能,但由于区域内农业和非农用地的争地矛盾,以及各类土地用地在自然供给短缺下的平衡,导致城市土地供给的相对稀缺,因为特定位置的地块只能为一家高出价者垄断。正如伊利·莫尔豪斯所说:“在这里面有个原理,即土地的高价利用有排挤土地的低价利用的趋势。”

3. 城市土地聚集效应和城市土地报酬

根据聚集和规模经济理论,土地报酬递减现象短期内在城市土地中表现不明显。由于一轮一轮的聚集效应的存在,使城市土地在长时期内处于效益递增阶段,递减时刻的到来会被大大推迟,递减的区段也会被大大延长。而且,从城市整体角度讲,递减的效应主要来自于城市的拥挤成本,特别是环境成本。

4. 城市土地投入的无限性和可替代性

农业土地的要素投入只能在一定的尺度上,如化肥不能多施、种子不能多播、劳力利用也有限度等,土地的受容量相对稳定且较小;而城市土地则不同,土地的受容量具有极大的发展空间,无数的劳力、物质和资金都可以投到有限的城市土地上,路、水、电等可以大量建设,超高层建筑可以建造,等等。

二、城市土地经济理论

由于土地具有资产与资源双重属性,所以了解有关的土地经济理论显得很有必要。土地的经济理论可以从以下几个方面来认识。

(一)地租与城市地租理论

1. 地租的概念及其分类

地租是土地收益的资本化。按地租形成的条件,地租可分为以下几类:

级差地租Ⅰ,指由于土地肥沃程度的不同和距离市场远近的不同而带来的超额利润。

级差地租Ⅱ,指由于对土地投入程度不同而带来的超额利润。

绝对地租,指不论租用什么样的土地都必须缴纳的地租。

垄断地租,指由于土地垄断带来的超额利润。

2. 城市地租理论

(1)城市级差地租与绝对地租。城市土地不是利用土地自然生产能力,而是将其作为生产和生活的场所或空间。土地肥力对城市地租没有丝毫影响,但空间区位却是影响城市土地级差地租的主要因素,因此,区位效益是城市级差地租产生的条件。区位效益由城市土地价值各影响要素综合形成,具体包括聚集效益因素、规模效益因素、繁华度因素、交通条件因素、基础设施和公共设施完备度因素以及环境因素等。

城市绝对地租也是租用最差土地所必须缴纳的租金。马克思指出:"一定的人们对土地、矿山和水域等的私有权,使他们能够攫取、拦截和扣留在这个特殊生产领域即这个特殊投资领域的商品中包含的剩余价值超过平均利润(平均利润是一般利润率决定的利润)的余额,并且阻止这个余额进入形成一般利润率的总过程。"①因此,城市绝对地租产生的原因同样是所有权的垄断。

(2)地租理论对城市土地合理利用的启示。

第一,绝对地租促使城市土地合理利用。由于只要使用土地就必须缴纳使用费,即由于绝对地租的存在,迫使土地使用者把土地的租用数减少到最低限度并在已租用的土地上追加投资,以尽可能提高土地的产出率。这在客观上有利于节约城市土地资源,促使城市土地合理利用,从而达到最大的经济效益。

第二,"最高租金原则"将促使城市土地利用结构的优化。新古典经济学地租理论认为,地租实际上是一种分配工具,通常总是把土地分配给出价最高者。不同的产业,由于生产过程的特殊性,竞租能力也不同。一般商业企业的竞租能力最高,工业企业次之,居住用地更次。在完全竞争的条件下,将会促使商业用地向市中心集聚,工业用地和居住用地向市郊迁移,最终将使得城市土地利用结构得到优化。

第三,级差地租将促使区域内城市土地集约利用水平的总体提升。由于级差地租不仅存在于同一城市的不同区位上,也存在于不同规模的城市之间。大城市的级差地租在总体上要高于中小城市,因此大城市的昂贵的地价将会形成一种约束力,限制那些占地过大,生产效率低的企业在大城市中进一步发展,抑制城市规模的扩张,并集聚那些效益高的第三产业到大城市中,促使大城市的土地利用水平的提高。由于在中小城市中的地租较低,在大城市中难以生存的企业,将被吸引落户到中小城市,这将促进中小城市的发展和土地利用水平的提高,并在区域内形成合理的城镇体系。因此级差地租将促使区域内城市土地利用水平的总体提升。

① 马克思、恩格斯:《马克思恩格斯全集》(第26卷),人民出版社,1973年版,第30页。

（二）土地产权制度理论

1. 土地产权制度理论概述

土地产权是指能使自己或他人受益或受损的土地权利。用德姆塞茨的话说：如果个人占有土地，他将试图按未来的收益和成本来选择使其土地现值和生态环境最优化。在公有制基础上，土地产权可以理解为以土地所有权和使用权等权能为基础，并反映这些权能转让或交易过程中所体现的个人或社会受益或受损的权利。现代产权理论认为，产权的功能就在于引导人们在产权交易中尽可能将外在性内在化。明确产权是资源有效配置和利用的基本条件，因此，土地利用的有效性取决于产权的明晰程度。总体而言，土地产权明晰程度与提高土地合理利用水平之间是呈正相关关系的。如果土地产权关系是清晰的，就能保证真正平等的法人地位及其平等的交易，土地产权主体之间的交易就会减少摩擦，交易成本就会降至最低，使得土地利用达到最有效的状态。此外，明确产权不仅有助于市场的基础调节作用，而且是有效的计划调控的需要。因此，根据土地产权理论，只有明确界定土地产权关系，促使产权主体独立化和真实化，形成各利益主体之间在经济、法律和利益方面内在的约束机制，土地的合理利用才具备了必要的前提条件。

阅读拓展

我国城市土地产权一览表

年份	影响城市土地产权的制度变化
1979年以前	城市中国有土地禁止买卖、出租或者以其他形式非法转让。
1980	国务院《关于中外合营企业建设用地的暂行规定》规定中外合营企业用地计收场地使用费，场地使用费也可作为中国合营者投资的股本。
1982	五届全国人大五次会议修订通过《中华人民共和国宪法》，规定城市的土地属于国家所有，任何组织或者个人不得侵占、买卖、出租或者以其他形式非法转让国有土地，使城市土地的国有制在法律上得到确认。
1984	《中共中央关于经济体制改革的决定》认为土地不是商品，并以此区别社会主义商品经济与资本主义商品经济。
1986	通过《中华人民共和国土地管理法》，规定土地不得出租或以其他形式转让。
1987	深圳市政府以定向议标的方式出让了中国第一块商品土地的使用权，此后又以公开招标、拍卖的方式出让土地使用权。上海市政府颁布《上海市土地使用权有偿转让办法》。广东省通过《深圳特区土地管理条例》。
1988	《宪法修正案》删除了不得出租土地的规定，改为“土地的使用权可以依照法律的规定转让”，《土地管理法》也做了相应修改。国务院发布《中华人民共和国城镇土地使用税暂行条例》，开征土地使用税，土地使用费相应改为土地使用税。

续表

年份	影响城市土地产权的制度变化
1990	国务院发布《中华人民共和国城镇国有土地使用权出让和转让暂行条例》,对土地使用权出让、转让、出租、抵押、中止等问题做了明确规定。国务院发布了《外商投资开发经营成片土地暂行管理办法》。
1993	《中共中央关于建立社会主义市场经济体制若干问题的决定》将规范和发展房地产市场作为培育市场体系的重点。为规范土地和房地产市场,调节土地增值收益,维护国家权益,国务院发布《中华人民共和国土地增值税暂行条例》,并将土地增值税纳入国家税法体系。
1994	通过《中华人民共和国城市房地产管理法》,明确了我国国有土地有偿、有限期使用的制度。国务院通过《基本农田保护条例》,对城市建设征用农田做了规定。
1996	《股份有限公司土地使用权暂行规定》和《国有企业改革中划拨土地使用权管理暂行规定》允许将一定期限的国有土地使用权作价入股,由新设企业持有并用于转让、出租、抵押。
1998	通过了修订后的《中华人民共和国土地管理法》,规定建设单位使用国家土地,应当以出让等有偿方式取得。
1999	允许国有企业将行政划拨的土地使用权在补交土地出让金后有偿转让,其收入用于企业扭亏、脱困。

资料来源:曹健海:《现代产权理论与我国城市土地产权制度研究》,《首都经济贸易大学学报》,2001 年第 6 期,有删改。

2. 土地产权制度理论对城市土地管理的启示

我国实行的是土地公有制,这一土地产权制度本身并不影响土地资源的优化配置和合理利用,并且也符合我国的基本国情。但是,当前面临的问题是产权不清,构成产权的各项权能得不到有效地发挥,从而影响产权在资源配置中的效率。只有明晰产权才能实现资源有效配置。我国现有的城市土地产权关系不利于城市土地产权市场的进一步发展,由此导致资源配置低效率,因此必须对土地产权制度进行创新,界定主体对土地利益的分配比例以及责任和义务。2007 年 3 月 16 日,第十届全国人大第五次会议表决通过了《中华人民共和国物权法》,有望进一步完善我国的土地产权制度,规范城市土地管理。

(三) 区位理论

区位理论是关于人类活动,特别是经济活动空间组织优化的理论。从区位理论的观点来看,土地的区位条件不同,土地在社会经济活动中的作用与效果迥异。谁占有城市较优越的地理位置的土地,便能排斥其他单位对该块土地的使用,排他性的产权将激励所有者(或使用者)去提高土地使用的效率和生产率,从而获得比其他地块更高的收益。

从屠能的农业区位理论到韦伯的工业区位理论、克里斯塔勒的城市区位论、廖什的市场区位论,再到 19 世纪 50 年代以后区位理论的新发展,区位理论揭示了不同位置的土地收益与利用方式、利用程度及运费间的关系，阐明了土地纯收益的空间转移规律，为加深认识以城市为中心的土地利用空间结构差异的形成机制、特点，提供了理论上的依据。在现代城市中，土地存在着明显的功能分区，不同的城市土地区位，有着相对固定的空间位置和明显的经济特点。

（四）土地可持续利用原理

土地作为最基本的资源，是人口和环境依托的空间基础，它在可持续发展中具有不可替代的作用。在可持续发展的背景下，有关土地持续利用的国际研讨会已召开多次，如 1990 年 2 月 1 日在印度新德里召开的国际土地持续利用系统研讨会，1991 年在泰国举行的“发展中国家可持续土地利用管理评价国际研讨会”。1993 年在加拿大举行的“21 世纪可持续土地利用管理国际研讨会”上提出了评价土地利用系统可持续的五个标准：①系统生产力不超过资源的更新能力，即必须维持适宜的增长速度，使系统生产力限制在土地资源可更新范围内，以使消耗掉的资源与再生的资源维持动态平衡的状态。②商品和能量等的投入价值不超过系统生产值，即从经济意义上考虑，一定要维持较高经济价值的投入产出比，使生产活动与技术应用在经济上可行，以提高生产者的收入水平。③投入（投入量与投入方式）不可损害资源基础。④资源退化不可超过资源更新能力。⑤社会可以接受。

三、城市土地管理的基本内容

从重要性上看，城市土地管理包括城市土地利用规划管理、城市地权管理、城市地籍管理、城市土地法制管理等内容。

（一）城市土地利用规划管理

城市土地利用规划是在城市土地空间上组织合理利用城市土地的一项综合性措施，它实际上是城市政府合理分配或安排城市土地、调整城市土地关系、确定城市土地不同应用方向的过程。城市土地利用规划的目的是通过合理组织土地利用，落实土地的点、线和面组织，实现对土地利用的“五定”，即定性、定量、定点、定时和定强度，最终达到最佳土地利用结构、布局、方式和强度，提高土地利用率和产出率，实现综合效益最佳。

城市土地利用规划一经批准，就具有法定效力，必须执行。根据规划的性质和目的，土地利用规划分为土地利用总体规划、土地利用专项规划和土地利用计划三种类型。

城市土地利用总体规划属于宏观土地利用规划，是政府依法组织对辖区内全部土地的利用以及土地开发、整治、保护所作的综合部署和统筹安排。《中华人民共和国土地管理法》第十九条规定了土地总体规划编制的原则，对城市土地利用总体规划同样具有指导作用，即严格保护基本农田，控制非农业建设占用农用地；提高土地利用率；统筹安排各类各区域用地；保护和改善生态环境，保障土地的可持续利用；

占用耕地与开发复垦耕地相平衡。

城市土地利用专项规划是在土地利用总体规划的框架控制下,对土地开发利用、整治和保护的某一专门问题而进行的规划,是对土地利用总体规划的补充和深化。几类常见的城市土地利用专项规划为:城市土地开发规划、城市土地整治规划、城市土地复垦规划、城市土地保护规划、城市土地整理规划、城市土地利用设计。

城市土地利用计划是指国家和地方对土地资源开发和利用做出的中期和年度计划部署与安排,是土地利用总体规划的具体实施。土地利用中期计划一般为5年计划,它是土地利用总体规划的阶段性实施计划。年度计划是以1年为期的计划,是中期计划的具体细化,是具体的执行计划。

(二)城市地权管理

地权管理,即对土地的所有权和使用权的归属进行管理,它包含两个方面的内容:一是对土地所有者和土地使用者所依法享有的占用、收益及处分的权利进行保护;二是指对土地所有者和使用者的这些权利进行限制和调节,主要采取法律形式进行,在实施的过程中也包含政治、经济和行政的手段。

城市土地权属管理具有十分重要的意义:从对土地占有权管理的层面来看,可以防止土地集中在极少数人手中而形成难以驾驭的力量,从而维护社会稳定;从对土地使用权的管理上来看,由于在法律上界定了土地使用者只能在相对范围内使用自己的土地,土地的使用不得妨碍他人和公共利益,从而使土地的使用符合社会经济运行规则;从对土地收益权的管理上来看,由于对土地所有者地租的征收以及土地买卖过程中的地价做出了限制,有效地避免了因地价暴涨而引起的公众利益的损害;从对土地处分权的管理上来看,由于对土地所有权的买卖、出租、继承等做出了限制,使得土地的流转朝着有利于公共利益的方向进行。从世界土地权属管理发展的历史来看,各国的产权设置都是通过制度规定的,并受到各国法律的保护。其中涉及土地权利设置的,主要是民法中对物权的规定。罗马法将土地权细分为几个种类,所有权包括资产使用权、资产收益权、资产形式及内容的改造权,以及以双方同意的价格将以上规定的各项权利全部或部分转让他人的权利。世界上部分国家和地区的城市地权种类见表6-1。

(三)城市地籍管理

城市地籍管理是国家为取得有关地籍资料和全面研究土地的权属、自然和经济状况而采取的以土地调查(测量)、土地登记、土地统计和土地评价等为主要内容的国家措施,亦称地籍工作。

土地登记,简单说是土地及地上建筑物所有权、他项权利的登记,完整的土地登记主要包括如下内容:土地总登记、土地经常登记、他项权利登记、设定登记、转移登记、变更登记、灭失登记、预告登记、异议登记、暂登记等。

表 6-1　若干国家和地区的城市地权种类

	法国	德国	瑞士	荷兰	日本	韩国	中国内地	中国台湾
所有权	√	√	√	√	√	√	√	√
使用权	√	√	√	√				
收益权	√						√	
居住权	√							
地役权	√	√	√	√	√	√		√
质权	√	√	√		√			
抵押权	√	√	√	√	√	√		√
留置权	√		√		√	√		
先取特权	√				√			
地上权		√		√	√	√		√
先买权		√						
土地负担		√	√					
占有权					√	√		
永作权					√			
入会权					√			
永佃权				√				
耕作权								√
佃权								√
租赁权					√	√	√	√

资料来源：艾建国：《中国城市土地制度经济问题研究》，华中师范大学出版社，2001 年版，第 160～161 页。

土地估价非常重要，估价人员的估价结果直接关系到委托估价者及其他关系人的切身利益，对土地价格有重大影响。世界上许多国家都建立了土地估价制度及估价师制度，例如：英国在 1910 年就成立了专门的官方机构——地产估价局；美国政府规定，进入市场交易的土地必须进行价格评估，对专业人员实行资格认证制度。

土地统计是利用数字和图纸资料等进行系统整理分析，以反映土地的占有、使用现状和变化规律的一项土地管理措施，它可以为国家编制社会经济发展规划，制定相关的政策法规提供依据。

（四）城市土地法制管理

城市土地法制管理是指城市政府运用法律手段管理城市土地，维护城市土地的所有权和使用方向等。由于城市土地的规划管理、行政管理和经济管理在实际上都有赖于法律提供依据和保障，这就使得国家及城市政府建立和完善城市土地管理法规体系具有十分重要的意义。目前，我国有关城市土地管理的法律法规主要有：《中华人民共和国土地管理法》、《中华人民共和国土地管理法实施条例》、《中华人民共和国城市规划法》、《中华人民共和国城市房地产管理法》、《中华人民共和国城镇土地使用税暂行条例》、《国家建设征用土地条例》、《中华人民共和国土地增值税暂行条例》、《中华人民共和国城镇国有土地使用权出让和转让暂行条例》、《基本农田保护条例》，等等。

四、我国的城市土地管理

（一）我国城市土地管理体制

《中华人民共和国土地管理法》规定，国务院的土地管理部门主管全国土地的管理工作，县级以上人民政府的土地管理部门主管本行政区域的土地管理工作。从我国土地管理的实践情况来看，我国的土地管理形成了统一管理、分工负责的管理体制。依行政序列，我国城市土地管理的机构主要有以下几个。

1. 国务院

国务院主要负责做出全国土地管理中重大问题的决定，负责确定土地使用权的最高年限，规定基准地价，标定地价并公布具体的实施办法，规定采取双方协议方式出让土地使用权的出让金的最低价等。

2. 国土资源部

国土资源部是国务院负责全国土地统一管理工作的职能部门和行政执法部门，其主要职责是拟定和监督实施有关土地的方针、政策，主管全国土地的调研及征用等工作，并对全国土地市场进行管理。

3. 县级以上地方人民政府

县级以上地方人民政府在城市土地的管理方面，主要是根据省级以上人民政府的指示依法批准划拨所必需的建设用地的使用权，拟定用于房地产开发的年度土地总面积方案。

4. 国土资源局

国土资源局是城市人民政府的职能部门和行政执法部门，主管全市土地资源的统一管理工作。其主要职责包括拟定本市的土地资源利用规划；审核土地征用的范围、数量；管理土地的流转、批租以及实施土地监督等。

5. 其他相关机构

除上述机构以外，城市规划（管理）局、城市司法局等也具有对城市土地的相关管理权。

（二）我国城市土地有偿使用制度

新中国成立以后，我国逐步将城市私有土地收归国有，并实行城市土地行政划拨制度。这种城市土地行政划拨制度造成城市土地的产权关系模糊，国有土地的使用者实际上成为土地的所有者，导致土地资源浪费、土地配置不当、土地收益流失等严重问题。1982 年，我国深圳特区率先按城市土地的不同等级向使用者收取不同标准的使用费，从此拉开了国有土地有偿使用改革的序幕；1987 年，国务院第一次提出“土地使用权可以有偿转让”的政策，并在少数城市进行试点；1988 年通过的宪法修正案第 2 条规定：“土地的使用权可以依照法律的规定转让”，这标志着我国城市土地有偿使用制度得到了法律上的肯定与保证。

1. 城市土地有偿使用的原则

我国城市土地有偿使用主要遵循以下原则：①坚持城市土地单一的国家所有制。②实行土地所有权与使用权相分离。国家允许城市国有土地使用权的有偿和有限期出让，而所有权不能进入市场流通。③部分依法取得使用权的城市国有土地可以进行商品化经营，国家通过立法和法律监督，规范与管理土地市场。城市政府对出让土地行使司法管辖权和行政管理权，同时行使作为土地所有者拥有的经济权利。④除对国家投资的党政军机关、行政事业单位办公用房及其住房建设用地、公共设施、公用事业和国有工业等建设用地，继续采用划拨方式之外，其他新增建设用地，尤其是商业、金融、旅游、服务业、商品房屋和涉外工程建设用地，要逐步采用土地使用权有偿有限期出让的办法。

2. 城市土地有偿使用的税费

在我国城市土地使用制度改革中，最根本的一点是实行土地有偿使用和有限期使用。目前，我国城市土地的有偿使用主要是通过征收以下税费实现的：

（1）土地出让金。根据有关规定，新占用土地的使用者必须在签订土地使用权出让合同的 60 天内，向土地所有者一次性交付使用期限内的土地使用权出让金，土地出让金实际上是土地使用权的价格。在按期支付出让金后，即可获得土地使用权。

（2）城镇土地使用税。城镇土地使用税是使用单位和个人按照实际占有的土地面积，按期向所在地税务机关缴纳的税金。城镇土地使用税实际上是绝对地租，它体现了国家政权与土地使用者之间的行政关系。

（3）土地增值税。所有个人、企业或经济组织，不论企业性质和经济性质，凡转让国有土地、土地上的建筑物及附着物并取得收入的，均应当缴纳土地增值税。土地增值税中增值额是指纳税人取得全部转让收入减去税法规定所允许扣除项目金额之和后的余额。土地增值税的开征，目的就是为了把国有土地的级差收益收归国有，防止国有资产隐性流失，真正实现国家作为土地所有者的权利。

3. 城市土地使用权取得方式

(1)国有土地使用权的出让。国有土地使用权出让是指县级以上人民政府和土地行政主管部门依法把符合规划要求的国有土地有期限有偿地转移给土地使用者，土地使用者享有实际占有土地权、土地使用权、土地使用权的转让权、抵押权、出租权等权利。根据《中华人民共和国城市房地产管理法》和《招标拍卖挂牌出让国有土地使用权规定》，我国当前的国有土地使用权出让方式有四种：协议出让、招标出让、拍卖出让和挂牌出让。根据当前法律、法规及行政规章规定，我国商业、旅游、娱乐和商品住宅等各类经营性用地，都必须以招标、拍卖或者挂牌方式出让，其他用途的土地，在供地计划公布后，如果同一宗土地有两个以上意向用地者的，也应当采用招标、拍卖或者挂牌方式出让。

阅读拓展

城市国有土地使用权出让转让规划管理办法

在城市规划区内城市国有土地使用权出让、转让必须符合城市规划，有利于城市经济社会的发展，并遵守本办法。国务院城市规划行政主管部门负责全国城市国有土地使用权出让、转让规划管理的指导工作；省、自治区、直辖市人民政府城市规划行政主管部门负责本省、自治区、直辖市行政区域内城市国有土地使用权出让、转让规划管理的指导工作；直辖市、市和县人民政府城市规划行政主管部门负责城市规划区内城市国有土地使用权出让、转让的规划管理工作。城市国有土地使用权出让的投放量应当与城市土地资源、经济社会发展情况和市场需求相适应。土地使用权出让、转让应当与建设项目相结合。城市规划行政主管部门和有关部门要根据城市规划实施的步骤和要求，编制城市国有土地使用权出让规划和计划，保证城市国有土地使用权的出让有规划、有步骤、有计划地进行；城市用地分等定级应当根据城市各地段的现状和规划要求等因素确定。土地出让金的测算应当把出让地块的规划设计条件作为重要依据之一。在城市政府的统一组织下，城市规划行政主管部门应当和有关部门进行城市用地分等定级和土地出让金的测算；已取得土地出让合同的，受让方应当持出让合同依法向城市规划行政主管部门申请建设用地规划许可证。在取得建设用地规划许可证后，方可办理土地使用权属证明；通过出让获得的土地使用权再转让时，受让方应当遵守原出让合同附具的规划设计条件，并由受让方向城市规划行政主管部门办理登记手续。

资料来源：建设部《城市国有土地使用权出让转让规划管理办法》，1992 年，有删改。

《中华人民共和国土地管理法》第25条规定：以出让方式取得土地使用权进行房地产开发的，必须按照土地使用权出让合同约定的土地用途、动工开发期限开发土地。超过出让合同约定的动工开发日期满1年未动工开发的，可以征收相当于土地使用权出让金20%以下的土地闲置费；满2年未动工开发的，可以无偿收回土地使用权；但是，因不可抗力或者政府、政府有关部门的行为或者动工开发必需的前期工作造成动工开发迟延的除外。

（2）国有土地使用权的划拨。国有土地使用权划拨是指县级以上人民政府依法批准，在土地使用者缴纳补偿、安置等费用后将该幅土地交付其使用，或者将土地使用权无偿交付给土地使用者使用的行为。当前，我国的土地使用权划拨有两种方式：一是土地使用权附条件划拨，土地使用者必须在缴纳规定的补偿费、安置费用后方可获得该幅土地的使用权；二是土地使用者不需要缴纳任何费用即取得土地使用权。

国有土地划拨的特征是：没有明确的期限；无须支付土地使用权出让金；不能擅自转让、出租和抵押。

土地划拨的范围一般包括：国家机关用地，军事用地，国家重点扶持的能源、交通、水利等项目用地，公益事业用地，城市基础设施用地，法律、法规明确规定可以采用划拨方式供地的其他建筑项目用地。

（3）集体土地的征用。我国宪法规定对土地实行社会主义公有制，包括全民所有制和农民集体所有制两种形式。土地征用是发生在国家和农民集体之间的所有权转移，是指国家为了社会公共利益的需要，按照法定程序将农民集体所有土地征为国家所有，并对农民集体和个人给予补偿的行为。

（三）我国城市土地管理存在的问题与完善的措施

1. 我国城市土地管理存在的问题

目前，我国土地管理中还存在着土地产权制度不完善、土地市场机制不健全、政府管理职能不到位、立法滞后等问题。

（1）土地产权制度存在缺陷。

第一，中央与地方政府之间土地产权界限不清。我国《土地管理法》明确规定：国有土地所有权只能由中央政府即国务院代表行使，任何地方政府不得为之。但是长期以来，地方政府在实践中一直代理行使着国有土地所有权，享有大量所有权收益，而中央政府在土地所有权上的地位被相对弱化。

第二，土地使用权的有偿出让和划拨之间界限模糊。国有土地使用权划拨和有偿出让在权利和义务上有着本质区别，但它们在土地市场上却显得含混不清：一方面，在土地使用权证书上两者缺乏明确界定；另一方面，国家在划拨土地使用权入市的问题上，做出了相对较为灵活的规定，即未办理出让手续的划拨用地在补缴出让金后亦可入市。

第三，两种土地所有权不对等。国有土地和农村集体土地为我国土地公有制的两种形式，从常理出发，这两种所有制应该是平等的，但在实际操作中，法律规定只有国有土地才能直接入市，集体土地唯有通过国家征用变成国有后方可入市。如此，集体土地权利受限，国家有强买强卖之嫌，在法律上和名义上垄断了土地供应。

(2)土地市场机制不健全。

第一，协议出让土地比重过高。在目前划拨、协议、招标与拍卖等多种国有土地出让方式中，招标拍卖形式无疑是市场化程度最高的，但迄今为止，一些地方仍以各种办法规避之，暗箱操作现象屡见不鲜：一是搞特事特办；二是以历史遗留问题为名继续补办协议出让手续，采用弄虚作假手段规避这一制度。

第二，划拨用地和集体用地非法入市。一些单位和企业以行政划拨土地使用权为资本参与合资合作经营，赚取巨额土地差价；不少农村集体经济组织亦非法出让、变相出让集体用地以牟取非法利益，城乡接合部尤其严重。

第三，划拨土地入市地价偏低。这样就不可避免地形成"隐形土地市场"，使城市土地的国有制受到侵害和破坏，造成大量国有资产流失，加剧了社会分配不公的矛盾。

第四，土地低效利用与供应失控。一些城市建成区内空闲地占建成区面积的比重偏高，且存在土地利用不经济、布局不合理的状况，供地矛盾也很突出。

另外，土地税费存在计征重复或交叉、征收缺位等现象。

(3)政府职能发挥未到位。

第一，政府职能部门分工不明确。从中央到地方对城市土地开发经营管理不统一，从而造成机构重叠、推诿扯皮、职责不清、效率低下，直接损害了规划的稳定性和工作的高效率。

第二，政府作为提供公众服务的部门，对土地市场的服务、监督不到位，造成土地市场信息不对称，交易效率低，监管不力，在一定程度上阻碍了城市土地市场的发育。

(4)土地立法滞后。

第一，土地出让金一次性收取。长期以来，我国的土地出让金实行一次性收缴制度，这就产生了很多问题：一是加重了开发商的成本并转嫁给最终消费者；二是可能导致政府为了增加财政收入而采取大量批地或人为抬高地价的短期行为。

第二，对拍卖出让土地使用权未做限制。由于土地使用权出让方式采取招标还是拍卖是由政府决定的，而拍卖价格一般高于招标，故争取以更有利可图的形式出让对寻租者颇具诱惑力。

2. 我国城市土地管理完善的措施

当前，我国城市土地管理面临着两难境地：一方面，城市化的高速发展要求城市用地不断扩张；另一方面，耕地资源的匮乏和人口的高速增长要求限制城市用地以保护现有耕地。因此，保护和合理开发城市用地，促进城市社会经济的可持续发展成为中央和城市政府制定和管理土地政策的首要问题和任务。具体措施如下。

(1)细分土地产权,扩大土地权利种类。相比较其他国家而言,我国的土地权利种类比较单一,仅有土地所有权、土地使用权、抵押权和租赁权,土地产权没有进一步细分。目前非常有必要对土地权利进行细分,扩大土地产权种类,使土地利用向空间化、立体化方向发展。而城市土地开发的立体化发展必将涉及土地占有权、土地使用权、土地收益权和土地处分权(细分为出让权、转让权、出租权、转租权、回收权、担保权、典权、入股权、赠与权及互换权等)诸权利,面对产权界定不清带来的种种问题,应以土地权利为核心,以物权理论为基础来设计土地产权制度。

(2)完善土地登记制度,建立土地查阅制度。借鉴各国的经验,建立土地管理资源数据库,将登记在案的数据资料全部录入数据库,供法人和自然人公开查询。这样可减少政府官员在处理土地资源使用权出让、出租中的寻租行为,也会减少暗箱操作,提高土地市场的公正性和透明度。

(3)完善土地评估,合理确定土地使用权价格及其他产权交易价格。按照市场经济法则,形成合理的土地产权价格体系。土地价格评估要特别注意以下三个原则:一是替代原则,即根据经济学的替代原理,在同一市场上效用相同或相似的地产,由于市场竞争的影响,必然使其价格趋于一致。二是最有效使用原则,即土地可以做多种用途使用,有商业、工业、住宅等各种用途,但同一地块在不同用途状况下其收益并不相同。土地用途可以通过竞争决定,使土地达到最有效使用。三是合法原则,即分析地产的最佳使用时,必须根据城市规划及有关法律规定,依据规定用途、容积率、建筑高度来合理使用土地。

(4)健全土地收购储备制度,改革城市土地租税费体系。建立土地收购、储备制度的主要作用是调节土地供需总量,即在市场低迷时,吃进部分土地,增加土地的需求总量;在市场上扬时,于计划之外释放部分土地,扩大土地供给。因此,土地收购、储备制度是土地市场的稳定器。

(5)要切实发挥租税费对国有土地资源配置的杠杆作用。我国目前城市土地租税费体系混乱庞杂,致使大量土地收益流失。要明确国家作为国有土地唯一主体的管理职能与所有权能;正确界定租税费内涵,科学设定租税费种类与体系,避免重复交叉征税和税负不公;合理调整土地收益分配关系;严格租税征管,规范土地市场和调节土地资源配置。

(6)制定专项法规,依法管理土地资源。土地管理应有法律的保障。英美等国对城市的规划都有较为完备的法律支持,而且在此基础上,制定专项法规,细化土地资源的管理;而我国法律法规只能做出一般性的规定,在具体问题上的可操作性不强,如《土地管理法》的相关规定较笼统,可操作性差。

第二节　城市房产管理

从广义上讲,房产管理是一个系统工程,它既包括统筹规划与宏观调控,制定与完善法律法规等宏观内容,又包括建设与完善房地产开发、房地产交易管理、房地产权属登记管理、物业管理等内容的房地产市场体系建设。

一、城市房产管理的内容

城市房产管理包括对房产规划、建设、流通、分配和消费等全过程的管理。为了改善市民居住条件,实现“居者有其屋”,城市政府需要加强住房管理,善于运用经济、法律和行政手段,保障城市住房的有效供给。

(一)城市住房规划管理

住房规划是搞好城市住房建设的首要环节,是为市民创造良好居住条件的基础工作。城市住房规划包括住宅区选址、建设规模、建设速度和平面布局的规划。城市政府在制定城市住房规划时,需要依据城市的性质、规模和结构,充分考虑城市住房的自然、经济、社会条件以及技术要求。科学的城市住房规划应当坚持以下原则:第一,符合城市总体规划的要求;第二,充分考虑到采光、通风、消防、抗灾等要求,为居民创造优美、卫生、方便的居住环境;第三,合理利用城市土地和空间,实现经济效益、社会效益和生态效益的有机统一;第四,展示城市住宅区的建筑多样化和个性特色;第五,搞好住宅区的公共服务和配套设施规划。

(二)房地产开发管理

房地产开发按业务范围有广义和狭义之分,狭义的房地产开发是指从事城市房地产开发和交易,即在依法取得国有土地使用权的土地上进行基础设施、房屋建设,从事房地产转让、房地产抵押和房屋租赁等业务。《中华人民共和国土地管理法》第24条规定:房地产开发必须严格执行城市规划,按照经济效益、社会效益、环境效益相统一的原则,实行全面规划、合理布局、综合开发、配套建设。现对房地产开发过程中的三个重要内容,即房地产开发项目土地使用权取得、拆迁安置和房地产项目产品的内容进行介绍。

1. 房地产开发项目土地使用权的取得

房地产开发用地是指房地产开发商在房地产开发过程中所需要使用的土地,其使用权的取得类型包括划拨、出让、转让、租赁等。

取得房地产开发项目土地使用权需要支付相关费用,这些费用大致包括:地价款(土地出让金)、资金占用费、滞纳金;土地使用费、外商投资企业土地使用费、防洪工程建设维护管理费、土地闲置费;土地权属调查和地籍测绘费、城镇土地使用税、地价评估费、出让土地预订金、征地管理费;土地补偿费、青苗及树木补偿费、地上物补偿费、劳动力安置费、超转人员安置费、新菜田开发建设基金、耕地占用税等。

2. 房地产开发项目的拆迁安置

房地产开发项目拆迁安置是房地产开发过程中的重要内容,此阶段的内容主要包括:委托进行拆迁工作;办理拆迁申请、审批、领取拆迁许可证;签订房屋拆迁责任书,确定拆迁安置方案,签订拆迁补偿书面协议;房屋拆迁纠纷的裁决,强制拆迁等。

房地产开发项目拆迁安置最重要的工作是经济补偿,此阶段的补偿内容包括:房屋拆迁补偿费、搬家补助费、提前搬家奖励费、临时安置补助费(周转费)、清理费、停产停业综合补助费、对从城区位置较好的地区迁往位置较差的地区或远郊区县的居民的补助费、一次性异地安置补助费、房屋拆迁管理费、房屋拆迁服务费等。

3. 房地产开发项目产品

在取得房地产开发项目土地使用权,支付房地产开发项目土地使用权的相关税费,完成房地产开发项目的拆迁安置后,应注重对房地产开发项目产品供给总量和供给结构的管理,实现房地产市场供需总量平衡,使商业写字楼、市场价商品房、经济适用房、廉租住房等房产项目的供给结构合理,稳定房地产价格。

(三)房地产交易管理

1. 房地产交易的含义

房地产交易是指个人之间、法人之间、其他组织之间及其相互之间进行的有偿转移房屋所有权或使用权及相关土地使用权的行为,包括房产的买卖、交换、抵押、典当、租赁等。

2. 房地产交易的内容

(1)房地产买卖。房地产买卖包括商品房现售和商品房预售两类。商品房现售是指房地产开发企业将竣工验收合格的商品房出售给买受人,并由买受人支付房价款的行为。[①] 商品房预售是指房地产开发企业将正在建设中的商品房预先出售给买受人,并由买受人支付定金或者房价款的行为。房地产开发企业可以自行销售商品房,也可以委托房地产中介服务机构销售商品房。

(2)房地产抵押。房地产抵押是指抵押人以其合法的房地产以不转移占有的方式向抵押权人提供债务履行担保的行为,债务人不履行债务时,抵押权人有权依法以抵押的房地产拍卖所得的价款优先受偿。我国法律规定,依法取得的房屋所有权连同该房屋占用范围内的土地使用权,可以设定抵押权。

(3)房地产租赁。房地产租赁是指出租人按照约定将房地产交给承租人使用,

① 《商品房销售管理办法》(2001 年 3 月 14 日建设部第 38 次部常务会议审议通过, 2001 年 6 月 1 日起施行)。

承租人按照约定缴纳租金并于合同终止时将房地产返还给出租人的法律行为。“租赁权的物权化”是现代房地产租赁的发展趋势和显著特点。现代各个国家和地区的民法为了保护承租人的利益，稳定社会生活秩序，而赋予承租人基于租赁合同而取得的债权——租赁权以物权的效力。

(4)房地产评估。世界各国一般都实行房地产价格评估制度，未经房地产估价机构评估的房地产，房产管理部门不予办理房产交易和产权变更手续。

(四)金融服务市场管理

房地产开发耗资巨大，良好的金融产品服务是房地产市场发展的前提。房地产金融服务产品主要包括：贷款、发行企业债券、住房抵押贷款证券化、房地产信托基金、房地产投资基金、境外资金等。

我国房地产贷款的金融产品比较多，从住房贷款的发放渠道看有公积金、商业银行以及两者组合贷款；从住房贷款的形式看有抵押、按揭；从住房贷款的对象看有商品房、经济适用住房、现有公房售房、再上市二手房、教师住宅、学生公寓；从还款方式和利率看有等额等息还款、递增还款、全程固定利率贷款、分段固定利率贷款等。

(五)房地产权属登记管理

1.房地产权属登记的内涵与分类

房地产权属登记是指房地产管理部门依据相关规定以及国家赋予的职权，对房地产权利人合法拥有的土地使用权和房屋所有权，以及由上述权利所产生的抵押、设典等他项权利，登记于政府特定的簿册上的行为。

房地产权属登记可分三类，第一类是按房地产权属登记对象划分为土地使用权登记、房屋所有权登记和房地产他项权利登记。第二类是按房地产权属变化划分为初始登记、转移登记、变更登记和注销登记。第三类是根据产权性质，如我国城市房产根据产权性质可分为国有房产、集体所有房产、私有房产、联营企业所有房产、股份制企业所有房产、香港特别行政区和澳门房产、涉外房产，其他房产等。① 房屋所有权受法律保护，任何单位和个人不得侵占、毁坏或非法查封、没收房屋。

2.权属登记管理的内容

权属登记管理就是土地使用权和房屋所有权登记发证，即房屋权利人或其代理人须按照规定，持有关证件到房屋所在地的房产行政主管部门申请房屋权属登记。

房屋权属登记由权利人(申请人)申请，房产行政主管部门应当对申请登记的房屋产权进行审查，对符合规定的应当及时予以登记发证，对不符合规定的应当通知申请人。

---

① 《吉林省城市房产管理若干规定》(1997 年 12 月 19 日吉林省第八届人民代表大会常务委员会第三十五次会议通过)。

房屋权属证书是权利人依法拥有房屋所有权并对房屋行使占有、使用、收益和处分权利的唯一合法凭证,房屋权利人依法登记的房屋权利受法律保护。

3. 公证制度

公证是指国家公证机关根据当事人的申请和法律的规定,证明法律行为、有法律意义的文书和事实的真实性、合法性的活动[①]。按照自愿与法定相结合的原则,公证分为自愿公证与必须公证两种。对于一般的法律行为、法律事实和文书,是否公证可由当事人自由选择决定的,为自愿公证;而一些由法律、法规、规章规定,关系重大的法律行为、法律事实、文书必须经过公证,否则不发生法律效力的,为必须公证。在房地产市场方面,关于必须公证事项的规定很多,例如:继承、赠与房产,当事人应当先办理继承、赠与公证,然后持公证和有关契证到房产管理部门办理房产所有权转移登记手续;遗嘱人为处分房产而设立的遗嘱应当办理公证;涉外和涉及港澳台地区的房产所有权转移行为必须办理公证等[②]。

(六)房产物业管理

1. 房产物业管理的含义

房产物业管理是指业主通过选聘物业管理企业并与之签订物业服务合同,由业主和物业管理企业按照物业服务合同的约定,对房屋及配套的设施设备和相关场地进行维修、养护、管理,维护相关区域内的环境卫生和秩序的活动。[③]

2. 物业管理中的业主、业主大会和业主委员会

房屋的所有权人为业主,业主在物业管理活动中,享有下列权利:提议召开业主大会会议,并就物业管理的有关事项提出建议;提出制定和修改业主公约、业主大会议事规则的建议;参加业主大会会议,行使投票权;选举业主委员会委员,并享有被选举权;监督业主委员会的工作;监督物业管理企业履行物业服务合同;对物业共用部位、共用设施设备和相关场地使用情况享有知情权和监督权;监督物业共用部位、共用设施设备专项维修资金的管理和使用等。

物业管理区域内全体业主组成业主大会。业主大会应当代表和维护物业管理区域内全体业主在物业管理活动中的合法权益,一个物业管理区域成立一个业主大会。业主大会履行下列职责:制定、修改业主公约和业主大会议事规则;选举、更换业主委员会委员,监督业主委员会的工作;选聘、解聘物业管理企业;决定专项维修资金使用、续筹方案,并监督实施;制定、修改物业管理区域内物业共用部位和共用设施设备的使用、公共秩序和环境卫生的维护等方面的规章制度等。

业主委员会是业主大会的执行机构,履行下列职责:召集业主大会会议,报告物

① 王长萌.:《规范房地产管理应实行必须公证》,《求实》,2000 年第 8 期。

② 《关于房产登记管理中加强公证的联合通知》,1991 年司法部与建设部联合下发。

③ 《物业管理条例》,2003 年 5 月 28 日国务院第 9 次常务会议通过,2003 年 9 月 1 日起施行。

业管理的实施情况；代表业主与业主大会选聘的物业管理企业签订物业服务合同；及时了解业主、物业使用人的意见和建议，监督和协助物业管理企业履行物业服务合同；监督业主公约的实施等。

在经济社会发展的过程中，房地产管理是一项专业性、社会性、群众性、形象性很强的工作，涉及建设、财政、资源、金融、税务、规划、统计等多个政府部门。因此，协调政府部门职能，运用多种调控手段如货币政策、财政政策、产业政策、行政指令，按调控目标沿同一方向配套运用是房地产管理的重要内容。

二、我国的城市房产管理

（一）我国城市住房管理制度改革历程

在传统计划经济体制下，我国长期实行高积累、低消费、高就业、低工资，住房建设统一按国家的基本建设投资计划进行安排，城市政府和国有企事业单位住房建设的资金来源主要依靠财政拨款（占 90% 以上），少量靠单位自筹，均需纳入基本建设计划。国家通过单位将建好的住房以低租金分配给职工居住，住房成为社会福利待遇，个人不承担住房建设投资责任，甚至住房维修也由国家负责。

1980 年 6 月，中共中央、国务院在批转《全国基本建设工作会议汇报提纲》中提出："准许私人建房、私人买房，准许私人拥有自己的住宅。"这种城市住房商品化的政策导向，揭开了中国城镇住房制度改革的序幕。此后，国家批准郑州、沙市、常州、四平等城市进行以新建住房补贴出售为主要内容的改革试点。由于 2/3 的购房款需由地方政府和企业补贴，地方政府提供的补贴又多数转由企业承担，从而造成购房职工越多，企业需要承担的补贴量越大，不能实现住房资金的自我良性循环。同时，由于补贴售房没有触及低租金制，多数居民仍不愿意自己花钱购房。

1988 年 1 月国务院召开第一次全国住房制度改革工作会议，并于当年 2 月印发《关于全国城镇分期分批推行住房制度改革实施方案》（国发〔1988〕11 号）。这是我国出台的第一个房改总体方案，它提出分期分批地推进房改。第一步改革旨在通过全面提高租金，做到以租养房，促进购房；第二步改革则是理顺分配关系，提高职工的经济负担能力，实现住房的商品化、社会化和专业化。这个房改方案也被称为"提租补贴方案"，然而提租方案不久就夭折了，于是有关部门提出了"折价出售公房，将租不养房的包袱甩掉"的思路，它虽然没有形成文件，但其影响迅速波及全国。据不完全统计，1988 年全国城镇出售公房 645 万平方米，按实际的回收资金计算，每平方米售价仅为 65.7 元。

1991 年 10 月 17 日，国务院批转《关于全面推进城镇住房制度改革的意见》。文件提出，从改革公房低租金入手，将现行公房的实物福利分配制度逐步转变为货币工资分配制度。各地方政府的房改方案也陆续公布实施。在具体实施中，大城市的运作比较规范，部分中小城市则相对较差，致使优惠比例越来越大，低价售房之风再次蔓延。1992 年 6 月，国务院房改工作会议再次提出制止低价售房。

1994 年 7 月，国务院发布《关于深化城镇住房制度改革的决定》（国发〔1994〕43 号），强调建立与社会主义市场经济体制相适应的新的城镇住房制度，实现住房商品化与社会化。在政策取向上，强调全面推行住房公积金制度，建立经济适用住房与商品房两种住房供应体系，提出机制转换和资金筹集相结合的改革战略。

1998 年 7 月，国务院发布《关于进一步深化城镇住房制度改革加快住房建设的通知》（国发〔1998〕23 号），确定了深化城镇住房制度改革工作的目标：停止住房实物分配，逐步实行住房分配货币化；建立和完善以经济适用房为主的多层次城镇住房供应体系，发展住房金融；培育和规范住房交易市场。从 1999 年开始，中央机关和全国各省、自治区、直辖市的房改方案纷纷出台，我国开始了在实质上全面推行城市住房制度改革。

（二）当前我国城市房地产管理存在的突出问题

1. 全国性的房价普遍快速上涨，少数大城市房价上涨过快，超过了居民的购买力

由于部分城市住房需求偏大，供求关系偏紧，二手房、租赁市场没有真正建立起来，房地产市场供求信息渠道不通畅，再加上国内房地产市场存在垄断性定价和部分房地产开发商的投机行为，我国房价在最近几年出现了连续性的快速上涨，超出了居民的购买力。

2. 供给结构不合理，房产过剩与短缺并存

住房供应的结构性矛盾突出，“短缺与过剩”现象并存。这反映了一方面是广大中低收入居民有庞大的市场需求，另一方面是开发商追逐高利润，热衷于高档住宅建设。国家统计局 2006 年 4 月的统计数据表明，在 24 个大中城市里，每套在 120 平方米以下的住房占商品房总面积的比重还不到 50%，套型、价格与普通居民家庭的合理住房需求不相适应，大多数城市没有按要求提出增加普通商品住房和经济适用住房供应的具体措施。

3. 房地产市场存在不同程度的投机行为

由于股市的长期低迷以及银行存款的低利率甚至是实际负利率，大量空闲资金纷纷涌入投资回报率极高的房地产业。其中有相当一部分民间资本采取短期炒房的投机方法，房地产开发商虚假宣传、囤积土地、捂盘惜售等问题不同程度存在着，导致住宅投机盛行。其直接后果是房价脱离市场基础持续上涨，并有形成房地产泡沫的趋势。

4. 政府行为不当致使房地产问题增多

（1）政府管理错位，片面追求城市土地的短期经济收益。我国宪法规定城市土地归国家所有，政府作为国家的代表行使实际所有权。政府作为公共利益的代表者

和维护者,管理城市土地的目的应该是追求土地利用的经济、社会和环境综合效益最大化,但在实践中却出现了政府倚仗手中的权力片面追求短期经济收益的现象,这是政府管理的一种错位。其具体表现为:盲目设置各类园区,造成土地资源严重浪费;协议低价出让土地,导致国有土地资产大量流失;强行征用农用地,致使社会矛盾日益紧张。

(2)政府管理越位,出台购房落户优惠政策。在市场经济体制下,政府的存在主要是为了弥补市场不足,维护社会公平。但是,很多城市在出台购房落户政策时,普遍存在一种错误理论认识,即认为房地产业是一个关联度极强的城市基础产业,因而鼓励外销的购房落户政策能够促进城市经济的发展。因此,在我国城市房地产发展中,出现了政府强行干预市场正常运行机制,通过出台购房落户政策,帮助开发商售房的越位管理行为。

(3)政府管理缺位,对保障性住房建设缺乏管理,造成低收入阶层居住困难。政府管理缺位突出表现为对经济适用房建设和分配管理缺位,中低收入居民购房困难。其具体表现为:一是对经济适用房建设管理缺位,导致经济适用房供需总量和供需结构失衡。二是对经济适用房分配管理缺位,导致分配不公,出现开发商预先留号、“倒号”和销售错位的现象。三是廉租房建设进展缓慢,最低收入人群的住房得不到保障,部分城市仅把建一批廉租住房作为短期的形象工程,不重视制度建设,也缺乏稳定的资金来源渠道。

(三)我国城市房地产管理存在问题的原因分析

1. 城市房地产管理缺乏理论指导

在我国的房地产管理中存在几个错误的认识,这直接造成了我国目前房地产中存在的问题。

错误认识一:政府可以像企业那样经营城市土地。近几年来,我国出现了诸如大肆圈地、低价出让土地以及强行征用农用地的现象,其首要原因在于城市政府存在一个明显的错误理论认识,即认为在市场经济条件下,地方政府作为经营城市的主体可以像企业那样经营城市土地,可以像企业那样单纯追求经济收益最大化。

错误认识二:房地产业是一个关联度极强的城市基础产业,因而鼓励外销的购房落户政策能够促进城市经济的发展。

错误认识三:城市住宅建设应该完全市场化,政府不应有任何干涉,市场可以完全解决好城市住宅建设问题,管制住宅投机行为会导致城市房地产市场的衰落,保障性住房建设会妨碍城市房地产市场的正常发展。

2. 城市房地产管理体制不健全

城市房地产管理体制是指房地产管理职权的确定与划分、房地产管理组织机构的设置以及管理职能的运行等。我国现行城市房地产管理体制存在管理部门间职能划分不明确、职能不协调统一,以及缺乏相应的制约机制等问题。尤其是土地管理部门上下级之间,土地管理部门与地方政府之间,以及土地管理部门与房管部门之间存在着管理职能交叉的矛盾,致使一些城市政府在利益的诱使下,借管理体制上的"空洞",进行错位、越位和缺位管理。例如,地方政府负有出让土地的责任,当地方政府的批地行为与中央的规定相违背时,地方土地管理部门一般会倾向于维护当地政府的利益。另外,土地资源管理机构在设立各级土地管理部门的过程中,没有处理好土地管理部门与房管部门的职能划分问题,导致部门间的摩擦一直不断。

3. 城市房地产管理制度存在缺陷

房地产管理制度是房地产管理组织行使管理职权时的行为规范。由于我国城市房地产管理制度存在许多缺陷,致使管理问题凸显。这些缺陷主要表现为:城市土地收益分配制度存在初次分配不合理、二次分配欠公平的缺陷;农用地征用制度存在公共利益范围界定模糊、征地补偿标准过低的缺陷;城市土地供应制度存在土地供应的双重双轨制滋生权利寻租,一次性收取出土地出让金诱使政府透支未来收益的缺陷;城市经济适用房和廉租房管理制度存在建设规模逐渐缩小、公共住宅建设和管理制度不健全、对政府的职责规范不够且缺乏硬性约束的缺陷。

(四)城市房地产管理的完善措施

2006年5月国务院发布了《国务院常务会议决定:六措施调控楼市稳定房价》的意见,以及2007年3月十届全国人民代表大会五次会议决议,对完善今后城市房地产管理具有很强的指导意义。

第一,切实调整住房供应结构。重点发展中低价位、中小套型普通商品住房、经济适用住房和廉租住房。各地都要制定和实施住房建设规划,对新建住房结构提出具体比例要求。

第二,进一步发挥税收、信贷、土地政策的调节作用。严格执行住房开发、销售的有关政策,完善住房转让环节税收政策,有区别地适度调整信贷政策,引导和调节住房需求。购房不足5年转让须交营业税;空置3年以上商品房不得作为贷款抵押物;个人住房贷款首付比例不低于三成。

第三,合理控制城市房屋拆迁规模和进度,减缓被动性住房需求过快增长。土地、规划等有关部门要加强对房地产开发用地的监管。对超出合同约定动工开发日期满1年未动工开发的,依法从高征收土地闲置费,并责令限期开工、竣工;满2年未动工开发的,无偿收回土地使用权。对虽按照合同约定日期动工建设,但开发建设面积不足1/3或已投资额不足1/4,且未经批准中止开发建设连续满1年的,按闲置土地处置。

第四,进一步整顿和规范房地产市场秩序。加强对房地产开发建设全过程的监管,制止擅自变更项目、违规交易、囤积房源和哄抬房价行为。

第五,加快城镇廉租住房制度建设,规范发展经济适用住房,积极发展住房二级市场和租赁市场，有步骤地解决低收入家庭的住房困难。

第六，完善房地产统计和信息披露制度，增强房地产市场信息透明度，全面、及时、准确地发布市场供求信息，坚持正确的舆论导向。

本章小结

城市土地管理是城市政府依法对城市土地的占有、使用、分配进行规划、组织、控制的活动。它以城市地租理论、城市土地产权理论、区位理论、土地可持续利用理论为基础，涉及丰富的内容，包括城市土地使用规划管理、城市土地法制管理，以及城市地权管理、城市地籍管理。目前，我国的城市土地管理体制已经基本确立，它对于充分合理地利用城市土地具有重要的意义，但是它还存在不少问题，有待于进一步改善。

衣食住行是人生存的基本需要，城市房产作为解决城市居民生存需要的基本条件之一，事关每个城市居民的基本生活，因此，加强城市房产管理具有重要的意义。具体说来，城市房产管理主要涉及城市住房规划管理、房地产开发管理、房地产交易管理、金融服务市场管理、房地产权属登记管理、房产物业管理。新中国成立后特别是改革开放以来，我国城市住房管理制度进行了一系列的改革，取得了相当大的成绩。但是，目前我国城市房产管理制度还存在不少问题，必须进一步采取措施进行完善。

思考题

1. 什么是城市土地？它与一般的土地有什么不同？
2. 城市地租理论对我国城市建设有什么启示？
3. 简述土地产权制度理论。
4. 城市土地管理的内容有哪些？
5. 简述我国统一管理、分工负责的城市土地管理体制。
6. 我国城市土地管理存在的问题及对策研究。
7. 城市房地产管理的具体内容有哪些？
8. 简述我国房地产管理制度改革的历程。
9. 我国房地产管理中存在哪些主要问题？如何应对这些问题？

案例分析

经济适用住房政府回购

2006年11月3日，北京市政府批准了《北京住房建设规划》(2006年~2010年)，北京市酝酿出台的"经济适用住房回购"政策终于在一波三折中以"新"房实施回购而暂时落下帷幕。

事情缘起及背景分析

2006年9月30日，《北京住房建设规划》(2006年~2010年)在北京市规划委官方网站进行公示。规划提出，拟建立经济适用住房实行"内循环"的流转模式，即经济适用住房不得直接上市，将由政府回购。这一政策是在房价飞涨，而一般百姓却无房可住的条件下提出的应急之策。

经济适用住房的出台始于1998年的房改。当时，国务院发布了《关于进一步深化城镇住房制度改革加快住房建设的通知》，其核心内容是确立未来建立和完善以经济适用住房为主的住房供应体系，即对不同收入家庭实行不同的住房供应政策。最低收入家庭租赁由政府或单位提供的廉租住房；中低收入家庭购买经济适用住房；其他收入高的家庭购买、租赁市场价商品住房。

按照中低收入的表述，我国至少应该有70%~80%的城市家庭在中低收入范围内。如果各级政府能够严格按照上述制度的核心精神积极推进各项政策的执行，经济适用住房在城市住房供给比例中应该占到"为主"的比例，至少应在50%以上，这样充足的供给应该可以有效地解决我国房地产市场目前的抢购和炒卖现象。但现实的情况是，地方政府在以经济增长为政绩最大考核指标的驱动下，一开始就对经济适用住房建设存在抵触情绪，一些地方在"经营城市"的利益驱动下高价拍卖土地，人为缩减了经济适用住房计划，结果是经济适用住房供给严重不足。

统计数据显示，北京在全国是经济适用住房建设最多的城市之一，但自2003年以来，新增项目很少，多以老项目的后续建设为主。2004年经济适用住房的施工面积只占全市房地产施工总面积的10%。即便按照新公布的规划，北京市"十一五"期间的经济适用住房在整个供应体系中也仅占不到20%的份额。从全国来看，在2004年，全部房地产开发投资中，住宅投资8 837亿元，比上一年增长28.7%。其中的经济适用住房投资606亿元，比2003年减少2.5%，相对于"中低收入家庭购买经济适用住房"这一政策设定的占据绝对比例的购买人群而言，这无异于杯水车薪。

在这样的情况下，在管理过程中，由于未给予足够重视，组织和人员配备不足，又导致了从主体确定、价格审核、建设标准审核以及销售管理多个环节出现管理缺位。购买难、价格高、户型大、标准高、倒卖房号以及对购买对象审核不严、转让后获利较高等诸多“病症”，完全扭曲了经济适用住房政策对促进国家整个住房制度改革和解决中低收入家庭住房困难的重要意义。

各界反映

在北京市推出经济适用住房回购政策之后，各界对此褒贬不一，概括来说主要有两派观点，一派支持一派反对。支持者的观点主要如下：

1. 从近两年来不断出台的对房地产市场的调控政策来看，无论是2005年的“国八条”、2006年的“国六条”还是九部委“十五条新政”，都着重强调了住房建设带有社会保障性质，而非完全市场化行为，更多的本地居民应纳入政府的住房保障体系，所以应该由政府回购，从而还原它的本来面目。

2. 经济适用住房成本和价格都比较低，同时它的低价主要是政府减免税费的结果，因此不适合入市交易。例如，杭州市规定，经济适用住房价格由开发成本、税金和利润三部分构成。开发成本包括征地和拆迁安置补偿费、勘察设计和前期工程费、建筑安装工程费、基础设施建设费和非营业性公共配套设施建设费、管理费、贷款利息和经济适用住房建设和经营中的行政事业性收费（减半计收）；利润则按照不超过开发成本中前4项费用之和的3%计算；税金依照国家规定的税目和税率计算。经济适用住房定价不包括7种费用。

3. 实行经济适用住房政府回购政策能够避免目前经济适用住房运作过程中存在的弊端，使经济适用住房真正成为为民谋利的好事，构建更为公平和谐的社会。

反对经济适用住房政府回购者的主要理由如下：

1. 经济适用住房政府回购是对公民权利的侵犯。首先，经济适用住房的业主是拥有产权的，实行经济适用住房政府回购是对公民产权的侵犯。其次，在公民不知情的情况下实行经济适用住房的政府回购政策是对公民知情权的侵犯。

2. 经济适用住房政府回购可能不足以破解目前房地产的难题。有业界人士认为，经济适用住房确实出现了问题，但问题不在经济适用住房本身，而在于操作的诸多细节如何把握。比如，政府相关部门把关不严，让投机者有机可乘，造成了目前经济适用住房的炒房现象。因此，单纯的一项经济适用住房政策可能无法破解房地产市场的难题。

3. 经济适用住房回购政策的具体细节上也有问题。有业界人士认为，北京的问题在于回购方是纯商业性质的一级开发商，而不是地方政府。另外，回购的价格与市场价格差距过大，令平等参与竞争的二级开发商无力承担。这些都有待进一步完善。

社会调查

在北京市推出经济适用住房政府回购政策以后，某网站进行了网民调查。其结果如下：

经济适用住房该不该回购——某网站的调查结果

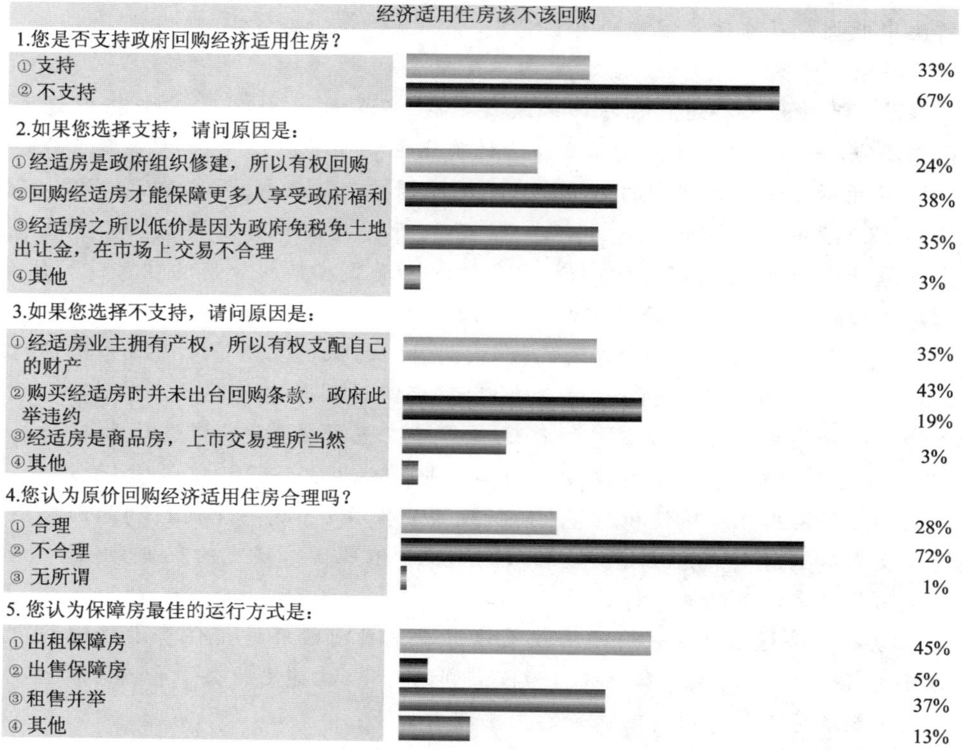

资料来源：1. 住房市场的主力仍应"经济适用"。http://news.xinhuanet.com/house/2006－11/14/content_5327726.htm，有删改。

2. 搜房网，http://www.soufun.com，有删改。

案例思考题：

1. 结合我国房地产改革的历程分析北京市出台经济适用住房政府回购政策的背景及意义。

2. 你怎样看待经济适用住房政府回购政策？它对我国未来房地产市场会有怎样的影响？

第七章

城市基础设施管理

城市基础设施是城市赖以生存和发展的基本条件,是维持整个城市系统有序运行的根本保障。城市基础设施的特点决定了城市基础设施管理是城市政府职能的重要组成部分,并对城市政府的其他各项职能产生着不可忽视的影响。

通过本章的学习,要深入理解城市基础设施的组成结构、特征和作用;掌握城市基础设施管理的主要内容;了解我国城市基础设施建设的状况与当前在城市基础设施管理中存在的问题;结合宏观和微观两个层面,把握我国城市基础设施管理改革的方向。

第一节　城市基础设施概述

人们对城市基础设施的认识是随着城市的不断发展与相关理论研究的进展而逐渐深入的。一方面,伴随着现代城市在规模、功能上的持续扩展,基础设施在城市中的地位和作用日益重要,尤其是在一些城市,基础设施已经成为了城市发展的"战略生命线";另一方面,关于物品性质的理论研究进一步拓宽了人们的认识,使人们对城市基础设施的属性、特征有了更深入的理解。

一、城市基础设施的内涵

城市基础设施中的"基础设施"一词,最早来源于拉丁文,英文表达为"Infrastructure",原意为基础或建筑物、构筑物的底层结构或下部结构。从 19 世纪 40 年代开始，西方的经济学家把"基础设施"一词引入经济结构和社会再生产的研究中，用基础设施和基础结构概括那些为社会再生产提供一般条件的行业或部门。1985 年 7 月，中国城乡建设环境保护部在北京召开的"城市基础设施学术研讨会"将城市基础设施定义为"既为物质生产又为人民生活提供一般条件的公共设施，是城市赖以存在和发展的基础。"1994 年度的《世界银行发展报告》将城市基础设施概括为：永久性工程构筑、设备、设施和它们所提供的为居民所用和用于经济生产的服务。这些基础设施包括三类：一是公用事业，包括电力、管道煤气、电信、供水、环境卫生和排污系统、固体废弃物收集和处理系统等；二是公共工程，包括大坝、灌溉设施和道路等；三是其他交通部门，包括铁路、城市交通、海港、水运和机场等。概括而言，城市基础设施是为满足城市物质生产和居民生活需要，向城市居民和各单位提供基本服务的公共物质设施以及相关的产业和部门，是整个国民经济系统的基础设施在城市地域内的延伸。

城市基础设施是城市设施的重要组成部分（见图 7 - 1），其内涵有广义和狭义之分。狭义上的城市基础设施，又称技术性或生产性基础设施，包括公用事业和市政工程。广义上的城市基础设施除了涵盖狭义上的城市基础设施以外，还囊括了城市公共社会事业设施的内容，如科教文卫等无形资产和部门。本章所探讨的是狭义上的城市基础设施。

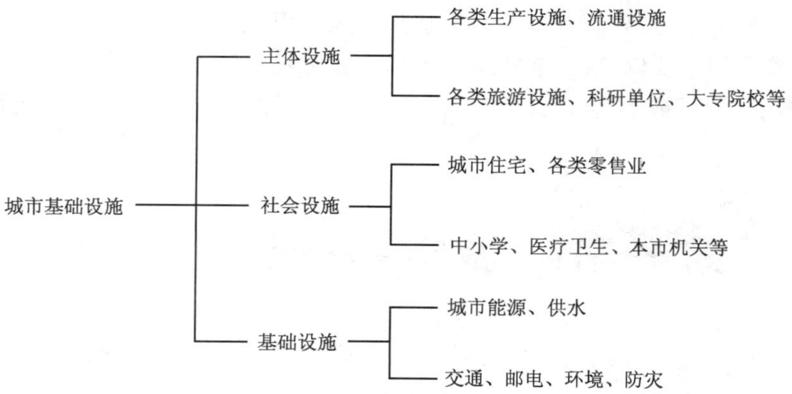

图 7 - 1　城市基础设施结构

资料来源：张跃庆、吴庆玲：《城市基础设施经营与管理》，经济科学出版社，2005 年版，第 4 页。

二、城市基础设施的内容

按照承担功能的不同，城市基础设施一般包括以下六大系统：能源动力系统、水资源及供水排水系统、交通运输系统、邮电通信系统、生态环境系统、防灾保障系统。作为城市主要物质支撑体系的各类基础设施系统不仅为维持城市生产和生活的正常进行提供了必不可少的物质条件，而且为城市进行物质的、精神的以及人本身的社会再生产而创造了共同的、社会化的物质条件。

能源动力系统主要包括：城市的电力生产与供应子系统；城市的燃气生产与供应子系统，包括天然气、人工煤气、液化石油气等；城市的供热生产与供应子系统；燃煤等其他城市生活用能源子系统。

水资源及供水排水系统主要包括：城市取水子系统，包括地表水、地下水、城市专用水库、输水管道等；城市净水生产子系统，包括城市自来水厂、清水库、输送净水的管网等；城市排水系统，包括雨水排放系统、污水处理与排放等。

交通运输系统主要包括：城市航空交通子系统，包括城市航空港、市内直升机场以及军用机场等设施；城市水运交通子系统，包括海上以及（或）内河港口、码头；城市轨道交通子系统，包括城际铁路系统和市内轨道交通系统两部分；城市道路交通子系统，包括长途汽车站、高速公路、公交站场、市内加油站、停车场、城区道路以及桥梁、隧道等。

邮电通信系统主要包括：邮政子系统，包括邮政局所、邮政通信枢纽、报刊销售；电信子系统，包括有线和无线通信两部分；广播子系统，包括无线电台和有线广播两部分；电视子系统，包括无线电视和有线电视台等。

生态环境系统主要包括：城市园林子系统，包括公园、动物园、植物园等；城市绿地子系统，包括草坪、林带、行道树、公共绿地等；城市环卫子系统，包括城市垃圾收集、处理场所以及公共场所保洁等。

防灾保障系统主要包括：城市消防子系统，包括消防站、队，消防给水管道网、消火栓等；防洪、防涝子系统，包括各种防洪（潮、汛）设施；抗震、防震子系统，以及城市人防（战备）子系统。

以上这些系统相互联系、有效配合，共同构成了城市经济、社会发展的物质支撑体系。随着经济、社会的不断发展，城市基础设施的内容必然要经历从少到多、从简单到复杂、从低级到高级的不断发展的过程。

三、城市基础设施的特征

城市基础设施作为城市经济社会运行中的一个相对独立而复杂的系统，具有以下特征。

（一）公益性与外部性

从经济学角度看，城市基础设施在本质上是一类公共物品，它具有准入上的非排他性与消费上的非竞争性。这决定了城市基础设施不是也不可能只为个别人、个别单位、个别家庭服务，而是面向整个城市的，即为城市社会的生产和再生产提供最一般的物质条件和社会化服务，其提供的产品和服务具有公益性。同时，城市基础设施也是一类具有较强外部正效应的公共物品。它为三类产业、城市生产以及市民生活提供了最基础的支撑，其价值远超出了自身的物质载体，并渗入到城市各领域、各行业的发展之中。

（二）生产性

城市基础设施具有生产性特征，或者称为商品属性，这主要体现在“生产过程”、“产品属性”两方面。从“生产过程”方面来看，城市基础设施建设的目的是满足城市各企业、各群体的生产和生活需求。城市基础设施已成为社会再生产的一个组成部分，这构成了其直接的生产性特征。从“产品属性”来看，城市基础设施建设既消耗了大量的生产资料，融入了大量的物化劳动，又耗费了人的活劳动，其最终产品实际是物化劳动与活化劳动的融合体，因此，城市基础设施及其提供的产品和服务具有商品的属性。

（三）自然垄断性

城市基础设施的垄断性主要体现在：一是基础设施建设需要支付高额的初始固定成本，这些高额成本基本上变成了“沉淀资本”，短期内难以收回，这就限制了小规模企业的进入；二是基础设施的可变运营成本相对较低。[①] 基础设施的平均成本和边际成本具有递减性，总是随产量增加而降低，规模越大，生产成本就越低。规模效应意味着基础设施由少数企业集中供给更具有经济性和效率。

（四）长期性与间接性

城市基础设施投资大，生产建设的周期较长，使用期限长久，使用寿命短的十几年，长的超过 50 年，甚至上百年。此外，城市基础设施建设的社会效益、经济效益和环境效益不仅在短期内难以得到反映，而且除了一些有明显经济效益的设施项目可以直接收回建设资金外，大多数基础设施的投资费用是较难从项目运行中直接收回的。城市基础设施的建设运营主要还是通过为整个城市的发展提供条件，从而间接地促进城市其他各项事业的发展。

（五）同步性与超前性

城市基础设施形成的同步性是指城市基础设施与相关的项目建设必须同时具备使用能力，形成服务合力。城市基础设施形成能力超前，就会导致基础设施投资闲置；城市基础设施形成能力滞后，则又会影响整体效能的发挥。

同时，从城市的未来发展来看，基础设施的建设又要具有一定的超前性，这体现在两方面：一是时间上的超前，作为城市生存和发展的前提，基础设施理应先行建设；二是容量上的超前，城市的不断发展会对基础设施提出更高的要求，而基础设施由于投入规模大、建设周期长、牵扯面大，不宜频繁扩建和变动，因此，基础设施必须在城市整体规划的指导下具有前瞻性和超前性。

---

① 门建辉：《垄断行业放松管制：经验与借鉴》，《中国经济问题》，1999 年第 2 期。

（六）协调性与系统性

城市基础设施是一个复杂的系统，不仅要与城市的其他系统相协调，而且基础设施内部的各子系统也应协调一致。首先，城市基础设施的建设运营在时间和空间上都要和城市的其他生产建设、生活服务相协调，要与城市的发展保持一定的比例关系。其次，作为有机整体，城市基础设施内部的各子系统必须保持一定的比例关系和系统协调性，这样基础设施才能有序运转，发挥综合效益。

四、城市基础设施的作用

城市基础设施在城市经济社会发展中占有极其重要的地位，它是城市生存立足的基础，是城市功能发挥的骨架。城市经济社会越是发展，现代化水平越高，基础设施在城市中的地位和作用就越是突出。

（一）城市基础设施是城市赖以生存和发展的基本条件

作为社会生产和再生产的必要条件，城市基础设施是城市各种生产要素聚集的物质基础，是城市赖以存在和发展的基本物质条件。城市只有每时每刻与外界环境进行物质、信息和能量的交换与循环，各项功能才能够得以发挥。离开了城市基础设施，城市将无法进行物质循环、信息流通和能量的汲取，城市中的一切活动都将无法正常进行。

（二）城市基础设施为城市生产和生活提供最基本的物质技术条件与安全保障

城市的各项生产生活活动的正常进行必须依靠充足的水源、能源供应和完善的道路交通体系等。先进完备的基础设施为城市的经济发展和市民生活提供了良好的平台和安全保障。尤其是对于现代城市的发展，其对能源、交通道路、邮电通信等基础设施的依赖不断加强，例如，一次断电就可使整个城市的生产生活陷入瘫痪状态，并造成严重的经济损失。

（三）城市基础设施是城市发挥辐射作用和聚集效用的重要物质载体

城市的发展建立于区域腹地一定的经济社会发展水平基础之上，区域腹地的进一步发展也有赖于城市的经济实力和综合服务能力向周边的辐射。作为沟通城市与外界周边的桥梁、纽带，基础设施越完备、越扎实，城市对外的辐射半径就越大，就越能从广域空间吸纳资源与要素，实现更高层次的发展，同时增强对周边地区的辐射带动能力。此外，城市聚集效用的发挥依赖于一定的城市规模，雄厚的基础设施则为城市建设发展到相当大的规模提供了坚实的物质载体。

（四）城市基础设施是城市经济发展的重要调控手段

城市基础设施是城市发展的"硬件"系统，选择性地供给城市基础设施可以缩短城际距离或扩张城市边缘规模,改善由人口聚集度过低或区位配置不协调而引起的不经济现象,从而起到促进城市经济发展的作用;控制城市基础设施的供给则能起到抑制城市经济盲目扩张的效果。从城市发展的实际来看,在不同的阶段,城市基础设施供给的数量和方向有所不同,对城市经济的调控结果自然也就不同。

(五)城市基础设施是城市形象和投资环境的重要构成

城市的基础设施体现着城市的管理者和公众对城市的定位和理解,反映了一个城市、一个地区的经济、文化发展水平,直接代表了一个城市的形象。同时,完善健全的城市基础设施能够创造良好的投资环境,成为投资者进行投资决策的重要参考,为城市的发展吸引需要的资金和人才。

第二节　城市基础设施的管理

城市基础设施管理是一项复杂的综合性管理活动。它涉及基础设施建设资金投入的筹措、基础设施建设运营主体及其责任的安排、价格机制以及收益分配方式的确定等。从一般产业角度讲,一项基础设施的完整供给流程有资金融通、生产建设和运营维护三个环节,所以,城市基础设施的管理实际包括融资管理、生产建设管理和运营维护管理。由于基础设施的生产建设与运营维护之间具有较紧密的承接性,因而这两个环节又可统称为城市基础设施的经营管理。

一、城市基础设施的融资管理

(一)城市基础设施融资的含义

城市基础设施融资是指政府、企业、个人等资金供给者向城市基础设施建设投资的途径和渠道,即城市基础设施的建设及日常运营的资金从哪些渠道,通过什么方法取得。它涉及城市基础设施建设资金融通的形式、手段和方法,旨在维持正常的开工建设和运营以及缓解临时的资金短缺问题。[①]

(二)城市基础设施融资的规模及结构

城市基础设施融资的规模是指通过各种途径可获得的、用于城市基础设施建设的资金数量。融资是城市基础设施建设的首要环节。从根本上讲,城市基础设施的建设规模受制于可筹集到的融通资金。城市基础设施融资的结构是指城市基础设施建设资金在各类基础设施中的分配比例及构成。城市基础设施融资的规模和结

① 按照货币金融学的理论,城市基础设施融资应有广义与狭义之分。广义融资是指货币资金的双向流动,即包括资金的融入与融出。狭义的融资主要指货币资金的融入,尤指资金的来源。本文采用了狭义的融资概念。

构是对城市基础设施建设水平以及特点的集中体现，并在一定程度上反映了城市的总体经济实力。城市基础设施融资的规模和结构主要取决于城市的自然地理条件、城市的性质特征、城市规模以及城市经济和技术水平等因素。

（三）城市基础设施融资的渠道

从资金流量的角度分析，融资方式是指资金盈余部门（资金供给部门）向资金亏空部门（资金需求部门）转移的途径和渠道，即资金需求方如何取得资金。社会资金来源的多样性决定了融资方式的多样化。国民经济中的每个部门都可能是资金盈余单位和亏损单位，都可能是资金的供给者和需求者。因此，按照全社会资金来源的途径，城市基础设施建设融资的方式可以分为五种：财政融资、银行融资、商业融资、资本市场融资和国际融资。

1. 政府融资

政府融资是指政府财政部门作为资金供给者向基础设施建设资金需求部门融出资金的形式和方法。财政资金反映了国家凭借其权力参与社会产品分配的实质，具有强制性和法定性。预算内投资、特种税费融资是城市基础设施政府融资的主要方式。尽管城市基础设施的融资渠道呈现出多元化的趋势，但是主体基础设施的公益性以及财政融资的雄厚实力决定了政府仍是基础设施建设的重要融资渠道。

2. 银行融资

银行融资是指各类金融机构（包括政策性银行和商业银行）作为资金供给者向基础设施建设资金需求部门融出资金的形式和方法。它主要是将通过信用手段筹集起来的资金，再以贷款的方式提供给资金使用者。与政府融资相比，银行融资是一种方便、迅速、灵活的融资方式。

3. 商业融资

商业融资方式是指企业作为资金供给者向基础设施建设资金需求部门融出资金的方式和方法。在商业融资中，各类企业是城市基础设施建设的投资主体。在市场经济条件下，企业以实现投资收益最大化作为主要经营目的，而城市基础设施建设往往投资巨大，周期较长，风险难以预测，因此，通常只有少数财力雄厚的企业才会投资于大型基础设施建设领域。

4. 资本市场融资

资本市场融资方式是指城市基建的资金需求者（资金供给者主要是居民）以发行股票和债券等有价证券形式取得资金的融资方式。资本市场融资通常对国家资本市场的发展水平、健全程度要求较高。发行股票和发行债券通常是资本市场比较发达的国家城市基础设施建设的重要融资渠道。投资基金、基础设施信托融资以及资产证券化（Asset Backed Securitization ，ABS）等都是当前出现的一些新的资本市场融资方式。

5. 国际融资

国际融资方式是指资金需求者通过各种形式向国外部门取得城市基础设施建设资金的方式。利用国外资金的渠道主要包括外商投资、利用国外贷款和利用国外资本市场三种方式。其中:外商投资主要是外商直接投资;利用国外贷款主要包括外国政府贷款、国际金融组织贷款和国际商业贷款等;利用国外资本市场就是在国外股票和债券市场上对外发行股票和对外发行债券。

在城市基础设施的建设中,以上所列的作为融资来源的五大主要部门并非彼此独立,它们相互补充,互济余缺。不同的投资主体既可以单独融资,也可以通过联合投资的方式进行多渠道的立体融资,从而构成多元化投资主体结构。

二、城市基础设施的经营管理

所谓城市基础设施的经营管理,是指城市基础设施的生产建设与运营维护的具体手段、方式和方法。受不同历史传统和现实因素的影响,各国的城市基础设施经营管理方式都不尽相同,尤其是随着全球行政改革浪潮的推进,新的经营方式手段不断涌现。从总体上讲,城市基础设施的经营管理主要有以下三种类型。

(一)政府主导

政府通过直接建设或由政府设立相应的企业、事业机构开办、控制、经营国有企业来供给城市基础设施。政府主导通常表现为政府所有经营基础设施,即国有企业的财产所有权以及由它产生的占有权、使用权、处置权、收益权等高度统一于同一主体。政府主导方式既可能是政治理念的体现,同时也可能反映了特定治理对象的内在要求。例如,对于某些生产纯公共物品、外部性和自然垄断性强、难以引入市场竞争和社会资金的城市公用事业企业,如城市绿化、市容行业等,可以采用这种由国家特定经济部门直接管理的方式。国有独资以及国家控股,是政府主导城市基础设施经营的两种主要形式。

(二)公私合作

作为基础设施的一种制度安排,公私合作制是指通过多方的参与,在政府监管下商业化地建设、运营基础设施。政府(如中央政府部门或地方政府)利用竞争机制(如招标)选择民营合作机构,由民营合作机构组成特殊项目公司,负责项目的筹资、建设及经营等,并可以通过收费(如大桥、公路的运营),或通过出售等面向消费者的价格机制实现投资回报。而政府则以某种承诺(付费协议等)对特殊项目公司的筹资等市场操作环节提供支持。其中,公私部门要签署特定合同,明确双方的权利和义务以确保项目的顺利完成。由于合作领域、参与程度以及权责大小的不同,公私合作的具体形式十分丰富,如委托经营、合同承包(如运营维护协议 Operation and

Maintenance 和经营业绩协议)、租赁、特许经营等。随着对城市基础设施经营方式的不断探索,更多的新形式不断得以创新。现在介绍以下几种新形式。

1. BOT(build-operate-transfer),即建设—运营—转让

BOT 以政府和私人部门机构之间达成协议为前提,由政府部门向该机构颁发特许,允许其在一定时期内筹集资金建设某一基础设施,并管理和经营该设施以及相应的产品与服务。当特许期结束时,私人机构按约定将该设施交给政府部门,转由政府特定部门经营和管理。在欧美发达国家,BOT 已广泛运用于大规模的城市基础设施建设当中。澳大利亚悉尼港湾隧道工程、著名的英法海底隧道工程都是运用 BOT 投融资方式建设成功的。

2. TOT(transfer-operate-transfer),即移交—经营—移交

TOT 是指基础设施项目建设方(一般为政府)把已经建成投入运营的公共设施经营项目所有权和经营权(主要是经营权)暂时让渡给其他经营主体,经营合同期届满后,项目仍由建设方无偿收回。

3. PPP (Private-Public-Partnership),即民营企业与政府合作

PPP 是指政府部门通过政府采购形式,与中标单位组成的特殊目的项目公司,签订特许权协议,由该项目公司负责基础设施的筹资、建设与经营。这种形式的实质是,政府通过给予民营企业长期的特许经营权和收益权来换取基础设施加快建设及有效运营。①

(三)市场运作

市场运作是将城市基础设施的生产和供给完全交由一些私人机构建设、运营。除了正常的市场监管外,政府较少干预这些机构的具体经营活动。这类城市基础设施的收费标准完全由市场供求关系决定,或者参考政府指导价。基础设施的市场运作体现了现代城市政府职能由“划桨”向“掌舵”、由管制向治理的转变,它是当今各国城市政府改革的一个重要方向。市场运作的形式通常有股份制、私有化以及管理合同等。

1. 股份制

股份制是现代企业制度的一种有效形式。城市基础设施领域推行股份制,主要表现为资本所有者与经营者的分离。具有专业知识和管理经验的经营者享有独立的经营权,国家股东只能根据其所持有股份的比例行使权力、享受收益。

2. 私有化

私有化方式是将经营与管理城市基础设施的国有企业转化为私营或混合式的

① 冯锋、张瑞青:《公用事业项目融资及其路径选择———基于 BOT、TOT、PPP 模式之比较分析》,《软科学》,2005 年,第 19 卷。

企业,转制后的企业单位成为真正独立的市场主体,与其他同行企业平等地参与市场竞争,独立经营、自负盈亏。

3. 管理合同

管理合同的形式将广泛的基础设施经营和维修责任委托给私人部门,承包商被授予充分的决策自主权,其私人介入程度较高。管理合同主要有两种:一种是收费固定的合同;另一种是根据经营业绩收取费用的合同,将承包者的收入与经营业绩挂钩。①

此外,随着实践的不断深入,近些年又涌现出一些新的运作方式,如 PFI。PFI(Private-Finance-Initiative)是英国政府于 1992 年提出的,在一些西方发达国家逐步兴起的一种新的基础设施投资、建设和运营管理模式。其含义是由政府选择确定某个私人企业并与其签订合同,由私人企业负责该项目的投融资和建设,准许其在合同期内进行运营管理以取得赢利,并通过特许协议,由政府和项目的其他各个参与方之间分担建设和运作风险。② 此模式的项目所有权和经营权都属于投资公司,因而 PFI 的实质是在公共设施领域鼓励私人投资。

第三节 中国的城市基础设施建设与管理

城市基础设施的建设与发展不是一蹴而就的,同样,各种矛盾也并非产生于一朝一夕之间。当前我国城市基础设施建设与管理领域存在诸多问题,其中既有传统体制下的遗留问题,又有新制度在完善过程中遇到的新问题。因此,认识我国城市基础设施建设与管理的现状不仅需要历史的眼光,而且需要现实的视角。

一、中国城市基础设施建设的发展状况

新中国成立以来,城市基础设施的建设以改革开放为分水岭,大体上可分为两个阶段。

(一)改革开放前

改革开放前,受计划经济体制和当时城市建设指导思想的影响,我国城市基础设施发展缓慢,基本处于停滞状态。计划经济时代的城市基础设施是由国家垄断经营的,物品和服务的生产数量以及价格由国家统一控制,背离了正常的市场价值,生产效率低下。计划经济体制的统收统支财政政策,导致国家城市基础设施融资渠道单一,政府财政负担相对较大。此外,国家和城市的经济政策和计划安排也是影响

① 李丽萍、张伟:《国外城市基础设施的市场化管理研究》,《中共济南市委党校学报》,2004 年 2 月。

② 韩传峰、台玉红:《英国的工程项目融资方式 PFI》,《世界建筑》,2000 年第 2 期。

城市基础设施建设的重要因素。当时，城市基础设施建设被认为是非生产性建设，所以在“先生产、后生活”和“把消费城市建设成为生产城市”思想的指导下，国家和城市都把城市基础设施建设项目安排在固定资产投资的最后，结果造成城市基础设施投资偏低，建设规模较小，欠账越积越多，基础设施建设严重滞后于城市发展。

（二）改革开放后

改革开放后，我国社会主义市场经济体制得以建立，并逐步完善。城市和城市经济迅速发展，居民生活水平不断提高，对城市基础设施提出了越来越高的要求。为此，国家通过设立新税种、实行新收费制度来增加城市基础设施建设的资金投入。进入 20 世纪 90 年代以后，随着政府职能的不断转变以及市场化改革的持续深入，城市基础设施建设与管理体制发生了深刻的变革。城市政府由基础设施投资、建设、运营的全包全揽者逐步向城市基础设施的决策者、规划者和监督者转变。城市基础设施投资和建设、运营和管理的方式趋向多元化和多样化，城市基础设施现代化程度和经营管理水平都有了较大提高，承载能力得到有力加强，服务功能有了显著改善和发展。

二、当前中国城市基础设施管理的现状

（一）城市基础设施管理机构

由于城市基础设施类型多、行业广、内容复杂，所以，城市基础设施的管理机构也相应地呈现出多样性和复杂性特点。从城市政府层面来看，我国基础设施管理机构主要有以下三类。

1. 专业管理机构

根据城市基础设施的各子系统的职责需要，专门设置政府机构负责城市基础设施某行业、某领域或某环节的具体组织实施、管理监督等工作，这些机构被称为基础设施的专业管理机构。主要包括市政管理局、市政工程局、公用事业管理局、环境保护局、水利局、交通局、邮政局等。这些部门机构管理领域相对狭窄单一，同时管理的专业化水平较高。

2. 综合管理机构

作为城市政府的职能部门，基础设施综合管理机构既对市政府负责，又以上级机关的身份对城市基础设施各专业管理机构进行业务指导和综合管理。我国城市基础设施的综合管理机构主要有城市建设委员会、城市规划委员会以及市政管理委员会。这些部门的主要职责是制定相关法规和规划方针，组织实施重大工程设施建设，指导和协调城市基础设施各方面的管理。

3. 协调机构

城市基础设施系统性较强，尤其是在城市基础设施内部各子系统之间需要保持一定的比例关系和协调机构。单独的专业管理机构设置容易造成条块分割，无法有效协调各部门，导致基础设施项目难以统筹、无法衔接。因此，通过合理地设置一些跨部门、跨行业、跨领域的协调机构，能够促进多方面的工作共同良好开展。例如，一些市政府在市建设委员会设立综合执法协调机构，负责城市管理综合执法中有关制度和规范性文件的起草、制定；联合环卫、园林、工商、市政监察大队等部门组织，协调综合执法中的重大事项。①

（二）城市基础设施管理体制

我国城市基础设施管理体制目前正处于从计划经济体制向市场经济体制转型的时期，既延续着计划经济体制的管理方法，又建立和实施了许多市场经济体制的管理方式。这种二元式的管理体制在不同的城市，甚至在同一城市中不同的设施部门，也不完全相同。

在计划经济体制下，我国城市公用事业按行业、地域划分为若干条快，按条块组成企业，绝大多数企业是作为事业单位来进行运营管理的。与此相对应，政府设立若干管理部门，直接管理企业的人、财、物和生产任务，企业收入全部上缴财政，支出由财政包干供给，企业所有权和经营权全由政府掌握。

1999 年，建设部出台《关于进一步推进建设系统国有企业改革和发展的指导意见》，成为城市基础设施行业行政事业管理体制改革的标志，围绕“政企分开”、“政事分开”的基础设施经营管理体制改革逐步展开。城市基础设施行业政企分离、政事分离和事业单位的企业化改制进程加快，主要大中城市的市政公用企业基本实现了由传统的事业制向公司制的转变，基础设施的投资、运营逐步走向多元化，政府逐步由行业管理走向市场管理。但是，受传统经济体制的影响，部分供水、供气、供热企业，特别是园林、环卫等基础设施仍然沿用行政事业管理体制，城市基础设施行业呈现出行政事业管理和企业化经营管理方式并存的混合管理型模式。

三、中国城市基础设施建设与发展中存在的问题

我国城市基础设施面临的问题主要有两方面：一方面，表现在城市基础建设总量不足，资金缺口较大，与城市经济社会发展有较大差距；另一方面，表现在政府垄断经营城市基础设施，市场化、产业化水平低，政府职能转变不到位，基础设施管理体制改革有待深化。

---

① 上海市建委：《关于上海市城市管理综合执法试点工作的实施意见》，http://news.eastday.com/eastday/zfgb/zf/userobject1ai19954.html。

(一)城市基础设施建设存在的问题

1. 城市基础设施建设总体上仍滞后于城市经济社会的发展

改革开放20多年来,我国城市基础设施建设虽然有了长足的进步,但是与城市经济社会的发展需求相比,仍显不足。目前全国的大部分城市不同程度地存在着交通拥挤、环境污染、供水紧张的状况,成为城市经济、社会发展面临的三大难题。

2. 资金缺口问题严重,融资渠道单一

长期以来,我国对城市基础设施领域的投入严重不足。在我国历史上投资比例最高的1998年,其投资也只占GDP的1.8%,距联合国推荐的发展中国家城市基础设施投入占GDP的比例3% ~5%有较大差距。

资金压力大与融资渠道少有密切关系。城市基础设施建设的资金来源很长时期内都是国家财政。目前,大部分还是依赖财政资金。但是,财政资金有限,不能为城市基础设施建设提供足够的资金支持。受我国当前金融体制改革的影响,商业银行迫切需要化解长期积淀下来的不良资产,因此一般不愿意将大量信贷资金增量投向还贷期限长、贷款利率低的城市基础设施项目。政策性金融机构如国家开发银行,其资本金规模还较小,贷款资金来源有限。利用国际金融机构贷款和外国政府贷款等外资进行城市基础设施建设还受到种种条件的限制,城市基础设施建设自筹资金能力又比较弱。这些都造成了城市基础设施融资压力巨大。

3. 城市基础设施设计、规划、布局存在不合理的现象

城市基础设施规划是城市建设和发展的蓝图。我国的城市规划工作起步较晚,相当多的城市在20世纪80年代才组建规划管理部门,城市规划水平较低,规划管理体制尚不完善。这表现在:基础设施建设缺乏统一规划、统一建设和合理的布局;城市基础设施子系统部门各自为政、各取所需;基础设施规划专业人才的作用尚未充分发挥。由此造成了许多城市的盲目建设和重复建设,见缝插针、私搭乱建,造成极大的浪费,[①]制约了基础设施服务功能的发挥。

(二)城市基础设施管理方面的问题

1. 政府垄断经营,弊端丛生

政府垄断经营是城市基础设施运营效率低下、公用产业资不抵债的主要原因,也是我国城市基础设施管理改革中的顽症和重点改革对象。

虽然20世纪90年代对基础设施的垄断经营体制进行了一系列改革,如减少或取消财政补贴、实行以成本为基础的定价制度等,但传统体制的弊端未从根本上消除。目前,我国大部分城市基础设施仍然是国有,并实行行业垄断经营,市场化、产业化程度十分有限。据《中国企业竞争力报告(2006)》显示,国有及控股企业在电

---

① 孙小燕、王厚俊:《城镇化进程缓慢的主要因素分析》,《山地农业生物学报》,2004年第2期。

力、煤气及水的生产和供给上，在交通运输、仓储及邮电通信等行业中，营业收入均占有60%以上的份额，最高的94.9%。[①] 长期垄断经营的结果是，经营单位缺乏生存忧患意识和竞争压力，生产、运营效率低下，技术、管理创新乏力，人员大量冗余，政府财政负担过大，企业经营包袱沉重，而且出现了越来越多的政府经营企业凭借垄断优势，限制竞争、损害消费者利益的问题。据国家工商行政管理总局报告显示，公用企业利用独占地位侵权成为2001年消费者申诉举报的十大热点问题之一。同时，由于缺乏有效的价格形成机制，政府控制价格，导致定价难以真正反映物品或服务的市场价值，无法起到平衡供求、增进效益的作用。

2. 政府角色错位，职能混乱

在我国城市基础设施管理中，政府主要扮演三种角色：一是作为一般社会管理者；二是作为市场管制者；三是作为企业所有者或者说是生产者。但是在利益诉求、责任要求等方面，这三种角色存在内在的冲突。在一些城市，政府仍是许多基础设施建设项目的直接投资者和所有者，同时又是具体项目的经营管理者，还是基础设施的管理者。"全能"角色造成政企不分，基础设施权责利关系不明确，建设、管理、运营脱节，竞争意识弱，效率低下，投入产出效益差，资产流失浪费现象严重。

3. 管理体制不顺，机构设置不合理

我国城市基础设施大多实行的是政企合一的管理体制，管理机构设置基本上沿袭了改革初期乃至建国初期的格局。在中央一级，主要由国家发改委和建设部负责全国基础设施的发展计划、价格统筹以及宏观投资和市场管理。在地方一级，则在各大中城市设立基础设施管理局、市政公用局等行政机构，对本地公用企业进行直接经营管理。这种体制的必然结果是以行政区划为界限来划分公用企业的市场范围，由行政区划界限内的运营者垄断经营。这样虽然便于政府对所属企业的直接管理，但往往有悖于经济合理和规模经济的原则，造成经济上的低效率和社会资源的浪费，公用企业行政化现象严重，基础设施的亏损问题也普遍存在。各地的基础设施建设过度受制于中央，难以灵活地、因地制宜地进行本地区的基础设施建设和经营。此外，在市级政府内，市建委、市政局、城市公用事业局的职责交叉以及多头管理造成了基础设施建设难以统一协调，为盲目建设、重复建设埋下隐患。

4. 监督机制不健全

根据国家发改委对全国大中型项目概算检查的结果，项目超概算的比例平均为91%，其中，在交通、电力和铁路等行业中，基本大中型建设项目超概算的比例为

---

① http://www.China.com.cn/about China/data/int/2006-12/14 Content-7507979.htm.

100%，有些项目超过原概算2～3倍。① 而且，质量问题已经成为困扰基础设施建设的一大难题。工程质量低下，“豆腐渣”工程层出不穷，给国家建设、城市发展造成巨大损失，甚至直接威胁到人民群众的生命财产安全。由于监控的法规不够完善、内容不够具体和明确，导致工程质量难以有效地提高。相对于英国比较完备的基础设施社会监督机制，我国在这方面有明显差距。②

步入21世纪，无论是经济社会的迅速发展，还是城市化的加速进行以及经济社会国际化水平的提高，都对城市基础设施提出了更高的要求，使城市基础设施面临巨大挑战。高速的城市化进程意味着21世纪最初的20年里我国基础设施的累计投资至少要达到3.5万亿～5万亿元；全球化融合的加剧需要我国城市在交通、通信和环境等方面具有较高的发展水平，能与国际接轨；经济社会的发展带来了城市环境的严重破坏，这对城市基础设施建设中的环境保护和环境治理提出了更高要求。总之，为了迎接各方面对城市基础设施建设提出的挑战，政府在制定经济社会发展战略和城市规划时，必须把城市基础设施建设放在重要和突出的位置。表7－1为2010年前中国城市基础设施发展规划目标。

表7－1　中国城市基础设施发展规划目标

项目	2000年	2010年
用水普及率（%）	96	99
人均生活用水量（升/日）	210	240
污水集中处理率（%）	25	40
人均道路面积（平方米）	8	14
万人拥有公交车辆（标台）	7.6	9
燃料气化率（%）	70	90
供热普及率（%）	25	50
垃圾无害化处理率（%）	50	58
人均绿地面积（平方米）	6	7

资料来源：张跃庆、吴庆玲：《城市基础设施经营与管理》，经济科学出版社，2005年版，第15页。

① 李海婴、董岚：《我国城市基础设施的问题和对策》，《武汉理工大学学报》（信息与管理工程版），2004年8月，第26卷，第4期。

② 英国的城市公用事业管理机构设置，十分重视体现政企分离和强化社会监督。一方面，根据有关立法在全国各地建立了完备的煤气、自来水顾客服务委员会网络，对企业进行全方位监督，为政府部门决策提供客观信息来源；另一方面，建立和不断健全听证会制度，各类公用事业制度、方案均公开在大众媒体和互联网上，广泛征求公众意见并据此反复修改，使之易于为社会接受。

第四节　国外城市基础设施管理的模式及对我国的借鉴

城市基础设施管理从来没有普遍适用的模式。在一定的环境下，任何管理模式都有其自身的优缺点，不能简单地、抽象地比较其优劣。评价城市基础设施的管理模式关键是要看其是否符合特定的城市环境和城市发展的要求。这里通过介绍国外城市基础设施管理的三种典型模式，为我国的城市基础设施管理改革提供一些启示。

一、国外城市基础设施管理的模式

西方各国对城市基础设施管理的探索可源起于工业化和城市化进程之初，有着较长的时间和较丰富的实践经验。由于西方各国在政治、经济、文化以及历史等方面存在的差异，现已形成了具有各自特征的投资及管理模式。当前主要存在以下三种典型模式①。

（一）英美模式

英美模式的产生主要根植于“政府自身和政府在自由健康社会中相对于其他社会组织的适当角色”这样一些最基本的哲学或社会信念。② 这种模式以新古典经济学为主要理论基础。新古典经济学认为，顾及合同各方利益的最理想的协议只能通过以下条件来实现：市场的竞争、信息的自由流动以及竞争的组织形式。如果政府要对之进行干预，那么这种干预只能是为了校正市场功能的不健全。因此，在实践中，英美模式主张将市场竞争机制更多地引入城市基础设施建设，通过将收益性项目与公用事业项目捆绑的方式，利用收益性项目为城市公用事业企业提供收益来源。为了达到最佳效果，该模式坚持：①使竞争无处不在；②制定详细的短期合同；③建立一套监督控制机构，以使合同的内容得以执行。在这些原则的基础上，英美发展了一套竞争与规制并举的基础设施管理的体系：更多地借助政府部门去满足公众的需要，充分利用民间资本弥补政府资源的不足，同时强化对基础设施市场的多元监管。

（二）日本新西兰模式

日本新西兰模式的典型特征是基础设施企业化、集团化。进入20世纪80年代

① 李心丹：《西方国家公用事业企业投资及管理模式分析》，《东南大学学报》（哲学社会科学版），2000年11月。

② 詹国彬：《西方公共部门民营化改革的理念追寻及其反思》，《岭南学刊》，2005年第1期。

以来，两国政府（新加坡政府也采取类似举措）都试图将政府基础设施公司集团化。二战后，日本政府为了推进基础设施的企业化、集团化改革，成立了临时行政调查委员会，对转制企业进行透彻的了解，并在时机成熟时，出售国有企业的股票，实行彻底的企业化。新西兰也有类似的经历。在日本和新西兰两国的基础设施管理中，宏观调控主体仍是政府组织。通过部分政府职能公司化、集团化，这些国家的中观决策主体性质发生了变化，由政府组织转化为企业组织，政府职能转换使专业经济部门的职能一分为三：行政管理职能仍由政府经济部门行使；行业管理职能由行业协会行使；市场决策、投资决策职能由企业性质的各企业集团承担。两国的经验表明：企业集团与基础设施的行业性质存在内在的契合性，这种契合性在于企业集团可以部分地代替政府。

（三）法国模式

法国模式以市镇当局和私营大企业两者所形成的二元机制为突出特征，两者在国家特定的法律条文的监督下协同工作。其中，所有地方事业是市镇一级政府的首要职责。法国模式的原则是合作、财务的收支平衡及体制的灵活，并认为政府与企业的关系应该是契约关系而不是监管关系。在这样的认识基础上，特许经营成为了法国最主要的基础设施管理方式，并被世界银行称为"一种真正的法国模式"。[①] 它可以将市镇联合体、区和有关群众联合起来进行合作，通过市属机构对公用事业进行直接管理或是交由私营企业进行委托管理。

阅读拓展

法国城市基础设施的特许经营制度

长期以来，法国发展了一套自己的基础设施特许经营模式，并在第二次世界大战以后的大规模城市建设进程中得到了充分的验证，在世界五大洲得到推广。法国模式的基本特点是：①设施公有；②以合同形式规定双方权益；③政府对其拥有监督权；④企业拥有开发权；⑤政府保留对价格的干预以及单方中止合同的权力。在实行特许经营制度的过程中，政府始终控制着价格这一核心，并保持着几个特点：①不管采取何种委托形式，价格都要经过市政议会讨论确定。②这些价格是由社会咨询公司在预测的基础上科学计算得出的。例如，水的销售价格及废水处理价格，主要根据收支平衡原则，并考虑服务数量变化、经营形势变化、地方税收等因素来进行。有时为解决需要政府投入的那部分资金，测算时还包括政府设施使用税和附加税

① 张跃庆、吴庆玲：《城市基础设施经营与管理》，经济科学出版社，2005年版，第156页。

等。③价格变化和企业报酬会定期地进行复核，一般情况是四五年一次。④如果双方无法达成价格协议，则需要成立一个三人委员会对复核结果进行仲裁。合作双方各选一位，第三位由已选定的二位委员共同选定。

“模式”一词并不意味着一成不变。法国模式的最大优势就是其具有极大的灵活性，无论是组织结构、合同内容和技术手段都具有极大的可变性。一种模式或是一个特许经营合同，或是某一特定时期为解决某一具体问题而形成的一种生动而专门的形式。

资料来源：北京天则经济研究所公用事业研究中心参考资料，2005 年第 8 期。

城市基础设施具有复杂性，西方各国经历了由私人部门供给（建设和运营）为主到公共部门供给为主，再到建立公共部门与私人部门伙伴关系的发展历程。西方国家城市基础设施的运营模式表明，在城市基础设施领域，即使在发达国家，目前也没有足够证据表明私人部门完全能够发挥主导供给作用。这对我国城市基础设施的市场化有着重要的启迪作用。研究和把握西方各国的经验对于我国基础设施经营管理和投资政策等问题具有极其有益的启示。

二、发展我国城市基础设施的战略与策略分析

制定我国城市基础设施的发展战略必须立足于我国的基本国情。当前我国城市基础设施存在的主要问题是总量不足、管理低效以及地区不平衡；同时所面临的城市化、市场化、国际化和生态环境恶化等挑战更加剧了发展城市基础设施建设的紧迫性。

从战略层面讲，必须要解决好以下三个问题。

第一，通过各种有效的手段改变当前基础设施总量不足的状况。从全局来看，总量不足是目前我国城市基础设施建设中的突出问题。国际经验表明，发达国家在经济腾飞之前，无一例外地都经历了一段基础设施的高投资、高积累时期。可见，要提高基础设施对经济发展的贡献率，面对未来城市化加速发展的压力，必须不断增加城市基础设施的供给。

第二，加快中西部地区的城市基础设施建设，逐步消化这些地区基础设施建设的历史欠账。中西部地区的城市基础设施建设不仅严重滞后于东部地区城市的基础设施建设，而且也严重滞后于本地区的经济社会发展。这些地区落后的城市基础设施建设已成为当前制约我国经济发展的软肋。

第三，探索政府与市场有机结合的城市基础设施管理模式。确立何种城市基础设施管理模式，要综合地取决于社会制度、经济制度、经济运行机制、经济增长方式以及所有制结构、市场发育情况等综合因素的集成。基础设施管理模式的变迁是一个历史继承、逐步发展和向目标模式过渡的过程。因此，对我国城市基础设施管理模式的选择，既要有历史的观点、现实的态度，也要有未来的眼光。对此，可以分为

近期的过渡模式和未来的目标模式。

作为近期的过渡模式,可以采取以政府为主导的政府市场结合模式。这种模式摒弃了政府全包全揽和完全市场运作两种模式的缺陷。这既与我国尚不发达的经济发展水平、尚不成熟的证券市场发展状况相适应,又充分考虑到了我国的政治历史传统。在此基础上,随着市场经济体制的完善和成熟,我国城市基础设施管理模式将过渡到未来的目标模式。未来的目标模式是以市场为主导的市场政府合作模式。在该模式下,市场与政府的分工合作更加明晰:资本市场融资将取代财政融资而成为主要的融资方式;市场则负责具体的生产经营决策;政府将在总体规划、市场监管上发挥重要作用。未来目标模式最大的特征在于更广泛的市场、社会主体参与城市基础设施的生产、建设、经营,因而也可以说,它是一种多元化的管理模式。

在策略层面上,要进一步深化城市基础设施市场化改革,打破基础设施的政府垄断经营,拓宽融资渠道;政府应从传统的行政模式转向新的城市政府治理模式,吸引各种社会主体广泛参与城市基础设施的经营管理,构建城市基础设施的多元治理网络。这需要从以下几方面着手。

(一)正确定位政府职能,推进城市基础设施管理市场化改革

从国际比较来看,政府在城市基础设施管理中的作用是随着城市经济发展阶段以及现实需要的变化而改变的。同时,政府发挥作用的形式也不是一成不变的,它随着各国的政治经济体制和城市基础设施的类型不同而变化。当前的国际变革趋势主要表现为私人部门的参与以及更多地利用市场竞争机制。困扰我国城市发展的基础设施垄断经营、效率低下等问题,也是各国普遍存在的积弊,因此,重新调整政府与市场的关系应是改善我国城市基础设施管理的题中之意。

在城市基础设施管理中,政府的主要工作是抓好城市基础设施的规划、服务标准的制定、质量监管和投资引导。在具体管理过程中,从主要管城市基础设施建设的国有投资转到进行全社会的投资管理;从主要管投资项目的审批、重点项目建设及其竣工验收等微观活动转到调节结构变化与提高社会效益等宏观经济活动;从主要靠行政手段转到综合运用经济、法律等多种手段。企业是责权利相统一的市场主体和投资主体,政府应打破对基础设施的行政垄断经营,改变目前经营性项目与非经营性项目捆绑经营及政企不分的投资管理格局,通过公开、公平的竞争选择城市基础设施建设的项目法人;将整个基础设施的建设、运营等生产性的职能让渡给以项目法人为代表的企业、非营利组织甚至外商去完成,[①]政府自身则以监督者和市场环境维护者的身份出现。这样就将经营风险、债务风险限制在企业实体范围内,降

① 原国家计委2002年3月4日公布的新的《外商投资产业指导目录》中,原禁止外商投资的电信和燃气、热力、供排水等城市管网首次被列为对外开放领域,国家在城市基础设施行业扩大开放的政策逐步到位。

低了政府的责任风险,减少了在建设过程中的政府腐败行为,切实做到政府在城市基础设施上的经营功能和监管功能相分离。

(二)拓宽投融资渠道,构建多元化的投资结构

在城市基础设施建设的融资渠道上,改变以往以财政为绝对主体的单一投融资模式。首先,可以利用城市经营和基础设施市场化运营,把基础设施的建设运营纳入良性循环的轨道,使公共设施价格趋于合理化,真正实现以城养城、以设施养设施;其次,可以利用资本市场来扩展城市建设资金来源,例如,利用债券、股票、信托、投资基金、银行贷款、民间资本以及吸引外资等方式,来广泛地、多元地吸收资金,加快城市建设步伐;最后,还可利用项目融资模式,积极推进政府和私人投资者的合作,并借鉴发达国家的经验,开展以资产证券化形式筹措城建资金的模式。

从我国目前的国情来看,随着民间资本的壮大以及对外资开放程度的不断提高,未来民间资本和境外资本将成为我国城市基础设施融资的另一大主力。因此,改变单一投融资模式的关键在于对民资和外资的开发、利用。吸引民资、外资进入基础设施建设领域可以通过以下一些方式。

1. 实施城市基础设施委托管理和特许经营制度

向社会发布特许经营项目的内容、时限、市场准入条件、招标程序及办法,在规定的时间内公开接受申请,并组织专家根据市场准入条件对申请者进行资格审查和严格评议,择优选择特许经营权授予对象。

2. 通过联合、联营、集资、入股等方式进入基础设施领域

基础设施项目投资规模大,进入门槛高,而我国民营资本大多是小额资本,因此,民营资本进入该领域主要采用联合、联营、集资、入股等方式,但也不排除有实力的单个民营资本进入,独资经营。

3. 通过引导、补贴等方式“撬动”民资、外资

民资和外资的引入需要政府解除行业的高门槛,制定合理的优惠政策。在规范行业准入制度的基础上,适当降低民资和外资进入基础设施领域的门槛,制定各项有利于提高投资积极性的政策措施,尤其是对于社会效益较好的项目,政府可通过财政补贴或其他转移支付手段,积极引导民资和外资的进入。

(三)建立规则严密、功能健全的城市基础设施价格体系

城市基础设施管理的市场化改革是以与市场经济相适应的价格机制为支撑的,如果没有必要的回报,就不可能吸引多元投资主体的参与。因此,必须打破传统的定价模式,坚持市场化改革的方向,积极推进城市基础设施的价格改革。

1. 转换城市基础设施价格形成机制,规范价格构成,增强价格功能

我国城市基础设施的定价原则可以概括为:①维持生产者正常经营。由政府投资的城市公用事业企业,其价格能保证正常的生产成本得以补偿,起码能维持简单

再生产。②消费者合理负担。城市基础设施价格应体现消费偏好的差异,并以不影响消费者对于必需的公共产品的享用为原则。③促进经济的可持续发展。城市基础设施价格的制定和调整要服务于保护资源和促进环境改善的目标。④促进全社会福利最大化。通过城市基础设施价格的制定和调整,使资源配置在全社会的范围内达到最优。

2. 在项目区分的基础上,进行分类定价

对不同的行业或产业应实行不同的价格形成原则。例如:对自来水、民用电等公共产品按受益原则定价,改变其价格偏低状况;而对铁路、邮电等行业实行损益平衡原则,以补偿成本作为其定价的主要依据。要不断完善城市基础设施价格分类体系,根据资源使用量和使用特征、各地资源的稀缺程度等因素,分别制定不同特征、不同地区、不同时段的资源价格。

3. 完善价格管制机制,以建立价格听证制度来约束价格形成机制

在具体价格制定过程中,企业有责任证明其主张价格的合理性,公众可以通过一定的程序和方式对不合理价格进行否决,政府应当作为各方利益的协调者和价格执行的监督者,力争形成市场激励、企业约束、公众听证、政府监管的价格决定体系。

(四)做好项目区分,促进运营管理方式的多元化

城市基础设施的高效管理是建立在科学的分类基础上的。城市基础设施是一个总体类的概念,其中不同性质和类型的城市基础设施的投资运营规律具有很大的区别。以往完全市场或完全政府做法的失败正是因为对复杂的基础设施项目采取了单一的对待方式,所以,必须要根据城市基础设施的不同类型采用不同的投资运营方式。对城市基础设施的项目区分成为了分类管理的基础和关键。

项目区分要求根据城市基础设施项目的性质和特征,对不同类型的项目进行区别管理。根据城市基础设施项目提供产品和服务的性质,利用可经营系数 α 对其经营属性进行量化。[①] 项目的可经营系数为:

$$\alpha = VPC$$

其中,V 是项目的经营收益,C 是项目的投资成本。即项目的可经营系数等于项目的经营收益与投入之比。[②]

利用可经营系数的特征值可将基础设施项目分为三类:①$\alpha = 0$,表明项目没有收益,此类项目无法从市场进行融资,属于非经营性项目。如路灯、广场绿地等。②$0 < \alpha < 1$,表明项目有收益,但收益低于投资成本,此类项目无法从市场直接进行融资,但具备从市场融资的潜在性,属于准经营性项目。如市内道路、公园等。

---

① 项目区分理论是由上海城市信息研究中心提出来的。式中的 α 是对项目的投资主体、运作模式、资金渠道及权益归属等内容的总和反映。

② 郭霞、刘玉明:《城市基础设施建设投融资体制改革对策研究》,《技术经济》,2002 年第 12 期。

③$\alpha > 1$，表明项目有收益，且收益大于投资成本，此类项目可以从市场直接进行融资，属于纯经营性项目。如高速公路、桥梁等。基础设施项目的区分见表7－2。

表7－2　基础设施项目区分

序号	项目属性		城市基础设施实例	投资主体
1	经营性项目	纯经营性项目	收费高速公路、收费桥梁、废弃物的高收益资源利用厂等	全社会投资者
2		准经营性项目	煤气、地铁、轻轨、自来水	政府适当补助吸纳各方投资
3	非经营性项目		敞开式城市道路等收费不到位的公路等	政府投资

资料来源：江绵康：《上海城市发展研究论文集（第二辑）》，上海城市发展信息研究中心，2000年，第30页。

一般而言，非经营性项目的开发主要由政府负责，财政投入是主要的融资方式，并配以固定的税种或费种作为保障，其权益也归政府所有。但在运作过程中，也要引入竞争机制，可通过委托经营、招投标等竞争性手段，提高投资决策的科学性，促进投资效益的提高。准经营性项目是具有潜在的利润受益，但又无法完全收回成本的项目，附带部分公益性，是市场失效或低效的部分。因其具有不够明显的经济效益，市场运行的结果将不可避免地形成资金供给的诸多缺口，要通过政府适当贴息或政策优惠维持营运。纯经营性项目属全社会投资范畴，其前提是项目必须符合城市发展规划和产业导向政策，融资、生产、运营的主体和方式均由投资开发方自行决策，所享受的权益也理应归投资开发方所有。但在价格制定上，政府应兼顾投资方利益和公众的可承受能力，采取“企业报价、政府核价、公众议价”的定价方法，尽可能做到公民、投资方、政府三方都满意。①

（五）创新基础设施管理体制，培育依法治理的法治政府

城市基础设施改革和发展的重要助推力是政府管理体制的创新。城市基础设施各项改革措施的落实，都需要科学合理的管理体制作保障，以提高政府治理的能力和有效性。

明确城市基础设施专业管理机构、综合管理机构和协调机构职责分工，加强三类管理机构之间的横向协调与纵向合作，推进城市基础设施管理的一体化。同时按照社会经济管理、资产运营管理等职能分工的原则，设立城市基础设施的“三级管理体系”，分别负责城市基础设施国有资产的监督管理、国有非经营性和经营性城市基础设施资产的运营管理、对各类城市公用事业单位或企业的行业管理，从而实现社会经济职能与所有者职能、行政管理职能与资产的经营职能、资产的终极所有权与

① 和宏明：《我国城市基础设施投资运营体制改革的理论》，《城市经济》，2004年1月。

企业和事业单位法人财产权的分开。[①]

健全基础设施管理体制的另一项重要内容是规范治理活动中政府自身的行为。因此,城市基础设施管理体制改革的目标还应包括:建立法治政府,规范城市基础设施管理中的政府行为,以法律保证政府权力成为积极推进城市基础设施改革和发展的力量,成为推动经济社会发展的重要力量。尽管从中央政府到地方政府都相继出台了一些相关的政策,比如:《关于加快市政公用行业市场化进程的意见》、《关于印发促进和引导民间投资的若干意见的通知》以及《外商投资产业指导》等,但基础设施管理领域的专门法律、法规明显不足。所以,在城市基础设施管理体制改革的过程中,既要加快制定促进城市基础设施事业健康发展的法律、法规,同时还要加快政府自身法制化和制度化的步伐,制定行政组织法、程序法以及规范管制政府基础设施管理行为的法律与法规,形成对政府行为的制衡机制,实现基础设施管理有法可依。

(六)强化政府对基础设施市场的监管职能,完善政府监管体系

城市基础设施市场化改革存在风险,这已成为政府和学界的共识。在市场化改革中如何规避各种可能的风险是各国政府普遍面临的课题。因此,完善城市基础设施领域的监管体系成为当前主要的解决问题的对策。

为健全监管机制,强化政府监管职能,政府应做好以下几方面的工作。

1. 明确政府的监管职能

明确政府的监管职能是履行好其监管职能的必要前提。政府监管的职能主要包括:①制定有关政府管制法规。要通过法规的形式规定政府管制机构的设置、责权划分、结构的重大调整等内容,这是确立政府监管体系的基本框架。②颁发和修改基础设施经营许可证。经营许可证应明确规定企业应承担的各项职责,以及在价格、服务质量、公平交易等方面的业务范围。③制定并监督执行价格管制政策。应根据城市基础设施管理运营的具体成本状况、科技进步、生产效率的提高潜力等因素制定管制价格水平。④制定公共服务和产品的质量标准。[②]

2. 综合运用多种管制手段,完善政府监管体系

城市基础设施的市场监管分为经济性监管和社会性监管两种。城市基础设施的经济性监管主要针对其产品和服务的自然垄断和规模经济特性,对城市基础设施企业的进入、价格和服务质量进行的行政管制,具体包括进入管制、价格管制、服务质量管制三个方面。城市基础设施的社会性监管则主要针对外部效应(如污水、垃

① 郜建人、李世蓉:《市场化条件下城市基础设施项目的建设管理体制创新》,《建筑经济》,2004 年 6 月。
② 张跃庆、吴庆玲:《城市基础设施经营与管理》,经济科学出版社,2005 年版,143 页。

圾处理的正外部效应和不正当规划造成环境破坏的负外部效应)及基础设施享用的社会公平问题,对城市基础设施资源的配置和供给进行的管制。政府应根据基础设施行业的特点采取相应的管制手段,并注意多种管制手段之间的协调、配合;提高经济管制手段的精细化水平,制定具体的行业准入条件和质量与服务的标准;通过有力的政策执行将各项标准落到实处。

3. 构建一个由决策者、产品服务提供者和消费者组成的多元互动监督机制[①]

在多元互动监督机制中,决策者监督提供者,即政府制定规则,进行激励、奖励和惩罚,给服务提供者设定基本活动的规则;消费者表达需求和监督提供者,即消费者通过各种方式表达其利益诉求并借助一定的渠道监督公共服务的提供者;消费者影响决策者,即当政府机关没有作为时,公民有必要对决策者施加压力和影响,迫使其对公民的偏好作出积极的回应。通过这样的互动机制强化市场化后政府的监管能力,促进公共服务的有效供给。

本章小结

伴随着中国城市基础设施管理的改革,城市基础设施获得了长足发展。但是必须清醒地看到,源于城市基础设施经营属性方面的内在矛盾性,囿于中国城市基础设施经营机制改革的渐进性,城市基础设施的发展依然受制于体制方面的桎梏,尚未取得根本性的突破。特别是近年来,一方面,中国城市的大规模扩张和城市化进程加快,城市人口剧增,人员密度越来越大,城市生产生活对城市基础设施服务的需求不断膨胀;另一方面,能源危机愈演愈烈,城市基础设施的发展受到了来自资源和成本两方面的束缚。凡此种种,无不显示中国城市基础设施建设在获得巨大成就的同时,仍需加快改革步伐,尽快引入更为灵活、更为有效的经营管理体制,以实现城市基础设施建设更快、更好的发展。

思考题

1. 如何理解城市基础设施的主要特征?
2. 城市基础设施由哪些子系统组成?

---

① 詹国彬:《公用事业民营化改革:五大问题和政策构想》,《广西经济管理干部学院学报》,2004 年 1 月。

3. 城市基础设施能够发挥哪些作用?

4. 从产业的角度看,城市基础设施管理包括哪几个主要环节?各环节的具体管理内容是什么?

5. 城市基础设施融资主要有哪些渠道?基础设施经营管理的方式有哪些?

6. 国外城市基础设施的管理模式主要有哪几类?各自的典型特征是什么?如何看待这些模式对于我国城市基础设施管理改革的借鉴意义?

7. 我国现行的城市基础设施的管理机构、体制如何?存在哪些弊端?

8. 当前城市基础设施管理改革的方向、思路如何?

案例分析

深圳公共事业改革

深圳的公用事业改革一直走在全国前面,水、电、燃气等五家公用事业企业都已完成改制,并从政府得到了特许经营授权。在对公用事业领域投融资体制改革进行大量探索后,备受关注的《深圳市公用事业特许经营条例(草案)》终于在2006年3月22日深圳市四届人大常委会第二次会议上获得通过。深圳市这部条例的出台,是继新疆之后全国第二部特许经营条例。

这部条例出台后引起了社会各界的广泛关注,其中反思的声音成为主流,有些意见相当尖锐,对法律条文的探讨,成了对之前深圳公用事业改革实践的检讨。

“签一个合同,把子孙后代都给卖了出去。”50年特许经营权年限太长成为争论的焦点之一。深圳的水务特许经营年限是50年,合同可以续签两次,燃气的特许经营年限是30年。来自相关职能部门的代表提出,目前各国公用事业特许经营年限通常都不超过20年,深圳在水务经营权年限上50年的规定明显太长。条例应增加相应规定,对经营年限进行限制,特别是政府缺乏经验、监管能力较差的现阶段,尤显重要。

对此,主管国企改革和国有资产的深圳市副市长张思平解释说,公用事业要进行投融资体制改革,政府就要通过特许经营权条例,既对企业的服务、质量、安全提出严格要求,同时要给这些投资者合理的回报。这种改革符合长远的发展,而不是把子孙后代的东西都卖掉了。

争论的另一个焦点是,是否应该把某一个公共事业领域只授予一家企业特许经营?有关职能部门和专家都表示忧虑,“这有可能导致公用事业由原来的政府垄断,转变为特许经营后的企业垄断,不符合公用事业改革的基本宗旨和发展方向”。

从目前深圳公用事业改革的实践看,实行特许经营的公用事业的很多环节完全具有竞争性质，对这些竞争性环节的人为限制极大地抑制了市场竞争机制作用的发挥，造成了拥有特许经营权的企业利用其垄断优势地位强买强卖等大量不公平竞争现象出现。特许经营权只发给一家，有可能导致公用事业由原来的政府垄断转变为特许经营后的企业垄断。

决策者如何决策？改革到底向何处去？对普通市民来说，还是遥远了一些，老百姓最关注的就是一条——价格。从这一角度出发，特许经营独家垄断也非最优选择。

实行特许经营后，公用事业的价格上涨问题似乎难以避免。而政府特许经营授权，企业独家垄断，使涨价的形势更为严峻。正如马敬仁所说，行政垄断主要弊病在于效率低下，政府的出发点还是为了公共利益，但企业垄断的归宿却是追求利润最大化。

专家认为，由于公用事业的垄断性，消费者在选择上处于弱势地位，如何形成良性竞争格局尤显重要。只有竞争才能降低成本，控制价格。但是现有的《特许经营条例》对此没有明确规定。深圳的公用事业改革实践反而抑制了竞争。可见如何在“促进公用事业竞争”与“维护公众利益”之间寻求一个平衡点，重新建立公用事业监管制度，以求得公益与市场机制的有效结合，仍然是需要不断探索的课题。

资料来源：周敏：《深圳特许经营条例引争论 公用事业走向企业垄断?》,《羊城晚报》,2005 年 6 月 27 日。

案例思考题：

1. 深圳市公用事业市场化改革的主要措施是什么？改革后公用事业价格不降反升的原因是什么？

2. 如何全面看待城市基础设施市场化改革的结果与影响？怎样规避基础设施市场化改革的风险？

第八章

城市公共财政管理

城市公共财政作为城市政府的“钱袋子”,不仅是城市管理的重要内容,而且是城市政府管理其他一切事项的基础。

通过本章的学习,应该了解城市公共财政的内涵、城市公共财政的起源和研究对象、城市公共财政的职能、城市公共财政收支体系的构成。同时,还应该特别掌握城市公共财政管理体制和管理制度、我国城市公共财政管理体制和管理制度的改革。

第一节　城市公共财政概述

城市公共财政是城市政府对城市财政资源进行配置的活动,它是一个城市有序运行的基础。本节我们主要介绍城市公共财政的研究对象及城市公共财政的职能。

一、丰富多彩的城市财政现象

在城市社会经济生活中,人们经常面对各式各样的城市财政现象和问题。比如,城市的生产生活离不开城市道路、交通、供水、排水、公园、环境、卫生、医疗、教育、社会保障等公共基础设施或公共服务,它们的运行状况直接影响城市的生存与发展,关乎城市中每一个公民或企业的切身利益。而它们却无法通过市场,由个人或追求利润的企业来提供,必须由城市政府保证这些公共基础设施或公共服务的提供。

又如,城市某企业进行了生产经营活动取得销售收入后,应依法缴纳商品类税收(增值税、消费税或营业税);如有赢利,应缴纳企业(或公司)所得税;拥有或使用房地产,还应缴纳财产税。城市居民个人在取得收入后,也要相应缴纳个人所得税、社会保险税(费)、遗产税,等等。2005 年,我国各项税收收入总额突破 3 万亿元大关,占到国内生产总值的 18%。在城市的国际经贸活动中,还会涉及重复课税、税收抵免、税收饶让、国际税收协定等问题。税收是在城市经济活动中出现频率极高的一类财政现象。

再如,当城市经济出现有效需求不足,经济增长退后、物价持续下跌、失业人口增加的情况时,城市政府通常在中央政府实行的宏观调控中扮演重要的角色,具体执行或有力配合中央政府的有关调控政策和调控方向,提高社会保障、失业救济、公共住房的支出水平,在抑制经济过度衰退方面发挥举足轻重的作用。

另如,城市财政收支是公共之财,为了保证管理公共之财过程的规范化与科学化,以实现效率与公平的目标,城市政府必须编制财政收支计划——政府预算,并公之于众,立法机关代表公众审批政府预算,行政机关执行政府预算,最后形成决算,报送立法机关批准。政府预算是一个专门的财政问题。为了保证政府支出的公开、透明和高效,编制政府采购目录,进行公开的政府采购活动,也是一项重要的财政管理制度。凡此种种,都属于城市公共财政学研究的范围。

二、城市公共财政的职能

(一)城市中的市场失灵

对于公共财政的起源,现代财政理论是遵循"市场有效——市场失灵——政府干预——财政介入"的分析思路展开的。在市场经济条件下,市场在资源配置中起基础性作用。价格机制是市场配置资源的核心。在完全竞争市场条件下,市场能够在价格机制的作用下,自发实现资源配置的最优状态。但在现实中,完全竞争市场的一系列理想化条件无法得到满足,资源配置的最优状态也就难以实现。市场无法实现资源有效配置的情况就是人们常说的"市场失灵"。通常,"市场失灵"主要表现在市场垄断、外部性、信息不对称、分配不公、经济波动。在城市中的"市场失灵"领域,需要城市政府的干预。为此,城市政府必然以取得一部分社会资源为物质基础,而政府部门自身并不是生产部门,无法获得收入,只能通过财政的手段,以再分配的方式从市场当中取得一部分社会资源,然后使用出去。因此,城市中的市场失灵需要城市政府利用包括财政手段在内的各种政策手段来进行干预。

(二)城市公共财政的职能

通常,作为解决市场失灵问题的重要手段,公共财政具有资源配置、收入分配和经济稳定三大职能。按照财政分权理论和财政分级管理的原则,公共财政分为中央财政和地方财政。[①] 传统观点一直认为，在公共财政的三大职能中，地方财政（包括城市财政）的主要职能是资源配置，稳定和分配职能则主要是中央财政的职能。事实上，随着城市经济总量的扩张，城市在一国经济发展中的作用和地位上升，城市财政状况及其收支活动对于宏观经济稳定产生了不容忽视的影响，城市不再只是被动地执行中央的宏观调控政策；而在收入分配领域，城市的社会保障支出在实现社会公平分配中发挥着举足轻重的作用，收入分配不再单单是中央政府的事情。因此，对于城市公共财政的职能需要全面认识，科学界定。

1. 资源配置职能

资源配置职能是城市公共财政的核心和首要职能，而其重点是配置足够的资源，保证城市公共基础设施的提供。在城市中，企业和居民的生产和生活不仅需要干净的自来水、便捷通畅的道路和公共交通、快捷的通信、充足的电力供应和燃气供应、高效的污水和垃圾处理系统，还需要健全的教育、文化、卫生、体育、绿化、消防、医疗、保健等公共服务设施。随着城市人口的增长和经济发展水平的提高，城市居民对包括上述基础设施在内的公共产品的需求量大幅增加，而且需求层次也在提高。

2. 收入分配职能

尽管城市财政的分配职能没有中央财政强，但它通过征收个人所得税、企业所得税、营业税、房地产税等，可以调节当地的要素收入分配，通过对教育、社会保障、社会福利的财政支出，缓解城市社会各阶层间的收入差距矛盾。比如：发放住房补贴，建立城市廉租住房保障制度；发放医疗救助卡；对下岗职工再就业给予税收优惠；实行城市居民最低生活保障制度；等等。在人口可以自由流动的情况下，城市的收入分配政策可能会面临一定程度上的外溢，低收入者的迁入和高收入者的迁出会削弱城市收入再分配政策的效果。

3. 经济稳定职能

作为宏观调控政策的主要手段，财政政策和货币政策的主动权都掌握在中央政府手中，因此，城市财政的稳定职能很大程度上是从属于中央财政的，即贯彻执行中央确定的宏观调控政策。事实上，城市财政对于中央宏观调控政策的执行力度和对于国家宏观经济的稳定具有显著影响。城市财政在社会保障、社会救济等方面扮演的重要角色，使其在客观上也具有了一定的经济稳定职能。

① 20 世纪 80 年代，随着“分灶吃饭”财政体制的实施，我国形成了中央、省、市、县、乡（镇）五级财政。省、市、县、乡（镇）四级财政都属于地方财政。

第二节 城市公共财政收支体系

城市公共财政的职能范围决定了城市公共财政收支的范围。反过来,城市公共财政职能的实现则以健全的城市公共财政收支体系为支撑。本节我们将分别介绍城市公共财政的支出和收入体系的一般构成,然后结合我国的实际情况,考察当前我国城市公共财政收支体系的规模和结构。

一、城市财政支出

城市财政支出是城市政府为履行其职能而消耗的一切费用的总和,它反映城市政府干预和调节市场经济的领域和力度,是考察城市政府活动的重要方面。在实践中,城市公共财政支出是由许多不同的、具体的支出项目构成的。通常,最常见的一种分类方法是按照能否得到相应的商品与劳务的补偿,将财政支出分为购买性支出和转移性支出两大类。

购买性支出是政府用于购买商品与劳务的支出,包括购买政府进行日常政务活动所需的商品与劳务的支出和购买政府进行投资所需的商品与劳务的支出。前者也被称为财政消耗性支出,后者也被称为财政投资性支出。购买性支出由于直接占有并消耗一部分经济资源,其本身就是当前社会总需求的一个组成部分,因此它对于整个社会的生产和就业产生直接影响,反映财政所直接配置的经济资源的规模和稳定经济的调控能力。

转移性支出是政府将一部分财政资金无偿地转移给居民、企业和其他受益者所形成的支出,主要包括政府用于社会保障、失业救济、贫困补助、财政补贴和债务利息等方面的支出。对于转移性支出,政府并不直接购买商品与劳务,而是通过改变此类支出的接受者对商品与劳务的购买能力来间接影响社会的总需求,但此类支出对于收入分配会产生直接影响,主要体现财政的收入分配职能。

(一)城市财政消耗性支出

城市财政消耗性支出主要涉及行政管理、科研、教育、就业、文化、公共卫生和保健等方面。

1. 行政管理支出

行政管理支出是政府维持正常运转,执行基本的行政管理职能所必需的支出,包括财政用于国家权力机关、行政管理机关、司法检察机关的费用支出。行政管理支出构成了城市财政支出的一个重要项目。行政管理支出对于维持城市政府各部门的正常运转是必要的,但也要适当控制,提高行政管理效率,促进社会资源的节约利用。

2. 科研支出

科技实力是城市竞争力的核心体现，也是城市经济与社会长期快速发展的助推剂。2006 年，中国社会科学院的《城市竞争力蓝皮书：中国城市竞争力报告 No. 4》首次将反映科技创新的结构指标加入城市竞争力的显示性指标中。事实上，城市科技研发和投入的主体是企业，但政府在科研领域的投入及其带动作用非常重要。尤其是在基础研究和最急需的高新技术领域，由于其应用范围广，正外部性显著，但投资大，风险大，回报期长，因此政府具有明显的优势。城市政府往往通过设立科研奖励基金、财政补贴、风险贷款贴息等方式加大科研支出，引导和鼓励技术创新和高新技术产业化。

3. 教育支出

进入现代社会，各国都把教育放在了国家的重要战略位置，城市财政教育支出在城市财政支出中占有重要地位。城市财政教育支出的方式主要有两类：一是直接开办公立学校，对学生免费或收取较低的学费；二是鼓励私人部门兴办教育，并提供各种形式的奖励或补贴，如减免非营利教育机构的税费负担等。除基础教育和高等教育外，为了促进职业教育的发展，扩大就业，政府也适当给予税收优惠和财政补贴。通过举办教育普及宣传活动，免费或以较低的收费开放科技馆等方式也是城市财政全民教育支出的形式之一。

4. 文化支出

随着城市生活水平的提高，居民的文化需求日益增长。根据受益人的特点，文化活动大体可以分为两类：一类是为满足特定群体或个人需要为主的文化活动，如家庭或个人消费的电影、图书、音像制品等，或专门供某一企业的员工消费的图书馆等文化产品；另一类是为满足社会公共需要为主的文化活动。城市财政的文化支出以支持公共文化产品的生产和推广，满足城市居民的公共文化需求为重点。比如，免费开放的游乐园、公园、文化广场、公益性演出、市（立）图书馆和博物馆、展览，以及以财政补贴与税收优惠手段支持城市文化团体的发展等。

5. 公共卫生和保健支出

随着城市的发展、人口密度的提高和人们生活节奏的加快，居民对于公共卫生和保健的要求日益提高。比如，传染病的预防和治疗，老年人、产妇及儿童、大中小学生等群体的公共医疗保健等问题成为城市政府面临的重要问题。城市财政在这些领域的支出也逐渐增多。

（二）城市财政投资性支出

财政投资与企业投资具有不同的特点，政府是居于宏观调控主体的地位，从社会效益和社会成本角度来评价和安排自己的投资。政府投资可以不赢利或低赢利，但政府投资项目的建成，如公共基础设施等，可以极大地提高国民经济的整体效益。

在城市,财政投资的领域主要集中于公共基础设施、基础工业、公共住宅等领域。

1. 基础设施投资

城市的基础设施是为整个城市生产生活提供共同条件,具有明显的公共产品属性。基础设施投资是城市财政投资性支出最重要的内容。城市财政负有提供公共基础设施的责任,但并不意味着要由政府直接投资、建设和运营,它可以通过特许经营的方式,实行市场化的投资和运营模式,政府的主要责任是引导和监督。

2. 基础工业投资

基础工业是处在"上游"的生产部门。它所提供的产品是其他生产部门进行生产和再生产时必需的投入品,如能源和石油等基础原材料,因此,一般来说,基础工业受其他产业需求的影响程度也会比较高。基础工业需要大量的资本投入,而且建设和回收期长,因此很难由个别企业的独立投资来完成,尤其是在经济发展的初期阶段,政府投资基础工业的作用在于弥补市场失灵。在城市的能源(包括传统能源、清洁能源、再生能源)、原材料(石油、钢铁等)行业,财政投资往往扮演着重要角色。

3. 公共住宅投资

住房既是城市最重要的功能要素,又是城市居民必需的生活资料。城市化加速了城市的住房消费。住房大多数情况下是私人物品,而且住房的市场需求具有不同的层次。对于有能力改善住房条件的人群,可以通过市场解决,对此政府的职责是利用税收、信贷、土地政策等手段,强化对房地产市场的监督管理和宏观调控力度,营造公平交易的市场环境。而政府应把精力更多地投向低收入群体的最低住房需求,加大城市公共住房的建设和投入力度,增加住房补贴。目前,欧洲一些国家的公共住宅在全部住宅供给中所占比例约为40% ~60%,亚洲如日本、新加坡的公共住宅所占比例在50%左右。在法国,由国家提供长期低息贷款支持非营利性建房企业建造公共住宅,贷款年限为25 ~30年,可贷款额一般占建房预算的50% ~60%。[①]

(三)城市财政补贴支出

1. 住房补贴支出

为了改善低收入者和老年人的住房条件,一些国家对达到某种标准的居民,采取发放住房补贴的方式,提高他们在住房上的货币支付能力。比如,瑞典政府向退休人员和低收入多子女家庭发放住房补贴。法国低收入居民的房租如果超过其家庭收入的20% ~30%(平均25%),可向国家申请房租补贴。[②]

---

① 《特别地产:国外的公共住宅政策和住房补贴制度》,http://www.cnwnc.com/20050422/ca1564854.htm。

② 《特别地产:国外的公共住宅政策和住房补贴制度》,http://www.cnwnc.com/20050422/ca1564854.htm。

2. 就业补贴支出

就业是城市民生之本,也是城市政府普遍面临的难题。为了增加新增就业机会和提高再就业率,城市政府主要采取补助就业技能培训、提供职业介绍中介服务、鼓励劳动密集型企业发展、减免再就业人员创业税费等财政政策。

(四)城市社会保障支出

作为一种城市社会安全制度,广义的城市社会保障一般包括社会保险、社会福利、社会救济和社会优抚等几方面的内容。社会保险是社会保障体系的核心部分,它具有强制性、社会补助性、受保人权利义务对称等性质,通常社会保险资金由受保人、工作单位和政府财政共同承担。我国的城市社会保险包括养老保险、失业保险、医疗保险、工伤保险和生育保险,其中又以前三者为主。社会福利是政府和社会向老年人、孤儿和残疾人等生活中需要特别关怀的人群提供的必要的社会援助。社会救济的对象是城市中生活有困难的特殊群体,城市居民最低生活保障、灾害救助、流浪乞讨人员救助是社会救济的具体形式。社会优抚的对象一般是现役军人及其家属、烈属和退伍军人等。

二、城市财政收入

根据收入形式的不同,城市财政收入分为税收和非税收入两大类。税收是政府凭借政治权力取得的收入,是城市政府最主要和最稳定的收入形式。税收区别于非税收入,具有强制性、固定性和无偿性,从而保障了财政收入的稳定性。非税收入包括收费收入、公债收入、罚没收入等。如果按照城市财政收入的来源划分,还可以将城市财政收入分为自有收入和来自上级的财政转移支付收入。

(一)城市税收

城市税收种类很多,根据征税对象的不同,有商品税、所得税和财产税。商品税又包括增值税、营业税、消费税、关税;所得税包括个人所得税、企业所得税、社会保障税、资本利得税等;财产税包括一般财产税、遗产税、赠与税等。由于各国城市化水平和税收管理体制的差异,各国城市税收在主体税种和税收收入来源上有所不同。通过中外典型城市的税收制度比较可见,城市化水平较高的城市税收以财产税为主体税种。因为城市的发展,突出的特征是各类财产的集聚及其价值的提升,因而财产税是与城市发展相关度较高的税种之一。比如,美国20世纪八九十年代财产税在市税收收入中占到了50%以上。另外,所得税特别是个人所得税成为仅次于财产税的第二大税种。在实行地方自治的城市,城市税收制度大都有其城市特色,如东京都的都民税、渥太华市的场地税和新加坡的博彩税等。[①]

① 温来成:《城市税收制度的国际比较及对我国城镇化税收政策的启示》,《涉外税务》,2005年第4期。

（二）城市财政收费收入

在市场经济条件下，规范的城市收费有使用者收费（user charges）和规费（fees）两种。使用费是指政府对特定公共设施、服务或特许权按照一定标准实行的收费，用于支付提供这些服务的全部或部分成本，包括水费、电费、煤气费、公立大学收费、公立医院收费、停车费、公园门票、高速公路使用费、过桥费、城市污水或垃圾处理费等，主要体现的是市场交易关系。城市使用费定价关系到居民和企业对于公共品的日常消费和使用，对于政府职能的实现具有重要影响。一般的公共产品或服务使用费的定价方法包括边际成本定价法、平均成本定价法、二部定价法①和差别定价法等。规费是政府部门为个人或企业提供某种服务或实施行政管理时所收取的手续费和工本费，包括行政规费（如商标登记费、商品检验费、执照费等）和司法规费（审判费、民事诉讼费、结婚登记费、财产转让登记费等），体现的是管理者与被管理者之间的关系。

（三）城市国有财产收入

国有财产收入是政府凭借其所拥有的财产而取得的租金、股息、利息或变卖价款等收入。比如，国有土地、森林、矿山、水利资源等国有不动产在使用、出租、出售等方面获取的收入；国有资本在投资、转让、出售等过程中取得的国有资本收益；政府资金通过存款、贷款、购买股票、债券等取得利息收入或股息收入。

（四）城市财政债务收入

城市财政债务收入是城市政府以自身信用为基础，利用各种形式取得的有偿的财政收入。债务融资形式包括发行城市公债等直接融资和向银行借款等间接融资，既包括举借的内债，也包括向国外政府或金融机构举借的外债。发行城市公债已日益成为城市加快公共事业和基础设施建设，推进城市化进程的越来越重要的资金来源。

三、我国的城市财政收支

（一）我国城市财政收支规模与结构概况

至今我国还没有完整的城市财政统计数据。据《中国统计年鉴 2004》的数据，2003 年仅 268 个地级城市就实现地方财政收入 5 794.9 亿元，地方财政支出 7 845.2 亿元，分别占当年全国地方财政总收入和地方财政总支出的58.8% 和 45.5%，占当年全国财政总收入的 26.7% 和 31.9%。

---

① 在二部定价法下，价格的形成包括两个部分：第一部分是与使用量无关的按月或按年一次支付的“基本费”，即不论消费量的多少，都要交纳的一个固定费用。第二个部分按使用量支付的“从量费”，给每一单位产品定一个价格，按使用量的多少收费。

从我国城市财政支出结构看,首先,主要用于城市基础设施建设的基本建设支出是最大的支出项目。比如:上海市为22.21%(2004年);天津市为16.08%(2004年);大连市为16.38%(2003年)。如果再加上城市维护费支出,城市用于基础设施建设的支出规模会进一步增加。其次,科教文卫、企业挖潜改造、行政管理支出在城市财政支出中的比重较大。与其他项目比重逐年上升形成鲜明对比的是,科教文卫支出的比重在逐年下降。以上海为例,该支出项目的比重由1990年的24.42%大幅下降至2004年的16.75%,15年间年均下降0.5个百分点。(详情见表8-1和图8-1)

表8-1 1990~2004年上海市部分财政支出构成 单位:%

年份	财政支出总额	基本建设支出	企业挖潜改造支出	科技三项费用	城市维护费	科教文卫事业费	行政管理费
1990	100	18.49	9.11	0.50	8.89	24.42	3.04
1995	100	15.78	10.68	0.06	6.54	22.78	3.59
2000	100	21.26	12.46	0.22	5.70	21.78	3.62
2001	100	19.90	13.89	0.18	5.56	21.48	3.78
2002	100	20.98	13.81	0.22	5.43	19.45	4.09
2003	100	22.20	14.22	0.14	5.06	17.79	3.14
2004	100	22.26	13.89	0.12	5.69	16.75	4.03

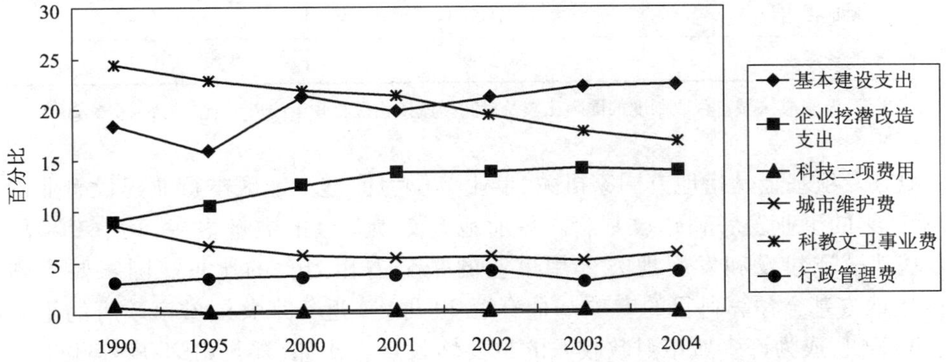

图8-1 1990~2004年上海市财政支出结构

资料来源:《上海统计年鉴**2005**》。

从我国城市财政收入类别上看,包括一般预算收入、基金收入和预算外收入。一般预算收入主要包括税收收入、国有企业亏损补贴、国有资产经营收益、行政性收费收入、债务收入、罚没收入、专项收入,其中税收收入通常占一般预算收入的85%

以上。在城市税收收入中,营业税、增值税、企业所得税、个人所得税等收入之和通常为一般预算收入的60% ~80%。比如,京津沪渝四大直辖市2003年营业税、企业所得税、个人所得税收入之和在本级财政收入中的比重达61.2%(见表8-2);2004年上述四种税收收入在本级财政收入中的比重,上海市为77.3%(1995~2004上海市税收收入来源详见图8-2);南京市66.4%;天津市65.7%;合肥市65.0%;大连市63.8%;郑州市58.5%。[①] 除此之外,城市税种还有城市维护建设税、房产税、契税、土地增值税、印花税、车船使用和牌照税、资源税等规模较小的零散税种。

表8-2　京、津、沪、渝四大直辖市2003年税收结构表

主要地方税税种	收入额(万元)	在本级财政收入中的比重(%)
营业税	7 069 709	38.3
企业所得税	2 724 224	14.8
个人所得税	1 494 291	8.1
契税	963 269	5.2
城市维护建设税	839 204	4.5
房产税	646 124	3.5
印花税	239 079	1.3
土地增值税	150 883	0.8
土地使用税	7 483	0.4
车船使用税	46 297	0.3
耕地占用税	78 763	0.4
资源税	2 695	0.1

资料来源:温来成:《城市税收制度的国际比较及对我国城镇化税收政策的启示》,《涉外税务》,2005年第4期,第50页。

地方专项基金是指地方国家机关、事业单位为促进本地区本行业建设事业的发展,所征集的事业发展和建设基金。目前地方专项基金的数量很多,其中专项用于地方基础设施建设和发展地方公用事业的基金占相当大的比重。国家要求列入2005年地方基金预算科目的专项基金有近20种。[②] 近年来我国城市政府的土地收入增长很快,成为许多城市财政收入的重要增长点。比如,郑州市2004年土地有偿

① 《上海统计年鉴2005》、《南京统计年鉴2005》、《天津统计年鉴2005》、《安徽统计年鉴2005》、《大连统计年鉴2005》、《郑州统计年鉴2005》。

② 包括工业交通部门的养路费、公路客运附加费、民航机场管理建设费、铁路建设附加费、农网还贷资金、能源建设基金等;文教部门的文化事业建设费、地方教育附加费、地方教育基金等;农业部门的育林基金收入、地方水利建设基金、库区维护建设基金、农业发展基金、水资源补偿费;各类地方财政税费附加(农牧业税附加、城镇公用事业附加、燃油附加费)等。

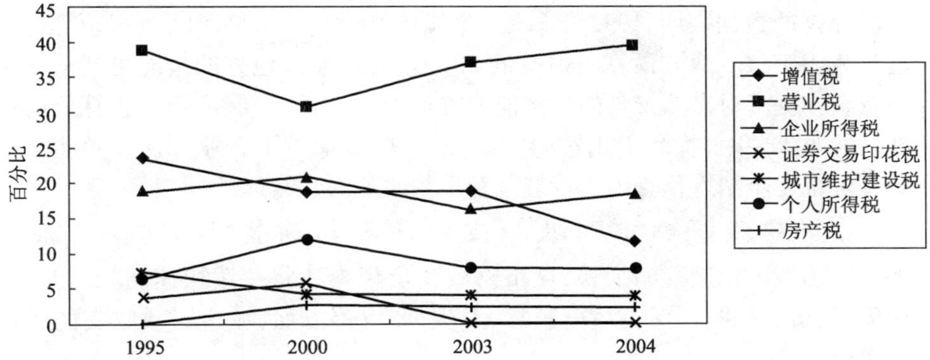

图 8－2　上海市主要年份的税收收入来源结构(1995～2004 年)

使用收入构成了基金预算收入的 72.86%。根据《长沙统计年鉴 2005》,长沙市土地有偿使用收入在 1994～2004 年间增长了 19 倍(详见图 8－3)。土地是一种重要的国有资产。据统计,截至 2002 年底,全国国有资产为 36 万亿元,其中土地资产就占了 25 万亿元。① 国有土地有偿使用费是国家的一项土地资源性收费,它是指以出让、租赁、作价出资(入股)等方式有偿使用国有土地的单位或个人,按照国家规定的标准和方法,向国家缴纳的土地资源性收益,包括土地出让金、土地租金、土地收益金、新增建设用地土地有偿使用费、场地使用费等。按照国家的规定,从 2005 年 1 月 1 日起,新增建设用地土地有偿使用费收入按照 3∶7 的比例在中央政府与地方政府之间分成,由财政部门统一负责征收管理,同级土地行政主管部门代征代缴,纳入财政预算,专项用于城市基础设施建设和土地的开发管理。

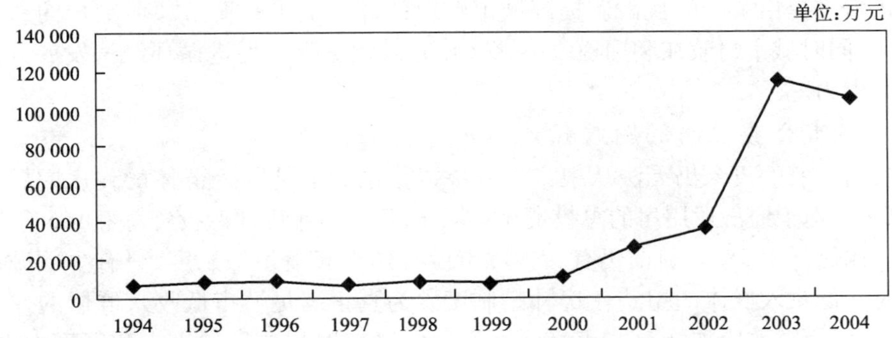

图 8－3　长沙市国有土地有偿使用收入(1994～2004 年)

① 周颖:《"8.31"土地政策对中国地方财政资金来源的影响》,《中国经营报》,2004 年 8 月 16 日。

我国城市财政收入中的另一重要形式是预算外收入。中国经济研究中心平新乔教授所提供的数据表明,1997 年以后,尤其是 1998 年 ~ 2004 年,我国预算外财政规模已经相当于整个地方预算内财政的 50% 左右。某些地方的情况更严重。尽管预算外资金在提高对自然灾害的救济能力方面有更大的机动性,但是预算外财政扩大了地区的收入差距,扰乱了正常的财政分配秩序,加重了企业和居民负担。将合理预算外资金逐步纳入预算内进行规范管理是改革的必然选择。

(二)当前我国城市财政收支的矛盾与前景

随着我国城市化进程的加快,城市财政支出规模还将持续快速增长。其中,在社会保障、住房、交通、环保、教育、医疗、卫生、体育等方面,城市财政收支的矛盾将越来越突出。

1. 人口老龄化趋势对我国城市社会保障体制提出严峻挑战

我国正在逐步做实社会保险个人账户,探索建立社会保险税,并通过建立社会保障预算加强对社会保障资金的筹集、使用、监督和管理。

2. 城市环境问题日益成为制约城市发展的突出问题

根据国家环保总局公布的 2005 年度全国城市环境综合整治定量考核结果,全国城市的空气污染问题十分突出,44.9% 的城市环境空气质量劣于国家二级标准,其中有 43 个城市环境空气质量劣于国家三级标准。全国城市的环境基础设施建设问题突出,全国城市生活污水集中处理率平均为 29.44%,178 个城市生活污水集中处理率为零;生活垃圾无害化处理率平均为 59.71%(实际真正符合无害化处理要求的不足 20%),130 个城市生活垃圾无害化处理率为零,80 个地级以上城市(含)危险废物集中处理率(特指建成医疗废物集中处置装置)为零;一些城市工业企业废水排放达标率、主要工业物排放达标率还很低。① 城市日益严重的环境污染问题对于当前我国城市财政提出了严峻挑战。提高城市财政的环保支出是城市环境治理的重要资金保障,同时城市财政在利用税收、补贴、政府采购等手段促进循环经济发展方面还有很大潜力。

3. 城市公共住房的财政投入不足

目前政府的投入仍无法从根本上解决数量巨大的低收入群体的住房问题。我国 2003 年用于经济适用房的总投资 600 亿元,只占当年房地产投资总额的 6%,2004 年这一比例低于 5%。目前仍有一些城市没有建立起廉租房制度,只有少数城市建立了对于低收入群体的租赁住房补贴制度。为真正满足城市低收入群体的住房需求,我国城市财政应加强对城市经济适用房和城市廉租住房的投入和管理力度,建立和规范城市低收入群体的租赁住房补贴制度。

---

① 《我国城市环境考核结果:总体向好,三大污染仍突出》,《人民日报》,2006 年 9 月 6 日。

阅读拓展

解决低收入居民住房问题 新加坡模式可供中国学习

新加坡政府对居民购买“组屋”(经济适用房)实行免税优惠措施;对于那些实在买不起组屋的居民,政府将其分为困难户和特困户,这部分人各占居民总量的10%。对困难户,政府将给予适当补贴,争取每户能够购买一套60~70平方米的旧房居住。而对特困户则租给每套约42平方米的廉租屋,每月只象征性收取房租。购买组屋者需先登记入册,列入政府的排队名单,一般等两年左右就可以购得。组屋起价较低,大概在几万新元左右。

新加坡政府规定:有房的居民不能购买组屋;无房居民每户只可以买一套组屋,一个家庭同时只能拥有一套组屋,如果要买新的组屋,旧的必须退还;居民购得组屋后,一般情况下5年之内不可以出租,5年之后允许腾出半套出租,但房主必须与房客合住;住满10年后,才可出租整套组屋;对于那些从2003年开始没再向建屋发展局贷款,也没有领取公积金购屋津贴的屋主,可在住满1年后出售在公开市场上所购买的组屋。以上规定只适用于新加坡公民。而新加坡的永久居民、外来人口、无国籍人士则只能购买二手组屋。在买卖组屋时,必须提供翔实的资料,如果一旦发现虚报,将面临高达5 000新元的罚款或6个月的监禁,严重者两者兼施。

资料来源:《解决低收入家庭住房问题国外的办法值得我们学习》,《中国经济时报》,2006年9月25日。

4. 看病难、看病贵是当前城市居民反映最强烈的问题之一

2005年国务院发展研究中心的一份报告直言:“目前中国的医疗卫生体制改革基本上是不成功的。”医疗卫生体制改革何去何从,是重归政府主导,还是交给市场,成为人们讨论的焦点。城市医疗卫生服务是一项准公共品,需要政府和市场的合作,但目前最迫切的是明确政府的职责范围,由此确定政府在医疗卫生投入上的方向和规模。营利性和非营利性的医疗机构分类管理改革是基本的发展方向,但不同类型医疗机构的划分标准及相应的政府补贴和监管制度尚没有制定。

5. 城市公共文化设施建设严重滞后

据中国人民大学的一项研究表明,在休闲时间方面,中国人已处于国际领先水平——2000~2003年,美国和英国年人均闲暇时间为5 620小时和6 018小时,而中国在2000年的人均闲暇时间就已达到6 051.2小时。但是,中国人休息虽多,闲暇活动却普遍处于低质量水平。究竟是什么妨碍了我们休闲质量的提高?在诸多原因中,我们认为用于保证公众休闲质量的城市公共品严重匮乏,是导致公共服务水平低下,人们休闲质量不高的重要原因。据统计,目前我国平均每46万人口才拥有

一家公共图书馆,全国人均拥有公共图书馆藏书仅为0.27册,一年购书经费人均不足3毛钱,而在总共3 000家公共图书馆中尚有600多家全年无一分购书经费。我国的人均体育场地面积仅仅为0.65平方米,与发达国家的差距是4倍多,即使与巴西、印度等国家相比也处于落后地位。① 因此,增加城市公共财政的投入,提高公共服务和设施(尤其是公共文化、娱乐、体育等)的供应水平将成为城市财政支出结构调整面临的重要任务。

四、我国城市政府债务问题

近年来,随着城市基础设施建设的提速,城市公共财政的收支缺口越来越大。同时作为缓解我国城市财政收支矛盾和缺口的重要手段,城市政府债务问题逐渐突现出来。然而,根据《中华人民共和国预算法》第26条的规定,“地方各级预算按照量入为出、收支平衡的原则编制,不列赤字”;“除法律和国务院另有规定外,地方政府不得发行地方政府债券”。中国人民银行1996年发布的《贷款通则》第4章第17条规定:“借款人应当是工商行政管理机关(或主管机关)核准登记的企(事)业法人、其他经济组织、个体工商户或具有中华人民共和国国籍的具有完全民事行为能力的自然人。”因此,依据我国目前的法律,城市政府不能直接向国内的中资金融机构进行贷款。《中华人民共和国担保法》第2章第8条规定:“国家机关不得为保证人,但经国务院批准为使用外国政府或者国际经济组织贷款进行转贷的除外。”因此,城市政府机关的担保权受到严格限制。另外,国家通过一些特别法规,②允许城市政府举借少数几类债务,包括国债转贷、专项借款和地方政府外债等。1998~2004年,中国人民银行发行的长期建设国债累计达到9 180亿元,其中转贷地方2 430亿元,占26.5%。从1997年起,为解决金融整顿中出现的债务问题,我国26个省(直辖市、自治区)以地方财政作担保,总计向中国人民银行总行申请了1 411亿元的专项借款。

尽管国家在法律上没有授予地方政府举债权,但实际上包括城市政府在内的各级地方政府都或明或暗地,直接或间接地形成了大量债务。当前,我国城市政府债务大量地分布于城市市政建设领域,城市失业、养老、医疗、卫生等社会保障资金缺口压力大,市属国有企业与大量金融机构的不良资产也构成了市级政府的主要或有债务(详见表8-3)。根据抽样调查,近年来经营城市和高标准城市建设愈演愈烈,城市建设和扩张快速发展,部分城市财政债务规模大、增长快、偿债能力差,如不及时控制,债务风险将会越来越大,对城市财政与金融,建设与投资,企业、单位和个

① 张贵峰:《是什么妨碍了我们休闲质量的提高?》,《中国青年报》,2006年9月29日。

② 《国债转贷地方政府管理办法》1998年、《地方政府向中央专项借款管理规定》2000年、《外债管理暂行办法》2003年等。

人，社会信用等各个方面均构成潜在威胁。

表 8－3　我国城市政府债务类别矩阵

类别	直接债务（任何情况下都会产生的责任）	或有债务（在某一或某些不确定性的事件发生的前提下才会实现的责任）
显性债务（由特定法律或合同确认的政府债务）	1. 本级政府的国债转贷 2. 本级政府解决地方金融风险专项借款 3. 借入上级财政的周转金[①]、农业综合开发贷款等款项 4. 市财政部门举借的外债 5. 各种拖欠款（工程款、公务员和教师工资、土地补偿款、招待费白条等） 6. 地方粮食企业亏损挂账[②] 7. 有偿非法集资的未偿债务（向单位和个人）	1. 对下级政府转贷性债务（包括国债转贷、外债、专项借款等）的担保 2. 对企业债务的担保
隐性债务（政府“道义”上的责任，主要反映了公众的预期以及利益集体的压力）	社会保障资金缺口	1. 地方金融机构的债务 2. 地方国有企事业单位的亏损、欠债或损失挂账 3. 自然灾害和环境危机债务 4. 政府在基础设施市场化筹资中的收益率承诺 5. 下级政府的债务

资料来源：作者根据白海娜提出的财政风险来源矩阵，对我国地方政府债务种类进行整理而得。

现阶段我国城市政府债务问题的成因十分复杂，既有 20 世纪 90 年代以来的财税体制改革、城市化发展战略等诱导性因素，也有城市政府职能转变滞后、行政分权改革不彻底、预算软约束、干部考核机制扭曲等深层次体制原因。

我国的地方政府债务问题发展到今天，要从根本上实现城市政府债务的良性发展，债务合法化已经成为再也无法回避的现实选择。但是，合法化并不是仅仅是通过修改或颁布法律，正式授予地方政府举债权的简单过程。合法化和规范化是同一过程的两个方面，这不仅是举债权的界定问题，更是管理责任的归属问题。城市政府债务的发行规模、使用方向、审批方式都必须有严格的限制，同时在举债决策、债务资金使用、债务偿还、预算管理、会计核算和财务报告、债务审计和监督等各个环节

---

① 地方政府的财政周转金借款是地方政府出于平衡本级预算、发展农业、扶植地方国有企事业发展等目的，向上级财政部门申请的周转性借款，它主要包括预算周转金借款、工矿企业技改周转金借款、商贸企业业务发展周转金借款、文教行政事业周转金借款等类别。从 1998 年 12 月 1 日起，中央及地方各级财政周转金一律只收不贷。由于各种原因，目前各级地方财政部门从上级借入的财政周转金绝大多数都难以偿还。

② 考虑到目前国家已经基本放开了粮食流通市场，而地方粮食企业历史上主要因国家政策而导致的这部分亏损挂账，实质上已经成为地方政府必须偿还的历史性债务之一。

都应逐步建立规范的管理制度。近期,我国可以在一些经济实力比较强、财政管理比较规范、政府信用基础比较好、基础设施企业债券运行比较成功的大中城市进行试点,在债券的立项审批、定价、发行、偿还等方面积累经验,为放开地方政府举债权做准备。

第三节　城市公共财政管理

城市公共财政管理是城市管理的重要内容,是政府收支活动正常运转的基础,是城市政府职能的具体体现。城市公共财政管理首先涉及以财政分级管理为核心的城市公共财政管理体制,即城市与中央政府、省政府,城市与所辖区、县、乡之间的财政关系。城市公共财政管理具体体现为一系列的城市财政管理制度,其中预算制度是核心。除此之外,还包括政府采购、国库集中收付等财政收支管理制度。

一、城市公共财政管理体制

在当今世界上,除少数实行单一制的小国家如新加坡等实行一级财政外,大多数国家都实行分级财政体制,即一级政府一级财政。如何确定各级政府在整个国家财政活动中的地位和职责,如何在它们之间划分财政收入和支出,如何安排和处理它们之间的财力转移关系,从而确保国家财政职能的顺利实现,是各国政府必须解决的重要课题。尽管绝大多数国家都实行财政分权,但各国的分权程度又不尽相同,这通常是由各国政治体制、经济体制、历史以及文化传统等多重因素共同决定的。

(一)城市公共财政管理体制的内容

1. 各级政府间的支出责任划分

事权与财权相统一是财政分权的一项基本原则。事权与财权相统一是指政府所享有的财政权力在质和量上都要与其承担的社会经济事务方面的责任相匹配,从而保障责任的履行。1959 年西方财政学家马斯格雷夫(Richard A. Musgrave)将政府职能分为资源配置、收入分配和经济稳定三大职能。他认为:“财政联邦主义的核心在于应允许各州根据其居民的偏好实行差别性的资源配置政策。但再分配和稳定目标主要是中央政府的责任。”这一经典论述确定了中央政府与地方政府间事权划分的基本原则,即国防、外交、国际贸易、金融与货币政策、宏观稳定的财政政策、管制地区间贸易、全国性的立法和司法、全国性的大型基础设施建设等均为中央政府的职责,而教育、卫生、公共住宅、供水和排水、垃圾处理、警察、消防、公园、社会福利等大部分为地方政府的职责,或者由中央政府与地方政府共同分担,而分担比例各国之间不完全相同。事权的划分不仅涉及中央政府与地方政府的分工,而且如果地方政府本身也是由多级政府组成的,还应涉及地方政府间的分工,即省(州)、市(县)

以及基层政府之间的分工。通常,消防、警察、垃圾处理、居民区绿化和公园、道路维护、交通管制、基层图书馆、部分初等和中等教育等的责任应由基层政府承担,公共交通、水供应、废物处理、污水处理、大气污染治理、公共卫生、医院、供电、地区性图书馆、公园等应归人口在100万人或以上的市县政府来承担。

2. 各级政府间的收入划分

在财政收入的划分方面,通常作为中央税的税种是涉及稳定经济和再分配目标的税种,或税基流动性较大的税种。因为如果此类税种分配给地方政府,则容易因纳税人的流动,造成地方政府难以运用对税率的调整权。另外,税基在各地区间分配不均匀的税种应该由中央政府保留。与此相对,分配给地方政府的税种或收入通常应当具备以下条件:税基流动性不宜过大;基于受益原则的税种、使用费和规费;应能够帮助地方政府筹集足够和不断上升的收入;应便于地方政府对税收的管理。一般认为,最适宜作为地方税的税种是土地税、财产税和一定范围内的个人所得税。而税基流动性比较大的消费税、资本收益税,尤其是公司所得税等不太适宜作为地方税种。各级政府间税种划分的一般情况如表8-4所示。

表8-4 各级政府间税种划分的一般情况

税种		税基的决定权	税率的决定权	税收征管权	税收功能与特征
关税		C	C	C	进出口贸易税
个人所得税		C	C,P,L	C	流动性要素,再分配和稳定工具
公司所得税		C	C,P	C,P,L	流动性要素,稳定工具
营业税	A. 单一环节	C,P	C,P	C,P,L	税基可协调,较低的纳税费用
	B. 多环节	C	C	C	税基可协调,较高的纳税费用
财产税		C	C	C	再分配功能,税基流动
资源税	A. 地区间分布不均的资源	C	C	C	调节税源不均衡功能
	B. 地区间分布均匀的资源	C,P	C,P	L	税源分布均衡,且具有不可流动性
财产税		P,L	P,L	L	税基流动性小,地方征管效率高
“有害产品”税		C,P,L	C,P,L	C,P,L	有害产品的影响可能是全国性、地区或地方性的
使用费和受益税		P,L	P,L	P,L	可能确定特定的消费者

注:表中C代表中央政府;P代表省或州等中间层次的政府;L代表省(州)以下的地方政府。

资料来源:钟晓敏:《地方财政学》,中国人民大学出版社,2001年版,第29页。

3. 各级政府间的转移支付

各级政府间的支出责任划分与收入划分往往会导致财政的横向和纵向不平衡。

前者指的是由于社会经济发展水平不同等原因导致的同一级别的不同地方政府之间的财政能力差距;后者指的是某一级政府的自有收入与其支出的不匹配。为了使各级政府都能够正常地履行其应有的职能,国家通常利用各级政府间的转移支付手段来消除这些不平衡。各级政府间的转移支付是发生在各级政府间的资金的无偿转移,一般情况下是由上级政府向下级政府的转移。

各级政府间转移支付的形式主要有两种基本类型:无条件补助(unconditional grant)和有条件补助(conditional grant)。无条件补助是指对补助资金的用途不作限定,由受补助政府自主决定和支配,有时也被称为收入分享(revenue sharing)或一般性补助(general grant)。有条件补助是指附带条件的补助,受补助政府必须按照指定的条件使用补助资金,如专门用于教育、道路建设、环境保护等特定用途,因此又被称为专项补助。有条件补助又可分为配套补助和非配套补助。配套补助(matching grant)是受补助的政府不仅需要按照指定的用途使用资金,而且还需要提供一定数额或比例的配套资金。非配套补助(non-matching grant)则由提供补助的政府提供一笔固定的资金,并规定用于指定的项目,不需要受补助政府提供配套资金。有条件配套补助又分为封顶的配套补助(close-ended matching grant)和不封顶的配套补助(open-ended matching grant)。前者规定了受补助政府可以得到的补助款的最高限额,而后者没有作此规定。

(二)我国现行城市公共财政管理体制

1. 省以下分税制概况

根据《中华人民共和国预算法》(以下简称《预算法》)的规定,国家实行一级政府一级财政。到目前为止,我国逐渐形成了中央,省、自治区、直辖市,设区的市、自治州,县、自治县、不设区的市、市辖区,乡、民族乡、镇五级财政。如此多级财政是世界上少有的,这也增加了我国财政体制问题的复杂性。1994 年分税制财政体制改革以分税种的形式确定了中央政府和地方政府之间财政收入划分的基本格局,标志着我国初步建立起了分级财政体制的基本框架,形成了中央税、地方税和共享税,但支出的划分基本上未进行调整。中央政府与地方政府之间的支出责任划分不稳定,不规范,地方政府常常处于被动地位。而就省以下的分税制财政体制而言,1994 年分税制改革并未予以统一的规定,各省通常对照中央对省的办法相应调整了省级以下的分税制体制,主要也是财政收入的划分、支出维持原有格局,以山东省分税制为例,其具体内容详见表 8 - 5。目前,省以下财政管理体制没有统一的形式,各省的情况大体可以分为省管县和市管县两大类(详见表8 - 6)。

表 8－5　山东省分税制体制的主要内容

类别	内容
省级财政收入	石油、石化、电力、有色金属等中央四大部门所属企业交纳的增值税 25% 部分及其营业税，银行营业税（含省级非银行金融企业营业税），省级企业所得税、上缴利润以及亏损补贴，中央及省级企业交纳的城镇土地使用税、印花税，其他原属省级的各项收入等
市地财政收入	中央四大部门以外的企业（包括卷烟企业）交纳的增值税 25% 部分，营业税（不含银行营业税和中央四大部门所属企业营业税），城市文化建设税（不含铁路、银行总行、保险公司等部门集中缴纳的部分），市地以下企业所得税、上缴利润及亏损补贴，城镇土地使用税（不含中央及省级企业交纳的部分），个人所得税、固定资产投资方向调节税，房产税，车船使用税，印花税（不含中央及省级企业交纳部分），屠宰税，农牧业税，农业特产税，耕地占用税，契税，遗产税和赠与税，土地增值税，其他原属市地的各项收入等
省与市地共享收入	资源税，国有土地使用权有偿转让收入。资源税中，石油资源税作为省级收入，其他资源税省暂不参与分成。国有土地使用权有偿转让收入省分享 5%，市地分享 95%

资料来源：李玉贵等：《山东财政体制改革（1980～1992）》，中国财政经济出版社，1992 年版。
1994～2000 年《山东财政总决算》、《山东财政年鉴》等。

表 8－6　我国省以下分税制体制的几种类型

类型	具体情况	代表省（自治区、直辖市）
省管县体制	1. 县级财政完全由省直管	北京、天津、上海、重庆、浙江、海南、宁夏
	2. 县级财政收支范围和体制、上缴或补助数均由省级政府核定，县级转移支付资金也由省级财政负责分配，市级财政只负责汇总报表、调度国库资金和进行业务指导	黑龙江、福建、贵州、陕西、青海、新疆
市管县体制	1. 省级财政只管到市级，县级财政完全由市级管理	山东、河南、湖南、云南、甘肃
	2. 县级财政的收支范围和上缴或补助数额由市负责核定，市财政也负责汇总报表和调度国库资金，但财政转移支付由省直接测算到县，市级财政一般不进行调整	其余省区

资料来源：张弘力：《不能就财政论财政》，《中国财经报》，2004 年 1 月 8 日。

概括起来，目前省以下转移支付的内容主要包括：①定额补助。一类是按省对地市县分税制体制改革方案划分的收支范围核定的收支基数计算的定额补助。另一类是体制改革时，省根据各地经济发展情况、财力分布情况对地市县的某些突出问题所作的适当照顾。定额补助受原体制"基数法"的影响较大，基本上保持了 1993 年既得利益测算收支基数，没有以因素法来考虑各地区收入能力和支出需求存在的客观差异。②专项补助。目前省对地市县各类支出都有专项补助，其中相当一部分本应属于地市县财政安排的范围,在某些项目的安排上还不同程度存在上下级政府之间的相互“钓鱼”、“寻租”现象。③其他年终补助。主要是根据省财力情况,对个别特困地区的财力或项目补助。④省直属主管部门掌握的一些基金和专款,其中部分是对地市县的转移。

当前省以下分税制普遍存在一些突出问题,各级政府间的支出责任划分不够清晰,收入划分不尽合理,全国缺乏基本的标准;省以下纵向财力不平衡问题明显,省市级人均财力往往是县乡级的若干倍;省以下横向财力不平衡问题普遍存在,同一省市内不同地区(县市)间的人均财力相差几倍甚至十几倍;省级以下转移支付规模较小,省级政府调节省以下政府财力不平衡的作用较弱。在今后一段时间内,合理调整和完善省以下分税制财政体制将是我国财政改革的重要任务,并将对我国城市财政管理体制产生直接影响。

2. 我国现行城市与所辖区、县、乡分税制——以深圳市为例

1994 年以后,我国城市与所辖区、县、乡的分税制体制尽管也进行了一些调整,但基本上沿用了按企业隶属关系划分财政收入的老办法,财政收支划分不够彻底,转移支付薄弱,不利于企业的改革和经济结构调整,财政不平衡问题突出。尤其是近年来城市企业改革加快,市与区的财政收入难以再按企业隶属关系划分,导致市与区、区与区之间争税源,混淆级次情况严重。由此,许多城市开始重新理顺和规范市区间的财政收支分配关系,以充分调动市区两级政府发展经济、增加财政收入、加强城市管理的积极性。2000 年,北京率先在全国打破按行政隶属关系划分财政收入的办法,实行市与区县彻底分税的财政体制。由于目前各地的做法不尽相同,在此仅以深圳市①为例,介绍我国城市财政体制的一些情况。

1994 年以来,深圳市已进行了三轮市区财政体制改革。1997 年第一轮市区财政体制改革后,市本级与各区开始实行分税制财政体制;2001 年为建立公共财政体制,实行了第二轮市区分税制财政体制改革;2006 年第三轮市区财政体制改革正式启动。第三轮市区财政体制改革的内容主要包括以下几个方面。

(1)明确了重大事权的范围。涉及全市交通安全运行管理(信号灯、交通标志、指示牌、电子监控系统的维护管理)的事权由市集中管理;罗湖、福田、南山、盐田四个区统一实行以市为主的基建投资管理体制;宝安、龙岗两区跨区域主干道、轨道交通、污水、垃圾处理设施及市的重大基础设施项目建设事权由市集中,统一规划,统一建设;由市本级承担全市出口退税超基数负担。

(2)明确了市区共享税、市级专享税和区级专享税。市专享税:契税、车船使用和牌照税、证券交易印花税、金融保险企业营业税。市区共享税:增值税、企业所得税、个人所得税、营业税四大主体税种。区专享税:城市维护建设税、房产税等。

---

① 《第三轮市区财政体制运行良好》,《深圳商报》,2006 年 6 月 29 日。

(3)在转移支付方面,加大了对政权运作支出和公共服务支出的保障水平。在承认各区实际支出的基础上,按区域间协调发展的要求,按综合因素法适当均衡各区支出水平,充分考虑各区的实际情况,区别对待:一是按照城市事务性管理下沉和加强社会治安管理的需求,按5%额外保障系数增加各区保障政权运作标准支出水平;二是考虑城市化改革后,宝安、龙岗两区各项公共服务面临较大的增支压力以及盐田区建区时间短、规模效应小等问题,按5%额外保障系数增加三区公共服务标准支出。

二、城市公共财政管理制度

(一)政府预算

政府预算是由政府编制的,经过一定的立法程序批准的,反映年度内财政收支状况的计划。从形式上看,政府预算就是按照一定标准将财政收入和支出分门别类地列入特定的表格,可以使人们清楚地了解政府的财政活动,政府预算成为反映政府财政活动的一面镜子。从实际经济内容看,政府预算的编制是政府对财政收支的计划安排,预算的执行是财政收支的筹措和使用过程,政府决算则是政府预算执行的总结。政府预算要经过国家权力机关的审批才能生效,因而又是国家的重要立法文件,体现国家权力机构和全体公民对政府活动的制约和监督。法制性是市场经济条件下政府预算的根本特性。政府预算的法制性还包括以下方面的内容:①公开性。政府预算及其执行情况必须采取一定的形式公诸于人民,让人民了解财政收支状况,并置于人民的监督之下。②可靠性。每一收支项目的数字指标必须运用科学的方法,依据充分确实的资料进行计算。③完整性。所有的政府财政收支活动都应当在预算中得到反映。④年度性。预算的编制和实现都有时间上的界定,即预算年度。政府预算应当反映预算年度的财政收支活动。

按照编制形式,政府预算分为单式预算和复式预算。前者指的是政府的一切财政收支都编入一个预算,通过统一的一个表格反映。后者是将同一预算年度的全部收入和支出按照性质划分,分别汇总编入两个或两个以上的收支对照表,以特定的预算收入来源保证特定的预算支出。一般的复式预算分为经常预算和资本预算。

根据我国《预算法》的规定,我国实行一级政府一级预算,设立中央、省、市、县、乡五级预算。其中,地方预算由省、市、县、乡预算组成。地方各级总预算由本级预算和汇总的下一级预算组成。地方各级预算由本级政府各部门(含直属单位)的预算组成。按照《预算法》的规定,我国中央预算和各级地方预算都按照复式预算编制。但实际上到目前为止,只有中央预算实行的是复式预算(包括经常预算和债务预算),地方预算仍是单一预算。长期以来,我国各级政府都形成了大量的预算外资金,破坏了政府预算的完整性。长期延续下来的政府收支分类方法和预算科目体系难以准确合理地反映政府的收支活动,影响政府预算的透明度和科学性。基数加增长的预算编制方法不利于提高政府支出的整体绩效和优化支出结构。基于政府预算领域存在的若干问题，自2000年起，我国在中央和地方陆续推行了部门预算改革，这是我国1994年分税制改革后的又一项重大财政制度改革。

1. 部门预算是一个部门编制一本预算的预算制度

部门预算是一本综合预算，既包括行政单位预算，又包括其下属的事业单位预算；既包括一般预算收支计划，也包括政府基金预算收支计划；既包括正常经费预算，也包括专项支出预算；既包括预算内拨款收支计划，也包括预算外核拨资金计划和部门其他收支计划。

2. 改革部门预算的支出预算的编制方法

为了克服基数法所带来的问题，应在部门预算的支出预算方面，推行零基预算和绩效预算法。

零基预算是指在每个预算年度开始时，以零为基础，根据财政职能目标，重新审查每项财政支出对实现目标的意义和效果，并在“成本—效益”分析的基础上，重新排出各项财政支出的优先次序。2000年中央部门预算开始改革，全面采用零基预算编制法，并取得了一定成效。随后，河南、河北、安徽、云南、湖南、湖北、海南、深圳等部分省、市试行了零基预算。

所谓绩效预算，是以项目的绩效为目的，以成本为基础而编制的预算。绩效预算与传统预算的不同之处在于，它关注的不是预算的执行过程，而是执行的结果；不是政府的钱够不够花，怎么花，而是政府在这些地方花了钱，老百姓最终得到了什么？因此，绩效的衡量是实行绩效预算的基础，也是绩效预算法在实施当中难度最大的部分。根据财政部的统一部署，自2000年开始，我国先后在湖北、湖南、河北、福建等地进行了财政支出绩效评价工作的小规模试点，湖北省还在全省范围扩大试点，并取得了一定的成效。但绩效预算编制法在我国并未大规模应用，其中制度供给不到位是影响我国实施绩效预算的重要原因。目前全国尚未出台统一的有关财政支出绩效评价工作的法律法规；没有明确的绩效评价执行管理机构；财政支出缺乏公开透明性。在我国的预算还没有实现真正意义上的公开化以前，绩效预算可以走出一条以绩效审计为导向的改革道路。[①] 目前已经有一些地方正在进行这方面的改革。

3. 改革政府收支分类方法

为了完整、准确地反映政府收支活动，进一步规范预算管理、强化预算监督，2006年我国正式启动了政府收支分类改革，财政部制定了《政府收支分类改革方案》和

① 参见范炜：《从政府审计谈推行绩效预算的改革路径取向》，《审计与理财》，2004年11月。余小平、孔志锋等：《在我国实行绩效预算的设想》，http://www.crifs.org.cn。马骏：《新绩效预算》，《中央财经大学学报》，2004年第8期。

《2007 年政府收支分类科目》,从 2007 年 1 月 1 日起执行。新旧政府收支分类在范围、分类体系和具体科目设置办法等方面都有较大变化。改革后的政府收支分类由收入分类、支出功能分类和支出经济分类三方面的内容构成。支出功能分类改革是这次改革的核心。支出功能分类主要用于完整反映政府的各项职能和活动内容,说明政府究竟做了什么。支出经济分类主要明细反映政府支出的经济性质和具体用途,即政府的钱究竟是怎么花出去的,是支付了人员工资、会议费、咨询费还是买了办公设备等。①

(二)政府采购

政府采购是指政府为了满足向公众提供公共产品或服务的需要,向私人部门购买产品、工程和服务。由于这种制度以公开招标为基本原则,从决策到监督体现了广泛的公平性、公正性和规范性,因此被称为“阳光下的交易”。政府采购不仅在财政方面有利于加强财政支出管理,规范政府的购买行为,提高财政支出的效率,而且还有助于实现政府的经济和社会发展政策目标,包括促进就业、保护环境、扶持不发达地区和少数民族地区以及促进中小企业发展等。

政府采购管理制度是包括政府采购政策、采购方式及采购管理在内的对政府采购行为进行规范的总称。我国《政府采购法》中规定的采购方式有:公开招标;邀请招标;竞争性谈判;单一来源采购;询价;其他采购方式。其中,公开招标是政府采购的主要方式。政府一旦选择了采购方式,就必须严格按照《政府采购法》所规定的采购程序和要求操作,并与供应商签订采购合同。深圳市最早于 1995 年开始进行政府采购制度的试点,此后从中央到地方各级政府、机构都开始逐渐采用公开采购的形式进行所需商品、劳务的购买,政府采购出现了迅速发展的情况。1998 年我国政府采购规模仅为 30 亿元,而 2005 年全国政府采购规模就已经达到了 2 927.6 亿元,占当年财政支出的 8.7%,占全国 GDP 的 1.6%。实施政府采购改革以来,全国政府采购规模年平均增长 77.9%。② 政府采购的内容已由单纯的货物类扩大到工程类和服务类。而且采购项目范围进一步扩大,银行代理、法律咨询、施工监控、物业管理、交通车租赁、公共场所绿化养护等服务类采购项目也都被纳入了政府采购。

(三)国库集中收付

传统的财政性资金缴库和拨付方式是通过征收机关和预算单位设立多重账户分散进行的。这种体制暴露出不少弊端,如分散和多重设立账户使得财政资金的“暗箱操作”成为可能,大量预算外资金游离于财政管理;财政资金入库时间延滞,导

① 有关政府收支分类改革的具体内容和最新进展,详见陕西省国库集中支付网信息 http://gkzf.sf.gov.cn/fenlei/index.asp。

② 财政部《2005 年全国政府采购信息统计分析》。

致财政收入的大量流失;财政收支信息反馈迟缓,难以为预算编制、执行和宏观经济调控及时提供参考依据;财政资金使用的全过程缺乏事前、事中和事后的全方位有效监督,容易成为腐败滋生的温床;各级财政部门实行的是按部门、单位和按经费交叉并行的分配方法,达不到集中财力办大事的目的,也弱化了对预算单位的经费使用情况的监督和制约。

世界上大多数市场经济国家的财政国库管理制度是建立在以国库单一账户和财政资金集中收付为基础,实行规范和高效的财政资金运作方式,即国库集中收付制度。它是通过建立国库单一账户体系,将所有财政性资金全部纳入国库单一账户体系管理,收入“直达”国库或财政专户,支出通过国库单一账户体系“直达”商品和劳务供应者或用款单位。相应地撤销各预算单位重复和分散设置的账户,预算资金不再拨付给各预算单位分散保存,预算单位在被批准的全年预算指标基础上,编制分月用款计划,并在批复的用款计划额度内提出用款申请。属于财政直接支付的工资支出、购买支出等,通过财政零余额账户直接支付给收款人;属于授权支付的零星支出和未纳入直接支付范围的购买支出,通过预算单位零余额账户直接支付。由此可见,国库集中收付制度改革为政府财政支出提供了一个坚实的监督平台,为进一步提高财政透明度提供了重要条件。2001 年我国 6 个中央部门率先进行了国库集中支付制度改革。至 2004 年底,140 个中央部门实行了国库集中支付改革。至 2005 年 11 月 7 日,全国 36 个省、自治区、直辖市和计划单列市全部启动了国库集中收付制度改革。

“部门预算”、“政府采购”、“国库集中支付”被称为我国政府预算改革的“三驾马车”。没有部门预算改革,国库集中支付将缺乏依据;没有政府采购,将无法确定供应商以及收款单位的额度;而没有国库集中支付,政府采购也将无法让资金直接到达终端供应商手中。继续扩大和深入进行这三项改革将对成为我国城市公共财政管理的主要内容和艰巨任务,也将对城市公共财政的良性运行产生深远影响。

本章小结

城市财政学的研究对象是以城市政府为核心的分配活动,它既研究城市政府自身的收支活动,也研究城市财政与城市经济之间的内在联系。二战以后,随着城市化水平的逐步提高和城市问题日益凸显,城市财政学逐渐成为一门独立的学科。

资源配置职能是城市公共财政的核心职能,即筹建足够的资源,保证城市公共品的提供。尽管城市财政的分配职能没有中央财政强，但它通过征收个人所得税等手段可以调节当地的要素收入分配；通过教育、社会保障等支出，缓解城市各阶层间的收入差距矛盾。城市财政执行中央宏观调控政策的力度对于国家宏观经济的稳定具有显著影响。

城市公共财政的职能范围决定了城市公共财政的收支范围。城市公共财政支出的大小和方向反映了城市政府干预和调节市场经济的领域和力度，是考察城市政府活动的重要方面。城市财政消费性支出包括行政管理、科研、教育、就业、文化、公共卫生和保健等支出。城市财政投资支出主要集中于公共基础设施、基础工业、高新技术产业、公共住宅等领域。税收收入是城市财政收入最主要的来源，除此之外还包括收费收入、公债收入、罚没收入等非税收入。

城市公共财政管理首先涉及以财政分级管理为核心的城市公共财政管理体制，即城市与中央政府、省政府，城市与所辖区、县、乡之间的财政关系，具体内容包括财政收支的划分与财政转移支付。城市公共财政管理具体体现为一系列的城市管理制度，其中预算管理制度是核心。推进部门预算、政府采购、国库集中收付改革将成为我国城市财政管理制度的主要内容。

思考题

1. 简述城市财政学的研究对象。
2. 简述城市公共财政的主要职能。
3. 如何转变我国城市公共财政的职能？
4. 城市公共财政支出和收入的类别有哪些？
5. 我国城市公共财政收支面临哪些挑战？
6. 我国城市政府债务的类别和形式有哪些？如何规范城市政府债务运行？
7. 城市公共财政管理体制的内容有哪些？
8. 近年来我国城市公共财政管理制度改革的主要内容有哪些？

案例分析

河南省鹤壁市市区分税制财政体制

鹤壁市位于河南省北部，因相传“仙鹤栖于南山峭壁”而得名。1957 年 3 月经国务院批准建市，是河南省省辖市之一。现辖两县(浚县、淇县)，三区(淇滨区、山城区、鹤山区)和经济技术开发区,全市共有11个街道、25乡镇,总面积2 182平方公里,总人口140多万人(2003年)。2003年全市完成财政收入4.4亿元,其中市级完成2.27亿元。

2001年鹤壁市正式建立了较为完善的市区分税制财政管理体制,该体制的主要内容有以下几个方面。

1. 市与区事权划分。市级财政主要承担市级机关工作所需经费,实施宏观调控必需的支出和直接管理的事业发展支出。区级财政主要承担区级机关工作所需经费、区域事业发展支出及经济发展所需资金。将老市区环卫、市政管理、城建监察、城市园林绿化、消防、小学教育、城市居民最低生活保障费等支出下划区级管理。相应的支出由区级承担,新区各项城市基础设施支出由开发区继续承担。

2. 市与区财权划分。市级固定收入:市级以上重点企业的地方税收;市级投资的重点大项目如盘石头水库的地方税收。市区共享收入:除中央、省级收入和市级固定收入外,各区属地内增值税25%部分,营业税、企业所得税、城市维护建设税、个人所得税、资源税、房产税、城镇土地使用税5%部分,土地增值税50%部分,车船使用和牌照税、固定资产投资方向调节税50%部分,契税、教育费附加收入,市与区各分享50%。区级固定收入:屠宰税、印花税、农业税、农业特产税和耕地占用税。其他各项财政收入:国有资产经营收益、国有企业计划亏损补贴、行政性收费收入、罚没收入、专项收入、其他收入、基金收入等仍沿用分级管理的部分。其中,土地有偿使用收入、城市水资源费收入、矿产资源补偿费收入为市级收入。

3. 完善激励调节机制和转移支付制度。以2000年为基数对当年区共享收入低于基数的部分,扣减区体制补助;当年实际增长率在10%以内(含10%)的区级共享收入增量部分,市与区三七分成,超过10%的增量部分,市与区二八分成。市级将利用激励调节机制取得的财力和上级财力补助作为转移支付资金的来源,根据区级收入努力程度、人均财力以及公共支出水平等因素,以转移支付的方式促进各区社会公共服务水平的提高。

2006年,为进一步提高市区组织财政收入的积极性,理顺市与区财力分配关系,增加区级财政收入,鹤壁市政府对原有市区分税制财政体制进行了完善(2006年1月1日起实行)。此次重点对收入范围进行了调整:将原为市区共享收入中的房产税、土地使用税、土地增值税、车船使用税四个税种下划作为区级固定收入;提高企业所得税区共享比例,市与区共享比例由5:5分成调整为4:6分成,不再执行市对区的所得税超基数返还政策。保留增值税地方分成部分,营业税、企业所得税地方分成部分,个人所得税地方分成部分,资源税、城市维护建设税、固定资产投资方向调节税(暂停征收)、契税、教育费附加收入等九种税费为市区共享收入,除企业所得税外其他税费市区分成比例均为5:5。在激励机制方面,以2005年实际完成数为共享收入考核基数,以后年度各区共享收入不得低于考核基数,低于部分相应扣减区级财力；对区企业所得税环比递增速度在10%以上的，超过10%（不含10%）的市级分享部分5年内全额返还，通过年终结算专项补助到区。

资料来源：1. 鹤壁市财政信息网，http://www.hbsczj.gov.cn/。

2.《鹤壁市人民政府关于进一步完善市区分税制财政体制的意见》（2006年4月6日）。

3. 李华群：《鹤壁市市区分税制财政体制改革的做法和成效》，《财税与会计》，2001年第3期。

案例思考题：

1. 试比较目前深圳与鹤壁两市市区分税制财政体制的异同。

2. 试分析近年来深圳与鹤壁两市市区分级财政体制改革的总体趋势。

第九章

城市社会保障管理

城市社会保障是目前我国社会保障体系的主体部分。与农村社会保障相比，城市社会保障的强制性和福利性更为突出。

通过本章的学习，重点了解城市社会保障、城市社会保障制度和城市社会保障管理体制的概念；掌握城市社会保障的内容和体系、制度类型、发展和改革的历史、管理体制的构成；在了解我国城市社会保障管理体制历史发展的基础上，对其改革和创新方向进行思考。

第一节　城市社会保障概述

城市社会保障是城市管理中的重要内容，也是目前我国社会保障体系的主体部分。我国的城市社会保障与农村社会保障相比有明显的不同，并形成了一套比较完整的城市社会保障体系。

一、城市社会保障的含义和特点

（一）城市社会保障的含义

城市社会保障是国家社会保障的重要组成部分，它是指国家通过立法和制定规章政策，以国民收入再分配为基本手段，对城市居民的基本生活权利提供安全保障的行为及其机制、制度和事业的总称。其目的是保证无收入、低收入以及遭受各种意外灾害的城市居民能够维持生存，保障城市劳动者在年老、失业、患病、工伤、生育时的基本生活不受影响,同时根据经济和社会发展状况,逐步增进城市社会成员的福利水平。

对城市社会保障的含义可以从以下几个方面理解:①城市社会保障是维护城市社会安定的经济措施,它通过国民收入再分配的途径调整社会利益关系,为社会经济的协调发展提供稳定的环境;②城市社会保障的首要目的是为了满足城市社会成员的基本生活需求,保证其在收入中断或不能工作时,能获得最基本的生活费用;③城市社会保障通过国家立法或行政措施实行,带有强制性。

在我国,由于长期实行城乡二元制的户籍制度,社会保障也呈现出极为明显的"二元"特征,具体表现为:农村社会保障长期被忽视,而城市社会保障"一头沉",城市社会保障构成了我国目前社会保障的绝大部分内容。

(二)城市社会保障的特点

1. 强制性

与商业保险相比较,社会保障具有强制性的特点,因为它是由国家立法确立并且依据法律实施的。在我国,与农村社会保障相比较,城市社会保障的强制性主要表现在:第一,强制参加。每位城市居民只要符合社会保障的有关法律规定,都必须参加。这与农村一些社会保障项目(如养老保险)的自愿性不同。第二,强制缴费。城市中,凡是符合有关社会保障税法或社会保险基金统筹法令、法规的缴纳条件的个人和团体,都必须按照要求纳税和缴费,否则将被追究法律责任,而农村社会保障则很少有这样的硬性规定。

2. 福利性

社会保障的各环节都具有非营利性特征,而且保障费用并非一定来自被保障人。它体现了国家的福利政策和福利分配,使公民在生活困难时都能享受到从国家和社会获得物质帮助的基本权利。因此,社会保障具有福利性的特点。在我国,与农村社会保障相比较,城市社会保障的福利性更为突出:城市的社会保障在过去的几十年中得到了国家的充分重视,城市人口人均享受的社会保障费约为农村人口人均的100倍,享有的社会保障种类较农村多,制度也较农村完善。①

另外,城市社会保障还具有社会保障的其他一般特点,如社会性、互济性、保障性和公平性等。

二、城市社会保障体系

各国城市社会保障的具体内容是根据各自的国情和经济发展水平来确定的。不同国家在不同历史时期,城市社会保障内容会有很大不同。因此,社会保障的内

① 王国军:《社会保障:从二元到三维》,对外经济贸易大学出版社,2005年版,第26~37页。

容是一个不断发展变化的过程。从各国城市社会保障发展的历史进程来看,社会保障的内容是在不断增加的。社会保障开始主要以病、残、老、死及生育为主要内容,以后逐步扩大到对失业者的生活保障,再到以提高生活质量为目标的社会性福利等。目前,世界各国的城市社会保障主要包括三个大方面的内容,即社会救助、社会保险和社会福利。我国的城市社会保障也以这些内容为主,形成了较为完整的保障体系,包括:社会保险、社会救济、社会福利、优抚安置、社会互助和个人储蓄积累保障。

(一)城市社会保险

城市社会保险是指国家通过立法,多渠道筹集资金,对城镇有工资收入的劳动者在因年老、失业、患病、工伤、生育而减少劳动收入时给予经济补偿,使他们能够享有基本的生活保障。其资金来源主要是用人单位和劳动者本人,而政府会给予资助并承担最终责任。社会保险实行权利和义务相对应的原则,劳动者只有履行了缴费义务,才能获得相应的收入补偿权利。城市社会保险主要包括养老保险、失业保险、医疗保险、工伤保险和生育保险等。

- 养老保险。包括企业职工养老保险、公务员养老保险、城市自由职业者及其他职业者养老保险等。
- 医疗保险。包括城镇职工基本医疗保险、大额医疗费用互助、公务员医疗补助等,有条件的企业还可以为职工建立企业补充医疗保险。
- 失业保险。包括失业津贴、失业困难补助、转业培训补助等。
- 工伤保险。包括工伤和职业病医疗待遇、暂时丧失劳动能力津贴、永久完全丧失劳动能力津贴、永久部分丧失劳动能力津贴、供养家属待遇等。
- 生育保险。包括因生育而发生的医疗费用和产假期间按月发放的生育津贴等。

(二)城市社会救济

城市社会救济是以城镇中的贫困户、无依无靠和无生活来源的贫困者、城市灾民以及其他不能维持最低生活水平的城镇人员为主要对象,费用主要来自国家财政支出,辅以社会筹资。救助的方式包括长期救济、临时救济、扶贫等。城市社会救济是城市基础的、最低层次的社会保障,其目的是保障公民享有最低的生活水平,给付标准低于社会保险。

(三)城市社会福利

城市社会福利是指政府和社会为城镇全体成员或老人、儿童、残疾人等社会中特别需要关怀的人群,创造物质文化环境或给予生活保障和援助,费用主要来自国家和地方政府财政支出,以社会筹资为辅。主要包括城镇中残疾人、老年人、儿童、妇女福利,住宅和教育福利,以及社区服务等。

(四)城市优抚安置

优抚安置是指城市政府对国家和社会有贡献的特殊社会群体给予补偿和褒扬

的一种特殊的社会保障，以确保他们的生活不低于当地居民平均生活水平。其费用来自国家拨出的专款，方式包括国家抚恤、社会优待、退役安置、离退休安置等。城镇退役士兵可享受政府一次性就业安置，对自谋职业的安置对象发给一次性经济补助。

（五）城市社会互助

城市社会互助是指出于共同的对基本生活保障的需求，在两个或两个以上的城镇居民之间进行积极互助，构成社会支持网络。它无需政府和社会参与，只需社会成员间有共同意向即可。

（六）城市个人储蓄积累保障

城市个人储蓄积累保障是指居民个人根据自身收入情况自愿地将收入中的一部分进行储蓄，用来保障自己在今后遭遇生活风险时的物质需求。由于受中国的历史传统和具体国情的影响，目前城镇中的这种“自我保护”主要发生在个体经营及没有正式工作的居民当中。

第二节　城市社会保障制度及其历史发展

城市社会保障制度是关于城市社会保障的规范体系。根据不同的标准，城市社会保障制度可以分为不同的类型。现代城市社会保障制度经历了形成、发展和改革等不同阶段。

一、城市社会保障的制度类型

按照不同的分类标准，可以将城市社会保障制度分为不同的类型。下面介绍几种主要的制度类型。

（一）按照城市社会保障的负担方式划分

1. 社会保险型

社会保险型的城市社会保障制度是最早出现的社会保障模式。其主要特点是：实行“自助”原则，强调劳动者个人在社会保险方面的责任，社会保障费用由国家、雇主和雇员三方负担，且以雇主和雇员个人投保为主，政府酌情资助；雇员享受社会保险的权利与保险缴费的义务相联系，享有的社会保险水平与社会保险缴费多少和个人收入情况相联系；社会保险基金的筹集以现收现付为主；不同的险种，分担比例不同，如养老保险由雇主和雇员双方平均分担，工伤保险完全由雇主负担等。采用这一制度的国家有德国、美国、日本、奥地利和比利时等。

2. 国家保障型

前苏联在十月革命胜利后,逐步建立起了国家保障型的城市社会保障制度。自20世纪50年代起,其他社会主义国家也纷纷效仿。其特点是:社会保障资金来源于政府的财政收入,受保人不缴纳任何费用;社会保险待遇较高且与劳动贡献挂钩;城市工会组织代表国家政权机构管理社会保障事宜。这种保障类型随着前苏联和东欧社会制度的剧变而结束。

3. 福利国家型

1948年,英国工党政府首先宣布建成福利国家,而后法国、联邦德国、荷兰、丹麦、卢森堡、比利时等国相继宣布建成福利国家。福利国家型社会保障制度的目标是实现充分就业和收入均等化。其特点是:社会保障主体是国家,以公共支出的方式向包括城市居民在内的全体公民实施普遍的社会保障待遇;强调公平,宁可牺牲效率来维护社会公平;按需保障,公民生活中的一切必需的需要不受时间、地点和其他因素的限制,都给予救助或补助;以高税收支撑高福利,政府财政负担沉重。

4. 强制储蓄型

强制储蓄型又称公积金模式或东南亚模式。以新加坡的中央公积金制度为代表。这一制度通过国家立法强制所有雇主和雇员依法按工资收入的一定比例向中央公积金局缴纳公积金,由中央公积金局加上每月应付的利息,计入每个公积金会员的账户进行专户储存。会员所享受的待遇,只在其账户的公积金额度以内支付。其特点是:国家立法,强制执行;政府不提供任何资助;会员之间没有调剂互助;个人待遇与自己的努力和存款的多少紧密相连,具有很强的激励作用。

(二)按照城市社会保障的给付基准划分

1. 受益基准制

受益基准制又称规定受益制或确定给付制。它是指预先规定对受益人的给付水平,再依据精算原理确定缴费水平。这一制度强调公平原则。劳动者的社会保障待遇水平按其收入的一定比例确定,而与其缴费水平不一定相等,体现了社会保障的互济性。但受益基准制要求财政做最后的保障线,在社会保障收入不足时,财政的负担会加大。

2. 缴款基准制

缴款基准制又称规定缴费制或确定缴费制。它是指预先确定缴费水平,再根据基金积累额及其投资收益给付受益人的社会保障模式。这一制度强调效率原则。缴费越多,所得越多,反之亦然。权益与责任相对应,但互济性差。

(三)按照城市社会保障的财务机制划分

1. 现收现付制

现收现付制是指按照以支定收的原则,把根据以往经验预测出的当年所需的社会保障资金摊到参加保险的企业及个人，当年提取，当年支付完毕，预先不留出储备金，不做任何积累，完全靠当年的收入满足当年的需要。它操作比较简单，没有投资的风险和压力，通常用于短期的风险保障，如疾病、生育、失业等。

2. 基金积累制

所谓基金积累制，是指用预先积累的社会保障基金给付保险金。政府在对有关人口、寿命和国家经济发展的各项指标进行长期预测的基础上，将受保人在领取保险待遇期间所需要的开支总额，按照一定比率分摊到整个就业期间，并对不断提取和已经积累起来的保险基金进行有计划的投资运营，使其保值增值。

3. 部分基金制

部分基金制也称混合制，是基金积累制与现收现付制的结合。其办法是在满足一定时期内的支出需要的前提下，留有一定部分进行储蓄作为基金积累。其特点是收费率分期调整，初期低，以后逐步提高，保持相对稳定性。这种制度既可避免现收现付制面临的提取比例不断上升，纳税者负担日重的问题；又可减轻基金积累制带来的投资风险和计算困难的问题；受人口结构、通货膨胀和经济状况的影响也相对小些，可以保证社会保障基金收支长期平衡。

各种城市社会保障的制度类型的产生和选择都要与各国经济发展水平和具体国情相适应，而在不同的制度类型中，城市社会保障的项目大致都是相同的。

二、现代城市社会保障制度的形成、发展和改革

（一）现代城市社会保障制度的形成

现代城市社会保障制度是在西方近代工业化、城市化过程中逐步形成的。英国的《济贫法》（1601 年）和济贫制度是现代城市社会保障制度的雏形，该法规定，教区对没有亲属供养的区内贫民负责救济，救济经费以济贫税、志愿捐款和罚金三者为主要来源。这是政府首次以立法的方式确立对贫民实施生活救济制度，其救济经费的一部分是国家强制征收的济贫税。

阅读拓展

英国的《济贫法》

16 世纪，由于英国毛纺工业的迅速发展，新贵族阶层为了霸占更多的土地养羊，发动了“羊吃人”的“圈地运动”，使得大量的农民失去土地，不得不背井离乡，到城市里去谋生，成为雇佣工人。工人的收入和农民的收入有很大的不同：农民有土地，他们的收入直接就是生活资料，实行的是自给自足的自然经济；而工人除了劳动力之

外一无所有,他们的收入是工资,它是劳动力的价格,只够支付日常生活所需费用,一旦遇到生病、工伤、失业、年老等风险,个人就无力承担。当时的英国统治者就面临着大量城市贫民生活无着、偷盗、乞讨等社会问题,急需解决。为此,英国政府在1531~1597年间通过了多项救济贫民的法令。这些法令后来被编纂、补充成为法典,即《伊丽莎白济贫法》,于1601年颁布执行。19世纪初,产业革命进一步深化,工人数量剧增而待遇很差,需要救济的人日益增多,财政不堪重负。1834年,英国议会通过了《济贫法》修正案,也称新《济贫法》。该修正案加强了对申请救济的贫民进行审查的制度,对于领取救济金的人附加了很多苛刻条件,导致其难以推行下去,最终被终止使用。

资料来源:吴中宇:《社会保障学》,华中科技大学出版社,2004年版,第10~11页,有删改。

以社会保险为特征的城市社会保障制度是19世纪末首先在德国发展起来的。1883年,德国制定了世界上第一部《疾病保险法》,1884年通过了《工伤保险法》,1889年实行了《养老·残疾·死亡保险法》,从而建立了社会保险制度,被认为是世界社会保障制度的发端。1911年,上述三个法律和后增加的《孤儿寡妇保险法》一起组成著名的《社会保险法典》。德国社会保险制度的主要进步表现在:社会保障资金来源多元化,国家、工人和雇主三方对绝大多数社会保险项目分摊保险资金;保障对象不是贫民,而是劳动者,从而使社会保障区别于社会救济;强调权利与义务相对应,即缴纳保险费与所得待遇标准是相联系的;从内容上涵盖了疾病、工伤和年老这三项劳动者所面临的最主要的社会风险;强调国家立法强制实施。

(二)现代城市社会保障制度的成熟和完善

1935年,美国颁布了世界上第一部《社会保障法》,第一次正式使用了"社会保障"(social security)一词,提出了世界上第一个比较完整的社会保障制度,使社会保障从形式到内容都更加完整统一。它包括公共救助方案、社会保障方案、卫生及福利服务方案三部分内容,并由社会安全理事会负责主要业务的管理和监督。

鉴于德国、英国和美国的城市社会保障制度对本国社会经济发展起到了良好的保障和促进作用,西方各国都相继建立了自己的城市社会保障制度,其制度体系也更加完善。社会保障制度建立的主要标志有两个:一是1942年英国贝弗里奇的《社会保险及有关福利问题》报告,它不仅是英国政府建设福利国家的蓝图,而且对世界各国社会保障制度的发展起到了促进作用;二是1952年国际劳工组织制定并通过的《社会保障最低标准公约》,该公约对退休待遇、疾病津贴、医疗护理、失业津贴、工伤补偿、残疾津贴、子女补助、死亡补助以及定期支付应遵从的最低标准都做了明文规定,被誉为国际社会保障事业发展的里程碑。

现代城市社会保障制度的成熟和完善具体表现在:国家和政府在社会保障中的主导作用突出;城市社会保障计划不同程度地向全民化、普及化方向发展;城市社会保障的项目逐渐增多,范围不断拓宽,水平不断提高;城市社会保障的管理更趋于法制化和规范化等。

(三)现代城市社会保障制度的调整和改革

在现代城市社会保障制度蓬勃发展的同时,其弊端也逐步显现。尤其是进入20世纪70年代中期以后,发达国家的经济发展进入滞涨阶段,城市社会保障制度也随之陷入困境。标准过高的社会福利、超过国家经济实力的社会保险,导致政府财政负担沉重、高税收、财政赤字和通货膨胀,提高了劳动成本,影响了劳动积极性和效率,削弱了国家的经济竞争力。同时,社会保障管理体制僵化、效率低、成本高的问题也比较严重。这些问题使人们开始对现代社会保障制度进行反思。

为了摆脱福利危机的困境,解决社会保障制度存在的问题,以英国保守党政府1979年率先改革社会保障制度为标志,西方发达国家开始对本国的社会保障制度进行调整和改革。改革和调整的主要内容有以下几个方面。

1. 增加社会保障的收入来源

政府采取多种方式,如提高缴纳社会保险费的上限、扩大缴费对象、提高社会保险费率、征收社会保障所得税、鼓励和扩大就业等,增加社会保障的资金来源,降低政府的财政负担。

2. 削减和节约社会保障费用

在支出方面,政府削减了某些社会保障项目,并通过改革社会保险给付制度、调整社会保障条件以缩小保障范围,同时采用冻结保障标准等办法,使社会保障费用得到节约、支出增幅减缓。

3. 改革养老保险制度,降低政府风险

从政府负担养老保险逐步转向自我储蓄式的个人账户养老保险,个人账户多由私营机构经营,并将养老保险制度从受益基准制转变为缴费基准制,从而将原来由政府和雇主承担的风险转变为主要由雇员承担,降低政府的风险。

第三节　中国城市社会保障制度的发展和改革

新中国成立后,国家城市社会保障制度从无到有,经过了建立、调整、挫折和恢复以及改革等多个发展阶段,取得了多方面的成果,但也仍然存在很多问题。

一、中国城市社会保障制度的发展阶段

(一)中国城市社会保障制度的建立

1949年,作为中华人民共和国临时宪法的《中国人民政治协商会议共同纲领》

明确规定要"逐步实行劳动保险制度"。当时,我国实行计划经济体制,与此相适应,社会保障制度选择了类似前苏联和东欧社会主义国家所实行的"国家保障型"模式,刚成立的人民政府承担起了社会保障的责任,并快速地建立起了城市社会保障制度。

1. 城市社会救济、社会福利和优抚安置制度的建立

1950 年 6 月,政务院公布实施了《关于救济失业工人的指示》,对城镇失业工人进行救济的范围、标准及资金来源等作了明确规定;同年 7 月,劳动部公布了《救济失业工人暂行办法》,逐步建立起城市社会救济制度。国家采取了"国家—单位"的城市社会保障结构,当时的社会福利大多包含在企事业单位和党政机关的职工福利之中;同时,国家还支持其他各种社会福利事业,并从许多方面为发展职工生活福利事业所需的费用提供保障,至 1957 年底基本建立起完整的城市社会福利制度。此外,国家陆续颁布了多个相关法规,对革命烈士家属、革命军人家属的优待标准和办法,对残废军人残废等级的确定都做了明确规定,使优抚工作实现了制度化。

2. 在全国城镇职工中全面实行现代社会保险制度

1951 年 2 月,政务院颁布了我国第一部全国统一的社会保险法规——《中华人民共和国劳动保险条例(草案)》。该条例规定了城镇职工在疾病、伤残、死亡、生育及年老时所获得的帮助及直系亲属可以享受一定的保险待遇。1953 年 1 月,政务院修订公布了《中华人民共和国劳动保险条例》,并于 1956 年再次修订,全面确立了适用于中国城镇职工的劳动保险制度,它的适用范围包括城镇所有企业和职工,成为新中国社会保障制度中最重要的一项社会保障制度。1957 年 2 月,卫生部制定和颁布了《职业病范围和职业病患者处理办法的规定》,进一步完善了城市社会保险制度。与此同时,国家机关工作人员的社会保险制度也逐步建立起来。

到 1956 年,我国已经建立了以国家为主要责任主体、城镇单位担负共同责任并一起组织实施的较为完整的城市社会保障制度。在这种制度安排下,国家直接承担着统一制定各项社会保障政策、直接供款和组织实施有关社会保障事务的责任,城镇企业单位负责缴纳职工的劳动保险费用,两者紧密结合。

(二)我国城市社会保障制度的调整与完善

1957 年,国家开始进入了全面进行社会主义经济建设的时期,为适应新形势的发展,中央政府开始对社会保障制度进行调整与完善。国务院颁布实施了《关于工人、职员退休处理的暂行规定》(1957 年 11 月)、《关于工人、职员退职处理的暂行规定》(1958 年 3 月),将城镇职工的退休制度从劳动保险中独立出来,并趋向统一和正常化。1962 年 2 月,国务院又颁布了《关于精简职工安置办法的若干规定》等法规。这一时期,卫生部、劳动部、内务部等部门也发布有关规定,对公费医疗、劳保医疗等制度进行了相应的调整和完善。

同时,社会福利、社会救济和优抚安置制度也在一定程度上得到了完善。“大跃进”运动曾导致一些企业的福利待遇过高、脱离实际,三年困难时期又使得社会救济能力不足。为此,中共中央、国务院在1962年召开了城市工作会议,要求各地加强困难补助,适当提高补助标准,改善职工食堂。国家有关部门还采取措施保护和扶持社会福利生产,做好城镇待业盲聋哑残青年就业安置工作。在社会救济方面,1962年内务部、财政部颁布了《抚恤、救济事业费管理使用办法》,对及时、合理地使用抚恤费、救济事业费起到了重要作用。

(三)城市社会保障的挫折及恢复

城市社会保障制度在十年动乱中严重受挫。1969年2月财政部颁发《关于国营企业财务工作中几项制度的改革意见(草案)》,规定国营企业一律停止提取劳动保险金,企业的退休职工、长期病号工资和其他劳保开支在营业外支出中列支。这一规定不但使得社会保险的统筹调剂职能无法发挥作用,而且使得城市社会保障制度演变成企业或单位保障制。这个时期中国城市社会保障形成了自我封闭的单位化保障的特征。

十年动乱结束后,我国城市社会保障制度开始恢复重建。国家相继颁布了《关于安置老弱病残干部的暂行办法》、《关于工人退休、退职的暂行办法》(1978年6月)、《关于整顿与加强劳动保险工作的通知》(1980年3月)、《关于调整军人、机关工作人员、参战民兵民工牺牲、病故抚恤金标准的通知》(1979年1月)、《革命烈士褒扬条例》(1980年6月)等一系列法律、法规和政策,并普遍提高了职工生活困难补助的标准,增加了职工福利基金的来源。我国城市社会保障制度的恢复和重建大约在1982年完成。

二、我国城市社会保障制度的改革

(一)传统城市社会保障制度存在的缺陷

在计划经济体制下形成的城市社会保障制度,随着社会经济的发展和我国经济体制改革的不断深入,开始暴露出很多缺陷,主要表现在以下几个方面。

1. 覆盖范围狭窄,不平等现象突出

在计划经济体制下,我国城市社会保障制度以城市中全民所有制单位为主体对象,城市非全民所有制单位的劳动者所能享受的社会保障待遇极其有限,待遇水平也远远低于全民所有制单位;从事个体经营的劳动者根本享受不到社会保险。这既不符合劳动法和宪法所规定的劳动者享有平等的社会保险权利的规定,也不利于劳动力的合理流动和多种经济形式的发展。

2. 待遇过高,平均主义问题严重

在实施社会保障的全民所有制单位内部,国家与企业包揽过多,个人在社会保

障过程中的权利与义务互相脱节,有的项目待遇水平超过经济承受能力(如几乎完全免费的医疗),结果导致国家和企业背上了沉重的财政包袱。另外,由于人们的社会保障待遇与就业状况密切相关,而与劳动贡献无关,导致在单位内部、行业内部和全民所有制单位内部,社会保障的平均主义非常突出。

3. 资金来源单一,缺乏积累

社会保险费由国家和企业包下来,职工个人不缴费,致使资金严重匮乏。然而,职工个人不缴费,实质上是将应当纳入工资中的那一部分社会保险费事先扣除下来,作为利税上缴国家,最后再由国家以企业少缴税利、列支营业外支出的形式返还给企业职工。以这种社会扣除的形式筹集社会保险费,只能是现收现付,没有积累。

4. 社会化程度低,一些企业负担沉重

在计划经济体制下,本该职工通过社会互济来克服的各种风险由各企业自己负担起来,社会保险变成了"企业保险",导致不同企业之间社会保险费用负担非常不平衡,致使企业在市场经济条件下无法进行公平竞争。

(二)我国城市社会保障制度的改革

1. 改革的基本历程

早在1984年,我国城市社会保险制度的改革就已经开始,一些地方进行了养老金制度和医疗保险制度方面的社会统筹改革试点。1993年是我国城市社会保障制度改革的转折点。党的十三届四中全会通过的《关于建设社会主义市场经济若干问题的决定》,提出了建立新型社会保障制度的三个基本原则:第一,建立全面的、多层次的社会保障体系,实行全国统一的社会保障制度,但城乡居民的具体保障办法又有所区别;第二,城镇职工养老金由单位与职工个人共同负担,实行社会统筹与个人账户相结合;第三,社会保障的行政管理与社会保障基金的经营管理分开。这些原则奠定了社会保障制度的改革方向。同年,医疗保险制度改革进入扩大试点阶段。1997年以后,通过一系列法律法规的颁布实施,全国统一的城市社会保障制度逐步形成,新的城市社会保障制度初步确立。

2. 改革的主要成果

(1)基本形成了与市场经济体制相适应的城市社会保险制度。1997年,国务院制定了《关于建立统一的企业职工基本养老保险制度的决定》,开始在全国建立统一的城镇企业职工基本养老保险制度。实行社会统筹与个人账户相结合的模式,企业缴纳的基本养老保险费一部分用于建立统筹基金,另一部分划入个人账户;个人缴纳的基本养老保险费计入个人账户。政府还努力提高基本养老保险基金的统筹层次,逐步实行省级统筹,不断加大对基本养老保险基金的财政投入。

1998年,国务院颁布了《关于建立城镇职工基本医疗保险制度的决定》,开始在全国建立城镇职工基本医疗保险制度,实行社会统筹与个人账户相结合的模式。单位缴纳的基本医疗保险费一部分用于建立统筹基金，另一部分划入个人账户；个人缴纳的基本医疗保险费计入个人账户。统筹基金和个人账户分别承担不同的医疗费用支付责任。基本医疗保险基金原则上实行地市级统筹。在基本医疗保险之外，各城市还普遍建立了大额医疗费用互助制度，以解决社会统筹基金最高支付限额之上的医疗费用。国家为公务员建立了医疗补助制度。有条件的企业可以为职工建立企业补充医疗保险。国家还在逐步建立社会医疗救助制度，为贫困人口提供基本医疗保障。

为适应国有企业经营机制的转换和劳动制度的重大改革，自1986年国务院颁布《国营企业待业保险暂行规定》开始，我国逐步建立起失业保险制度，为职工失业后的基本生活提供保障。1999年，国务院颁布了《失业保险条例》，规定失业保险覆盖城镇所有企业、事业单位及其职工，所有企业、事业单位及其职工必须按比例缴纳失业保险费。

1996年，《企业职工工伤保险试行办法》出台，开始在部分地区建立工伤保险制度。该办法规定：工伤保险费由企业缴纳，职工个人不缴费。工伤保险缴费实行行业差别费率和企业浮动费率。[①] 没有参加工伤保险的单位，仍由该单位承担支付工伤费用的责任。同年，有关部门还制定了《职工工伤和职业病致残程度鉴定标准》。

1994年，国家有关部门制定了《企业职工生育保险试行办法》，规定生育保险费由企业缴纳，职工个人不缴费。没有参加生育保险的单位，仍由该单位承担支付职工生育上待遇的责任。

（2）城市社会福利、社会救助和社会优抚制度取得显著进展。在社会福利制度方面，国家颁布了《中华人民共和国残疾人保障法》（1990年）、《中华人民共和国老年人权益保障法》（1996年）等法律法规，为保障城市特殊困难群体的生活权益提供了法律依据。1993年，我国开始对城市社会救济制度进行改革，尝试建立最低生活保障制度。到1999年，全国所有城市和有建制镇的县城均建立了最低生活保障制度。同年，我国正式颁布了《城市居民最低生活保障条例》，为城市所有居民提供最基本的生活保障。在城市优抚安置制度方面，国家陆续颁布和修订了《退伍义务兵安置条例》（1987年）和《军人抚恤优待条例》（1988年，2004年）等法规，规定对重点优抚对象实行定期定量补助、对义务兵家属普遍发放优待金、城镇退役士兵可享受政府一次性就业安置、对自谋职业的安置对象发给一次性经济补助等。

（3）城市社会互助制度和其他保障措施逐渐发展起来，成为社会保障制度的重要补充。1999年颁布的《中华人民共和国公益事业捐赠法》，对社会捐赠活动的经常

---

① 根据不同行业的工伤事故风险和职业危害程度确定不同的行业费率；在行业费率的基础上，根据企业上一年实际的工伤事故风险和工伤保险基金支出情况确定每个企业当年的具体费率。

化、制度化进行了立法规范和鼓励。城市机关、企事业单位、社会团体等还有组织地帮助和扶持贫困户脱贫致富,并通过兴办社区服务业,为城市贫困对象提供照顾和服务。自1994年起,全国各级工会组织每年开展对困难职工家庭的“送温暖”活动。各种福利和慈善基金会也纷纷成立,并取得了一定的成就。

三、目前我国城市社会保障制度中存在的主要问题

改革之后的我国城市社会保障制度仍然存在许多问题,主要表现为社会保障的不公平性。城市社会保障制度的公平性是社会保障公平性的制度保障。作为城市社会发展的“安全网”和“减震器”,城市社会保障的公平性应该得到足够的重视。当前,我国城市社会保障制度中存在着很多不公平现象,导致社会保障不能够充分发挥其应有的作用。

(一)一部分社会弱势群体被排除到了社会保障的范围之外

以城市社会基本养老保险制度为例,我国实行的是社会统筹和个人账户相结合的办法,参保人员要按照本人收入的一定比例缴纳养老保险费。为了达到一定的缴费起点和将来养老保险待遇的一定水平,政策规定由本人收入确定的缴费基数不得低于当地社会在岗职工工资水平的60%,并不得高于当地社会在岗职工工资水平的300%。在此范围内,缴费基数越高,个人账户积累越多,将来的养老保险待遇越高。但在实际生活中,往往有一部分低收入群体人员的收入远远达不到规定的最低缴费基数,负担不起缴费责任,从而造成无法参加社会基本养老保险的事实。此外,我国实行的“现收现付制”的养老保险制度存在着养老责任后移的情况,可持续性差,造成代际不公平。再如,城镇职工基本医疗保险制度规定,在职参保人员的医疗费用报销是与缴费密切挂钩的,一旦欠费就会暂停报销。这一办法的本意也是为了强化参保人员和单位的缴费责任,但其结果往往会造成有收入保障的群体能得到医疗保障,而收入保障非正常的人群却会因一阶段的收入危机形成欠费,而得不到有效的医疗保障。[①] 另外,现行医疗保险设定的统筹层次过低,以至于无法在较大范围内实现风险共担。在参加医疗保险的不同类型人群中,也存在保障标准上的差异,影响到制度的公平性。

---

① 《论社会保障公平性原则与和谐社会建设》, http://www.qglt.com/bbs/ReadFile?whichfile=1498651&typeid=17。

阅读拓展

目前城镇医疗保险制度的明显缺陷

问题之一:在医疗保险制度中引入积累制的个人账户,不符合医疗保险制度设计的基本原则。其一,医疗保险所依据的基本原则是社会共济,个人账户的设立显然降低了医疗保险的互济功能。其二,个人的医疗卫生服务需求是随机性的,不可能先积累后消费,引入积累制并不符合医疗需求规律。要求个人账户支付平时的门诊费用,实质上是要求个人自己来解决基本医疗服务问题。这种"大病统筹,小病自费"的制度设计,违背了"预防为主"的医学规律。

问题之二:现行城镇医疗保险制度的目标人群只包括就业人员及符合条件的退休人员,将绝大部分少年儿童、相当一部分老人以及其他无法就业的人员排除在外。这样的制度设计必然导致如下结果:一是上述人群的医疗需求难以得到制度化的保障,个人及家庭面临的医疗风险难以化解,从而带来经济、社会方面的消极后果。二是在一部分人有医疗保障而另外一部分人没有医疗保障的情况下,无法避免体制外人员以各种方式侵蚀体制内医疗资源的问题。

问题之三:现行医疗保险制度设计及相关配套措施没有解决对医疗服务提供者的行为约束问题,导致医疗服务费用仍无法控制。在这种情况下,维持资金平衡就成为医疗保险自身的难题。在实际操作中,主要做法就是强调参保者享受的待遇与缴费紧密挂钩,不能缴费甚至不能及时缴费就无法享受相关保障待遇。长此以往,医疗保险事实上就演变成自愿参加的,且只有具备缴费能力才能参加的"富人俱乐部"。

资料来源:国务院发展研究中心课题组:《对中国医疗卫生体制改革的评价与建议》,2005 年 7 月,有删改。

(二)不同所有制、不同行业之间的待遇存在着较大差别

改革之后的城市社会保障制度虽然扩大了社会保障的覆盖面,但全民所有制和集体所有制单位的社会保障待遇水平相对较高,而其他所有制单位的待遇则较低。另外,虽然铁道、交通、民航、邮电、电力、石油、金融等社会公认的高收入垄断系统不再实行行业统筹,但不同行业之间的社会保障待遇差距仍然没有完全消除,甚至还在扩大。这就造成了收入高的人得到的社会保障水平也高的局面,既有悖于社会保障"二次分配"的功能,又不利于社会的和谐和稳定。

今后,我国城市社会保障制度应针对提高当前社会保障制度的社会公平性和有效性问题,进行不断完善。

第四节　城市社会保障管理

一、城市社会保障管理与城市社会保障管理体制

城市社会保障管理是指为了实现城市社会保障目标，城市的社会保障职能机构贯彻落实国家的社会保障法律和政策，依法建立城市社会保障体系，筹集和运行保障资金、调节保障分配、维持保障秩序等一系列活动和过程。城市社会保障管理是城市社会保障得以正常和有效运作的基础。城市社会保障管理的核心是建立科学合理的管理体制。

广义的社会保障管理体制包括社会保障事业发展的所有方面，是国家管理社会保障事业的决策模式、法律法规、组织机构、管理制度、具体政策等方面的总称。狭义的社会保障管理体制主要指社会保障管理机构的设置及其职能的划分。① 这里采用狭义的概念，即城市社会保障管理体制是指城市社会保障管理机构的设置及其职能的划分。

二、城市社会保障管理体制的构成

（一）城市社会保障的管理机构

城市社会保障的管理机构一般包括以下几类。

1. 行政管理机构

城市政府设置社会保障的行政管理机构，以履行社会保障这一政府职能。城市社会保障行政管理机构属于国家社会保障的基层行政机构，主要任务是执行政策，受省级政府乃至中央政府相关管理机构的领导和业务指导。

在我国，城市社会保障行政管理机构经历了一系列的变迁。1951 年到 1969 年主要是工会。1969 年到 20 世纪 80 年代末主要是企业自管。20 世纪 80 年代末至 1998 年是多部门管理，整个社会保障由劳动部门、民政部门，财政部门、人事部门、卫生部门以及工会等不同的部门分别进行管理。劳动部门主管城镇职工养老保险、待业保险、劳保医疗等；民政部门主管城镇特殊人群的社会福利、社会救济等；人事部门主管党政机关、事业单位、社会团体职工的养老保险等；卫生部门主管公共卫生、公费医疗；财政部门主管公费医疗；等等。此时，城市社会保障管理的机构重叠，业务交叉，利益冲突，弊病丛生。由于这些原因，导致城市社会保障政事不分，管理混乱，监管无力，各自为政，各行其是，体制上存在着巨大的漏洞。针对上述问题，根据

---

① 吴鹏森:《现代社会保障概论》，上海人民出版社，2004 年版，第 162 页。

社会化、法制化和稳定化的原则,1998 年,国家社会保障体制进行了较大范围的改革,组建了劳动和社会保障部,将原来由人事部、民政部、劳动部、卫生部等多部门进行多头管理的社会保障制度统一起来,形成了基本统一的社会保障管理体制。城市也相应设立了劳动和社会保障局,统一管理城市社会保障事宜,主要负责社会保险事务;市民政局负责社会救济、社会福利和优抚安置事务。

2. 业务经办机构

城市社会保障的经办机构是隶属于社会保障行政管理机构的一种非营利性的公共事业机构。主要职责是对社会保障受保人的资格审定、登记,社会保障基金的收缴、日常财务和个人账户管理,社会保障待遇的计算、发放,向投保人提供各种社会化服务等。在我国,许多城市的街道办事处都建立了"劳动和社会保障事务所"这样的业务经办机构,作为非营利性的事业单位,在人事上接受行政管理机构的安排,在业务上接受其指导,在财务上接受财政部门的管理和监督。

3. 基金运营机构

城市社会保障基金一般由专门的社会保障管理机构进行管理,隶属于城市社会保障行政管理机构,具有企业法人资格。主要职责是进行社会保障基金的投资、运营,实现资金的保值增值。

4. 监督与监管机构

监督与监管机构是独立于政府的公共事业部门,通常由国家、单位和受保对象的代表及专家学者组成,主要职责是对城市社会保障政策法规的执行情况、资金筹集、基金管理和运营、待遇给付、服务质量等环节和机构实行全面的监督,是城市社会保障基金依法筹集、使用、安全、保值和增值的重要保证。我国的城市社保监督监管体系包括行政监督、审计监督和社会监督三个方面。其中行政监督涉及的机构有政府劳动保障部门、税务部门、财政部门、中国人民银行等;审计监督机构主要有国家审计机关、社会保险经办机构的内部审计组织等;社会监督的监督机构是由政府、用人单位、工会和退休人员代表以及人大、政协、社会知名人士组成的社会保险基金监督委员会等。

目前我国城市社会保障机构仍然存在着一些问题。例如:社会保障的业务经办机构、基金运营机构以及社会监督机构都不够完善;政府其他部门与社会保障主管机构之间运转不够协调等。

(二)城市社会保障管理的内容

1. 城市社会保障的行政管理

城市社会保障的行政管理包括:拟定本市社会保障发展规划和计划,统筹协调社会保障政策,统筹处理城市内不同地区和人群之间的利益和矛盾;根据国家和省级社会保障法律和法规和政策,具体规定城市社会保障的实施范围和对象、享受保障的基本条件、待遇支付标准等;贯彻、组织和实施各项社会保障法律、法规,并负责监督、检查;受理社会保障方面的申诉、调解和仲裁;对城市社会保障管理人员进行管理。

2. 城市社会保障基金的管理

城市社会保障基金的管理包括基金的筹集、运营和支付。基金的筹集渠道主要是国家、单位和个人按一定比例缴纳的社会保障费用以及社会的捐助。基金的运营管理包括基金的日常财务和个人账户管理以及基金的投资运营。基金的支付是给付受保人各项社会保障待遇,如养老金、失业金、救济金、医疗费用报销和家庭补助等。

3. 城市社会保障对象的管理

城市社会保障的对象是城市退休者、鳏寡孤独者、失业者、生活困难者、伤残者等。对社会保障对象的管理包括:向他们提供物质保障、日常生活和健康服务;提供参与社会活动和就业方面的机会以及提供精神和心理慰藉等。管理工作是在社区化、社会化的前提下,通过政府组织和引导,依靠工会、各种社团、慈善协会以及家庭等社会力量来完成。

(三)城市社会保障管理的模式

从世界各国的实践来看,城市社会保障管理主要有以下三种模式。

1. 政府直接管理模式

政府直接管理模式的主要特征是:城市社会保障的行政管理和业务管理均由政府负责,城市政府设立专门的行政管理和业务管理机构,负责具体实施中央政府的法规和政策,并经办具体业务,管理人员一律为国家的公职人员。其最大优点是能保证社会保障政策的统一性,保证较大的管理和执行力度。但是政府直接承担社会保障责任,也容易引发政府与民众的矛盾。

2. 社会自治管理模式

社会自治管理模式的主要特征是:城市政府与社会保障的具体经办机构完全分开,政府主要制定相关的地方法律、法规,并监督法律、法规、政策的实施,具体业务操作则由若干具有半官方性质的经办机构独立运行,如社会保险基金会等。这种管理模式民主、灵活,政府处于监督和协调地位,有利于化解矛盾。

3. 商业管理模式

商业管理模式的主要特征是:城市政府把一些社会保险项目的业务管理委托给商业性保险公司或银行办理,这些机构则在政府规定的范围内开展日常业务,接受政府的监督。这种模式适合以保值增值为主要任务的社会保障管理,主要是针对一些按照“完全积累”原则筹集的社会保障基金的运营管理。

上述模式各有优势和局限,城市政府往往会针对不同的社会保障项目采用不同的管理模式,或者几种模式相结合。我国当前的管理模式就是从完全的政府直接管理模式向政府直接管理与社会自治、商业管理相结合的方向发展。

三、我国城市社会保障管理的改革和创新

随着我国社会经济和科技的发展，城市社会保障管理也面临着新的机遇、问题和挑战，需要不断地进行创新。

（一）把握社会保障管理的发展趋势

总的来看，我国社会保障管理的发展趋势是社会化、信息化和法制化。社会化包括管理和服务的社会化，即从国家直接管理的保障模式转向社会自治型发展模式；信息化是指以计算机、通信网络为主体的信息技术在社会保障领域里的大量运用；法制化是指社会保障立法、执法和监督过程的完善。作为国家社会保障的主要组成部分，城市社会保障在这些过程中担负着重要角色，应把握发展趋势，积极创新，优化管理。

（二）注重城市社会保障管理的公平性

目前，我国城市社会保障制度中还存在着种种不公平问题，而城市社会保障管理中的不规范，也会造成保障的不公平。例如，在最低生活保障管理中，关键是要掌握低保对象的实际收入水平，但由于管理不规范或力度不够，往往会造成同种状况的人因财产结构不同而适合不同的标准，不同状况的人也可能因为收入状况相同而适合同等的标准，造成对象间实际的不公平。再如，由于管理上的约束乏力，一些没有缴费和缴费不足的人员也被“纳入”其中享受社会保险，这对于足额缴费的人员和制度外的人员都是一种不公正待遇。[①] 在社会保障管理的改革创新中，应该注意管理过程和结果的公平性问题。

（三）扩大城市社会保障对象的范围

当前，我国正处于城市化快速发展的过程中，城市化带来的各种问题也摆在了城市社会保障面前，如农民工、城市扩张中失地农民的社会保障问题等。

随着我国现代化和城市化的发展，越来越多的农民进城务工并愿意留在城市生活。近些年来，虽然已经有不少省市先后出台了一系列政策促进农民在城市就业和安居（例如上海的蓝印户口、山东的统一城乡户籍登记、成都的购房入户等），但是，因为他们受教育水平不高、收入水平低、社会关系很少，一旦失业就可能陷入不得温饱的困境，在城市就业的农民工生活风险比一般的市民大，因此更需要社会保障。2006 年初发布的《国务院关于解决农民工问题的若干意见》，提出了解决农民工社会保障问题的原则性意见。但是如何落实，却仍然是摆在城市社会保障管理者面前的难题。

---

① 赵福昌：《我国社会保障制度及运行中的不公平问题分析》，《财经问题研究》，2005 年第 6 期。

实际上，很多地方在几年前就开始尝试把农民工纳入城市社会保险体系[①]，但从实际情况看，在相当长时期内，农民工具有不同于城镇职工的诸多特点，直接将其纳入城镇社会保障体系并不现实。这是因为：农民工以流动就业、灵活就业为主，劳动关系不稳定；城镇社会保障的缴费标准和享受待遇的条件，超越了多数农民工的实际承受能力；社会统筹基金不能转移，农民工在流动就业过程中会损失一大部分社会保障权益；参保农民工一旦发生医疗和工伤费用，往往难以承受城市过高的医疗和生活费用而被迫返乡，从而无法享受到城镇社会保障的相关待遇。

近年来，上海、成都等地在单独建立面向农民工的社会保障制度方面进行了积极探索，建立了农民工综合保险。这种办法比较适合农民工流动性强的特点，制度"门槛"低，政策可操作性也强。但从国家社会保障制度体系的总体设计必须坚持公平、统一、普适、简约等核心原则来考虑，这种办法其实也只是权宜之计。[②] 还有一些地方（如浙江嘉兴）尝试"土地换社保"模式，将农民工在农村的土地承包权一次性转移为城市社会保障，是可供借鉴的大胆创新。

农民工在城市没有社会保障，成为我国城市化和农村土地集约化经营的阻力。无论采取何种形式，城市政府都应当适时地把农民工纳入城市社会保障的对象范围，甚至可以在局部尝试推进城乡一体化的社会保障体系建设。

同样，在城市化的过程中，城市的扩张占用了大量的农业用地，失去了土地的农民虽然得到一定的补偿，但却失去了生存的根本保障。城市政府应该考虑以合适的方式把他们纳入城市社会保障的范围。

（四）改革社保基金管理机制，加强对社保基金的管理

社保基金是广大百姓的"保命钱"，社保基金的管理是城市社会保障管理的重要内容之一。但是，我国社保基金管理近年来却屡屡出现问题，出现了许多城市的劳动和社会保障局（或同类机构）以减免企业应缴养老保险费为代价换取自身利益；将社保基金借给企业用作流动资金和做企业借贷担保；用社保基金购买股票、违规投资等严重问题。另外，政府挤占挪用、套取社会保险基金现象也时有发生。出现这些问题的主要原因是：社保管理机关集社保基金行政主管和投资运营者于一身，大权独揽，监管机制和公众监督机制双双缺位。如何建立社保基金征缴、管理、发放的科学运营模式，如何建立有效的监管机制和公众监督机制，是城市社会保障管理亟待解决的问题。

① 例如，北京市2001年就出台了农民工养老保险办法。但是，农民工的雇主因为各种原因几乎没有为农民工缴纳保险费的动机，实际上也几乎没有企业缴纳；而农民工自己收入低，无力为将来着想，即使被迫参保，也因为没有一笔初始资金，个人账户积累太低而对城市社会保障不抱希望。

② 刘文海：《怎样解决农民工的社会保障问题》，http://www.dajun.com.cn/nongminshebao.htm。

（五）积极适应社会变化，为城市发展服务

城市社会保障应该适应城市社会的发展和变化，在总体保持稳定的基础上适时调整管理的内容和对象，健全相关的保障机制，为城市发展服务。目前，我国城市面临人口老龄化、失业“平常化”等问题，以及城市间人员流动更加频繁等现象。因此，应该进一步重视养老保险的管理，完善失业保险机制，创建灵活的、适于人员流动的社会保障机制，为城市发展创造良好的周边环境和人力资源库，更好地为城市建设和发展服务。另外，随着城市社区的不断发展和健全，城市社会保障也要充分利用社区平台，更好地为市民服务。

本章小结

城市社会保障是国家通过立法和规定，以国民收入再分配为基本手段，对城市居民的基本生活权利提供安全保障的行为及其机制、制度和事业的总称。与农村社会保障相比，城市社会保障的强制性和福利性更为突出。我国城市社会保障体系包括：社会保险、社会救济、社会福利、优抚安置、社会互助和个人储蓄积累保障。

英国的《济贫法》和济贫制度是现代城市社会保障的雏形。德国的社会保险制度则标志着现代城市社会保障制度的建立。美国的《社会保障法》标志着现代城市社会保障制度的体系化。“普遍福利”政策和“福利国家”标志着现代城市社会保障的完善。当代中国城市社会保障制度经历了建立、调整、挫折及恢复几个阶段，并于20 世纪 80 年代中期开始进行了一系列的改革，目前还存在制度设计的不公平性等问题。

城市社会保障管理是指为了实现城市社会保障目标，城市的社会保障职能机构贯彻落实国家的社会保障法律和政策，依法建立城市社会保障体系、筹集和运行保障资金、调节保障分配、维持保障秩序等一系列活动和过程。城市社会保障管理是城市社会保障得以正常和有效运作的基础。城市社会保障管理的核心是建立科学合理的管理体制。

城市社会保障管理体制是指城市社会保障管理机构的设置及其职能的划分。城市社会保障管理体制主要由城市社会保障的管理机构、内容和模式构成。我国城市社会保障体制先后经历了工会管理、企业自管、多部门管理三个阶段，1998 年以后是由劳动和社会保障局统一管理城市社会保障事宜。其中，劳动和社会保障局主要负责社会保险事务；市民政局负责社会救济、社会福利和优抚安置事务；财政局负责监督社会保障基金的管理和使用活动。

城市社会保障应把握社会保障管理体制的发展趋势，积极创新管理体制；注重

城市社会保障管理的公平性；扩大城市社会保障对象的范围；改革社保基金管理机制；积极适应社会变化，为城市发展服务。

思考题

1. 什么是城市社会保障？我国城市社会保障的主要特点是什么？
2. 简述我国城市社会保障体系的构成。
3. 城市社会保障制度有哪些类型？你认为我国应该采取哪种类型？
4. 福利国家型城市社会保障制度的弊端和改革措施有哪些？
5. 我国传统城市社会保障制度存在的缺陷有哪些？
6. 目前我国城市社会保障制度还存在哪些问题？应该如何应对？
7. 简述城市社会保障管理体制的构成。
8. 简述我国城市社会保障管理体制的历史发展。
9. 我国城市社会保障管理中存在的不公平现象有哪些？你认为应该如何解决这些问题？
10. 联系实际，谈谈你对我国城市社会保障管理改革和创新的看法。

案例分析

城市化进程中农民工和失地农民的社会保障问题

农民工合同避谈工伤保险

2006年5月28日，淮阳籍农民工姚某躺在医院的病床上，双腿打着绷带，他的妻子坐在病床边，不停地哭泣。她告诉记者，一周前姚某在拆墙时，腿脚被砸成粉碎性骨折，医疗费花了近3万元，欠费1.77万元。而“工头”在交了1万元的住院费后就失踪了。

28日15时，在郑州市纬五路与经六路交叉口附近的出事现场，几个民工还在未拆除完的墙下进行拆除作业，仍然没有防护措施。而就在前天，一位民工打来热线反映，他在北环路上负责为一家企业搭建和拆除脚手架，这本是一种危险性比较大的工作，而用人单位与他所在的施工队签订的合同上却写明：“施工期间，乙方出现任何意外事故，甲方不负任何责任。”昨日，记者在未来路未来大厦附近一个自发形成的劳务市场看到，有近百名民工在路边等活，看到记者询问，很快就围上来10多人，可能是麦收在即，工钱有点涨，日工资为60元，并要求一天一结，但却没人询问有关保险保障的问题。记者问及此话题,几位农民工不约而同地说:“现在活儿这么难找,谁还敢提那么多要求?”北环路一工地项目负责人介绍,他们一般都会和民工签订劳务合同,包括工种、时间、薪水等,不过很少有合同涉及工伤保险,因为那样用工成本会大大增加。

据郑州市农村人力资源管理服务中心副主任侯秋平介绍,2004 年 11 月 3 日,郑州市出台了《郑州市实施〈工伤保险条例〉暂行办法》,该办法规定,自 2004 年 12 月 1 日起,凡是郑州市行政区域内的各类企业、有雇工的个体工商户均应依法参加工伤保险,为本单位全部职工或雇工包括农民工缴纳工伤保险费。此后,市政府又明确要求,自 2005 年 6 月 1 日起,全市各类企业尤其是矿山、建筑施工等工伤风险较大的企业要为农民工参加工伤保险,工伤保险费由用人单位缴纳。据有关报道称,郑州市社科院抽样调查显示,有 74.2% 的农民工,老板没有为其购买保险;在单位为流动人口购买的险种中,医疗保险占 50%,工伤保险不足 4.3%。绝大部分农民工是在保障缺失的情况下,从事相当艰苦甚至高度危险的工作。工伤保险既然已写进法律,它就是农民工依法应当享有的权利。对用人单位来说,为劳动者缴纳工伤保险费是应尽的义务。对政府部门来说,就是一个依法行政的问题。

嘉兴首创的“土地换社保”机制削平了农民变市民的门槛

嘉兴市秀城区汇农村 15 组的沈春观夫妇做梦也没有想到,一直靠村里救济的他们,70 多岁了居然交了好运。2000 年,老两口的土地被嘉兴一中征用,嘉兴市政府实行“土地换社保”的方式,使失去土地的沈春观夫妇纳入社保范畴,每人每月领取 398 元退休养老金,颐养天年。当了一辈子的农民,到了暮年,居然享受了市民的待遇。千百年来“土者恒土,农民恒农”的铁律,在嘉兴的城市化进程中就这样轻松地被彻底打破。

国家计委(现为国家发改委)宏观经济研究院副院长刘福垣称,嘉兴市的“土地换社保”征地新机制,对中国城市化的贡献怎么评价都不为高。城市化,关键在一个“化”字上,要化市为城,化农民为市民。但现实是许多地方在城市化的过程中,农民在失去土地后,除了得到一笔安置费外,他们依然是农民。而嘉兴的“土地换社保”征地新机制,为全国找到了化农民为市民的根本途径。据了解,1993 年之前,嘉兴市实行谁用地、谁征地、谁安置的办法,造成安置标准、补偿标准不统一,相互攀比互相抬价,对经济发展和社会稳定都带来了不利影响。从 1993 年开始,嘉兴市实行与统一政策、统一安置相配套的统一用地,由市统一征地办公室直接承担市区的统一征地工作,不仅保证了被征地人员的统一政策、统一安置,而且有效地抑制了征地成本的不合理上涨。嘉兴市统一征地办公室沃主任告诉记者:“土地换社保”分几种情况:男的 60 周岁、女的 50 周岁的老龄段,政府为他们缴纳 15 年养老保险,从签订征地协议的次月起被征地农户可到社保局领取养老金;男的 45 周岁,女的 35 周岁的大龄段,政府也为他们缴纳 15 年养老保险,在到退休年龄前每月领 160 元的生活补助费,到退休年龄后领取养老金;16 周岁以上的青年段,一次性领取 8 000 元安置费,同时免费参加劳动部门组织的技能培训,由劳动部门免费提供 2 ~3 次就业机会。

像城里人一样工作、生活,是中国农民世世代代的梦想,如今在大力推进城市化的嘉兴,农民的梦就这样不知不觉地圆了。

实行社会养老保险安置,会不会增加征地成本? 沃主任给记者算了一笔账,从 1993 年到 2001 年,嘉兴市区规划内累计征地 2.8 万亩,进入养老保险安置 1.5 万人,据测算人均安置费为 4.2 万元,在全省属于中等水平。

嘉兴市把原来给村里的土地补偿费的大部分和安置费一起直接划入劳动部门的"安置费"专户,这样既减轻了政府的负担,又减少农村因土地补偿费的使用而引发的矛盾。

资料来源:1. 安群英:《合同避谈工伤保险 七成农民工保障缺失》,http://www.dahe.org/article.php/5692。
2. 金国娟:《农民 · 市民:振聋发聩的"土地换社保"》,《浙江经济报》,2002 年 7 月 1 日。

案例思考题:

1. 郑州农民工的工伤保险为什么难以保证? 怎样才能使农民工的工伤保险落到实处?

2. 嘉兴市的做法是否能够完全解决失地农民的社会保障问题? 为什么?

第十章

城市社会事业管理

我国的城市事业单位主要包括教育、科研、文化、卫生等部门。科教文卫事业属于“公共物品”，由于这些社会事业的公共性和影响的广泛性，因此必须由城市政府进行管理。但是，我国目前的社会事业管理体制是在计划经济条件下形成的，随着改革开放的深入，已经越来越不能适应城市发展的需要。

通过本章的学习，重点掌握城市社会事业管理体制存在的问题及改革的方向，掌握我国城市教育、科技、文化、卫生等管理体制改革的必要性和改革的方向。

第一节　城市社会事业概述

对城市社会事业性质的认识，从某种意义上说决定着城市社会事业管理体制改革的方向。理论和观念上的落后阻碍了我国城市社会事业的发展，而西方发达国家关于城市社会事业的理论和实践则为我国的改革提供了良好的借鉴。

一、西方国家的城市社会事业

在西方发达市场经济体制下，学术界对城市社会事业的界定主要是基于社会共同需要理论和公共产品理论。因此，西方国家的城市社会事业，是指面向全社会，以满足社会共同需要为目标，提供公共产品和公共服务，经费由城市财政承担的社会部门及其活动。所谓社会共同需要，是指相对独立于社会成员个人需要和社会集团需要的社会整体需要。[1] 社会共同需要具有社会性、公共性,它体现的是全体市民的共同需要,代表公共利益,它是保障个人需要和集团需要能得到满足的前提和基础。与社会共同需要相对应的是个人需要和集团需要,这两者的特点是都具有个别性、特殊性。社会共同需要基于个人需要和集团需要,从某种意义上说,也是为了个人需要和集体需要的满足和实现。但个人需要和集团需要的简单累加并不能构成社会共同需要。例如,某一市民或团体对城市教育提出要求是个人需要或团体需要,这种需要可能是一个特殊需要。但是,当这种同样的需要在市民或团体中不断出现并具有一定代表性的时候,就体现了社会共同需要,个人需要或集团需要就上升为社会共同需要。

现代公共产品理论对社会中不同属性的产品进行了分类。公共产品理论是发达市场经济国家界定城市社会事业财政支出范围的基本标准。“公共产品是这样一种物品,在增加一个人对它的分享时,并不导致成本的增长(他们的消费是非竞争的),而排除任何人对它的分享都要花费巨大的成本(它们是非排他的)。”[2]公共产品的非排他性是指一个人在消费这种产品(或服务)时,无法排除他人也同时消费这种产品(或服务)。公共产品的非竞争性包括以下两个方面:一是边际生产成本为零。公共产品的边际成本为零是指增加一个消费者给供给者带来的边际成本为零。二是边际拥挤成本为零。边际拥挤成本为零是指在一定范围内,每个消费者的消费都不得影响其他消费者的消费数量和质量。

公共产品的这两个属性使它与私人物品存在着本质的不同。“私人物品是谁付费谁享用。”[3]在城市中,公共产品的例子很多。例如城市的道路。一个人在路上走和很多人在路上走成本是相同的,一个人走也不能排斥其他人在路上走。当道路损坏需要修补时,即使是每天都要走这条路的人也不会掏钱来修,因为他知道修好后受惠的不只是他自己,而是所有从这条路上走的人。如果政府允许他向过路的行人收取费用,他才有可能去修路。但是这是违背公众利益的,显然得不到广大市民的同意。因此,道路的维修只能由城市社会事业部门动用公共财政来进行。

二、中国的城市社会事业

在传统计划经济管理体制下,我国的城市社会事业(又称城市公共事业)特指没有生产收入,为创造或改善生产条件,促进社会福利,满足人民文化、教育、卫生等需要,所需要经费由政府支出的社会工作。显然,我国对城市社会事业的界定过于宽泛,据此,凡是“受城市政权机关领导”、“没有生产收入”、“由政府经费开支”、“不实

① 参见黄恒学:《我国事业单位管理体制改革研究》,黑龙江人民出版社,2000 年版,第 27 页。
② 斯蒂格里茨:《经济学》,中国人民大学出版社,1997 年版,第 147 页。
③ 欧文·E. 休斯:《公共管理导论》,中国人民大学出版社,2001 年版,第 114 页。

行经济核算"、"提供非物质生产劳务服务"的社会工作,统统都变成了"城市社会事业"。某项社会活动一旦成为城市社会事业,一切运行经费都从城市财政中支出,相应地,一切收入上缴城市财政。[①]

自改革开放以来,随着体制改革的推进,国家对事业单位进行了新的界定。1998年,国务院发布《事业单位登记管理暂行条例》,从法律上将事业单位界定为:国家为了社会公益目的,由国家机关举办或者其他组织利用国有资产举办的,从事教育、科技、文化、卫生等活动的社会服务组织。据20世纪90年代后期的统计,我国由各类国家机关(包括党群机关)举办的事业单位约114万个,共有工作人员2 846万人,其中:教育事业单位1 282万人,占45%;医疗卫生事业单位381.7万人,占13.4%;农、林、水事业单位320万人,占11.2%;科研事业单位94.5万人,占3.3%;文化艺术事业单位59.7万人,占2%。尽管事业单位的分布十分广泛,但是重点仍是教、科、文、卫等单位。[②] 目前,中国全部事业单位约130多万个,其中独立核算事业单位约95.2万个,纳入政府事业单位编制的人员近3 000万人,各项事业经费支出占国家财政支出的30%以上。[③]

我国的事业单位种类多,数量大,牵涉面广,情况复杂。一般来说,可以把事业单位分为以下三类:一是直接承担政府行政职能、为政府服务的事业单位,主要从事监管、资质认证、质检、鉴证及机关后勤服务等类的活动;二是承担公共事业发展职能、为社会服务的事业单位,主要从事科教文卫等社会事业和公共基础设施建设、公用事业服务相关的活动;三是承担着中介沟通职能、为市场和企业服务的事业单位,主要从事咨询、协调一类的活动。

从实际情况看,事业单位对我国经济社会发展做出了重要贡献,特别是在推动我国第三部门的发展和壮大,扩大公共产品和服务供给的范围,提高公共产品和服务供给的质量等方面,发挥着重要功能,起着十分重要的作用。但是,也有一些事业单位一方面大量占用国家资源、得到国家财政支持;另一方面,却没能充分有效地提供相应的产品或服务,未尽到相应的职责。它们利用事业单位既不是政府又不是企业但是又兼具政府和企业部分性质的模糊定位,最大限度上运用、享受着政府部门与企业拥有的权力和收益,又最大限度地脱离政府部门所受的行政约束,不承担企业所应承受的市场压力。这就在很大程度上扰乱了我国市场经济的正常运行,影响了资源的有效合理配置,甚至导致各种腐败现象的产生,造成国有资产的流失。虽然事业单位存在很多问题,但是目前并不能够把事业单位全部取消。这是因为:我国的社会生活中存在一些领域的确既不适合政府直接干预也不适合企业经营;在某

① 杨宏山:《市政管理学》,中国人民大学出版社,2005年版,第315~316页。

② 李健等:《事业单位登记管理暂行条例释义》,中国法制出版社,1999年版,第1~2页。

③ 范恒山:《关于事业单位改革的思考》,《学习月刊》,2005年第1期。

些领域事业单位比政府和企业效率更高;事业单位在特定情况下充当着政府和企业之间的“润滑剂”;事业单位吸纳了大量的人口就业,极大地减轻了政府和企业的负担。因此,事业单位改革的重点不是取消,而是调整和规范,建立适应社会发展的新机制。

部分学者认为,事业单位改革的思路应当是:对现有事业单位按性质进行科学分类,从总体上收缩规模、调整结构。第一,能撤销的事业单位,在做好相关善后工作的基础上坚决撤销。第二,承担政府职能且不宜撤销的,应明确转变为政府部门。公益性事务较少、可以改制为企业的,或者目前已从事大量市场经营活动,企业色彩比较浓重的事业单位,应明确转为企业。承担着沟通协调职能,与市场经营活动密切相关的事业单位,应明确转变为市场中介组织。第三,把全额政府财政拨款的事业单位减少到最低限度。对现有全额拨款的事业单位,通过合并、重组进行整合。对承担着一定公益事业职能和任务的差额拨款事业单位,视其具体情况,可以通过剥离相关公益服务,或通过政府有偿委托服务的途径,取消其财政差额拨款,从而推动其规范转制。第四,不宜再由政府出资兴办、且有市场前途的事业单位,可通过招标拍卖的方式,转让给其他投资者。私人资本进入公共领域,原则上是允许的,但必须要受到严格监督。[①]

三、我国的城市社会事业管理体制存在的问题

概括地讲,目前我国的城市社会事业管理体制主要存在以下问题和弊端。

(一)城市社会事业组织行政化

我国的城市社会事业组织即事业单位,大多数是产生于传统的计划经济体制。我国传统的事业管理体制,其主要特征是基本由政府举办,具有相应的级别,政、企、事一体化,党政不分,政事不分,企事不分,从而造成事业单位行政化的倾向十分明显。政府的行为方式、运作模式与规范对事业单位有着巨大的影响。很多事业单位的工作方式和工作程序,都是沿袭了行政机关的工作方式和工作程序,效仿政府机关行政命令式的工作方法。在组织形式、人事管理、福利制度等方面也效仿行政机关。各事业单位之间的责权利界限划分不清,国家包办并直接控制城市社会事业运营的情况十分普遍。其业务开展不是依靠市场,而是依靠政府主管部门的权威。城市社会事业部门在一定程度上成为政府部门的附属物,城市社会事业组织在地位和性质上行政化了。

(二)忽视市场的作用,体制僵化

在传统的计划经济体制下,人们已经形成了一整套与传统城市社会事业管理体

① 范恒山:《关于事业单位改革的几个重要问题》,唐山市政府网站,http://www.tangshan.gov.cn/tsjj/xiang1.asp?id=89&nnid=5&nid=36。

制相适应的传统观念。例如,长期以来人们认为,科学、教育、文化、卫生等活动都属于"事业",不直接从事生产活动,不能创造价值,没有自我生存和发展的能力,自身运营也不能通过市场方式实现产业化;"事业"都应该由政府举办,并应由财政供给经费,城市社会事业单位提供的商品或服务都具有福利性,不能商品化和市场化;等等。这些观念既是形成传统事业管理体制的理论基础,又是传统事业管理体制的现实反映。由此造成我国城市社会事业与经济活动之间缺乏内在的联系,既不能促进城市社会事业部门商品化经营,影响其本身的发展;同时也由于其从事事实上的商业活动却不承担风险,从而干扰了市场经济秩序,影响了的其他相关产业的经济增长速度。再加上我国长期以来对城市社会事业资源配置缺乏明确的目标,各事业部门和单位之间相互分割,各自封闭,从而导致大量低水平的重复建设,造成城市社会事业资源的大量浪费。这种盲目排斥市场作用、自我封闭的僵化的管理体制已经成为我国城市社会事业进一步发展的严重束缚。

(三)城市社会事业运行机制效率低下

在传统计划经济体制下,城市社会事业单位依靠财政供养,这就导致城市社会事业单位内部缺乏利益激励机制、竞争机制、约束机制、风险机制,城市社会事业单位在一定程度上仍然存在人浮于事的现象;整个城市社会事业管理中资源利用率低,不计成本、不讲效益的问题普遍存在,城市社会事业整体运行水平不高,效率低下。

(四)城市社会事业职能扩大化

在传统的城市社会事业管理体制中,政府包办事业单位,城市政府直接管理城市社会事业单位,形成了政府与城市社会事业不分的管理模式。这种管理体制模糊了城市社会事业的职能范围界限,扩大了其职能范围。城市社会事业的非产业化和福利化也刺激了城市社会事业职能范围的扩大。

四、我国的城市社会事业管理体制改革

我国的城市社会事业管理体制已经难以适应城市发展的需要,城市社会事业改革已经成为当前我国改革进程中的重中之重。建立与市场经济相适应的城市社会事业管理体制应是改革的方向。在这一方面,西方发达市场经济国家不论是在理论上还是在实践上都给我们提供了良好的借鉴。

(一)西方城市社会事业改革理论和实践

以下几种理论对西方城市社会事业改革产生了重大影响。

1. 新公共管理理论

新公共管理理论自20世纪七八十年代在西方兴起,它并不是一种单一的理论范式,而是一组理论。胡德(Hood)从管理过程的角度看待"新公共管理",认为新公共

管理包括：公共政策领域中的专业化管理、绩效的明确的标准和测量、格外重视产出和控制、公共部门内由聚合趋向分化、公共部门外向更具竞争性的方向发展，对私营部门管理方式的重视和强调资源利用更具有强制性和节约性。① 新公共管理理论强调政府的职能是“掌舵”而不是“划桨”，政府的服务应该以顾客或市场为导向，采用授权和分权的方式进行管理，借鉴企业部门的管理经验，在公共管理中引入市场竞争机制，主张放松行政规制，重视结果，提高效率。

阅读拓展

新公共管理的特点

霍姆斯（Holmes）和尚德（Shand）把新公共管理视作范式，这种好的管理方法具有以下特点：①这是一种更加富有战略性或结构导向型的决策方法（强调效率、结果和服务质量）。②分权式管理环境取代了高度集中的等级组织结构。这使资源分配和服务派送更加接近供应本身，由此可以得到更多相关的信息和来自客户及其他利益团体的反馈。③可以更为灵活地探索代替直接供应公共产品的方法，从而提供成本节约的政策结果。④关注权威与责任的对应，以此作为提高绩效的关键环节，这包括强调明确的绩效合同的机制。⑤在公共部门之间和内部创造一个竞争性的环境。⑥加强中央战略决策能力，使其迅速、灵活和低成本地驾驭政府对外部变化和多元利益作出反应。⑦通过要求提供有关结果和全面成本的报告来提高责任度和透明度。⑧宽泛的服务预算和管理制度支持和鼓励着这些变化的发生。

资料来源：李鹏：《新公共管理及应用》，社会科学文献出版社，2004 年版，第 155～156 页。

2. 城市治理理论

城市治理理论是自 20 世纪 80 年代末期以来西方社会城市发展中出现的一股潮流。全球治理委员会 1995 年发表的题为《我们的全球伙伴关系》的研究报告中称：“治理是各种公共的或私人的个人和机构管理其共同事务的诸多方式的总和。它是使相互冲突的或不同的利益得以调和并且采取联合行动的持续的过程。这既包括有权迫使人们服从的正式制度和规则，也包括各种人们同意或认为符合其利益的非正式的制度安排。治理有四个特征：①治理不是一整套规则，也不是一种活动，而是一个过程；②治理过程的基础不是控制，而是协调；③治理既涉及公共部门，又涉及私人部门；④治理不是一种正式的制度，而是持续的互动。”②而城市治理就是将治理

① Hood Christopher. *A Public Management for all Seasons*[J]. Public Administration, 1991,(1):4～5。

② 参见俞可平：《治理与善治》，社会科学文献出版社，2000 年版，第 4 页。

运用于城市公共事务的过程，它以市民社会为基础，强调城市社会的协调、互补和互动。在现代城市中，对公共事务的最佳管理和控制已不再是集中的，而是多元、分散、网络性以及多样性的，这就涉及中央、地方、非政府组织、个人等多层次的权力和利益协调。城市治理理论注重的是过程，即政府协同各利益集团力求实现集体目标的过程，这是一个政府与市民社会、公共部门与私营部门的互动过程。

3. 非营利组织理论

在传统的行政理论中，一直存在“政府管制”和“市场机制”这两种理论的思维定式，强调政府和市场非此即彼的作用，往往忽视社会力量参与的必要性。在20世纪70年代末，西方发达资本主义国家的福利国家危机显现出来，财政不堪重负，而且由于市场失灵的存在，人们发现一些政府做不好的事市场也做不好。在此背景下，英美等发达资本主义国家的非营利组织蓬勃发展，发生了一场范围广泛的“社团革命”。非营利组织作为政府和市场之外的第三方力量，制约了政府权力，在一定程度上抑制了腐败的产生，实现了社会的多元化，提高了公共产品和服务供给的效率和质量。非营利组织在城市社会事业改革和发展中的重要作用也日益显现出来。

在各种理论兴起的同时，西方各国城市社会事业改革也逐步展开。从20世纪70年代末开始，英国采取“缩小政府边界”政策，开展城市社会事业民营化改革。这一改革采取了三种主要形式：①出售国有资产，主要形式是向社会公众发行股票以出售国有资产，实现国有资产从公共部门向私人部门的转移；②放松进入管制，打破国家对社会事业垄断的格局，取消新企业进入社会事业的行政法规壁垒；③通过特许投标、合同承包，鼓励私人部门提供市场化的产品或服务，它不涉及资产所有权的转移。在美国，从克林顿政府的“重塑政府运动”到布什政府的《总统管理日程》，都在倡导以“公民为核心，以结果为导向，以市场为基础的”内生性改革；澳大利亚公私部门合作中的“携手政府计划”等都包含城市社会事业体制改革的内容。

（二）我国城市社会事业改革的方向

我国必须在参考国际经验的基础上，立足于我国的实际，建立与我国的社会主义市场经济体制相适应的新型城市社会事业管理体制。

1. 建立多元化的投融资体制和多元化的运营主体

从制度上引导、鼓励和支持民间资本兴办城市社会事业，改变城市社会事业单一的投融资体制，变单纯地依赖政府的城市社会事业投资转为依靠市场配置城市事业发展资源，实现运营主体的多元化。通过市场机制的中介作用，引导和整合社会资源投入到城市社会事业建设。在主体方面，大幅度放宽市场准入限制，吸纳国营、民营、外资等各种投资主体进入城市社会事业领域，普遍实行经营权招投标制度和经营许可证制度，把放宽准入限制与规范化管理结合起来，促进公平竞争。在投融资方面，充分发挥资本市场的作用，尽可能地运用各种证券融资形式，在国内外广泛吸收企业、基金会和普通居民的投资，开辟多种多样的城市社会事业投融资渠道。

2. 建立市场竞争机制，推进城市社会事业产业化，提高市场化水平

经营体制改革是我国城市社会事业管理体制改革的重要环节，而改革经营体制就必须建立竞争机制，实现城市社会事业经营的产业化和市场化。要按照政事分开的原则，将可以产业化的城市社会事业推向市场，使其真正成为独立的市场主体，打破垄断，参与竞争，有效地发挥市场机制的作用。转换城市社会事业企业的经营机制，对已经成立的从事城市社会事业设施建设、管理的国有独资公司继续深化改革，使其真正成为自主经营、自负盈亏、自我发展和自我约束的生产经营实体。

3. 加强立法，完善政府监管体制

传统计划经济体制下，城市社会事业的发展主要取决于领导人的意志，缺乏法律保障和民主监督，城市社会事业机构的设立与撤销经常发生变化。为了保障城市社会事业的良好稳定发展，必须改革传统的城市社会事业管理模式，加强立法，完善监管体制。通过立法，包括科学技术法、文化法、卫生法等，用最具权威的形式为城市社会事业各产业部门的运营建立规范的制度框架，对政府和城市社会事业管理职能、管理机构和管理方式做出明确的规定，从而使政府对城市社会事业管理机构的改革有法可依、有章可循。改革政府机构，建立主管制定和实施城市社会事业发展规划与政策的机构和独立的监管机构，从而使政府对城市社会事业的管理转移到规划、政策引导及依法监管上来，不再干预城市社会事业的经营事务。

第二节　城市教育事业管理

教育是为了实现一定的目的，对受教育者在德、智、体等方面施加影响的有计划有组织的活动。随着时代的进步，教育在推动社会发展过程中发挥着日益重要的作用。

一、城市教育管理的概念

教育有广义和狭义之分。广义的教育是指一切能增进人们的知识和技能、影响人们思想品德的活动；狭义的教育主要是指学校教育。

城市教育管理也有广义和狭义之分。广义的城市教育管理包括城市教育行政管理和学校管理两部分。它是指以城市政府为核心的城市教育管理机构，依据国家关于教育的法律法规，对城市教育活动和教育事业、学校等方面进行的计划、组织、指导和控制的活动。广义的城市教育管理是以整个城市教育管理系统为自己的管理对象。狭义的城市教育管理则专指学校管理，它是以学校为管理对象，以实现学校目标为管理目标，对学校的制度、机构和人事等进行的管理。从城市管理研究的

角度出发,我们采用广义的城市教育管理定义。

二、我国城市教育管理的现状

(一)我国城市教育与城市教育管理的基本内容

1. 全日制教育体系

根据《中华人民共和国教育法》(以下简称《教育法》)第17条的规定,国家实行学前教育、初等教育、中等教育、高等教育的学校教育制度。学前教育是指对学龄前儿童的教育,主要是幼儿园教育。改革开放以来,我国学前教育发展很快,初步形成了政府、集体和私人多元主体共同办园的格局。根据《教育法》第18条的规定,城市应当实行九年制义务教育制度,即对适龄儿童和少年实施九年制的、强迫的、普及的、免费的学校教育。各级人民政府采取各种措施保障适龄儿童、少年就学。适龄儿童、少年的父母或者其他监护人以及有关社会组织和个人有义务使适龄儿童、少年接受并完成规定年限的教育义务。近10年来,我国普通高等教育事业获得了长足的发展,建立了多种层次、多种形式、学科门类基本齐全的体系。2000年,我国对高等教育管理体制和布局结构进行了大范围的改革调整,多所高校合并重组。2005年全国共有普通高等学校和成人高等学校2 273所,比上年增加37所。普通高等学校1 792所,比上年增加61所,其中本科院校701所,高职(专科)院校1 091所。成人高等学校481所,比上年减少24所。全国共有培养研究生单位766个,其中高等学校450个,科研机构316个。①

2. 多种形式的成人教育和业余教育体系

《教育法》第19条规定,城市政府、有关行政部门以及企事业单位应当采取多种措施,发展并保障公民接受职业学校教育或者各种形式的职业培训。国家鼓励发展多种形式的成人教育,使公民接受适当形式的政治、经济、文化、科学、技术、业务教育和终身教育。改革开放后,成人教育和业余教育得到了较大发展,办学形式多样。业余教育包括职业高中、普通中等专业学校、技工学校等,还包括各类成人中等专业学校、成人高中等。成人高等教育包括职工高等学校、广播电视大学、教育学院、管理干部学院,普通高等学校举办的函授部、夜大、教师本科班和干部专修班,独立设置的函授学院、卫星电视远程教育及高等教育自学考试;此外还有各种进修、培训、辅导性质的函授、面授学校。在办学规格上,成人教育中有学历教育,也有非学历教育。就办学渠道而言,办学单位既包括各级教育行政部门或业务部门,也包括各种社会团体和各类事业单位、非营利组织以及公民个人。

城市教育管理的主要内容包括八个方面:①城市所需专门人才的预测与规划;

① 2005年全国教育事业发展统计公报,教育部网站 http://www.moe.edu.cn/。

②城市教育事业的发展规划;③城市教育结构与布局;④城市教育管理体制的机构设置;⑤城市教育经费管理;⑥师资队伍的培养与管理;⑦教育质量的评价和教育工作的视察与督导;⑧教育思想、内容、方法的研究与制定。①

(二)城市教育管理机构

《教育法》第15条规定:国务院教育行政部门主管全国教育工作,统筹规划、协调管理全国的教育事业。县级以上地方各级人民政府教育行政部门主管本行政区域内的教育工作。县级以上各级人民政府其他有关部门在各自的职责范围内,负责有关的教育工作。城市人民政府是城市教育管理的领导机关,负责对城市教育事业进行宏观管理、统筹规划和协调。进行城市教育管理的主要机构是市教育委员会或市教育局及其下属的区、县教育局。它是城市教育事业管理的综合职能部门,负责城市教育事业的日常管理。

(三)城市教育管理机构的职责

第一,我国城市教育管理机构的职责主要有以下几个方面:贯彻落实党和国家有关教育的方针政策、法律、法规;管理、指导、监督、检查本市及所属教育机构和各级各类学校对党和国家有关教育的方针政策、法律、法规的贯彻执行;研究起草教育工作的地方性法规、规章,并组织实施。

第二,依据相关法律和本市实际情况,制定本市教育事业发展的战略规划、具体计划并组织实施,统筹全市的教育结构、布局调整和体制改革工作并组织实施。

第三,综合管理全市基础教育(含学前教育)、高等教育、职业教育、成人教育以及特殊教育、社会力量办学、社区教育、扫盲等工作;指导、协调区县及市有关部门的教育工作;负责全市教育督导评估工作;编制本市各级各类学校的招生计划并组织实施;指导并监管考试、学籍工作,指导毕业生就业工作;管理全市教育经费,编制全市教育事业经费的预决算和进行审核;监管教育事业国有资产;管理全市教育事业主要负责人的任免和劳动工资。

第四,领导和管理本市各级各类学校的教学工作、思想政治工作、科研工作和总务工作;负责本市教育信息的统计、分析和发布;负责本市语言文字规范化建设工作。

三、我国城市教育事业管理体制存在的问题

我国的城市教育事业以公立学校为主体,国家和政府有关部门负责对城市教育事业的领导、协调、监督和控制。政府既是教育事业的举办者,又是教育行政管理

① 张觉文:《市政管理新论》,四川人民出版社,2003年版,第399页。

者，还是各级学校的办学者，政府在教育事业中承担了多重角色。这就造成了政事不分、政校不分，学校的行政化导致学校只对政府负责，忽视了办学的责任。在教育体制转轨期间，主要存在以下问题。

第一，政府管得过多，统得过死。政府对教育进行集中而直接的管理，直接干预学校的办学活动，学校缺乏自主权。对教育没有进行合理的分类管理，致使学校特别是高等学校缺乏活力，无法适应市场经济要求，不能及时地进行教学改革和管理创新。

第二，管理方式陈旧。政府在教育管理方式上仍惯用行政手段，以指示、命令为主，很少利用法律、信息服务等手段，管制色彩浓而服务意识弱。

第三，办学模式单一。政府兴办的学校仍占绝大部分比重，教育在经费上对政府依赖程度过深，社会力量办学依然比较薄弱。

第四，教育经费投入不足。我国教育经费来源比较单一，主要依靠政府拨款。由于我国经济实力的制约以及教育经费占财政支出的比重长期偏低，教育发展和人才培养不能适应我国社会的快速发展。

四、我国城市教育事业管理体制的改革

为了改革完善城市教育事业管理体制，我国先后出台了多个文件，组织召开了多次会议。1985 年 5 月颁布《中共中央关于教育体制改革的决定》，1993 年中共中央、国务院颁布《中国教育改革和发展纲要》和《教育事业“十五”规划和 2015 年发展规划》，党的十六大报告，2000 年教育部召开的“全国城市教育综合改革会议”都对城市教育体制改革提出了要求。结合这些文件、会议精神和城市教育事业管理体制的现状，我国城市教育事业管理体制改革的目标是转变政府部门管理职能，理顺政府与学校以及政府、社会、学校之间的关系。改革的内容包括以下几方面。

首先，转变政府职能，改革集中统一的管理体制。将政府的教育行政管理职能和教育举办职能分开，将政府的公办学校所有者和学校具体管理者的职能分开，使学校成为独立的法人主体。政府由管制走向服务，指导学校制定发展和教学规划，提供决策咨询和其他方面的优质服务。改变以行政手段为主的管理体制，建立以立法、财政支持、信息服务以及以必要的行政手段进行宏观调控的综合管理体制。将可以下放的职能交给中介组织和社会，缩小政府管理边界。营造公平开放的发展环境，鼓励社会参与，吸引社会力量办学，形成政府、社会力量、国外教学机构等多主体办学，拓宽教育经费来源渠道，大力发展教育产业。

阅读拓展

2006年起西部农村义务教育学杂费全免

国务院总理温家宝2005年12月23日主持召开国务院常务会议，研究加强农村义务教育和深化农村义务教育经费保障机制改革问题。会议提出了深化农村义务教育保障机制改革的主要内容。一是从2006年开始，全部免除西部地区农村义务教育阶段学生学杂费，2007年扩大到中部和东部地区；对贫困家庭学生免费提供教科书并补助寄宿生生活费。二是根据农村中小学公用经费支出的合理需要，提高农村义务教育阶段中小学公用经费基本标准。三是建立农村义务教育阶段中小学校舍维修改造长效机制，校舍维修改造所需资金，中西部地区由中央和地方共同承担，东部地区主要由地方承担，中央适当给予奖励性支持。四是对中西部及东部部分地区农村中小学教师工资经费给予支持，确保农村中小学教师工资按照国家标准及时足额发放。

资料来源：http://news.sina.com.cn/c/2005-12-23/18057801699s.shtml，有删改。

其次，针对不同教育层次进行分类管理。基础教育应以政府办学为主，特别是要保障落实九年义务教育，有条件的地方可以开展高中阶段的义务教育；高等教育以中央和省级政府办学为主，鼓励社会各界办学；职业技术教育和成人教育主要依靠行业、企业和社会力量办学。

再次，扩大学校自主权，推进学校内部改革。明确学校的自主权限，遵循教学规律，激发学校的活力；推进学校人事制度和分配制度改革。

最后，加快教育立法，完善教育执法监督体系，逐步使教育管理走上依法治教的轨道。

第三节　城市科技事业管理

科学技术是第一生产力，科学技术在城市经济和社会发展中发挥着日益重要的作用。城市的科技水平越来越成为一个城市实力的标志，因此，城市科技管理也成为城市社会事业管理的重要内容。

一、城市科技事业管理的概念

概括地说，城市科技管理是指由政府或其职能部门对城市科学研究和技术工作在计划、决策、组织、协调、实施、监督等方面实施的宏观管理。具体而言，城市科技管理就是按照科学技术自身发展的规律和特点，从城市的特定环境出发，运用信息论、系统论、控制论等科学的理论和方法，组织各项科学研究和技术活动，有效地达到科技发展目标，并使科技发展和社会经济发展相协调。

二、城市科技事业管理的机构及其职责

城市的市政府是城市科技事业管理的领导和决策机关。城市科技事业管理的具体职能部门是城市科学技术委员会（局），要接受城市政府及上级科委或科技局的领导和业务指导。

作为城市科技事业管理的具体职能部门，城市科学技术委员会（局）的具体职责和管理内容是：①贯彻落实国家和省有关科技工作的路线、方针、政策和法规，部署全市的科技规划。②组织实施国家“火炬计划”、“星火计划”等，负责科技攻关和科技成果的转化和推广工作。③对城市科技工作进行宏观上的业务指导；负责科技成果的认定和管理，负责知识产权的管理。④做好科技服务，提供科技信息；负责科研经费和设备的使用和管理；负责科技队伍的管理；负责科技人员的培训、管理、使用和合理流动。

三、我国传统城市科技事业管理体制及其存在的问题

新中国成立后，我国参照原苏联和东欧模式，建立了与计划经济体制相适应的高度集中的城市科技事业管理体制。在这种体制下，科技事业管理权力高度集中，科技活动的管理和科技资源的分配都由国家严格控制；科技事业的管理和发展都必须遵循国家计划；各层次、各类别的科技发展计划、项目都必须严格按照国家计划的要求进行，科研经费完全依靠国家拨款；城市科技事业管理要按照行政隶属关系进行，科研单位高度依附于行政部门。

我国传统的城市科技事业管理体制，适应了新中国成立后特定历史时期的国情的需要，对发展科技和推进生产都发挥了重要的作用。但是在改革开放后，社会主义市场经济逐步建立和完善，传统的城市社会事业管理体制发挥作用的大背景已经不复存在。传统的科技事业管理体制日益成为我国科技事业发展的障碍，也制约了经济的发展。传统的科技事业管理体制存在的问题主要包括以下几个方面。

第一，科研机构行政化。科研机构具有相应的行政级别，科研任务由国家下达，科研经费由国家拨付，科研成果由国家统一管理，国家的管理幅度过大，科研机构缺乏自主权，也不参与市场运作，不承担经济责任，致使科研机构自我封闭，缺乏创新。

第二，科研与市场脱节，科技成果不能及时转化为生产力。科研单位不了解市场需求，一方面，科研成果不能应用到生产中去；另一方面，市场需要的科研成果又不能够及时提供。科研与生产严重脱节，不能形成相互依存、相互促进的关系。

第三，科研机构缺乏活力，人才管理体制不合理。由于科研机构高度行政化，造成科研机构自我封闭，缺乏科技创新的动力；科研人员归不同的单位使用和管理，不能合理流动以实现优化配置，科研人员的劳动成果与个人收入没有直接的联系，不能调动科研人员的积极性。

第四，科研经费投入不足。科研经费主要靠政府投入，企业和民间资本投入较少。由于财力有限，一方面，重大科研项目的资金难以保障；另一方面，科研成果又不能满足社会的多样化需求。

四、我国城市科技事业管理体制改革

从 1985 年中央颁布《中共中央关于科学技术体制改革的决定》后，我国的城市科技事业体制改革逐步展开。1993 年，第八届全国人大常委会通过《中华人民共和国科学技术进步法》，开启了科技事业管理体制改革的法制化进程。1995 年，中共中央、国务院又颁布了《关于加速科学技术进步的决定》，“科教兴国”成为国家的大政方针。1998 年，召开全国科学技术创新大会，党中央、国务院发布了《关于加强技术创新，发展高科技，实现产业化的决定》，指出要进一步深化科技体制改革。

根据以上文件和会议的要求，结合当前我国城市社会事业发展的现状，城市科技事业改革主要从以下几个方面进行。

第一，转变城市科技主管部门的职能。城市科技主管部门，即城市科学技术委员会（局），要建立适应市场经济发展的管理新模式，由直接管理转向宏观管理，由单纯利用行政手段管理转为以市场手段、法律手段为，行政手段为辅主的管理。加强服务职能，营造科学研究和技术创新的良好环境。

第二，打破科研机构自我封闭的局面。使科研机构由封闭型转向开放型，由单纯搞科研变为科研和经营相结合。扩大科研机构的自主权，使科研单位逐步转变为既是科学技术研究的实体又是经济实体，使科研面向市场需求，增强科研机构的活力。

第三，针对科研机构的特点采取不同的措施，实现投资主体的多元化。对于从事满足企业和市场需求科研活动的科研机构，要转变为科技型企业，依靠市场机制进行运作，吸引多元主体参与，实现产业化开发；对于从事社会共同需要科研活动的科研机构，由于其从事的是基础性研究和社会公益性研究，无法实现产业化和市场化，故应由政府投资并组织实施。

第四，发展技术服务市场，为科技成果转化为生产力提供便捷的通道。探索科技成果转化的有效形式，积极发展技术有偿转让，开展技术承包、技术咨询、技术服务等多种形式的技术贸易活动；培养技术经营人才，培育技术经营机构，并通过立法的形式保障技术市场中各方的合法权益；改变技术和市场脱节的状况，努力形成科研机构和市场、企业之间相互依存、相互促进的良性互动关系。

第五，改革科研机构内部管理机制，激发科研人员的积极性和创造性。对于转为企业的科研机构，实行企业的用人制度和分配制度。对于由国家投入的科研机构，在人事制度方面，实行竞争上岗，岗位实行聘任制，职务和待遇仅在聘期内适用；在分配制度方面，应在科研机构内部实行工效挂钩或工资总额包干的制度，使科技人员的收入水平与绩效和业绩挂钩，同时，建立科技奖励制度，对于做出重大发明创造或科研成果产生重大经济效益的科研人员要给予重奖。

第四节　城市文化事业管理

作为人类文化有机构成的城市文化，反映着人类整体文化的进步与变迁，更是推动人类整体文化前进与发展的主要动力。

城市文化事业是城市社会事业的重要组成部分。丰富的城市文化生活，完善的城市文化设施，能够丰富市民的精神生活，培养市民的高尚情操，提高市民的生活质量，促进市民的全面发展，进而推动和促进城市经济的发展，提高城市社会的和谐程度，提高城市的核心竞争力。

城市文化事业管理是指政府及其文化行政部门依据国家法律法规的规定，对城市各项文化事业进行的规划、组织、引导、协调和控制的行政管理活动。

一、城市文化事业管理的机构和职责

我国的城市文化事业管理机构分为政府部门和非政府机构两类。

城市文化管理的主要职能部门是市文化局，它是城市文化事业管理的主管机构。市文化局在市人民政府的领导和上级文化行政部门的指导下工作。城市政府中负有文化事业管理职能的部门还有市新闻出版局和市广播电视局。市文化局的主要职责是：贯彻和执行党和国家关于文化工作的方针、政策、法规；编制本市文化事业的发展规划，制定相关政策，负责贯彻落实；管理所属文艺单位，指导其工作，开展群众文化活动；负责文艺从业人员职业道德教育，培养文艺人才。

城市社会组织中承担一定文化管理职能的非政府机构，包括城市中的文学艺术联合会和社会民间文化组织。前者是城市中文学家、艺术家志愿联合起来的群众性文学艺术团体，主要职责是宣传贯彻党和国家的文学艺术方针、政策，团结本市的文艺工作者和文艺爱好者开展文学艺术活动。后者是由城市的文学、艺术爱好者志愿组织起来的民间文化组织，如城市美术协会、音乐协会、曲艺协会、戏剧协会等。[1]

---

① 参见徐理明等：《城市现代化的“金钥匙”——中国市政》，中国人事出版社，1996 年版，第 353 页。

二、城市文化事业管理的主要内容

城市文化事业管理的具体内容主要包括以下几个方面。

第一,根据城市的特色和情况,制定城市文化发展规划。城市文化发展规划是城市文化发展的纲领,其关键在于使城市文化与城市政治、经济、地理环境、风俗习惯等方面的发展相协调,并使城市文化能促进社会的不断进步。城市文化发展是一个系统工程,要研究城市文化的结构和历史、城市文化发展的目标和模式。

第二,城市文化设施的建设与管理。文化设施不仅是城市文化活动的载体和物质基础,更是一个城市文化建设的直观反映,体现着一个城市的文明程度。它主要包括图书馆、博物馆、文化馆、影剧院、音乐厅、青少年宫、体育馆、高等院校、园林名胜以及各种游乐场所等。对文化设施进行合理布局,增加文化场馆数量,保障文化设施的正常运行是城市文化设施建设与管理的主要任务。

第三,城市文化市场的监控与管理。随着城市经济体制改革的深入和市场经济的发展,以商品形式向人们提供精神产品和文化娱乐服务的文化市场目前已十分活跃,形成了多层次、多门类的市场格局。作为城市市场体系的一个组成部分,加上文化产品对社会影响的广泛性,城市文化主管部门必须要综合运用立法、经济、行政等管理手段对其生产、经营等行为进行严格、有效的监控和管理。

三、城市文化事业管理体制存在的问题

我国传统的城市文化管理体制是为了适应计划经济体制的需要而建立起来的,是一种“政府办文化”的体制。改革开放后虽然进行了一定的改革,但仍未从根本上转变。随着市场经济体制的建立和政府职能的转变,我国城市文化事业管理体制的问题逐步显露出来。

首先,政府办文化,职能错位。政府“办”文化而不是“管”文化。政府文化行政部门陷入办文化的具体事务之中,削弱了宏观管理职能,同时也使文化事业单位丧失了自主权,不能根据市场需求开展活动。由于政府的大包大揽,一方面,不能满足市民日益增长的多样化文化需求;另一方面,又从制度上阻碍了社会力量参与文化事业,抑制了社会主体参与文化建设的积极性。

其次,管理机构职能不清,甚至发生冲突。文化、广电、新闻出版等部门各自为政,管理边界未能合理界定,导致管理效率不高。

最后,文化单位对政府依赖程度过高,缺乏活力。由于是政府办文化,在计划经济时期各文化单位都是事业单位,虽然目前出版社等单位的改革初见成效,但是文化单位对政府的依赖程度依然过高,造成社会效益差、活动效率低、队伍活力弱等状况。

四、城市文化事业管理体制的改革

为了改变当前文化事业的现状,满足社会对文化的需求,对文化事业管理体制的改革是当务之急。

第一,转变政府职能,变"政府办文化"为"政府管文化"。重新定位政府的文化管理职能,将政府及文化主管部门的职能转变到规划、指导、监督上来,不再干预文化事业单位的具体事务,改变文化事业对政府依赖程度过高的状况,把自主权交还给文化事业单位。

第二,对文化事业进行分类指导,分类改革。社会共同需要的文化事业属于社会公益性文化事业,如公共图书馆、文化广场等,政府要给予财政保障并加大投入,促进其稳定健康地发展;对于满足个人和单位需求的文化事业,由于投资和受益关系明显,应当由个人和单位进行投资,政府则不再包办此类的文化事业。

第三,改进管理手段,合理利用市场工具,引导文化事业的发展。政府要运用市场机制的力量,借助价格、信贷、收入等经济手段,通过经济利益影响文化产品的生产、流通和消费,促进文化事业的健康有序发展。

第四,大力推进文化的产业化和市场化。对经营性的文化事业如电影等,要使其完全按照市场模式运作,实现产业化经营。鼓励和引导社会力量进入文化领域,形成多元主体办文化的格局。

第五,下放管理职能,培育非政府文化管理组织。发展文化经纪机构、文化咨询评估机构、作家艺术家权益保护机构等文化中介组织和相关机构。规范文化行业组织的行为方式,把不属于政府管理的职能下放给文化中介机构和行业组织,使转变政府职能和发挥行业组织的作用统一起来。

第六,大力加强文化事业管理立法。西方发达国家普遍制定了出版法、图书馆法、版权法等法律法规,而我国文化事业管理的立法仍然薄弱。应加快制定文化事业管理的有关法律,把文化事业的管理纳入到法制化的轨道上来。

第五节　城市卫生事业管理

现代意义上的城市卫生事业是随着社会发展到一定阶段而建立和发展起来的。城市卫生事业是城市社会事业的重要组成部分,城市卫生事业既关系到每位市民的身体健康,又关系到国家和社会的发展。政府必须根据城市卫生事业产品的特点和城市卫生事业的发展要求,改革和完善我国的城市卫生事业管理体制。

一、城市卫生与城市卫生管理的含义

城市卫生有广义和狭义两种理解。从广义上讲，城市卫生主要包括环境卫生、生产卫生和生活卫生三大方面。环境卫生指大气、水、土壤、城乡规划建设和生活居住条件等自然和社会环境因素与人体健康的关系；生产卫生指生产劳动场所和生产劳动过程中各种因素对生产劳动者健康的影响以及职业病防治等各种防护措施；生活卫生指家庭、社会公共场所和日常生活中的各种因素对人们健康的影响，以及除害防病、妇幼保健、饮水饮食卫生、提高城市居民的卫生意识和卫生习惯等措施。[①]从狭义上讲，城市卫生特指城市医疗卫生，主要包括医疗、卫生、医学研究和突发事故的紧急救护等方面。由于环境卫生在第十二章城市环境管理中有专门论述，因此本节我们采用城市卫生的狭义上的定义，重点介绍城市医疗卫生。

城市卫生管理，指城市管理相关部门依据国家有关的法律、法规、方针、政策，通过计划、组织、实施、调控等环节来管理和配置城市卫生系统的各要素，提高城市医疗水平，改善医疗条件，为城市人民创造一个有利于身心健康的卫生环境的活动。

二、城市卫生事业管理的机构和职责

我国城市卫生管理机构，是由各种类型、不同层级的组织机构组成的一个网络体系，主要包括卫生行政机构以及专业性和协管机构。

（一）城市卫生行政机构

城市政府是城市卫生管理的领导和决策机关，城市卫生局是主管城市卫生的行政机构，是对城市卫生工作直接负有规划、安排、协调、监控和实施等功能职责的政府部门。

城市各级政府是城市卫生管理工作的最高组织领导和指挥实施机构，其职责是把城市卫生管理工作纳入国民经济和社会发展规划进行统筹安排，健全和完善城市卫生管理体制和管理网络。

卫生局是城市人民政府管理全市医疗卫生事业的职能部门。其主要职责是：贯彻落实国家有关城市卫生工作的法律法规和方针政策；根据贯彻预防为主的方针，开展传染病、地方病、职业病的防治工作；管理医学教育和科研院所以及各类医疗机构；进行医疗卫生和药品工作的管理。防疫站是卫生局的派出机构，在城市卫生管理中的主要职责是做好除害防病的技术指导、卫生科普知识的宣传和科研工作，以及搞好卫生监督和健康教育宣传工作。

① 王佃利：《现代市政学》，中国人民大学出版社，2004 年版，第 317 页。

（二）城市卫生专业性和协管机构

城市卫生专业性和协管机构主要包括：①市爱国卫生运动委员会或创建卫生城市指挥部。它是市、区人民政府的非常设机构，负责统一领导、统筹协调城市爱国卫生、防治疾病和创建卫生城市工作。它的主要职责是：落实国家政策，组织各区域、各部门把爱国卫生运动纳入日常规划；协助卫生主管部门加强城市卫生基本建设、卫生宣传、教育和卫生监督管理，动员广大市民开展经常性的城市群众卫生工作。②市检验检疫局。其主要职责是负责全市的检验检疫工作。③劳动和社会保障部门。其主要职责是负责对城市职工基本医疗保险制度建设的宏观管理，配合财政部门加强基本医疗保险基金的监管。

三、城市卫生事业管理的主要内容

城市人口众多，人类生产和社会活动密集，市民对城市卫生存在着普遍的需求，并且向多样化、高质量的方向发展。城市卫生事业必须满足市民的需求，因而其管理内容非常广泛和复杂。城市卫生事业管理一般包括以下几个方面的内容：

（一）制定和实施城市卫生战略、政策和规划

城市卫生事业管理部门要对城市卫生状况进行分析评价，为制定卫生政策提供依据，然后依据国家卫生事业大政方针的要求，制定城市卫生事业发展的战略，并在此基础上制定城市卫生规划，并组织监督实施。

（二）医疗事业管理

医疗事业管理的主要内容包括三项：一是对各类医疗机构如医院、营利性和非营利性诊所等进行宏观筹划管理和医疗规范的管理；二是对各种医疗制度的管理，如妇幼保健制度、劳动保险制度、公费医疗制度、合作医疗制度和医疗预防制度等；三是支持和发展社区卫生，以及对其的管理。

（三）卫生防疫管理

卫生防疫是整个城市卫生事业的一项基础性工作。卫生防疫管理主要是以预防为主的方针，应用预防医学的理论和技术，开展传染病、寄生虫病和地区病、职业病的管理和防治，实施卫生检验检疫，开展爱国卫生运动。

（四）食品和药品卫生管理

食品和药品的质量直接关系到市民的生命安全。城市卫生管理部门按照国家的政策法令和防病治病的需要，对食品、药品的生产、供应、使用和进出口进行管理、监督和检查，保证食品卫生和药品的质量、安全与有效。

（五）普及宣传医疗卫生知识

城市卫生管理部门要通过专门的健康教育机构和大众传媒对广大市民开展普及卫生知识的健康教育；监督中小学健康教育课的开设；监督各类医疗机构、社区、

工作场所、公共场所医疗卫生知识宣传栏的设置及宣传内容。

四、我国城市卫生事业管理体制的改革方向

（一）城市政府卫生管理部门转变职能

城市卫生管理体制改革的根本在于转变城市政府卫生事业管理职能，实现“政事分开、管办分离”。按照发展社会主义市场经济的客观要求和卫生事业的自身特点，重新界定政府在卫生事业发展中的职责和作用，改变政府大包大揽和履行职责过程中的错位、缺位和不到位的问题，把政府工作重心转移到加强公共卫生宏观管理上来，加强宏观调控，制定卫生发展的规划和政策，主要通过经济和法律手段来引导和促进城市卫生事业的发展。政府在城市卫生领域的作用应当是建立健康保障制度，保护城市中的贫困和弱势人群，促进健康公平，消除重大疾病危害，提高市民健康水平；规范医疗服务市场和医疗服务行为，促进多样化和公平竞争等。

（二）改革和加强对医疗机构的管理

首先，加强对医疗行业和医疗市场的管理，特别是对医疗机构及其从业医师施行严格的准入制度，保证服务质量。其次，改革对医疗机构的投资模式。对于满足个人需要的医疗事业，贯彻“谁投资谁受益”的原则，吸引社会主体投资，按市场方式运作；政府要将有限的财力投入到发展市民共同需要的卫生事业，如基础医学研究、公共卫生防疫、公民基本医疗保健等事业，保护城市中的贫困和弱势人群，促进健康公平。

（三）优化医疗卫生资源的配置

通过调整、合作等方式，提高社区卫生服务组织和专业医院的医疗水平，改善大型综合医院医疗条件紧张而专业医院和社区卫生组织医疗资源得不到有效利用的状况，实现大型综合医院、专业医院、社区卫生组织的合理分工。

（四）加强药品价格调控

在市场机制下要发挥价格机制对药价的调控作用，但是由于药品的特殊性，必须采取适当的手段进行干预。例如，目前实行的药品最高限价制度，以控制药价的恶性上涨。同时要实现医药分离，改变“以药养医”的状况。

（五）建立和完善公共卫生事件应急处理机制

由于我国公共卫生管理机制的不完善，特别是突发事件应急机制的缺失，所造成的弊端在2003年爆发的“非典”疫情中充分地暴露出来。我国必须建立和完善对公共卫生事件的应急处理机制，提高政府在突发事件中保障人民群众身体健康和生命安全的能力。

本章小结

西方发达市场经济国家依据社会共同需要和公共产品理论对城市社会事业进行了界定并进行了科学的分类。我国的城市社会事业依然未能从传统的计划经济体制下完全转变过来，城市社会事业的多数职能都是由事业单位承担。虽然事业单位对我国经济社会的发展做出过重要贡献，但是其弊端日益暴露，必须对事业单位按性质进行科学分类，从总体上收缩规模、调整结构。从总体上讲，目前我国城市社会事业管理体制存在城市社会事业组织行政化，忽视市场作用，运行效率低下，职能扩大化等问题。应该借鉴西方的新公共管理理论、城市治理与管治理论、非营利组织理论等理论，通过投资机制和运营主体多元化，建立市场竞争机制，加强立法与监管等方式进行改革。具体而言，城市教育、科技、文化、卫生等社会事业必须在总体改革思路的指导下，针对各自的具体特点和问题，转变政府职能，建立市场机制，吸引社会资本，构建适应城市经济和社会发展的城市社会事业管理新型体制。

思考题

1. 简述城市社会事业的含义及其理论基础。
2. 我国的事业单位能不能取消？其改革的方向是什么？
3. 简述西方社会事业改革理论和实践的新进展。
4. 我国目前城市社会事业管理体制存在的问题和改革的方向是什么？
5. 城市教育事业管理体制存在的问题是什么？
6. 城市科技事业管理的机构和职责是什么？
7. 城市文化事业管理的内容是什么？
8. 简述城市文化事业管理的改革。
9. 城市卫生事业管理的机构和职责是什么？
10. 简述城市卫生事业管理的改革方向。

案例分析

择校怪圈如今越搞越怪，教育怎能胡来？

没有最好只有更好：放弃不错的公办初中，宁可花数万元上“公参民”学校

太原市一年一度的小学毕业生升初中分配工作，眼下正在紧张有序地进行着。与往年相比，2006年太原市几所公参民初中学校的招生火暴异常。

一位按户口等条件可以“就近划片”划入太原十二中上初中的学生家长，毅然决定放弃这个让其他家长都眼红的好机会（因为太原十二中的初中也是家长们择校的热点），宁可花2万元的择校费，也要上省实验中学的公参民学校——令德中学。而这仅仅是择校费就2万元，还不算其他的人情费用。更有一位家长，站在令德中学校门口一脸沮丧：原来，他想花5万元让孩子上该校，可就是找不见门路。

与此同时，山西大学附中（以下简称山大附中）的公参民学校——知达学校，太原五中的公参民学校——五育中学等也成为家长们竞相追捧的焦点。一位知情人士透露，某公参民学校目前已有2 000多人报名。

选择这些学校的家长们都有这样一个观点：尽自己最大的力量让孩子享受优质的教育资源，绝不能让自己的孩子输在起跑线上。

兵不厌诈，狡兔三窟：假户、搭户、租房、买房……为了孩子上学，能使的招全使上

往年，为了能让孩子上所好初中，一些家长早早就将孩子的户口迁到亲戚朋友家，有的甚至托关系给孩子弄一个“单户”——户口本上只有孩子一个人。

为防止假户、搭户现象发生，太原各城区的教育部门在小升初分配工作资格审查时，不得不要求学生提供家庭住房证明，这样，想假户、搭户就很难了。

为了帮孩子上学，有的家长甚至不惜花大价钱在重点初中附近买房，目的是让孩子就近划入该学区。开发商也看到商机，在重点初中附近盖起幢幢高楼，结果导致学区内生源过度集中，让教育部门在划片时也犯了难。同一栋楼里的小学毕业生，却被划到了两所学校，这也成了很正常的事情。

2006年太原市两所外国语学校初中可以提前招生，录取结果于7月19日公布。在录取结果出来前，家长们担心孩子考不上；结果公布后，一些被录取的学生家长却犯了愁：学校离家太远，只好考虑租房了。

政策突变家长落泪：听说叫停普高实验班，有的家长竟在校门口哭了

山西省实验中学、山大附中、太原五中等高中在全省都赫赫有名，这些高中的实验班，吸引着各地尖子生趋之若鹜。

往年，山西省实验中学、山大附中等高中都设有面向全省招生的高中实验班。早在今年年初，就有不少家长开始打听实验班的报名时间，有的还是从外地大老远地跑来咨询。

“我们也不知道多会儿报名啊，省教育厅还没正式通知呢。”学校负责招生的人解释。

“我们来一趟不容易，要不你们先把孩子的名字和学校记下，到时通知我们好吗？”这是2006年4月初，一些心急的外地学生家长来太原想给孩子报考高中实验班时的情形。

2006年6月，省教育厅下达了全省普通高中招生计划，并明确要求，从今年起停止原批准的山西省实验中学、山大附中、太原五中、太原成成中学等4所学校招收实验班，各市原批准的普通高中学校招收的各类实验班也要停止招生，且不得再批准普通高中招收实验班。

省教育厅的负责人在解释出台这一政策的原因时表示，在实验班开设后，省城与各地对优秀人才的争夺明显加剧，不少地方都实行了方法不一的抵制行动。停办高中实验班是实现教育均衡的需要。

“实验班其实还是一部分贫寒学子争取进入名校就读的一个重要途径。知道这个消息后，一些家长都在学校门口哭了，但学校也没办法呀。”一位中学负责人说。

薄弱学校生源流失：计划招4个班，结果连一个班也没招够，
只好四处给考生打电话

小升初择校18 000元，高中择校3万元。但即便“门槛”如此之高，一些家长仍是揣着血汗钱求校无门。

而择校热最终导致的后果是：重点学校越办越好，薄弱学校门庭冷落，有的甚至被迫倒闭；重点中学的班容量严重超标，在山西省一些市高达90多人，教室里只要能放课桌的地方，都排得满满的，有的甚至连老师的讲台旁也坐着学生。

在2006年太原市普通高中招生录取中，这一现象也尤为突出。太原市招生考试管理中心的负责人表示，今年太原市普通公办高中的录取缺额很少，而民办高中的招生却显得艰难。有的民办高中计划招4个班，现在连一个班也没招够。学校只好四处给考生打电话。有一个考生，一天接到27个民办高中和职业高中打来的电话。

太原市小升初的择校，则导致一些厂矿企业的初中、薄弱初中的生源严重不足。一位不愿意透露姓名的公办初中的校长无奈地告诉记者：“城区教育部门就近划片给我们划分了不少学生，可现在愿意来上的还不到1/3，大多数学生宁可掏择校费去别的学校上学。我们每年只能等来一些外来务工人员子女。”

采访中，这位校长还再三叮嘱记者，千万不能把学校的名字在报纸上刊登，因为

这样一来,来上学的人就更少了,学校的处境就更难了。

资料来源:1. 山西晚报,2006-07-27,网易教育频道(有删改)。

2. http://education.163.com/06/0727/10/2N1HU34V00291MUF.html。

案例思考题:

1. 联系上述材料,谈谈如何实现基础教育公平。

2. 联系你所了解的"择校风"的实际情况,结合本章所学内容,谈谈如何改革我国的城市教育事业管理体制。

第十一章

城市交通管理

城市交通是城市发展的重要推动力量,也是一个城市文明的见证和标志。随着城市化进程的加快,中心城市交通问题层出不穷。城市交通问题的解决是一个系统工程,其中城市交通管理体制、管理理念是有效解决城市交通问题的关键。本章旨在阐述城市交通管理的基本知识,内容主要包括城市交通的一般理论框架、城市交通中存在的诸多问题以及解决问题的对策。

通过本章的学习,形成对城市交通、城市交通管理的基本认知,了解城市交通问题的表现和产生的基本原因,把握城市交通管理体制以及管理理念,分析政府在中心城市交通管理中所发挥的作用。

第一节　城市交通概述

城市交通是城市活动的重要组成部分,犹如人体的动脉,维系着整个城市的正常运转。随着人口的增多、科技的进步和城市规模的扩大,交通方式由原来简单的车马舟船,演变为现在的火车、汽车、地铁、飞机等多种综合型的运输方式。交通作为现代城市的重要体现和标志,见证着每一个城市的历史与文明、发展与兴衰。城市的交通,不仅仅是一个市政工程问题或交通技术问题,而且是一个综合性的社会问题。

一、城市交通及其组成

（一）城市交通的含义

交通是指人和物，以某种确定的目标，在一定的设施条件下，采取一定的方式，通过一定的空间进行流动，它包括航空、水运、铁路和道路上的交通。城市交通是指城市道路（地面、地下、高架桥、水道、索道）上的公众出行和客货运输。[①] 按照不同的标准，可将城市交通分为不同的种类。

按照交通的用途，可分为私人交通和公共交通。所谓私人交通，是指城市区域内徒步和利用私人交通工具出行，如自行车、小轿车和摩托车等。所谓城市公共交通，是指在城市以及郊区内，为方便公众出行，使用公共客运工具进行的旅客运输。包括：公共汽车、无轨电车、有轨电车、地铁和出租车、轮渡、索道和缆车等。

按照交通运输的内容，可分为货物运输和客运。城市的货物运输主要是为城市的生产服务的，城市客运则主要是为了满足人们工作生活和娱乐的需要。

按照交通的范围，可分为城市对内交通和对外交通。城市对内交通是城市交通系统的主体，城市交通运输的问题主要集中在这一部分，城市内部交通的建设、组织和管理是城市交通管理的重点。尽管如此，也不可忽视城市对外交通的组织和管理，因为城市对外交通不仅是城市经济发展的重要条件，而且它和内部交通的衔接协调有助于城市内部交通问题的缓解。

（二）城市交通系统的构成

世界各国的城市交通发展都经历了以非机动车辆为主要交通方式的阶段、机动化的公共交通和机动化的私人交通三个阶段。随着交通方式日新月异的发展，现代城市交通体系已经成为一个立体化综合化的系统，主要由三个子系统构成。

第一，城市交通基础设施子系统，具体包括城市道路、桥梁、轨道系统等。基础设施子系统是城市交通中的硬件设施，是连接城市各个部分的纽带。

第二，城市客货运输子系统，表现为各式各样的城市交通工具。包括公共汽车、电车、出租车、轻轨、轮渡等公共客运系统，人力三轮车、自行车、摩托车、私人汽车等个体客运系统，以及城市内部的货物运输系统。

第三，城市交通管理子系统，包括交通系统管理和交通需求管理等。交通系统管理侧重于交通管理部门从技术角度进行的管理，如交通信息的采集、传输、控制等，从而使交通流合理分布，均匀负荷。交通需求管理侧重于从宏观的角度进行的

---

① 王佃利：《现代市政学》，中国人民大学出版社，2004 年版，第 205 页。

政策性管理,例如,通过行政手段对交通源进行管理,从而调整交通结构,缓解交通紧张局面。

城市交通的各个子系统是独立的,同时每个子系统又作为另一个子系统的外部环境条件而存在。例如,客货运输系统的运行质量,不完全取决于它本身,还取决于基础设施、交通管理等子系统的运行条件与质量。同样,基础设施子系统的运行质量也受城市客货运输及城市交通管理子系统的影响。这种相互依存和相互制约的关系,普遍地存在于城市交通的各个子系统之间。

二、城市交通管理及其基本原则

城市交通管理是指城市政府为保障交通基础设施为城市经济和市民生活提供良好的服务,综合利用各种手段,科学合理地组织城市中人与物运输的活动。[①] 交通管理包括交通路网管理、交通工具管理、交通设施管理、交通法规管理,等等。按照管理方式的不同,城市交通管理可以分为直接管理和间接管理。直接管理是指对道路、交通工具、交通设施等硬件的直接调控、指挥。间接管理则是通过法规、政策、票价、税收等政策性和经济性手段,对交通进行间接调控与指挥。在城市交通管理中,应遵循一定的原则,主要包括以下几个方面。

(一)交通分离原则

由于不同的运输工具具有不同的运行速度、需要不同的配套设施,所以有必要在一定程度上对其进行分离,使同一运输工具在同一车道或车道同一区域内通行,以便加快交通速度,防止不同速度的运输工具互相掣肘。实行交通分离通常采取划线分离、设置隔离墩、修建立体交叉和专用道路以及采取交通信号灯控制等措施,在空间和时间上分离道路的交通。交通分离可以分为以下三种方式。

第一,混合交通。机动车、自行车和行人等同在一个车道内通行,机动车在中间,非机动车在右边,行人在左边行走。这是较为低级的分离方式。

第二,分道交通。又叫并列交通,指各种交通形态占有同一通行带的特定部分,根据置右原则,中间走机动车,两边走自行车,两侧走行人。

第三,分离交通。这是交通分离的最高形式,不同的运输工具有不同的运行车道。一般由机动车专用道、自行车专用道和行人专用道组成。每条专用道之间不互通,交叉时采取立体结构形式。另一重要措施是实行车辆分离,就是将不同的车种、不同方向和不同车速的车辆进行分离。

(二)交通流量均分原则

不同空间和不同时间内的交通流量是不同的,如果任其自由通行,就会形成流

① 王佃利:《现代市政学》,中国人民大学出版社,2004 年版,第 206 页。

量在某个区域内或某个时间段的过分集中，超出道路的负荷能力，造成交通拥挤。因此，必须对交通流量的分布进行调节，采取多种措施，使交通流量在时间上和空间上均匀分布，保持道路的畅通。主要的均分原则有以下两种。

第一，时间性交通流量均分，即根据不同时间内的交通流量的不同，采取措施调整交通流量的分布。城市交通最为拥挤的时候多为上班和下班时间，这主要是由于国内城市上下班的时间较为统一所致。因此，可以对上下班的时间进行调整，采取灵活的工作时间。

第二，空间性交通流量均分。道路建设分布状况不同，同一时间内不同空间的交通流量也是不同的。空间交通流量的分布状况的好坏，一是取决于城市道路的规划建设是否合理，即在规划建设中安排好干道、支道和环城路、高架、地面、地下等道路的关系，使交通流量有分流空间；二是均分流量的管理措施是否得当。

（三）交通连续原则

交通连续原则是指在交通运行过程中，空间、时间、运行管理和交通参与者本身通行的连续。交通工具的连续，要做好交通工具的维护工作，减少交通工具在路上抛锚的情况发生；交通组织的连续，要采取高效灵敏的指挥管理体制，确保交通管理的持续稳定；交通设施的连续，做好交通设施的维护和更新，防止由标志信号等系统的中断造成的混乱；促使交通参与者在出行前计划好目的地和时间，尽量不要中途来回改变和停留。所有这些措施都是为了保障交通运行的连续性，减少运输工具和交通参与者占用道路面积和时间，加快交通流量。

（四）交通总量消减原则

交通总量是所有交通参与者与其旅行时间（或旅行距离）的乘积的总和，包括机动车交通量、非机动车交通量以及行人交通量等。这是制定交通政策的主要依据。可采取不同措施来消减交通总量，缓解交通压力。

传统的解决交通问题的思路是增加交通供给来满足总量不断提升的交通需求，但是一般而言，城市道路的增长远比车辆的增长慢得多。这就会造成矛盾，结果导致交通事故增多、交通拥挤或阻滞，还会使交通环境恶化并浪费资源。因此，要解决这一矛盾，必须双管齐下，除了加快道路建设以外，还要做到：一是使交通参与者的总量最小；二是使交通参与者所占用的道路面积最小；三是使交通参与者占用道路的时间最少。

（五）优先权原则

优先权原则广义上是指对有利于城市交通状况好转的交通方式在政策上优先扶持，在规划建设上优先考虑，在道路交通资源上优先使用。狭义的优先权仅指最后一点，主要有：直行车辆优于转弯车辆通行；在干线道路上运行的车辆优先于在支线上运行的车辆通行;行至无管制的道路交叉口的车辆只有在右边无车辆驶入路口时才可以通行;火车和有轨电车在通行时优先于其他车辆;一切车辆在车道内通行时优先于行人,但在人行道内行人优先;紧急车辆优先于其他车辆,如执行任务的警车、消防车、救护车等。

三、城市交通的管理体制

(一)国外的城市交通管理体制

由于各个国家和城市的具体情况不同,国外城市交通体制也存在很大的差异。我们主要介绍美国、英国和德国的城市交通管理体制。

美国在1967年4月成立运输部,组成包括预算、政策、安全与航空、铁路、公路、城市交通、海运等十几个业务局,代表联邦政府管理水、陆、空的运输。运输部门是道路交通管理的主管部门,警察部门是参与协作部门。警察部门参与协作主要表现在:第一,美国的警察部门并不制定道路交通管理法规,是纯粹的现场执法部门。第二,交通运输部门与车辆管理部门的车辆管理、驾驶员管理以及相关的行政执法,离不开警察部门的协助。第三,交通部门负责建设、管理信息系统并有权力将其提供给警察部门使用,这是警察参与道路交通管理的重要条件。美国的交通管理体制的特点是:虽然针对客观需求,围绕交通安全构建的组织机构多,但是职责不乱、协调不乱,执行不乱。

英国实行"大部制",由环境保护、交通运输管理以及地方事务三个部合并成运输部,将业务相近或相关性强的部门尽可能进行合并,以利于部门之间的沟通协调和政府资源的有效利用。"大部制"改革以后,政府交通管理体制的架构有了较大改变,主要体现在决策与执行相分离的管理体制上。1988年,英国政府在每个部之外设立若干"执行局",专司行政执行职能,负责向社会提供高质量的服务。目前,运输部内部只保留一些核心部门,主要负责有关道路交通的政策制定、政策执行监督以及财政资助等事务,有关交通运输方面的具体事务大都通过下面的"执行局"和非政府部门的"公共团体"来完成。

与英国的"大部制"改革类似,德国将原来联邦运输部、联邦土地规划部、建设部等合并为运输部,主要职责是管理全国整个运输行业,包括铁路、公路、水路、航空。运输部主要负责运输、交通方面的法律政策的制定和监督执行,具体管理工作一般通过"委托合同"的方式进行。德国运输部门与警察部门的职责分工明确,联邦内务部是主管警察的最高机构,但在联邦内并没有警察。交警属于各个州,由各个州政府管理,负责联邦高速公路、联邦公路、州级公路的交通执法,是作为"现场客观情况的记录者"来执行这些规定。[①]

① 何煦:《城市公共交通管理体制改革问题研究》,《行业管理》,2005第4期。

从美、英、德三个具有代表性的国家可以看出，国外的城市交通管理体制改革呈现出一些共同的趋势。主要表现在以下几方面。

第一，机构设置由分散走向集中。实行“大部制”等横向管理体制便于相近或相关业务部门之间的协调和政府资源合理有效的利用。一方面，有利于理顺政府关系，加强各部门之间的协调沟通、政府资源的有效利用和各部门政策的整合；另一方面，则有利于促进中央政府职能不断向市场和地方政府转移。

第二，实行决策与执行相分离的纵向机构格局。这种格局有利于保证政府行政管理的公平和效率。例如，德国联邦政府部门主要负责政策制定和政策实施，将行政执行、公共产品和服务的提供等职能交给州政府和地方政府或民间协会来承担。决策和执行的分离充分利用了各级政府的优势，并提高了不同层级政府在公共行政中的效率。

第三，中央和地方职责分工越来越明确。通常涉及国计民生、在整个交通体系中发挥重大作用的交通基础设施，由中央政府规划、筹资、建设和维护管理，或者由中央委托地方代为管理，对于区域性的交通基础设施则由地方政府负责。

第四，交通运输的管理逐步纳入法制化轨道。许多国家都通过不断规范执法程序，建立较为完善的交通管理行政法制体系，逐步提高交通法制化程度，降低政府的管理成本，加强政府对市场的监管。

（二）我国的城市交通管理体制

我国传统的交通管理体制采取的是一种“条”与“块”相结合的分散式管理模式，即一方面中央与地方两级政府在交通运输业上的分工相对模糊；另一方面，铁路、公路、水运、民航和管道等五种运输方式分别由相关主管部门管理，其中部分部门既是行业行政主管部门，又直接领导和经营行业内的运输企业。在这种条块管理模式下，城市交通管理涉及公安、交通、城建等多个部门，主要是对人、车、路三者的管理分离。

随着交通管理体制改革的深入，一些城市突破了单一的分散模式，呈现出多种特点。通过对我国 36 个中心城市的交通管理体制进行总结，可以将目前我国中心城市的交通管理体制大体分为以下三种模式：分散式管理、道路运输统一管理和综合管理。各种管理模式的特点、代表城市如表 11 - 1 所示。

从表 11 - 1 中可以看出，模式一采取的是一种多头管理的体制，涉及交通、公安、城建等多个部门，对人、车、路三者的管理分离。模式二体现了管理职能的集中，将公路客运、城市公交和市域范围内的出租车统一划归交通局管理，初步整合了道路运输资源。模式三将交通管理的各项职能集中，成立交通局实施统一管理，解决了各个行政层级和部门之间职能交叉管理不顺的问题。从各个模式的对照中可以看出我国交通管理体制改革的趋势，即建立将各项职能集中的大交通管理体制。

表 11－1 我国中心城市交通管理体制的三种模式

类别	模式一	模式二	模式三
体制	分别由交通、城建、市政、公安等部门对交通实施交叉管理	实行城乡道路运输一体化管理	“一城一交”综合交通管理
代表城市	南京、昆明、福州 南宁、杭州	沈阳、哈尔滨 乌鲁木齐、西宁	北京、广州、重庆 深圳、武汉
管理职能	市交通局作为政府的组成部门，主要负责公路运输（货运、长途客运、郊区出租）、公路和场站规划建设以及水路交通运输的行业管理；市政公用局负责城市公交和城市客运出租汽车的管理；市城建部门负责中心城区的道路规划与建设；市公安部门负责城市市区内的交通管理与控制	市交通局除负责公路规划建设和水路交通运输管理职能外，还对公路客运、城市公交和市域范围内的出租车进行统一管理	市交通委员会或交通局是市政府的组成部门，除负责对道路（城市道路和公路）、水路、城市公交、出租汽车的行业管理外，还承担对城市内的铁路、民航等其他交通方式的综合协调
典型特征	多家管理、行业分割、部门分割、职能交叉、政出多门、行政成本高	初步整合了道路运输资源，但不具备对城乡交通统一管理、统一规划、统一决策和统一建设的职能	正在朝形成交通运输的综合管理努力

资料来源：李忠奎：《基于提供完整运输产品的中心城市交通管理体制改革研究》，《北京交通大学学报》，2005 年 12 月，第 4 期。

第二节 中国城市交通的现状和存在的问题

一、我国城市交通的现状

新中国成立后，我国的交通运输业有了日新月异的发展，到 20 世纪 80 年代初已经形成了初具规模的综合运输体系。改革开放以后，经济的快速增长为交通发展提供了物质保障；人口与就业岗位急剧增长，使市区人口进一步集聚；与此同时，建设用地面积不断扩大，以北京市为例，近 10 年来，全市建设用地平均每年扩展 50 平方公里，市级开发区已批准用地达 210 平方公里。在这些背景条件下，我国城市交通得到了巨大的发展，集中表现在机动化的实施、交通设施的增加和交通需求的变化。

（一）机动车的快速增长

机动车一方面是城市交通发展的条件，另一方面，也是城市交通发展现代化的最集中体现。随着经济的发展，汽车产业异军突起，生产数量以每年 12.7% 的速度增长。目前，汽车已成为全国城市最主要的交通工具。

公共汽车是目前我国城市交通最主要的载客工具。2004 年末全国公共汽车运营数量为 28.2 万辆；出租车数量为 90.4 万辆①。随着城市经济的发展、居民收入水平的提高以及中国加入世界贸易组织等因素的影响，我国的私人汽车拥有量增长迅速，年平均增长 22.6% 。特别是在东部经济发达城市，私家车增长异常迅速。② 城市私人汽车拥有量的增长，一方面给居民生活出行等提供了极大便利；另一方面，私人交通的发展，也造成了交通堵塞等一系列交通问题。此外，城市轨道交通等新型交通工具也有了一定发展。

（二）交通设施规模的不断扩充

改革开放以来，城市交通基础设施特别是道路建设增长很快，详见表 11 – 2。

表 11 – 2　全国城市道路统计

	1990	1995	2000	2003	2004
城市道路长度（万公里）	9.5	13.0	16.0	20.8	22.3
城市道路面积（亿平方米）	8.9	13.6	19.0	31.6	35.3

资料来源：中华人民共和国国家统计局：《中国统计年鉴 2005》。

道路容量的增长可以满足机动车保有量快速增长的需求，保障了城市经济活动的正常运行，支撑了城市社会经济的发展。

（三）交通需求变化显著

交通设施规模的扩张、交通管理水平的提高和交通环境的改善反映了我国交通供给与投资的增加，此外，交通需求也表现出一定的发展变化。交通需求是一个国家或地区范围内一定时期必须发生的运输和运输周转，通常包括出行者的出行总量、出行次数、出行特征、出行方式等。

北京市交通需求总量大幅度增长。从 1986 年第一次出行调查以来，全市日出行量年均递增 4% ，2003 年已达到 2 100 万人次（不含步行出行量），增长了 87% ，一次出行平均行程也由 6 公里增长到 8 公里，出行周转量增加了 1.49 倍；市区机动车出行总量由 42 万车次/日发展到 345 万车次/日。未来交通出行需求增长的突出表现在出行距离的增长和机动车出行总量的大幅度上升。预计到 2010 年平均一次出行

① 中国国家统计局：《中国统计年鉴 2005》
② 郭培章：《中国城市可持续发展研究》，经济科学出版社，2004 年版，第 131 页。

距离将可能达到 10 公里左右，出行周转量比 2003 年增加 90%。[①]

从出行次数来看，城市居民出行次数与城市社会经济发展水平、人口结构、城市规模以及出行环境有关。城市越大，出行次数越少。从出行结构来看，机动车的快速增长使得出行结构越来越向个体快速交通方式中的小汽车转变，公交比例下降、自行车出行比重减少。根据上述变化，政府可以通过采用交通行为控制等方法，促使出行者选择适当的交通方式、线路与时间，以消除或缓解交通拥挤。

二、城市交通问题的主要表现

随着城市经济的飞速发展以及城市化进程的加快，大量的人口涌入城市，造成市区人口极其稠密，交通流动人数众多。社会经济发展、城市化和机动化进程的加快使许多中心城市的交通在飞速发展的同时也引发了一系列问题。具体表现在以下几个方面。

（一）交通拥挤、堵塞现象日趋严重

城市交通拥挤问题可谓是世界性难题。除了极少数城市由于发达的公交系统以及对私人汽车限制发展，或者由于城市人口和车辆本来就少而交通拥挤现象不严重外，世界上的大多数城市都在不同程度上遭受着交通拥挤的困扰。近年来，随着交通机动化和汽车私人化的快速发展，我国不少城市的道路系统也出现了严重的拥挤堵塞。目前，我国一般城市干道上的机动车行驶速度仅 15～20 公里/小时，大城市中心区的车速为 10～15 公里/小时，一些特大城市机动交通的通行甚至几乎达到瘫痪的状态。[②]

交通拥挤对城市造成的影响是极其严重的。一方面，它使交通延误增加，行车速度降低，时间损失和燃料费用增加，给城市经济造成极大损失。据调查，美国每年因交通堵塞造成的经济损失约为 410 亿美元，日本东京每年因交通拥挤造成交通参与者的经济损失高达 123 亿日元。而中国的城市交通拥堵造成的损失更为惊人。仅北京市公交车乘客的时间损失一项，每年的经济损失就高达 792 亿元。另一方面，堵塞造成车辆的频繁启动、停止、加速，增加了排污量，加重了废气和噪声的污染，加剧了环境破坏。此外，堵塞容易使人烦躁不安，影响了人们的工作效率和身体健康，也容易造成城市正常社会生活的紊乱。

交通拥挤的出现不是偶然的，而是城市化进程中的必然性问题。近年来城市道路建设虽有较大发展，但全国城市人均道路面积仍不足发达国家的 1/3。随着国民经济的高速发展和城市化进程的加快，城市交通需求急剧增加，这种交通供需关系

---

① 北京交通发展纲要（2004～2020）

② 胡欣、江小群：《城市经济学》，立信会计出版社，2005 年版，第 125 页。

的不平衡必然导致交通拥挤。

(二)停车设施不足,停车难问题日益突出

城市交通可以分为动态交通和静态交通两类。动态交通指交通中人或物的流动,静态交通指各类车辆的停放。堵车可谓是动态交通中的难题,而停车难则成为静态交通管理中的瓶颈问题。近年来我国机动车拥有量迅猛增长,而之前的城市规划对此却预计不够,停车泊位配建很少。按照国际通用的标准,城市停车位总数应该是汽车总保有量的1.3倍,还要有不低于车辆总数0.3倍的社会公共停车位,但是我国的情况却不容乐观,见表11-3。

表11-3　我国部分城市的停车设施状况

城市	机动车拥有量(万辆)	停车设施数量(个)	停车泊位数(个)	机动车拥有量:停车位
南京	10	328	13 480	1:0.13
深圳	35.3	734	37 978	1:0.10
北京	>120	513	3.86	1:0.085
广州	58.38	—	8	1:0.13
杭州	7.6	186	8 000	1:0.10

资料来源:严正:《中国城市发展问题报告》,中国发展出版社,2004年版,第194页。

从表11-3中可以看出,我国城市的停车位与机动车拥有量之比相差悬殊,远远低于国际标准。停车位的不足造成大量的车辆无处停放或随意停放,乱停车进一步影响了动态交通,极易引发堵车等交通问题。

造成停车难的另一个原因是停车收费不合理,停车未能真正实现产业化。目前,我国各城市的停车收费标准普遍偏低,投资停车场无利可图。另外,管理不到位,停车场管理混乱。公安交通机关对各停车场不能进行有效统一管理,城建、城管、规划、工商等相关部门不能在停车场管理上通力协作,而是各自为政,造成了多头管理。此外,相关停车法规体系也不够健全。至今我国还未出台一部约束力较强、位阶较高的关于停车场的法律。目前执行效力最强的是1988年建设部和公安部联合制定的《停车场建设和管理暂行规定》,该规定已经不能适应当前实际,急需新的停车法规出台。

(三)公共交通承担出行比例太小,公共交通日益萎缩

与私家车的蓬勃兴起相比,近年来我国公共交通却呈现日益萎缩的趋势。尽管不少城市采取了一系列的公交优化措施,但是使用公共交通出行的比例仍然不高。一些城市公交不但没成为城市客运交通的主体,比例还在不断下降。

造成公交萎缩的原因是多方面的。一方面,随着消费水平的提高,人们对乘车的要求也在不断提高,希望乘坐更为舒适、快速、准时的交通工具;而公共交通由于

自身的局限,往往不能满足人们的乘车需求,对居民的吸引力慢慢减弱。另一方面,城市交通存在高峰时段和低峰时段。高峰时段公共交通往往人满为患,拥挤不堪。而低峰时段出行的人又寥寥无几。如果仅靠增加公共交通设施来满足高峰时段的交通需求,那么低峰时段这些设施就会处于闲置状态,造成资源的极大浪费。这个矛盾解决不好,会使公共交通高峰时段的拥挤现象更为严重,造成城市道路交通量的进一步膨胀。

(四)忽视步行者的需求,行人交通不便

目前很多城市都将关注的重点放在如何改善道路交通上,并进行一系列规划,如拓宽机动车道等以缓解城市交通的压力,但是却很少考虑步行者的需求。实际上,在中国大城市的居民出行中,步行者占到了1/3以上。但是与日益增多的机动车辆相比,步行者成为了弱势群体。机动车道变宽了,人行道变窄了;道路中间立起了禁止行人横越的栅栏或隔离墙,却没有修建相应的供行人通过的设施;纵横交错的立交桥更像一座迷宫,令行人摸不着头脑。

三、对我国城市交通问题的反思

城市交通问题产生的原因是多方面的,目前我国中心城市的各种交通问题集中反映了三对矛盾:车与路的矛盾、车与车的矛盾、车与人的矛盾。

(一)车与路的矛盾

我国城市交通机动化和私人化的同时发展,使原本就不平衡的城市交通供需矛盾更加尖锐。通常的做法是通过增加交通供给即修建新路增加城市道路的数量,来缓解车与路之间的矛盾,但是仅仅将希望寄托于增加交通供给是不可行的。20世纪60年代,美国的交通问题研究者当斯就此作了专门论述,他提出的新交通设施建设诱发交通量的论点及相关论证,被称为“当斯定律”。

当斯的主要观点是:道路建设不能最终解决交通拥挤,其主要原因是它会诱发新的交通量。新建的道路设施起初可以减少出行的时耗,但是同时还会吸引其他道路上的交通量向新道路的转移。经过一段时间,新建道路上的交通拥挤又会恢复到最初的状况。一般而言,新的道路建设不会改变原来的拥挤水平,诱发的交通量将很快占据新增的道路设施。被诱发的交通量,是由于以前受道路供给水平限制而没有实现的潜在交通量。

因此,缓解车与路的矛盾应该从道路供给和道路需求调控两方面入手,结合城市的具体情况制定应对策略。可以考虑对道路实行拥挤收费。拥挤收费是对特定时段和路段的车辆进行收费,从时间和空间上疏散交通量,减少繁忙时段和繁忙路段上的交通负荷。该方法在实施过程中主要有三个难点,即收费标准的制定、公众接受程度和收费收入的使用问题。

（二）车与车的矛盾

目前我国城市私家车的拥有数量急剧增长，许多人出行选择驾驶私家车而不再乘坐公共交通车辆，造成公交系统运营举步维艰，日益萎缩。在道路面积不变的情况下，私家车的增多和大容量公共交通的萎缩使道路拥挤不堪。

应该如何对待中国私家车的增长和即将到来的轿车文明时代？1994 年我国曾经进行过关于“轿车文明”的大讨论。社会学家、经济学家等均从各自的专业出发，阐述了各自的观点。主要有两种对立的观点：一种是认为轿车的增长会引发一系列的社会经济以及交通问题，应该限制私家车的发展；另一种则是从经济发展出发，认为轿车是人类进步和文明发展的自然产物，应成为促进中国经济增长的拉动力。

应该看到，轿车文明的到来势不可挡。时至今日，轿车工业的发达与否，已经成为了衡量一个国家工业化水平和科技水准高低的重要标志之一。轿车不仅是现代城市文明、城市文化形成的重要因素，也是影响现代城市空间结构和城市布局的重要因素之一。然而，过多的私家车又引发了道路拥挤、环境污染等问题，成为城市交通问题的主要诱因之一。

对于政府来说，可以通过收费限制等经济手段来调节私家车的数量，比较可取的办法是鼓励私家车的拥有，同时通过经济手段来限制私家车的使用。通过增加私家车使用道路的成本，从而在时间上和空间上抑制对私家车的使用。比如，可以收取拥挤费，提高拥挤路段和区域的停车费用，实行将各种税费计入油价的“燃油税”政策等。缓解车与车矛盾的另一个有效措施就是确立公交优先的观念，采取多种手段优先发展公共交通，缓解交通压力。

（三）车与人的矛盾

私家车本身是一种私人性的交通方式。由于经济条件和各种因素的制约，并非所有的人都能有机会拥有私家车。但是随着私家车的发展，在整个社会交通系统中，私家车与非私家车使用者之间的矛盾日益明显，私家车对非私家车使用者的利益构成了侵害。

社会应该为公众提供最低成本可行的通达能力，使出行者能够在较短时间和花费较少资金的情况下，舒适、安全地到达其想去的地方。但是，轿车的泛滥抑制了公共交通的发展，损害了大多数公众的交通权利和利益。公众还要忍受轿车的使用所造成的环境污染。另外，轿车交通的外部费用即市场和非市场的间接费用，包括道路和停车设施费用、警察保护和管理费用、土地征用费用等都是由政府承担的，而政府的财政收入来自于全体纳税人。因此，非轿车使用者其实也和轿车使用者一样，在为这种交通模式付费。因此，应该在考虑私家车辆使用者的同时兼顾非使用者的利益，这成为解决城市交通问题时必须重视的问题。

第三节　中国城市交通管理的对策

一、城市交通管理中的指导理念

城市交通管理是一个系统工程。在对城市交通进行综合治理的过程中，相关政策的出台必须秉持一定的指导理念。具体来说，城市交通管理中的指导理念主要体现在以下几点。

（一）以人为本

随着现代城市的发展，交通的外延也有了新的扩展。交通不仅是混凝土、沥青、钢材的混合物，它还给人们提供机会、自由和选择。交通管理不仅仅是为车辆或是船舶服务，而最终是在为人服务。在城市交通管理中，要始终贯彻以人为本的理念。

首先，在交通基础设施、运输装备和运输管理的供给能力上，应当充分满足城市居民的交通需求。包括满足对运量的要求和对运输速度的要求，既要达到高运输量，又要实现便捷便利。其次，在交通设施的分配上，应当兼顾公平。即交通设施应当是为适合城市大多数居民的需要而设计和建造的；应适应不同收入群体的需求，为市民提供多层次、多选择的交通工具。最后，在城市交通系统的服务质量和服务安全上，交通体系的定位应强调人的可达性优于车辆的移动性，通过对各种交通方式进行协调，实现联运，提高人的活动频率和非机动车的速率。

（二）规划先导

城市交通系统涵盖了存在于城市中的各种交通方式，涉及道路、轨道、车辆、人流、货流等多个方面以及与交通有关的各项设施。因此，要进行科学的交通管理，首先要对城市作出综合、系统的交通规划，制定城市交通的发展战略。城市交通发展战略是对城市交通未来发展趋势的总体预测与判断，从宏观上把握城市交通发展的方向，属于城市交通发展的大局问题。[①]

作为城市总体规划和城市综合交通规划的重要概念，城市交通发展战略在近几年得到前所未有的关注。人们期望城市交通发展战略所能解决的问题和提出的策略已经远远超过了单纯城市规划所涉及的内容。根本原因在于目前城市发展极快，城市交通所面临的问题和挑战也超乎寻常，城市交通发展面临着多重选择的艰难处境。人们关注的不仅仅是城市的生存，更是一个城市的可持续发展。而城市交通战略的作用正是应对城市发展中面临的众多问题和挑战，提出前瞻性、系统性的发展

① 邹德慈：《城市规划导论》，中国建筑工业出版社，2006 年版，第 157 页。

战略。

制定城市交通发展战略需要综合考虑城市发展的社会经济、区域环境、政治环境等诸多因素，根据城市自身特点确定城市交通未来发展的重点和方向。首先应该明确城市交通发展的目标，即政府承诺要提供什么样的服务。然后根据服务目标确立需要努力的方向，建构目前所面临的挑战与服务目标之间的桥梁。

（三）需求管理

所谓交通需求管理，就是通过一定的经济和行政手段，对城市的各类客货交通运输需求量的增长进行有效的调控，以构成最佳的交通运输结构和组织方式，保证城市交通系统快速、安全、舒适、低污染地运行。交通需求管理是进入20世纪90年代以后，随着人们对现代城市交通经济问题认识的深化而形成的一种城市交通管理理念。它实际上是针对城市交通问题日益普遍和突出的现实，在拥挤定价对策的基础上，进一步发展的一种更全面、更系统的城市交通问题综合治理对策。交通需求管理的主要内容包括：通过实施时差出勤等措施，在时间上分散交通需求；通过向驾驶员提供道路交通情报和拥堵、事故状况，促使交通需求在空间上分散化；通过提高公共交通的服务水平促进人们使用大量、快速的公共交通；实施各种综合对策，促进轿车的有效利用以及通过城市规划、交通规划等对交通发生源进行调整。①

在实施交通需求管理的过程中，需要强化交通政策和法规等手段的应用。交通政策和法规是交通管理理念的外在表现，也是城市交通发展战略的延伸。例如，为了控制中心区交通的过渡集中，避免发生交通瘫痪，对土地利用及开发要制定相应的政策法规。

（四）可持续交通

可持续交通即可持续性与发展性相一致的交通。其实质就是要使交通运输的发展符合可持续发展的要求，或者按可持续发展的要求来发展交通运输体系，来经营运输业。

可持续交通首先表现为环境方面的可持续性。交通会对周边环境造成污染，比如空气污染、水污染等。因此，在运输工具的制造以及道路交通网的建设上，都必须充分考虑环境的因素。同时，还需要采取更多的战略行动，例如：更好地利用土地，严格控制土地需求；对造成空气污染和交通堵塞的车辆收费；等等。

经济和财务方面的可持续发展性也是可持续交通的要求。交通系统必须维持低成本，且能对不断变化的需求做出反应。即一方面要使交通资源得到有效利用，另一方面，要保证交通系统的运行能保持良好的财务状况，确保运输财产有效而公平地运转和转移。

---

① 孙久文、张佰瑞：《城市可持续发展》，中国人民大学出版社，2006年版，第190页。

可持续交通还包括社会方面的可持续发展性，即平等性。制定交通规划时需要考虑弱势群体的利益，为其提供到达目的地的便捷方式。社会公平是衡量可持续交通的重要标准之一。

（五）多元参与

现代公共管理理念中，城市治理是解决城市问题的主要途径。一方面，各种城市问题对策的制定必须通过多元主体的协商与沟通来实现。另一方面，政府管理手段的选择将更倾向于多种方式。城市交通问题同样对政府治理能力提出了更高的要求，需要依靠政府、公民和专家等多方力量，齐心协力才能有效解决城市交通问题。

对于政府治理能力来说，核心问题是建立有效的法规体系以及如何实现依法行政，对整个交通系统进行宏观调控。这要求政府具有将交通发展战略和实践有机结合的能力，在使环境与发展相结合的思想的指导下，制定符合国情的法律及管理政策，并建立相应的实施机制。

同时，鼓励公众参与也是十分重要的。公众对于交通的参与不同于对一般活动的参与，因为交通与公众的切身利益息息相关。公众只有意识到自己是交通管理系统中的一员，发挥自身的能动性，在参与交通时从维护合理道路交通状态的角度出发，积极主动地调节自身行为，参与城市交通管理的各种项目，才能促进交通管理终极目标的实现。

此外，还需要专家与技术部门的参与。在交通管理中引用工程性的方法，如交通仿真技术、路网流量调节技术、智能交通技术，等等，由专家技术人员进行科研论证、合理规划，可以大大提高交通管理的效率和质量。

（六）公交优先

公共交通具有运量大、运行线路有序的特点，在我国现阶段城市人口快速膨胀，城市用地不断向外扩张的特定时期，采取优先发展公共交通的策略，可以缓解道路交通压力，提高交通系统运行的效率。

实施公共交通优先的战略，表现在政策方面，首先要通过制定、完善城市公共交通发展政策来确立城市公共交通在城市交通中的优先和主导作用。另外，对公共交通实施低价政策，以吸引更多的乘客。政府应该积极推进建立合理的公共交通市场机制，鼓励建立以多元化经营为支持、以专营权为保障、以股份制经营为运作机制的经营模式。还应在轨道交通和客货运输的管理体制方面进一步进行改革。

公共交通是一个由多种交通方式构成的复杂交通系统。采取公共交通优先的战略，不代表公共汽车、地铁、轨道交通等多种方式不分轻重地共同发展；也不意味着仅靠发展地铁、轻轨等先进的公共交通方式就可以建立起现代化的高效公共交通系统。公共交通优先策略实施的关键，是针对城市的实际情况选择居于主导地位的公共交通方式，并以科学的交通规划组织实现不同方式的良好衔接与协调。

二、我国城市交通管理对策分析

对于目前我国城市交通出现的多种问题，需要在坚持城市交通管理政策理念的基础上，针对城市交通中存在的各种问题进行集中解决。从硬件上，应加强城市交通基础设施建设，优先发展公共交通，采用先进技术建设智能交通；从软件上，应深化交通管理体制改革，提升宏观管理能力。

（一）改善城市交通基础设施，完善路网建设

虽然国家和各级城市政府近年来在道路建设方面投入了大量资金，但是，我国道路增长的速度还是远远跟不上汽车发展的速度。道路不足是造成我国交通拥堵的重要的原因之一。要使城市交通运营达到安全、畅通、高效的目标，需要加快城市道路系统建设的步伐。

1. 区分不同功能的道路性质

城市交通流存在行人多、车流和人流组成复杂、运行规律特殊等特点。只有根据各自规律将道路功能严格区分，城市交通才能高效运转。目前世界各国大都采取按客流不同特性、交通工具不同功能以及交通速度差异等将道路进行区分的做法。但是在我国的许多城市中，机动车和非机动车往往混行，极易造成交通事故，影响通行。

2. 进行旧城区道路系统改善

对旧城区道路系统的改善，首先要提高用地布局的合理性。另外，对吸引大量货流和人流的单位的用地要适当地进行调整，合理布置吸引人流的公共建筑物。同时，要对原有的道路做必要的整治，重新分配车流和人流；利用平行的、路面宽度不够的街道，开辟单向行车道；此外还可以修建环绕干道和开辟绕行干道等。

3. 建立完善的道路系统

对交通车辆分流，即快慢分流、客货分流，过境与市内分流，机动与非机动分流；并采取开辟步行区、自行车道等辅助措施。

4. 建设地上地下结合的交通枢纽

可以建设由行驶在不同空间的各种交通工具所组成的立体体系。这个体系包括高架的、地面的、地下的等各种交通设施。它以地面为主，上下补充。

（二）大力发展低成本、高效率的城市公共交通系统

1. 倡导快速公交系统

快速公交系统 BRT（Bus Rapid Transit）起源于巴西的库里提巴市，是一种以常规公交为基础，以地面道路网为支撑，结合现代巴士技术，吸取轨道交通优点，并获得一定的时空优先权（包括开设公交专用道和设置公交信号优先）和政策优先支持的一种新型城市公交系统。它既保持了常规公交的灵活性、经济性和便利性，又具有

城市轨道交通容量大、速度快的特点。BRT以其明显的优势赢得了世界许多城市的广泛认同。如今的BRT系统已经遍布拉丁美洲各大城市，我国的许多城市也已经开始建设或积极筹划BRT,如北京、昆明、成都、沈阳、济南等。该系统是发展与改善城市公共交通系统的一种新型和高效的方式,它的建设会给城市公共交通发展带来新的契机。①

在我国发展BRT应主要从以下两方面入手。

(1)降低干扰,合理换乘。机动车和非机动车混行是我国交通的特点,非机动车对机动车的干扰严重影响了交通畅通。要保证BRT系统中车辆的运行速度,就要大幅度降低非机动车对站点秩序的干扰。由于BRT系统的站距一般大于常规公交,这样就必须考虑其他交通方式特别是自行车向BRT的换乘以及自行车的停放问题。如何合理地建设换乘系统,保持良好的换乘秩序就成为BRT系统能否发挥运行效率的关键问题。

(2)改进方法,信号优先。公交信号优先的设置是BRT系统的关键技术之一。但我国目前多数道路交叉口信号灯周期均是根据交叉口总延误最小原理设计的,该方法把公交车辆和其他机动车辆的延误视为相同的地位。但实际上公交车辆载客量多,所以同样时间内产生的总延误比其他机动车辆要大。根据这一特点,必须改进传统的信号灯周期设置方法,使公交车辆能够优先排队和通过交叉口。

2. 发展城市轨道交通

城市轨道交通是指在轨道上行驶或以导向系统行驶的、服务于城市的交通系统。一般认为,城市轨道交通包括轻型轨道、高架铁路和地下铁路等几种形式。轨道交通具有其他交通工具无可比拟的优点:快捷、准时、安全、舒适、能耗低且污染轻,最大的优点是运量大。地铁单方向每小时可运送60 000人次,轻轨可达30 000～40 000人次,而公共汽车若使用普通路面仅能运送5 000人次,专用道路也只能运送10 000～20 000人次。轨道交通已受到越来越多的人的青睐。

1965年我国开始修建内地第一条城市轨道交通系统——北京地铁一期工程,1969年建成通车。到2005年底,我国内地已经有10个城市的轨道交通系统投入运营,总运营里程达到420公里。② 从总体上看,我国内地城市的轨道交通建设仍然处于起步阶段,只是单一线路,还并未形成完整有效的网络系统。但是城市轨道交通已经体现出了比常规公共交通更高的运输效率,在城市客运交通运输系统中越来越体现出优越性。而且随着建设城市轨道交通的城市逐步增加,城市轨道交通的类型也不再局限于单一的地铁系统。各城市根据自身的需要,开始选择轻轨、现代有轨电车等不同运量等级和类型的轨道交通系统。

---

① 李玉辉、戈春珍、胡金成:《快速公交系统在我国的发展研究》,《辽宁交通科技》,2006年第1期。

② 秦国栋:《新时期城市轨道交通发展的思考》,《城市交通》,2006年第2期。

阅读拓展

我国轨道交通的发展方向

就城市轨道交通的几种类型来看,地铁具有运量大、快速、安全、舒适等优点,是解决大城市交通问题的理想工具,但是造价过于昂贵。很多城市的地铁建设难以实施,大多是因为造价太高。因为只有在单向远期预测客流量超过4万人次/小时,才会考虑建设地铁。因此,我国将不会大量发展低容量的地铁,也不会在大多数城市推广地铁交通。从我国国情出发,未来大城市交通建设的方向应该是轻轨运输,它投资小,运量介于公共汽车和地铁之间,适合大都市的交通状况。

此外,由于我国轨道交通的发展需要大量技术先进的地铁和轻轨技术装备,这些装备大都需要进口,大大增加了建设费用。为了促进我国轨道交通的可持续发展,相关的国产化和标准化政策还有待于进一步完善。可由国家相关部门统一组织领导,通过多种方式支持发展我国轨道交通设备产业,对相关产业给予扶持和政策倾斜,积极参与国际竞争,逐步实现生产当地化,设备国产化、现代化。同时尽快制定各种轨道交通方式标准的政策法规,以控制目前轨道交通设备种类和标准繁多的发展局面。

(三)深化交通管理体制改革,增强宏观管理能力

由于我国目前多数中心城市实行的分散式交通管理在体制方面存在着管理混乱、利益分割的状况,因此,进行体制改革已经刻不容缓。许多城市都在这方面进行了积极有效的探索。

深圳在经济特区建立之初,交通问题一度成为制约经济发展的瓶颈。为此,深圳市政府曾于1984年成立了交通办公室,专门负责公路、水路交通工作,暂时缓解了交通问题。但到20世纪末,深圳市的交通发展已远跟不上经济发展的需要。公路、铁路、水路、航空以及城市公交车、出租车、市政道路之间的建设与管理矛盾日益突出。为解决这一问题,深圳市政府于2001年将原市运输局、港务局、公路局三局合并组建成立深圳市交通局,负责全市公路、水路、城市公交、港口、民航、铁路、邮政以及物流等产业的管理协调工作,形成了"一城一交"的大交通管理体制。

"一城一交"的大交通管理体制在深圳取得成效后,在北京、重庆等城市也开始试点工作。这种模式的特征及各部门的管理职能在前面章节已有涉及,此处不再赘述。这种模式在整合交通资源、优化资源配置、降低行政成本、提高管理效率方面显示出巨大优势,符合其他交通管理先进国家体制改革的趋势,是我国中心城市交通管理体制改革的大方向。由于各城市的具体情况不同,可根据各自的情况采取不同

的方式进行机构调整和资源整合，以实现管理机构、交通规划、设施建设、运输管理的相对集中，从而形成决策、执行、管理与监督协调的交通行政管理运行机制。

（四）应用智能交通技术，提高交通管理水平

1. 智能交通系统

智能交通系统简称 ITS（Intelligent Transport System），是人们将先进的信息技术、数据通信传输技术、电子控制技术、传感器技术以及计算机处理技术等有效地综合运用于整个运输体系，从而建立起来的一种在大范围内、全方位发挥作用的实时、准确、高效的运输综合管理系统。其目的是使人、车、路密切配合，和谐统一，极大地提高交通运输效率，保障交通安全，改善环境质量和提高能源利用率。作为一种新型的交通运输系统，ITS 于 20 世纪 90 年代崛起，在日本、美国等西方发达国家取得了巨大的发展。

一般来讲，ITS 的功能很多，主要的功能有发挥先进的 GPS 导航系统作用、自动收费、协助安全行驶、交通管理优化、道路管理效率化、协助公交车辆运营、商用车效率化、协助行人、协助紧急车运营等。

2. 对我国 ITS 发展的建议

我国的 ITS 近年来蓬勃发展，在智能交通系统建设、智能运输系统建设等方面都取得了较大进展。但是 ITS 产业的发展必须充分考虑我国国情，必须与我国的社会需求水平、经济发展趋势、文化背景、地理环境特点、人口分布情况等因素相适应。我国各个城市的城市规模、经济发展水平都存在巨大的差异，因此不能一哄而上，搞一刀切。对于发展快的沿海大城市，可以在完善传统的交通指挥控制等基础设施建设的同时，采用国外 ITS 先进技术并发展和建设适合各地交通发展需求的 ITS 平台。对于大多数的中小城市，则要量力而行，开发和应用“适用技术”的交通系统。

由于 ITS 规模庞大，耗资巨大，仅靠一方的投资根本无法完成。因此，要建立多层次、多渠道的开发模式和投资方向，广泛吸收社会资金，实现以政府为主导，以企业为主体，联合科研院所共同研究开发的管理体制。在这一过程中，政府需要对 ITS 的开发实行标准化，对于基础性的、涉及公共利益的方面，国家可以制定行业标准和规范，统一规范 ITS 的发展。

本章小结

交通是城市流通的脉络。如何遵照交通的规则，适应日新月异的交通现状，合理妥善且有战略性地完成每个城市交通的宏观布局，促进城市的可持续发展，是城

市管理所需要解决的问题。应当从长远出发,把握实际,合理定位政府和交通管理部门在交通管理中所起的作用。同时,也应当有足够的耐心和信心,稳妥地发展城市交通,带动城市的文明与进步。

通过本章的学习,能够较为细致全面地把握城市交通问题的现状,了解此类问题出现的原因,从而能寻找到解决这些问题的基本途径。交通问题是一个不断发展变化的问题,对其处理的稳妥与否,关系到整个城市的发展。在城市治理过程中,要从宏观上合理地进行城市交通布局,战略性地建设和规范一系列交通准则和交通法规,从根本上解决城市交通问题,从而带动城市的进步与发展。

思考题

1. 城市交通包括哪些种类?
2. 城市交通管理系统由哪几部分组成?各部分之间有何关系?
3. 城市交通管理过程中应遵循哪些基本原则?
4. 我国城市交通目前存在哪些问题?
5. 城市交通问题反映出了哪些矛盾?
6. 城市交通管理应该具备哪些指导理念?
7. 对于政府来说,如何解决城市交通管理中出现的各种问题?

案例分析

谁抢了行人的"路权"?

行人行路有多难

斑马线:"安全线"成了"夺命线"

2006 年 6 月 14 日早上,重庆市一 6 岁女孩在过斑马线时被一辆公交车撞倒,汽车无情地从她的双腿上碾过。像这样的斑马线上的不幸每天都在发生。

很多行人都有这样的体会:行人信号灯明明是绿灯,走在斑马线上的行人却遭遇三股车流的夹击——两个右转加一个左转。行人被困在斑马线上进退不得,直到绿灯变红灯,行人也没能过得去,而此时两边绿灯放行的车辆又开过来。

以北京市为例,目前北京市拥有 10 000 多条斑马线,从 1997 年到 2002 年底,斑马线内就发生交通事故 117 起,仅死亡就有 55 人,受伤的人就更多了。

另据调查显示,有近八成的被访者认为,右转弯车辆抢道延误了行人正常通行的时间，客观上导致了行人闯红灯。

谁成了人行道上的“拦路虎”

我国的道路普遍存在机动车道宽，非机动车道和人行道窄的问题。而且由于机动车道的挤占使自行车道越来越窄，有的地方干脆把人行道跟非机动车道合并为一。不仅如此，像彩票亭、电话亭、邮筒等设施也都变成人行道上的“拦路虎”。

人行道建设不足，行人的交通安全就得不到保证。北京的人行天桥数量仅是东京的4.8%，地下人行道是东京的5%。专有人行道缺少，行人的交通安全没有保障。

行人行路难，责任在谁？

机动车驾驶员不守交法

中国拥有全世界1.9%的汽车，而引发的交通死亡事故却占了全球的15%，中国交通事故率是日本的100倍。2005年中国因道路交通事故丧生的人数接近10万人。从事故发生原因上分析，驾驶员违章占70%～80%，远远大于行人违章所占的15%。显见的事实是，中国道路上的交通事故应主要归咎为驾驶员的违章驾驶。

“抢道”是交通事故和拥堵的罪魁祸首。其实《中华人民共和国道路交通安全法》对“车让人”作了详细的规定。但中国的司机们有多少遵守了呢？青岛市在开展交通“三让”活动后，机动车礼让“斑马线”的比率从0.4%提高到近25%，也就是说，仍然有近75%的机动车驾驶员不遵守交通法规。

交管部门执法不严

《中华人民共和国道路交通安全法》对道路交通规则有十分详细的规定，交通管理部门依照法律对车辆行人进行管理，但交管部门在执法中对于车辆右转不避让行人这样的违犯交通法规的行为，往往是睁一只眼闭一只眼。虽然很多交叉路口都站有交警或协管员，但他们往往没有对右转抢道的车辆采取过什么强制措施，仿佛只要车不撞上行人，就不算违法，不用采取什么措施。

交通信号灯不够人性化

红黄绿三色信号灯，已经不能适应目前交通的需要了。随着机动车道的增多，路况更加复杂，交通信号灯也需要更加合理化。但至今全国各地的交通信号灯设置仍没有一个统一的规范。有的路口配有直行、左转、右转和调头指示灯，而有的则连左转指示灯都没有。

红绿灯间隔时间设计不合理也是造成行人乱穿马路难以解决的原因之一。有调查表明，中国人等待红灯的忍耐度平均是15秒，德国人是60秒，英国人是45秒，而上海各大路口为行人设置的红灯时间是64～126秒。

城市道路交通规划、建设落后

我国大部分城市自行车与机动车混行的道路交叉口处，行人与右转自行车、直行自行车与右转机动车之间都存在冲突点。中国城市道路大部分还是传统的"三块板"、"四块板"或机动车与自行车混合行驶的道路结构。

我国大城市中交通控制管理和交通安全管理的现代化设施很少。就北京与东京比较,两市都有一个交通管制中心,但北京交通控制中心控制的交叉口数只有东京的3%,每公里交通标志只有东京的15%。

还行人"路权",我们需要做什么?

树立规则:"行人先行"

按照"路权"优先的原则,谁享有"路权",谁就应当被礼让。走在"斑马线"上的行人是享有优先通行权的,因此,机动车必须礼让行人。斑马线上车流呼啸而过,是藐视行人的权力,是一种社会不平等的体现。

在我国,行人是交通事故中最主要的受害者。每死亡4个人中就有3个是交通弱者,司机的死亡率占13.4%,行人和骑自行车人占死亡人数的45%。而美国行人发生交通事故死亡率在公路交通事故年均死亡人数中仅占11%。

美国对行人路权的保护是值得借鉴的。美国有13个州的法律中规定:行人的路权总是高于机动车驾驶人,行人总是有优先路权,而不管行人是否违反交通规则。

提高交管水平,改善交通设施

美国运输部提出了降低公路交通事故死亡人数的最新目标,即2008年年底前,美国各地公路交通每1亿车辆英里交通事故死亡人数必须从现在的年均1.5人下降到1.0人。

为了配合美国运输部实现预定目标,美国联邦公路管理总署安全办公室出台措施,强化公路交通安全管理。修订联邦公路管理安全规划,把重点放在对公路交通事故的战略性管理上,如事故隐患的主动排查,恶性事故的准确预测和严防,公路交通风险隐患信息的收集,采取主动出击措施,把公路交通事故消灭在萌芽状态。

我国安监部门规划到2010年道路交通万车死亡率由2005年的7.6%下降到4.54%,要实现这个目标,我国的交管部门应该借鉴其他国家的管理方法,提高交通管理水平。

确保法律权威:违者严惩

规则的效用要发挥,必须有一定惩戒做保障。让机动车驾驶员认识到,在斑马线上抢道不仅是违法的,而且这种行为要受到法律的制裁。

法国汽车普及率很高,每年交通事故死亡人数却不足5 000人。这与法国对于交通违章的严厉惩罚有直接关系。在法国,超速50公里以上被视为犯罪行为,严重超速者将被判处3个月监禁及3 750欧元的罚款。

对比我们的法规:很多司机在穿越斑马线时,大多都超过了旁边限速牌上的速度,但是却没有受到任何惩罚。

道德的构架:关注弱者

如果认真分析我们的交通法规,就可以发现对车的尊重远大于对人的尊重。其实车与人的关系,说到底还是人与人的关系,本质上应该是平等的。但行人跟机动车相比,行人永远是弱者,保护弱者体现的是一种崇高的道德。一条斑马线,其实是一条“道德线”,是检验社会文明和道德水平的一个窗口。在倡导以人为本的社会中,车让人,行人优先正是我们国人所缺失的一种美德。

资料来源:根据腾讯网新闻说吧相关报道,有删改。

案例思考题:

1. 请结合案例谈一下为什么行人路权得不到保障,行人路权得不到保障的表现有哪些。

2. 通过对本章的学习,你认为怎样才能保障行人路权?

第十二章

城市环境管理

良好、和谐的城市环境是实现城市可持续发展的前提和基础。城市环境管理是现代城市管理的重要组成部分。

通过本章的学习，要重点了解城市环境的特点、城市环境问题的表现及其治理；掌握城市环境管理的基本概念、我国城市环境管理的基本体制和制度；在借鉴国外城市环境管理经验的基础上，对如何加强我国的城市环境管理、改进管理体制和制度进行深入思考。

第一节　城市环境与城市环境问题

城市是人类与环境在特定空间地域的有机结合和对立统一。人类通过自身活动影响和改造自然的程度、范围和能力，受到社会生产力发展水平、自然规律和城市自身发展规律的制约，遵循这些规律，人类与环境就能协调发展、相互促进，保持生态平衡。否则，两者就会发生矛盾和冲突，导致环境问题。

一、城市环境与城市发展

（一）城市环境的含义和特点

1. 城市环境的含义

城市环境，是指在城市区域范围内，影响城市人类活动的各种天然的和经过人工改造的外部因素的综合体，包括城市自然环境和人工环境，即阳光、大气、土壤、水、植被、动物、微生物、地形地貌、气候以及住宅、道路、管线、园林绿化设施和各种构筑物等。城市环境良性循环的基础是城市自然环境的生态平衡。城市的人工环境作为人类对城市自然因素加以改造的结果,是城市维持自身运转、改善生存状态、提高市民物质文化生活水平的必需。

2.城市环境的特点

现代城市环境与其他区域的环境相比,有着鲜明的特点。

(1)城市人工环境不断扩大。城市是人类居住最集中、活动最频繁的地方,因而城市也是人类对自然环境干预最强烈、人格化程度最高的地方。城市中除了最基本的地貌环境外,基本上都留下了人工的痕迹。人类为了维持生产、生活的正常进行,将自然环境中的水体、大气、土地等改造得面目全非。随着城市化的推进和人类在城市中生产活动的增加,城市中需要建设更多的生产、生活设施,从而导致了自然环境的后退和人工环境的不断扩大。城市生态系统的优劣,最终取决于人为的调控。

(2)城市环境是一个开放的不完全的生态系统。由于人类的活动强烈地改变着城市的自然条件,必然会对城市生态系统的某些环节造成破坏,再加上城市人口和工业生产高度集中,为保证城市的正常运转,人们必须从城市生态系统以外输入大量的生活资料和生产资料,同时又必须将大量的废物输出城市。城市环境显然不是一个完整的生态系统。

(3)城市自然环境要素的物理和化学性状发生变异。城市路面以硬化地面为主,改变了土地的物理性状,导致其蓄水功能大大减弱,加剧了城市内涝和地下水源补充不足的问题。由于有些城市因燃烧化学燃料而引起大气中二氧化硫等化学物质含量过高,导致正常的降水变成了“酸雨”,造成土壤酸化、病虫害盛行和对建筑物的腐蚀和破坏。城市建筑以水泥材料为主,植物种类和数量少,这是导致城市气候中“热岛效应”的主要原因之一。

(4)城市环境系统趋于脆弱。城市人口密集型居住、密集型活动,水和能源的集中供应以及垃圾集中清运等特征,导致了城市环境系统的脆弱化。城市系统中的某一部分、某一环节失效,或是比例的失调,都会给城市带来严重的后果。同时,随着城市的快速发展,许多城市的环境问题也有加剧的趋势,城市环境压力越来越大,环境系统愈加脆弱。

(二)城市环境对城市发展的重要作用

环境与发展是当今世界共同关注的焦点问题。一个城市环境的优劣,在很大程度上影响着城市的建设和发展进程,影响着城市形象和综合竞争力,事关城市的发展快慢和兴衰成败。环境在城市经济、社会发展中的地位越来越重要。

1.城市环境直接影响着市民的生活质量

作为城市居民生活的基本外部条件,城市环境直接影响着市民的生活质量。如果城市环境质量较差甚至恶劣,不但有损于市民的身体健康,而且会影响他们的精神状态和对城市的感情及信心，对城市发展十分不利；反之，洁净的空气、清洁的水源、干净的街道、充足的绿地、合理的建筑规划等，会给市民提供高质量的生活空间，使人身体健康，精神愉悦，热爱自己的城市，从而更好地为城市建设贡献力量。近年来，我国许多城市的环境得到很大改善和提高，相应地，市民的生活质量也得到了提高，精神状态大为改观，大大促进了城市的建设和发展。

2. 城市环境关系着城市形象

在当今的经济社会中，城市形象对于城市的发展和城市竞争力越来越重要。城市形象是社会公众、市民和游客对城市的整体印象和评价，是城市的内在素质和文化内涵在城市外部形态上的直观反映，是一个城市有别于其他城市的主要特性。城市形象有三个基本构成要素：城市视觉形象、城市行为形象和城市理念形象。[①] 而城市环境就是城市视觉形象及理念形象的一部分，是影响城市形象的一个最直接的因素，进而也会影响到城市对外吸引投资、人才以及旅游产业的发展等。

3. 城市环境是城市可持续发展的基础

1992 年，联合国环境与发展大会通过了《21 世纪议程》，把可持续发展确定为全球经济、社会发展的总方针。它要求当代人的发展活动必须与地球系统的环境承载力[②]相适合，在发展经济的同时，注意资源的合理利用和环境的保护，使环境承载力得以提高，至少不受到损害。城市历来是资源消耗的大户，也是污染的主要来源，而且，随着全球城市化进程的加快，城市将成为人类的主要居住地。如果城市不能实现可持续发展，那么整个人类社会的可持续发展将成为一句空话。城市的可持续发展要解决的问题是：在保证城市和城市体系经济效率及生活质量的前提下，合理利用能源和其他自然资源，最大限度地减少对环境的污染，使经济和社会系统始终处于良性循环。所以说，城市环境是城市可持续发展的基础。

二、城市环境问题

（一）城市环境问题的产生

环境问题的概念通常有广义与狭义之分。在广义上是指任何不利于人类生存和发展的环境结构和状态的变化。其产生的原因既包括人为方面的，也包括自然方面的。狭义的环境问题是指环境的结构与状态在人类社会经济活动的作用下所发生的不利于人类生存和发展的变化。即主要由于人类的生产生活即人为因素造成的对环境的污染和对生态的破坏，是由于人类不合理地使用自然资源，并排放大量

① 崔燕：城市形象研究综述，http://www.szwen.gov.cn/news/view.asp? position = 8480&gate = 7&T。

② 环境承载力（environmental bearing capacity）也称环境承受力、环境忍耐力，指某一环境状态和结构在不发生对人类生存发展有害变化的前提下，所能承受的人类社会作用在规模、强度和速度上的限值。在某种意义上，也是自然再生产能力的综合表示。

污染物,使环境的结构和功能发生变化,这些变化反过来又影响到人类的生存与发展。这里我们所讨论的城市环境问题是狭义上的概念。

现代城市的发展与工业化进程密切相连,而工业化进程则使得环境问题凸显出来,可以说,环境问题与现代城市的发展相伴相生。作为地球上人口和工业最集中的地区,城市环境与人们的生活与生产过程中出现各种矛盾和冲突也特别集中。在20世纪30年代到60年代,西方工业国家的城市环境问题达到极其严重的程度,环境公害事件连续不断发生。比利时马斯河谷烟雾事件、美国多诺拉烟雾事件、伦敦烟雾事件、洛杉矶光化学烟雾事件、日本四日市哮喘病事件等,就是由于工业、生活污染与城市自然环境相结合造成的,引起成千上万的市民生病或死亡。城市中各类污染、交通堵塞、街道拥挤、绿地面积减少、高楼林立、采光通风及互相影响等一系列问题,使得工业革命以来几乎所有的环境问题所产生的矛盾都集中、积累到城市。

(二)现代城市环境问题的主要表现——城市环境污染

城市环境污染是城市环境问题的主要表现形式,一般特指由于城市中人类的活动所产生的大量有害物质对城市生态环境的破坏,严重影响了环境的机能,超出了环境系统的自我净化、自我恢复能力,从而使城市的生态系统遭到扰乱和破坏。这些环境问题主要包括城市大气污染、水体污染、固体废弃物污染、噪声污染、光污染和辐射污染等。

现代城市环境污染具有范围广泛、内容全面、危害严重、治理困难等特点。范围广泛,是指城市环境污染遍及全球的城市,而且环境污染具有跨地域性,如酸雨、水域污染等。内容全面,是指城市生态环境中的大气、水域、土壤、植被、气候、声音等各个要素都不同程度地受到污染;同时许多现代技术和生产工具在使用过程中所带来的污染往往是多方面的,而不是单一的。危害严重,是指城市环境污染强度大、影响时间长、不易恢复,甚至可能会威胁到市民和城市本身的生存。治理困难,是指由于迅速发展的工业生产和规模巨大的城市消费,使很多新产品成为人们的日常用品,而后成为垃圾。但是由于这些产品很难自然降解,或者对城市自然环境要素会产生较为严重的污染和破坏,从而使它们成为层出不穷的污染源,治理起来十分困难,如“白色污染”、电器污染和电池污染等。

(三)城市环境问题的治理

城市环境问题的解决涉及城市规划与建设、旧城的改造、工业与经济发展的布局、河流与地下水的保护与整治,绿化及公园建设、交通及交通设施的发展与适度控制、空气与尘埃的治理、城市废水与生活垃圾的处理等一系列问题,忽视其中任何一个问题,都会引起灾难性的后果。因此,对城市环境问题需要采取“综合治理”的方针。城市环境综合治理是从整体出发对城市环境问题进行综合分析,在环境质量评价、制定环境质量标准、拟定城市环境规划的基础上,采取防、治结合,人工处理和自然净化结合等措施，以技术、经济、法律等手段，制定防治环境问题的最佳方案以及控制和改善环境质量的措施。

（四）中国城市环境保护面临的主要问题

2005 年 6 月，国家环保总局首次发布《中国的城市环境保护》，指出中国城市环境保护面临的如下主要问题。

1. 粗放型的经济增长方式和城市人口的不断增长加剧城市的环境压力

中国城市经济一直保持高速增长态势，并且长期以来延续的是一种“高投入、高消耗和高排放”的粗放型增长模式，城市化进程的加快，城市人口的增加，人民生活水平的提高和消费升级，都给原本趋紧的城市资源、环境供给带来更大的压力，一些城市污染物排放总量超过环境容量，保护和改善城市环境质量的任务十分艰巨。

2. 城市环境现状和改善的进度尚不能满足公众的要求

目前，影响中国城市空气质量的首要污染物是可吸入颗粒物，根据 2004 年 500 个“城考”城市的统计结果，有 290 个城市的环境空气质量达不到国家环境空气质量二级标准（居住区标准），有 119 个城市超过三级标准；有 50 个城市的水环境功能区水质达标率低于 50%，一部分城市的饮用水水源水质尚达不到标准；垃圾围城、机动车污染、噪声扰民、扬尘污染、油烟污染等环境问题，已成为城市居民环境投诉最多的问题，直接影响城市居民的生活质量。

3. 城市环境基础设施尚难支撑城市的可持续发展

中国城市环境基础设施建设相当薄弱。根据 2004 年“城考”的 500 个城市的统计结果，全国城市生活污水处理率平均仅为 32.33%，有 193 个城市的生活污水集中处理率为零；全国城市生活垃圾无害化处理率平均为 57.76%，有 160 个城市的生活垃圾无害化处理率为零；全国危险废物集中处理率（特指医疗垃圾集中处理率）平均为 60.44%，有 155 个城市的危险废物集中处理率为零。

4. 出现一系列新的环境问题

随着我国经济的发展，城市化水平的提高，出现了一系列新的环境问题。一是城市环境污染边缘化问题日益显现。城市周边地区的水体（包括地表水和地下水）、土壤、大气污染问题突出，影响了城市区域和城乡的协调发展。二是机动车污染问题严峻。中国已经成为世界汽车第四大生产国和第三大消费国，2004 年汽车保有量达到 2 742 万辆。三是城市生态失衡问题加重，出现“城市热岛”、“城市荒漠”等问题。城市自然生态系统退化，进一步降低了城市自然生态系统的环境承载力，加剧了环境资源供给和城市社会经济发展之间的矛盾。

第二节 城市环境管理与城市环境管理体制

面对日益严重和复杂的城市环境问题，城市政府必须加强城市环境管理和相关建设，灵活运用各种管理手段，并创新城市环境管理的体制。

一、城市环境管理的含义和模式

（一）城市环境管理的含义

城市环境管理，是指城市政府顺应经济规律和生态规律的要求，运用经济、行政、法律、科技、教育及大众传媒等手段，通过全面系统的规划，对城市中的各类组织和个人的社会活动进行监控调节，使城市的经济、社会活动与城市环境协调发展的一系列管理活动。

城市环境管理的实质是对人类的活动施加影响，使人类对环境资源进行合理的利用，以达到既使人类的一切基本需要得到满足，又不超过生态系统的容纳极限。也就是说，城市环境管理的核心问题是遵循生态规律和经济规律，正确处理城市发展与生态环境的关系，最终实现可持续发展。

（二）我国城市环境管理模式的演变①

1. 线性的城市环境管理模式

线性的城市环境管理模式，即市政府→环境保护机构→各污染源单位→各点污染源②的直线管理模式。这种城市环境管理模式，由市政府管辖的环境保护机构对所产生的污染源进行监督检查，责成污染源单位针对产生的污染进行及时的治理。我国20世纪70年代末80年代初采取这种模式。这种方式只适合于污染源相对简单、污染强度低、危害程度小且数量较少，城市环境问题不是很复杂的城市环境管理。其优点是治理结构简单，便于操作，在特定时期是十分有效的模式；缺点是目标单一，只针对于污染，缺乏预防机制，难以应对复杂的城市环境问题。

2. 预防治理型城市环境管理模式

预防治理型城市环境管理模式，即市政府→环境保护机构→老污染源单位和新污染源单位→老污染源和新污染源的管理模式。这一模式在继续对原有的老环境污染源进行治理的同时，加强了对新污染源的控制，对新污染源进行综合评价，提出

① 参见崔斌、佟仁城：《北京城市环境管理模式转变研究》，《管理评论》，2005年第4期。

② 点污染源指污染源单位的具体排污口中（排污地点）。

解决方案,力求从源头上预防并防止环境污染的发生。我国20世纪80年代以来主要采取这种模式。但随着市场经济的发展和城市规模的扩张,城市的生态环境变得越来越复杂,环境污染往往不是单一的点源污染,而是多因素的复合性污染,生产环节由链状变成网状,行业间、部门间乃至产品间的横向联系和共生关系加强,这使得单目标的决策管理方法已不能适应城市环境发展的需要。

3. 综合治理型城市环境管理模式

综合治理型城市环境管理模式,即城市环境保护机构、城市环境保护相关机构、城市资源环境委员会和非政府组织等共同参与城市环境管理的模式。这一模式强调城市生态环境的改善不仅仅是治理污染和控制污染源,更重要的是加强综合决策、综合协调、统一监管、制定和实施可持续发展战略的职能。在这一管理模式中,城市资源环境委员会是决策协调机构,由委员会来协调城市环境保护机构和城市环境保护相关机构,并最终进行综合决策;非政府组织强调了民间参与城市环境保护的机制,城市居民可以以社团的方式与委员会及有关机构对话,实现信息交流与反馈,参与城市环境决策与管理;各方的参与均作用于城市环境,城市的环境状况又为各方提供了最直接的信息,影响着各方的环境行为。这种模式应当是今后我国城市环境管理的主导模式。

二、城市环境管理的手段

(一)行政手段

城市环境管理的行政手段是指运用行政命令和直接控制手段,通过发布强制标准、禁令、许可证和配额等来管理城市环境。这种手段能够保证结果的确定性,因此,在传统的环境管理和市场不健全的国家城市环境管理中最为常见。

(二)市场手段

由于直接管制的行政手段不断暴露出成本高、效果有限等弊端,市场手段在城市环境管理中的运用越来越得到重视和推广。市场手段主要包括:减少或取消对能源、道路、水等的补贴,从而减少对资源的浪费性使用和对环境的过度损害;征收环境税,使得城市中生产或消费活动的外在损失内在化;收取城市资源环境的使用费,改善城市资源环境的维护水平;发行环保债券,筹集环保资金;明确城市资源环境的产权,保证以可持续的方式来开发和利用城市环境资源;让私营部门公平地参与城市环境基础设施的建设和运行,提高管理效率;建立可交易的许可证和排污权制度,鼓励对资源的有效使用等。

(三)规划手段

目前,世界各国的城市规划都变得越来越具有综合性,能够把城市生活的各种要素,如经济发展、交通、娱乐和能源消费等环境功能结为一体。同时,随着包括尖端地理信息系统在内的计算机技术的进步，规划人员搜集和筛选的资料数据都更为精确，能够更准确地指出各种城市发展政策对环境造成的不利或有利的影响。因此，城市规划能够帮助城市政府协调城市土地利用，促进土地利用合理化，实现城市环境质量的提高。①

（四）信息技术手段

环境管理的信息技术手段，是指运用不断发展进步的管理信息技术，对城市环境进行管理。例如，可以运用环境管理办公自动化系统、环境管理信息系统（MIS）、环境地理信息系统（GIS）等，对城市环境进行实时监测，为城市环境管理和决策提供及时、丰富和准确的环境信息，以便更好地进行环境管理。

（五）公众参与手段

城市环境与居民的生活息息相关，城市居民对于城市环境管理应有知情权、参与权和监督权。公众参与是加强和促进城市管理的重要手段。城市管理中的公众参与手段主要包括：建立环境信息公开制度，使环境信息透明化，保障公众的知情权；建立城市重大项目环境评估听证制度，促进环境决策民主化；建立环境管理举报等制度，保障公众的监督权等。

三、城市环境管理体制

城市环境管理体制是指城市环境管理的机构设置及其职能的划分。

（一）发达国家城市环境管理体制的特点

发达国家的城市环境管理体制虽然各不相同，但是总的来说有以下共同特点。

1. 设置专门机构进行环境管理和监督

城市政府设置专门的环境保护机构负责城市环境保护的行政管理，市立法机构负责城市环境保护的法规建设和监督。

2. 机构设置与职责配置法制化

各国均注重环境管理体制的立法，无论是机构的设置，还是职责的配置，均有详尽的成文法规定。这就尽可能地减少和消除了机构设置和职能配置的任意性和盲目性因素。

3. 注重咨询与协调机构的建设

发达国家大都比较注重城市环境管理咨询和协调机构的建设。各国之所以对咨询机构十分重视，与它们建立了较完善的公众参与制度以及对公众参与权的高度重视是分不开的。此类机构的建立，有助于实现与环保有关的各项决策与行动的公开性、民主性与科学性，真正调动民众参与环保工作的积极性和主动性。

---

① 参见 James C. Schwab：《运用规划手段改善城市环境》，《产业与环境》，2001 年第 1 ~ 2 期。

4. 实现流域水资源保护与水污染防治一体化管理

各国通常对水资源保护与水污染防治实行跨城市的统一管理，避免了流域水资源保护和水污染防治在区域上和工作上的条块分割。如美国的河流管理委员会、英国的十个水管局、法国的六大流域水管局等。

5. 坚持统管与分管相结合

各国基本上形成了统管部门与分管部门分工协作、齐抓共管环保工作的局面。例如，美国的城市环境管理不仅仅是由城市环保局来负责，其他各个部门在工作中都无一例外地对本部门工作中涉及环境的事负责。这就真正形成了各部门分工负责，环保部门统一监督管理的格局。

6. 机构的经营职能与行政职能相分离

将城市环境管理机构的行政职能与经营职能相分离，能够使相关机构更好地履行管理职责，促进城市环境管理工作的发展。

（二）我国的城市环境管理体制

1. 我国的城市环境管理机构

我国的环境管理实行的是统一管理与分级、分部门管理相结合的体制。国家的统管部门是国家环境保护总局；分级管理的机构是县级以上地方人民政府环境保护行政主管部门；分管部门是指依法分管某一类污染源防治或者某一类自然资源保护管理工作的部门。我国现已建立起由全国人民代表大会立法监督，各级政府负责实施，环境保护行政管理部门统一监督管理，各有关部门依照法律规定实施监督管理的环境管理体制。多数大中型企业也设有环境保护机构，负责本企业的污染防治以及推行清洁生产等。

我国城市政府的环境保护局及其下属各区、县级市的环保机构，是对城市环境保护工作统一实施监督管理的行政机关，也是城市环境保护法规的执法部门。市、区人民代表大会是城市环境管理的监督机构。此外，城市的一些其他机构，如公安、水利、林业、绿化、环卫等部门，也承担着一定的环境保护与管理的职能。

2. 我国城市环境管理行政机构的职责

根据《中华人民共和国环境保护法》及其他相关法律法规的规定，我国城市环境管理行政机构的职责主要包括以下几个方面。

（1）组织制定城市环境保护、管理的规划和计划以及进行环境统计和预测工作，拟定本市关于环境管理的方针政策和经济技术措施。

（2）执行国家环境保护的方针政策、法律法规、部门规章以及地方性法规和规章，并针对执行中存在的问题提出改善城市环境管理的对策和建议。

（3）确定环境污染总量控制的区域和指标，组织落实各级环境目标责任制，协调城市环境综合整治和定量考核工作。

(4)管理城市的环境监测网络,发布环境状况公报,协调环境污染纠纷。

(5)组织有关环境保护的科技攻关,大力促进环保产业的发展。

(三)我国城市环境管理体制的创新

根据实践的需要,借鉴发达国家的经验,我国目前的城市环境管理体制应在以下几个方面进行创新。

1. 管理主体方面的创新

从综合治理型的城市环境管理模式来看,在管理主体上,应该体现"综合"的特征,充分规范和发挥管理机构、协调机构、监督机构、非政府组织以及公众在城市环境管理中的作用。

(1)加强环境行政管理机构的权力。由于我国城市环保部门主要受本级市政府的领导,在人事任免、办公经费等诸多问题上受制于本级政府,导致环保部门的环境管理和环境执法经常受到干扰,严重影响了管理效果。因此,应当采取措施,理顺机制,加强城市环保部门的权力。

阅读拓展

环保局长为何顶不住?

2006年7月18日,河南省一位副省长到平顶山和南阳暗访省政府督办的高污染企业关停情况。面对已投资3亿多元、没经审批就开建的汝州氧化铝项目,该副省长痛斥说:"养猫不抓耗子,要这样的环保局长干啥!"监管不力,成了不抓"耗子"的"猫",这样的环保局长自然不能要了。撤掉一只不抓"耗子"的"猫"容易,但要让每只"猫"都抓"耗子",就不那么简单了。因此在撤"猫"之时还要思考:环保局长为何成了不抓"耗子"的"猫"?

国家环保总局局长周生贤曾说,由于地方环保部门实行双重领导、以地方为主的管理体制,环保局长的"乌纱帽"攥在地方领导手中,一些缺乏环境法治意识的领导,用"挪位置"、"摘帽子"等手段,直接干扰环境执法。"顶得住的站不住,站得住的顶不住",乃是今天一些地方环保局长的真实写照。

改变环保局长"顶得住的站不住,站得住的顶不住"的状况,要有制度层面的保证。这个制度保证,应从行政管理体制、政绩考核体系两方面双管齐下,使环保局长由"顶得住的站不住,站得住的顶不住"变成"顶不住的站不住,站得住的顶得住"。如果没有制度跟进,即使环保局长想"顶得住",但在其"顶住"之前,恐怕早就"站不住"了。

资料来源:奚旭初:《这"耗子"不好抓呀》,《华商报》,2006年7月21日(有删改)。

（2）注重咨询与协调机构的建设。环境管理咨询与协调机构的建立，将为市民提供参与城市环境管理的有效途径，大大调动市民的积极性和主动性，并能够加强城市环境保护各项决策与行动的公开性、民主性与科学性，减少环境纠纷，提高工作效率。而我国目前非常缺乏这样的机构。同时，还应建立渠道畅通的社会监督机制，充分发挥党内监督、政府系统内部层级监督、法律监督及舆论监督的作用。

（3）加强监督机构的作用。对城市环境管理工作的监督是环境管理工作顺利开展的重要保证。目前，我国城市环境管理的监督任务主要由市人民代表大会及其常务委员会来承担。近年来，在一些城市（如广州），人大的这种监督作用逐渐被重视，但是由于种种原因，其他大部分城市还存在监督不力、监督困难等问题，亟待加强。

（4）积极地引导公众参与。作为城市的主人，市民也应该是城市环境管理的主体之一。公众参与是城市环境管理的群众基础。因此，我国城市环境管理应该以法律和制度的形式引导公众参与，积极鼓励和扶持环境保护非政府组织在城市的活动，共同推进城市环境保护事业。

2. 管理客体方面的创新

（1）应特别注重城市规划中的环境管理。前面曾经谈到，城市规划是城市环境管理的重要手段之一。反过来说，城市环境管理也必须特别注重对城市规划的管理。因为城市规划决定着城市局部甚至整体的用地、建筑和设施的布局，而这些对于城市环境来说是至关重要的。目前，我国的城市规划对城市环境给予了越来越多的重视，但是仍有大量的城市存在不顾环境盲目规划的问题，给城市环境造成了不可挽回的损失。尤其是在城市更新和改造过程中，要特别注重城市规划的环境管理。

（2）及时把新出现的环境问题纳入管理范围。例如，近年来，城市蔓延[①]给环境造成了很大的压力，房地产开发、城市开发区建设、大学城、环城高速公路以及高尔夫球场等游乐场所的建设等，导致城市郊区地下水资源减少、能源浪费、占用大量的农用土地，也使得城市固体废弃物的处理成为一个严重的问题——城市蔓延使得远离城区的适合于选做垃圾处理、焚烧的场地越来越难找。这些都严重地威胁着城市环境。因此，城市环境管理应及时把新出现的环境问题纳入管理范围，以便早预防、早解决。

3. 管理手段和方式方面的创新

（1）切实加强环境管理法制建设。法律不健全和执法不严是我国目前城市环境保护中存在的严重问题，制约着环境管理政策和规定的实施效果。因此，在灵活运用行政、市场、规划等各种手段的同时，特别要注意完善城市规划建设、土地管理和环境保护的法律制度，并加强城市规划、土地管理和环境保护的执法力度。

（2）加强对城市领导者和市民的环境教育。从某种程度上说，一个城市的环境

① 指人口从城市中心向外部、向郊区迁移的过程。

优劣，关键在于城市领导者的环境素养和对环境保护的重视程度。而目前我国很多城市的领导者只是把环境保护当作工作中的点缀，或者干脆把环境政策边缘化，仍以传统的发展经济为全部己任。同时，市民的环境意识和环境道德的提高，对城市环境管理的促进作用也将是巨大的。因此，必须要加强环境保护的宣传和教育，切实把环境保护的基本国策落到城市建设的实处。

(3)加强跨城市环境管理合作。环境问题常常会突破城市的行政管辖区域，如果目前各城市之间在环境问题防治的区域和工作上的条块分割状况得不到改变，就不能取得预期的效果，反而会使大量的投入付之东流。因此，我国各城市应该在诸如流域污染管理等问题上进行跨城市合作。

第三节 城市环境管理制度

城市环境管理制度，是关于城市环境管理的一系列规范和约束规则的总称。我国城市环境管理制度的体系框架，产生于我国环境保护工作的初创时期，并于《中华人民共和国环境保护法(试行)》(1979 年)中确立的“老三项”制度(环境影响评价制度、“三同时”制度、排污收费制度)和 1989 年第三次环境保护大会出台的“新五项”制度[①](环境保护目标责任制度、城市综合整治定量考核制度、污染集中控制制度、排污申报登记与排污许可证制度、限期治理污染制度)组成的。

一、我国的城市环境管理制度

(一)环境影响评价制度

环境影响评价制度规定，所有建设项目在建设前要做出该项目可能对环境造成的影响的科学论证和评价，提出防治方案，编制环境影响报告书，从而避免盲目建设对环境的损害。我国自 1986 年起正式实施这一制度。从 1987 年起，我国大中型建设项目的环境影响报告制度执行率基本上达到 100%，有力地促进了我国环境保护实施的进程。

(二)“三同时”制度

“三同时”制度是指所有新建、改建、扩建的项目，其防治污染的设施须与主体工程同时设计、同时施工、同时投入运行的制度。1988 年，这一制度得以全面实行。“三同时”制度的实行，强化了建设项目的环境管理，有效地防止了新污染源的产生。但该制度在实际执行中仍然存在一些问题，主要是防治污染的设施与主体工程同时

① 目前普遍公认的是五项制度，但也有学者认为是六项制度，还包括企业升级环保审查制。

运行效率低下、实际调查的"三同时"执行率低于统计上的执行率,等等。

(三)排污收费制度

我国是世界上第一个在全国范围内对污水、废气、固体废物、噪声等各类污染因子实行排污收费制度的国家,实行强制征收原则。它主要包括按一定的标准收取排污费,企业按正常规定缴纳的排污费可以计入生产成本,收取的排污费专款专用,主要补助重点污染源治理等。

(四)环境保护目标责任制度

环境保护目标责任制度是对环境质量从定性管理向定量管理转化的重要制度,规定了地方各级人民政府和排放污染的企事业单位的负责人要对环境质量负责。其主要目的是明确一个区域、一个部门乃至一个企事业单位环境保护的主要责任者、责任目标和责任范围,使环境保护真正进入各级政府和企事业单位的议事日程,从而有效贯彻环境保护这一基本国策。环境保护目标责任制度具有明确的时间和空间界限,有数量化的环境质量目标和可分解的环境质量指标,有定量化的监测和控制手段,有配套的考核奖惩办法,从而具有明显的可操作性。这一制度的实施,促进了地方各部门及其责任者加强环境保护工作的积极性。

(五)城市环境综合整治定量考核制度

城市环境综合整治定量考核制度是指对城市环境质量、城市中有关环境保护的各项建设以及实施管理的具体情况和实行城市环境综合整治的成效等,制定量化指标进行考核并每年评定一次的制度。考核的内容涉及社会经济、环境质量、污染控制、环境建设和环境管理等共5个方面、20项指标。

(六)排污申报与排污许可证制度

排污许可证制度是我国防治老污染源的一项重要制度,它以改善环境质量为目标,以污染物总量控制为基础,规定排污单位可以排放哪些污染物、污染物的排放量和排放去向。这一制度主要包含了以下四个方面的内容。

1. 排污申报登记

所有排放污染物的单位都必须按规定向环保主管部门申报登记所拥有的污染物排放设施、污染物处理设施和正常作业条件下排放污染物的种类、数量及浓度等。

2. 确定本地区污染物总量控制目标和分配污染物总量削减指标

在根据本地的实际情况确定污染物的总量控制目标后,再由环境保护部门对申报单位的污染物排放量、排污方式、排放去向以及排放时间等做出明确的数量限制和规定。

3. 核发排污许可证

对符合条件的排污单位发放排污许可证。对达不到规定者,要求限期治理,削减排污量。

4. 排污许可证的监督检查和管理

实施排污许可证制度的关键是进行有效的监督管理，而这是通过建立排污许可证的复核、通报以及定期不定期的抽查，排污企业自检自查，奖惩等一系列管理制度来实现的。

（七）污染集中控制制度

污染集中控制制度的主要形式是把污染比较严重的企业，建设或迁移到同一地区，以利于集中防治污染、缩小危害的范围。具体形式有企业间污水联合处理，同类型污水集中处理，工厂污水预处理后再送城市污水处理厂，建设固体废弃物填埋场以及生活垃圾处理场等。其目的在于充分利用环境治理中的规模经济，降低污染治理的成本，从而使一定量的资金产生最大的环保效益。

（八）污染源限期治理制度

限期治理制度是以污染源调查为基础，以环境规划为依据，强制性地对污染危害严重的污染物、污染源、污染区域做出在限定的治理时间内完成限定的治理任务、并达到限定的治理效果的制度。环境污染限期治理是一种法律程序，不执行限期治理污染决定、不按期完成治理任务是违法行为，将受到法律的制裁。

阅读拓展

我国环境管理制度之间的关系

1. 层次关系。我国环境管理制度体系构成了三个层次的金字塔形。塔顶层：目标责任制。体现了我国国情和决策管理层的作用，尤其是负责人的作用。塔身层：由综合整治定量考核制度、集中控制制度与分散控制措施组成。它们体现了环境质量保护与改善的客观规律，即必须从综合战略、集中战略与策略、分散战略与策略（该分散的要适当分散，以利用环境容量）角度采取强有力的制度措施才能解决。塔底层：由环境影响评价制度、“三同时”制度、限期治理制度、排污许可证制度及排污收费制度等组成。它们体现了控制新、老污染源的两条技术路线。

2. 包含关系。集中控制制度与分散控制措施中就包含了环境影响评价制度、“三同时”制度、限期治理制度、排污许可证制度及排污收费制度；而综合整治制度中则包含了集中控制制度与分散控制相结合，也包含了塔底层的各单项制度。

3. 系统关系。基础层中各项制度体现了对新、老污染源的系统控制思想。环境影响评价制度是超前控制；“三同时”是生产前控制；限期治理是对老污染源的控制制度；排污许可证是生产后控制制度并与环境容量相结合的总量控制制度；排污收费也是生产后控制制度并与浓度标准相结合等。

资料来源:王健民:《试论中国环境管理制度体系框架》,http://www.zblw.com/lixue/huanjing/200411/3017.html,有删改。

二、我国城市环境管理制度的创新

我国现行的八项环境管理制度是我国环境保护工作方针、政策在实际操作上的集中体现,是经过长期实践证明的适应我国国情的行之有效的管理制度。因此,应通过进一步完善相关的法律法规,保证环境管理八项制度的权威性和可操作性,继续推行这些有效的制度。例如,要给污染源限期治理制度以更强有力的约束力;配合官员问责制的建设,把环境保护目标责任制落到实处等。与此同时,对那些不适应当前形势的部分,要及时废除或修改,同时对城市环境管理制度进行创新。

(一)环境管理制度要体现可持续发展的"综合决策"性质

现行的八项环境管理制度,虽然都和可持续发展息息相关,但是尚缺一条可持续发展的主线来明确贯穿全部环境管理制度,特别是可持续发展强调综合决策,强调突出经济、社会与环境之间的联系与协调,在现行的八项制度中尚缺乏实践操作上的依据。由于缺少"可持续发展综合决策制度",使得可持续发展所强调的"综合决策"难以制度化,使得可持续发展战略在部分领导心目中,因认识上的差异在实施过程中出现这样那样的偏差,使得可持续发展从战略上到行动上存在着一定距离。因此,今后环境管理制度要体现可持续发展的"综合决策"性质。

(二)调整和完善城市环境综合整治定量考核制度

近十几年来,由于"城市环境综合整治定量考核"制度的推行,环境建设、经济建设、城市建设被紧密结合起来,通过综合规划、合理布局、调整经济结构、治理污染源、控制污染物排放、加强市政公用设施建设等多种形式,保护和改善了城市环境,但其不足之处也渐渐显现出来。首先是市长对考核指标并不能直接负责。综合整治的重点一般都是要控制水体、大气、固体废弃物和噪声污染,虽然考核指标由市长签字负责,市长的责任工作却又不直接接触这些指标,于是又由各部门分管局长分别签字分担市长的责任。这样的层层负责实际上是间接负责,只能起到引起领导重视的作用,实际考核起来难度较大,也容易助长急功近利的短期行为。其次是考核指标的可比性较差,虽然考核指标已经进行了尽可能合理的量化,毕竟各城市的地理、气候、规模、背景都不同,用同一标准考核起来可比性较差。[①] 因此,需要对城市环境综合整治定量考核制度进行调整和完善。

---

① 段延寿:《关于可持续发展与现行环境管理制度的思考》,《环境保护》,1997年第7期。

（三）引进城市环境资源分配制度

政府有关职能部门应该结合城市社会、经济、环境的特点，引进城市环境资源分配制度。例如，现在许多城市纷纷提高水价，以求利用价格杠杆抑制浪费行为。但是水是必需品，其价格弹性并不大，所以从长远来看，通过提高水价抑制水资源浪费的效果不会持续太久，而且这项政策也有不利于社会公平之嫌。这就需要引入新的水资源分配制度。一个可行的选择便是“配额制”，即规定用水量的最高限额，限额之内收费以供水成本为标准，超出限额则提高水价，而且要非常的高。配额制已经在许多国家使用（如以色列对农业用水的分配），取得了很好的效果，我国也有城市已经进行了成功的实践。[①]

（四）推行排污产权交易制度

排污产权交易制度也称可交易许可证制度，是指政府通过无偿授予、公开出售等方式对排污权进行初始分配，拥有排污权的主体可将其排污指标全部或部分地转让给其他现在和将来的排污者，其他排污者支付相应费用的法律制度。排污产权交易制度，可以通过市场的调节来达到促使企业从自身利益出发减少污染物的排放，将“浓度控制”转为“总量控制”。发达国家的实践证明了该制度有借鉴和推广的价值。但是这一制度对市场完善程度要求较高，只有在经济市场化、信息较完备、产权明晰、管制制度及机构建设健全的条件下，排污许可证制度才能对厂商控制污染的行为产生正确的激励，从而有效地实现环境管制的目标。[②] 我国在某些地区实行了排污产权交易制度的试点，并取得了较好的效果。随着我国经济体制改革的不断深化，应适时推行排污产权交易制度。

（五）尽快实行城市生活垃圾分类回收制度和电子垃圾管理制度

城市垃圾的处理是城市环境管理中的重要内容，而生活垃圾分类是垃圾管理的重要步骤，垃圾的回收利用、发电、焚烧或掩埋，都应以垃圾分类为前提。在我国，垃圾分类已经提倡很多年了，但是绝大多数城市都只是把过去路边的一个垃圾箱换成了两个，单位和家庭的垃圾分类根本没有推广实行，很多城市的试点也以失败告终。这种状况与缺乏一个统一的、强有力的垃圾分类制度密切相关。因此，国家和城市应进行必要的立法或建立相关的规章，同时成立配套的垃圾分类处理企业和废品分类回收企业，坚持不懈地宣传推广，逐步实行城市生活垃圾分类制度。

在日益增加的城市垃圾中，废旧电器造成的电子垃圾也随着电器的更新换代和

---

① 2000 年夏季，山东省威海市迫于大旱采用了这一措施，该市规定人均用水限额为每月 $2m^3$，一旦超过限额，按 40 元/m^3 的价格收费。威海市掀起了一场前所未有的节水热潮。

② 于良春、黄进军：《环境管制目标与管制手段分析》，《理论学刊》，2005 年第 5 期。

使用量的增加而日益增加。因此,应建立电子垃圾管理制度,对电子垃圾进行专门和统一的管理。例如,可以建立电子产品的生产者负责回收的制度,或对生产者和消费者征收电子产品环境税,由国家委托专门的企业进行回收处理等。2006年8月,国家环保总局、科技部、信息产业部、商务部联合发布了《废弃家用电器与电子产品污染防治技术政策》,如果能够得到有效的实施,无疑将大大促进城市电子垃圾的管理。

第四节　城市市容及环境卫生管理

城市市容及环境卫生管理,是城市政府根据国家有关的法规政策,对城市的环境卫生和市容市貌进行检查、监督、协调,为全体市民创造一个优美、整洁、舒适的生活环境的过程。它是整个城市管理的一个重要组成部分。

一、城市市容管理

城市市容管理,是城市政府的有关部门对城市的建筑外貌、景观灯光、户外广告的整洁规范等依法进行管理的活动。城市市容是一个城市形象的直接体现,也是城市文明程度的重要标志,是市民生活环境的重要组成部分,市容管理在城市建设中居于重要地位。国务院于1992年颁布实施了《城市市容和环境卫生管理条例》,对城市市容管理做出了专门的规定。

(一)我国城市市容管理的机构

《城市市容和环境卫生管理条例》规定:“国务院城市建设行政主管部门主管全国城市市容和环境卫生工作。省、自治区人民政府城市建设行政主管部门负责本行政区域的城市市容和环境卫生管理工作。城市人民政府市容环境卫生行政主管部门负责本行政区域的城市市容和环境卫生管理工作。”在实践中,我国各城市市容管理机构的设置不尽相同。有些城市的市容管理机构为市政府工作部门,如呼和浩特市、徐州市①;有些城市的市容管理机构属于部门管理的事业单位,如济南市市容环境卫生管理局(由市建设委员会管理);有些城市没有专门的市容管理机构,而是由市建设委员会和城市管理行政执法局来共同管理;等等。

(二)城市市容管理的内容

城市市容管理的内容主要有以下几个方面。

第一,城市建设外观应当保持清洁、美观。一切单位或个人都应保持建筑物的整洁,建设户外建筑必须符合城市市容管理部门的规定。

① 挂徐州市城市管理行政执法局牌子。

第二，城市户外宣传设施，包括户外广告、标牌、橱窗、画廊等应当内容健康、外形美观，并要进行及时的维修或拆除。

第三，城市工程施工现场应当保持清洁。临街工地要设置护栏或围布遮挡，竣工后要予以及时清理。

第四，任何单位和个人不得在街道两侧和公共场地堆放物料、搭建建筑物。任何单位和个人不得在城市建筑物、市政设施及林木上随意刻画。

第五，建设临街绿色景观。城市主要街道两侧的建筑物前，应根据实际需要选用栅栏、绿篱或花坛、草坪等作为分界。

第六，在市区运行的交通工具应当保持外形完好整洁，货车车辆运输的液体或散装货物，要避免滴漏和洒落。

（三）我国市容管理中存在的主要问题

在我国，由于城市基础设施建设滞后，大部分中小城市经济发展水平不高以及市民的文明素质参差不齐等原因，城市市容管理管理中存在着许多问题，主要表现在以下三个方面。

1. 市容秩序混乱

市容秩序混乱一直是许多地方城市管理工作中的突出问题。屡禁不止的乱贴乱画和被称为“城市牛皮癣”的小广告，屡罚不绝、和城管人员搞游击战的乱摆摊点，屡教不改的占道维修，屡惩不断的乱停乱放，始终是城管工作中任务最重、管理成效最差的“老大难”问题，严重影响着城市的整体形象。

2. 城市容貌陈旧

由于对市容建设与管理的投入小，城市容貌变化跟不上时代发展。尤其是中小城市中，广告亮化设施建设滞后，绿化率较低，小区支巷、城区空地硬化率低，广告牌、店面招牌设置简单、粗劣，建筑物外观缺乏美感，这一切与城市建设的目标要求极不相称，严重影响了城市的形象。

3. 管理手段亟待改进

我国的大部分城市市容管理仍处于行政管理与依法管理并存、人治与法治相连、执法与抗法同在的复杂矛盾冲突中，城管执法对象与执法人员之间的对抗事件屡有发生，甚至发生执法对象为逃避处罚慌不择路而命丧车轮、执法人员的人身安全受到伤害的恶性事件，严重损害了市容管理机关的形象，更不利于市容管理走上科学、长效的管理轨道。

（四）加强和改进市容管理的对策

1. 制定科学的规划

以往的市容管理虽然有规范的工作计划，但重点是抓一些突出的问题，管理手段主要是依靠开展集中整治活动，结果是城市市容时好时坏，反反复复。因此，必须深入研究城市建设发展的整体布局,结合城市规划、建设的目标,将市容管理中一些科学的、长远的设想纳入整体规划目标,通过实施规划来保证城市基础设施的完整性、协调性,从源头上避免市容管理中常出现的“先乱后治”现象的发生。

2. 实行管理标准化

目前,国家在市容管理方面主要有两个标准:《城市容貌标准》和《全国卫生城市检查标准》。市容管理应该按照文件、结合各地的实际情况制定切实可行的管理目标,将市容管理项目细化,并将管理的标准作为“硬指标”,像经济建设项目一样统一纳入各地普遍采用的目标责任管理体系中,以取得实实在在的管理效果。

3. 走管理法制化的道路

只有走法制化的道路,市容管理才能规范、有效。一是要加强宣传和教育。通过各种方式,广泛宣传市容管理的规章、规定,让市容管理规定家喻户晓,人人自觉规范自己的行为。二是要强化执法力度。尤其对一些重点难点问题,依照有关的法律法规,加大处罚力度,使之不敢轻易触犯条例和规章。三是要规范管理。通过制定严格的管理制度,对违规违章行为进行约束,做到管有依据、罚有力度、惩有程序。

4. 采取立体化的管理方式

市容管理涉及城市生活的方方面面,与城市居民的各种行为有着密不可分的联系,因此必须采取立体化的管理。第一,对城区空间进行全方位管理。要对沿街店面、路面、桥面、建筑物立面等进行全方位管理,制止乱设广告、乱贴乱画、乱停乱放、乱摆摊点等行为的发生。第二,在时间上实行全程管理。要把握住阶段性、及时性、经常性三个环节,进行不间断的管理,避免在市容管理中出现时间上的空当。第三,实行规范的长效管理。要根据市容管理中动态性强的特点,在城区的主次干道两侧、窗口地段和公共场所实行严格的定人、定时、定岗、定责的“四定”管理,随时处置一些违规违法行为,促进人们逐步提高自觉维护正常市容秩序的意识。

5. 动员全体市民参与管理

实践证明,市容管理靠少数人不行,靠少数部门也不行,必须确立全员参与的管理思想。要通过爱城市、爱环境、讲文明的宣传,教育和动员广大城市居民参与市容管理活动,使市民群众自觉地维护城市的整洁,避免违规违章和“二次污染”行为的发生。还可以通过新闻媒体广泛宣传,逐步形成社会舆论压力的氛围,使人们遵守规章制度,自觉融入维护城市市容活动的行列。

二、城市园林绿化管理

城市园林绿地可以分为公共绿地、居住区绿地、专用绿地、交通绿地和生产防护绿地等,它们对于净化城市空气、减弱噪声、调节小气候、美化城市环境和市容、为市民提供休闲娱乐场所等都有十分重要的作用。城市园林绿化管理,是指为保护和美化城市环境，城市政府的相关行政主管部门依法对城市的各种绿地、林地、公园以及风景游览区和苗圃等的建设、养护和管理。我国城市园林绿化管理的机构是城市的园林绿化局、园林绿化管理局或园林管理处等，各城市的具体设置也不尽相同，有的是市政府直属机构，有的是由市建设委员会或市城市管理局管理的事业单位。

（一）城市园林绿化建设的原则

1. 注重科学选种和生态安全

在进行园林绿化建设时，首先，要对所选择的植物种类进行科学论证，使其和周围的植物"和平共处"，而不是"水火不容"，给城市造成经济和环境损失。[①] 其次，要注意用于绿化的植物的生态安全性，不能盲目引进，以免给城市造成生态灾难。[②] 最后，要考虑到当地的气候、水文、地质等自然条件的影响，考虑所选植物在本地的成活率和维护成本，如果考虑不周，不但达不到保护和美化环境的效果，反而会破坏环境的和谐，并造成资金的严重浪费。[③]

2. 因地制宜，表现特色

城市园林绿地的建设，不能千篇一律，不仅要考虑到与城市中其他建设项目的配套情况，更要在调查、分析本地区自然条件、城市风格、风土人情的基础上，进行多种可行性方案的设计，并从中选择最能表现本市特色的方案。

3. 量力而行，分步实施

城市园林绿化建设是一项投资巨大，劳动力花费和土地占用也都较大的系统工程。要在短时间内实现城市园林绿化的目标是不可能的。因此，城市园林绿地的建设应从投资较省的项目开始，逐步实现城市的普遍绿化。

4. 方便和丰富户外生活

园林绿化是城市户外生活的一个重要方面。公园是进行文化宣传、美学教育和娱乐休闲的场所，它对人们的精神生活具有潜移默化的作用，尤其是城市的普遍绿化，对市民的户外活动影响更大。园林绿地的设施和内容，要为提高市民的文化情操创造方便而有利的条件。

（二）城市园林绿化管理的内容

1. 园林绿化的规划管理

城市政府应当将城市绿化建设纳入国民经济和社会发展计划。城市政府应当

---

① 一些地方曾发生过用于公路绿化的植物影响到了路边农作物生长的事件。

② 如20世纪30年代中期作为观赏植物引进到上海、江苏一带的加拿大一枝黄花，因其很强的生长优势，排挤其他植物在该地区的生长，因此在上海蔓延后，在其后二三十年内已导致上海地区30多种本地植物物种的消失。

③ 如近年来许多大城市盲目移栽大树进城的现象。

组织绿化主管部门共同编制城市绿化规划。城市中的绿地、林地不得随意改变。如确需改变,应征得有关部门同意,并落实新的绿地规划。任何单位和个人都不得擅自改变城市规划绿地的用地性质或对规划用地加以破坏。

2. 园林绿化的建设管理

城市政府应在每年的城市建设资金中安排公共绿地建设的经费,并从城市维护事业费中核拨养护经费;城市政府应鼓励单位和个人投资、捐资兴建公共绿地;城市新建、扩建、改建工程项目和开发住宅区项目,一般要配套建设绿地。

3. 园林绿化的监督管理

城市保养公共绿地,须建立责任制,落实到组织和个人;城市中绿地、林木的迁移、砍伐或变更,除城镇居民在住宅院内自费种植的部分外,需要办理审批手续。

4. 园林绿化的产权管理

城市中任何单位和个人都不得擅自占用城市绿化用地,不得破坏城市绿化带和绿化设施,更不准将国有林木的所有权划给集体所有制单位和个人。

三、城市环境卫生管理

(一)城市环境卫生管理的机构和内容

城市环境卫生管理,是指在城市政府的领导下,相关行政主管部门遵循自然生态规律、客观经济规律和现代化城市建设与管理的要求,运用行政、法律、经济、技术等手段,对城市的空间环境卫生实行全方位的管理,维护城市环境的整洁,使城市环境卫生与城市的经济协调发展,不断满足城市人民对生活、工作环境质量的需要,保护人民的身体健康。

我国城市环境卫生管理的机构主要是城市市容环境卫生管理局、所或类似的机构。城市的环境卫生管理要符合《城市市容和环境卫生管理条例》的规定和国家颁布的城市环境卫生标准,具体而言,城市环境卫生管理的内容主要包括以下几个方面。

1. 环境卫生管理规划的制定和实施

城市环境卫生的行政主管部门应制定城市环境卫生事业发展规划,并将其纳入城市规划、城市经济和社会发展计划。

2. 城市环境卫生设施的管理

城市政府在进行新区开发和旧城改造时,应建设生活废弃物的清扫、收集、运输和处理等环卫设施。城市中任何单位或个人不得损坏和盗窃环境卫生公共设施;带有经营性公共场所性质的单位,应自行设置环境卫生公共设施,环卫部门应参与这类设施的规划、设计审核和竣工验收。

3. 环境卫生责任区划

城市的主要街道、广场和公共水域的环境卫生,要由环卫专门单位负责。居住区、街巷由街道办事处组织专人清扫。机关、团体、部队及其他企事业单位，应当按照环卫主管部门的要求组织专人清扫。

4. 环境卫生监督管理

城市环卫部门负责指导和监督各单位遵守环卫法规，履行环卫义务的情况。环卫部门的环境卫生监察队伍负责监督检查各单位责任范围内的环境卫生，有权对违反环卫法规的行为予以处罚。

（二）城市生活垃圾管理

在城市环境卫生管理中，生活垃圾管理是重中之重。随着经济的发展和城市化进程的加快，城市生活垃圾的总量不断增长，而且垃圾的构成日益复杂化。如果管理不当，将对环境造成巨大的且不可逆的损害，影响到城市的可持续发展。

1. 目前我国城市生活垃圾管理中存在的问题

（1）治理力度不足。在管理体制上，我国城市垃圾清运处置是由城建环卫部门主管，由于城市垃圾的日常收集、清运和处置的任务繁重，目前环卫部门对垃圾的管理仅是被动地清运、处置，对城市垃圾的削减、回收和再利用问题没有综合考虑。在法律上，我国已颁布的《城市市容和环境卫生管理条例》和《固体废物污染环境防治法》，对防治城市垃圾污染环境做出了全面规定，但是十几年来，其具体实施效果却差强人意。在宣传教育方面，许多城市做了很多工作，但是大都是阶段性的，而且由于缺乏配套措施，效果也不理想。在市民环境卫生意识较差的城市，各项管理规章、防治措施很难得到顺利实施。

（2）收运和处置方法不科学。目前，垃圾混合收集仍是各城市普遍采用的收运方式。城市生活垃圾混合收集，使大量有害物质，如干电池、废油等未经分类直接进入垃圾，增大了垃圾无害化处理的难度，造成严重的环境污染；同时降低了可用于堆肥的有机物资源化的价值，增加了利用垃圾发电等新技术的推广难度。在垃圾处置上，目前我国城市垃圾处理的最主要方式是填埋，约占全部处理量的70%以上，其次是高温堆肥，约占20%以上，焚烧量所占比例很小。全国垃圾无害化处理设施严重不足，只有少数城市建成达到或基本达到无害化处理标准的处理场。

（3）垃圾减量化、资源化管理没有得到应有的重视。我国人口众多，城市化速度又很快，因此控制垃圾增长、实现垃圾减量化是解决我国城市垃圾问题的起点和关键，而这一点却没有得到充分的重视。一次性产品的大量使用和产品过量包装等不仅增加垃圾产生量，同时也造成对资源的极大浪费，虽然采取了一些措施，但力度太小，效果不明显。有识之士早就指出，垃圾只是放错了地方的资源。要解决垃圾问题，根本的办法是将它们纳入物质循环。我国在垃圾回收再利用方面已进行了多年的努力，但是由于没有垃圾分类制度等配套制度，目前回收再利用率很低。

（4）资金不足，市场化程度低。随着垃圾产生量的增加和对环境保护要求的提高，需要政府投入越来越多的资金，一些城市往往由于财政资金不足而削弱对垃圾的管理。而由于大多数城市生活垃圾治理一直没有采取收费制度,使公众和企业袖手旁观,增加了垃圾治理难度。仅靠政府和环卫部门,很难完成垃圾处理这一庞大的工程,因此需要借助市场的力量。但是,目前我国垃圾处理的市场化程度还很低。

2.加强城市垃圾管理的措施

(1)建立、完善城市垃圾管理法规体系,增强其实用性和可操作性。要制定和完善城市垃圾管理的法规、条例和标准,使垃圾管理的有关部门能够依法加强管理,如制定《生活垃圾经营许可证管理规定》、《商品包装限量管理规定》、《塑料包装及一次性餐具管理规定》等法规和标准,建立垃圾处理分类回收制度,具体规范生产者、销售者和消费者的行为。

(2)引进市场机制,建立更多垃圾管理的资金来源途径和管理方式。例如,实行垃圾处置收费制度,增加垃圾管理资金,并促进市民重视垃圾污染和增强他们对垃圾管理的监督意识,推动垃圾的减量化和资源化。还可尝试采用保证金、费用分摊、包装规范、征收资源税或垃圾税以及制定产品管理制度等,规范生产者的行为。同时,吸引企业参与城市垃圾的清运与处理,加快城市垃圾处理企业化、市场化和产业化的进程。

(3)从源头抓起,最大限度地减少垃圾产生。城市应大力推广清洁生产和循环经济理念,结合节约型社会的建设,采取措施实现垃圾源头削减。例如,通过改变居民的燃料结构,提高民用燃气的使用比例,降低垃圾中的煤灰含量;提倡包装物和包装材料的回收和重复使用;应减少一次性商品的使用,对于必须使用一次性商品的行业,应通过经济手段等限制使用量,实行强制回收等。

本章小结

城市环境分为城市自然环境和人工环境。城市环境的主要特点是:人工环境不断扩大、是开放的不完全的生态系统、物理和化学性状发生变异、环境系统趋于脆弱等。它直接影响着市民的生活质量,关系着城市形象,是城市可持续发展的基础。环境问题与现代城市的发展相伴相生,主要表现是城市环境污染,需要采取"综合治理"的方针。

我国城市环境保护面临很多问题,需要城市政府加强城市环境管理,创新城市环境管理的体制和制度。

我国城市环境管理的模式经历了线性模式、预防治理型模式的演变,正在朝综合治理型模式发展。城市环境管理手段有行政手段、市场手段、规划手段、信息技术手段和公众参与手段等,应根据城市的具体情况和社会发展状况选择合适的模式和手段。

根据实践的需要,借鉴发达国家的经验,我国目前的城市环境管理体制应从管理主体、管理客体以及管理手段和方式等几个方面进行创新。

应通过进一步完善相关的法律法规,加大落实力度,保证我国现行的环境管理八项制度的权威性和可操作性。同时,对那些不适应当前形势的部分,要及时废除或修改,同时创新城市环境管理制度。

城市市容是一个城市形象的直接体现,也是城市文明程度的重要标志,是市民生活环境的重要组成部分,市容管理在城市建设中居于重要地位。在我国,由于城市基础设施建设滞后等原因,城市市容管理中存在着市容秩序混乱等许多问题,需要通过制定科学的规划等方法加以改进。城市园林绿化管理要遵循科学选种和生态安全,因地制宜、表现特色,量力而行、分步实施,方便和丰富户外生活的原则。在城市环境卫生管理中,垃圾管理应受到足够的重视,从建立、完善城市垃圾管理法规体系、引进市场机制、最大限度地减少垃圾产生等方面着手加强管理。

思考题

1. 城市环境有哪些特点?
2. 目前我国城市环境保护面临的主要问题是什么?
3. 简述我国城市环境管理的模式演变。
4. 城市环境管理的手段有哪些?
5. 发达国家的城市环境管理体制有哪些共同特点?
6. 联系实际谈谈我国城市环境管理体制应该如何创新。
7. 目前我国的城市环境管理的制度有哪些?你认为应该如何进行改革和创新?
8. 我国城市市容管理中存在的主要问题是什么?你认为应如何解决?
9. 城市园林绿化建设的原则是什么?
10. 联系实际,谈谈应如何加强我国的城市垃圾管理。

案例分析

日本和美国的垃圾分类和处理

在日本看垃圾分类

我居住的小区坐落在日本南部熊本市的一片坡地上,大部分住户是工薪阶层。小区内干净整洁,到处都是绿色的草地和植物,看不到裸露的土地。每月第一个周日的清早，是社区自定的卫生日。所有住户都要派出自家的一个代表打扫楼区卫生，或除草，或清扫，甚至连楼后的阴沟都要打开盖子冲刷一遍。如果哪家住户确实有事，不能参加劳动，事后他要交给楼长1 000日元，用于日后购买清扫工具。劳动的时候，许多家庭都是全家出动，带着自己的孩子们一起打扫卫生。

在我居住的住宅楼旁边，有一条小马路，马路的边上有一棵大槐树，树下就是指定的扔垃圾的地点。如果不指明这就是垃圾站的话，旁人根本不会感觉到它的存在，这里既闻不到垃圾的味道，也看不到垃圾的痕迹。因为，每周都会有一个住户，接到一个值日卡和一把钥匙，值日卡是通知轮到你家值班了，钥匙是用来打开垃圾站附近的公用水龙头，用以冲刷地面。每天清早，居民们将生活垃圾放在塑料袋里，系好袋口，放在大树下。清洁车运走后，地面上基本就没有什么东西了，即便偶有少量泄漏，也会有负责值班的住户立即打扫冲洗干净。因而，住宅小区里，没有专门的卫生清扫员，居民们每月的花销中，自然少了清扫费这一项开销。

每年的12月份，我和楼里的所有住户，都会收到一张来年的特殊“年历”：每月的日期都用黄、绿等不同的颜色来标注。在“年历”的下方注有说明：每一种颜色代表哪一天可以扔何种垃圾。“年历”上还配有各种垃圾的漫画，告诉人们不可回收的垃圾都包括哪些，可回收的垃圾都包括哪些，使人一目了然。有了这张“年历”，在这一年里，人们都要按照“年历”的规定来扔不同的垃圾。

虽然扔的是废旧物品，但人们仍然是经过认真处理后，按规定放在固定的地点。例如：扔报纸书本时，都将报纸书本捆得整整齐齐并码放好；把废旧电器的电线缠绕起来并固定在电器上再扔掉；仍然可以骑的旧自行车贴上一个小纸条，说明是自己不要的；即便是生活中的普通垃圾，如果有水分的要控干水分，再放到垃圾袋里；带刺或锋利的物品，要用纸包好再放到垃圾袋里；用过的带有压力的喷雾罐等，一定要扎一个孔，以防止出现爆炸事件……这样做的结果，使垃圾的种类不易混淆，回收工人的操作也更加便利、安全。为了方便垃圾回收人员的分拣，增加垃圾分类的透明度，日本政府还于20世纪90年代初期规定将垃圾袋全部改为白色透明的。

美国的垃圾分类和垃圾处理场

2000年3月22日，我们随一个访问团参观洛杉矶郊区的两座垃圾处理场。来到现场，外观完全像座公园，一座座山包，绿色覆盖，赏心悦目。进入垃圾处理场，才知道那一座座绿化的山包完全是由城市的生活垃圾一层一层堆起来的，山包被各种排水、排气管分割成一些方阵，那些排气管就是沼气管，可以用以照明。机械化的作业将垃圾分类处理，拌以泥土将它们深埋或焚烧处理。在填埋时他们加强垃圾渗沥水的收集和处理，采用复合型防渗系统，以防止污染周围的地下水和地表水；对填埋沼气进行导排或回收利用，以保障垃圾填埋场的安全、减轻大气污染并实现资源化利用等；限制进入垃圾填埋场的有机物含量，所以现场有检查分离出来的塑料制品。如果你不仔细观看根本不会知道这里是垃圾填埋场，我们在现场几乎闻不到什么气味,在这里工作的工人们享受着良好的工作环境。

在参观时我们获悉,美国加利福尼亚州目前在垃圾回收转化率上已接近50%的水平,其中旧金山市更已经达到68%。旧金山的目标是在2020年基本做到“零垃圾”。该市提倡市民在丢弃垃圾时首先将垃圾分类,按可循环类、肥料类和废物类分开放在三个不同颜色的垃圾筒内。为了推广垃圾分类,旧金山在加强宣传之外,采取了垃圾费区别收取的方法。普通垃圾费是按丢弃量计算的,如果居民按照垃圾分类丢弃垃圾,收取垃圾费时就可以按比例打折。以废弃物中的“泔脚肥料”为例,垃圾公司将饭店和居民家中的泔脚作为肥料类垃圾收集,再加工成有机肥料卖给农场。公司每天加工300吨有机肥料,每天就能有约30万美元的收入,以此填补垃圾处理费用;而提供分类垃圾的市民和商家因为能享受垃圾费打折的优惠,所以对此很有积极性。旧金山市很早以前就制定法规,房产商在拆除和开建一座建筑时,必须要签订垃圾处理责任书,同时缴纳一笔押金。房产商不仅要负责把建筑垃圾分类,还要运送到建筑垃圾处理场,并支付建筑垃圾处理费。只有将所有建筑垃圾按此方式处理完毕后,才能领回押金。垃圾处理场则将建筑垃圾中的金属、玻璃、木材等重新利用,混凝土则被碾碎后用于铺路基。

资料来源:1.《在日本看垃圾分类》,http://www.greengz.cn/library/library_details.asp? library_ID=4105,有删改。
2. 黄安年:《美国纪行——一个中国学者眼中的美国生活》,文化艺术出版社,2005年版,第56~58页,有删改。

案例思考题:

1. 美国和日本的城市垃圾分类和处理为什么能够取得好的效果?

2. 根据美、日两国的经验,结合我国实际,谈谈我国城市垃圾分类制度难以推广的原因和解决途径。

第十三章

城市公共安全管理

在城市发展之初，人类创造城市主要是基于安全的需要；在城市发展过程中，公共安全问题一直是城市中最为重要的问题之一。从古代的城墙到现代的城市灾害预警，从古代的护城河到现代的城市社会治安，都是为了让城市免受各种灾害和公共危机的干扰。随着城市的不断发展，城市公共安全问题越来越呈现出复杂化和综合化的特征。

本章首先从城市公共安全的概念、特征等几个方面进行了概述性说明，然后分别从城市灾害、城市人口与社会治安、城市公共危机管理等方面分析和论述了城市公共安全的相关内容。

第一节　城市公共安全概述

城市公共安全是指由城市的组成要素、社会价值、行为准则、社会秩序、公众利益之间相互制约、相互依赖构成的一种平衡协调、相对稳定的状态。城市公共安全管理是指城市公共安全管理主体对城市中的灾害问题、人口问题、治安问题、公共危机问题的预防、处理、解决及制度建设等，是保障城市发展和公众利益最基本的要求。

一、城市公共安全的特征

（一）复杂性与系统性并存

首先，城市公共安全包含多种内容，如城市中的地震、洪水、雷电、火灾、犯罪、疫病、污染等，都属于城市公共安全问题；其次，城市公共安全存在着一定的系统性，城市公共安全问题可以分为几个系统：城市灾害问题、城市人口问题、城市社会治安问题、城市公共危机问题等。在对城市公共安全进行管理时，应从城市公共安全的复杂性中抽象出其系统性的知识，以整体的、综合的、系统的态度来分析，从而更好地提升城市公共安全水平。

（二）传统性与时代性并存

在城市公共安全问题中，一方面，存在着传统性的问题，如地震、洪水、雷电、暴风、火灾、战争等，这些问题从城市发展之初就开始影响着城市的公共安全；另一方面，还存在着社会发展所带来的时代性问题，如高新技术在城市中的发展和运用给城市在网络、通信、电子等各个方面带来的安全隐患。在城市发展的过程中，要密切关注各种新出现的安全问题，对城市公共安全进行更新性的评测，保证城市公共安全。

（三）科学性与偶然性并存

在城市公共安全中，存在着科学性的知识规律，在保证城市公共安全中发挥着重要的作用。但是，城市公共安全中还有诸多的偶然性因素，例如，城市公共安全问题产生原因中的偶然因素，每一个灾害所带来的连带灾害也有一些是偶然的，这对城市公共安全提出了挑战，需要城市公共安全管理注重灵活性和反馈性，不断地在实践中提高科学性。

（四）分散性与集聚性并存

城市公共安全问题在发生之初呈现出分散性的特征，但是当问题进一步发展的时候，往往会给城市带来问题和危害的集聚。这就要求在对城市公共安全进行研究的过程中，一方面，要注重分散性的研究；另一方面，更要研究问题之间的关联性，以避免出现集聚性的后果。

（五）区域性与扩散性并存

城市公共安全问题常常是发生在单个城市或者城市的单个地区，表现出区域性的特征；但是由于现在城市联系的不断加强，使得现代城市中的公共安全问题往往会向外扩散，成为整个城市以及城市周围地区的安全问题。这就要求在对城市公共安全进行管理的时候要加强合作和交流，综合运用城市内部以及外部的力量来共同保障城市公共安全。

二、城市公共安全与城市发展的关系

（一）城市公共安全是城市发展的必然产物

城市是一个由诸多要素构成的复合体，一些要素，诸如水、电、燃气，是现代城市存在和发展所不可缺少的条件，但它们本身所具有的安全隐患也对城市安全造成了巨大的威胁。随着城市发展的加速，这些要素与城市发展及市民生活的关系越来越密切，其潜在规模亦愈大，程度亦愈深，城市公共安全的重要性越发重要。

（二）城市公共安全是城市发展的基础条件

首先，城市公共安全是城市形象的重要组成部分，城市形象又是城市发展的重要条件，影响到城市吸引投资、经济环境等；其次，城市公共安全为城市发展创造着环境和氛围；最后，城市公共安全状况影响着城市公众的心理状态，城市公共安全状况良好，有利于城市公众将更多的精力投入到城市建设中。

（三）城市公共安全有利于推动城市治理转变，促进城市的发展

城市公共安全水平的提高，首先，需要城市治理理念的转变。改变传统的经济发展观，在城市发展中树立科学发展观，这将在根本上促进城市的发展，提升城市的发展层次和水平。其次，需要在城市治理中改革现存城市政府部门之间的关系，特别需要强有力的指挥领导系统、合作良好的政府职能系统、全面的社会参与系统等，这些都要求城市政府管理部门进行变革。最后，还需要社会整体参与城市治理，这将加强各种组织以及社会公众的参与意识，促进城市的发展。

第二节　城市灾害

城市灾害是影响城市公共安全最广泛、最直接的因素，有些灾害在城市出现之前就存在，随着城市的出现和发展成为城市难以避免的影响因素，并且随着城市的发展，城市灾害产生了一些新的表现形态。城市灾害通常会给城市造成巨大的损失，但同时也给城市的发展带来一定的机遇，正所谓“祸兮福所依，福兮祸所伏”。

一、城市灾害概述

通常情况下，凡是危害人类生命财产和生存发展环境的各种现象和过程，都可以称之为灾害。灾害不是单纯的自然现象或者社会现象，而是自然要素与社会要素共同作用的结果，是自然系统与社会系统相互作用的产物。灾害在时间上和空间上都是显性的，并且灾害的发生会影响到一定地区或社会的大多数人，使社会在短时间内丧失正常协调运转的能力。

所谓城市灾害，就是指承载体为城市的灾害。具体地讲，是指由于各种自然因素和社会因素相互作用而产生，使得城市在一定时间和空间内丧失正常运转和协调的功能，影响到城市中人类生命财产和生存发展环境的各种现象和过程。

（一）城市灾害的类型

可以从产生原因和表现形态两个方面，将城市灾害分为自然灾害、人为自然灾害、自然人为灾害和人为灾害四种类型[1]，见表13－1。

表13－1　城市灾害的类型

产生原因 表现形态	自然因素	人为因素
自然形态	自然灾害	人为自然灾害
人为形态	自然人为灾害	人为灾害

自然灾害是指以自然因素为产生原因并且表现为自然形态的各种灾害，如地震、洪水、雷击灾害等。人为灾害是指以人为因素为产生原因并且表现为人为形态的各种灾害，如人为引起的火灾和交通事故。自然人为灾害是指以自然因素为产生原因，但是表现为人为形态的各种灾害，如太阳活动峰年发生的传染病大流行。人为自然灾害是指以人为因素为产生原因，但是表现为自然形态的各种灾害，如过量采伐森林引起的水土流失，过量开采地下水引起的地面沉陷等。

（二）城市灾害的特点

1. 城市灾害的阶段性

城市灾害的发展一般由原始阶段、预警阶段、爆发阶段、恢复阶段四个阶段构成。原始阶段是指没有灾害发生时，城市各个要素表现为正常状况的阶段；预警阶段是指在灾害发生之前，灾害表现出各种警告和威胁的阶段；爆发阶段是指在灾害发生时，灾害给城市的各种要素带来剧烈冲击的阶段；恢复阶段是指在灾害发生之后，对城市进行调整、反思和恢复城市新平衡的阶段。四个阶段在时间上呈现着先后顺序，构成循环的周期。

2. 城市灾害的联动性

各种城市灾害相互作用、相互联系，具有一定的联动性。一种灾害的发生，与城市要素之间产生相互作用，引起城市要素的变化，这些变化又成为另外一些灾害发生的导火索，从而使得城市灾害的范围和危害扩大。

3. 城市灾害的地区放大性

城市灾害的发生一般会局限在一定的区域内，但是随着城市联系的加强，城市灾害的地区性有放大的发展趋势。城市发生的灾害，很容易演变为一个地区的灾害，也很容易演变成全国甚至是全球的灾害。城市灾害的地区放大性还表现在：同一种类和强度的灾害，发生在城市特别是大中型城市，往往会比发生在乡村产生更

---

① 参见马德峰：《安全城市》，中国计划出版社，2005年版，第57～58页。

大的危害,如1976年唐山地震的损失与同年发生在川西北的强烈地震相比经济损失相差极大。

4. 城市灾害的危害性

首先,城市灾害会给社会公众的生命和财产带来危害,有的灾害会直接造成城市人口的减少;其次,城市灾害会对社会经济产生重大的危害,每一次灾害的发生都会带来巨大的经济损失;再次,城市灾害会对水电煤和交通等城市生命线工程产生巨大的危害;最后,城市灾害还会引起社会动荡不安,破坏社会正常的运行机制。

5. 城市灾害的机遇性

虽然城市灾害会带来各个方面的危害,但是城市灾害的发生也会给城市的发展带来一些机遇。第一,城市灾害的发生会给城市发展带来一定的教训和经验,在经历灾害打击之后的城市会对城市灾害产生更为清晰的认知,从而会建立起更加有效的城市灾害处理机制;第二,城市灾害的应对,会给城市运行机制带来新的理念和思路。

二、常见的城市灾害种类

(一)城市地震灾害

地震是人类社会面对的危害性最大的自然灾害。我国地处环太平洋地震带和欧亚板块地震带之间,特殊的地理位置和地质构造使我国成为世界上地震发生最频繁的国家之一,我国有60%的国土、一半以上的大中城市位于地震强度6级以上地区。2005年,我国境内共发生5级以上地震22次(内地地区发生13次,台湾地区发生9次),其中,6~7级地震4次,5~6级地震18次。2005年,地震灾害共造成我国内地地区约208.4万人受灾,受灾面积约15 039.7平方公里;死亡15人,重伤90人,轻伤777人;造成3 457 153平方米房屋毁坏,543 515平方米房屋严重破坏,9 916 280平方米房屋中等破坏,10 624 541平方米房屋轻微破坏;直接经济损失约26.3亿元。①

较大规模的地震一旦发生在城市及其附近,会对城市的建筑物以及人民的生命财产带来直接的破坏,同时,还会导致火灾、水灾、爆炸、毒气蔓延乃至瘟疫等相关灾害的发生,给城市造成巨大的损失,使城市的社会、经济功能陷入瘫痪,可以在短时间内毁灭整个城市。

对于城市地震灾害的防治,应坚持"测、报、防、抗、救、援"等环节的协调运作。对城市地震灾害的防治要将预"测"和预"报"作为工作的重点。对于地震灾害来说,根据科学规律,进行预测和预报,将会给城市防治地震灾害赢得时间,会极大地减少

① 资料来源:中国地震局震灾应急救援司,《2005年中国大陆地震灾害损失述评》。

损失。对城市地震灾害的防治还要加强预"防",从组织、人员、设施等各个环节加强地震防治的预防,加强对公民的地震常识教育,储备应对地震的设施和装备。当城市地震灾害不可避免地发生的时候,要以一种科学的、坚韧的态度来对"抗"地震灾害,并且要动员多方面的力量进行"救"助和"援"助,将地震灾害给城市带来的损失减少到最低点。

(二)城市洪水灾害

城市洪水灾害主要包括:暴雨洪水、山洪、融雪洪水、冰凌洪水、溃坝洪水等。我国幅员辽阔,除沙漠、戈壁和极端干旱区及高寒山区外,大约 2/3 的国土面积存在着不同类型和不同危害程度的洪水灾害。其中,我国的洪水灾害主要发生在长江、黄河、海河、淮河、松花江、辽河、珠江七大江河流域。我国大江大河的中下游地区有 800 多个县市处于洪水水位以下,占全国县市总数的 34%,这些地区有 5 亿多人口,工农业生产总值占全国的 60%。

城市洪水灾害对城市的破坏,主要包括房屋倒塌、人身伤亡、设备摧毁、企业停产、生命线设施破坏以及引起的次生灾害等。

城市洪水灾害的防治是一项系统化的工程,必须将江河流域规划和沿江海城市的规划结合起来,并且与城市性质、城市规模、城市水利工程、城市道路桥梁工程等建立联系。另外,对于城市洪水灾害的防治,一定要坚持非汛期防治和汛期防治两手抓。一方面,要在非汛期对城市的洪水抵抗能力、城市所面临的洪水灾害情况等进行科学正确的评估,对城市的洪水防治工程进行合理的修建和改造;另一方面,要在汛期加强对洪水的监控,根据实际情况做出合理的决策,以保证城市的安全,保护人民的生命和财产的安全。

(三)城市气象灾害

城市气象灾害的具体种类很多,主要包括暴雨、雷电、台风、干旱、高温、龙卷风、冰雪冻、大雾、海啸等。在我国,气象灾害年均造成的直接经济损失达 100 亿元,死亡人数在 5 000 ~ 10 000 人。气象灾害发生频度很高,在城市灾害损失中占到 70%。随着城市的不断发展,城市气象灾害现象日益严重。下面以城市雷电灾害和城市高温灾害为例进行分析。

城市雷电灾害常常会破坏电子、通信、信息、电力、建筑等系统;并且随着高技术的不断发展,微电子设备以及精密设备大量使用,而其耐受雷电的能力却非常脆弱,极易受到雷电危害。针对城市雷电灾害,首先,必须要有强烈的防雷意识,并且要掌握一定的防雷常识;其次,分析雷电灾害的主要受灾对象,如计算机网络系统、电力系统、通信系统等,根据其特点,合理地进行防雷规划。

城市高温灾害在近几年变得严重起来。平均温度升高,最高温度不断地被刷新,高温持续时间不断加长,这些会使城市的供电、供水系统长期超负荷运行,影响设备安全;另外,城市高温灾害也给市民的健康带来极大的威胁。城市高温灾害的成因比较多，如植被的破坏、人口的增加、车辆的增加等。作为城市来说，针对城市高温灾害，要加强对城市温度的监测，及时向社会公布温度情况，发布高温预警；此外，更应该加强城市环境的综合治理，从根本上解决城市高温灾害。

（四）城市地质灾害

我国山地、高原、丘陵面积占国土总面积的69%。在各种因素的影响下，每年都会产生大量山崩、滑坡、泥石流等地质灾害。目前，全国崩塌、滑坡、泥石流灾害点有40多万处。云贵陕川等省是滑坡多发地区，受泥石流威胁的城市有70多座。上海、天津、常州、无锡、宁波、北京、太原等城市，由于过量开采地下水，造成地面沉降。地下熔岩和采矿也可能造成城市地面的塌陷，危及地面建筑物和工程设备。①

对于城市地质灾害的防治，要坚持以防为主，对城市所面临的地质环境做长期、科学的预测和评估，根据预测和评估结果，警惕因为人类行为以及自然变化所产生的地质灾害，防范威胁城市安全的地质灾害。

（五）城市火灾

2005年，全国共发生火灾235 941起，死亡2 496人，受伤2 506人，直接财产损失13.6亿元（不含森林、草原、军队、矿井地下部分火灾）。绝大部分火灾是人为因素引起的，在公安消防部门调查的143 232起火灾中，除原因不明的外，有97.6%的火灾系生活用火不慎、违反电气安装使用规定、违章操作、吸烟、玩火和放火造成的。城市中存在着大量的火灾隐患。城市火灾的发生严重威胁到人身生命和财产的安全。

对于城市火灾的防治，应坚持“防患于未然”的原则，对城市中的建筑物、管道、线路等都要进行火灾评估，减少火灾的隐患。另外，还要加强防火相关常识的宣传和教育，在条件允许的情况下，进行火灾模拟演练，提高人们和城市抵抗火灾的能力；而在城市火灾发生的时候，要加强救灾反应的快速性，控制火灾的扩散。

（六）城市疫病灾害

近几年以来，随着SARS、禽流感等疾病的大面积流行，城市疫病灾害越来越被人们所重视。疫病灾害传播速度快、途径多、面积广，对人们的生命安全构成很大威胁。现在构成城市疫病灾害的主要有：鼠疫、艾滋病、疯牛病、狂犬病、口蹄疫、出血热、SARS、禽流感等。随着城市的不断发展，城市中联系日益密切，城市疫病灾害一旦发生，将会从各个方面对城市造成危害。

对于城市疫病灾害要采取积极主动的态度，加强监测和控制，对征兆性的现象做科学的分析，合理科学地发出预警，用科学的手段解决城市疫病灾害的威胁。另外，在防治城市疫病灾害的时候，特别要注意和公众的沟通，使公众对疫病的情况有

① 郭培章：《中国城市可持续发展研究》，经济科学出版社，2004年版，第188页。

充分的认识，以避免次生灾害的发生。

（七）城市高新技术灾害

高新技术的发展为城市的发展创造了条件，人们在享受高新技术带来的便捷时，往往会忽视高新技术造成的城市灾害隐患。高新技术在多个领域存在着隐患，例如，高新技术企业在运行过程中，产生的固体废弃物、废气、噪声等污染因素，破坏着城市的环境；人们在使用高新技术产品时，会遭受到不同程度的辐射、形成了诸多不良生活习惯等。

由于城市高新技术灾害的隐蔽性，对其防治应树立正确的态度。对于个人来讲，要重视高新技术产品带来的一些表现甚微的影响，这些影响在经过积累以后，就会形成对个人的危害；对于企业来讲，在生产高新技术产品的过程中，要注意到高新技术灾害的隐藏期，要对企业所排放的废物、废气等进行远期的评估，进行合理的整治。对于政府来讲，要对个人和企业的行为进行积极引导，加强对此类灾害的宣传力度，做好预防管理工作。

（八）城市环境及生态灾害

典型的城市环境及生态灾害主要有：城市酸雨灾害、城市烟雾灾害、城市水环境灾害、城市垃圾灾害、城市噪声灾害等。城市酸雨灾害会对城市的空气以及饮用水系统造成污染，从而危及人的生命安全。城市烟雾灾害是由于化学燃料的粉尘等空气污染物无法扩散，致使城市弥漫烟雾，从而危及人的生命安全。城市水环境灾害主要是城市的饮用水受到污染，从而引发慢性的或者急性的疾病，对人的生命产生威胁。城市垃圾灾害主要是指城市各种垃圾以及被其污染的环境要素对人类的生存环境和人身安全构成威胁，造成城市的巨大损失。城市噪声灾害是由城市中与环境不协调的声音所引起的，对人们的工作、休息、学习、生活等会产生不良的影响，甚至会危害人的身体健康。

对于城市环境及生态灾害的防治，应树立整体、系统、发展的观念，将城市的发展要素以及人类生存的要素作为整体来看待，将眼前的发展情况和城市的未来发展联系起来，防止孤立地、静止地对待城市发展。在此基础上，加强对城市环境和生态系统的改造，促进城市的协调综合发展。

（九）城市交通事故灾害

城市的交通道路系统是将城市各个部分联系在一起的重要骨架，承担着交通运输、排除雨水、沿路铺设管线的功能，对城市的通风、日照、环境、防震、抗灾有着重要影响。现在摆在城市面前的交通困扰主要是：交通堵塞、交通事故率高、交通设施规划不到位等，其中交通事故所造成的危害最为严重。

城市要防治交通事故所引起的灾害，首先要从交通规划上入手，应树立合理的交通规划理念，以交通线为依托，在合适的发展地带实现城市的多中心发展；其次要制定合理的交通管理方案，如大力地发展公共交通事业，限制政府用车，加强对行人的管理等。

（十）城市化学灾害

城市的正常运行和市民的正常生活离不开必需的化学品，但是化学品由于繁多的种类以及高度的危险性，使其成为城市安全的重大隐患。

对于城市化学灾害的整治，要从源头上加强对危险化学品的安全监管，科学地建立和完善危险化学品的各级各类安全监管制度，努力建立危险化学品安全监管体系。要实现对化学品的申报制度以及化学品的产品责任制；鼓励采用更加安全的化学品替代危险性较大的化学品。

第三节　城市人口与社会治安

城市人口是由居住在一定地域内的人所组成的，城市人口是城市的主体，城市人口的数量和质量影响着城市的发展。城市人口的稳定直接关系到城市的公共安全，对城市人口进行管理是保障城市公共安全的重要内容。城市是经济、政治、文化相结合的综合体，在这一综合体内，各种利益相互交错，相互斗争，产生了诸多的矛盾和不稳定因素。特别是近年以来，城市的快速发展使得城市中的利益调整变得更加频繁，这些使得城市成为社会治安问题的高发区，威胁着城市公共安全。

一、城市人口管理

城市人口，从广义上讲，泛指居住在城市地区的人口，与其相对应的概念是乡村人口（居住在乡村的人口），两者共同构成一个国家或者地区的人口。从狭义上讲，城市人口是指居住在城市地区并持有城市户口的人口。本节采用广义上的定义，即城市人口包括城市常住人口和城市流动人口。城市人口是城市的重要组成部分，是城市各种经济、社会活动的主体。城市人口与城市公共安全有着密切的关系，加强城市人口管理，是提高城市公共安全的重要内容。

（一）城市人口的数量管理

城市化的发展，不仅表现为新兴城市数量的大量增加，而且表现为城市人口数量的剧增。随着城市的不断发展，我国城市人口的总量逐年递增，据国家统计局2006年2月发布的《中华人民共和国2005年国民经济和社会发展统计公报》的统计，2005年末全国总人口为130 756万人，其中城镇人口为56 212万人，占总人口的43.0%。

在我国，计划生育的基本国策要求有效控制人口的自然增长。目前，我国各个城市均设有人口与计划生育的管理部门——市计划生育委员会及其所属区县的计划生育委员会和街道办事处的计划生育办公室，负责对城市人口和计划生育的管理。其工作主要包括：广泛开展深入持久的计划生育宣传工作，使计划生育观念深入人心；制定和实施人口计划生育计划；与城市医药卫生部门相配合，做好计划生育的卫生保健服务和技术服务；运用经济和社会福利手段，奖励执行计划生育政策者，处罚不执行计划生育政策者等。

另外，对城市人口数量的管理，不仅仅是对城市人口数量绝对值的管理，还应该包括对城市人口数量结构的管理，如城市人口性别比例，城市人口年龄比例、城市人口分布比例、城市人口职业结构比例等。

（二）城市人口的质量管理

城市人口的质量主要包括城市人口的身体素质、科学文化素质和思想道德素质等。相对于城市人口数量来说，城市人口质量对城市的意义更加深远，要促进城市健康持久地发展，必须要将城市人口质量的提高作为城市发展的战略性工作来对待。

第一，坚持城市人口的优生优育。按照国家关于婚姻的相关法律、法规、政策，加强婚前、产前检查，禁止有遗传病史、直系血亲关系以及其他有严重遗传疾病的人结婚。另外，要加强对新生儿的保健、管理工作。

第二，建立城市综合、科学的教育体系。城市的发展离不开高素质的人才，人才的培养离不开教育，城市必须注重对教育体系的建构。一方面，建立综合的教育体系，学前教育、九年义务教育、高等教育、职业教育、终身教育等都应该成为城市教育体系的重要组成部分，并且要多渠道办学，促进教育的大众化；另一方面，要建立科学的教育体系，教育要尊重科学，尊重规律，实现教育的科学化，培养真正高素质的人才。

（三）城市常住人口管理

城市常住人口是指拥有城市户籍的城市人口。城市常住人口构成了城市人口的主体，对城市常住人口的管理主要是户政管理。我国已经逐步形成了一整套比较完整、统一的城市户政管理制度。相关户政管理的法律法规对于加强城市常住人口管理，维护社会治安，促进城市发展都发挥着重要的作用。现阶段，我国负责城市常住人口管理的机构是城市公安局或公安分局的派出所，其工作主要包括以下几方面。

第一，户口登记。实行常住、暂住、出生、死亡、迁出、迁入、变更更正七项登记制度。户口登记是户政管理工作的基础，也是户政管理工作最基本的原始凭证。

第二，户口迁移。遵照国家相关的政策和制度，保障广大居民的正当迁移，凡符合政策的准予迁移，凭证落户。

第三，建立人口卡片。在户口登记的基础上，户口登记机关以人为单位，建立人口卡片，以便于管理和查找。

第四，居民身份证管理。由公安机关统一印制、颁发和管理居民身份证，凡年满16周岁的中华人民共和国公民均有权办理居民身份证。

第五,人口统计。城市户口管理部门应在户口登记和资料调查的基础上,对城市人口进行统计,逐级汇总上报,并向相关部门提供人口统计资料。

（四）城市流动人口管理

城市流动人口,是指没有城市常住户口而暂住或者暂时停留在城市的人口。城市的发展,特别是市场经济的发展,加快了城市人口的流动。城市人口的流动,解决了城市发展所需的劳动力短缺问题,扩大了城市的消费市场,推动了城市建设与发展。然而,城市流动人口的不断增加也给城市管理带来了许多问题,为城市公共安全埋下了隐患。对城市流动人口的管理,应该主要从下面几个方面着手。

第一,加强对城市流动人口的宏观控制。城市流动人口的数量和质量应该与城市的发展状况相适应,城市管理部门应该根据经济和社会发展状况,对城市流动人口从宏观上进行控制,根据需要进行合理的调节。

第二,加强对城市流动人口的服务。城市管理部门应在社会保障、教育、法律支持、医疗、养老等各个方面加强服务,为城市流动人口解决后顾之忧,保障城市流动人口的权益。

第三,加强引导,实现城市流动人口的自我管理。对城市流动人口的传统管理方式过于注重“防”和“堵”,由于城市流动人口数量以及问题的增加,传统的管理方式已经不适应现在的情况。现在对城市流动人口的管理应该因势利导,加强宣传和教育,提高城市流动人口的综合素质,以社区管理等方式实现城市流动人口的自我管理。

（五）城市人口管理制度的改革

1978 年开始的改革开放使我国进入了快速发展时期,将近 30 年过去了,经济得到了迅速发展,城市也相应地得到了发展。但是,我国的城市人口管理制度却停滞不前,没有根据经济和社会发展的新形势进行相应的改革和调整。现有的户籍制度,将全国人口分为农业和非农业户口,这使得现在的城市人口管理工作将重点放在户口管理上,限制农村人口向城市转移,限制中小城市人口向大城市转移,限制内地人口向沿海城市转移,努力控制城市户口特别是大中城市的人口增长,这严重阻碍了市场经济的发展,也严重影响了城市的发展。因此,应该根据经济和社会发展的状况,对城市人口管理制度进行相应的改革。

第一,我国城市人口管理制度改革的重心应该放在户籍制度改革上,取消农业户口和非农业户口的差别,实行全国统一性质的户口管理制度,为城乡的统一发展消除最大的障碍,也为城市的发展创造良好的环境。

第二,针对不同城市的规模,实行大城市控制、中小城市放宽、小城镇全面放开的城市人口管理制度,保证城市人口规模与城市发展相适应。

第三,为了配合城市各项管理事业的进行,应该实行以公民住房、职业和收入来源等为户口标准与政策控制相结合的人口管理制度。

第四,城市人口管理制度应该根据出现的新问题进行创新。如面对流动人口增多的问题,可以建立以常住户口、暂住户口、寄住户口为基础的户口登记制度。

二、城市社会治安

现代意义的社会治安,是指国家通过法律法规和运用警察职能以及治安行政管理手段所建立起来的稳定安宁的社会秩序。而城市社会治安管理就是指城市政府及其公安职能部门依照法律法规,打击城市中各种违法犯罪行为,建立城市治安秩序,维护城市公共安全的一系列活动。其目的是为了保护城市公民、法人和各类合法组织的合法权益,保障城市健康、稳定、快速地发展。

(一)城市社会治安的内容

由于城市情况的复杂性,城市社会治安也包括诸多的内容,根据2006年3月1日开始执行的《中华人民共和国治安管理处罚法》的规定,违反治安管理的行为主要包括:扰乱公共秩序的行为,妨害公共安全的行为,侵犯人身权利、财产权利的行为,妨害社会管理的行为。这也就决定了城市社会治安的内容应该包括:第一,维护城市公共秩序;第二,保障城市公共安全;第三,保护城市公民的人身权利和财产权利;第四,保证城市的社会管理。

(二)城市社会治安的管理机构及其职责

承担城市社会治安管理的机构包括城市政府的公安机关,以及其他承担城市社会治安管理的组织,如社区的治安联防组织、各种保安服务公司和各企事业单位内部的保卫部门等。

公安机关是城市社会治安管理的最主要的组织,城市公安机关是由市公安局、公安分局和派出所三部分组成,其在城市社会治安管理方面主要的职责包括以下几方面。

第一,贯彻执行党和国家有关公安工作的方针政策和法律法规,研究拟定城市公安工作的政策法规和规范性文件,并组织实施。

第二,掌握和控制危害国内安全与影响城市社会稳定的情报和动态,分析研究治安形势和刑事犯罪特点,制定预防、打击对策和措施。

第三,组织指导案件的侦破工作;侦破危害城市安全的案件以及重大经济犯罪和其他严重刑事犯罪案件;组织指挥跨县(市)、区以上重特大系列案件的侦破和全市性集中打击、搜捕、堵截等统一行动。

第四,指导、监督下级公安机关依法查处危害社会治安秩序行为和社会丑恶现象;依法管理户籍、居民身份证、枪支弹药、危险物品和特种行业等工作;组织指挥处置重大骚乱、重大群体性闹事、非法游行、非法聚集等影响社会稳定的非法活动和重大治安事故;查处重大治安案件。

第五,依法监督机关、团体、企事业单位和重点建设工程的治安保卫工作以及群众性治安保卫组织建设和治安防范工作。

第六，组织实施对公共信息网络和国际互联网的安全监察工作。

城市社会治安的基础组织，如社区的治安联防组织，是在社区居委会领导下的基层群众性自治组织，担负着维护居民区内社会治安的工作。

城市社会治安的辅助组织，主要包括各种保安服务公司和各企事业单位的保卫部门。保安服务公司是经济上自负盈亏的、营利性的、保卫安全的服务性组织，它通过向居民提供保安服务获得经济利益；各企事业单位的保卫部门在治安管理方面是公安部门派出的代表机关，执行一定的治安管理职责，主要是做好本单位的社会治安工作。

（三）当前城市社会治安状况分析

改革开放以来，随着经济的不断发展，城市在经济、文化、体育等各个方面都得到了极大的发展，人民的生活水平也得到了提高，人民安居乐业，城市社会治安状况良好，城市社会秩序稳定。但不容忽视的是，我国正处在建国以后的第五次犯罪高峰，这次高峰始于20世纪90年代，20世纪90年代中期发案率是80年代前半期的8倍，而且至今一直居高不下。[①] 目前城市社会治安出现了一些新的特点：犯罪手段日趋多样化，犯罪性质越来越恶劣，犯罪危害性大；特大恶性事件数量呈上升趋势，杀人、抢劫、爆炸、绑架、投毒等案件时有发生；带有黑社会性质的集团犯罪出现并且产生了恶劣的影响；青少年犯罪情况更加突出，犯罪人员低龄化趋势越来越明显；群体犯罪事件明显增多，并且带来严重的危害；流动人口犯罪突出，并且对其进行防治的难度比较大。

（四）城市社会治安综合治理

所谓城市社会治安综合治理，就是指在城市各级党委和政府的领导下，组织城市各方面的力量，实行专门工作和群众路线相结合，各司其职，通力合作，运用政治、经济、行政、法律、思想、文化、教育等各种手段，综合管理城市社会治安，建立良好的城市社会秩序，保障城市居民生活、经济发展和社会进步。

1. 城市社会治安治理目标：治标与治本兼顾

城市社会治安综合治理的目标包括治本和治标两个方面，治本就是对城市社会治安进行全面的、根本性的解决；治标，是指对城市社会治安表面问题的解决。

治本和治标两者相辅相成、缺一不可。基于治本的管理是从全面综合的角度对城市社会治安问题进行统筹管理，从根本上提高城市社会治安状况，但是其见效比较慢，发挥作用的周期时间比较长；而基于治标的管理可以迅速地提高城市社会治安水平，能够在短期之内解决某一类社会治安问题，但是其最大的缺点是缺少长效性，无法从根本上解决社会治安问题。

因此，对于城市社会治安管理来讲，必须要将治本和治标结合起来。为达到治

① 马德峰：《安全城市》，中国计划出版社，2005年版，第107页。

本的目标,应该更加注重宣传和教育,提高城市市民的道德素质和社会治安意识;为达到治标的目标,应该更加注重对各类社会治安问题的监测和治理,坚持平时治理和集中治理相结合的方式,解决城市社会治安的实际问题,提高城市的社会治安水平。

2. 城市社会治安治理主体:多类治理主体相协调

(1)实现和坚持城市公安机关的领导和指导。城市公安机关无疑是多类社会治安组织中最重要的主体。城市公安机关可以根据国家的相关法律法规对城市的社会治安进行统筹,根据城市的实际情况,制定相应的地方治安条例,指导和监督城市范围内的各类社会治安组织的活动。

(2)发挥城市社会治安各类组织的积极性。在社区中发挥社区治安组织的积极性,在企事业单位中发挥单位保卫部门的积极性,在社会中发挥保安服务公司的积极性,将各个主体有机地结合在一起,提升社会治安的水平。

3. 城市社会治安治理内容:全方位、多层次综合治理

城市社会治安综合治理包括“打击、防范、教育、管理、建设、改造”六个方面的内容。

打击:依法打击各类犯罪活动和犯罪分子,任何涉及城市公民人身和财产权利的犯罪活动,都应该依照法律的规定,由城市相关部门进行处理。

防范:通过调解防止城市中的民事纠纷激化;通过治安联防实行城市中社会区域防范;搞好内部安全防范,在企事业单位推行治安防范责任制等。

教育:进行文化教育、思想道德教育和法制教育。以正确的思想道德意识来引导城市公民,以科学的法制知识来教育城市公民。

管理:对特定物品、特定场所、特定行业,根据其自身特点进行管理控制。

建设:设立机构,配备专业人员,完善组织体系;进行多种制度的建设和完善,提高工作效率;加强人力、物力、财力等方面的投入。

改造:实现对犯罪分子的改造,转变其错误的思想,树立正确的道德观念,使其成为遵纪守法的好市民。

4. 城市社会治安治理手段:各种工具和途径整合

对城市社会治安进行综合治理,应该综合运用多种手段,主要包括政治、经济、行政、法律、思想、文化、教育等手段,实现多种手段的有机结合,提升城市社会治安的治理水平。

第四节　城市公共危机管理

城市的正常状态表现为正常的社会价值、行为准则、社会秩序以及公众利益,但是由于城市中诸多不稳定因素的存在,极容易导致城市进入公共危机的非正常状

态。城市公共危机会给城市发展和市民利益带来极大的损失和破坏。对城市公共危机的管理需要建立针对城市公共危机特点的组织系统、社会参与系统、管理过程系统以及长效机制。

一、城市公共危机

危机一词,源于医学用语,后来被广泛用于多种领域,常常指代各种各样的人为或自然的突发事件。在管理领域中,危机是指一种非正常的情境状态,对管理主体的价值、目标、利益产生了威胁,但是对于管理主体来说,还存在着摆脱威胁甚至是实现超越发展的机遇。对危机的处理要求管理主体在时间压力和不确定性极高的情况下必须做出决策,应对危机,达到恢复常态甚至是超越发展的目的。

城市公共危机也是一种非正常的情境状态,不过其所威胁到的是城市的基本价值、行为准则、社会秩序、公众利益等,并且需要以城市政府为主体的公共管理系统在时间压力和不确定性极高的情况下做出决策,维护城市的稳定和公众的利益。城市公共危机具有以下特征。

(一)城市公共危机具有危机的一般特性

城市公共危机具有危机的一般特性:危机的发生具有突发性和不可预测性的特征,危机往往是在意想不到、没有准备的情况下突然发生的;危机的发展具有高度不确定性的特征,危机的发展是高度动态的,其发展是瞬息万变的,人们很难对危机的发展和后果做出预测;危机具有危害性和破坏性的特征,一个事件或者状态之所以被称之为危机,就在于它对人们的正常的状态产生了影响,如果不加以控制,个人、群体或者社会的利益就会受到损失;危机具有机遇性的特征,危机在给人们提出挑战的同时,也给人们提供了机遇,危机的发生说明存在问题,而解决危机就是解决这些问题,如果人们能够合理科学地处理这些危机,就能抓住机遇,实现跨越性的发展。

(二)城市公共危机的公共性

首先,从城市公共危机的影响范围和影响内容来看,主要是关于城市区域内社会的基本价值、行为准则、社会秩序、公众利益等,具有很强的公共性。其次,从城市公共危机的应对主体来看,主要是以城市政府为主体的公共管理系统,同样也具有明显的公共性。最后,城市公共危机会对公众的利益产生很大的影响,受到城市社会公众的广泛关注。

(三)城市公共危机的强危害性

如果公共危机在城市爆发,将会比相同程度的危机发生在乡村等地区所造成的危害更大。这主要是由城市的一些特点所决定的。城市中的人口和物质要素集中度特别高;现在城市的发展运用了很多新的城市规划理念,如数字化城市、整体城市等理念,并且也运用了很多新的高科技,如网络、通信等,使得城市在发展过程中呈现出高关联性的特点，城市的各种构成要素之间的联系越来越紧密。

(四) 城市公共危机的周期性

城市公共危机的生命周期可以划分为五个阶段(如图 13-1 所示)：危机潜伏阶段、危机征兆阶段、危机爆发阶段、危机延续阶段、危机恢复阶段。在危机的生命周期中，存在着一个作用于每个阶段的因素，那就是危机管理，它和危机的每一个阶段都形成一种相互作用的关系，作用于危机的整个进程。

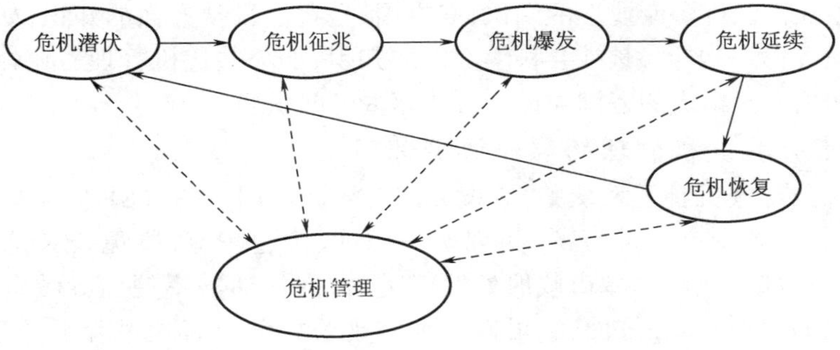

图 13-1　危机生命周期图

二、城市公共危机管理

所谓城市公共危机管理，是以城市政府为主体的公共管理系统通过建立公共危机的管理机制，采取一系列措施，针对潜在的或者当前的城市公共危机，在危机发展的不同阶段采取有组织、有计划、持续动态的管理行为，以防范和化解危机，维护社会和人民的利益。

(一) 城市公共危机管理的组织系统

公共危机状态下的城市管理，与常态下的城市管理有着很大的区别，城市政府部门需要动员和统一调配各个方面的资源和力量，管理必须具有权威性、进行有效的综合协调和快速的行动。这就要求突破和超越常态下的政府各个部门之间由于职能分工所形成的不一致，组建统一的领导指挥系统，通过综合协调部门和诸多职能组织系统，最大限度地减少公共危机发生的可能性，或者在公共危机发生之后，快速、有效地应对危机，最大限度地减少危机可能造成的损失。

1. 城市公共危机管理的领导指挥系统

城市公共危机的发生会带来突发性、紧急性、危害性的情境，如何有效地协调各部门的行动，消除条块分割、各自为政的现象，成为城市公共危机管理中的关键性的问题，这就需要建立权威的领导指挥系统。

首先，城市政府行政首长应该成为最高领导指挥者，履行最高指挥官和最终决策者的职责。只有这样,才能保障对重大事项进行决策,对关键性资源进行指挥调动和处理,才能确保公共危机管理的效率和重要资源的快速调配。

其次,城市公共危机管理的领导指挥系统应该包括相关部门的领导者。这样可以提高城市政府处理公共危机的专业性和针对性,加强相关部门处理公共危机的责任感;使相关部门的领导进入到公共危机的领导指挥系统,可以赋予领导指挥系统更多的权威去化解公共危机。

最后,城市公共危机管理的领导指挥系统需要相关专家组成咨询委员会。公共危机的发生还涉及许多专业性的知识,一方面,是自然科学方面的知识,如自然灾害的相关知识等;另一方面,是社会科学方面的知识,如公共危机管理专业知识等。这就需要由相关专家组成的咨询委员会行使相关咨询职能。

2. 城市公共危机管理的综合协调部门

在城市公共危机管理系统中,应设置综合协调部门。一方面,它可以发挥综合协调作用,整合各个方面的资源,实现统一指挥,快速响应,避免公共危机事件在涉及多个职能部门或超出城市政府处置能力时,因沟通的不便而导致资源配置的低效和行动的迟缓;另一方面,它可以保证实现公共危机管理过程上的延续性,将公共危机管理纳入常态管理,避免临时组织只是被动地响应公共危机事件,而对危机发生前的预防及事后的恢复等工作处理不力的缺陷。[①] 其主要职责包括以下两个方面。

第一,常态下的管理。建立城市公共危机管理的相关机制;对城市各个要素潜在的公共危机的分析和汇总,建立相应的公共危机预案;对公共危机进行反馈和评估,对公共危机预案进行补充和修改等。

第二,危机状态下的综合协调职能。在领导指挥系统的领导指挥下,具体地实现对各个部门和各种资源的有机整合,集中力量有效地应对各种公共危机,减少公共危机的危害,保护公众和社会的最大利益。

3. 城市公共危机管理的职能组织系统

在城市政府部门设置中,有许多根据职能进行设置的部门,在应对城市公共危机时,如果还是按照常态下的状态进行运作,容易形成各个部门之间的责任不清、相互推诿。所以,在城市公共危机管理系统中应该根据公共危机中的职能需要,对现有的城市政府部门按照职能系统的方式实现科学的组合。

- 交通职能系统:维护在危机中损害的城市交通设施,保证交通的通畅,为其他子系统运送物资。
- 通信职能系统:为参与应对公共危机行动的组织机构提供紧急通信服务,尽量保证城市其他组织以及社会公众个人的通信畅通。

---

① 郭济:《中央和大城市政府应急机制建设》,中国人民大学出版社,2005 年版,第 45 页。

• 工程职能系统：清除公共危机中的遗留物，恢复城市中公共设施的功能。

• 消防职能系统：探查和应对城市火灾，协调事故处理。

• 资源职能系统：提供危机中城市所需的物资资源、人力资源、财力需求、能源供应等。

• 安全和稳定职能系统：管理和协调公共危机中的受灾群众，提供避难场所、食物等。

• 科学技术职能系统：保证对公共危机管理的科学技术支持，主要是网络技术、通信技术等方面的支持。

• 军事支持职能系统：在需要的情况下，经过城市政府的申请，由军队相关部门审批，利用军队支持各系统的工作。

• 公共信息职能系统：保证城市政府和社会公众之间的信息沟通。

• 卫生职能系统：保证公共危机中公众的卫生安全，及时地对受伤人员进行救治，有效地对受害地域进行疫病防治等。

• 志愿捐赠职能系统：根据需要接受和分发捐献物资。

• 外部协调职能系统：联系其他城市和地区，共同应对危机。

4. 城市公共危机管理组织系统总体设想

通过上面的论述，对城市公共危机管理组织系统的设想如图 12 －2 所示。

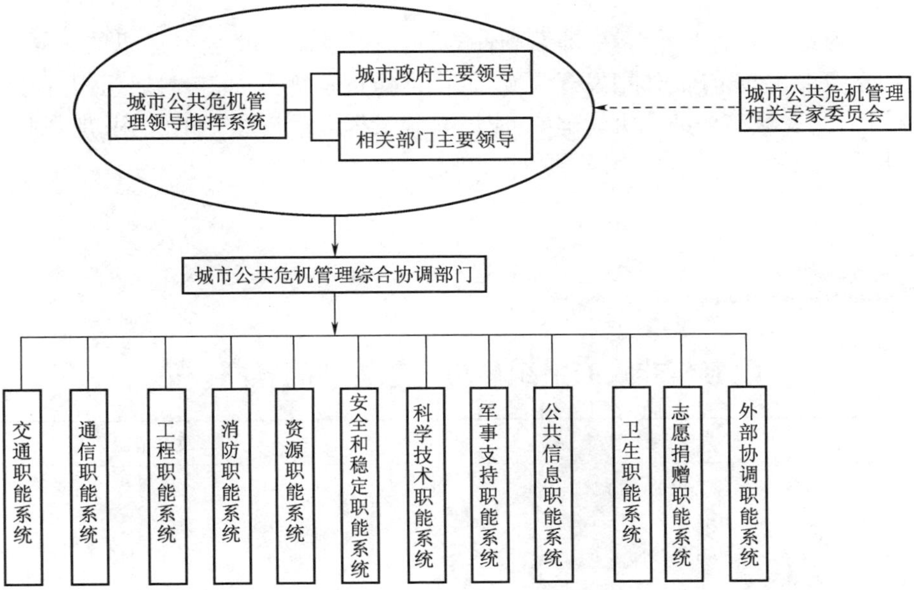

图 13 －2　城市公共危机管理组织系统设想图

（二）城市公共危机管理的社会参与系统

政府是城市公共危机管理的主体，但由于政府在组织体系、资源拥有、人员机构等方面的有限性，使其在应对城市公共危机的时候，必须要依靠完善的社会参与系统，最大可能地动员城市中的各种力量，调动城市中各种社会资源共同应对危机。城市公共危机管理的社会参与系统包括以下几个方面。

1. 社会公众

社会公众是城市最基本的构成要素，也是城市公共危机最直接的影响对象，社会公众应该是城市公共危机管理中重要的参与因素。一方面，加强对社会公众的危机教育和宣传，使其树立良好的危机意识和心态，提高社会公众应对公共危机的能力；另一方面，加强社会公众在公共危机中的参与，包括信息提供、资源共享、志愿服务等，实现全民应对危机，力争在最短的时间内将危机的损失控制在最小的范围内。

2. 城市社区

社区作为公民自治组织，其主要功能是自我管理、自我服务。城市社区是现代城市管理中最基本、数量最多、事务最琐细、最接近社会公众的组织。在城市社区中有效地进行危机宣传、危机教育、危机预防、危机监测等，能够对城市公共危机管理发挥重要的作用。以社区为单位建立城市基层的公共危机应对组织，充分利用社区中的各种资源，将会对城市公共危机管理起到重要作用。

3. 非政府组织

非政府组织具有非政府性、非营利性等特征，在应对城市公共危机的时候，非政府组织在资源占有范围、作用发挥领域、工作运作过程等方面，与政府组织存在着互补性。因此，在城市公共危机管理中，应该充分发挥非政府组织的作用，加强政府组织与非政府组织之间的合作和沟通。

阅读拓展

政府与非政府组织参与应急管理的异同一览

比较内容	政　　府	非政府组织
应急目标	• 保障公民的生命财产安全 • 维护法纪 • 维护社会秩序 • 若为冲突事件，则可能维护国家安全	保障受灾人群的基本权利
中立性	如果政府为其中的冲突一方，则政府参与应急管理不具备中立性	一般而言中立（不分种族、国籍、宗教、性别、政治面貌等），并按实际需要提供援助

续表

比较内容	政　　府	非政府组织
工作地点	管辖区域	一般比政府小得多，按本身网络、政策、资源而定
行政决策过程	视中央和地方权责划分而定	在问责与效率之间取平衡，强调独立支援人员的参与
资源调动	从政府财政支出	部分机构有储备资源可作周转，但一般也需要尽快筹集、募捐专项资金
应急手段	若为暴力性或特别重大的危机事件，政府可能动用军队、警察等暴力机器	• 人员派遣 • 物资援助 • 募集资金 • 心理援助

资料来源：薛澜、张强、钟开斌：《危机管理——转型期中国面临的挑战》，清华大学出版社，2003 年版。

4. 营利组织

首先，许多营利组织中存在着引发许多城市公共危机的隐患，它们必须要按照城市公共危机管理的统一要求，建立相应的危机管理系统，并且要实现与城市公共危机管理系统的信息沟通。其次，以营利组织为载体，进行城市公共危机宣传和教育，将起到良好的作用。最后，营利组织拥有一部分物资和人力资源，这些资源能够在城市公共危机管理中发挥作用。

（三）城市公共危机管理的过程

针对城市公共危机周期性的特点，可以把城市公共危机管理划分为以下五个阶段。

1. 城市公共危机管理准备阶段

城市公共危机管理准备阶段主要针对公共危机的潜伏期。其主要内容包括：分析和预测城市各个要素的危机状况和形势；制定相关城市公共危机的应对预案；形成城市公共危机管理组织系统；进行宣传和教育，形成城市公共危机的社会参与系统；开展城市公共危机模拟演习；等等。

2. 城市公共危机预警阶段

城市公共危机预警阶段主要针对公共危机的征兆期和爆发期。其主要内容包括：收集、整理、识别城市公共危机的相关信息；判断危机的性质和程度；根据危机预案发出预警；等等。

3. 城市公共危机应对阶段

城市公共危机应对阶段主要针对公共危机的爆发期和延续期。其主要内容包括：启动城市公共危机管理组织系统和社会参与系统；实时监测和评估公共危机情况,收集和整理危机发生过程中的信息;进行危机紧急决策;加强城市公共危机的沟通和公关;等等。

4. 城市公共危机恢复阶段

城市公共危机恢复阶段主要针对公共危机的恢复期。其主要内容包括:合理安排和救助受灾人员;恢复城市各项功能;恢复城市社会的各种秩序;恢复城市市民的正常生活;等等。

5. 城市公共危机反馈阶段

城市公共危机反馈阶段有两项内容:一是对城市公共危机的反馈,调查城市公共危机的发生原因,弥补城市中的不足和缺陷,避免类似危机的再度发生;二是对城市公共危机管理系统的反馈,不断完善城市公共危机应对预案,不断改进城市公共危机管理的观念、制度、组织、流程和政策等。

(四)城市公共危机管理的长效机制

对城市公共危机的管理必须注重长效机制的完善,提高城市公共危机管理的合法性、科学性和有效性。

1. 城市公共危机管理的法律机制

首先,要制定统一的城市公共危机管理条例。根据国家的相关规定和城市的实际情况,对城市的公共危机管理进行总体的规划和设计,以法律法规的形式加以颁布和执行。

其次,要实现城市公共危机管理预案的法律化。公共危机管理的预案对于减少公共危机带来的损失意义重大,目前很多城市对预案制定不够重视,预案走过场,流于形式,或不完善,或不具操作性,一旦危机发生,就会应对不力,漏洞百出,从而造成更大的损失。应将预案以法定形式进行规范,并规定政府应定期演练,修改预案,检验预案内容效果。

2. 城市公共危机管理的教育机制

首先,在城市政府公务人员中开展公共危机教育。一是增强公务人员的公共危机意识和观念;二是向公务人员传授公共危机管理的技能和方法;三是通过情景教育对公务人员进行更加具有针对性的公共危机教育。

其次,在城市社会公众中开展公共危机教育,让公众科学地了解公共危机发生的过程,掌握一定的自我保护和自我救助的能力。同时还应对公众进行公共危机责任教育,使其了解自己在公共危机中有依法配合政府部门行动的义务,以提高公众的社会责任感和承受力。

最后,要通过多种方式、途径和方法科学地对城市公众进行公共危机的教育。城市公众在对公共危机相关知识的接受能力、理解能力、掌握能力上有着很大的差别,应针对不同的人群展开不同的教育。如对学生可以开展课堂教学的方式进行教育;对工作人员可以采取讲座报告的方式进行教育;对社会人员可以采取报纸、宣传栏、广播、电视、网络等方式进行教育。

3. 城市公共危机管理的信息机制

首先,通过健全的信息机制实现对城市公共危机管理的充分支持。建立统一的城市基础信息库,有效整合各部门的数字集群无线通信系统、图像监控系统等资源,建设完善的城市政府公共危机管理的信息支持系统,向城市公共危机管理主体提供数量多、范围广、质量高的信息。

其次,实现城市公共危机管理过程的信息公开。城市公共危机信息机制要实现对公共危机相关信息的公开,并且要注意信息的时效性、准确性以及信息公开渠道的多样性。

本章小结

城市公共安全是一个复杂的体系,如何提高城市的公共安全水平涉及城市的方方面面,本章只是从城市灾害、城市人口与社会治安、城市公共危机几个方面进行了初步的探讨。并且,对于城市公共安全的管理也是城市政府进行管理创新的重要领域,有效地应对各种危机是城市政府的重要工作目标。而危机给予政府的是全新的管理环境,要求政府在组织体制、决策过程、社会参与等多个方面实现管理的创新,本章最后一部分也正是在这样的一个理念下对城市公共危机管理进行了相应的分析。

思考题

1. 简述城市公共安全的概念和特征。
2. 简述城市公共安全与城市的关系。
3. 简述城市灾害的概念和特征。
4. 简述城市灾害的主要类型。
5. 简述城市灾害的常见种类。
6. 应该从哪些方面对城市人口进行管理?
7. 简述城市人口管理改革的发展方同。
8. 简述城市社会治安的概念和内容。
9. 简述城市社会治安的综合治理。

10. 简述城市公共危机的概念和特征。

11. 综合论述如何加强城市公共危机管理。

案例分析

应对禽流感中的中国香港……

禽流感(H5N1)是一种甲型流感,主要影响禽鸟,但也有人类受感染的个案。进入2006年以来,随着德国、罗马尼亚、俄罗斯、中国香港连续发现因感染禽流感而死亡的禽鸟,整个世界再一次陷入紧张状态。世界卫生组织证实,自1997年以来,H5N1型禽流感病毒发生数次变异,改变了家禽及野鸟的传染形态。由于病毒变异,发生另一波流感大流行的可能性已增加。

1997年,香港地区因禽流感引发大规模的流行感冒,18人感染了禽流感,导致6人死亡。

2006年1月10日,在香港地区东北部大埔林区,一只野生鹊鸲的尸体被发现。

2006年1月19日,香港特区政府确认,在10日发现的野鸟尸体上发现了H5N1型禽流感病毒。死亡的野鸟随后在香港各地陆续出现,向香港再次发出了禽流感即将来袭的警报,对此,许多人忧心忡忡。

2006年2月1日,香港特区政府在当天傍晚突然举行记者会,宣布发现了感染禽流感的鸡。香港特区政府立即宣布采取多项紧急措施,包括实时关闭米埔及公园的观鸟园,并要求在发现病鸡村庄的5公里范围内销毁所有活鸡,并加强电视和电台宣传,呼吁市民不要胡乱接触禽鸟尸体。

2006年2月6日,香港特区政府卫生福利及食物局局长周一岳与深圳出入境检验检疫局就沙头角发现走私鸡染H5N1型禽流感病毒一事,商讨防范禽流感措施。

2006年2月9日,香港特区政府卫生福利及食物局局长周一岳表示,香港将从杜绝传播渠道入手加强防控禽流感。

2006年2月13,香港特区新修订的《公众卫生规例》和《废物处置条例》正式生效。新修订的条例将不准市民散养任何家禽,这些活家禽包括鸡、鸭、鹅、鸽和鹌鹑,但不包括已注射疫苗的宠物鸟。

2006年2月16日、17日,香港特区政府渔农自然护理署举办讲座,鼓励散养家禽的农户改行种植农作物,教导他们培养食用真菌及温室种植的技术,以减少感染禽流感的风险。

2006年3月6日,针对广州出现人类感染禽流感死亡个案,香港暂停由内地输入活家禽、鸡苗和观赏鸟,为期3个星期。并且将暂停输入鸡苗的措施延长2个月,希望减低香港饲养的鸡只数目,香港饲养的鸡由320万只减低至200万只,以降低爆发禽流感的风险。

2006年3月9日,香港特区政府卫生福利及食物局局长周一岳呼吁市民,浏览预防禽流感的网页,以获悉有关禽流感的最新资讯及政府所采取的防御措施。

2006年3月17日,香港机场管理局连同特区政府相关部门、国泰航空公司、机场保安有限公司及其他业务伙伴进行大型演习,测试国际机场应对传染病的准备工作。

2006年3月25日,香港伊丽莎白医院、香港浸信会医院及香港消防处联合举行禽流感应变演习,以加强三方合作,让两院员工和救护人员熟习处理传染病人的紧急运送程序。

2006年3月26日,香港恢复内地活禽供应,活禽供港数量由每日3万只调整为2万只。

2006年5月3日,香港特区政府卫生福利及食物局局长周一岳表示,有计划与内地进行针对禽流感等传染病的跨境演习,以测试边境管制措施能否有效运作。

2006年6月15日,香港医院管理局传染病中央委员会决定实施为期3周的加强监察计划。假如病人于发病前7日内到访过去6个月内曾出现人类禽流感确诊个案地区或国家,并且有不明病源(任何种类)的肺炎,公立医院须将个案呈报医院管理局的网上汇报及监察传染病系统。为期3周的加强监察计划至7月5日正式完结,不过公立医院仍会保持高度警觉。

2006年6月16日,深圳确诊1宗人感染禽流感个案,香港遂采取预防措施,暂停进口内地活鸡、鸡苗和观赏鸟。

2006年6月17日,香港海关联同内地海关开始在陆路口岸采取同步行动,堵截家禽及雀鸟非法输入香港。

2006年7月5日,香港特区政府暂停处理来自受影响地区的活家禽及家禽肉类的入港申请。

2006年7月6日,香港恢复从广东进口活鸡、鸡苗和观赏鸟,翌日香港市面恢复售卖活鸡。

2006年7月29日,香港特区政府卫生福利及食物局发言人表示,政府将依循专家意见,即时将因人类感染禽流感个案而暂停进口内地活家禽的一般期限修订为确诊后14天。以前一旦广东省出现人类感染禽流感个案,政府会参照世界动物卫生组织动物健康守则,以家禽感染禽流感的潜伏期(即21天)为暂停活家禽进口期。

在整个过程中,香港医疗辅助队也开始了相应准备,强化对所属1 300名队员的训练,若禽流感肆虐,这些队员即可“随时候命”。

除了政府,香港不少大机构近期也已经未雨绸缪,纷纷制订多项流感应对措施。其中汇丰银行就率先宣布,已替所有员工注射预防流感的疫苗,700名员工接受注册护士的训练，学习正确的预防措施，以备不时之需。酒店业主联会执行总干事李汉城则指出，业界正考虑是否把红外线体温机引入酒店大堂及出入口，因为酒店实在承受不起SARS类的传染病再次爆发。香港置地集团公司高级经理许安祖亦表示，该公司已因禽流感扩散情况实行4个阶段应变措施，现正训练员工有关预防禽流感方法，以及购入预防物资。

另外，香港特区政府还执行了《禁止散养家禽法例》、《香港流感大流行紧急应急措施》《处理野生禽鸟尸体的安全指引》、《医生为企业储备抗病毒药物的参考指引》、《供企业参考的流感大流行防备指引——抗病毒药物的储备》、《政府流感大流行应变计划的架构》等规定，另外香港特区政府还规定，售卖活家禽的街市每月的10日和25日暂停营业，举行休市清洁日活动，以便彻底清洁及消毒。

……

资料来源：1. 香港特区政府网站，http://www.info.gov.hk/，"预防禽流感"专题。
2. 新浪网，http://www.sina.com.cn/，"禽流感疫情"专题。
3. 戴平：《香港禽流感魅影》，《南方周末》，2006年3月2日。

案例思考题：

1. 请结合本章所学习的知识，系统性地总结香港特区政府在应对禽流感过程中的种种做法。

2. 从香港特区政府应对禽流感的举措中我们可以学到什么经验？有什么应该吸取的教训？

第十四章

数字城市与城市管理

数字城市同生态城市、文化城市等概念一样是对城市形态的一种描述，它是随着信息和网络技术的发展而出现的，必将对未来城市的发展带来革命性的影响。

通过本章的学习应了解以下内容：数字城市兴起的背景、数字城市的基础理论、国外数字城市的发展现状、我国数字城市的发展及面临的问题，以及数字城市给政府管理带来的革新。

第一节　数字城市概述

城市是一定区域的政治、经济和文化中心，是地区的物质流、能量流、信息流的聚集和扩散中心，是先进生产力聚集的地方，是人类文明的重要标志。数字城市是一种新的城市形态，是人类顺应信息时代的发展要求，对未来城市的一种描述性概括。

一、数字城市提出的背景

20 世纪 90 年代，计算机、通信、网络技术的迅猛发展使人类开始迈入信息社会。1993 年美国提出了 NII（国家信息基础设施）计划，即我们通常所理解的信息高速公路计划，其目标就是将美国建设成一个网络性的国家，将全国的政府部门、科研机构、企业、家庭纳入统一的计算机网络，实现资源的共享，满足人们的生活、娱乐、教育等需要。欧盟于 1994 年提出“信息欧洲”，计划在其后 10 年内投资 1 200 亿美元，从而确立欧洲在 21 世纪信息领域的优势。日本也改变了其原有的贸易立国政策，提出科技立国,加大对科技的投入特别是对信息技术的投入,同时确立信息产业为其支柱产业。城市作为一定区域内信息汇聚和发散的中心,城市的信息化水平直接反映一国的信息化水平,要实现国家的信息化首先要实现城市的信息化。正是在这样的时代背景下数字城市应运而生。

1998 年 1 月 31 日,时任美国副总统的戈尔在加利福尼亚科学中心发表了题为《数字地球: 21 世纪认识我们的星球》的演讲。戈尔指出:"数字地球,即一种可以嵌入海量的数据、多分辨率和三维的地球表示,是对真实地球及其相关现象的统一的数字化重现和认识,它包括构成体系的数字形式的所有空间数据和与此相关的所有文本数据及其涉及的把数据转换成可理解的信息并可方便获得它的一切理论和技术。"①从戈尔对"数字地球"的描述中可知,"数字地球"实际上就是指信息化的地球,它要求把地球上每一存在物的信息都收集起来,并将这些信息数字化、网络化、可视化、智能化,从而最大限度地利用这些信息资源为人类服务。"数字地球"是信息高速公路、国家信息基础设施和空间数据基础设施等概念和技术的更高层次发展,它的提出引起了世界各国的高度重视,成为当前全球信息化浪潮中一个备受关注的热点。城市是地球表面人口、技术、信息最密集的地区,数字城市是"数字地球"理论在城市领域的具体应用,也是"数字地球"宏伟工程的一个先导性目标,数字城市建设必将成为"数字地球"建设中的一个关键点。

二、数字城市的内涵、特点及功能

(一)数字城市的内涵

对数字城市的内涵可以从广义和狭义两个方面进行理解。

广义上的数字城市即城市信息化,它侧重于建设管理的应用层面,是指通过建设多媒体宽带信息网络、地理信息系统、空间数据库等基础设施平台,整合城市信息资源,建立电子政务、电子商务、电子社区、电子金融、电子物流等信息化的板块,实现整个城市的信息化。

狭义上的数字城市侧重于技术实施的层面,是综合运用地理信息系统、全球定位系统、遥测、遥感、宽带网络、虚拟仿真、智能识别等技术,对城市规划、建设、管理以及生产、生活等方面的信息进行采集、存储、识别、应用,从而为政府、企业、家庭、个人提供全方位、高质量、高效率的信息服务,促进城市经济社会的快速协调发展。它是空间化、网络化、智能化、可视化技术在城市管理中的综合应用。

(二)数字城市的特点

数字城市作为一种全新的城市管理方式,突破了传统城市管理方法的局限,利

① 朱茵、唐祯敏、钱大琳:《关于"数字化城市交通"结构框架研究》,《情报学报》,2002 年第 21 期。

用数字化的手段来管理整个城市,促进了城市人流、物流、资金流、信息流的协调,并呈现出以下几个特点。

1. 信息系统的开放性

在传统的城市管理中,信息具有明显的封闭性特征。这主要体现为两个方面:一是城市各组成部分之间信息的封闭性。城市是由政府、企业、非营利组织、家庭等不同的部分组成的一个整体,但是传统上各个部分之间的信息是相互封闭和分散的,各个组成部分之间的信息无法共享,特别是政府信息具有明显的封闭性,一般的企业和公民是无法访问政府的数据库的。二是同一组成机构内部信息的封闭性。信息的封闭性不仅体现在城市不同组成部分之间而且体现在同一部分的不同机构之间。譬如,在城市政府中各政府部门都有自己所独享的信息,不同的部门是无法共享这些信息的。在数字城市中,信息资源具有明显的开放性特征,不同的机构和不同的部门之间可以广泛地共享信息。城市建有综合数据管理平台,各个部门的数据库通过网络链入综合数据平台,组织和个人在经过合法的授权之后就可以共享这些信息。信息在共享的同时也保持不断的更新,整个信息资源系统都在不断地调整,从而实现数据之间的充分共享和利用。

2. 虚拟性

数字城市本质上是一种信息模型,它是对真实城市及其相关现象的数字化重现和认识。它收集现实存在于城市中的每一事物的信息,如城市空间数据信息、城市社会信息、城市经济信息、城市政府信息等,并将这些信息通过分布式数据存储技术存入不同的数据库,最后通过数据共享技术将各分布式数据库的数据链入统一的城市综合信息数据库。如果有人要访问城市中的某一事物,他只要通过自己的电脑终端进入数据库即可全面地重现此事物的信息,而不需要像以前那样到事物所在地进行现场观察。数字城市给我们提供了一种远景,将来只要我们坐在自己的电脑旁点击鼠标即可在整个城市中漫游。

3. 技术复杂性

数字城市可以看作是一个复杂的技术系统,它集信息化、网络化、智能化、可视化技术于一体,不仅涉及传统的数据采集和检索技术,而且涉及许多更高级的技术。这包括数据采集中的遥测、遥感技术,数据传输中的网络技术,数据存储中的分布式数据存储技术,数据安全中的加密解密技术、安全认证技术、访问权限技术等。除了数据的采集、存储、传输、应用技术外,数字城市的建立还必须要有计算机智能化技术、图形可视化技术等复杂技术的支撑;同时,在数字城市的建设中这些技术并不是单独地被采用,它们之间必须进行有机的融合。

(三)数字城市的功能

数字城市是集地理测绘、数据处理、城市管理、社会服务于一体的综合技术应用领域。数字城市不仅面临数据的采集、存储、处理、广泛的公众查询、信息资源共享等实际应用,而且还面临城市管理、社会服务、政府决策辅助等应用。为此,数字城市必须具有如下功能。

1. 基础数据的采集、存储和处理功能

数字城市是一种数字化模型,它是对真实城市中各种事物的一种数字化重现。数字城市包含大量的基础数据,主要是城市地理空间数据、城市基础设施数据、城市社会经济环境属性数据等。这些数据必须进行统一的存储和管理才能服务于数字城市,为此,数字城市的基本功能之一就是对这些基础数据进行采集、存储和处理。

2. 数据共享功能

信息资源共享是数字城市的最明显特征,也是数字城市的最大优势。在客户服务器环境下,用户在客户端可以通过共享的数据平台实现对城市相关数据库的访问。用户不仅可以共享数据还可以共享程序、共享软件甚至共享硬件,以此达到对信息资源的充分利用。城市管理者则通过制定相应的标准规范,对数字城市涉及的相关数据进行统一的规范管理,从而为城市有序运行提供保障。

3. 辅助政府决策功能

信息是决策的依据,辅助政府决策是数字城市的最重要功能之一。数字城市的建立加速了信息的流动,扩大了信息的共享,是转变政府职能、改变政府公务员的工作方式、提高政府工作效率和质量的有效手段。同时,数字城市通过对城市空间数据和属性数据的分析,为城市的长远规划和发展提供支持和保障。

三、数字城市的关键技术

数字城市是一种复杂的技术系统,涉及许多高新前沿技术领域,其核心技术主要有3S技术(遥感技术、全球定位系统技术、地理信息系统技术)、海量数据存储与管理技术、网络技术、虚拟仿真技术、互操作技术等。

(一)3S技术

遥感技术(RS)、全球定位系统(GPS)、地理信息系统(GIS),简称3S技术。3S技术是当今地球信息科学发展的三大支柱,也是数字城市的主要技术支撑。遥感技术(RS)是指通过探测地表物体对电磁波的反射,从而提取这些物体的信息,完成远距离的物体识别。[①] 遥感技术可以快速获取区域的面状信息,因此被广泛应用于资源调查和环境监测,是数字城市海量信息的主要来源。全球定位系统(GPS)是由美国国防部开发的一种空间卫星导航定位系统,最初主要是为陆、海、

① 孙旭阳、冯一民:《数字城市的建构》,《上海城市规划》,2006年第1期。

空军提供实时、全天候、全球性的导航服务及情报收集。现在全球定位系统已被批准商用,已经成为全球定位、导航、跟踪等方面不可缺少的技术,被广泛应用于航空、航海、大地测量、地图等方面。地理信息系统(GIS)是一种特定的空间信息系统。它是将反映现状、属性、变迁的各类空间数据(如地形、地貌、道路、建筑)通过计算机进行采集、存储、分析、管理、输出,从而为管理和决策提供服务的一种综合空间信息系统。

(二)海量数据存储与管理技术

数字城市涉及大量的数据,既有空间数据又有属性数据。这些数据不仅量大而且更新快,要存储和管理这些数据需要相当复杂的技术。20 世纪 90 年代以来,不断发展的数据仓库技术为解决这一难题提供了技术基础。数据仓库的信息源具有异构和分布的特点,它将不同来源的数据存入不同的数据库,以此解决了海量数据的存储问题;它通过分布式计算和访问技术实现了各数据库之间的数据共享,从而解决了不同数据库隔离的问题。

(三)网络技术

网络技术是将不同地理位置的计算机通过网络设备和线路连接起来,实现资源共享的一种技术。在数字城市中,政府、企业、家庭、社会组织都有自己不同的信息资源,它们被存储在不同的数据库中。如何实现这些信息资源的共享是数字城市必须要首先解决的一个问题。网络为解决这一问题提供了可能。通过网络,不同的数据被链入共同的城市局域网,用户只要将自己的计算机链入城市网络即可共享这些资源。数字城市运行模式也就是一种网络运行模式。

(四)虚拟仿真技术

虚拟仿真技术实际上就是建立仿真模型和进行仿真试验的技术。它是近年来刚兴起的一种高新技术。它综合集成了计算机图形学、人机交互技术、传感和测量技术、仿真、人工智能、微电子等科学技术,生成一个逼真的,具有视觉、听觉、触觉等效果的可交互的动态世界,人们可以对这个生成的虚拟现实世界进行操作。[①] 虚拟仿真技术作为研究方法和实验技术直接被用于数字城市的研究,将静态、单维的城市转化为动态、多维的城市,为人们身临其境地观察城市、了解城市、体验城市提供了一种方式。

(五)互操作技术

互操作技术是用来实现不同系统之间信息交互的一种技术。它可包括两层含义:从狭义上讲,它是在保持信息不丢失的前提下,从一个系统到另一个系统的信息交换能力;从广义上讲,它是指不同应用(包括软硬件)之间能够动态地

① 陈刚、阎国庆:《数字城市 理论与实践》,浙江大学出版社,2004 年版,第 25 页。

相互调用,并且不同数据之间有一个稳定的接口。[1] 互操作强调具有不同数据结构和格式的数据之间的交互,这为数字城市中分布式存储的数据相互调用提供了可能。

四、数字城市的应用

据中国科学院的预测,在21世纪十大科技趋势中,数字地球排在第三位。数字城市是数字地球建设的一个先导性目标,是数字地球最关键的组成部分,它必将成为21世纪科技研究的热点。下面,我们主要从政府部门、企业、社区和家庭个人四个方面来阐述数字城市的应用。

(一)政府部门应用

1. 电子政务

电子政务是指各级政府机关以电子化的方式处理政府相关事务的通称。具体说来,是指政府机构运用现代计算机、网络通信技术,将其内部和外部的管理和服务职能通过整合、重组、优化后到网上完成,打破时间、空间以及部门分割的制约,为社会公众以及自身提供一体化的高效、优质、廉洁的管理和服务。[2] 在数字城市中,电子政务的推行将对政府自身以及社会产生深远的影响。电子政务将促进政府管理职能改变,转变政府管理的主要方式,降低政府管理的成本;同时还将减少政府层级,使政府组织结构更具扁平性;扩大中央政府向地方政府的分权;此外,电子政务将使政府活动更具透明性,利于公民的监督,使政府理念由管理型政府转变为服务型政府。

2. 城市规划

城市规划就是为实现一定时期内城市经济和社会的发展目标,依法对城市土地使用、城市建筑空间布局进行规划、管理和监督的活动。数字城市克服了传统的图纸规划的静态化弊端,城市规划部门可以全面、及时地了解城市的动态发展,为城市的总体规划提供直观、准确的信息。城市的测绘部门可以利用3S技术,了解城市的地理特征变化,保持数据的及时更新并将新数据传给城市的规划部门,作为其决策之用。

3. 智能交通

智能交通系统是随着信息技术在交通系统中的应用而发展起来的,它由以下几个方面组成。

(1)道路智能化。包括交通控制智能化、事故管理智能化、电子收费智能化和道路管理自动化等。

---

① 徐晓林:《数字城市政府管理》,科学出版社,2006年版,第50页。

② 梁士伦、刘新飞:《电子政务》,机械工业出版社,2005年版,第16页。

(2)车辆的智能化。包括车辆定位智能化、车辆导航智能化、车辆防撞智能化、安全预防智能化等。

(3)道路系统的智能化。包括系统需求管理智能化、出行前路径咨询的智能化、行进路线指引紧急救援的智能化等。①

建立在数字城市基础上的智能交通是将先进的信息技术、通信技术、电子传感技术、控制及人工智能技术有效集成,并运用于城市交通的综合管理。通过智能交通系统,我们可以及时准确地了解哪些地段出现了交通堵塞,哪些地段发生了交通事故,哪些地段的天气状况不利于驾车行驶,哪些地段畅通等信息,并将这些信息直接发送给司机,从而有效地利用城市的道路资源。

(二)企业应用

1. 企业信息化

企业信息化就是运用现代信息技术来改造企业,重组企业组织结构,推动产品更新换代,带动结构升级,从而不断提高企业经济效益和竞争能力。企业信息化是电子商务的基础,是城市信息化的基础和主体,是建设数字城市的重要组成部分。通过提高信息资源开发利用效率和扩大开发利用范围,企业信息化可以有效降低企业成本。它可以改变信息获取、处理和传递的方式,促进业务流程重组和组织结构优化,使企业更好地适应市场竞争。

2. 电子商务

电子商务是指贸易全程电子化,也就是通过电子方式进行的商务活动。它不仅是指网上交易,而是包括所有利用电子信息技术来降低成本、增加价值和创造商机的商务活动。包括通过网络实现从原材料查询、采购、产品展示、订购到出品、储运以及电子支付等一系列贸易活动。与传统的商务活动相比,电子商务具有明显的优势。利用电子商务可以降低销售询价、提供报价和确定存货等活动的处理成本;可以增加卖主的销售机会,增加买主的购买机会。此外,企业间电子商务还可以降低信息搜寻成本、降低信息传递成本、提高企业的交易速度。

(三)社区应用

社区是指在一定区域内实行了物业管理的小区、生活区、居民区等,在此区域内,人们发生各种社会关系和社会活动,有特定的生活方式,并具有成员归属感。社区的主要"角色"包括政府管理部门(如街道管理委员会、居委会)、业主委员会、物业管理公司及业主。数字社区是数字城市框架中最基本的组成单元,是数字城市在城市居民生活空间中的具体化、数字化。数字社区的功能包括:实现社区建筑、治安、消防、环卫等物业信息的网络化管理;实现社区一卡通,即水电气收费、

① 承继成、李奇等:《数字城市——理论、方法与应用》,科学出版社,2003年版,第153页。

智能停车管理、电话计费收费等一体化管理；采用社区电话网、社区宽带网、有线电视网、触摸屏等多种途径实现住户与物业管理部门之间的各类申报、查询、交流等活动。①

（四）家庭及个人应用

家庭和个人是数字城市中最重要的需求者和应用领域。在数字城市中，人们的工作、居住、出行、购物、休闲等都将发生很大的变化，具体表现在以下几方面。

1. 网上购物

随着数字城市的建设和发展，我们可以通过网络来购物，而不需要逛超市、逛卖场。比如，通过虚拟现实技术，我们在家就可以浏览自己喜欢的衣服，试穿自己中意的各式时装，试穿的效果可以立刻呈现在眼前；如果想买下它，只须轻击一下鼠标，就会有人迅速把你订购的衣服送到家里，同时，所有的花费将自动从你设置在电子银行的账户中扣除。

2. 远程医疗

远程医疗是在医学专家和病人之间建立起全新的联系，使病人在原地即可接受远地专家的会诊并在其指导下进行治疗和护理。远程医疗运用计算机、通信技术，通过数据、文字、语音和图像资料的远距离传送，实现专家与病人、专家与医务人员之间异地“面对面”的会诊。远程医疗将会带来医疗史上的革命，通过它，身在异地的每一位患者都可以随时随地找到世界上最好的医生为其服务。这不仅节约患者的时间和金钱，而且可以促进医疗资源分配的合理性，使更多的人享受数字城市带来的益处。

3. 远程教育

远程教育与远程医疗的理念是完全一致的，它也是运用计算机、网络使身在异地的求知者，通过数据、文字、语音、图像资料的远程传送建立求知者与专家学者之间的联系。传统的教育受时间和空间的限制很大，专家学者只能在固定的时间和空间内给有限的求知者传授知识。远程教育打破了时间与空间的阻隔，不同地域的求知者可以通过计算机网络共同听取专家学者的讲授；如果当时没有时间，还可以将讲授的内容保存供以后学习。这种方式为人们的学习带来了一系列的变化，它使学习变得更具有趣味性、灵活性、生动性，也使更多的人可以享受优质的教育资源，不但提高了教育质量而且还节约了教育成本。

---

① 承继成、李奇等：《数字城市——理论、方法与应用》，科学出版社，2003年版，第177页。

第二节　国内外数字城市的发展

数字城市是一个复杂的技术系统，其建设是一个长期的过程。自1998年“数字地球”的概念诞生，2000年数字城市的提法被确认，数字城市建设已经走过了七八年的历程。

一、国际数字城市的发展

（一）数字城市的发展阶段

回顾国际上数字城市建设所走过的道路，大体上可以分为四个阶段：第一阶段，网络基础设施建设阶段；第二阶段，政府和企业内部信息系统建设阶段；第三阶段，政府、企业上下游之间借助互联网实现互联互通阶段；第四阶段，数字城市综合集成与建设并初步形成完善的数字城市技术实现体系阶段①。

1. 网络基础设施建设阶段

信息是数字城市的基础，离开信息数字城市就变成了空中楼阁。在网络基础设施建设阶段，其主要目标是奠定数字城市的信息基础，主要包括三个方面的内容：城市空间数据基础设施建设、城市信息基础设施建设、城市综合数据平台建设。在此阶段，由于建设的投资大、周期长、回报不确定、风险高，无法依靠市场力量，政府必须发挥主导作用。城市政府要统一规划、加强领导、加大投资，为数字城市建设打下坚实的基础。

2. 政府和企业内部信息系统建设阶段

数字城市是一个复杂的信息系统，政府和企业内部的信息化是数字城市建设的重要内容。在此阶段，政府内部要建成健全的网络系统、完善的电子政务系统，促进政府内部信息资源的开发和利用，实现内部各部门信息的共享。企业要健全内部网络，推行企业资源计划系统（ERP）、客户关系管理系统（CRM）、供应链管理系统（SCM）等，为更好地实现电子商务做好准备。

3. 政府、企业上下游之间借助互联网实现互联互通阶段

数字城市的最大特点就是其具有开放性，其最大的优势就是其具有共享性。在政府内部网络、企业内部网络等数字城市子系统相继建立之后，这一阶段的主要任务是将数字城市的各组成部分，按照统一的标准进行互联互通，实现政府各部门之间、政府与企业之间、企业与企业之间的信息资源共享。

---

① 徐晓林：《数字城市政府管理》，科学出版社，2006年版，第164页。

4. 数字城市综合集成与建设并初步形成完善的数字城市技术实现体系阶段

数字城市建设是一个不断发展的过程,它要随信息技术和城市的发展而发展。随着前三个阶段任务的完成,数字城市建设进入初步完成阶段。在此阶段,数字化城市规划、智能交通、电子政务、电子商务、企业信息化、智能社区、网上购物、远程医疗、远程教育得到充分的利用,数字城市的体系日益完善。

目前,西方发达国家的数字城市建设已基本完成了前三个阶段,正处于巩固前三个阶段成果并向第四阶段迈进的阶段,我国则处于四个阶段并举的阶段。

(二)美国的数字城市发展

美国是“数字地球”的发源地,也是数字城市建设比较早的国家。目前约有60个城市正在进行数字城市建设,已经建成了一批“智能化建筑”、“智能化家庭”、“智能化社区”等示范工程。

美国是最早提出NII计划即信息高速公路计划的国家,其信息技术领先世界,具有完善的城市信息基础设施,所以,其数字城市建设具有明显的优势。目前,美国已大量运用数字城市的成果:当前,美国在家办公的人数达到4 500万人;联邦政府、所有州一级政府已全部上网,几乎所有县市也建有自己的站点,电子政务建设基本完成;电子商务发展迅速,大多数银行通过计算机和自动出纳机运行,大批传统银行支行、营业部由“虚拟银行”所代替,企业的信息化水平不断提高,网上交易频繁;此外,部分医疗行业建立了远程医疗,通过网络向病人、用户提供会诊和保健咨询;许多学校建立了远程教育服务,通过多媒体和网络向不同地域的学生提供教学服务,有的甚至在家中即可获取学校的教育资源。

阅读拓展

AOL参与建设的数字城市

在分析最近几年美国的“数字化城市”建设时,不能不提到美国最大的互联网接入服务提供商——AOL(America On Line,美国在线),AOL为数百个美国的城市提供了当地化的在线网络服务,而且,这些城市的数量还在不断上升。每一个AOL建设的数字城市都在www.digitalcity.com网站提供了当地的相关新闻、社区资源、娱乐以及商务机会。与其他从世界范围内捕捉相关信息的搜索引擎不同的是,AOL立足于为数字城市提供本地化的信息服务。除提供信息服务外,AOL还为数字城市提供包括汽车、房地产、就业与保健的各种市场信息。可以说,AOL建设的数字城市基本属于追求经济效益这一类的。

(三)欧洲的数字城市发展

欧洲自1994年提出“信息欧洲”的口号以来,不断加大对信息产业的投入,其信息化进程取得了显著的成果,其数字城市建设也居于世界的前列。在此,我们重点介绍比较有代表性的芬兰和荷兰。

1. 芬兰“赫尔辛基竞技场2000”计划

开始于1996年的“赫尔辛基竞技场2000”计划最初由赫尔辛基电话公司发起,它的基本目标是向赫尔辛基市提供WEB平台和宽带多媒体网络服务,这一网络能使城市公众借助专门的摄录设备实现远距离的、类似面对面的交流。整个项目由三个过程组成,这三个过程是:开发导航项目中的服务和用户接口、开发赫尔辛基市的3D虚拟城市模型中的用户接口、将覆盖部分城市的多媒体网络扩展到赫尔辛基市全部区域。该项目主要由赫尔辛基市政府承担,赫尔辛基电话公司、IBM、NOKIA等世界著名通信公司共同参与。到2000年,该项目已基本完成并投入使用。如今,在芬兰,人们可以足不出户地通过数字城市网络享受城市的各项服务,数字城市给人们的生活带来了新的感受和体验。

2. 荷兰阿姆斯特丹的DDS

数字城市在荷兰简称为DDS。1994年DDS由Hacktic专家组为了以电子方式向阿姆斯特丹市民提供公共场所而设立。其最初的应用是地方政府选举。地方政府为了能使选民与被选举人之间进行通信,在DDS上提供各种与选举相关的信息。市民可以参与电子讨论组,利用电子邮件与市议会议员进行交流。到了1998年,DDS的服务内容进一步扩大,开始了关于文化、社会、政治等内容的信息发送和WEB广播。

目前,阿姆斯特丹在许多公共设施上安装了访问DDS的信息终端,几乎所有的用户都能通过信息终端访问DDS。用户登陆以后,可以使用免费的邮件地址、进行网上聊天,也可以参加多用户网络游戏并拥有个人主页,还可以就DDS的许多问题进行表决。DDS正朝着欧洲最大的数字城市的方向发展。

(四)日本的数字城市发展

20世纪90年代,为扭转低迷的经济发展状况,日本提出了“科技立国”的口号,提出变贸易强国为科技强国,加大对科技研发的投入特别是信息科技研发的投入。在这种背景之下,日本的数字城市计划开始起步。目前,日本数字城市已取得明显的进展,建成了一批“智能化生活小区(数字社区)”示范工程,“数字京都”也成为其数字城市建设的示范工程。

“数字京都”开始于1998年10月,由日本NTT开放实验室发起实施,是NTT和京都大学共同的研究项目。它的目的是建立京都的社会信息主干网,有两个基本的目标:一是数字京都的建设必须与京都这一物质城市紧密地联系起来,使数字城市更加真实;二是数字京都要将互联网技术与城市遥感信息动态集成起来,使城市变得更加生动活泼。数字京都的内容主要包括四个方面:一是数字京都试验论坛的运营;二是社会基础信息的收集和建构;三是与京都不同社区的联系;四是与国外研究人员和专家的交流。目前,数字京都计划已取得很大的进展,能向市民提供二维的城市地理坐标系统、三维的城市虚拟空间,市民可通过互联网在数字城市中相互交流和学习。

二、我国的数字城市发展

自1998年江泽民同志接见两院院士,纵论世界经济、政治、科技的发展趋势并提到数字地球问题以来,社会各界开始广泛关注数字地球问题。1999年11月29日至12月2日,首届数字地球国际会议在北京隆重举行,会议通过了《北京宣言》。宣言建议社会各界共同推动数字地球的发展。2000年6月5~7日,联合国经济和社会事务部与联合国开发计划署及亚太地区的城市市长在上海参加了主题为"推动城市信息化,共创未来家园"的亚太地区城市信息化高级论坛,会议通过了《上海宣言》。该宣言指出,在全球化的趋势下,信息化水平已成为衡量一个城市经济社会综合实力的最重要指标,信息化建设有利于促进人类的共同富裕和进步。目前,数字城市建设在我国已初见成效。

(一)我国数字城市的发展现状分析

自2000年3月数字城市工程正式启动以来,我国许多城市都投入到数字城市的建设浪潮之中,并提出了自身的建设目标和实施方案,且已取得可喜的成绩。

1.政府网站建设状况良好

以1996年海南省政府创办首个政府门户网站为标志,我国政府网站的建设和发展已走过了十多年的历程。2006年1月1日,中央政府门户网站 www.gov.cn 正式开通,标志着中国政府网站体系基本形成。

据中国互联网信息中心统计,截至2006年6月,使用"gov.cn"域名的政府网站总数发展到近1.2万个。目前,96%的国务院部门建立了政府网站、约90%的省级政府、96%的地市级政府、77%的县级政府都拥有政府网站。

政府网站不再是仅仅对政府的法规政策、办事机构、办事程序、统计结果进行宣传,而是较为注重信息建设和为公众提供服务的交互功能。政府网站提供的交互性服务最多的是政府信箱、留言板、政府网上论坛以及投诉等,部分政府机关还在试行网上办公,这不仅使政府能更好地贴近民众、获取民情、集中民智,而且可向公民提供参政议政、监督政府的平台。

2.数字城市试点逐年增多

1997年,全国城市信息网络服务系统建设试点首先在广东的南海等城市实施。2000年,北京、广州、江门、上海、青岛等12个城市被列为全国首批信息化试点城市,从而启动了我国真正的"数字城市"建设。2001年,武汉、贵阳等14个城市被列为全国第二批信息化试点城市，我国的数字城市试点范围进一步扩大。2006 年，天津河西区、天津大港区、重庆高新区、河北石家庄市、河北邯郸市、山西长治市、山西晋城市、山东即墨市、江苏常州市、江苏无锡市、浙江嘉兴市、浙江台州市、浙江诸暨市、河南郑州市、广西南宁市、云南昆明市、云南安宁市被定为建设部数字城市管理第二批试点城市(城区)，我国的数字城市建设从大中城市扩展到小城市，数字城市建设的广度和深度进一步扩展。

3. 数字城市论坛与日俱增

2000 年 5 月，首届“21 世纪数字城市论坛”在北京举行，论坛的主要议题是“城市的可持续发展与信息技术”。论坛举行期间，中国 100 个城市的市长与 100 家信息企业的代表就“城市的可持续发展与信息技术”进行对话，共商中国数字城市的发展策略。2001 年 9 月，“中国国际数字城市建设技术研讨会暨 21 世纪数字城市论坛”和“中国国际数字城市建设技术与设备博览会”在广州召开。此次会议的主题集中在三个方面：新世纪、新城市、新经济、新机遇；把握知识经济走向，迈进数字城市时代；数字城市——城市规划、建设、管理、服务与信息化解决方案。论坛期间，城市政府与建设界、科技界、金融界共同研讨，就政府宏观决策指导、政策法规配套、建设运作机制、科技创新攻关、行业应用实践、产业发展思路等方面进行探索。2002 年 10 月 12 ~ 14 日，国际数字化城市发展高层论坛与技术应用研讨会在北京举行。此次会议的主题是：为中国城市创建数字化生存新环境。会上来自中国内地、美国、日本、法国、德国、中国台湾、中国香港等国家和地区的遥感、地理信息系统、卫星定位系统等方面的著名专家就国际数字城市发展的背景、战略和方向做了精彩的报告。2006 年 5 月，“中国数字城市建设与创新公共服务高峰论坛”在扬州举行。此次会议的主题为“和谐发展创新共赢”。会上，来自建设界、科技界、教育界的官员和专家学者就数字城市的内涵、数字城市模式及建设数字城市的目的进行了深入探讨。

4. 数字城市基础设施建设取得明显成效

首先，信息基础设施建设取得成效。3S 技术得到广泛应用，目前有 120 多个城市建立了城市规划信息管理系统，100 多个城市建立了综合管网信息系统。通信管网建设取得明显成效，已基本形成了覆盖全国所有省市的通信信息网络。电话用户和网络用户迅猛增长，已形成巨大的用户群体。

其次，数字城市信息应用系统迅速发展。“三金”工程陆续投入使用，加速了银行、外贸、交通等领域的信息化步伐。同时，政府信息系统建设、企业信息系统建设也取得很大成果，电子政务、电子商务、智能建筑、智能社区等一大批数字城市示范工程已投入使用。

(二) 我国建设数字城市的意义

当前，全球化和信息化已成为时代的潮流，世界各国都不可避免地被卷入其中，谁能先行一步，谁就能把握时代的主动。西方各工业化国家为赢得其在21世纪的信息优势，已经制定了自己的信息化计划并将其付诸实施。我国正处于工业化的起飞阶段，如何将工业化与信息化结合起来成为我们面临的时代课题。党的十六大报告指出，信息化是我国加快实现工业化和现代化的必然选择。在信息化的21世纪，实施我国的数字城市发展战略，完善我国的数字城市体系具有重要的意义。

1. 建设数字城市是实现经济跨越式发展的重要途径

改革开放以来，我国经济飞速发展取得了巨大的成就，但一些固有的结构性、体制性、机制性的矛盾并未消除，这为我国日后的持续发展埋下了隐患。当前，经济发展中的一些矛盾已经开始暴露，外贸依存度过大、固定资产投资增长过快、能源短缺、环境污染、内需不足，这一切已成为我国经济持续高速发展的绊脚石，如何克服这些障碍找到经济发展的新途径成为我们必须面对的挑战。数字城市为我们提供了新的视野，建设数字城市，提高信息化水平将使我们站在更高的起点上，用全新的方式和更短的时间实现我国的工业化。以信息技术改造提升传统产业，调整优化经济结构，缩小我国与发达国家和地区的差距，不断提高经济增长质量，实现经济增长方式从速度型向质量型、从粗放型向集约型的转化，真正实现我国经济的跨越式发展。

2. 建设数字城市可以促进城市的可持续发展

城市的可持续发展是指城市的资源、环境、经济、社会等要素形成一个平衡与和谐的系统并持续高速发展。[①] 城市的可持续发展需要对城市的经济、社会、环境进行全面动态的监测，并分析处理监测得到的信息以供各方决策之用。传统上，我们没有有效的技术手段来完成此项任务，但数字城市能满足这样的要求。数字城市具有改善城市交通系统、改善城市规划、改善城市环境质量、改善城市居民工作生活方式等多种革命性的意义。数字城市将带动新兴产业的发展，使信息技术、网络技术与服务业日益融为一体，由此带动生产力的快速持续发展，为城市的可持续发展提供保障。

3. 建设数字城市将提高城市的综合竞争力

在信息化时代，信息化的程度和水平已成为衡量一国综合国力的重要标准，同样也是衡量一个城市综合实力的重要标准。数字城市的建设可以大大提高城市的信息化水平。它不仅带动了城市信息基础设施的建设，而且全面提高了城市的信息化水平，把整个城市纳入数字化、网络化、智能化的信息网络，加速信息的流动与共享，为城市人流、物流、资金流、信息流的快速流动提供条件，由此带动城市综合实力的提升。

① 华斌:《数字城市建设的理论与策略》，科学出版社，2004年版，第22页。

（三）我国数字城市建设中存在的问题

当前，数字城市建设的热潮正在我国兴起，国内许多城市都提出了自己的数字城市规划并进行了试点，“数字北京”、“数字上海”、“数字广州”等也在建设之中。我们应该充分肯定数字城市建设给各个城市带来了机遇，但同时我们也必须有迎接挑战的准备。目前，我国的数字城市建设中还存在很多问题。

1. 基础理论研究滞后

自2000年数字城市的概念确立至今，数字城市的研究也不过是五六年的事情，要想在五六年内把数字城市这个庞大而复杂的概念解释清楚并形成统一的认识是不现实的。到现在为止，虽然我们从不同的层面对数字城市有了一定的认识，但这些认识大多集中于技术层面，缺乏与数字城市有关的基础理论的研究。对数字城市的概念、数字城市的框架、如何建设数字城市等基本问题缺乏统一的认识，各种数字城市的建设实践都是从各自的理解出发，在这种情况下很难发挥理论对实践的指导作用，只能是盲目跟进。

2. 脱离实际现象严重

脱离实际主要表现为两个方面：①盲目跟进，炒作问题突出。数字城市作为一个复杂的技术系统，它的建设必须以一定的经济和技术条件为支撑。目前，我国许多城市为赶潮流，不考虑自身的实际状况，盲目跟潮流提出自己的数字城市计划，脱离了自身的实际状况，完全是一种炒作行为。②形象工程很多，浪费现象严重。建设数字城市的目的是为了城市更快更好地发展，为了增强城市的综合实力，提高城市居民的生活水平。建设数字城市必须做好成本—收益分析，以尽可能低的成本取得预期的收益。但是，我国许多城市的数字城市计划却本末倒置，不看重数字城市给城市和市民带来的收益，而是为建数字城市而建数字城市，将数字城市建成形象工程，浪费了大量的人力、物力和财力。

3. 各自为政现象严重

各自为政现象也主要表现为两个方面：①信息孤岛。数字城市的最大优势是信息共享，信息共享能力是衡量数字城市水平的重要指标。当前我国数字城市建设在这方面还存在不少问题：首先，MIS，OA，GIS 等系统没能做到无缝链接。在电子政务的建设过程中，许多城市建立了自己的办公自动化系统（OA）、管理信息系统（MIS）和地理信息系统（GIS），但这些系统之间彼此孤立，相互之间不能互联互通。其次，电子政务缺乏统一规划。目前我国的电子政务建设没有统一的发展目标和框架，缺乏统一的立法。条块分割的政府管理体制使各级政府在发展电子政务时各自为政，重复建设严重，信息孤岛现象突出。②缺乏统一的标准化体系。由于我国的数字城市建设时间比较短，大部分城市是自发地提出自己的数字城市战略，所以其标准化体系建设比较落后。主要体现为：行业部门标准不统一，有关数据标准不统一，有关信息技术标准不统一,与国际标准有较大的差距。①

4. 数字城市的基础不牢,发展后劲不足

数字城市是地理信息系统、全球定位系统、遥测、遥感、宽带网络、虚拟仿真、智能识别等技术在城市规划、建设、管理以及生产、生活等方面的综合应用。它涉及信息的采集、存储、识别、应用,是对现实城市的数字化模拟。数字城市的建设必须以一定的基础设施为基础,主要包括信息基础设施、空间数据基础设施、网络基础设施等。目前,我国数字城市基础设施不牢集中表现在基础条件比较落后。首先,网络基础设施建设落后。虽然我国的计算机、有线电视和电信网络铺设工作已取得很大进展,但是三网之间的融合尚未实现,从而影响数字城市的建设步伐。其次,城市空间数据基础设施、城市信息基础设施建设也落后于数字城市的要求。虽然我们已经有大量的城市空间地理数据库,但这些数据库的信息大多为原有信息,数据比较陈旧而且更新的速度很慢,数据库之间的共享功能也有限,还远远不能满足建设数字城市的要求。

5. 人才缺乏

任何先进的技术都是一种工具,都是人用来实现自身目的的一种手段,数字城市也不例外。数字城市涉及多种高新技术,具有广泛的应用领域,它的目的是服务于人,使人的生活更舒适、更方便、更幸福,同时数字城市的建设也必须以人为主体。在数字城市建设的过程中不仅需要普通民众的广泛参与,最重要的是还需要专门的信息技术人才和既精通信息技术又精通管理等其他知识的复合型人才。据估计,我国每年所需的软件人才缺口都在几十万人,这已经成为制约我国数字城市发展的“瓶颈”。要加快我国的数字城市建设,就必须加快人才培养,造就更多的适应信息技术时代要求的人才。

(四)促进我国数字城市发展的策略选择

针对我国数字城市建设中存在的问题,可以采取以下策略进行应对。

1. 加大对数字城市基础理论的研究

理论源于实践又指导实践,只有把握数字城市的基础理论,才能更好地服务于数字城市建设的实践。正如尼采所言“知道为何,才能迎接如何”,只有形成对数字城市概念、框架等基础理论的统一认识,才能进行统一规划和建设,防止数字城市建设出现无谓的失误。针对我国数字城市基础理论研究滞后的现状,我们必须加强这方面的研究。不仅要借鉴国外的数字城市研究理论,还要从自己的数字城市建设实践中总结经验教训,并将其上升到理论高度,同时要加强不同人士之间的交流沟通,促进数字城市基础理论的研究。

① 姜爱林:《数字城市发展存在的主要问题》,《城镇建设》,2003 年第 1 期。

2. 因地制宜、循序渐进地进行数字城市建设

数字城市是信息技术、网络技术、空间技术、智能技术的复杂融合体，是信息科学技术与城市发展紧密结合的产物，其建设需要必要的技术和经济基础。因此，建设数字城市必须遵循科技和经济发展的客观规律，不能不顾实际盲目赶潮流。将数字城市建设作为城市发展和赶超战略的一部分是可以理解的，但是不可以盲目照搬和热衷于炒作，没有经济技术基础的数字城市只能是空中楼阁。我国经济发展的一大特征是地域发展不平衡，东中西部地区之间、不同城市之间在资源禀赋、经济基础、科技条件、社会需求、文化氛围等方面都有很大差异。因此，应按照自身的发展阶段和现实条件建设数字城市，切不可一哄而上，盲目跟进，更不能将数字城市建成劳民伤财的形象工程。

3. 建立全国统一的数字城市标准化体系

信息孤岛和缺乏统一的标准一直是阻碍我国数字城市建设的主要障碍之一。统一标准成为我国数字城市建设的一项基本任务，也是国家正在努力解决的问题。1997 年，国家提出了建设数字城市的二十四字方针："统筹规划，国家主导，统一标准，联合建设，互联互通，资源共享"，足见对统一标准的重视。当前，我国数字标准化建设的任务还相当繁重，主要集中在三个方面：①在信息基础设施的建设中，将需要大量的网络通信、网络安全、网络管理、网络互联等方面的标准，还有信息技术标准、设备标准和接口标准，以确保信息化所需技术和装备业的健康发展。②在应用系统工程的建设中，所涉及的标准化工作主要包括信息安全、电子商务、文本描述技术、编码与解码技术等。③在信息资源的建设中，相应的标准化工作主要侧重于既面向全社会的通用性信息技术标准，如信息分类与编码、条形码、组织机构代码、自动识别技术、文本描述技术等，又面向地方、行业应用所需的信息技术标准，尤其是代码标准。在我国，数字城市的建设中不仅应注意统一国内标准，还要做好与国际标准的接轨工作，从而为数字地球建设打下基础。①

4. 加快信息基础设施建设，缩小"数字鸿沟"

所谓"数字鸿沟"，就是指不同国家和地区之间信息拥有量的差距。"数字鸿沟"已成为全球贫富差距进一步扩大的重要原因。当前，西方发达国家已基本普及了电脑和网络的应用，他们以占世界 16% 的人口占有 90% 以上的网络主机，其数字城市的前三个阶段（网络基础设施建设阶段，政府和企业内部信息系统建设阶段，政府、企业上下游之间借助互联网实现互联互通阶段）已基本完成，正进入数字城市、数字家庭、数字社区的发展完善阶段。截至 2006 年底，我国上网用户总数达到 1.3 亿人，占全国人口总数的 10.5%，但仍低于世界平均普及率，更与发达国家超过一半人口的普及率有着巨大的"鸿沟"。只有加快我国的信息基础设施建设，才能不断缩小与

① 姜爱林：《制约中国数字城市发展的途径探析》，《求索》，2003 年第 2 期。

发达国家的差距，也才能为我国的数字城市建设打好基础。

5. 加大人才培养，为数字城市建设奠定人才基础

在数字城市的建设中，人才是建设的主体和关键。为解决我国数字城市建设中人才短缺的问题，我们可以从两个方面着手：一是引进人才；二是培养人才。一方面，我们要通过各种优惠的政策和措施，通过创造适合人才发展的环境来吸引各种优秀人才为我国的数字城市建设服务；另一方面，通过国内各高校、企业和科研机构培养自己的优秀人才，建立专业的人才队伍。21 世纪的竞争是科技的竞争，更是人才的竞争，而人才的竞争主要体现为吸引人才和培养人才的竞争，只有做好这两项工作，才能为我国的数字城市建设奠定坚实的基础。

第三节　数字城市中的政府治理

城市管理是城市管理主体对城市的人、财、物、信息等资源进行综合协调、规划、控制和管理的过程，其目标是保持城市的长期稳定、协调发展和良性运行。不同的时代对城市管理有不同的要求，即使是相同的时代，不同国家的城市管理也是不同的。随着新公共管理运动的兴起和信息技术的发展，传统的管制型城市管理模式越来越不适应时代的要求，追求更具适应性的城市管理模式成为人们的主动诉求。正是在这样的背景下，治理理论与数字技术开始主动融合，数字治理应运而生。

一、数字治理概述

20 世纪 80 年代末 90 年代初，治理理论首先在国际经济领域中兴起。1989 年，世界银行首先使用了“治理危机”这一概念，之后治理被广泛应用于政治发展研究并渗透进其他领域。虽然目前人们对“治理”的界定还没有形成共识，但是对“治理”的核心理念还是具有比较普遍的认同。“治理”的核心理念主要包括多元主体的参与、多层次的互动机制、权力与责任共享等。因此，我们认为，所谓“治理”是指政府、企业、非营利组织以及公民个人为了解决现代社会的复杂问题，在多层次、多机制的制度平台上共同协商、共同合作并在其中分享权力和分担责任，从而致力于公共事务的解决，谋求公共福利。

从 20 世纪 90 年代开始，知识经济已初露端倪，信息社会正加速向我们走来。自美国 1998 年提出数字地球战略以来，数字城市计划在世界各国兴起，城市政府如何应对数字城市的挑战，成为城市政府必须考虑的问题。正是在这样的背景下，数字治理应运而生。数字治理也叫电子治理，是产生于电子商务和电子政务之后的概念，也是对电子商务和电子政务的超越，它是数字时代全新的治理模式。数字治理

有广义和狭义之分。从广义上讲,数字治理不是信息通信技术(ICT)在公共事务领域的简单应用,而是一种与政治权力和社会权力的组织与利用方式相关联的社会—政治组织及其活动的形式。它包括对经济和社会资源的综合治理,涉及如何影响政府、立法机关以及公共管理过程的一系列活动。从狭义上讲,数字治理是指在政府与市民社会、政府与以企业为代表的经济社会的互动,以及政府内部在运行中运用信息技术,易化政府行政,简化公共事务的处理程序,并提高其民主化程度的治理模式。本文讨论的数字治理是指狭义上的。

二、数字城市促使政府治理革新

数字城市是信息化时代的产物,是信息科技在城市规划、建设、管理等方面的综合应用,它的建立将对市民工作和生活产生深远的影响。它将使市民的工作方式发生变革,家庭办公将成为主流;将使市民的休闲方式发生变革,网上购物、网上娱乐将成为市民重要的休闲方式;将使市民在交通、旅游、教育、医疗甚至政治参与等方面发生变革。此外,数字城市的建立也将对政府治理产生深远的影响。

(一)数字城市将促使政府组织结构重构

数字城市的建立使信息的流动加速,信息量剧增,同时信息获取的方式更加多样,信息获取更加便捷。传统官僚制对政府信息的垄断将被打破,如何更好地促使信息流动、更好地管理信息、更好地利用信息成为政府首先要解决的问题。这将促使政府组织结构进行如下变革。

1. 变金字塔式的组织结构为矩阵式结构

传统官僚制的组织结构是一种典型的金字塔式结构,信息在金字塔里的流动只有两种方式:从上到下和从下到上。这种信息传递方式不仅使信息的传递速度很慢,而且信息在传递的过程中容易被人为取舍造成失真,因此它无法适应信息时代政府对信息的要求。要提高政府信息的流动速度,提高政府反应的灵活性,就必须变革金字塔式的组织结构,使它更加扁平化,矩阵式组织结构正好适应这种要求。矩阵式组织结构可以大大减少纵向的政府层级,增加政府机构间的横向联系,有利于加快信息在组织中的传递,同时也可以保持信息的真实性。要建立矩阵式组织结构必须从三个方面对传统的组织结构进行调整:一是减少政府层级,撤销重复性工作职位,使政府组织结构扁平化。二是围绕工作程序或过程而不是部门职能来建立组织结构,打破部门边界,加强政府各部门间的横向联系,使其更好地应对不确定的外部环境。三是政府适当建立一些网络组织,来适应环境要求。①

---

① 徐晓林:《数字城市政府管理》,科学出版社,2006 年版,第 85 ~ 86 页。

2. 变集权式的权力体系为分权体系

传统官僚制的典型特征是权力的高度集中,这体现在两个方面:一是组织权力集中,上级对下级具有绝对的权力优势,下级必须对上级负责并汇报工作;二是资源集中,资源的分配大权掌握在上级领导手中,只有经上级同意下级才能获得自己工作所需的资源。这种集中性的权力体系使上级面临巨大的决策压力,很难对变动的环境做出迅速的反应。而同时下级却因无权而产生无责观念,整天无所事事。在信息化时代,信息成为权力效能的决定性因素,谁拥有信息谁就拥有了权力。面对信息分散化的趋势以及公众对政府权力效能越来越高的要求,集权体系已不能适应这种要求,必须变集权体系为分权体系。首先,要扩大对基层官员的授权,使他们能因地制宜地进行管理,发挥他们的积极性;其次,要向社会授权,让需求者自身实现自己的需求。

(二)数字城市促使政府职能转变

正如麦克尔·尼尔森所言:"正像信息技术深刻地改变了美国的商业结构一样,我们可以预见计算机和信息技术的发展将会极大地影响政府的结构和职能。信息技术和网络经济的发展将深刻地改变公众的期望和政府的工作方式。"借用尼尔森的话,我们认为数字城市也将在下面两个方面对政府职能产生深远影响。

1. 有利于实现小政府的愿望

数字城市的建立将会实现信息资源的充分共享,通过网络和其他的信息传播媒介,市民可以更好地了解政府的运作过程。传统上政府对信息的垄断将被打破,政府因信息垄断而引起的协调功能将大量减少。此外,数字城市的建立可使市民、社区和社会组织更好地参与对社会事务的管理,减少对政府的依赖,同样,也会缩小政府的职能范围。概言之,数字城市为政府职能转变提供了条件,政府可以将市场性、社会性、公益性的事务转给市场和社会去承担,从而实现小政府的愿望。

2. 有利于提高政府能力

数字城市的建设在缩小政府职能范围的同时将会提高政府的能力。这是因为:首先,政府职能范围的缩小可使政府集中精力于自己擅长的事务,更好地做好本职工作。其次,数字城市将使政府具有更强的信息获取和处理能力,从而使政府能更好地服务于市民。数字城市使得城市政府能有效地将国家或国家级组织提供的信息和自身的需求结合起来,寻求有效的解决方案;数字城市也使城市政府能更好地贴近信息源,获取第一手的现场信息,提高决策科学性,提高政府的自身能力。

(三)数字城市将革新政府管理理念

数字城市的建立将会改变传统上政府重控制、监督和管理的理念,使政府更具服务性和学习性。

1. 数字城市将促使政府更具服务性

新公共服务理论认为,政府的目的在于服务,在于对公民的需求做出迅速的回应。过去那种负责人、财、物分配,负责社会控制和管理的政府必须转换成为民服务的政府。这就意味着,政府政策的制定需要广泛的民众参与,以满足民众的需求为施政的目标;政府注重的不仅是对程序的遵循,而且是必须考虑到民众的不同需求,满足民众的多样化需求;政府追求的目标不再仅局限于成本—效益的效率追求,而更多的应强调公共利益、公平和正义等社会价值。

2. 数字城市将促使政府更具学习性

在数字城市时代,信息的流动速度空前提高,信息量剧增,外部环境复杂多变,传统上以规则化、程序化和追求稳定为基本价值的政府已很难适应这种变化的环境。为此,政府必须进行多方面的变革。加强政府的学习能力是应对这些挑战的有效方法之一。加强政府的学习能力可以使政府迅速剔除自身的弊病,提高自身的适应性从而提高应对复杂多变的外部环境的能力。政府可以从以下两方面加强自身的学习能力:一是加强组织学习,建立学习型组织;二是加强对公务员的培训,培养新型的公务人员。

(四)数字城市将重塑公民与政府的关系

在数字化时代,传统的政府主导公民依附的政府公民关系将被新型的合作型政府公民关系所取代,数字城市建设将深刻地变革政府与公民的关系。

1. 数字城市将促进公民的有效参与

在传统社会,由于信息获取、传递等方面的困难以及一些人为的限制,公民个人即使有参与政府管理和监督的意愿也是很难实现的。但是,数字城市的发展将会改变这一切不利条件,为公民在城市公共管理中的有效参与奠定基础。首先,数字城市将为公民提供充足的信息,打破政府对信息的垄断,使公民在对称性信息的基础上做出理性的判断。其次,数字城市将为公民提供有效参与的平台。人们不再需要像雅典时代那样走到公共广场进行政治参与,也不需要花时间到投票站投票或到法庭旁听,他们只需要坐在家中进入政府论坛即可发表自己的看法,也可通过网络进行投票和表决。

2. 数字城市将提高政府管理的透明度,有利于建设廉洁的政府

"阳光是最好的防腐剂",这是一条亘古不变的真理。加强政府信息公开建设,实行"阳光政务",可以有效地提高政府管理的透明度,防止腐败行为的发生。在数字城市时代,通过网络建立政府与公众之间交流的桥梁,便于提高公众对政府监督的主观能动性,便于公众行使自己的民主监督权力。政府通过热线、论坛、电子邮箱等多种方式与公民进行互动交流,可以对公民的意见和建议进行及时的处理,提高

工作效率减少腐败的发生，提高政府运作的透明度。

本章小结

数字城市是一种虚拟化的城市，是对城市的一种全新诠释。我国数字城市建设才刚刚起步，还有很长的路要走。在信息化的21世纪，数字城市建设为我国城市的发展带来新的机遇，同时也会提出新的挑战。如何把握机遇迎接挑战是我们必须面对的问题。为此，必须由政府统一规划和协调，加强数字城市基础理论的研究，规范数字城市的建设实践，从而为我国数字城市的发展奠定基础。

思考题

1. 如何理解数字城市诞生的背景？
2. 数字城市的概念、特点是什么？
3. 建设数字城市主要以哪些技术为支撑？
4. 数字城市主要有哪些应用领域？
5. 简述数字城市的发展阶段。
6. 我国数字城市的发展现状、面临的主要问题有哪些？
7. 如何促进我国数字城市的发展？
8. 数字城市将会对城市政府产生怎样的影响？

案例分析

"数字北京"面面观

"数字北京"概念的提出

面对全球数字城市的发展浪潮和"数字生存"的现实，为建设中国现代化的首都，1999年11月29日，时任北京市市长刘淇在北京召开的"数字地球国际会议"上，正式提出北京市将要启动"数字北京"工程。同期，构建"数字北京"基本框架成为首都"十五"信息化工作目标。

根据《数字北京工程总体框架及其发展规划》，"数字北京"的概念分广义和狭义两种。广义的"数字北京"是指首都信息化。它既是首都信息化的总体概述，又是首都信息化的目标。中共北京市委八届四次会议“关于加强技术创新，发展高科技，实现产业化的意见”指出，“数字北京”是指通过建设宽带多媒体信息网络、地理信息系统等基础设施平台，整合首都信息资源，实现国民经济信息化，建立电子政府、电子商务、电子社区等。狭义的“数字北京”是指利用“数字地球”理论，基于3S技术等关键技术，建设服务于北京市规划、建设、管理，服务于政府、企业、公众，服务于人口、资源环境、经济社会的可持续发展的信息基础设施和信息系统。其本质是建设空间信息基础设施并在此基础上深度开发和整合应用各种信息资源。

“数字北京”战略框架

一般意义上的“数字北京”是从狭义上来理解的，其基本内容包括基于首都公用信息平台建设的电子政务工程、电子商务工程、科教信息网络工程、社会保障信息化应用工程、社区服务信息化应用工程、空间信息工程、中关村科技园区信息化工程、其他信息化工程以及配套的政策法规和规范标准。总体框架如图14－1所示。

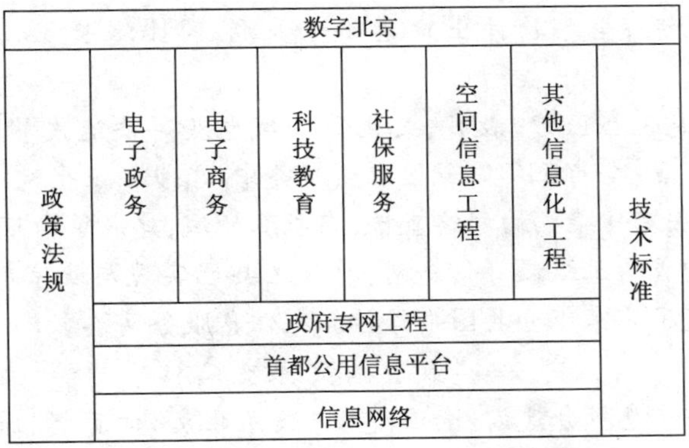

图14－1　数字北京的总体框架

“数字北京”建设

几年来，北京市信息化工作认真贯彻“以信息化带动工业化、以工业化促进信息化、走新型工业化道路”的要求，紧紧围绕“新北京、新奥运”战略构想，全面落实“推进电子政务建设，提高政府服务水平”、“逐步消除数字鸿沟，实现全面协调发展”、“大力发展电子商务，促进首都经济发展”三大任务，求真务实，开拓创新，实现了持续快速发展。基本完成了“十五”信息化规划的各项任务。“数字北京”建设取得明显成效。

据北京市统计数据显示，截至2005年底，全市固定电话用户达到950万户，是2000年的2.2倍，固定电话主线普及率达到62.7线/百人，比2000年增加28.3线/百人；移动电话用户达到1 470万户，是2000年的5.5倍，移动电话普及率达到97部/百人，比2000年增加70.5部/百人。

广播电视"村村通"工程推进顺利,有线电视用户达到282万户,比2000年末增长68%,有线电视入户率为64.1%,比2000年末提高18.3个百分点,广播、电视综合覆盖率分别达到100%和99.99%。

北京市电子政务专网已覆盖全市城乡。有线政务专网基本实现了从市到区县、乡镇(街道)和村(社区)的网络连接,1 700多个市级单位和1 600多个区县级单位接入政务专网,全市40多个单位通过有线政务专网接入了市应急指挥系统的电视电话会议系统。无线政务专网开通基站162个,用户达3万多个。电子政务建设正在从政府上网阶段向业务应用阶段全面过渡。

北京市信息产业获得高速发展。2005年,北京市现代信息服务业收入高达1 075亿元,同比增长超过30%;以信息内容创意开发为主的信息资源产业收入达122亿元,同比增长近100%。信息传输、计算机服务和软件业增加值显著扩大,"十五"期间增加值年均增长16.6%。其中,软件产业2005年全年营业收入达到780亿元,同比增长约50%,是2000年的4.1倍;2005年累计认定软件企业2 667家;软件出口继续保持高速增长势头,全年软件出口达3亿美元,同比增长32.2%,是2000年的6倍。

与此同时,信息化在医疗、教育、文化等领域也获得快速发展。在医疗领域,实名就诊系统开始试点,全市717家社区卫生服务中心、乡镇卫生院以上医疗机构已经全部实现了37种法定传染病的网络直报;在教育领域,建成了由市级骨干网、区县级区域网和校园网构成的三级教育信息网,所有区县已实现与北京教育信息网光纤连通;文化领域,建成了北京市公共图书馆计算机信息服务网络。

"数字北京"展望

围绕加快首都信息社会建设、全面建设"数字北京"的目标,服务首都经济社会发展大局,北京市将实施"三二一"(三大主题计划、二大基础任务、一个专项工程)信息化发展战略。即"信息惠民、信息强政、信息兴业"三大主题计划,信息安全保障体系建设、信息基础设施完善两大基础任务,"数字奥运"专项工程,保障2008年北京奥运会成功举办,促进奥运经济可持续发展。

"信息惠民"计划。主要任务:一是完善覆盖城乡、布局合理的公共信息服务体系;二是大力推进社区信息化,促进"电子社区"成为建设"和谐社区"的重要支撑;三是深入推进"燎原行动计划",加快郊区信息化进程,全力服务于构建社会主义新农村;四是大力促进公共基础信息的普遍服务,着力缩小"数字鸿沟"。

"信息强政"计划。主要任务:一是充分利用电子政务加强政府基础工作,促进实现"职责清"、"情况明"、"数字准"、"作风正"、"效率高"、"素质高";二是充分利用电子政务带动政府管理模式创新,促进工作水平全面提升;三是加快建立和完善全市统一的电子政务体系;四是加快建设布局合理、机制健全的政务信息资源开发利用体系。

"信息兴业"计划。主要任务:一是加强应用创新,重点支撑和促进文化创意产业发展;二是加强技术创新,强化信息产业的支柱地位;三是加快电子商务普及与推广,提高电子商务应用水平;四是加快企业信息化进程,深化信息化对传统产业的带动作用;五是探索符合区域功能定位、体现区域特色的信息产业发展道路。

信息安全保障体系建设基础任务。主要任务:一是完善信息安全组织管理体系,建立长效机制;二是加快信息安全法制和标准化建设,提高依法保障信息安全的能力;三是加快信息安全基础设施建设;四是加强信息安全技术研发,推进信息安全产业发展;五是加快信息安全人才培养和队伍建设,加强信息安全宣传。

信息基础设施完善基础任务。主要任务:一是加强信息网络的建设与管理;二是推动信息网络设施集约化建设;三是加强无线电管理工作。

加速推进"数字奥运"专项工程。主要任务:一是加快直接面向奥运的信息基础设施建设;二是全面提升城市信息服务水平和保障能力;三是充分利用奥运机遇促进新技术的应用和文化创意产业的发展。

资料来源:1. 承继成、李奇等:《数字城市——理论、方法与应用》,科学出版社,2003 年版。
2. 谭善勇:《城市管理概论》,经济科学出版社,2003 年版。
3. 窦彦丽:《信息系统工程》,2006 年第 4 期。
4. 中国人力资源网:http://www.hr.com.cn,2006-04-04。

案例思考题:

1. 结合本章所学内容谈谈北京市是如何将数字城市的理念应用到"数字北京"的建设当中的。

2. 通过对北京数字城市战略的解读,你如何看待"数字北京"的建设?在其中有什么值得借鉴的经验?又有什么缺憾?

第三编

城市管理展望

第十五章

城市文化

城市在历史演进过程中创造了极其丰富的文化,文化与城市是不可分割的整体。城市文化不仅使城市区别于乡村地区,而且不同城市之间又具有彼此不同的独特的文化特色。

通过本章的学习,应了解城市文化的内涵、特点、载体以及先进城市文化对城市的意义;重点掌握我国城市文化建设中存在的问题,并能够在理论的指导下,针对这些问题找到创新我国城市文化的途径;把握全球化时代城市文化面临的困境,并能够对未来城市文化发展的潮流作一些探讨。

第一节　城市文化概述

城市在自身的形成、发展过程中,形成了一种有别于其他文化的独特文化——城市文化。城市历史学家芒福德认为:“城市不只是建筑物的群体,它更是各种密切相关的经济相互影响的各种功能的集合体——它不单是权力的集中,更是文化的归极。”[①]综观当今世界上公认的真正有魅力的城市,如东京、伦敦、巴黎、纽约等,不管它们是以突出什么方面来发挥其中心作用的,都必定具有高度发达而且颇具特色的城市文化,从而成为其他城市居民心中向往的“文化之都”。“城市即文化,文化即城市”,这是西班牙巴塞罗那市提出的一个口号。可见,城市—文化,是不可分割的整体。

---

① 参见:《〈城市文化沙龙预告〉前言》,《城市研究》:http://www.urbanstudy.com.cn/show.asp? id=336。

一、城市文化的内涵与特征

目前,"文化"已成为使用频率最高的词汇之一,人们经常说某某城市是文化名城,也会听到对"无文化"的批评,其典型如欧洲人对美国人的批评。但实际上,并没有人会真的视美国为未开发的荒漠,这是因为文化被极宽泛地定义为"人类在社会发展过程中创造出的物质财富和精神财富的总和"。

城市文化是社会文化的一种亚文化,定义城市文化不能脱离文化这个母体。正如文化有广义和狭义之分一样,学术界对城市文化的界定也有着以下两种倾向。

一是广义化倾向,即将城市文化看成是城市物质财富和精神财富的总和。从这个角度来理解,可以将城市文化的结构大致上区分为三个层次:器物层(物质文化),如城市布局、建筑、文化体育设施、城市园林、历史文物等;制度层(制度文化),如政治制度、法律、各类成文不成文的制度和行为规范等;观念层(精神文化),如文学艺术、价值标准、道德风尚、宗教信仰、生活习俗等。也有学者认为城市文化包含四个层次:物质秩序或物质文化层,管理—制度文化层,生活与行为方式层,心理—观念文化层。① 但两者所指外延基本相同。

二是狭义化倾向,即将城市文化看成是城市群体意识、价值观念、思维方式、行为模式及生活方式等文化现象的总和。它是上述广义城市文化的灵魂与核心,整个城市文化不过是由这一核心而外化构成的文化价值体系。

城市文化的本质是人文精神的状态和追求,它是城市文化的深层基础,也是最令人感兴趣的部分。因此我们在此主要讨论狭义上的城市文化,认为城市文化是指城市在长期的生存和发展中所形成的,为本城市所特有的,且为城市多数市民共同遵循的最高目标、价值标准、基本信念和行为规范等的总和及其在城市活动中的反映。

阅读拓展

巴黎的城市文化

巴黎是有很高文化品味的城市。巴黎的文物遗存丰富多彩,很多古建筑至今风韵犹存,走进巴黎就如走进了建筑的历史、文化的圣殿、艺术的宝库。巴黎受到保护的古建筑就有 3 115 座,每一座历史建筑都为巴黎添色增辉。数量巨大、价值极高的历史文物塑造了巴黎高尚的城市文化。巴黎市政府非常重视保护这些历史遗产,对

① 任平:《时尚与冲突——城市文化结构与功能新论》,东南大学出版社,2000 年版,第 7 页。

新建筑的规划、古建筑的使用都有严格的法律规定。

1977年巴黎制定了古城保护规划,105平方公里范围内是古城范围,得到法律的严格保护。古城内城市建设主要侧重环境绿化和美化。对建设现代建筑控制很严,允许兴建的,在设计上必须追求与古城整体风貌的和谐统一。因此,在巴黎旧城区内,很少能见到新建的高层建筑。现代化的城市新区建在了4公里外的拉德方斯。

一个城市中文化场所的多少、设施水平的高低标志着它不同的文化品位。巴黎有很多的文化中心、艺术中心、体育中心、娱乐中心、阅览中心、资料中心和信息中心,总数多达364个。巴黎还拥有134所博物馆,170家歌舞厅,350个电影厅,141个剧院,64所市属公共图书馆。文化活动场所和设施真可谓既多又好,成了巴黎一道亮丽的人文风景线。

巴黎市民的文化活动多种多样,人们将参与各种文化活动看作是日常生活最重要的内容之一。在巴黎的各个社区,到处可以看到中小学生在小公园里踢足球、打篮球、练习乐器、在河边湖边和植物园中画画。巴黎市的成人也热衷于业余艺术实践,很多人会演奏一种以上的乐器,常与朋友们一起演奏。

巴黎是鲜花之都。无论是在房间里、阳台上、院落中,还是在商店里、橱窗前和道路旁,到处都有盛开的鲜花,到处有迷人的芳香。巴黎人爱环境之美。现在巴黎人均公共绿地面积达24平方米,古城中到处是绿色,到处有鲜花,和古色古香的古建筑相映成辉,分外妖娆。

巴黎人就生活在这样的文化氛围中,这无疑使他们能得到高雅充实的精神享受、艺术熏陶、情操培养、情感交流和得到技能以及身心的锻炼,也使社区增强了精神凝聚力和环境净化美化的能力。

资料来源:白志刚:《巴黎的城市文化》,《前线》,2000第9期,第56页。

城市文化既有共性也有个性,它不仅因其与乡村聚落相对立从而规定了城市文化不同于乡村文化的共性;同时,因不同城市产生的自然、经济和社会背景不同,决定了不同城市有不同的文化特色。城市社会学家帕克指出,城市乃文明人类的自然生息地,正因为如此,任何一个城市地区便都有其特有的文化类型。

(一)地域性

由于地理位置、气候条件、生产生活方式的差异,历史地形成了不同的地域文化,在此基础上所形成的城市文化也就体现出了不同的地域特征。不同城市的价值观念、社会心理差别很大。虽然现代化的传播手段使当代生活具有更多的共性和世界性色彩,但这并没能完全取消各个地区的独特文化,相反还刺激了各地区的城市文化向更具有地域性的现代化方向发展。当然,需要注意的是,城市文化不是一般意义上的地域文化,而是作为经济社会发展中心地区(城市)的文化。例如,世界名城威尼斯,其独特的地理环境赋予了威尼斯极富代表性的水城文化,与威尼斯城内瑰丽的中世纪建筑和丰富的历史艺术珍品相辉映,形成了威尼斯与众不同的文化特色,从而使威尼斯成为世界文化名城。

(二)开放性

文化的生命力在于它的开放性。尽管历史长河中的文化发展是缓慢的,但在世界城市化和城市现代化过程中,城市文化发展明显加快。其中很重要的一个原因是由于城市的开放性。开放度高的城市可以不断吸纳世界各地先进的文化,从而使本地文化总是处于一种演进的过程之中,不断地吸收各种文化的优点,并使这些优点成为自己文化的有机组成部分。而今,经济全球化促进文化全球化,促进东西方文明接近并创造了互相融合、推陈出新的条件。

(三)多元性

城市是文化的容器。文化的多元性是人类发展的内在要求和必然趋势,城市就是这种内在要求和必然趋势的一种集中表现。城市的发展吸引了来自不同地区甚至国家的群体,他们在适应城市和被城市所认同的同时,也保留有自己文化的特质。城市的开放性使不同的种族世系、不同的宗教信仰、不同的社会阶层、不同的生产方式、不同的生活方式、不同的技术传统、不同的艺术流派、不同的文化习俗、不同的价值观念兼收并蓄在一个特定的城市文化体系中,使城市文化成为一个多元文化的大熔炉。城市文化的这种多元性带来了城市亚文化的丰富多彩,极大地激发了城市的内在活力,增加了对具有不同文化背景的人的吸引力。随着经济全球化和网络时代的到来,使文化间的沟通与对话以前所未有的形式高频率地发生着超越地域、跨越国度的信息互动,更是使城市文化的这种多元性诠释着时代气息与全球文明。新加坡就是一个典型的多元聚合文化的城市国家,华人文化、马来文化、印度文化和欧洲文化平等对话、存异求同,共生于一个文化体系中,给城市带来了巨大的活力与生机。

(四)异质性

城市文化的异质性来源于城市社会结构的分化和城市生活的异质化。例如:存在着民族与地缘关系反映的异质化——在城市中存在着以地缘或民族为纽带的社会群体和就业群体,北京市的浙江村、新疆村就是这种现象的典型反映;职业结构的异质化——不同职业间的专业壁垒以及由此形成的生活方式的差异;经济收入的异质化——城市中人们收入层次的分化和收入差异的加大;社会地位的异质化——城市中人们对社会生活参与的程度和发挥的作用不同,造成其社会地位的差异;文化背景的差异化——城市中人们接受教育的程度不同和接触的文化背景不同,造成其文化素质的差异。在信息化、网络化条件下,城市文化的异质性的分化与整合都在加剧,使城市文化的物质层、制度层和精神层都表现出前所未有的丰富性和复杂性。

（五）先进性

城市是各种先进文化的汇聚地和传播的高层次站点，它代表了时代的主流文化，成为时代文化的辐射中心。城市还是文化的创新中心，它不断地创新时代文化，推动社会发展。随着城市化趋势日益加剧，城市人口超高速增长，城市文化已成为世界文化中的无可置疑的中心文化或优势文化。

（六）辐射性

思想、道德、习惯、理念、情操、科学、技术等文化内容，一旦在某个地域产生，或早或迟会通过各种载体传播到其他地域，从而表现出文化在城乡各个地域的辐射作用。L. 沃思认为，通过城乡间的各种连接点，把城市文化传播给广大乡村是实现社会整合的重要手段。在城市发展的初期，城市的辐射效应将促使乡村原有的社会结构、传统文化、规范和角色体系的解组，然后经过一系列城市文明、工业文明同农业文明的对比、冲突、选择、改造、适应、融合，终将使乡村地区文化系统被改组而融入以城市文化为主体的现代社会系统之中。

二、城市文化的载体

城市文化的本质是人文精神的状态和追求，这种状态和追求内化于“城市”这个载体之中。当你刚走进一个城市，就会获得一种扑面而来的文化感受：哈尔滨的俄罗斯风情，杭州的江南风韵，上海的海派时尚，北京的古朴之风，南京的近代建筑及包头的草原文化……因此，城市学家沙里宁断言：“让我看看你的城市，我就能说出这个城市的居民在文化上追求的是什么。”①

（一）城市自然景观与城市人文景观

城市文化是人类物质文明和精神文明的综合表现，也是一定的自然环境和人文环境的统一体。城市自然景观指城市特有的自然地理面貌特征，包括环境植物、天空、水系和山峦等。当代城市景观规划应根据城市总体规划，充分认识城市的山、水、林等自然景观要素，在尊重自然规律的前提下，发掘、保护、利用、顺应自然环境的特性，形成独具特色的城市风格。人文景观包括城市现代化的基础设施和时尚的外观形象。诸如，城市的空间布局，建筑的造型、风格、色彩以及道路、广场、公园、雕塑、路灯、栏杆，甚至路牌、广告，等等，都不能凌乱无章、残缺不全、千人一面。要讲究城市的整体和谐与审美情趣，有文化个性和艺术感。一座城市的人文景观给人以巨大的文化享受。余秋雨在《文化苦旅 · 自序》中说：我发现自己特别想去的地方，总是古代文化和文人较深脚印的所在，说明我心底的山水并不完全是自然山水而是一种人文山水。钱学森教授提出，中国城市的建设应该有

---

① 任平：《时尚与冲突——城市文化结构与功能新论》，东南大学出版社，2000 年版，第 1 页。

“中国的文化风格”，吸取中国传统的园林艺术精华，建设有中国特色的“山水城市”。这是极富启迪的见解，实际上就是如何使自然环境和人文环境有机地融合于城市的问题。

（二）城市文化设施

文化设施是营造城市文化环境必不可少的要素，它包括学校、学术机构、图书馆、博物馆、美术馆、体育场、公园、公共娱乐场所等文化设施的建设以及举办各种文化艺术活动、新闻出版、广播电视、文化团体的建设，这些代表了城市的基本文化状态。城市文化设施是一个城市文明程度的标志。一个城市文化设施的艺术水平常常反映着它那个时代的社会生产力发展水平和文化艺术发展水平。雅典卫城的神殿和诸神雕塑、罗马竞技场、埃及金字塔以及中国众多的古代文化遗址，都向人们展示了它们所代表的那个时代的灿烂文明，成为一个时代的象征。正是这个缘故，现代城市也非常热衷于建设作为城市标志性的文化设施。在欧洲，以大剧院为中心的文化广场比比皆是；在北美洲，更有近代的文化中心建筑组群，突出了文化设施在城市中的多元功能和优美形象。

（三）城市历史文化传统

最能反映一个城市民族性和地方性特色的，莫过于这个城市悠久的历史和灿烂的文化。美国著名城市建筑和城市历史学家刘易斯·芒福德曾提出一个重要的思想：城市的贡献和作用在于它能保存、留传和发展社会历史文化。人们在体验一个城市的美感时，往往将它与这个城市的历史文化和民风民俗联系在一起，如苏州的古典园林、西安的兵马俑、北京的故宫等。高层次的审美体验就来自这个城市的历史文化遗存和浓郁的民风民俗。在伦敦，常常可以看见只供步行的小街巷，这些小街巷不仅拥有极具特色的住房和店铺，而且许多历史名人曾经在这里生活过。走在这里你仿佛走进了历史，你会感觉你正与那些名人并肩散步、对话交谈。所以说，文化是历史的投影，城市文化与城市历史密不可分。没有历史文化深厚积淀的新兴城市，往往会因其经济力量而表现出一种浅薄的、嚣张的文化气息。

（四）市民行为

城市文化不仅表现在精神与物质文化层面上，还表现在行为文化层面上，特别是表现在一个城市的群体文化行为构成上，这也是城市文化的特殊性所在。市民是城市的主体，是城市社会文明的创造者和体现者，也是城市文化的载体。城市市民的素质如何，直接决定着一个城市的形象。

三、城市文化的意义

城市文化在城市发展中具有重要的战略意义。城市文化作为一个城市普遍和公认的价值观念、道德规范、社会意识、行为准则等，是一个城市的灵魂，是城市核心竞争力的重要动力和强大支撑,是城市现代化的根基。无论是塑造城市灵魂,培植城市的竞争能力,还是塑造城市的形象,都需要先进的文化作指导。一个城市表面的繁荣可以用林立的高楼、宽敞的马路来表现,而更深一层的繁荣只有文化才能支撑。于是,城市文化也就决定着这个城市迈向现代化的脚步是否坚定,只有拥有丰富城市文化积淀的现代化才能拥有自信和个性。英国曼彻斯特市在其文化产业的战略报告中断言,“21 世纪的成功城市将是文化的城市”。

(一)先进城市文化是促进生产力发展的强大的内在动力

戴维·兰德斯在《国富国穷》一书中断言,经济发展带给人们的启示就是文化乃举足轻重之因素。文化绝不是简单的外在包装,而是能够充分融入于经济方方面面的血液和神经。这种促进作用主要表现在:首先,先进的城市文化能够极大地促进人的思想道德和科技素质的提高。先进文化通过对社会共同理想的确立,把社会发展的内在要求转化为广大人民群众的奋斗目标,成为动员和组织人民群众为理想而奋斗的精神力量,为城市发展提供强大的精神动力。人是生产力的首要因素,人的素质的提高必然会有力地提高社会生产力的整体水平,为生产力的发展提供强有力的智力支持和思想保证。其次,先进的城市文化可以优化城市环境,提高城市品位,增强城市的辐射力和吸引力,从而为城市经济持续、快速、健康地发展创造良好的环境。先进文化是城市重要的软环境,城市文化是城市竞争力的重要所在。不同的文化氛围会使城市呈现出不同的吸引力。最后,文化作为一个产业本身就是一种可永续利用的资源。近年来,《哈利·波特》系列小说风靡全球,被译成几十种文字,形成了许多衍生作品,被制作成电影、系列的玩具、文具、电子游戏等,在全球引起巨大轰动;该小说的销售额和电影以及其他衍生产品的销售额打破了多项“世界纪录”。在资本市场上,“哈利·波特概念”股票受到热烈追捧,一部小说在经济不景气的日子里推动了一部经济机器,被称为“哈利波特现象”。所以说,文化产业本身就是推动城市文化发展的内在动力。

(二)先进城市文化可以塑造市民精神,提高市民素质

美国著名现代化问题研究专家英格尔斯明确指出,任何一个国家,如果其国民不经历心理上和人格上向现代化的转移,仅仅依赖于外国的援助及先进技术、设备的引进,都不能成功地从一个落后的国家跨入自身拥有持续发展能力的现代化国家的行列。而城市文化是实现这种心理和人格现代化转移的重要途径。在城市社会文化氛围的渲染之下,城市人口在有意无意之间改变着他们的行为规则、生活方式乃至价值取向。正如芝加哥学派的社会学家们所揭示的:“城市改造着人性。”每个人都或多或少地带着他成长时所生活过城市的印迹,英国前首相丘吉尔讲过一句很有哲理的话:我们塑造城市,城市又在塑造我们。因此,城市的现代化首先必须实现文化的现代化。

（三）先进城市文化可以解决城市化过程中的城市病

城市化进程的加快所带来的当然是经济的繁荣和社会的进步，但同时人们更应透过表面看到城市化进程中人的变迁。城市化进程中，城市的强大吸纳能力进一步打破了城乡间的壁垒，怀抱着谋生、求职、读书、发财、享乐的人们蜂拥而入，使得原有的中小型的市民群体逐渐发展成人口迅速膨胀、物质性日益增强的市民社会。加之市场经济时代，社会的文化价值体系发生了巨大的变化，社会的价值取向趋于多元化，并且有着明显的功利化倾向，文化的发展也日趋世俗化，由于在多元价值之上缺乏更高价值的统摄，社会也出现了一定程度的文化共识危机。信仰缺失、精神上的迷茫和社会伦理秩序的瓦解等问题不容忽视。在这一特定的外部环境下，忽视对文化的思考，就不能满足市民社会不断提高生活质量的要求，城市便只能最终发展成为钢筋水泥的丛林，刻板而毫无生机。市民社会也会因失去城市文化的教化与规范而变得杂乱无章。当前我国掀起的城市化浪潮，实际上也是一种文化重建的过程，其目标是建立现代城市文化体系，包括公文化、和文化、善文化、俭文化、信文化等，并以此来更好地实现城市化。

（四）先进城市文化是城市发展水平的重要标志

随着人类社会经济水平的提高，标志城市发展水平的城市现代化的内涵也发生了根本的变化。创新的快速化、社会信息化、政治上的民主化和法制化、经济社会发展的持续化和协调化已成为描述现代城市发展水平的重要指标。很明显，这些指标都是城市文化的表现形式。总之，城市文化的发展高度反映了城市发展的水平，高品位的城市文化是现代化文明城市的象征。未来的柔性城市、信息城市、生态城市等都是城市文化发展到一定程度的体现。

总之，城市的发展，既取决于其经济活力，也取决于其文化状况。城市的先进文化是城市全面发展的动力基础，培育先进的城市文化是每一代城市人的历史责任，培育先进城市文化势在必行。

第二节　城市文化建设

当前，我国城市文化建设取得了一定的成就，物质文化和精神文化日益丰富。然而遗憾的是，一方面，不少城市的决策者没有充分认识到城市文化建设对城市发展的重要作用，在规划、建设城市过程中普遍存在着“重经济发展、轻文化建设”的现象；另一方面，有一部分城市的决策者虽然意识到了城市文化建设的重要意义，但在塑造城市文化的过程中不能从城市自身的性质、特点、条件等方面挖掘自身的优点，而是对国内外一些相对发达的、现代气息浓厚的城市进行简单的模仿、照抄，搞所谓的“包装工程”、“形象工程”，出现了一些城市文化建设的败笔和误区，甚至在某些城市出现“建设性破坏”的现象。

一、我国城市文化建设中存在的问题

（一）城市规划时缺乏以文化为指导，城市文化与城市建设不协调

我国城市建设既没有完整地把握外来文化的精髓，拿着别人过时的东西当至宝；也缺乏对自己城市文化的深刻了解，妄自菲薄。例如：风行一时的“广场热”；只重形象、不重功能的大片草坪；欲争天下第一的摩天大楼；只注重修大路、环路、立交桥，而不注重改善路网的结构，不注重提高路网的连接度和通达度，路尽管越修越长，越修越宽，可普通市民却感到出行越来越不方便，而且破坏了城市原有的肌理；更为严重的是，一些城市脱离经济、社会实际，脱离群众实际需求，急功近利，贪大求洋，互相攀比，盲目追求气魄，追求高楼大厦和景观大道，花大钱搞形式主义的“政绩工程”。城市文化的混乱可见一斑。对上述做法，北京大学俞孔坚教授曾斥之为城市“化妆运动”，是在重蹈西方城市建设之覆辙，是封建君主意识、暴发户意识与小农意识的综合症。

阅读拓展

中国城市文化十大败笔

1. 强暴旧城。中国改革开放20年来以建设的名义对旧城的破坏超过了以往的100年。旧城的破坏已成为20世纪中国城市建设者们最短见的城市行为。

2. 疯狂克隆。中国城市越来越相像了：一样标志风格的连锁快餐店、银行网点、星级酒店，一样的马赛克、玻璃幕墙，一样的把所有高楼和商业街都挤在市中心……

3. 胡乱标志。以最新最高最现代的建筑作为城市的标志性建筑，可惜绝大多数都不能成为其历史文化的载体。新建筑之后还有更新的、规模更大、楼层更高、造价更贵的，因而标志性建筑也总在易帜。

4. 攀高比傻。高楼大厦成了中国城市现代化的代名词。建筑师对工程小、面积少的“小东西”看不上眼，他们只要高大、宏伟、气派，无论设计是如何的粗糙。

5. 盲目国际化。据统计，全国已有近百家城市提出建立国际大都市的口号，其实国际大都市建设并不是每个城市都需要的。

6. 窒息环境。景观建筑学与建筑学、城市规划在建筑界的地位是缺一不可的，但景观建筑学在中国建筑界缺席。

7. 乱抢风头。美从来就是一种整体的和谐。今天中国的建筑却只考虑个体如

何出奇制胜，只管自己，不管别人，更不谈后来人，一个地域的多个建筑很难做到协调和谐。

8. 永远塞车。在城市中心区，道路全被建筑挤压而变窄，加上人多车多，铺路赶不上汽车上路以及在城市功能区划不清的现状下，不考虑城市远郊发展，只一味地在市中心周围规划建设，结果必然是：我们要风雨无阻地忍受永远塞车。

9. 假古董当道。各地仿古建筑大兴土木，不惜以破坏城市生态为代价，这是一种“假古董”盛行的恶习，有的假古董单项投资就超亿元。

10. 跟人较劲。混凝土森林的“都市广场”、没有花园的“花园别墅”、种草不种树这种短平快的“面子工程”，是各地政府乐此不疲的事，因为政绩易见。看上去面光光、住进去心慌慌，这就是没有亲和力的城市和建筑所能带给我们的物质和精神生活。

资料来源：《美国侨报》(电子版)，2000 年 10 月 26 日，有删改。

(二)城市文化定位出现了“特色危机”

个性和创造性是城市的灵魂，如果城市缺乏具有独特性的文化和环境，缺乏创造性和灵活性，最终就会在全球化的过程中淹没在城市的海洋中，难以凸显自身的竞争力，更难以有效吸引投资和观光者。不同的城市都有各自的特色文化，具有自己的文化个性。但是，目前我国许多城市的这种文化个性受到不同程度的压抑。许多城市不分地区、不分历史与文化背景，不分气候及其他自然条件，不分景色，也不分城市性质的种种差异，互相模仿，使一些原来颇具地方特色、民族特色、历史文化特色的城市，正被模样一致的建筑所淹没，致使千城一面现象十分普遍，“南方北方一个样，大城小城一个样，古城新城一个样”。深圳有“世界之窗”，长沙、广州、杭州、上海也有；无锡、武汉、河北白洋淀、山东等都投巨资开发“水泊梁山”。造成这种局面的根本原因就是缺少对本城市文化特色的认识。城市特色危机是当前全球所面临的普遍问题，正如前英国皇家建筑师学会会长帕金森所说的那样：全世界有一个很大的危险，我们的城镇正在趋向同一个模样，这是很遗憾的，因为我们生活中很多乐趣来自多样化和地方特色。

(三)城市文化建设中对历史文化资源的破坏严重

任何城市的发展都是线性的，是一步步不断积累的过程。就像生命的过程，有它的诞生，有婴儿期和成长期，有命运的坎坷、苦难、屈辱与光荣。城市是一种生命，一代代人创造着、充实着城市生命；他们离开之后，便把这一切全都默默地记忆在城市这个博大的肌体里。爱默生讲得很对，城市是“靠记忆而存在的”。这些城市“记忆”成为一种历史的象征，既是城市的财富，也是人类社会的财富。城市中无处没有历史的手纹。伦敦的许多建筑在 2 000 年前就已建成，从罗马人的遗迹开始，每一个时代都有遗留下来的建筑物。近 20 年来，中国城市的改造实际是一场翻天覆地的“再造”。城市的历史遗存几乎被扫荡一空，然后在这一无所有的土地上随心所欲地盖起新房子。这在世界城市建设史上是没有的。只有那些经历过毁灭性灾难的城市，如华沙、杜塞尔多夫才有过这种情况。经过 20 年改造的大部分中国城市全是没有历史也没有个性的新城，历史文化资源的保护已成为迫在眉睫的问题。

（四）全球化背景下民族文化的困境

随着科学技术的发展、交通传媒的进步，经济全球化的到来，从积极的意义来说，可以促进文化交流，给城市文化发展以新的内容、新的启示、新的机遇；城市文化与世界文化的沟通，也可以对世界文化发展有所贡献。但是，事实上，全球化的发展与所在地的文化和经济日益脱节，面临席卷而来的“强势”文化，处于“弱势”的城市文化如果缺乏内在的活力，没有明确的发展方向和自强意识，没有自觉的保护与发展，就会显得被动，有可能丧失自我的创造力与竞争力，淹没在世界“文化趋同”的大潮中。源远流长的中华文化当然不能算是弱势文化，但是由于近百年来中国政治、经济、社会发展缓慢，科学技术落后，与此同时，由于对自己本土文化又往往缺乏正确的认知，甚至存在偏见，因此面对全球强势文化，人们一时仍然显得“头重脚轻”，无所适从。人们看到的不是文化交流的取长补短，而是民族文化的节节败退。杨东平先生曾经有过这样一段论述：“当工业文明以其不可阻挡之势改变着世界的面貌时，由不同的国家、民族和历史形成的文化特色和独特的文化遗产正在迅速消灭。在全球化的文明演进中，城市的面貌和生活方式从没像今天那么雷同和千篇一律。”①

二、创新城市文化

古人视“礼崩乐坏”为天塌地陷，文化缺失的城市化将给未来造成什么样的结局，令人堪忧。借助文化的复兴拉动城市的复兴也是欧洲城市复兴运动的普遍现象。现实在呼吁人们必须加强对城市文化的研究和建设，否则文化的缺损将造成城市化浪潮对我们的城市和城市生活的大破坏。我们建设一个城市更应从根本上进行文化建设，建造现代化城市首先要塑造城市的灵魂。

（一）以城市文化统领城市规划

城市文化建设要坚持“因地制宜，同步发展”的原则，进行统筹规划。要把城市功能、城市环境与城市文化形象有机地结合起来，大到城市建设的总体风格，小到文化设施建设，如雕塑、广场、旅游景点、城区绿化以及广告、街名、店名等，都要搞好文化策划，体现人文内涵，使区域经济与区域文化协调发展。即使是暂时无力建设的，

① 转引自陆敏玉：《“以人为本”——现代化进程中城市化个性的思考》，《福建建筑》，2000 年第 1 期。

也要预留出来，待条件成熟后再行建设，避免因城市拆迁造成不必要的浪费。

进行城市文化建设时，要始终把握住它的文化定位，既要反映城市文化建设的普遍性，又要反映其特殊性，把两者有机地结合起来，防止千城一面，重复建设。深入比较研究不同城市文化建设的不同内涵，找到属于自己城市的文化发展路径，打造本城市的文化名片。香港特别行政区聘请世界著名的浪涛设计公司为香港设计"动感之都"的城市品牌；成都市聘请高级策划人员进行"大成都城市发展战略和成都市形象品牌策划"；厦门提出建"海湾型城市"；大连把自己定位于"最佳生活地"；青岛市把城市建设导入形象设计系统，以"和谐、卓越"为理念，提出了打造"帆船之都"、"名牌之都"的战略构想；聊城则打出"江北水城"的牌子，进行策划运作，取得了很好的经济和社会效益。

（二）塑造城市精神

城市精神是一个城市的灵魂，城市精神既以观念形态、心理状态等形式存在于城市居民的头脑中，又展现为城市居民的价值取向、精神境界、理想信念、伦理道德、思维方式和文化传统。美国著名城市学家斯宾格勒指出，将一个城市和一个乡村区别开来的不是它的范围和尺度，而是它与生俱来的城市精神。城市精神建构着城市的成长方向，决定着城市的发展路径。每个城市都拥有其反映时代特色和地缘特色的城市精神。打造城市文化，核心是要塑造城市精神。近年来，许多城市积极开展城市精神大讨论。通过城市精神大讨论，达到增进共识、凝心聚力、铸造城市之魂的作用。深圳市将其城市精神概括为"开拓创新、诚信守法、务实高效、团结奉献"。上海市提出的市民精神是"诚实守信、尊老爱幼、艰苦创业、敢为人先、海纳百川、崇尚科学"。青岛提出的城市精神是："诚信、博大、和谐、卓越"。南京市市民精神是："开明开放、诚朴诚信、博爱博雅、创业创新"。用新的城市精神塑造高素质的市民，充分展现城市的魅力、城市的壮举、城市的气魄以及城市的文明程度。现代城市精神的开发是城市市民提高精神境界的过程，反映着人们积极向上、开拓进取的精神状态。塑造城市精神要从城市文化的个性入手。

（三）保护与营运历史文化资源，促进文化交流与传播，学习西方与弘扬民族文化并行

王国维先生有句名言："中西之学，盛则俱盛，衰则俱衰。风气既开，互相推动。未有西学不兴而中学能兴者，亦未有中学不兴而西学能兴者。"①要振兴我国的城市文化，其根本出路在于继承我国优良的文化传统，同时吸纳西方的文明成果。人们在全球化进程中学习吸取先进的科学技术，创造全球优秀文化的同时，对本土文化

① 吴良墉：《论中国建筑文化的研究与创造》，《中国建筑文化研究文库总序（一）》：湖北教育出版社，2002 年版。

更要有一种文化自觉的意识、文化自尊的态度、文化自强的精神。既要对外来文化取其精华,去其糟粕,也要加强城市文脉的内涵挖掘,鉴别精华和糟粕,继承和弘扬传统优秀文化。一个有国际影响的城市,一定要主动参与世界间的信息文化交流,向外传播本民族的优秀灿烂文化,传播具有本国特色的城市文化,让世界上更多的人们了解本国本民族,全方位地提高自身的国际地位。新加坡前总理李光耀在全国范围内进行的传统文化(如"新儒学")复兴运动就是一个很好的例证。中国这样一个历史悠久的国家,除列入保护名册的历史名城与历史遗迹外,可以借题发挥大做文章的城市、遗迹几乎比比皆是,关键在于如何去创造。每个城市如果真正深入地研究自己的历史文化,总结其历史经验,捕捉当前发展的有利条件,创造性地制定发展战略,不失时机地调动多方面的条件包括文化优势,城市发展必将大有可为。

(四)重视城市文化活动设计

城市是人类聚居的生活与活动空间,人们的生活、工作活动反映了城市的文明程度和城市个性色彩,城市文化建设要重视文化活动设计,为城市的正常运作输液造血,为城市文明水平的提高强筋壮骨。这些文化行为活动设计包括政府的形象塑造、市民的行为规范、各种社会生活行为引导等。例如:大连市政府设立市长电话,市长与市民直接对话,温州市开展"温州人形象"大讨论,石家庄市开展"争做文明使者"活动等,都能很好地为塑造城市文化形象服务。还有大连的国际服装节、青岛的啤酒节、潍坊的风筝节等经济文化活动,为城市行为活动方式做出了有效的定位。英国格拉斯哥是通过文化活动设计提升城市文化品位的典范。格拉斯哥在 1983 年开放了伯勒尔珍藏馆,举办了艺术节日和市场开发活动。在每年的 5 月 ~9 月间,格拉斯哥还举行以国际爵士音乐节、合唱节等为标志的文化活动,吸引了大批旅游者,给城市带来大量收入。特别是 1990 年举办的"欧洲城市文化节",以及其他一系列的文化建设与投资,这不仅提高了城市的经济实力,而且增强了城市信心,并使格拉斯哥在 1999 年获得了欧洲文化城市称号。

(五)完善城市公共空间和文化设施

公共空间有利于形成安全祥和的邻里社区气氛,为休闲、交往活动创造条件。城市建设发展要主打文化牌,核心问题是要体现对人的关心,贯彻以人为本的思想,创建一流的公共文化空间。一个良好的城市应是由宏观、中观、微观等不同层次的城市公共空间共同组成,它们在形态上表现为点、线、面的特性。点是指城市的微型公园、街头绿地、道路交叉口、区域性小广场等节点空间;线指的是商业街、步行街、滨江路、林荫道等线性空间;面指的是城市中心广场、站前广场、码头、航空港等。在进行城市设计时,对以上形态的城市公共空间设计要分析城市的布局特点和性质,研究城市中居民分布的状况、购物能力、传统习惯、交通组织等各方面制约因素,对各种规模的公共空间进行统筹安排。这样不仅能使城市公共空间的发展在短期内见效,而且系统化的操作可以避免好大喜功的盲目以及随之带来的不必要的浪费。

城市文化设施是城市文化发展的物质条件,是满足市民精神需求的物质条件。这就要求城市不但要有标志性的文化设施,还要有一定规模(通常以人均文化设施数目为统计口径)的文化设施,以满足文化发展的需要,满足市民的精神和文化需求。当今世界上的著名大都市,其文化建设都比较发达,有众多的高等院校、科研机构和其他文化事业团体,汇集了大批专业人才,拥有大量的图书馆、博物馆、美术馆、剧院、报刊传媒和文化标志建筑物,文化氛围浓厚,文化设施完善,大型国际会议和各类国际活动频繁,成为一个地区、一个国家的文化中心。所以,政府应随着经济的发展,不断增加对文化设施建设的投资,使人均文化设施达到一个现代城市的规模。

(六)培育符合市场经济发展的市民文化

市民文化与故步自封的小农文化不同,它更为强调契约、法治意识,强调个人的自主性和服从市场规律、尊重他人权利等观念。成熟的市民文化有助于市场公平竞争,防止特权干预经济;能提高公众团体的自主性和自我管理能力;能帮助政府减少直接管理的范围和层次。20 世纪 90 年代以来,城市经济的发展带动了城市文化的转型,但真正的市民文化尚未形成。因而,去粗存精、吐故纳新地吸收古今中外的先进文化,不断地自我反省和创新十分必要。广大市民只有不断增强城市意识、开放意识、法治意识和现代生活环境意识,促进一个城市形成良好的社会风气和精神风貌,有浓郁的崇文意识、有健康的心态和良好的行为习惯,进而升华人们的主体精神和主体意识,这个城市才能真正实现现代化。

(七)大力发展文化产业

所谓文化产业,主要包括文化娱乐产业、影视及音像制品业、新闻出版业、文化旅游业以及一些与文化相关的美食、美容、时装、休闲、美术品产业,等等。文化产业作为“朝阳产业”,既可以有力地促进经济发展,也可以极大地提高一个城市的文化品位。美国城市文化研究专家朱肯(Zukin)教授在其《城市文化》一书中指出:“一个文化中心不能仅仅是艺术的集散地,它必须是艺术的生产、交流和消费的地方。”这就是说,作为一个功能齐全的文化中心城市,既是文化的生产中心,也是文化的交流中心,又是文化的消费中心。纽约作为世界级的文化名城,就是这样一个文化中心。纽约作为文化生产中心,是美国大多数出版物品、影像制品、舞台节目、影视节目、绘画摄影等的生产基地;作为文化交流中心,是世界文化的物流中心,把全世界的各种艺术作品汇集在一起;作为文化消费中心,是全美最大的媒体市场,每年来自世界各地的 3 500 万旅游者中,1 800 多万人是慕纽约文化之名而来的,他们或来百老汇看戏,或参观博物馆,或参加艺术节,或观看重大体育赛事。这样的中心显然具有很强的对外辐射力,正是强烈的对外辐射力提高了纽约城市文化的国际地位。现在,法国、英国、日本、韩国等国家的许多城市，都将文化产业作为国民经济的重要支柱产业。我国的一些大城市如北京、上海、广州、深圳等地，也已将文化产业列入国民经济优先发展的重点。

综上所述，城市文化是一个自然生成、发育成长的比较漫长的过程，需要多方面的主体从各个方面做出努力，不是一朝一夕、揠苗助长、毕其功于一役、做表面文章就能完成的。求急功速效的"文化政绩"观念应该力戒，简单地通过群众运动和盖几座文化设施的突击式方法是应该坚决摒弃的。

第三节　现代城市文化问题与发展潮流

随着科学技术的迅猛发展，各国城市文化的不断交往和融合，城市文化的各个方面得到快速发展。但是，互联网、全球化和知识经济正在日益将人类带入一个前所未有的后现代城市文化生活的空间，赋予城市以全新的革命性的文化内涵，城市文化正发生着从现代主义向后现代主义的转型与变迁。准确地说，人们正生活在一个被未来学家托夫勒曾断言的"夹缝时代"：工业文明的城市结构正在坍塌，后工业文明、信息社会正悄然降临。城市文化正面临一系列全球性问题：资源枯竭、环境污染、战争威胁、核武器扩散、南北冲突、东西失衡、人口剧增、科技革命、文明冲突、政治危机、网络霸权，等等。①

一、城市文化病——城市精神文明的失落

在城市物质财富由于高科技的带动而迅速增长的同时，城市精神文明反而陷入了一种"贫穷与困惑"的尴尬局面。雅斯贝尔斯在批判科学技术时代对精神文明的"吞噬"时说："精神已被贬低至只是为实用功能而认识事实和进行训练，而不是永久的精神创造。人类正处于精神贫乏、人性沦丧、爱与创造力衰退的下降时期……技术进步反而成为精神灾难的物质基础和加速原因。"②

（一）群体分离趋势加剧

工业化和大规模的城市化，使现代主义对物质技术巨大力量的崇拜达到无以复加的地步。来自大规模机械化流水线生产的专业化精细加工模式被运用到了一切领域。体现着现代功能主义和理性光芒的科层体制、福利国家，以及大规模重建的

① 任平：《"激情马克思"：后现代城市文化批判》，《中国农村城镇化研究》（电子版），2003 年第 5 期（总第 18 期）。

② 许启贤：《世界文明论研究》，山东人民出版社，2001 年版，第 170 页。

功能分区,像一把锋利的解剖刀,将原本保持有机联系的城市和市民社会肢解得四分五裂,且随科技发展有愈演愈烈之势。后工业时代的信息技术并没有从根本上改变分离的大趋势,而私有化浪潮又加剧了两极分化的程度。网络技术使有钱人真正可以脱离城市的喧嚣,躲进风景优美的乡村"高尚社区",不再为城市地区的公共设施"埋单"。分离已经成为西方工业化以来被不断加强的城市特性。如果把工业化以前的城市称作团结一致的核心城市(CITY),那么工业化、后工业化以来的城市则只能称作四分五裂的都市区域(URBAN)[①]。

(二)集体情感出现危机

德国社会学家齐美尔提出了"四种在城市里特征性明显的、相互关联的文化形式:①理智性强,城市居住者用理智而非感情来处理日常或工作事务;②精于计算,城市居住者对于自己的行动要权衡利弊得失,考虑再三;③厌倦享乐;④人情淡漠,城市居住者大多躲藏在自我保护的幕墙后面,很少显露感情或直接向他人表达思想,人与人之间的关系非常淡漠疏远。"[②]城市人更多地运用理智而不是情感来处理日常的事物,对陌生人相当的冷淡。人与人之间的这种冷漠感,久而久之就变成一种对社会的疏离感,即在社会体系中,个人的存在成为微不足道、乃至无关紧要的;于是,社会的疏离感和个人的异常行为成为城市生活的常态。在不关乎自己切身利益的事情和事物面前,都市人往往显示出漠不关心的态度。经常被引用的一个典型就是,1964 年吉诺维斯在纽约市她的公寓楼前被杀害。当时有 8 个邻居听到了她的呼叫,但都无动于衷,甚至没有一个人给警察局打电话。这个发生在美国的惨剧经常被人们理解为是由西方文化或由资本主义制度本身导致的,但事实是,类似的故事也经常发生在东方的城市里,发生在我们的周围,在报纸、杂志、电视等大众传播媒介上,人们对看到的类似如落水者无人相救,当众被殴打路人却袖手旁观等现象已司空见惯。

(三)拥挤人群中的孤独感

都市社会中,人们经常都有这样的切身体会,身在闹市,却反而备感孤独和寂寞。当人们落魄、失意、痛苦的时候,往往找不到可以倾诉的对象,而陷入失语的境地。都市摩肩接踵的人流没有谁会在意你的喜怒哀乐,你在别人的眼里只是一个抽象的符号。托夫勒就曾描述过一幅都市凄然的画面:从洛杉矶到列宁格勒,十几岁的青少年、不愉快的配偶、单身的父母、普通的职工,以及上了年纪的人,都抱怨社会孤立了他们。父母们认为子女忙得没有时间来看望他们,甚至没有时间打一个电话。一位社会学家称之为"凄然寡欢,心乱如麻"。

---

① 王颖:《城市社会学》,上海三联书店 2005 年 8 月版,第 474 页。

② Mike Savage and Alan Warde :Urban Socioligy,Capitalism and Modernity, Macmillan,1993,P110;转引自许英:《城市社会学》,齐鲁出版社,2002 年版,第 46 页。

(四)多元化中的文化冲突

文化的多元化在给城市带来了和谐与生机的同时,也带来了错位与冲突。各种文化渊源于各种不同的历史和社会背景,受到不同的群体意识、价值观念以及社会制度等的约束,文化与文化之间在进行碰撞与交流时,一旦文化之间的敏感区域差异性被激起,那么就不可避免地产生文化冲突,并且种种社会、经济以及政治的冲突问题都可能被介入其中,使文化冲突复杂化。这些文化冲突表现在:"个体与社会、精神与物质的对立冲突;青年和老年、青年文化与成人文化的冲突;男权与女权、男性中心主义和女性主义的冲突;城市文化与乡村文化、城市化与反城市化的冲突;技术与艺术、科技的工具理性与审美感性及艺术个性、科学主义思潮与人文主义思潮的冲突;文化中心主义与文化相对主义、文化激进主义与文化保守主义的冲突;追求自由与逃避自由、个性与平等的冲突;人道主义与反人道主义、人性善与人性恶的冲突;文化与自然、文明与愚昧的冲突;现代主义与后现代主义的冲突……"[①]塞缪尔·亨廷顿说:"文明间的冲突将主宰全球政治。文明间的断层线将成为未来的战线。"[②]由于信仰文化的差异,中东的耶路撒冷成为两个宗教文化世界的政治目标,饱受着战火的洗礼;由于种族的差异,美国的城市存在着明显的白人和少数民族居住区的隔阂;同样,由于新旧文化的更替,城市的空间在人类文明的机器下不断地被否定、更新;由于文化的差异,共同上班、共同生活的人们之间却无法真正接纳彼此、实现沟通。

(五)道德危机和信仰危机

当代世界的绝大多数国家和地区,包括西方发达国家,价值观都出现了混乱,乃至传统的价值观全面崩溃,学者们称之为进入了后现代社会。以美国为例,前总统卡特的国家安全顾问布热津斯基,在1993年出版了《失去控制:二十一世纪前夕的全球性混乱》一书,列举了美国存在的种种问题。除了经济、社会等方面的问题,在精神和价值观方面,他指出了以下一系列问题:社会上绝望情绪的滋生;通过视觉媒体大规模地传播道德败坏的世风;公民意识下降;潜在的制造分裂的多元文化主义抬头;精神空虚感日益弥漫等。他进一步指出:美国显然需要花一段时间,在哲学上进行反省和文化上作自我批判。必须认识到,以享乐至上作为生活的基本指南是构不成任何坚实的社会支柱的;一个社会没有共同遵守的绝对确定的原则,相反却助长个人的自我满足,那么这个社会就有解体的危险。

斯宾格勒具体和生动地描写和分析了城市文化的没落。他认为世界城市的形成标志着文化发展到最高也是最终的阶段。"世界城市意味着世界主义代替了'家',冷酷的'事所当然'代替了对于传统与时代的尊敬,科学的非宗教变成了古老

---

① 刘登阁:《全球文化风暴》,中国社会科学出版社,2000年版,第1页。

② Samuel Huntington:The clash of civilization,Foreign Affairs,Summer,1993。

的、精神宗教的僵死代表”，城市窒息了人们的创造个性，也消解了人们的精神理想。“这一切都决定了人类文化必然要在西方文明的阶段走向终结，回到无历史的自然状态。这是不可抗拒的‘宿命’周期”。①

按照马克思的理论，城市文明虽造成人的异化状态，但同时工业和城市发展创造了人能自由而全面发展的物质基础、交往条件和历史意义。我们今天在推进工业化、城市化的同时要大力发展以人为本的可持续发展的城市文化，克服人与人、人与社会、城市与乡村、人类与自然、自由与必然之间的抗争和矛盾。这需要有人文精神的重塑，当务之急是探寻精粹的社会理想，培育现代的城市理想，进而建设开拓进取、和谐精诚的现代化城市。

二、城市文化发展的潮流

（一）崇尚人与自然的和谐共生

人类最初选择在城市居住是因为城市所在的地理空间是自然环境中最好的，亚里士多德曾经说过：人们为了活着而聚集到城市，为了生活得更加美好而居留于城市。如今，空气污浊、噪音刺耳、水质污染、高楼大厦填塞的窘迫空间使人备感压抑。而那些被城市五光十色的生活表象吸引来的人们也越来越发现，一切生活的内容都被形式化了，而一切生活形式的背后是货币支撑的物质原则，城市生活的丰富实际是另一种单调。生存空间的日益蹙缩导致了心理距离的日益扩大。高大的建筑森林与卑微的城市居民之间越来越产生了不可弥合的距离。面对杂乱无章、模糊不清、连续不断、缺乏特征与个性又机关重重的城市意境，每一个城市人都成了“都市里的异乡人”。

在后工业文明时代，人们终于跨越了与自然为敌的阶段，走向崇尚返璞归真、强调人与自然的和谐统一的后现代之旅。② 随着社会经济的迅猛发展，面对日益突出的城市问题，人们普遍感到忧心。日趋紧张的生活节奏，使人们呼唤回归自然，追恋青山绿水、鸟语花香的生活环境。“过去，我们曾在乡村里梦想城市；现在，我们在城市里梦想乡村。自然与和谐，是人类真正的归宿，城市的归宿是走向自然。”

最早提出现代城市规划理论的是英国的埃比尼泽·霍华德，他于1898年提出的“田园城市”乃是一种兼有城乡优点，并力避两者缺点的结合体，既能体现城市的近便性、紧凑性，又涵括乡村的宽裕性、自然性。到20世纪中期，西方主要城市的污染问题，已严重危及人类的生存安全，于是人们提出建设“生态城市”。走进新加坡，大片绿色的草坪，娇红的花丛，在城市广场、在公路两旁、在街道中心、在居住社区里，

---

① 转引自田丰：《在批判与建构中探索城市文化新路径》，《广东社会科学》，2004年第4期。

② 任平：《“激情马克思”：后现代城市文化批判》，《中国农村城镇化研究》（电子版），2003年第5期（总第18期）。

到处都是鲜艳夺目的植物。在澳大利亚的墨尔本，高楼大厦的后沿，可能就是天地静籁、淡雅幽远的湖边。人居环境日益绿色葱茏，现代城市与自然间的和谐共生产生了新的生命活力。不仅如此，建筑设计师们把对自然的眷恋尽情地倾注在仿生建筑上，青苹果乐园，贝壳状的体育馆，海螺状的音乐厅，海龟式游泳馆，螃蟹结构的歌剧院，甚至于龙舟餐厅，等等，林林总总，难以胜数。

（二）注重可持续发展和绿色城市生活

如今，人们可以切身感受到"铺天盖地的"绿色话语（广告用语、政府官员用语、学者用语、环保人士用语以及平民百姓的用语），耳熟能详的循环利用、绿色能源，心之向往的绿色住宅、绿色居室，符合人类自身发展规律、贴近自然的休闲娱乐方式，回归自然的绿色食品、绿色蔬菜，追求人均耗能量最低、污染最少、占有空间最小的绿色公共交通，以及城市的绿色规划，等等。

绿色城市生活是对自工业革命以来以牺牲未来换取眼前发展的价值观念的反思和更正，最终目标是让城市经济、社会、环境和人都可以持续、均衡地发展下去。所以，绿色城市生活是一个向整体宇宙观的回归，关键点是几种关系的重新定位，包括：人与自然的关系；人与人的关系；政府、企业与公民社会的关系；经济发展、社会发展和环境保护之间的关系；传统与现代的关系；城市与郊区、城市与乡村的关系；工业、第三产业与农业的关系；等等。绿色城市生活实际上是在整体宇宙观的指导下，重新确立各种关系的系统工程。它的目标不仅仅是环保，而且是使城市社会、城市环境、城市文化、城市传统、现代技术、城市经济、城市创新、城市社区等各个方面协调、可持续地发展①。

（三）网络文化迅速崛起

置身数字化世界，人们越来越少地依赖身体存在和物质交换，电子通信与信息系统的发展使日常生活功能的运作，诸如工作、购物、娱乐、保健、公共服务、政府事务等，逐渐与空间的临近性失去关联。这一情形改变了人们使用物理空间的方法，削弱了现在把大城市聚合在一起的许多活动链的作用。网络社会构建了一个超越城市疆域、超越国界的虚拟社会，电子网络对时空的压缩和延展与全球化趋势共同构成了现代性的时空表现。"地球村"与"电子公民"使"全球社会"与"自我"首次在全球化背景下交互联结在一起，人们的生产方式、交往方式、生活方式、学习方式、思维方式、价值观念体系都发生了重大的变革，出现了前人难以想象的新事物和新问题。人与人之间的接触表面、短暂、局部、匿名而又充满了功利性。网络存在的逻辑包含着强烈的精神分裂倾向，可以把一个完整的主体裂变为五花八门的化名和代理人，这正好附和了所谓后现代的生存方式。后现代主义反对理

① 王颖：《城市社会学》，上海三联书店，2005 年版，第 508 页。

性化，认为不存在普遍的绝对的真理，强调多元化和不确定性，鼓吹一种去中心的、片断的主体。网络时代城市文化的多元性、多样性与异质性正以全新的形态向我们急速走来。

卡斯泰尔认为网络化社会里的人们尽管缺乏认同感，但网络有助于减少人们对认同感的抵制，有助于社会机制的重建。因为网络是一种偏离中心的组织和干预形式，具有新的社会运动的特点，它不仅仅是为了组织活动或分享信息，它是文化代码的真正生产者和传播者。网络对社会的影响很少来源于步调一致的战略，很少由一个中心来决策，而是通过多种形式的网络处理后，社会逐渐形成了新的认同感。也许，网络模糊了人们的身份与社会地位后，这种跨越阶层的认同感会得到一些虚幻的表现。

（四）大众通俗文化与精英文化并行

现代城市文化的一个重要表现是以文化世俗化、实用主义和商业化为背景的大众通俗文化盛行，普通民众参与表达个性、需求、情感的意识正在进一步增强，也将以更新的方式表现其文化需求。大众传媒的蓬勃发展，极其有力地推动了通俗文化的传播。但是，通俗文化也是一把双刃剑，它往往缺乏精英意识和理性精神，缺乏一种长远发展的动力，缺乏可持续性。从长远来看，面对外来文化的冲击，起关键作用的还是精英文化。

（五）国际文化交融性与城市文化多样性同时发展

随着现代科学技术在通信、交通、旅游等领域的广泛应用，世界各国城市不同文化之间的交流与合作也越来越广泛。从人类发展史来看，多元文化结构是文化运行、社会进步的真实动力之所在。塞缪尔·亨廷顿说："在未来世界将不会出现一个单一的普世文化，而是将有许多不同的文化和文明相互并存……在人类历史上全球政治首次成了多极的和多文化的……"①自 1997 年以来，国际社会对世界文化多样性的关注逐年增强。尤其是"9·11"后，各国对维护世界文化多样性的重要意义有了更深刻的认识，更加确信文明对话是促进和平与社会发展的最佳保障，"文明之间不可避免地要发生冲突"的论调受到质疑和反对。国际社会维护世界文化多样性的呼声和主张日益强烈。

城市，决不仅仅是许多单个人的集合体，也不是各种社会设施——诸如街道、建筑物、电灯、电车、电话等的聚合体；城市也不只是各种服务部门和管理机构，如法庭、医院、学校、警察和各种民政机构和人员等的简单聚集。城市，它是一种心理状态，是各种礼俗和传统构成的整体，是这些礼俗中所包含、并随传统而流传的那些同一思想和感情所构成的整体。换言之，城市绝非简单的物质现象，绝非简单的人工

① 萨缪尔·亨廷顿：《文明的冲突与世界秩序的重建中文版序言》，1997 年 12 月 6 日。

构筑物。城市已同其居民们的各种重要活动密切地联系在一起，它是自然的产物，尤其是人类属性的产物。① 城市的根本和核心都应该是——人。制造城市的本源和发展城市的动力，及改变城市目的的都是人。城市是人自己的成果，现代城市要成为广大市民的家园，首先必须具有人文价值，用文化铸造城市之魂，只有文化才能赋予人的活动以价值和意义。人们不仅要建设一个优美的物质家园，更要建设一个健康的精神家园，城市应该是人类心灵归宿的“家”。

本章小结

城市文化是城市的灵魂，它是指城市在长期的生存和发展中所形成的，为本城市所特有的，且为城市多数市民共同遵循的最高目标、价值标准、基本信念和行为规范等的总和及其在城市活动中的反映。城市文化具有地域性、开放性、多元性、异质性、先进性以及辐射性，通过自然和人文景观、文化设施、历史文化传统以及市民行为等载体表现出来，对城市发展具有重要意义。我国城市文化建设中存在着一些误区。在实践中需要正确处理西方文化和我国传统文化的关系，从多方面努力进行城市文化建设。在全球化与城市化背景下，世界城市文化呈现出明显的后现代主义的特征，更需要人们用文化来塑造一个健康的城市家园。

思考题

1. 怎样理解城市文化的内涵和城市文化的结构？

2. 城市文化有哪些载体？找一些典型的建筑物或其他物质存在来描述自己曾旅游过或熟悉的城市的外部特性。

3. 在旧城改造中为什么要保留古建筑和旧城风貌？请从城市文化创造和发展的角度谈谈你的见解。

4. 谈谈你对“没有文化的城市是没有灵魂的城市”这句话的理解。

5. 你如何认识一个城市的文化特色？你能否用简短的语言概括自己居住的（或旅游过的）城市的文化特色？

6. 塑造城市文化应该从哪些方面入手？

7. 全球化时代城市文化面临哪些困境？该用何种思路来走出这种困境？

---

① 帕克：《城市社会学》，华夏出版社，1987 年版，第 1 页。

8. 谈谈你自己对城市文化未来发展趋势的认识。

案例分析

南宁用文化塑造城市

南宁从其边疆少数民族聚居地的特点出发，发挥本土民族文化资源优势，围绕“创建中国民族文化的重要城市”的文化发展思路，成功地打造出了三大文化品牌。

一是南宁国际民歌艺术节。继1999年成功举办“99南宁国际民歌艺术节”后，2000年的民歌艺术节更是盛况空前：第九届中国金鸡百花电影节和2000年广西投资贸易洽谈会同期举行，“两节一会”交相辉映，丰富了民歌艺术节的内涵，扩大了节庆活动的影响，探索了“以节兴市”的新途径。

二是以舞剧《妈勒访天边》等为代表的系列文化精品。在第六届中国艺术节上，由南宁市组织创作的、获优秀剧目奖的大型壮族舞剧《妈勒访天边》格外出彩；在第二届全国舞蹈“荷花奖”比赛中，该剧又获舞剧金奖第一名，先后两次进京演出，受到国家领导人、文艺界人士和广大观众的盛赞，被誉为目前中国最好的舞剧之一。

三是以广场文化为主体的群众性文化活动。南宁市近年来把广泛深入开展广场文化活动，作为丰富群众文化生活、促进精神文明建设的一项重要工作来抓，做到年年有主线、月月有主题、周周有活动。

打造城市文化品牌，离不开城市文化环境的建设。在城市规划和建设中，南宁市在保持南方城市和少数民族地区特有的历史文化特点的基础上，力求把民族化和现代化结合起来，使城市更加美丽，更有文化品位。市财政加强对文化基础设施建设的投入，南宁书城、南宁图书馆、南宁广播电视中心、南宁新闻中心成为南宁市文化建设的标志性建筑；南宁体育中心、文化艺术中心、南宁会展中心等一批高水平的文化设施也将陆续建成。

资料来源：记者刘昆，通讯员高虹：《南宁用文化塑造城市》，《光明日报》，2002年5月19日。

案例思考题：

1. 运用本章所学知识，分析南宁市是从哪几个方面入手进行文化提升的。

2. 结合你所在城市的实际，谈谈可利用哪些资源进行城市文化塑造。

第十六章

城市竞争

随着经济全球化和区域经济一体化的发展,城市作为独立的主体,其地位得到进一步的提升,成为经济的中心和现代化的主要载体。城市与城市的联系愈来愈密切,城市与城市的竞争也日益加剧。城市竞争力的理论由此备受相关学者和管理者的关注。国内外一些机构和学者构建了不同的理论范式和测评体系,对城市竞争力进行评价和排名。城市管理者也在不断地探索提升城市竞争力的途径和方法。

到底什么是城市竞争力？城市竞争力的内涵是什么？目前关于城市竞争力的理论模型有哪些？主要内容是什么？影响城市竞争力的主要因素有哪些？城市管理对城市竞争力有何影响,如何通过城市管理来更好地提升城市竞争力……本章主要对这些问题进行探讨。通过本章的学习,应能对这些问题进行初步解答。

第一节　城市竞争与城市竞争力

一、城市竞争——城市竞争力提出的背景

(一)城市竞争的根源

竞争是存在于人类社会和自然界中的一种常态。相对于各种主体生存和发展的需求而言,资源在一定的时空内是有限的、稀缺的。这是产生竞争的根源所在。同样,城市发展所需要的各种资源,如物质、能源、资本、技术、人才等也具有稀缺性。一个城市在某一方面资源的增加会导致其他城市相同资源占有量的减少,或者是不

增加,因为在一定的时空内资源的总量是有限的。虽然一些非绝对稀缺性资源的增加,如独特的城市文化、良好的社会资本、优美的生态环境和高效的管理制度等未必以其他城市相同资源的减少为前提,但这些资源状况的改善往往需要投入大量的稀缺性资源。同时,就当前的城市发展状况而言,这些资源仍然相对稀缺。“因此,从资源的稀缺性和占有资源而论,城市之间确实存在着竞争性。事实上,城市之间的竞争从根本上看也是对涉及到城市发展的稀缺资源的竞争。”[①]竞争的结果首先造成城市发展水平和发展潜力的差异性,进而进一步影响到稀缺资源在各个城市之间的配置。

(二)城市竞争的发展

在城市化进程发展的早期阶段,城市竞争表现得并不明显,仅仅出现在相邻或距离较近的城市之间。原因是多方面的,例如:当地现有资源能够满足城市发展的需求;相距较远的城市之间缺乏迅速沟通联系的渠道和技术;制度的安排(如计划经济体制)使得资源的流动性不强;等等。中国在改革开放之前,计划经济体制限制了资源的自由流动,这直接削弱了城市之间的竞争动力,因为上级政府已经为城市安排好了一切,城市只需要按部就班地执行即可。

随着城市化进程的加快、城市数量和规模的扩大以及城市结构的复杂化,城市发展对各种资源的需求也越来越大;而市场经济体制的确立,交通、信息等技术的发展,则使资源的流动性大大增强。城市之间的竞争开始成为常态。但这时大部分的竞争仍然基本限定在国家范围之内。

20 世纪中后期出现了经济全球化和区域经济一体化两大趋势,并在 21 世纪迅速发展,跨国界经济活动越来越频繁。如果说市场经济体制实现了资源的自由流动的话,那么经济全球化和区域经济一体化则把这种流动扩大到超越国界的区域和全球层面,并结合信息技术的迅猛发展,使流动速度大大加快。资源在世界范围内的高速流动,引发了多层次的竞争。企业与企业之间,城市与城市之间,区域与区域之间,国家与国家之间的竞争日益激烈。在诸多的竞争中,城市竞争显得更加重要。这是因为:绝大多数的企业活动场所是城市,城市的发展直接影响到企业的发展。作为区域的中心和龙头,城市发挥着带动区域发展的重任。在经济全球化和区域经济一体化的趋势下,国家传统职能退缩,地方尤其是城市被推向竞争的前沿,国与国之间的竞争更主要地体现为城市与城市之间的竞争。

因此,城市作为全球和区域经济活动网络的重要节点,作为国家和地区现代化的中心和载体,作为企业的聚集地,在资源高度稀缺和高速流动的背景下,能否获取竞争优势,不仅关系到城市本身的可持续发展,而且事关企业成长、地区繁荣、国家兴衰乃至世界经济的增长。

---

① 徐康宁:《文明与繁荣——中外城市经济发展环境比较研究》,东南大学出版社,2003 年版,第 207 页。

可见，资源的稀缺性和流动性是城市竞争的前提，而经济的全球化和区域经济一体化则把城市竞争推向了高潮。

二、城市竞争力的内涵

作为一个新的研究领域，城市竞争力的内涵尚未在学术界形成共识。不同的研究机构和学者提出了不同的界定。竞争力的概念最早被应用于企业，然后扩展到区域，但主要研究的内容是国家竞争力。由于关于企业竞争力和国家竞争力的研究较早，许多城市竞争力的概念是从这两者引申而来。把区域的范围由国家缩小到城市或把企业的范围扩大到城市，即引出城市竞争力的概念。但城市系统的高度复杂性，又让人难以准确认识城市各个组成部分和构成要素对于城市竞争力的影响程度，使得城市竞争力的概念或失之笼统，或管中窥豹。①

综合众多城市竞争力的概念，我们认为：所谓城市竞争力，就是城市在竞争过程中获取和创造价值收益并保持其增长的能力。即一个城市在经济全球化和区域经济一体化的背景下，在资源要素流动过程中，与其他城市相比较所拥有的抗衡乃至超越现实和潜在竞争对手，以获取持续竞争优势，最终实现城市价值的系统合力。要正确认识城市竞争力，需要把握以下几点。

（一）确定城市作为竞争主体的地位

城市作为竞争主体，既不同于企业，也不同于国家，所以不能简单地把企业竞争力和国家竞争力的内涵直接引申运用到城市竞争力中。

（二）城市竞争力是一种合力

城市竞争力不是现象上的种种比较优势，不是作为城市要素的种种资源，也不是局部或者环节上的能力或城市职能活动，而是资源要素及其运作水平的有机集合。城市竞争力既是城市对资源的集聚和吸收能力，更是对资源的优化配置、创新利用能力；既是城市现有实力、魅力和活力的展示，更是持续发展的能力和潜力；既是城市经济水平的发展，更是生态、文化和制度等资源要素的综合集成状态。

（三）城市竞争力具有广阔的宏观背景

城市竞争力是以在经济全球化和区域经济一体化趋势下资源要素的流动作为宏观背景。资源要素流动的广度扩大、速度加快加剧了城市间的激烈竞争。在知识经济条件下，人力资本的流动对于城市竞争力的影响变得更加重要。

（四）城市竞争力是抗衡和超越竞争对手的能力

因竞争范围的界定不同，城市的竞争对手或是现实的，或是潜在的。一个城市竞争力的大小和强弱，不仅取决于其自身的发展，还与其竞争对手的态势和比较范

① 关于城市竞争力的不同界定参见本章第二节城市竞争力理论部分。

围内的总体竞争态势相关。

（五）城市竞争力提升的最终目的和表现是城市价值的实现

从本质上讲，城市竞争力是城市获取和创造价值收益并保持其增长的能力。此处的价值收益是相对于人的需求和发展而言，体现以人为本的理念，是广义的。它既包括经济的持续增长，也包括生态环境的改善、生活水平的提高、就业和发展机遇的增加等。当然，在市场经济条件下，后者往往建立在前者的基础上，但前者的增长并不必然带来后者的改善。

三、城市竞争力的特征

从城市竞争力的内涵分析可以看出，与国家竞争力和企业竞争力相比，城市竞争力具有下列特征。

（一）复合性

城市竞争力是通过城市多要素、多层次、多领域组成部分的综合集成而形成的。它既不是城市的某种优势，也不是多种优势的简单叠加，它的强弱是由多因素的相互作用决定的。城市竞争力的内容构成和外在表现都是多方面的。因此，测评城市竞争力时选取的指标应是多维的，打造城市竞争力更要综合考虑，根据各种要素和组成部分对城市竞争力的贡献以及相互作用的机制进行系统安排。

（二）动态性

城市竞争力并非城市的综合实力，后者主要指城市现有规模、发展水平等静态的状况。尽管这是城市竞争力的重要影响因素，但是城市竞争力更多地表现为在优化配置现有资源过程中或者城市运转过程中所体现出来的潜力、能力和发展趋势。城市竞争力与其说是一种结果，不如说是一个动态的过程。因此，城市管理者如何提高各种资源的利用效率，使各个组成部分协调运转，对于城市竞争力的提升至关重要。

（三）相对性

城市竞争力是在城市与其他城市竞争过程中体现出来的力量，因而是一个相对概念，而非绝对概念。单独谈一个城市竞争力的强弱或笼统地说所有城市竞争力都随社会发展提高了是没有意义的，是混淆了城市竞争力和城市发展水平。只有事先确定范围，并在此范围内进行比较才会得出某城市相对于其他城市的竞争力水平高低或得出某一时间点这些城市竞争力水平高低的排序。这种相对性要求暂时具有竞争优势的城市要有居安思危的意识，防止竞争优势的丧失；而对于竞争力水平较低的城市，要有发展的眼光，采取多种方式进行赶超。同时，相对性还要求城市发展要尽量采取差异化战略，防止同质竞争，创造并保持独特的竞争优势。

第二节 城市竞争力的相关理论模型

由于对城市竞争力的界定不一，据此设计的指标测评体系也各不相同，提升城市竞争力的途径和方法也存在差异，因此，学术界形成了许多关于城市竞争力的理论模型。其中，在国外影响较大的是：瑞士洛桑国际管理学院和日内瓦世界经济论坛的国际竞争力理论，美国学者迈克尔·波特的产业竞争力理论；在国内影响较大的有：北京国际城市发展研究院创立的城市价值链理论，中国社科院财贸经济研究所倪鹏飞创立的弓弦箭理论。

一、国际竞争力理论

关于国际竞争力的研究只有20年左右的时间，最初的实践应用工作是由世界经济论坛（World Economic Forum，简称WEF）和瑞士洛桑国际管理学院（International Institute for Management Development，简称IMD）进行的。IMD和WHF的评价体系具有较高的权威性，涵盖了世界经济活动中的主要国家和地区。这两个机构建立了国际竞争力评价数据库，每年发布年度报告，进行国际竞争力的分析与排名。各个国家和地区都在积极参与，并试图在管理中予以应用。1995年，我国正式加入国际竞争力的世界评价体系。

IMD认为国际竞争力就是一国或者地区创造增加值，从而积累国民财富的能力。是“一个国家在全球市场中较竞争对手获得更多财富的能力；或者是一个国家在其特有的经济与社会结构里，依靠自然资源禀赋来创造附加值；或者是重于改善国内经济环境条件以吸引国外投资；或者是依靠国内经济并发展国际经济，来创造并提高附加价值，增加一国财富的能力。”①基于这一认识，IMD设计了系统的评价指标体系。该评价体系包含了三个大项：环境竞争力、基础竞争力和核心竞争力；八大要素：国家经济实力、企业管理、科学技术、基础设施、国民素质、国际化、政府管理和金融体系。每个要素又包括若干方面，每个方面由若干指标构成。对这些指标数据进行标准化处理后，分别对八大要素的所属指标加权综合，得出各大要素指数，然后再把各大要素指数加权综合，从而获得一国或者地区的国际竞争力总指数，据此排定顺序。

在八大要素中，国际化、政府管理和金融体系提供了市场、体制、法律、政策的环境，对国际竞争力的培育和发展起激励促进作用；基础设施和国民素质构成国际竞争力的基础，是支撑其长期持续发展的能力；国家经济实力、企业管理和科学技术则

① 张玉肖等：《中国国际竞争力排第几》，《中国国情国力》，2003年第2期。

直接决定了国际竞争力的核心竞争力,包括:企业及国内竞争力、产业竞争力、基本运行竞争力和基本发展竞争力。

围绕着"创造增加值和国民财富"这一核心,该评价体系解释了国际竞争力的不同层次结构及其功能,既重视了国家系统的实力,更突出了系统运行和系统发展的能力。将科学技术和国民素质作为要素,反映了知识经济时代背景下科技和人力资本对经济增长的突出作用。

2001年以后,IMD对上述沿用多年的国际竞争力评价指标体系进行了较大的改动,将八大要素合并为四大要素:经济发展、政府效率、企业效率、基础设施。原来构成科学技术要素的基本指标共26个,2001年度报告将其中的21个作为科学基础设施并入基础设施,与原有的技术基础设施并列为二级要素。

WHF认为,国际竞争力是一个国家或者地区提高经济增长率并持续提高人民生活水准的能力。经济增长率取决于三个因素:竞争力指数、初始GDP人均水平、不可预见的偶然事件。其中竞争力体现为三个大项:宏观经济、制度和技术;具体由八大要素组成:开放程度、政府、金融、基础设施、技术、管理、劳动和法律制度;八大要素被进一步细化为200多个指标。

尽管两者对国际竞争力的理解存在差异,但在研究思路和评价方法上都有许多相似之处。两者都认为国际竞争力是一个涵盖政治、经济、社会各个方面的综合概念,都主张采用多指标综合评价法测评国际竞争力。评价的指标体系也都分为硬指标和软指标两类。① 但从总体上看,WHF更倾向于软指标,在全部测评指标中软指标的比例超过2/3。

两个机构都是从宏观角度出发,把国家作为竞争主体,其理论和评价方法也在不断改进,具有较高的权威性,给城市竞争力研究以启迪,为城市竞争力理论模型的建构提供了参考,事实上,城市竞争力理论也吸收了两者的研究成果。但值得注意的是,要避免直接套用,毕竟国家和城市有着较大的差别。

二、产业竞争力理论

产业竞争力理论又称为"国家竞争优势理论",是由研究竞争力问题的国际权威——哈佛大学商学院教授迈克尔·波特提出来的。在关于竞争力的研究中,波特连续发表了《竞争战略》、《竞争优势》和《国家竞争优势》三部著作,创立了竞争优势理论。在其《国家竞争优势》一书中,波特从产业竞争力的角度研究国家竞争力,提出了"钻石理论"模型。②

① 硬指标,主要是依据各国和地区的统计资料或国际组织的统计资料;软指标,主要是采用专家问卷调查获得。软指标时效性更强,且可以把那些不易或不能量化的现象数量化,本质功能是反映制度、机制、法制、社会文化和价值观的潜在竞争能力。

② 参见迈克尔·波特,李明轩、邱如美译:《国家竞争优势》,华夏出版社,2002年版,第65~121页。

波特认为,国家的财富主要取决于本国的生产率(即指单位工作日所创造的新价值,或者是单位投入资本所得到的报酬)和一国所能利用的单位物质资源。一个国家或地区的竞争力集中体现在其产业在国际市场中的竞争表现。而国家或者地区竞争环境如何,与其生产率的增长密切相关。他用四类要素来形象地描绘竞争环境的组成,这四类要素是:生产要素;需求条件;相关与支持性产业;企业战略、企业结构和同业竞争。此外,机会和政府两大因素的影响和作用也非常重要。这六大要素彼此互动形成完整的钻石体系(如图 16-1 所示)。波特一再强调,每个要素的作用都要与其他要素配合起来考察。各个要素之间必须形成互相强化的良性互动关系才能提升产业竞争力。

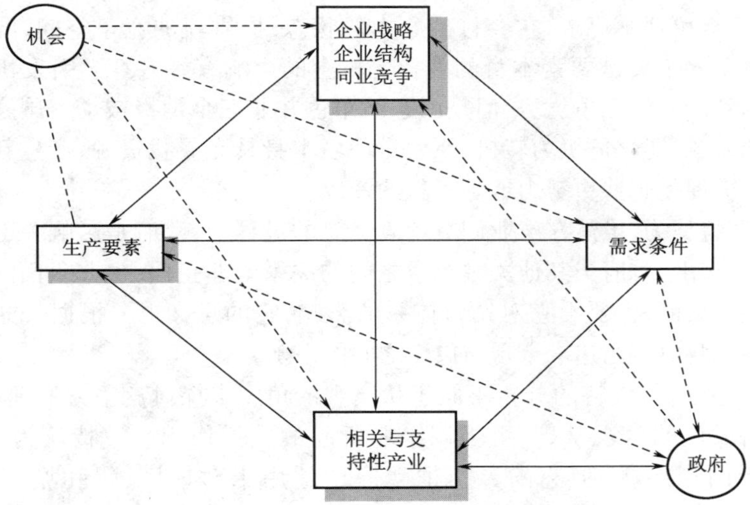

图 16-1　迈克尔·波特的完整钻石体系

生产要素:包括人力资源、自然资源、知识资源和基础设施等。可以划分为初级生产要素和高级生产要素。依据专业化程度还可以划分为一般性生产要素和专业性生产要素,波特认为后者对竞争优势的作用要远远高于前者,生产要素如果不能持续升级和专业化,它对竞争优势的价值就会越来越低。

需求条件:波特认为全球竞争并没有减少国内市场的重要性。国内市场深深地影响了企业认知与诠释客户需求的能力。内需市场更重要的意义在于它是产业发展的动力,它会刺激企业进行改进和创新。从竞争优势的观点来看,国内市场的质量绝对比国际市场需求量更为重要。

相关与支持性产业:在很多产业中,一个产业的潜在优势是与它相关的产业具有竞争优势。因为某一产业具有竞争优势,自然会带动上下游产业的创新和国际化。当上游产业具有国际竞争优势时,通过自上而下地扩散流程对下游产业带来有利影响。竞争力强的产业相互关联,合作与互补也会带来提升新产业的效应。因此,如果想成功地培养一项产业的国际竞争优势,最好能先在国内培养相关产业的竞争力。

企业战略、企业结构、同业竞争:波特认为企业的目标、战略和组织结构往往随产业和国情的差异而不同,国家竞争优势也就是各种差异条件的最佳组合。管理模式并非通则,企业必须善用本身的条件、管理模式和组织形态,更要把握国家环境的特色。本国竞争者的状况如何,在企业创新过程和形成国际竞争优势上扮演着重要角色。垄断并非长久之计,强劲的良性的国内市场竞争有利于带来长久的竞争优势,这是外国竞争者所无法复制的。

机会:机会可遇不可求,它会打破原本的状态,提供新的竞争空间,同时也会影响到钻石体系各个关键要素本身的变化。机会的影响有好有坏。引发机会的事件虽然会影响到产业的竞争优势,但是国家的角色并非完全消极被动。国家的钻石体系如果健全,往往能化危机为转机,原因是环境本身具有寻找资源、产生新优势的能力。压力也会促使企业更努力地寻找新的资源。

政府:波特认为,虽然在产业创造竞争优势的过程中,政府是影响关键要素的重要变数,但事实上,政府与其他关键要素之间的关系既非正面,也非负面。政府的角色是正面还是负面,也要看它对钻石体系的影响,它的意义也要根据公共政策上的表现来观察。政府应当追求干预与放任之间的平衡。

根据上述分析,波特的分析不同于从宏观的角度来探讨竞争力的理论,其主要立足于经济发展的微观基础,更强调企业所起的关键作用。波特认为,钻石理论虽然定位于国家层次,但它的分析框架完全适用于对地区、州和城市等级别的分析。

三、城市竞争力的城市价值链理论模型

北京国际城市发展研究院依据国际竞争力理论和产业竞争力理论,结合国情创立了城市竞争力理论的“城市价值链模型”。[①] 如图 16－2 所示。

城市价值链理论认为,城市竞争力就是一个国家的城市在经济全球化背景下,与其他城市相比较,在要素流动过程中抗衡甚至超越现实和潜在竞争对手,以实现城市价值所具有的各种竞争优势的系统合力。城市竞争力必须“以市场为目标,以战略为核心,以整合为导向”,其本质是建立在产业分工基础上的高度区域一体化的全球资源配置机制和城市形态演化模式。

① 参见连玉明主编,北京国际城市发展研究院编著:《学习型城市》,中国经济时代出版社,2003 年版,第 18～23 页。

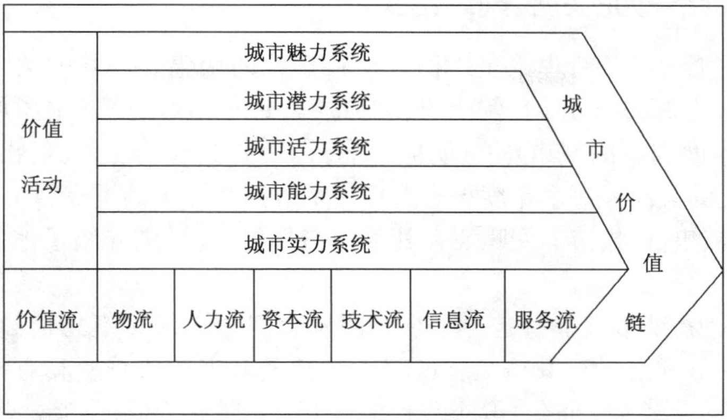

图 16－2 城市价值链模型

城市价值链理论把城市的价值链分解为价值活动和价值流。价值活动是在城市价值创造过程中实现其价值增值的每一个环节，包括城市实力系统、城市能力系统、城市活力系统、城市潜力系统和城市魅力系统。价值流是指一个城市以相应的平台（基础平台、操作平台、服务平台）和条件（政策体制、政府管理、市场秩序、社会文化），吸引区外物资、资本、技术、人力、信息、服务等资源要素向区内集聚，通过各资源要素的重组、整合来促进和带动相关产业升级和扩充，并将形成和扩大的竞争优势向外界扩张和辐射。城市在资源要素高效、规范、快速、有序地流动中实现价值，在循环往复中不断扩大规模和持续增长，从而提升城市竞争力。

城市价值链理论认为，城市竞争力的直接结果和作用是推动城市由低级形态向高级形态演化。城市形态演化的五种基本模式是：开放型城市、成长型城市、停滞型城市、衰退型城市和濒危型城市。城市价值链理论强调，城市形态的演化模式与城市竞争力之间并非简单的线性正相关关系，但城市竞争力是推动城市形态演化的内在力量和源泉。

城市价值链模型将城市的资源配置机制和价值创造过程描述成一个价值链体系。怎样将城市的各种资源要素有机地整合起来，使他们形成相互关联、协调发展的整体，并按照层次结构逐级提升，推动城市形态由低级向高级演化，是城市竞争力系统所要解决的实际问题。更重要的是应该强调，竞争不是发生在城市之间，而是发生在城市的各自价值链之间。提升城市竞争力，一方面，必须实行价值链的分解战略，分解价值创造过程中的各个环节，弃弱保优，保留其中的最优环节，做好做强；另一方面，必须实行对价值环节进行市场整合。只有对价值链体系中的各个环节实行有效整合，才有可能获得真正的竞争优势。

四、城市竞争力的弓弦箭理论模型①

城市竞争力的弓弦箭理论是中国社会科学院的倪鹏飞创立的关于城市竞争力的理论框架。从2003年开始，倪鹏飞作为主编，每年出版一部《中国城市竞争力报告》，对上一年度的中国城市竞争力进行排序、评价，迄今为止，已经出版了4部，引起了社会广泛的关注。每个年度报告选择一个研究和评价的重点，4部报告中，依次为：推销、定位、集群、楼市。倪鹏飞在其著作与报告中，详细介绍了他的城市竞争力理论。

倪鹏飞认为：城市竞争力是一个具有明确直观含义却又不易精确把握的概念，它主要是指一个城市在竞争和发展过程中与其他城市相比较所具有的吸引、争夺、拥有、控制和转化资源，争夺、占领和控制市场，以创造价值，为其居民提供福利的能力。

在市场经济条件下，城市作为一个相对独立的行为主体，常常为收益而谋求发展和参与竞争。城市收益是一个多维综合概念，包括城市的收益构成、收益规模、收益效率、收益增长率和增长的可持续性。城市收益构成包括城市货币收益（表现为资金、商品和劳务等）和非货币收益（城市声誉、地位、形象、城市自然环境质量等）。

鉴于城市收益难以准确把握，应将研究重点转向实质性问题，即城市价值收益上，认为城市价值收益恒等于创造有价值产品的产业增加值，通过分析城市产业价值收益来替代分析城市价值收益。倪鹏飞根据城市价值收益状况是城市竞争能力的表现的假定，创建了城市竞争力的弓弦箭理论模型。如图16－3所示。

对城市竞争力的弓弦箭理论模型的具体解释如下。

城市价值是由城市企业创造的。每一个城市的产业群都由若干产业组成，每个产业又分若干个产业部门和环节，每一部门和环节又有不少企业，城市价值体系是所有企业价值体的集合。所有影响城市价值体系的各种因素或力量的综合即城市竞争力。城市综合竞争力表现为长期综合经济增长率、综合市场占有率、综合地均GDP和居民人均收入水平（生产率水平）。即：城市综合竞争力＝F（综合市场占有率，综合长期经济增长率，综合地均GDP，综合居民人均收入水平）。

城市竞争力是一个复杂的混沌系统，其众多的要素和环境子系统以不同的方式存在，又处在不同的维度和层次上，它们共同集合构成城市综合竞争力，决定城市的价值收益。城市竞争力的复杂子系统以其表现方式的不同可以概括为两类：即硬竞争力系统和软竞争力系统，而其中的硬竞争力和软竞争力又由一些具体的分力构成。概括表示为：

---

① 参见倪鹏飞：《中国城市竞争力报告，NO.1》，社会科学文献出版社，2003年版，第47～71页。

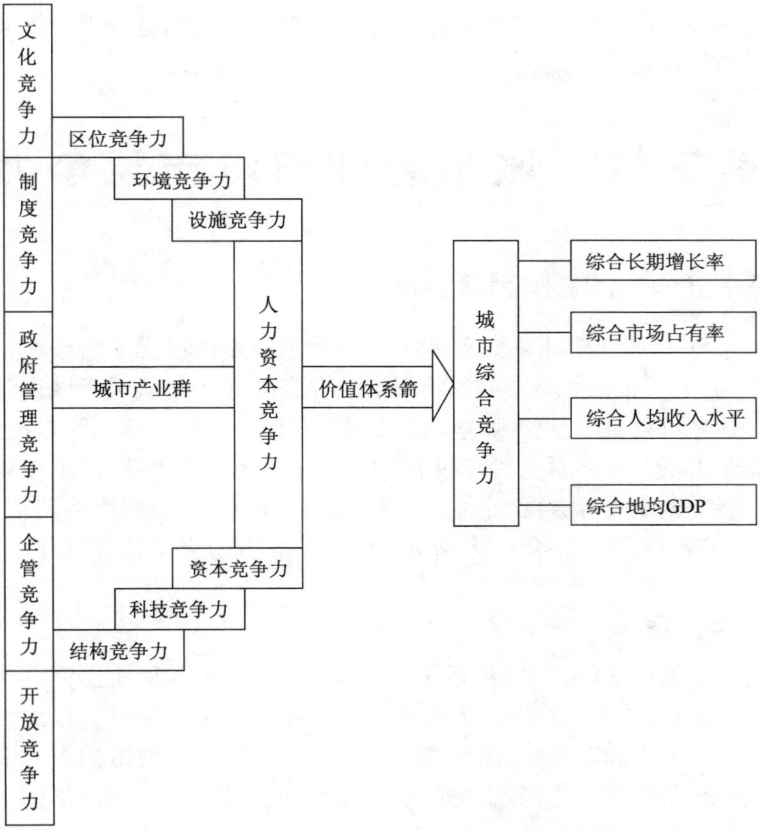

图 16－3　城市竞争力的弓弦箭理论

城市竞争力＝F(硬竞争力、软竞争力)

硬竞争力＝人才竞争力＋资本竞争力＋科技竞争力＋结构竞争力＋基础设施竞争力＋区位竞争力＋环境竞争力

软竞争力＝文化竞争力＋制度竞争力＋政府管理竞争力＋企业管理竞争力＋开放竞争力

硬竞争力和软竞争力共同决定和解释一个城市的综合竞争力,每一个竞争力包含一系列的测量指标。各分力又是兼容和交叉的,城市竞争力是各分力的耦合,各分力系统及系统内诸要素通过直接和间接两种途径创造城市价值,贡献于城市综合竞争力。各分力系统及系统内诸要素对城市竞争力有不同的贡献,其关系也是非线性的。城市竞争力各分力之间相互作用,构成系统,互动增进,形成复合力量,并主要通过产业或企业竞争和增长的绩效表现出来。

把硬竞争力比作弓,把软竞争力比作弦,把城市产业比作箭,它们相互作用形成城市竞争力,弓弦质量越好,搭配越恰当,所形成的力越大,产业箭射得越远,获得价值越大。任何部分有问题都会影响城市价值的获取,由于产业的主要内容被纳入到软硬竞争力中,产业在形式上成为弓弦力量的传导。我们把这一理论框架称为城市竞争力的弓弦箭模型。

第三节　城市管理与城市竞争力

一、城市竞争力的影响因素分析

明确城市竞争力的影响因素,是制定城市竞争战略的前提。由于城市竞争力的理论框架不同,关于城市竞争力的影响因素也存在差异。但从关于城市竞争力理论的评价指标体系可以看出,这些影响因素是多方面的。例如,连玉明教授认为,影响中国城市竞争力的关键因素主要有如下 10 个方面:全球化程度、后工业化的城市产业结构、流量经济、市场开放度、企业家、创新环境、人力资源、城市治理结构、城市品牌、城市群和城市联盟。综合众多研究,城市竞争力的影响因素主要有以下几个方面。

(一)资本条件

这里的资本取广义的概念,包括了人力资本、物质资本和社会资本。一个城市的人力规模、人力结构、人力素质,人力资本投入及人力供求关系直接地影响城市的发展。竞争的动力来源于创新,而创新的能力和潜力与一个城市的人力资本状况直接相关。城市竞争中最关键、最直接的竞争是城市决策团队(领导者)之间的竞争,领导者的能力和素质直接影响城市竞争力水平。包含了货币资本的物质资本作为直接的生产要素参与城市的价值创造,物质资本的规模、获取的便利性以及使用效率等直接影响城市竞争力的高低。社会资本主要包括社会中的信任、规则、伦理和社会关系网络等,这些社会因素通过促进个体之间和组织之间的合作而提高经济效率,例如,鼓励投资、崇尚竞争和创新、持续进取的精神资源等,从而有助于提升城市竞争力。

(二)产业结构

城市的产业结构决定城市的价值体系状况。城市产业的技术构成和资金构成与城市的产业价值体系是正相关关系。产业的整体技术水平,技术密集型和资金密集型产业的比例,决定着城市产业的价值体系状况。非农产业产值的增加,反映了工业和服务业水平的提升,促进产业的高级化。尤其是服务产业的健全发展,将为城市的发展提供良好的环境,同时创造附加价值。产业的结构还包括各种产业的集聚程度,产业的集聚将节省企业之间的运输和交易成本,促进彼此的合作,激励创新,扩大创新的应用等,从而有助于提升城市竞争力。

(三)科学技术

科技对城市竞争力具有倍增效应,显著地推动着城市各方面的增长、提高和扩张,是城市竞争力决定性的推动力。科技创新永远是城市获取动力和力量的源泉。这是因为:科学技术是第一生产力,科技具有生产要素特征。科技的开发、创新和广泛应用,不但能够提高劳动生产率、降低成本,而且能够获得具有垄断优势的资源和市场。科技成果能否迅速转化为生产能力也影响着城市价值的获取。

(四)基础设施

各种城市竞争力理论,无不把基础设施作为决定城市竞争力的重要因素。这是因为基础设施承载着城市的生产和生活活动,直接影响城市集聚生产要素的能力。基础设施的容量大小决定了该城市的产业规模。良好的城市基础设施,构成完整的生产和生活服务体系,为产业提供充足的载体,提高城市居民生活水平,增加社会福利。这些又会进一步吸引更多的人力、物力、资金、信息等资源的集中。

(五)制度环境

正式的制度是由法律、法规、政策等确定的行为规则,是人们行为选择和改变的内生变量。产权的保护、公平竞争等市场制度,公开、透明、体现法治的政府制度等,能够激发各种主体的创造力,能够促进资源的自由流动和合理配置,能够确保经济运行的高效有序。良好的制度环境除了促进城市内部的高效运转外,还有吸引外部生产要素的功能。

(六)城市治理

城市竞争力的提升需要城市中多元主体的共同努力,而非某一主体的单打独斗。因此,构建一个政府、市场和社会相结合的城市治理结构已经成为提升城市竞争力的重要因素。同时,改变传统的治理方式,从封闭运作到政务公开,从行政强制到规范引导,从防范控制到公共服务,打造服务政府、法治政府、责任政府和诚信政府。这样的城市才能获得可持续发展的能力。

(七)企业管理

企业竞争力是城市竞争力的微观基础,也是城市竞争力的重要体现。因此,企业的发展战略、企业的治理结构、企业的管理方法和技术等对于城市竞争力有重大影响。因为,企业的管理水平决定着生产要素的配置和利用能否实现最优化,决定着企业的价值收益,进而影响城市的价值创造。

(八)城市文化

城市文化包含多种因素,其中的价值取向会影响城市的资源配置方向。例如:官本位价值观下,人力资源会流向政府;良好的道德规范能够约束生产和交易中的机会主义和“搭便车”现象,从而大大降低生产和交易成本;开放宽容、自由民主的氛围能够促进创新思想的形成;积极进取、不“小富即安”的思想有利于个人创业的进展;等等。可见,价值观念、道德操守、社会意识和精神风貌等城市文化因素都对城市竞争力具有重要影响。其中,活动中的规范意识和创新竞争尤为重要。

(九)开放程度

城市开放体现在多方面,包括经济、社会、文化的开放,包括对国内、国际以及本市的开放。开放度越高的城市,集聚国际资本和社会财富的可能性越大,竞争力越强。政府对市场干预程度、对关键性产业的非垄断程度、对行政审批的简化程度、对进出口的限制程度和地方保护程度等直接反映着城市竞争力水平。越是竞争力强的城市,市场开放度越高,政府管制程度越低。

(十)区位因素

区位因素包括地理区位和行政区位。相比较其他因素,区位对城市竞争力的贡献稍弱。但城市腹地经济发展水平、城市自然区位便利度和城市科技区位对城市竞争力的影响是比较大的。这是因为,城市的地理区位决定了城市生态环境的特殊性、自然资源的多寡;城市在全国水、陆、空交通网络中所处的地理位置影响城市交通条件的便利与否;城市所在区域内的经济状况会影响城市所能依靠的经济条件或者辐射的范围。而城市的行政区位则在一定程度上影响了它所能动员的资源投入。但在市场经济资源自由流动的背景下,行政区位的影响逐渐减弱。事实上,许多中小城市的竞争力并不逊色于中等甚至大城市。

以上的因素分析并没有顺序之分,因为涉及不同的城市,影响因素的重要程度排列顺序会有不同,在提升城市竞争力时必须考虑到这一点。

二、城市竞争力与城市管理①

无论是国际竞争力理论、产业竞争力理论,还是城市竞争力理论,从上述的分析可以看出,城市政府或者城市管理都是一个重要的因素或变量。通过分析城市竞争力的影响因素也可以看出,大部分影响因素都和城市政府的职能发挥、管理水平有着密切联系。

城市政府管理是指城市政府对社会、经济和市政活动进行规划、协调、监控和服务的行为。

城市战略的规划和实施影响城市潜在优势的实现和新优势的形成。一个城市应该制定并实施利用现有优势和创造新优势相结合的战略,即一方面发展现阶段具有优势的产业,另一方面注意不断积累资金、开发技术和变革制度,生成新的技术、制度资源和资金优势。如果一个城市持续对同类型产业投资,那么将会促进该产业的规模和产业技术水平的持续提高,打造产业链、产业群,城市价值体系有可能得以

① 参见倪鹏飞,《中国城市竞争力报告,NO.1》,社会科学文献出版社,2003 年版,第 67 ~68 页。

持续扩大。

政府的财政能力是城市政府进行城市管理的资金基础。它决定政府公共物品和服务供给的规模和质量。充裕的财力可使政府为城市提供一系列大规模高质量的基础设施、科技教育等公共产品。这不仅可使企业获得良好的发展条件和环境,而且可以大大降低企业的生产和交易费用,提升企业的竞争力,进而提升城市的竞争力。

城市政府执法和服务水平影响企业价值创造。城市政府办事高效、廉洁自律、公正执法,使城市社会生活和企业生产顺利进行,有助于企业降低交易成本。城市政府对整个城市的宏观事务组织得力、协调有效,则有利于企业提高外部效益,降低外部成本,提高其产业竞争力。

城市政府营销能力对城市竞争力的提升具有重要影响。城市政府决定着城市对生产要素的吸引力,进而影响城市产业的聚集。一个城市和其市长的知名度及魅力,城市政府管理人员的实际管理水平,城市政府的信誉和廉洁程度,将影响城市对外部企业和商旅人员的吸引力。

市民对城市政府的满意度、市民的社会保障、城市的安全和稳定性,将决定城市政府的社会凝聚力的大小,进而影响城市竞争力的提升。

城市政府执行政策的灵活性,政府对外交往、学习的频繁程度,城市政府开拓创新的能力,会影响城市商业环境的改善,影响企业经营成本的节约,也影响企业对创富机会的把握,因而影响城市的价值创造。

城市政府管理竞争力是城市竞争力的重要协调力量。科学的战略规划可以为经济发展提供优良的经济社会环境。一国之内各城市的宏观的法律制度背景大致相同,但具体实体法律是否健全,各地在执行法律和政策方面是否能够因地制宜,将成为影响城市竞争力的重要因素。

三、城市竞争力的提升

(一)城市竞争战略的制定

城市竞争战略是指城市加快提高自身竞争力的战略性的思考和举措,是在较长时期内,从城市竞争力的各种因素、条件和可能变化的趋势出发,作出关系到城市竞争力提升全局的根本谋划和对策。这种竞争战略决定着城市竞争力的发展方向以及具体措施是否奏效。国外学者称之为策略性决定因素(strategic determinant),把它看作是城市竞争力的决定性因素之一。

制定城市竞争战略时,必须要有远见,不能急功近利,要重视城市发展的可持续性;必须要有全局观念,全方位、宽视野地思考问题,以总体效益为核心,不局限于某一个方面的得失;必须要统筹安排,对目标与措施进行统筹的、系统的考虑,形成措施链,环环相扣。寻找一举多得的战略措施链环,使一个措施同时应对和治理多个问题，指向两个甚至多个战略目标，实现投入的最小化、目标的最大化。

当前，我国城市在制定城市竞争战略时，必须把握以下关系。

1. 竞争与合作的关系

城市竞争并不意味着没有合作。合作是为了更好地竞争。事实证明，如果片面强调城市的竞争力，而忽视城市的“合作力”或“亲和力”，城市竞争力会受到很大的损害。

随着经济市场化和全球化的发展，生产要素在国内国际市场的快速流动，促使我国城市之间展开了激烈的竞争。各个城市政府通过组团招商引资，制定减免税费、土地出让优惠等政策，努力改善城市环境，如政策环境、制度环境、社会治安环境、人文环境、生态环境等，以争取域外资本和人才的流入。城市间的竞争有利于城市提高管理能力和服务水平，但如果城市之间只埋头于竞争，而忽视城市间的合作，则会陷入恶性竞争之中，其结果是两败俱伤。在城市合作中，一些港口城市与内陆中心城市构成的“双头型”城市区域就是一个很好的例证，如北京—天津、济南—青岛、沈阳—大连。只有进行项目合作、技术合作、引资合作，实行产业互补，才能实现“双赢”。

当前，在我国城市发展进程中，出现了长江三角洲、珠江三角洲和环渤海三大城市群，许多省份又提出了建设省内或者跨省的城市群的发展战略，标志着城市竞争进入了区域性集团化的新阶段。城市群和城市联盟对于城市竞争力的提升意义越来越大。借助市场空间和资源要素的流动和整合，形成资源关联度和经济一体化的协作系统和资源配置机制，能够提升抗衡和超越竞争对手集团的竞争力。

另外，一个城市不仅需要与其他城市的合作，还需要与乡村、区域、国家、世界的合作与协调。只有通过与多方的合作，彼此互通有无，相互支撑，才能快速地提升城市竞争力。

2. 共性与个性的关系

城市竞争力是一个综合的概念，影响城市竞争力的因素是多方面的，每个城市在提升竞争力时都要面对这些共同的影响因素。但是具体到每个城市，由于历史传统、资源条件和地理环境等存在差异，影响每个城市的各个因素的重要程度大不一样，提升城市竞争力必须考虑到这一点。但是在现实的城市发展中，许多城市不顾自身的条件限制，一味地求大求全。在规划上，都想成为中心城市、国际城市；在产业上，都把发展化工、生物、汽车等产业作为重点，都想建立高科技工业园和开发区；在基础设施上，临海的都想建立大型码头，不临海的都想建立机场。结果造成产业结构雷同，基建投资浪费，运营效益低下，形成恶性竞争。不但没有提升城市竞争力，反而降低了可持续的发展能力，削弱了城市竞争力。因此，城市政府应该处理好共性与个性的关系。一方面，要综合考虑，统筹安排，防止出现“木桶效应”，即因某一方面的因素表现较差而影响了整体因素对提升城市竞争力的作用；另一方面，要结合城市的实际情况,找准城市自身不同于其他城市的优势所在,充分利用好比较优势,采取差异化发展战略,打造城市的核心竞争力。这也是各个城市之间开展有效合作的条件之一,只有确立差异化的发展战略,才能减少对同一资源的恶性竞争。

共性与个性的关系处理,实质上就是城市的战略定位问题。城市的战略定位一定要准确,要有特色。特色最能体现水平、体现优势,特色孕育竞争力。提高城市竞争力的关键就在于一个城市能否把资源特色尽快转化为经济特色、产业特色、市场特色以及经济效益和财政居民收入,最终转化成为城市的竞争优势。要对城市的资源、环境等条件以及城市在整个区域发展中的地位和作用等有一个清晰的认识,把城市放在一个更广阔的背景下去比较,分析自身的优势所在,充分利用现有资源打造特色城市,发挥城市的功能特色、地缘特色、产业特色、形象特色以及服务特色、文化特色等,提升城市竞争力。

3. 政府职能中的多种关系

政府职能中的关系主要是政府的角色定位问题,要处理好政府与市场、政府与社会、政府与政府之间的关系,充分发挥经济调节、市场监管、社会管理和公共服务的职能。

(1)政府与社会的关系。当前主要是放松对社会的管制,培育和发展非营利组织和社会中介组织,增强社会的自治能力;促进公民参与城市公共事务,利用公民社会的力量来提升城市竞争力。

(2)政府与政府之间的关系。主要涉及城市政府与上级政府的关系和不同城市政府之间的关系两类。对于前者而言,当前主要是向城市政府分权,扩大城市政府的自主权;对于后者,主要是城市政府之间的合作与协调机制的建立,如城市政府间联席会议制度等,来促进区域经济的一体化,避免恶性竞争,提升城市群的总体竞争力。

(3)政府与市场的关系。政府要弥补市场失灵,同时防止政府失灵,要寻求恰当的平衡。当前一个突出的问题是城市经营中政府的角色定位问题。当前,城市经营被视作提升城市竞争力的重要途径,很多城市管理者已经进行了探索和实践,但是在理论上,城市经营的具体内涵尚未统一。关于城市经营的内涵,综合当前学术界的讨论,可以归纳为三种观点:生产要素经营论、保值增值论和竞争论。其中以竞争论对实践的指导意义最大。[①] 竞争论认为:城市经营是指城市政府将市场手段和行政手段相结合,借助市场力量将可经营性资源资本化运作,减少对可经营性领域公共产品的支出,降低半经营性领域公共产品的成本,使城市有限的财政资本集中投入非经营性公共产品的生产,从而实现政府以同样的资金营造更好的投资环境和人居环境,提高城市竞争力。竞争论认为:城市经营的对象既

① 叶裕民:《中国城市经营的理论研究》,《现代城市研究》,2004 年第 2 期。

包括可经营性资源，也包括非经营性资源。城市政府对可经营性资源进行资本化运作，是为了通过筹集更多的资金（比如经营土地）和减少可经营性公共产品的支出（比如交通），来更好地发展非经营性领域的公共服务（比如基础教育，政府的研发和创新投入等）。

从本质上来讲，城市经营是一种主要采用市场机制的城市管理方式。它能够缓解城市化进程加快与城市基础设施等公共物品短缺的矛盾，能够打破传统的政府垄断经营模式，引入市场机制，扩大投入，提高各种设施的运营效率，提升服务水平，另外还能促使政府的职能转变。但是，在城市经营中必须防止从一个极端走向另外一个极端。许多城市政府实施城市经营的初衷都是为了缓解城市快速发展所带来的财政压力。这就带来许多风险：政府职能的越位和错位、城市建设规模失控、土地资本和耕地资源枯竭、地方保护主义、加重企业税费负担等。①

因此，城市政府在城市经营中必须处理好与市场的关系，一是要转变传统政府职能，充分利用市场机制，通过经营城市整合各类资源，降低城市运作成本，提高城市收益，形成城市建设良性循环机制，不断增加居民的福利，保持竞争优势，最终创造一个最适宜创业发展和生活居住的城市。二是要防范和控制各种风险，尤其是政府职能过度涉入市场，身兼裁判员和运动员双重身份，出现职能错位、越位的风险。政府应该通过合理的城市经营来提高自身提供公共服务的能力。也就是说，城市经营的目标不是单纯地提高政府财政收入，也不是简单地追求城市保值增值，其最终目标是为了持续提高城市创造财富和是高居民生活质量的能力，即提高城市竞争力。

（二）提升中国城市竞争力的具体对策②

世纪之初，面对激烈的区域竞争和国际竞争，中国城市政府在提高竞争力方面不仅可以大有作为，而且可以通过竞争实现城市的共赢。根据以上分析，可以采取以下具体对策。

1. 建立和营造积极健康的促进创新和进取的城市文化环境

塑造积极健康的城市文化环境，城市政府的作用很大。因为城市政府通过扩大对外开放、引导价值取向、支持有利于竞争的道德准则的建立等，可以影响居民的思想观念，推动城市文化的不断变革。城市政府应该在摒弃传统文化中某些不利于人潜能发挥的评估标准和落后习惯，在努力营造宽松、自由兼收并蓄、尊重知识、尊重人才、讲究信誉、等价公平、鼓励个性发展和创造的文化氛围方面积极工作。

---

① 孙文正：《城市经营的五项风险》，《城市问题》，2002 年第 6 期。

② 倪鹏飞：《中国城市竞争力：概念框架、现状及提升战略——弓弦模型的演绎》，《经济学消息报》，2001 年 5 月 11 日。

阅读拓展

悉尼的城市生态文化建设

现代城市生态文化是对在工业时代形成的、以物质文明和钢铁文明为代表的传统城市文化的超越。城市生态文化主张城市与自然和谐相处,反对城市与自然的对立;主张尊重城市自然环境的内在规律,反对将向城市自然环境索取的能力当作城市发展水平的标志。许多国际性城市已经具有前瞻性地着眼于城市生态文化的建设,旨在通过培育良好的城市生态文化提升城市的持久竞争力。以澳大利亚的悉尼为代表的一批国际性城市之所以能够在近些年声名鹊起,正是得益于它们的生态文化理念。悉尼始建之时并无规划。但从1957年开始,州政府对城市建设进行全面规划,并实施了持续近30年的绿化市区中心工程,使整个城市中布满了大大小小的"绿洲"。该市提出了"绿色奥运"的申办口号,4年共花66亿澳元用于奥运建设,其中35亿澳元用于交通、废料处理、太阳能利用、废水再利用工程,将原城郊一片废料场、污水沼泽地建设成中心体育馆,把悉尼的生态环境和城市品味提高到了一个新的水平,赢得了国际社会的广泛赞誉,这些在对其2000年奥运会举办权的争夺中起着关键性作用。悉尼的"绿色奥运"使悉尼誉满全球,它也凭借奥运会强有力的推动,在城市建设、环境美化、通信和交通运输上得到了迅猛的发展,使它对全世界的吸纳能力、辐射能力也得到了极大的提高。

2. 建立促进竞争、保护产权的有效制度

城市政府应积极进行经济和行政体制改革,尤其要在个人权益制度的完善方面多加努力,要建立、健全有效的保护自然人、法人的人身及财产权益的产权制度(包括知识产权)。建立规范政府、特别是规范政府与企业关系的制度,规范政府的行为,消除以乱收费、乱罚款、乱摊派、乱集资为突出特征的经济侵权行为。要加快建立以刺激创业者创业动力的贡献与报酬相对等的经济激励制度,吸引优秀人才并有效地刺激他们的创新和创业热情。同时,要把目前大量存在的产权边界模糊、政企职责不分、内部管理混乱的经济单位改造成为真正的企业;建立能够保证公平竞争和优胜劣汰的市场制度环境;建立个人信用制度,确保城市民间经济交往的信用。要建立、完善地方法规、制度和一些补充规定。

3. 提高政府管理水平

城市政府应不断提高整体的领导素质,提高政府的领导创新、战略决策、日常事务处理、突发事件应变和疑难问题的解决等能力;建立科学的管理、决策和咨询系统。克服官僚主义,简化办事手续,提高办事效率;政府应该在严格遵守和执行法律

和制度方面下工夫，建立城市良好的法治环境。政府要重视建立促进中小企业发展的社会化服务体系，加强对企业的服务和引导；应进一步减少对企业具体商业活动的干预。同时要扩大对外宣传和推销，提高城市在海内外的知名度。

4. 扩大对外开放

城市政府要创造各种硬、软条件，包括建立激励制度、制定优惠政策、成立交流组织、建立基金、场所、设施等，加快引进全球、全国的各种产业和资源，包括先进的制度、文化、管理；要主动加快城市参与经济区域一体化和全球化的进程，取消地方保护壁垒，开放各类市场，促进城市的分工和协作；要特别重视、积极鼓励国内外城际间的经济、科技、社会、文化等领域的交流和合作，鼓励城市内外机构和人士的各种民间的非正式交往，以营造有利于创新的城市环境。

5. 保持健康有序的经济社会秩序

城市政府要积极探索经济高速增长和体制转轨期社会治安综合治理办法，采取有力措施化解各种矛盾，严厉打击各种违法犯罪活动，为城市的创新和发展提供良好的秩序环境。

6. 持续调整产业结构

城市政府要运用财政和税收政策，引导企业提高技术水平、扩大经营规模、推动产业快速升级。制定更加优惠的政策，促使影响城市竞争力的拥有高技术、高管理水平、高增值的企业不断脱颖而出，持续健康成长。吸引国内外高技术、高管理水平、高增值企业来城市落户。

7. 保护和促进产业聚集

城市政府要注意和利用区域分工，依据自身优势和产业基础，施行对同一产业进行持续的资金、技术投入的政策，培育和发展其优势产业。为产业聚集提供全方位的公共服务，积极营造有利产业专业化发展的投资和居住环境，推动优势产业的进一步聚集。

8. 改善吸引和融通外部资金、资源的基础设施环境

城市政府要大力推进技术性基础设施建设，在基础设施规划建设方面，一定要考虑技术的先进性，考虑与国际接轨，同时要引进先进的技术管理和制度（包括融资制度），为科技创新和高技术、高管理水平产业的发展创造硬环境。

9. 扩大对科技、教育、环境几个领域的关注和投入

城市政府必须进一步加大科技投入，高度重视培育城市的科技转化能力，促进企业和科研机构走向联合。要进一步加大对教育的投入，深化教育改革，调整教育结构，扩大职业教育、在岗教育的规模，大力发展适应地方经济发展需要的教育体系，以培育适合地方需求的人才。要保护城市的风景名胜，保护城市的生态环境，以实现城市自然环境的和谐。要建立独具特色的城市人工环境，建立能满足高素质人

才和专业化的人力资本需要的良好生活和工作环境。

本章小结

随着经济全球化和区域经济一体化的发展,各种资源的流动范围得到扩展,流动速度得到提升,城市之间的竞争越来越激烈,城市竞争力的理论随之诞生。城市竞争力是一个综合的概念,具有复合性、动态性和相对性的特征。各种研究机构和学者构建了不同的理论模型,对城市竞争力进行评价和排序,城市政府也在不断探索提升城市竞争力的方法和途径。通过分析各种有关城市竞争力的理论可以看出,影响城市竞争力的因素是多方面的,主要包括:资本条件、产业结构、科学技术、基础设施、制度环境、城市治理、企业管理、城市文化、开放程度、区位因素等。城市管理与城市竞争力有着密切的联系,是决定城市竞争力的重要因素之一。提升城市竞争力必须制定相应的竞争战略。在制定竞争战略的过程中必须把握好竞争与合作的关系、共性与个性的关系以及城市政府职能界定中的各种关系,然后根据相应的影响因素采取相应的管理对策,从而提升城市竞争力。

思考题

1. 分析城市竞争的根源和城市竞争的发展。
2. 城市竞争力的内涵和特征是什么?
3. 关于城市竞争力的理论模型都有哪些?评述其主要内容。
4. 城市竞争力的影响因素主要有哪些?
5. 城市管理和城市竞争力的关系怎样?怎样通过城市管理提升城市竞争力?
6. 如何制定城市竞争战略,提高城市竞争力?

案例分析

城市竞争力:中国差距何在?

2006 年 6 月 11 日,在中国成都举行的第三届城市竞争力国际论坛上,由中国社会科学院倪鹏飞博士与美国巴克内尔大学彼得·卡尔·克拉索教授牵头,美、中、加、意、英、荷、韩、墨等 8 国学者携手,研究完成的第一部《全球城市竞争力报告

(2005～2006)》正式公开发布。

该报告用75个指标,对全球110个城市的综合竞争力、人才本体竞争力、企业本体竞争力、生活环境竞争力、商务环境竞争力、创新环境竞争力、社会环境竞争力以及产业综合竞争力分别计量与评估。

列入榜单的110个城市中,中国城市有22个,正好是总数的1/5。尽管数量上中国城市占优,但是,排行榜上的位置却让人隐隐不快:除了第19位的香港和第48位的台北排位比较靠前,其他上榜的中国城市排名都比较靠后。其中,中国内地城市排位最靠前的上海位列第69位,北京排70位,深圳排73位,广州排74位……

排名依据的数据来源何处?

这份新出炉的全球城市竞争力报告,自然也引来争议,包括不服气、不买账。但在参与研究的学者看来,他们是有充足的数据以及严谨的统计学方法作为支撑的。

那么,这110个城市是怎么选出来的?倪鹏飞解释,全球的城市非常多,肯定只能选择其中的一部分来做排名。他们先从全球选举了150个城市作为初始样本,基于这些城市的数据以及研究的可行性,最后筛选了110个城市。选择的标准,一是该城市在本国的影响力;二是该城市在区域内的代表性;三是该城市样本的广泛性;四是该城市的特殊研究价值;五是该城市统计数据的可得性。

"最大的困难是样本数据的取得",倪鹏飞坦承。在他们的全球城市竞争力指标体系中,共有75个指标。这些数据指标的来源有三种:一是国家官方统计机构出版的年度统计报告、统计年鉴和统计网站;二是城市及其官方的统计机构、统计网站;三是国际组织的统计机构、国际研究机构和公司的主题报告和调查。

排名"与全球经济发展水平相符"?

倪鹏飞等人的研究发现:从地区分布的情况看,位居前20名的城市,欧洲占了10个,美国占8个,亚洲占2个,这与目前全球经济发展水平相符,与欧美城市表现出很强的综合竞争力和明显的竞争优势是比较一致的。另外,亚洲的东京、香港,经过多年的发展,也已经进入国际城市第一梯队。

不过,总体上看,亚、非、南美洲各发展中国家的城市与欧美发达国家的城市相比,差距还比较大,这也与当前各国的经济发展水平相符。中国,特别是中国内地城市的得分比较低,排名比较靠后,竞争力还比较弱,与国际大都市之间的差距比较明显。另外,中国等发展中国家城市的各项产业竞争力相对也较弱。特别是在产业劳动生产率方面,中国内地各大城市与发达国家城市差距显著。

不过,倪鹏飞也补充:"在增长的问题上,亚洲的一些国家增长比较高,特别是中国城市增长更高。"

研究得出的另一个重要结论是:大多数名列前20名的城市,都位于世界著名的城市群和城市带中。

其实,不仅仅是前20位的城市,中国内地上榜的18个城市,有一半是位于长三角、珠三角、环渤海三大都市圈内。

基于这份研究报告,倪鹏飞就提升城市国际竞争力提出了若干建议。例如:加大教育和人力资本的投入,建立学习型城市,提高市民素质;创造安全、健康、舒适和高质量的生活环境,吸引外来人才,加强社会凝聚力;促进生产性服务业和高技术产业发展,建立知识型产业体系;建立信息等高技术中心,提供一流的信息技术基础设施;发展多元的、有特色的城市文化,培育平等、宽容的创新文化;加强服务型政府建设,强化公共服务职能,改善城市的商务环境;加强政府、企业、社团和居民之间的开放和交流;等等。

差距真的那么大吗?

这份排名能在多大程度上反映真实情况?中国城市的综合竞争力与其他国际大都市相比,差距真的那么大吗?我们应以什么样的态度看待这样的排名?

上海社科院常务副院长左学金的观点是:一个排名,总是依据一个特定的指标体系。指标体系变了,排名也会跟着变。另外,竞争力是个相对的概念,每个城市可以与其他城市比较一下,哪些方面比人家强,哪些方面又不如人家。

左学金认为,内地的一些大城市,与香港以及其他国家的大都市相比,主要的差距可能体现在软件方面,也就是"看不见的东西"。比如,在市场经济体制的完善、资本的自由流动等方面,都还有很多事情要做。"在香港,企业家群体的力量非常强大,对香港经济发展举足轻重。这方面,内地的大城市比较弱。香港的企业有强大的国际网络,它们在全球范围内配置资源,内地的大城市就很少。即使在上海,有很多的企业进来投资,但上海企业走出去的很少。"

左学金还举了一个例子:香港的地铁、公共空间与商业空间融合得很好,这其实反映的是政府与企业的伙伴关系(partnership)。在上海,未来几年,地铁里程将达到400多公里,不过,在地铁空间与商业空间的融合方面,还需要下很大的气力。

复旦大学世界经济研究所所长华民的说法与左学金异曲同工。他说,如果这个排名的指标体系是客观的,如果采集的数据也是真实的,那么,这样的排名结果很难推翻。"不是服气不服气的问题,不行就是不行,除非这些指标本身有问题。"

竞争力不强,但吸引力很强?

那么,什么是竞争力?华民有一个直白的解释:全球企业家趋之若鹜的城市,就是有竞争力的城市。

"中国内地的这些大城市,有多少跨国公司的总部?有多少世界知名的品牌?世界500强企业的总部大约分布在全世界20多个城市。中国内地有几个?全球那么多的跨国企业,总部设在中国内地城市的有没有?现在一些城市,对外说引进了多少世界500强企业,实际上,引来的只不过是一两条生产线而已,人家的全球经营关系体系不在你这里,总部不在你这里。"

对于提升中国内地城市的国际竞争力,华民的结论言简意赅:当务之急是转变政府职能,进一步壮大市场力量,把企业做大做强。

复旦大学的另一位教授张军,显然并不完全认同这样的城市竞争力排名。他认为,有些指标不能很好地反映发展中国家的情况。比如,从吸引外资的角度看,内地很多城市其实是很强的。而这在排名中很难体现,因此"排名并不说明问题"。他说,这些年,中国内地城市的综合竞争力有很大变化,总体上是在不断提升。但从排名上看不出这样的变化。

相对于竞争力,张军似乎更强调吸引力。他认为,有些国家是既有竞争力又有吸引力;有些国家是有竞争力但缺乏吸引力;中国的竞争力落后于它的吸引力。"但竞争力与吸引力并不对立。比如,很多城市为了保持对外资的吸引力,会不断改进公共服务和社会管理,在基础设施和文化教育等方面增加投入。这样,又能够为吸引外资创造更好的条件。如此良性循环,最终使城市的竞争力得到了提升。"

资料来源:汪晓东:人民日报网络版,http://www.southcn.com/news/china/bgcn/200606160918.html,有删改。

案例思考题:

1. 你是如何理解城市竞争力的?应当如何看待当前众多的城市竞争力排名现象?

2. 试分析报告中得出的结论:大多数名列前20名的城市,都位于世界著名的城市群和城市带中;中国内地上榜的18个城市,有一半是位于长三角、珠三角、环渤海三大都市圈内。

3. 结合文中分析,你认为我国城市与发达国家城市相比,在竞争力方面存在哪些差距?如何通过城市管理加以改善?

第十七章

城市发展

城市内外环境的变迁对城市未来的发展提出了新的要求和挑战。这些重大的环境变迁包含哪些因素？它们会对城市发展产生哪些影响？未来的城市将如何发展才能体现环境的要求？怎样通过城市管理的创新去应对各种挑战？

通过本章的学习,应当对这些问题有总体把握,并能根据兴趣对未来城市诸多设想中的一种进行深入探讨。

第一节　环境变迁与城市发展

城市的发展必须放在宏观的历史背景下去考虑。城市自从诞生之日起,便随着内外环境的变迁而不断地发生变化。当前,城市的发展方向与以下社会环境的变化密切相关。

一、全球化与城市发展

(一)全球化及其特征

"全球化"的概念最初特指经济领域的经济全球化,如今已经扩展到社会生活的各个领域。综合各种关于全球化的研究和论述,可将全球化概括为:当代人类社会生活跨越国家与地区界限,在全球范围内展现的全方位的沟通、联系和相互影响的客观历史进程与趋势。[①] 美国杜克大学教授阿里夫·德里克认为全球化具有以下特征：资本与生产过程的全球化，资本将在全球范围内流通，投资总是在寻求其最适宜的土壤；生产的无中心化和管理的集中化，生产在全球范围内扩散，由发达地区向不发达地区扩散，而与之相反的是管理越来越趋向于集中，集中于世界级的大都市；跨国公司已经取代国家市场成为经济活动中心，跨国公司及其高度灵敏的分支机构延伸至世界经济的方方面面，扮演着越来越重要的角色；全球不仅在经济上，而且在社会和文化上也开始同质化。对于全球化的评价，有积极和消极两个方面，有人大力赞扬和支持，有人极力抨击和反对。但无论如何，这是一个客观的历史进程。

（二）全球化对城市发展的影响

1. 城市的全球空间格局重组，全球城市和城市群的地位凸显

经济全球化，使得经济活动超出了国界，得以在世界范围内展开。特别是跨国公司在世界中心城市设立公司总部或分支机构，从事产品研发、生产、销售和提供服务，催化了现代化的世界城市的形成与发展，并以世界城市为核心形成都市密集区与城市网络体系。当前，全球主要形成了六大城市群：美国东北部大西洋沿岸城市群、北美五大湖区城市群、日本太平洋沿岸城市群、英国以伦敦为核心的城市群、欧洲西北部超级城市群以及我国以上海为龙头的长三角地区城市群。在全球化的背景下，如何构建我国的世界城市与城市网络体系，增强国家竞争力，是十分紧迫的课题。

2. 城市的开放与竞争

城市的发展不再仅仅依靠自身的资源要素，必须充分利用全球化带来的各种资源条件；城市竞争力的提升不再局限于本区域、本国范围之内，必须放眼全球，在全球化的进程中确定自己的位置，整合和优化各种资源的配置。缺乏对外开放或开放力度不足，不仅吸收不到各种外在资源，还会带来本市资源的流失。因此，城市的发展战略必须是开放式的：基础设施要和区域内的其他城市对接协调，避免资源浪费；市场要完整统一、开放有序，避免地方保护、市场分割；城市管理要促使各个城市加强协调沟通，为吸引全球范围内的资本、人才和技术等资源创造良好的环境。

（三）城市的文化冲击与创新

在全球化时代，我国城市文化进入一个开放、互动的体系中，中西文化、各种地域文化不断碰撞，增进了文化的交流与融合。但是在这个过程中，以美国为首的西方文化表现为强势，使我国独具特色的传统文化和地域文化有被同化的危险，文化趋同和城市特色日益消失已经成为城市发展不容回避的现实。因此，消除把全球化当成单一、均质的过程的片面认识，推动我国城市区域文化的继承与发展，推进城市

---

① 俞可平：《全球化研究的中国视角》，《战略与管理》，1999 年第 3 期。

区域自然和文化遗产的控制与保护，努力挖掘、培育当地文化，扬弃外来文化，并创造出具有民族特色、创新氛围的文化，成为我国城市应对文化全球化的有效策略。

二、信息化与城市发展

（一）信息化的内涵

从历史发展来看，信息化概念的提出是与后工业社会或信息社会的讨论相联系的。1967 年，日本学者参照工业化一词提出了信息化的概念，认为信息社会是信息产业高度发达且在产业结构中占据优势的社会，信息化是由工业社会向信息社会演进的动态发展过程。1978 年，法国学者在政府的支持下提出了社会的信息化问题，涉及计算机与远程通信的结合、数据处理和网络等问题。此后，人们对于信息化的内涵从不同角度、不同层次加以了理解。例如，不同的角度包括：计算机、通信、网络等信息技术的推广与应用（扩散与渗透）；信息资源的开发与利用；信息产业的成长与发展；信息活动在社会发展中规模的扩大与作用的增强。不同的层次包括：社会、经济、产业、企业、产品（或服务）；科研、教育、医疗卫生、公用事业或社会服务；城市、农村；政府、社区、家庭；国防与军事以及全球、区域（集团）、国家等方方面面的信息化。1997 年，全国第一次信息化工作会议正式提出了国家信息化体系的概念，并把国家信息化的内容归纳为信息资源、信息网络、信息技术应用、信息技术和产业、信息化人才、信息政策法规和信息化标准等六个要素。我国还制定了《国家信息化发展战略（2006～2020 年）》，以指导信息化建设。衡量信息化的基本标志有很多方面，但至少应该包括信息化观念的深入程度、信息化的开发利用、信息技术的发展与完善、信息产业成为支柱产业等几个方面。

（二）信息化对城市发展的影响

1. 城市内部空间结构将面临重大变革和调整

信息化时代的到来，将使人们的生产、生活和就业不再只是简单地依赖物质性交通环境，技术合作对空间、时间的依赖性也在降低，家庭和其他非正式场所或许会逐渐成为许多工作的中心位置。由此，人们的生产、生活和工作模式的重大变化将使传统的以可达性、区位条件所决定的城市内部空间结构面临重大变革和调整。

2. 城市竞争优势的获取需要信息化水平的支撑

在信息化时代，信息成为城市获取竞争优势的战略资源，城市和区域的竞争将会更加激烈，基于全球信息网络基础上，居于网络节点地位的信息密集区将支配和控制边缘的信息贫乏区，“信息鸿沟”有扩大的趋势。信息的可获取性以及与之配套的信息基础结构也成为城市吸引投资者、居住者的重要因素。因此，信息化程度和水平已经成为一个城市经济社会发展综合实力和文明程度的主要标志，推行与实施城市信息化战略成为城市的必然选择。例如:许多国家相继提出“信息首都”、“智慧城市”等概念;新加坡开展建设智慧岛活动,将其目标定位为:创建国际信息通信中心,争取到2010年,使新加坡成为全球信息与通信技术领先的大都市。

3. 城市管理的方式出现重大变革和创新

城市信息化将给城市带来两大变革:一是生产、生活方式的巨大变革;二是城市管理方式的转变和创新。信息化带给城市的不仅是一种全新的产业形式和生活方式,更重要的是通过城市信息化完善城市服务功能,提高城市管理、人民生活和城市环境的质量,并为企业信息化和社会信息化的发展提供良好的环境。在信息化的背景下,城市管理面临着重大的挑战:一是城市管理系统内部的流程再造,管理系统的层级结构和决策模式需要根据信息技术的发展予以变革。二是城市管理系统与社会公众之间的互动模式不同于传统方式,公民参与的渠道和方式增多,如何利用先进信息技术为公众提供优质服务的问题被提上日程。现在,世界范围内的各个城市政府开展“电子化政府”建设,推行“电子政务”,实施“数字城市管理”等发展战略,都是对信息化影响的积极回应。三是城市安全问题又增添了新的内容,城市信息安全成为城市发展中的重大研究课题。

三、知识经济与城市发展

(一)知识经济的发展

随着工业化的推进,尤其是20世纪80年代以来,在世界范围内,科技进步日新月异,知识经济初露端倪。在知识经济时代,知识、科技、信息和人才已成为重要的生产需要而进入生产领域。密集的知识、高素质的人才、高新的技术、迅捷的信息,成为经济和社会发展的基础。高新技术及其产业的迅猛发展,深刻地影响着社会生活的方方面面。知识经济正成为世界经济发展的主要动力源泉。迎接知识经济的挑战已成为时代主题。

1. 知识经济的内涵

当前对知识经济的内涵大致有下列认识:知识经济是一种全新的经济和社会形态;它是一个经济发展阶段,人类是从农业经济、工业经济发展到现在的知识经济;它是一种经济结构,如亚太经济合作与发展组织(OECD)认为其主要成员国知识经济的比重已超过经济总量的一半;知识经济是一种新的经济发展模式和发展理念,它要求以尽可能少的自然资源消耗和最大限度的知识应用实现经济增长,满足社会需求。总体来看,尚未形成定性的指标体系来界定知识经济。

目前,在对知识经济的定义中,较权威的定义还是由亚太经济合作与发展组织(OECD)于1996年在一份报告中提出的:知识经济是指以知识为基础的经济,即认为知识经济是建立在知识和信息的生产、分配和使用之上的经济,并且认为知识经济是继农业经济、工业经济之后的一种新的经济形态。

2. 知识经济的时代特征

知识经济是以知识和信息为基础和直接驱动力的经济。知识是指人类迄今为止通过思索、研究和实践所获得的对世界(包括物质世界和精神世界)认识的总和。知识按其与信息的关系可分为两类:一类是可编码化的知识,可以被制作成信息通过媒介向人们传播;另一类是属于"意会"知识,不容易被编码,很难通过传播媒介来传播。

当知识经济在世界范围内悄然兴起之际,"知识就是力量"又被赋予了新的含义。知识成为最重要的直接资源和基本要素进入经济生产领域。在资源与要素的配置中,知识扮演着越来越重要的角色。知识的生产、加工、传播、创新和应用日益成为驱动未来经济增长和社会发展的主要力量。而且,除了作为一种生产要素之外,知识还是一种特殊的资本。它可以反复使用、不断增值,具有连续增长、报酬递增的特征。正是这一特征使得知识正在逐步取代传统的资本和权力,成为世界经济发展的支配力量。

概括而言,知识经济的时代特征是:知识将是经济发展中最重要和最关键的资源,使得人类对自然资源利用质量得到提高;高技术产业(以知识中的高科技为重要依托的产业)将成为国民经济的支柱产业;产品和服务的知识含量将大大增加,附加价值不断提高;国家创新体系,主要包括研究机构、高等院校以及企业的研究和开发部门等,对知识经济具有支撑作用;无论对个人、企业还是一个国家来说,知识学习都有着重要的意义。

(二)知识经济对城市发展的影响①

知识经济在重塑人类生产方式、生活方式的同时,也在快速改变着城市社会结构、空间形态及其功能,使知识经济时代的城市呈现出不同于工业经济时代的特征和发展趋势。

1. 城市"再城市化"的新趋势

一些学者在研究发达国家城市化进程后,将世界城市化的过程分为集中型城市化、郊区化、逆城市化。在这个过程中,城市从中心区人口增长迅速到郊区人口增长快于中心区人口增长,再到城郊与中心区人口均下降。但在知识经济时代,以知识创新为基础的企业或企业内部管理、控制和协调等职能和价值链环节逐渐向城市中心区聚集;而传统工业制造业受产业区位性引导,逐渐转移到积聚经济效益最大和运输成本最小的地方。城市中心区日益成为跨国公司等的总部和银行、保险、营销、法律与管理咨询等生产性服务业高度集中的地区,成为协调全国乃至全球生产的信息和服务中心,这就促使城市中心区复兴,出现人口回流市区的"再城市化"现象。

① 参见刘传江、郑凌云等:《城镇化与城乡可持续发展》,科学出版社,2004年版,第246~250页。

2. 城市经济结构和功能的转变趋势

工业经济时代，城市主要是工业生产和有形商品贸易交易的中心，制造业在城市就业和产值中占据很大比重。不同于工业社会，知识经济社会许多新兴的产业迅速崛起，如教育、旅游、休闲、体育、健康、文化、传媒业及信息产业等，成为城市经济重要的支撑产业。城市将主要以知识密集型的服务业为主，成为企业总部所在地，是产品研究、设计与开发、管理与控制、市场营销等价值链环节的集聚地，城市的经济结构呈现"软化"的趋势。城市的功能也由此发生了变化，成为知识和信息生产、使用和集聚的中心，成为管理决策中心、文化观念与科技创新中心。

3. 城市可持续发展条件的创造

工业经济时代，城市是工业的生产基地，城市环境问题突出，大量的污水、废气、固体废弃物使得城市的环境恶化，危害居民的生活健康，危及城市乃至整个社会的可持续发展。知识经济时代，由于科学技术的进步，人类认识资源和开发资源的能力大大增强，从而能够科学、合理、高效地利用现有资源和开发替代资源，减少自然资源消耗和环境污染，为城市的可持续发展创造条件。

四、后现代主义与城市发展

（一）后现代主义的内涵

美国社会学家丹尼尔·贝尔于1973年正式出版了《后工业社会的来临》一书。他把人类社会的发展分为前工业社会、工业社会和后工业社会三个阶段，预测了在随后30～50年间，发达工业国家将进入后工业社会。1997年美国学者殷格·哈特教授在《现代化与后现代化》著作中，把1970年以来发达国家发生的变化称为后现代化，把发展中国家发生的变化称为现代化。后现代化理论认为，从传统社会向现代社会（农业社会向工业社会）的转变是现代化，从现代社会向后现代社会（工业社会向后工业社会）的转变是后现代化。

与后工业社会相伴随，后现代主义作为一种社会思潮，是相对于现代主义而言的，是对工业社会诸多问题的批判与反思的结果。关于后现代主义的内涵，很难加以准确界定，需要在与现代主义的对比中加以理解。现代是用来描述城市化工业社会的，以官僚机构和技术性的大工业化生产为主要特征；而后现代是用来描述与现代有着不同的观察角度的社会。福克斯和米勒对现代和后现代作了如下对比：整合——解构；中央集权制——地方分权制；向心——离心；总体性——破碎性；宏大叙事——肢解文本；熔炉式——凉拌菜式；对称——失衡；大一统——多元主义；普遍主义——相对主义；牛顿经典力学——海森堡的测不准原理。①

① 参见特里·L.库珀：《行政伦理学——实现行政责任的途径》，中国人民大学出版社，2001年版，第34页。

(二)后现代主义对城市发展的影响

1. 城市规划和景观的特色设计

后现代主义对城市的贡献,首先是它反对规范化和一致性,强调更大的差异和个性,以此为指导的城市规划充分运用先进技术,复归传统等方式,凸显个性的设计。其次,与现代主义规划大面积的拆迁重建不同,后现代主义非常重视保护地方历史文脉和古建筑,对各种时期的建筑重新审视解读,采取宽容态度,主张各时期、各种风格的建筑和设计相容共处。另外,与现代主义更加强调全面规划、强调规划的一致性和详细性不同,后现代主义主张逐个规划以适应环境,这种小规模的规划能够照顾地方利益和历史文脉,保留社区意识。所有这些都有利于修正现代主义规划带来的千城一面的现象,形成独特的城市景观,保留城市在历史发展中形成的特色文化,满足城市中不同的审美需求。

2. 以人为本的人文关怀意识

尽管后现代主义思想存在较为极端、建设性差等缺陷,但通过对工业社会诸多弊端的批判与反思,突出了以人为本的理念,强调人文关怀,重新唤醒了城市的发展方向。现代主义以效率、功利主义和非人格化为中心的逻辑,不仅销蚀了地方意识、地方文化,而且使得生活在城市中的人的人格异化,在各种压力下拼命工作,失去了生活的乐趣。而后现代主义则强调城市的复兴和再生,保留城市社区,唤醒人们的社区意识;反对忽视人的大规模的机械空间,强调人的尺度和小的空间,主张更加个性化的生活方式。与现代主义的核心目标是经济增长相比,后现代主义更加强调个人幸福的最大化,追求生活质量和生活体验。

3. 城市管理中的整合与回应

后现代的城市社会中,人们对所谓普遍的真理和法则、绝对的价值等固定的基础假设产生质疑,这是一个价值多元和相对主义盛行的时代。但越是这种多元和相对,越凸显出秩序和意义的重要性。这对城市管理提出了挑战:在公共组织系统内部,组织成员的世界观和价值观的多元与组织公益目标之间的潜在和显现的冲突越来越多。如何协调组织目标和个人目标,在保证组织目标实现的同时又不压制社会的活力;从公共组织与外部环境的互动来讲,公共组织如何回应公众纷繁复杂而又多变的利益诉求,如何整合这些不同的需求,保持公共政策的公共性;等等。这些问题都摆在了我们面前。因此,在这种背景下,城市的管理模式应该不再坚持过度的集权和独断,而应该朝着分权、参与和协商的方向发展。

第二节　未来城市形态及其建构

城市发展的方向是什么?未来的城市又是怎样的?对这些问题的思考都需要

充分地认识到社会的变迁、人性的需求以及城市现在乃至过去的状况。基于不同的视角和判断，不同学科给出了不同的预测答案。有些尚属于乌托邦式的设想，而有些已经成为现有城市发展的指导性理念。信息城市、无形城市、比特城市、数字城市、世界城市、全球城市、太空城市、城市联邦、田园城市、健康城市、生态城市、安全城市、时尚城市、和谐城市、柔性城市、善治城市、可持续发展城市、学习型城市、后福特城市或者后汽车时代的城市，等等，新的概念大量涌现，不免让人有“乱花渐欲迷人眼”之感。但仔细探究，不难发现这些概念指向的对象或者是城市地位变化的趋势，或者是城市的总体或某一方面形态结构的新特征，或者是城市新的功能发挥，或者是城市与城市、城市与乡村的关系变化，或者是城市管理理念和管理模式的变革。因此，在这些概念中，既有几个概念同时指向未来城市的一种特质，又有一种概念融合了几种特质或者涵盖了其他几个概念。限于篇幅，下面介绍几种已经成为现实城市管理理念的未来城市设想。

一、学习型城市

（一）学习型城市的缘起

城市是社会的地域类型，学习型城市的概念，来源于学习化社会的理念。

从20世纪60年代开始，以信息技术为核心的新技术革命的兴起，带来以知识生产、传播和转化为特征的知识经济和知识社会的发展，学习的重要性得到凸显，唯有不断学习，终身学习，才能不断适应和促进社会的发展，顺应时代的要求。1968年，美国学者罗伯特·哈钦斯出版了《学习化社会》一书，在对以往教育进行批判的基础上，首次提出“学习化社会”的理念。1972年，联合国教科文组织国际教育发展委员会发表了研究报告《学会生存——教育的今天和明天》，肯定并倡导“学习化社会”，把其作为未来的一种社会形态。同年10月，联合国教科文组织还通过一项决议，发起围绕终身教育、终身学习、学习化社会等思想来重新组织全部教育的运动。1974年，美国卡耐基高等教育委员会发表了《以学习化社会为目标——面向生活、工作及服务活动的多样途径》的报告，提出了构建学习化社会的具体构想。1995年，欧盟发表了《教与学：迈向学习化社会》，并将1996年定为“欧洲学习年”。由此，学习化社会的理念备受国际社会重视，许多国家为此制定了相应的国家战略，推动学习化社会的构建。

1990年，彼得·圣吉出版了《第五项修炼——学习型组织的艺术与实务》一书，概括了学习型组织所需的五项修炼：自我超越、改善心智模式、建立共同愿景、团体学习和系统思考；提出未来最成功的组织将会是“学习型组织”，“因为未来唯一持久的优势，是有能力比你的竞争对手学习得更快”。尽管该书主要针对企业管理，但其管理方法和工具很快为社会其他领域所接受和应用，学习型政府、学习型政党、学习型社区、学习型城市等概念大都从此引申而来。

在国内,1999年9月上海率先提出建设"学习型城市"后,2001年5月,江泽民在亚太经合组织人力资源能力建设高峰会上提出"构筑终身教育体系,创建学习型社会"的主张,党的十六大明确提出把到2020年"形成全民学习、终身学习的学习型社会、促进人的全面发展"列为小康社会的一个重要目标,并强调要"加强职业教育和培训,发展继续教育,构建终身教育体系"。在此背景下,许多城市如北京、广州、大连、苏州等也相继提出了建设"学习型社区"、"学习型城市"、"学习型社会"的目标,有的城市还把建设学习型城市列入本地的经济和社会发展长期规划之中。

学习型城市既是城市化过程中的一个新的高度,也是城市发展进程中的一种新的发展模式和发展理想。学习型城市,是以知识经济和知识社会为发展背景和空间,以学习化社会和学习型组织理念为理论来源,以构建终身教育、学习体系为基石,以各种学习型组织为支撑,以创新为核心,以促进人的全面发展和城市的可持续发展为目标的城市。

（二）学习型城市的特点

相对于传统城市而言,构筑于学习化社会和学习型组织之上的学习型城市具有下列特点。

1. 学习理念的普及性

对于社会而言,城市中的所有组织和个人都具有强烈的学习意识,把学习作为一种生活方式和手段,作为自身不断发展的动力与源泉。对于城市的管理者而言,应充分认识到学习对城市发展的重要性,认识到学习是市民的一种权利。通过学习提高自身管理水平,满足市民的学习需求,不仅有利于实现市民的生存权和发展权,更有利于提升城市竞争力。

所有这些都要建立在对学习的正确认识上,更新学习的理念。例如,从职前的学习到终身的学习,从个人的学习到组织的学习,从知识的学习到能力的学习,从技能的学习到人格与态度的学习,从单一的学习到多元的学习,从被动的学习到主动的学习,从封闭的学习到开放的学习,等等。

2. 学习者的自主性和学习行为的终身性

教育正在让位于学习,人不再是教育活动的客体而正在成为学习活动的主体,学习者被视为社会现实的积极认识者与创造者。学习者的学习行为不再是被动的,而是学习者根据自我的需求,自发、自主地选择学习内容和学习方式的自我导向的学习。另外,学习不再只局限于步入社会之前的职前学习,而是延续个体一生的行为,终身学习是个人和社会不断进步和发展的源泉。

3. 学习资源的共享性和学习机会的平等性

学习和教育的资源不再是封闭的。一方面,整个城市通过开掘和整合社会系统中的各种学习和教育资源,形成教育和学习的网络,构筑社会化的学习和教育体系;

另一方面，教育和学习系统把教育的功能扩展到整个社会的各个方面，实现教育系统和非教育系统的资源共享。

学习机会不再是垄断的，而是开放和平等的。城市每一位市民的基本学习权利和终生的学习需求都能得到保障和满足，尤其对于城市中的弱势群体和特殊群体而言，享有平等的教育权和学习权，将大大促进他们改善自身的生存状况和发展前景。

4. 学习目的中的创新性和发展性

学习型城市，不仅仅意味着全民学习、时时学习，处处学习，更重要的是明确学习目的以及解决学什么、如何学的问题。人们不是为学习而学习，而是把学习和工作紧密结合，不断创新，知识创新、技术创新、管理创新、制度创新等成为城市发展的动力。创新成为城市的灵魂，通过创新，解决城市发展中存在的诸多问题，推动城市的经济效益、社会效益和生态效益协调统一发展；而个人在这种创新的过程中，不断地开发潜能，发挥才智，以充分实现自身的社会价值。也就是说，通过创新，促进人的自由和全面的发展与城市的可持续发展，这是学习型城市的本质所在。

（三）学习型城市的创建

国内外学习型城市的创建，具体模式和具体策略有许多不同，尚处于探索阶段。但从总体而言，应当从以下几个方面进行：

1. 普及以终身学习为导向的新的学习文化

与传统的学习文化相比，新的学习文化以终身学习为轴心，以学习者为本，以能力发展和创新为重点，强调组织学习文化的发展，重视正式与非正式等多元学习形态的并存，注重各种多元文化之间的相互联结与融合，充分利用信息技术实现学习资源的共享，扩大学习的范围，实现学习的便捷性。普及新的学习文化，使城市的各个阶层和各个领域的组织与个人充分认识到学习的重要性，并能合理安排自己的学习活动，明确学习的目的、内容和方式，在全社会营造学习的氛围，为学习型城市的建设提供一个良好的环境。

2. 构建社会化、开放式的城市终身学习体系

终身学习体系是建设学习型城市的基石。依据终身学习的理念，把构建社会化开放式的城市终身学习体系的重点应放在终身教育系统的内部一体化上和终身教育系统与外部环境的协调发展上，最终实现生活和学习不分彼此的紧密融合。因此，要改革教育模式，在纵向上使婴幼儿教育、青少年教育、成人教育和老年教育等紧密衔接起来；在横向上把家庭教育、学校教育、社会教育等进行沟通、整合，形成纵横交错、覆盖全社会、多层次、多种类、开放式的学习教育网络体系，实现各级各类教育之间上下左右的互通和有机结合。人们在有需要时，无论从哪一点进入学习体

系，都能便捷地获得学习训练和提高自己的内容和手段。

3. 创建各种不同类型、层次的学习型组织

学习型组织是学习型城市的基本"细胞"，是学习型城市的载体和支撑力量。创建学习型城市从创建各种学习型组织入手，是当前许多城市的基本做法。具体来说，就是使家庭成为学习型家庭，社区成为学习型社区，企业成为学习型企业，政党成为学习型政党，政府成为学习型政府。例如，常州市把建设学习型机关（政府）、学习型社区、学习型企业、学习型家庭作为建设学习型城市的四大支柱。创建学习型组织必须依据正确的理论规范和运作程序。首先，要科学理解学习型组织的内涵，不能简单地理解为大家经常一起读书学习，而应该是通过组织化的学习活动实现组织的创新与成长。其次，要建立相应的评估体系和激励约束机制，考核学习型组织建设的成效，引导和鼓励学习型组织建设的深入开展，更有效地推动学习行为转化为创新行为，从而推动学习型城市的建设。

4. 建立健全学习型城市的内在运行机制

学习型城市的创建不是一蹴而就的，而且学习型城市本身就意味着多种主体的持续性，因此，必须建立健全学习型城市的内在的运行机制加以保障。总结国内外的学习型城市建设的成功经验，主要包括四个方面的内容。首先，必须制定相应的战略和规划，就建设内容、方式、资源等条件进行部署；其次，要有相应的激励和约束制度，例如，能力导向的公开招聘、竞争择优制度，类似个人技能卡和个人学习账户等形式的学习成就认证制度，某种行业准入的资格认证制度等，以制度的形式来规范和促进人的终身学习；再次，要创新工作载体，通过网站建设、举办论坛、设立终生学习节或学习周、开展群众性读书活动等形式，构筑多元学习平台，在全社会营造学习的氛围；最后，要建立相应的评估指标体系，考核学习型城市的建设，发现问题与不足，肯定成绩和进展，使学习型城市的建设有条不紊地进行。

二、可持续发展城市

（一）可持续发展城市的提出

城市的可持续发展是可持续发展的重要组成部分，是可持续发展理论在城市的实现。可持续发展城市既体现了可持续发展的普遍性，同时又体现了城市独有的特质。

1992 年，联合国环境与发展大会通过《21 世纪议程》，将可持续发展定义为："既满足当代人的需求，又不对后代人满足其自身需求能力构成危害的发展。"该定义既包含了发展的可持续性，同时也包含了发展的代际公平性，其本质在于人类的社会经济活动不能超越资源与环境的承载能力。经过不断地探讨和充实，可持续发展的内容日益丰富，涉及领域也日渐扩大。概括而言，主要包含以下三方面的内容。

1. 发展的可持续性

发展过程中不能涸泽而渔、杀鸡取卵，发展应该具有延续性，应该建立在不超过资源和环境承载能力的基础之上。

2. 发展的全面性

发展不仅仅指经济的增长，还包括生态环境的改善和社会的进步，涵盖了人类发展的各个领域。

3. 发展的公平性

发展的公平性，从宏观系统的角度而言，是人类社会与自然界之间的公平。自然界有其自身的存在价值和发展规律，不仅仅是人类社会发展的附庸。从时间角度而言，是当代与后代之间的代际公平。后代人与当代人有公平的发展机会，当代人不能因满足自身的需求而危害后代人的生存空间与发展能力。从空间角度而言，是区域内与区域之间的公平。同一个区域内不同阶层地位的人都有享受发展成果、提升自我的权利，一个区域与另一个区域之间在福利的享有和资源的占有上的分配应当是公平的，任何区域的发展都不能建立在其他区域衰落的基础之上。

城市由于其特有的复杂结构及其在国家和区域发展中的重要地位与作用，决定了可持续发展的关键在于城市的发展能否实现可持续的发展。城乡二元结构导致的城乡对立、差距过大，城市社会的贫富两极分化，城市化过程中的土地资源浪费，城市扩张对自然环境的破坏，正在严重制约着城市的健康发展，城市本身诸多问题的存在也迫切需要可持续发展战略。

所谓可持续发展的城市，就是在城市的空间范围内，以合理利用城市资源为基础，以推动城市经济增长为手段，以解决城市环境问题为途径，以建设宜居城市为目标，满足现在和未来城市居民生存和发展的需求，实现生态、经济和社会诸领域的科学、合理、安全和协调的发展的城市。

（二）可持续发展城市的具体内涵

可持续发展城市的具体内涵是可持续发展理论和城市特质具体结合的展现。具体而言，包括以下几个方面。

1. 城市现实发展与长期发展的统一

城市的土地、矿产和淡水等资源是有限的，城市的环境容量也是有限的，但城市规模的扩大和人口的增加会消耗大量的资源，带来大量的污染。因此，城市的发展必须兼顾城市的近期目标和长期目标、近期利益和长期利益，有效地解决城市资源与城市发展的矛盾，协调城市经济发展与生态环境需求之间的矛盾。

2. 城市发展的全面性

可持续发展的城市意味着城市社会的整体变革，包括城市的社会可持续性发展、经济可持续性发展和生态环境可持续性发展,并且这三者之间能够实现良好的互动、协调关系。从经济的角度讲,城市的经济运行稳定、竞争有序、充满活力,实现清洁生产和文明消费,充分合理利用资源,在此基础上实现经济持续增长。从社会的角度讲,城市秩序良好、公众参与程度高、形成宽容和具有特色的城市文化,市民各种权利受到尊重,市民素质、健康水平和生活质量逐步提升。从生态的角度讲,城市的环境受到保护,生产和生活活动都限定在城市环境的承载能力之内,生态环境不断优化。

3. 城市发展的公平性

城市社会比农村社会更容易造成贫富差距,城市发展面临着巨大的社会公平的考验。城市可持续发展,就是要强调城市居民和社会的共同发展。这就需要解决好城市资源在各个社区、各部门和每个居民之间的合理分配,把贫富差距控制在合理范围之内;保证城市原有居民和新移民的平等发展权利,废除各种歧视性的制度和政策;保持城市和乡村之间的统筹发展,避免出现城乡差距过大现象。

(三)城市可持续发展战略

可持续发展城市的实现是一个永无止境的过程,这是可持续发展的内在要求。同时,可持续发展城市涉及的内容也非常多,城市可持续发展的支持系统可以分为三个:产业和基础设施支持系统、资源环境支持系统和人文基础支持系统。它们涉及城市空间结构、城市人口、城市资源条件、城市经济、城市交通、城市生态环境、城市人文环境、城市安全,城市与区域关系,等等。这些都要求必须制定城市可持续发展的战略,研究未来一段时期内城市可持续发展的总体构想,确定具有指导意义的纲领,并制定具有实施功能的具体方案。城市可持续发展战略的主要内容包括以下几个方面。

1. 指导思想和城市定位

城市可持续发展的指导思想必须建立在对城市发展现状的深入研究和对城市发展理论升华的基础之上,城市可持续发展已经脱离孤立发展的道路,进入到区域合作、相互促进的新时代,城市必须注重发挥优势的原则,正确定位,明确自身在一个较大区域范围内应该扮演的角色。

2. 目标体系和发展重点

目标分为总目标、分阶段目标、分区域目标。目标体系的确立要体现统筹考虑和重点发展相结合的思想。总目标具有较强的概括性,具体包含以经济效益为主的目标、以社会公平为主的目标以及以环境改善为主的目标。总目标确定后,必须确定分阶段的发展目标。在城市化的前期阶段,城市规模扩展速度较慢,经济社会发展处于发展条件不足的时期,此时应该更多注重城市发展能力的积累,基础设施的建设等;在城市化的中期阶段,发展速度快,引发诸多城市病,如交通拥堵、空气污染、城市安全等,此时应该更多地注重城市发展结构的调整、发展重点的转换和生产水平的提高;城市化的后期阶段,城市发展速度有所减慢,但发展质量有较大提高,发展活力问题成为关注对象,此时应更多地侧重于城市社会发展水平的提高、经济增长的稳定和内涵式的扩大再生产以及社会公平等问题。此外,城市本身也是一个完整的体系,可以划分为城区和郊区,城区又包括诸多组成部分,这些都需要制定分区域的目标,注重分工与合作。

3. 政策设计

实施城市可持续发展的政策设计,不是包罗万象的各式各样的具体措施,而是指实现战略目标的关键性措施。它具有三个特征:①有限性,局限于某个城市的某些问题,不能应用到其他地区。②系统性,各项政策之间相互衔接,互相配合,不能相互对立。③阶段性,在城市发展的不同阶段,实施不同的政策。城市可持续发展战略的方案,是在上述内容的基础上,进行综合归纳,提炼而成的。①

三、和谐城市

(一)和谐城市的提出

实现社会和谐,建设美好社会,始终是人类孜孜以求的一个社会理想。和谐城市理念的提出,是和谐社会理念在城市中的体现,也是城市化进程中解决城市各种问题的需求。

1997 年,在北京召开的以"迈向 21 世纪的城市"为主题的国际研讨会,国内外众多学者和规划师签署了《21 世纪城市规划师宣言》,其核心纲领里面提出了"三个和谐":人与自然的和谐、人与人的和谐以及历史与未来的和谐。2004 年,党的十六届四中全会在十六大提出相关概念的基础上,明确提出要"构建社会主义和谐社会",把构建社会主义和谐社会的能力作为加强党的执政能力建设的重要内容。以此为契机,关于"和谐城市"的探讨迅速增加。以"和谐"为主题的城市模式得到广泛的认同和关注。

综观城市数千年的发展历程,旧的城市发展模式已经远远不能体现以人为本、可持续发展的理念,出现了许多的分割和对立:城市从诞生开始,在成为人类文明的发源和归宿之地的同时,也开始了城市与自然的对立,巨大的环境破坏、生态危机和能源危机成为自然界对人类社会的报复。在城市这个人类共生的场所,城市的发展并没有实现人的基本社会需求和最高理想,相反,越来越表现出与人的需求相对立的一面。城市成为文明冲突的战场,人在生理和心理上遭受着双重折磨,歧视、不公平、犯罪、自杀等现象居高不下。另外,随着人类技术体系的不断进步,现代社会的城市更新速度和规模不断扩大,城市的遗产和城市的发展成为一种对立,城市在发

① 孙久文、张佰瑞等:《城市可持续发展》,中国人民大学出版社,2006 年版,第 334 ~ 337 页。

展的同时，却失去了更多的城市文明的传统，历史文化遗产被无情的现代技术发展所打碎。这些对立都应该在审视、反思人的自身的真正需求时加以终结，以构建一个和谐的城市。

（二）和谐城市的内涵

所谓和谐城市，就是在充分尊重和满足人的合理需求的基础上，在各个领域充分体现了和谐共处、和谐发展的城市。

总的来说，和谐城市与和谐社会的目标是一样的，应该是“民主法治、公平正义、诚信友爱、充满活力、安定有序、人与自然和谐相处的社会”。民主得到充分发扬，依法治市理念得到切实落实，各方面的积极因素得到广泛调动；城市社会各方面的利益关系得到妥善协调，城市中各种矛盾得到正确处理，社会公平和正义得到切实维护和实现；全社会互帮互助、诚实守信，市民平等友爱、融洽相处；一切有利于社会进步的创造愿望得到尊重，创造活动得到支持，创造才能得到发挥，创造成果得到肯定；社会组织机制健全，社会管理完善，社会秩序良好，市民安居乐业，社会保持安定团结；生产发展，生活富裕，生态良好。

具体来说，和谐城市的“和谐”主要体现在以下几个方面。

1.人与自然的和谐

21 世纪的城市，应该以一种对自然尊重的态度，从自然中吸取智慧，得到启发。和谐城市不再是与自然环境对立的一个人工环境，它应该成为自然整体系统中的一个组成部分。它不再是自然资源和能源的消费者，而应该是生态系统中的一个环节。它不仅能以理性和智慧最大限度地减少消费资源和能源，更应该能够成为自然资源和能源生产和再生产的场所。

2.人与人的和谐

和谐城市强调城市中不同的文化背景和不同的社会集团之间的和谐，重视区域中各城市之间、城市与乡村之间居民生活的和谐，避免城市范围内的社会空间的强烈分割和对抗。重视塑造和谐文化，引导协调公众需求，实现居民的内心和谐以及城市全体市民的社会生活和谐，是城市在 21 世纪努力实现的社会目标；坚持为全体城市居民服务，是城市发展的基本立场。

3.历史与未来的和谐

和谐城市强调保持城市发展过程中历史的延续性，保护文化遗产和传统生活方式，促进新技术在城市发展中的运用并使之为大众服务，努力追求城市文化遗产保护与新的科学技术运用之间的协调。实现城市发展过程中时间序列的和谐将是 21 世纪城市发展的重点课题，也是实现让城市生活更加美好的重要内容。①

① 吴志强：《世博规划中关于“和谐城市”的哲学思考》，《时代建筑》，2005 年第 5 期。

（三）城市管理与和谐城市

和谐城市的实现离不开以高效、服务、和谐为导向的城市管理。城市中存在的诸多不和谐现象，大都能从城市社会政治与经济体制深层次的缺陷中找到原因。建设一个和谐的城市环境需要政府制定与此目标相一致的政策；需要保证基本的物质资料、社会的安全与公平；需要不同层次的政府保持政策制定的一致性和连贯性；需要政府机构与政策更多地代表不同民族、种族、性别、阶层等全体居民的意志，确保城市各部分都享有财政公平和相对均等水平的公共服务。为此，城市管理应当在以下几个方面努力。

1. 城市规划的引导与协调

城市规划的编制决策和实施管理中，要植入“以人为本”的理念，注重规划调整人与自然的关系、环境保护和建设的关系、历史文化保护与开发利用的关系。发挥城市规划的综合协调作用，尽量满足城市多元利益群体在空间资源上的分配，调控空间布局，平衡公众利益。在规划中丰富城市的内涵，协调城市的风格，合理布局城市的功能区，引导新区开发和旧城改造按照和谐城市的理念进行。

2. 城市文化的多元与包容

城市文化是多元的，多元的文化都应该有一个共同的基础，那就是对其他文化的宽容。尽管协调城市文化中相互抵触的部分仍然相当困难，但通过制度的容纳性和人力资源的培训等措施，可以塑造宽容的城市文化，培养市民对所在城市的认同感。另外，还应该创造条件，促进不同文化之间的沟通和交流，创造一个社会和心理意义上的、能培育包容性思想与行为的和谐城市环境。

3. 城市资源的分配与共享

许多城市问题是资源分配不公平的表现。当一个城市存在着严重的两极分化，许多人生活在贫困之中，或被社会所排斥时，就不可能实现和谐。为此，城市公共财政的收入与支出的结构应当调整，通过税收和财政的转移支付等政策和手段调控国民收入分配格局；完善各种社会保障制度，保证每个市民都拥有最低限度的资源；提供有利于消除城市犯罪的就业机会、方针和政策，加强就业指导和服务，抓好就业培训，认真解决就业困难人群的就业问题，维护就业者的合法权益，创造更加公平公正的就业环境。一句话，城市资源的分配应当体现社会公正，应当为城市公众所共享。

四、全球城市①

（一）全球城市的内涵及其发展

全球城市是在世界城市的概念上演化而来的，尽管有学者认为两者的内涵不

① 周振华、陈向明、黄建富等：《世界城市——国际经验与上海发展》，上海社会科学出版社，2004年版。

同,认为前者更多地体现了全球化对城市的影响,但不同的学者对两者的使用多半出于个人偏好,并不细加区分。因此,可以把两者视作同一概念。

经济全球化的发展形成了全球规模的经济系统。城市作为经济系统的主要载体,代表所在国家或地区参与全球经济分工和合作,众多规模不同、作用不同的城市构成全球范围内的金字塔形的城市体系。全球城市占据该金字塔形体系的最顶端,是全球经济的指挥和决策中心,同时也是连接全球信息网络的主要节点。

世界城市的概念早在1915年就由西方学者杰德斯提出,但真正最早从事现代世界城市研究工作的学者是英国的彼得·霍尔。1966年,霍尔对世界城市进行了经典解释,将其界定为那些对全世界或大多数国家发生全球性经济、政治、文化影响的国际第一流大城市。具体内涵包括:主要的政治权力中心;国家的贸易中心;主要银行的所在地和金融中心;各类专业人才集聚的中心;信息汇集和传播的地方;大的人口中心,而且集中了相当比例的富裕阶层人口;娱乐业成为重要的产业部门。据此标准,他确定了伦敦、巴黎、莱茵—鲁尔区、荷兰兰斯塔德、莫斯科、纽约、东京等7个世界城市。弗里德曼对世界城市进行了系统研究,于1986年提出“世界城市假设”的独创性理论,进一步提出了18个核心和12个半外围的世界城市的等级结构和布局。他的世界城市等级理论依赖的几个主要分析指标是:主要金融中心、跨国公司的总部(包括地区性总部)、国际化组织、商业服务部门的高速增长、重要的制造中心、主要交通枢纽和人口规模。该理论被认为是考察全球范围内城市间相互关系的一般性基础理论。

随着世界城市本身的现实发展,世界城市的内涵不断地被赋予崭新的内容。传统的世界城市概念,往往指一些人口规模、经济总量、地区面积庞大的超级大城市。要想成为世界城市,必须拥有规模大、实力强、地位非常重要等条件。这是从拥有数量上不均衡的特性来判定世界城市,注重的是城市的空间存量,强调自身地域的财富积累与规模扩大。在全球化与信息化的背景下,世界城市的内涵发生了变化。世界城市的本质属性,更多地表现为城市在全球化和信息化中的连通性,也就是说,一个城市是否具有世界城市的功能,关键在于其融入各类世界网络体系的程度。城市规模的大小不再成为衡量的主要标准,传统意义上的超级大城市也已经不是完整意义上的世界城市。例如,西方学者沙森把全球城市定义为发达的金融和商业服务中心,其本质是为全球资本提供服务的地方,而不是传统上的集中化的指挥中心。

尽管人们对世界城市的内涵与外延的界定不同,但世界城市概念的提出本身反映了城市间的经济网络开始主宰全球经济命脉,出现大量在空间权力上超越国家范围、在全球经济中发挥指挥和控制作用的城市的发展趋势。

(二)全球城市的产业结构特征与功能

全球城市的经济形态已由工业经济形态向服务性经济形态转变。第一产业比重微乎其微，第二产业比重不断下降，第三产业比重则不断上升。为企业生产服务的行业，如金融、设计、广告、咨询、仓储、批发、零售等，为居民消费服务的行业，如饮食、文化教育、体育卫生、娱乐休闲、社会保险等，都迅速发展，带来就业机会和人口的增加。目前，第三产业所占比重已经大大超过第二产业和第一产业比重。以全球最具影响力的3个全球城市纽约、伦敦、东京为例，它们的第三产业增加值占GDP的比重均在80%以上。全球城市的功能主要有以下几个方面。

1. 全球金融中心

全球金融中心是全球城市的首要的经济功能。全球城市对全球经济的控制主要是通过货币、汇率和其他金融工具来实现的。因此，全球城市是全球金融市场的控制中心，拥有众多的金融机构，特别是跨国银行，集中了巨额的金融资产和资本，产生了大量的金融业务，金融业成为全球城市的主要经济部门。纽约、伦敦、东京金融业产值占第三产业的比重分别达到17.2%，21.2%，10.7%，这三个城市的外汇交易额、证券市场交易额、所拥有的外国银行数更是其他城市所望尘莫及的。

2. 全球信息中心

随着信息革命和信息社会的来临，全球城市在信息网络建设中更是领先一步，成为全球通信网络的主要结点，发挥着全球信息中心的功能和作用。信息已经成为全球经济新的战略性资源，而电信系统则成为城市关键性的基础设施。先进电信设施在少数全球城市的集中，为它们的进一步繁荣提供了保证，同时也使得全球城市与其他城市之间的“技术鸿沟”越来越大。

3. 全球生产的管理和控制中心

现代社会，一方面，生产活动正向全球范围内扩散；另一方面，对生产活动的管理和控制向大城市集中。生产和管理在空间上逐步分离。少数全球城市依靠其现代化的基础设施、高等级的生产服务网络和高效率的指挥系统而成为众多大型跨国公司总部云集之地，成为跨国公司全球生产经营和战略策划中心。

（三）全球城市的培育与发展

值得注意的是，全球城市的地位并不是一成不变的。面对全球化和信息化的冲击，对于大城市而言，这是新的生存和发展机会，全球范围内的大城市将被重新选择排序，它们将在全球城市体系中确定自己的位置。现有的全球城市已经开始了新一轮大规模的开发活动，力图维持和巩固自己的中心地位。而一些发展中国家也纷纷提出了建设全球城市的目标，作为其顺应经济全球化的潮流、取得全球竞争能力的重大战略来实施。在我国，上海将是我国最有可能率先实现全球城市发展目标的城市。

国际经验表明，在培育和建设全球城市过程中，必须大力实施开放战略，提高国际化程度，大力吸引跨国公司等的投资，提升城市创新能力。其中一个非常重要的内容就是要有意识地构建和形成高级劳动力国际流动模式。高级劳动力在跨国公司经营管理网络中的集中与流动,对发挥全球城市的首要功能,特别是对先进的服务行业有积极的促进作用。为了吸纳国际劳动力,必须构建国际金融体系的空间组织以及大力发展与此相配套的现代服务业,如广告、管理咨询等。

全球城市的培育与建设,不仅要把注意力集中在该城市的全面发展上,而且要充分考虑城市—区域关系,以及与内、外资源的竞争合作关系。学术界通过对公认的全球城市伦敦、纽约、东京的实证分析得出结论:全球城市发展的等级化趋势与区域化趋势是相互影响的,必须把全球城市的培育和发展放在区域范围内考虑,融入到周边的城市群中。

本章小结

未来城市的发展面临着全球化、信息化、知识经济和后现代主义等内外环境的变迁,这些环境的变迁深深地影响了城市化的进程和城市自身的地位、功能、结构等。城市发展战略的制定和未来的城市形态等必须对这些环境变迁带来的挑战作出回应。对未来城市的设想有许多种,学习型城市、全球城市、可持续发展城市以及和谐城市这四种关于城市的理论大致能够涵盖诸多设想,能够反映环境、城市和人类的需求,并且能够和现实紧密联系起来,成为现实城市发展的理论向导。每种城市设想都有其独特的理论内涵和实现途径或方法,在构建过程中必须予以准确把握。

思考题

1. 全球化的进程给城市发展带来了哪些影响?
2. 信息化的发展对城市管理提出了哪些挑战?
3. 城市如何应对知识经济带来的影响?
4. 如何评价后现代主义给城市发展带来的影响?
5. 学习型城市的内涵是什么? 如何构建学习型城市?
6. 如何通过城市管理的创新来实现城市的可持续发展?
7. 结合中国的现实谈谈如何构建和谐城市。
8. 结合环境变迁谈谈全球城市的重要地位和作用。

案例分析

学习型城市发展战略

世界各国特别是欧洲在学习型城市发展上形成了较为成熟的战略，具有代表性的主要是学习型城市宪章和英国学习型城市网络的3P战略，现分别介绍如下。

欧洲学习型城市宪章

1994年，欧洲终身学习行动提出了一个学习型城市宪章：

我们认识到学习的极端重要性，它是推动我们的市民拥有未来财富、稳定和康宁的主要力量。

我们宣布，我们将通过以下方式在我们的社区中投资于终身学习：

• 整合和共享城市中所有部门的资源，发展富有成果的合作关系，为所有人提供学习的机会。

• 发展每个市民为了个人成长、职业生涯发展和家庭安康的学习需求。

• 发展学习供应者，适应每个市民在其一生中各自的时间、地点、方式等的学习需要。

• 通过革新性的信息战略、激励性的学习活动以及对媒体的有效利用来刺激学习需求。

• 通过提供现代学习指导服务以及帮助他们能够有效利用新学习技术，支持对学习的供应。

• 动员所有市民，为了环境保护、社区组织、学校和其他人们贡献他们的才华、技能、知识和能量。通过发展企业和帮助公共与私人部门的组织成为学习型组织，促进财富创造。

• 发展有活力的外向型项目，使得市民能够向自己社区的、全球其他社区的人们学习。

• 与排他性作战，通过创新性的项目将所有边缘群体纳入到城市的学习和生活之中。

• 通过在组织、家庭和个人层面庆祝和奖励学习成就的活动，使人们认识到学习的快乐。

英国学习型城市网络的3P战略

英国的学习型城市网络提出了3P战略，作为对英国各城市开展学习型城市创建活动的行动指南。3P战略的主要内容包括以下几个方面。

1. 合作(Partnership)——学会建立部门间的联系。

- 发展全市范围内来自公共和私人部门的相关合作者之间的联合。
- 协调城市中无论是正规、非正规还是工作基础的各种学习提供途径。
- 建立跨部门的、在所有教育和就业水平上的联系。
- 利用媒体促进成功和刺激学习需要。

2. 参与(Participation)——学会让公众参与到政策过程。让公众参与到政策过程就意味着将更广泛的城市社区卷入到学习中,并且在他们的社区中为应对变化做出贡献。这些合作需要成为一种广泛公众对话的一部分。真正的学习型城市,将学会使市民以一些新的方式参与到治理城市和改变城市的过程中。这一过程要求市民们具有能够明辨自己需要和热情的能力。

3. 执行(Performance)——学会评估进步。评估进步要求对照自己的目标,对照别人所取得的进步。评估创建学习型城市工作所带来的成果是非常有必要的。为此,一是要学习思考新的学习方式;二是要学习如何学习;三是要将执行评估放在工作的中心位置。创建学习型城市可以选择同时或顺序发展这两种途径,但并不存在固定的发展模式。在创建学习型城市的每一种途径上都需要推进以下过程:

- 澄清目标、优先和计划。
- 导入合适的组织过程。
- 识别和发展人们。
- 监控和评估执行情况。
- 使用评估结果来指导未来行动。

资料来源:叶中海:《创建学习型城市的理论和实践》,上海三联书店,2005 年版,第 42 ~ 44 页,280 ~ 283 页。

案例思考题:

1. 我国一些城市也开展了学习型城市建设的实践活动,与国外比较有何异同?

2. 结合案例分析国外学习型城市发展战略对我国开展学习型城市建设的借鉴意义。

图书在版编目(CIP)数据

城市管理学/王佃利,曹现强主编. --北京:首都经济贸易大学出版社,2007.4
(高等院校公共管理系列教材)
ISBN 978-7-5638-1407-7

Ⅰ.①城… Ⅱ.①王…②曹… Ⅲ.①城市管理 Ⅳ.①F293

中国版本图书馆 CIP 数据核字(2007)第 001947 号

城市管理学
主　编　王佃利　曹现强
副主编　张莉萍　高　原

出版发行　首都经济贸易大学出版社
地　　址　北京市朝阳区红庙（邮编 100026）
电　　话　(010)65976483　65065761　65071505(传真)
网　　址　http://www.sjmcb.com
E-mail　publish@cueb.edu.cn
经　　销　全国新华书店
照　　排　北京砚祥志远激光照排技术有限公司
印　　刷　北京玺诚印务有限公司
开　　本　787 毫米×980 毫米　1/16
字　　数　547 千字
印　　张　28.5
版　　次　2007 年 4 月第 1 版　2019 年 1 月第 1 版第 3 次印刷
书　　号　ISBN 978-7-5638-1407-7/F·822
定　　价　36.00 元
